规划师 论丛
PLANNERS

《规划师》编辑部　主办
《中国知网数据库》来源集刊

《规划师》论丛11集

国土空间规划研究与设计实践

杨一虹　李亚洲　主编

广西科学技术出版社
·南宁·

图书在版编目（CIP）数据

国土空间规划研究与设计实践 / 杨一虹，李亚洲主编.——南宁：广西科学技术出版社，2024.12.
ISBN 978-7-5551-2376-7

Ⅰ.TU98-53

中国国家版本馆 CIP 数据核字第 2025QF0039 号

GUOTU KONGJIAN GUIHUA YANJIU YU SHEJI SHIJIAN

国土空间规划研究与设计实践

杨一虹　李亚洲　主编

责任编辑：秦慧聪　　　　　　　　　责任校对：苏深灿
装帧设计：梁　良　　　　　　　　　责任印制：陆　弟

出 版 人：岑　刚
出版发行：广西科学技术出版社
社　　址：广西南宁市东葛路 66 号　　　邮政编码：530023
网　　址：http://www.gxkjs.com

印　　刷：广西民族印刷包装集团有限公司

开　　本：889mm×1194mm　1/16
字　　数：760 千字　　　　　　　　　印　　张：29.25
版　　次：2024 年 12 月第 1 版
印　　次：2024 年 12 月第 1 次印刷
书　　号：ISBN 978-7-5551-2376-7
定　　价：168.00 元

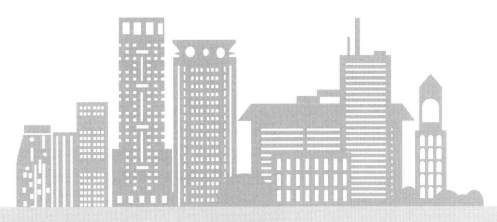

编委会

目　录

空间规划理论探究与实践探索

城市更新策略与行动

国土空间详细规划与专项规划

乡村规划与乡建保护

景观设计与可达性研究

国土空间规划教育学科建设研究

域外空间规划

空间规划理论探究与实践探索

面向多维复杂的城市空间：城市公共空间公共性评价模型

□张顺圆

摘要：城市空间作为一个复杂的系统，公共空间是其中一个重要的组成部分。公共性作为公共空间的核心属性，是分析和理解城市的关键切入点。本文聚焦城市公共空间的公共性，基于公共性理论和我国城市公共空间发展特征，综合剖析我国城市公共空间的公共性价值，包括纪念与象征价值、社会价值、生态价值、文化价值和经济价值等，同时借鉴西方的公共性评价模型，构建了一种新的OMCPcV评价模型。该评价模型具有层级丰富、多主体参与、质性与量化相结合的特点，有助于推动新时期城市治理模式的完善，不仅能为城市设计和公共空间设计提供科学依据和具体指导，还能为我国其他城市评价体系构建提供理论支持和经验借鉴。

关键词：城市公共空间；公共性价值；公共性评价；OMCPcV评价模型；中国语境

0　引言

根据联合国《2023年世界人口状况报告》，全球人口已跨越80亿大关，其中70％的人口居住在城市，城市人口密度迅速增加，居民对城市公共空间功能和品质的要求日益提高。在我国，自党的十八大以来，以习近平同志为核心的党中央不断强调以人民为中心的发展理念，强调公共空间要扩大、提质，增强人民群众的获得感和幸福感，并作出"城市管理应该像绣花一样精细"的重要指示。因此，建设和完善优质城市公共空间对契合全球化、实现"双碳"目标、提升居民生活环境与健康水平至关重要。公共性是衡量公共空间优劣的重要内容，研究并评价城市公共空间的公共性具有紧迫性和现实意义。

1　概念解析

1.1　公共性

公共性是与个体、私人和私密相对的概念，起源于古希腊，代表着公民利益最大化的价值准则，是西方政治哲学的核心范畴之一。在现代社会，公共性是人们对社会的价值追求，是公共交往的自发存在，也是不同存在者间的广泛联系，可衡量公私问题或公共程度；其价值从道德正义转向公共理性，支持公民社会和监督公共舆论。在不同社会和发展阶段，公共性呈现出不同的样态[①]，涉及公共机构、公众参与度、资料分配、人际关系、生态环境等方面。《韦氏词典》解释，公共性具有显而易见、引人注目和尽人皆知的特性。

1.2 城市公共空间公共性

在当代，无论是发达国家还是发展中国家，在非宗教国家或地区内讨论建成环境范畴下的公共空间时，公共性是最重要也是最核心的属性，因为它反映了公共空间背后的社会学含义。社会中的公共性主要表现在人们进行公共生活的空间，以及社会公共生活的管理过程具有公共性。城市公共空间既是城市活力的来源，也是培育公共性的主要场域。强公共性与弱公共性展现了城市公共空间的多元与张力，并不是绝对的二元对立。

1.3 城市公共空间品质

长期以来，学界一直关注公共空间的品质问题，虽对其定义有分歧，但普遍认为其包括物质环境和为社会带来的活力，研究内容涉及空间功能、铺装绿化、舒适度等。在卡尔和扬·盖尔等人所建议的基础上，梅塔提出公共空间品质的 PSI 评价模型，认为城市公共空间品质评价应当包含包容性、安全性、舒适度、有意义的活动和愉悦度等 5 个维度。

1.4 城市公共空间公共性价值

城市公共空间公共性的最核心意义在于通过各种有效且多样的公共活动来形成公共价值，促进城市社会的稳定、健康与和谐发展，这就是公共性的最佳体现，其价值是衡量公共空间公共性层次的一种普遍标准。城市公共空间作为市民生活必不可少的场所，能满足公众参与各类活动的需求，所以相关价值不仅能表达出这些公共活动的意义，还能展现公共空间中的政治、经济、文化、物理环境。

1.5 城市公共空间公共性维度

城市公共空间公共性是一个复杂的议题，需从多维度进行探讨。公共性研究受经济、社会、政治以及研究者个体观点等因素影响，导致模型的维度不断演变。然而，当前公共空间公共性无法用前人所提出的维度来概括，需在具体语境下进行解读。在当下社会和建成环境中，对城市公共空间公共性进行明确定义和评价的核心维度，包括但不限于政治、经济、文化、物理环境等方面的因素。各个维度既能够反映某些因素的相似程度，还能衡量相关的城市公共空间公共性价值。

2 我国城市公共空间的发展② 及 "公共" 含义的演变

随着历史的推移，我国城市公共空间及其所承载的 "公共" 含义经历了显著的演变。

一是古代的公共（开放）空间。在封建时期（公元前 475 年至 1840 年），城市公共空间主要受到封建伦理与政治制度的支配，"公共" 与 "官方" 紧密相连，而真正具有当代 "公共" 意义的空间，如集市和街巷，反而存在于非官方的民间领域。

二是近代具有西方意义的城市公共空间。进入近代（1840—1949 年），受西方工业革命和殖民主义影响，我国城市公共空间开始融入西方元素，"公共" 与 "官方" 的界限逐渐明晰，社会性集体活动和机构开始以 "公共" 的名义出现。

三是特殊背景下的缓慢发展时期。中华人民共和国成立初期至改革开放前（1949—1978 年），在计划经济体制下，我国城市公共空间发展缓慢，以大型政治性和交通性广场为主，"官方" 与 "公共" 逐渐协调融合。

四是西方思想影响下的快速发展时期。改革开放后至 2008 年，伴随经济体制的转变和西方公共空间概念的引入，我国城市公共空间得到了快速发展。商业化地产推动公共空间多样化，广场、步行街和城市公园等成为新的公共活动场所，但城市历史文脉也开始面临挑战。

五是多样化需求下的高速发展时期。2008 年至今，在经济转型背景下，我国城市公共空间建设呈现多元化和快速发展的态势。广场和公园设计更趋向人性化与个性化，注重历史文化、城市文脉和生态可持续发展；伴随着文化建筑和商业建筑的建设，也产生了一批如文化长廊等的新型公共空间。同时，公私合营模式为城市公共空间建设注入新活力，私人资本和市民参与得到广泛认可，标志着"公"与"私"边界在城市公共空间领域的新融合。

3 我国当代城市公共空间的公共性价值

3.1 纪念与象征价值

城市公共空间的纪念与象征价值体现在其设计和建设中展现的国家权力及教育意义上。它不仅反映政治主张和权力结构，还承载对历史事件的纪念，这种价值在中西方都有体现。且随着时代发展，城市公共空间逐渐从强调政治功能转向教育和环境美化，凸显了社会进步和价值观念的转变。同时，其纪念性通过人物、事件等主题表达，富有艺术、思想和时代特点，承载了人们对历史的认知和纪念情感。

3.2 社会价值

城市公共空间的社会价值在于促进市民权利平等和公共交往，其公共性源自社会属性，涉及物质和人的活动。市民可在其中参与社会政治和公共活动，体现民主、平等的意义。尽管在我国的语境下，此类活动受政府管控，但公共空间仍为市民提供参与公共事务和政治生活的平台，有利于消除社会阶层隔阂，满足市民基本需求和权利，因而具有重要的社会价值。

3.3 生态价值

公共性不仅涉及人类之间的关系，还包括人与自然的关系。城市公共空间的生态价值主要体现在促进生态文明建设与环境改善，特别是改善城市微气候、提升生态环境质量、丰富生物多样性和增强生态系统恢复力上。然而，长期以来城市建设过度追求经济指标，忽视了城市生态环境的重要性。城市中的公共空间如绿地、公园等能平衡城市人工环境与自然环境，提供绿化和景观，缓解人与自然的紧张关系，同时发挥休憩及娱乐功能，促进生态恢复与生态文明建设。因此，城市公共空间在生态建设方面具有重要作用。

3.4 文化价值

文化代表着社会共识与公共性。城市公共空间是文化传承与展现的关键平台，其文化价值体现在文脉延续与文化自信上。城市公共空间通过文学艺术符号融合历史、时代与未来，捍卫了公共价值，并承载着各种文化活动，展现信仰、风俗、艺术和价值观，满足民众精神需求，增强全民文化自信。因此，城市公共空间具有重要的文化价值。

3.5 经济价值

城市公共空间具有基于经济发展和商业消费的经济价值。现代社会以经济活动为准则，人的活动被置于经济市场中，公共性价值面临危机。我国经济已转入物质丰富的发展阶段，消费追求多元化、高质量。公共空间作为商品，具有经济属性，能推动经济发展；作为公共商品，其公共性可满足人们日常精神需求，并实现广泛受益。同时，公共空间为商业消费提供实体场所，引导平衡消费心态，推动公共消费合理发展，维护社会公平正义，促进人们身心健康。公共性的经济价值与空间的经济价值相似，具有多样性、非排他性、可达性和开放性。

4 城市公共空间公共性评价：OMCPcV 评价模型建构

本文基于城市公共空间公共性及其价值的讨论，结合《国内城市公共空间公共性评价研究初探》所提出的我国城市公共空间公共性评价的初步实践研究框架，借用欧美星型模型的调研方法、PSI 模型和 PSEQI 模型的维度与变量，对武汉市典型的城市公共空间如汉口江滩公园、洪山广场和楚河汉街等进行公共性评价的调研。

本文分别选取城市广场（洪山广场）、文化建筑外部空间（琴台文化艺术中心外部空间）、商业步行街（楚河汉街）、城市公园（中山公园）和滨江公园（汉口江滩公园）为案例空间进行公共性评价的调研，构建由权属、管理、控制、形态配置、活力 5 个基础维度（一级维度）组成的城市公共空间公共性评价模型，并根据 5 个基础维度对应的英文单词 Ownership、Management、Control、Physical Configuration 和 Vitality，将其简称为 OMCPcV 评价模型。

公共性、公共空间品质、城市公共空间公共性和公共性维度之间的关联如图 1 所示。通过分析物质环境层面的公共空间及其品质，社会环境层面的公共交往、公共性维度，以及政治、社会哲学层面的公共领域的公共性，可以全面理解城市公共空间公共性。

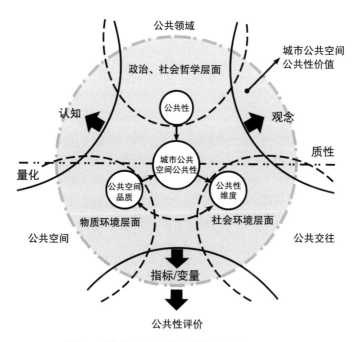

图 1 城市公共空间公共性核心概念关联分析

4.1 三级评价指标体系

4.1.1 第一层级：一级维度的确定

为了全面考虑影响公共性程度的各相关因素，本文在考虑我国国情的基础上，结合其他学者对公共性维度的研究，提出一个多维度、多层次的城市公共空间公共性评价指标体系。表1展示5个一级维度及其含义，并明确其公共性强弱。

表1 OMCPcV评价模型5个一级维度的含义及其公共性强弱

一级维度	含义	公共性强弱
权属	权属是城市公共空间公共性评价中最重要的决定性因素之一，它代表了城市空间管理的法律规则，代表土地和空间的法律状态，使用者通常无法直接观察到	反映了人与该空间之间法律联系的紧密程度
管理	管理包括对公共空间的维护和使用者在公共空间内的行为	反映了空间管理者对物理环境的关心和维护程度
控制	控制是公共性的关键维度，通过限制城市公共空间的开放时间使其有条件地成为开放场所，表达了使用者在空间内的自由程度	取决于国家或城市管理者以及空间设计者对该空间所制定的规则
形态配置	形态配置是公共空间的营造，包括物质环境和设计特征，涉及宏观和微观尺度	在宏观和微观层面上进行规划设计，对使用者的心理和生理舒适程度产生影响
活力	活力主要由城市公共空间中的使用者赋予，关注使用者的活动以及该空间如何满足使用者需求	在于使用者呈现出多样性，并提供和维持商业设施，以促进更多有意义的活动在空间内进行

4.1.2 第二层级：二级维度的确定

为强调使用者的评价，将PSEQI模型中所考虑的使用者感受变量引入该评价模型中，并归纳为2个二级维度——适坐性与步行性。经过充分的研究思考，本文提出在"控制""形态配置""活力"维度下分别设置二级维度的思路[③]（表2）。

表2 OMCPcV评价模型5个一级维度和相关二级维度

一级维度	二级维度
权属	—
管理	—
控制	安全、规则
形态配置	可达性、步行性、适坐性、空间氛围、基础设施
活力	多样性、有意义的活动、商业设施

4.1.3 第三层级：变量层的确定

根据前文确定好的5个一级维度（权属、管理、控制、形态配置和活力）以及10个二级维度（安全、规则、可达性、步行性、适坐性、空间氛围、基础设施、多样性、有意义的活动和商业设施），以星型模型中的19项、PSI模型中的63项和PSEQI模型中的83项的变量为基础，最终形成包含一级指标5项、二级指标11项、三级指标147项的条目池。运用德尔菲法，邀请建筑学、城市规划相关研究方向的专家共15人进行评分，第三轮咨询后专家对所有指标的"同意率"为85%，此时可以认为专家意见已趋于一致。城市公共空间公共性评价体系及其变量类型见图2。

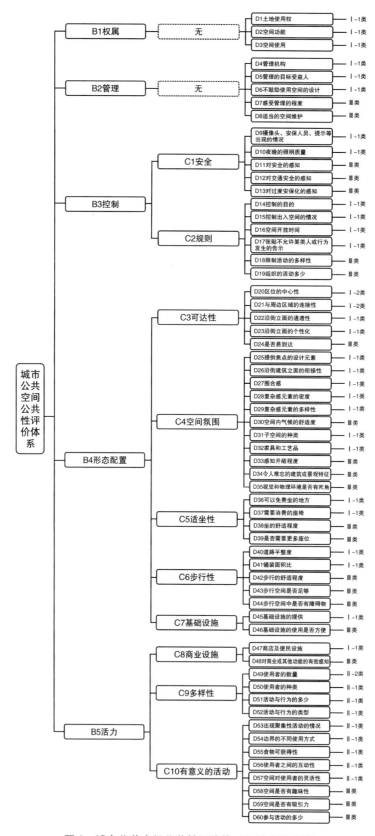

图2　城市公共空间公共性评价体系及其变量类型

4.2 变量的赋值与计算

4.2.1 数据获取方式的确定

为了更全面地对城市公共空间进行现场状况和使用者感知情况的评价，本文尝试通过研究人员和使用者这两大类评分主体对变量进行评价（表3）。

表 3 变量类型及其含义、评判类型与调研方式

评分主体	变量类型		含义	评判类型与调研方式
研究人员	不随时间改变	长时间不变 Ⅰ-1类	只有在公共空间相关规划设计需要改变的影响下才会改变	主观调研判断： 需要实地调研观察才能获取的信息，完成变量的评价
		完全不变 Ⅰ-2类	只可能在很长一段时间内发生改变	客观数据收集： 对如公共空间的物理特征、建成环境特征、可达性等客观数据的评价
	随时间改变	日常性改变 Ⅱ-1类	周期性的每天改变	主观调研判断： 需要实地调研观察，每小时对考察的变量进行数据记录，以辅助评分
		短时间改变 Ⅱ-2类	几乎每时每刻都在变化，每天都不同	客观数据收集： 这些变量可以每时每刻都在变化，而且每天都会有所不同，借助大数据对基础活力进行评价
使用者	感知类 Ⅲ类		使用者对空间的感受情况	问卷收集： 通过问卷调查的形式收集使用者对空间主观印象评价的数据

4.2.2 赋权与操作方法

优序图法被选定为确定权重的主要方法，采用乘积法的三级组合权重方式进行赋权研究。考虑到各维度重要性相近，采用优序图法对所有变量和二级维度进行赋权。由于专家评价存在差异，因此采用多输入加权优序图方法确定权重。本次调查邀请30位专家和普通市民对5个案例空间进行优序图打分，共发放300份调查问卷，收回150份二级维度权重调查问卷和134份变量权重调查问卷。

4.2.3 数据处理

根据确定的城市公共空间公共性评级体系与各变量权重 W，每项变量得分区间为0～3分，数据处理顺序及算法如下：

三级变量得分，统计各变量所得总分的算术平均值 SD 并和其权重 W 相乘，得到该变量的公共性评价得分。

二级维度得分，各维度计算公式如下：

$$X（PSO/PSM/PSC/PSPc/PSV）=\sum_{i=n}^{n}\frac{W_i\times SD_i}{0.2X_{max}（SD）}\times 100\%\qquad(1)$$

式中 SD 为现场计分分值，W_i 为各项变量权重，n 为各维度下的变量数目。

该空间公共性得分 P，为计算 5 个维度百分制得分的平均值，按公式（2）进行计算。

$$P=\frac{PSO+PSM+PSC+PSPc+PSV}{5}\qquad(2)$$

4.2.4 整体评分方法

对城市公共空间公共性整体得分而言，以图 3 的五维模型展示：权属为 70 分，管理为 80 分，控制为 60 分，形态配置为 50 分，活力为 60 分，则该公共空间公共性得分为（70＋80＋60＋50＋60）/5＝64 分。OMCPcV 评价模型可快速、清晰地衡量出每个空间的优劣，还有利于不同公共空间之间的横向比较。

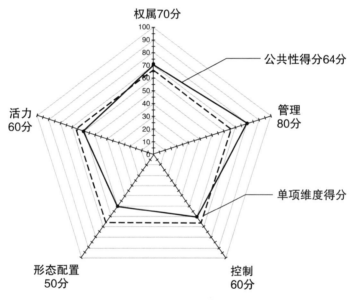

图 3 OMCPcV 评价模型评分示意图

4.3 与城市公共空间公共性价值的关联

根据相关理论和对 OMCPcV 评价模型的适配性研究，可知模型的维度与城市公共空间的五大公共性价值存在以下关联关系（图 4）：一是各维度与五类城市公共空间公共性价值相关，但关联程度不同。二是权属和形态配置与城市公共空间的公共性价值关联最强。三是活力与四类公共性价值呈强关联，与生态价值关联较弱。四是控制与社会价值关联较强，而与其他四类公共性价值关联较弱。五是管理与五类公共性价值均呈弱关联。此外，各维度与五类公共性价值的关系不仅会随着社会发展和生活习惯的变化而动态变化，而且相互之间也会互相影响。

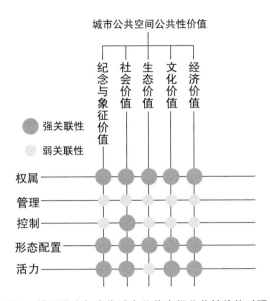

图 4　模型维度与当代城市公共空间公共性价值对照

4.4　与欧美模型的比较

公共性是城市公共空间的核心属性，具有社会科学属性和交叉属性。由于国情、社会经济发展水平和文化认知的差异，以及公共空间类型和所在城市的不同，城市公共空间公共性评价变得复杂，评价模型需要具备多样性和适应性。表 4 对 OMCPcV 评价模型与欧美相关模型进行了理论和应用层面的比较分析。虽然该模型并非唯一，但可视为城市公共空间公共性评价的基本范式，并为后续研究提供基础。

表 4　OMCPcV 评价模型与星型模型、PSI 模型和 PSEQI 模型比较

分类			OMCPcV 评价模型	星型模型	PSI 模型	PSEQI 模型
理论层面	构成体系	总层级	三层级	三层级	二层级	二层级
		一	一级维度：5 个（权属、管理、控制、形态配置、活力）	一级维度：4 个（所有权、形态配置、活力、运营状况）	一级维度：5 个（包容性、有意义的活动、安全感、舒适度、愉悦度）	一级维度：4 个（舒适性、活力、多样性和活力、印象和喜爱度）
		二	二级维度：10 个	二级维度：2 个	变量 42～45 个	变量 15 个
		三	各空间类型变量 60 个，模型总体变量共 75 个	变量 10 个	无	无
	讨论内容		提出了城市公共空间公共性的纪念与象征价值、社会价值、生态价值、文化价值与经济价值	公共空间与公共生活是如何在相关的社会结构、政治制度和不同的机构与利益相关者之间受到影响	考察了使用者的感知、行为，物质环境特征和空间与社会制度的关系	关注当代城市公共空间使用者的感受

续表

分类		OMCPcV 评价模型	星型模型	PSI 模型	PSEQI 模型
应用层面	适用对象	城市广场、文化建筑外部空间、商业步行街、城市综合公园和滨水空间	城市滨水公共空间	城市广场、步行街和公园	城市商业步行街和滨水空间
	调研主体 使用者	有	无	有	有
	调研主体 研究人员	有	有	有	无
	数据主要收集研究方法 调查问卷	有	无	有	有
	数据主要收集研究方法 实地观察	有	有	有	无
	数据主要收集研究方法 资料收集	有	有	有	无
	数据主要收集研究方法 客观量化	有	无	无	无
	数据处理 公共性程度等级	4 等级	5 等级	4 等级	根据变量内容分为"是否"和 3/5/10 等级
	数据处理 权重	有	无	有	无

5 结语

经过对城市公共空间公共性及核心概念的深入分析，本文梳理了我国城市公共空间的发展历程，并探讨了当代城市公共空间的特征。在此基础上，提出了我国当代城市公共空间公共性的五大价值：纪念与象征价值、社会价值、生态价值、文化价值和经济价值。此外，本文还提出了一种系统性的城市公共空间公共性评价方法，构建了普适性的评价体系，即 OMCPcV 模型。尽管未在本文中展开应用研究，但未来的研究将侧重于不同类型城市公共空间的指标选取、评价赋值和公共性研究，以为规划编制、城市运营和项目决策及城市信息模型建设等方面提供科学支持。

[注释]
①受社会生产力和生产关系发展的影响，从自给自足的小农生活的传统社会变为如今大量资本注入的现代社会，人与人之间交往范围急剧扩张、社会流动性大大增强，从而对公共性样态造成影响。
②我国城市形成受社会经济结构变化影响，也直接影响了城市公共（开放）空间的发展。不同历史时期的公共（开放）空间各具特点。
③在本文所提出的公共性评价体系中，"权属"和"管理"不涉及二级变量。在中国，由于权属分类与西方不同且更复杂，分为"国家土地所有权"和"集体土地所有权"两个部分，因此"土地使用权"更接近于西方公共性研究中的"权属"概念。通过使用变量和适当的评分规则，可以表达中国的"权属"，因此不需要引入二级维度。而"管理"涵盖了空间内管理机构、措施、程度和受益人，目前的研究主要关注管理机构的公私情况，可以通过变量解释上述观点，因此也不涉及二级维度。

[参考文献]
[1] 谭清华. 哲学语境中的公共性：概念、问题与理论 [J]. 学海，2013 (2)：163-167.

［2］任剑涛. 公共与公共性：一个概念辨析［J］. 马克思主义与现实，2011（6）：58-65.

［3］袁祖社. "公共性"的价值信念及其文化理想［J］. 中国人民大学学报，2007，21（1）：78-84.

［4］杨建科，张骏，王琦. 公共空间视角下的城市社区公共性建构［J］. 城市发展研究，2020，27（9）：19-25，106.

［5］MEHTA V. Evaluating Public Space［J］. Journal of Urban Design，2014，19（1）：53-88.

［6］CARR S，FRANCIS M，RIVLIN L G，et al. Public Space［M］. Cambridge：Cambridge University Press，1992.

［7］GEHL J. Life Between Buildings［M］. New York：Van Nostrand-Reinhold，1987.

［8］陶涛，吴中平，黄全乐. 破层游走：当代文化建筑垂直化发展的空间特征浅析［J］. 建筑与文化，2021（2）：225-228.

［9］沟口雄三. 中国的思维世界［M］. 刁榴，牟坚，等译. 北京：生活·读书·新知三联书店，2014.

［10］王超. 城市公共空间的公共性缺失及其治理［D］. 济南：山东大学，2014.

［11］盛竞. 基于日常生活维度的纪念性城市空间策略研究［D］. 广州：华南理工大学，2015.

［12］李昊. 公共空间的意义：当代中国城市公共空间的价值思辨与建构［M］. 北京：中国建筑工业出版社，2016.

［13］DE MAGALHÃES C. Public Space and the Contracting-out of Publicness：A Framework for Analysis［J］. Journal of Urban Design，2010，15（4）：559-574.

［14］郭湛，王维国，郑广永. 社会公共性研究［M］. 北京：人民出版社，2009.

［15］蔡青竹. 公共性理论研究的缘起与现状：兼论马克思的公共性思想［J］. 学术界，2014（9）：216-226.

［16］高尚. 现代科技生态负效应的反思［D］. 北京：北京交通大学，2018.

［17］伊恩·伦诺克斯·麦克哈格. 设计结合自然［M］. 芮经纬，译. 天津：天津大学出版社，2006.

［18］于桂凤，吕莲凤. 差异性社会的和谐逻辑及其文化建构［J］. 理论界，2012（7）：158-161.

［19］袁祖社. 自由主义的"文化公共性"观念及其多元价值观的困境：现代"生存"本位之"文化转向"的公共哲学意义［J］. 社会科学辑刊，2007（2）：16-23.

［20］习近平新时代中国特色社会主义思想基本问题［M］. 北京：人民出版社、中共中央党校出版社，2020.

［21］汉娜·阿伦特. 极权主义的起源［M］. 林镶华，译. 台北：时报文化出版社，1994.

［22］张九童. 中国经济新常态的公共性价值［J］. 东岳论丛，2015，36（9）：181-185.

［23］张顺圆，张仲先. 国内城市公共空间公共性评价研究初探［J］. 华中建筑，2022，40（11）：85-89.

［24］VARNA G M. Assessing the publicness of public places：towards a new model［D］. Glasgow：University of Glasgow，2011.

［25］ZAMANIFARD H，ALIZADEH T，BOSMAN C，et al. Measuring experiential qualities of urban public spaces：Users' perspective［J］. Journal of Urban Design，2019，24（3）：340-364.

［作者简介］

张顺圆，博士，华中科技大学土木与水利工程学院博士后。

"社会—空间"范式：论住区空间的文化象征性

□刘海明，谢锴

摘要：传统住区、单位住区、商品住区的空间变换都与社会的变迁密不可分，"社会—空间"范式贯穿这一演变过程的始终。本文从哲学、社会学、心理学的视角，探讨不同住区类型所具有的共同的社会性表征，即象征性，并运用文献和比较的研究方法，指出象征性背后还具有不同的文化表征属性，即"亲缘性"象征、"组织性"象征、"社团性"象征，同时探讨了住区空间象征性具有的可持续性因素和表现。

关键词：住区；空间；象征性；整体

0 引言

按历史发展阶段，中国城市住区可以概括为传统住区、单位住区、商品住区3种类型。传统住区渗透着封建时期的社会人伦，单位住区代表着社会主义新生活，商品住区体现着市场经济的非均衡。无论是传统住区、单位住区，还是商品住区，它们都是封闭式住区。单位住区以建筑围合来营造住区空间封闭感（相对封闭），传统住区和商品住区以围墙和裙房来隔离住区内外空间，以保持封闭性（绝对封闭）。传统住区和单位住区空间是围合式庭院布局，而商品住区空间基本都是一字联排式布局（图1）。"围合"表明住区是一个整体，属于同一家族或单位，而"联排"表明住区是由分散单体组成的集合。虽然传统住区、单位住区、商品住区的外在空间形式一直在发生变化，但从社会空间的结构上可以看到其空间组合具有文化性的内容，其"社会—空间"范式即"象征性"，便是所表现的社会特征之一。这是城市住区内在的文化属性，并不会因形式的改变而发生变化。

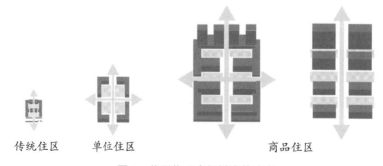

传统住区　　单位住区　　　　　　商品住区

图1　住区物理空间样式的演变

1 象征性

关于象征性，从原始人在描绘他们对于宇宙、自然所认知的观念中就可以看出。那时人类已会用符号的方式来记录所感知的事物，他们将自己对自然之物的崇敬化为信仰和崇拜，将之赋予"万物有灵"的象征意义。在面对事物时，人首先因其视觉感官而感知；而在感知下，形象和行为便被符号化地内化于头脑中，形成了意象空间。事物或行为在情感体验中被赋予"集体表象"，所产生的象征性意义会以观念的形式长久存在于人的内心之中，固化下来便形成了文化。美国当代社会学家乔纳森·特纳（Jonathan Turner）在《社会学：概念与应用》一书中研究了"象征与文化"问题。他指出："文化和文化产物都只是我们做事的资源。没有语言，我们的沟通就会很有限；没有科技，我们就无法享受衣食住行。于是象征可以说是一种媒介，让我们得以适应环境，和别人互动，诠释我们的经验以及组织团体。"根据他的理论，象征性即语言和技术的媒介，有这种象征意义的存在，主体同客体才能联系起来，如果这种象征意义消失或产生新的意义，那么主体和客体原有的联系就会被打破。因此，象征性的关键作用是"认同"，即将符号和被指的对象联系起来。这种符号是具象化的，但其象征性内容是反映社会关系的。

另外，被赋予象征性的空间也是同构的，也就是当两个事物被象征性联系起来之后，其所要传达的意义是同一的。中国社会是"家"的社会，对于"家"的执念自古有之，在中国传统观念中，"家"和"我"的关系是不可分的，无"家"便无"我"，有"我"便有"家"。《吕氏春秋·审分览·执一》载："以身为家，以家为国，以国为天下。此四者，异位同本。故圣人之事，广之则极宇宙、穷日月，约之则无出乎身者也。"在这里，"身""家""国""天下"本体同一。因此，"家"才是根本，"家"是支撑社会正常运转的根源，它具有整体性和结构性同一的特征。

2 住区空间"象征性"的文化性因素

中国住区主要经历了传统住区、单位住区、商品住区3种样态。传统住区主要以"家"为建筑组织动因，体现的是对内的约束性；单位住区以单位为建筑组织动因，体现的是对外的能动性；商品住区以位置、环境等为建筑组织动因，体现的是对内的适应性。传统住区体现的是人伦社会关系，单位住区和商品住区体现的是经济社会关系。单位住区和商品住区的家庭成员都属于社会关系中的生产者，但单位住区重集体发展，而商品住区重个体发展。因此，传统住区表现出"亲缘性"象征，单位住区表现出"组织性"象征，商品住区表现出"社团性"象征（图2）。

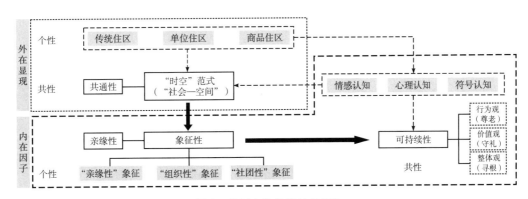

图 2 住区文化共性的象征性

2.1 "亲缘性"象征

传统住区表现为"亲缘性"象征，是以宗族为主干，通过婚姻和血缘联系而发展的家庭居住空间。在家权社会中，长者作为整个家族的权威和权力的象征，家庭内的一切事务都受长者的控制和管理，家庭秩序的稳定首先源于长者。长者为家长、长辈，而其子孙为晚辈，晚辈需要在成长过程中受到长辈的教诲。长辈运用传统礼教及道德观念教育晚辈，将以德立人、兴旺家族为己任，使家族代代相传，不断兴旺发达。整个家族的基本结构包含纵向的父系血亲关系和横向的母系姻亲关系，但起主要作用的是血亲关系。中国社会能够发展至今的主要原因之一就是整个社会是建立在人伦血缘上的生育社群。这一方面是因中国古代的农耕文明需要借助大量人力资源才得以发展，而人力就在于是否有足够的家庭成员；另一方面是以血缘关系形成的社会具有非常稳定的特性，尤其在儒家思想成为封建社会的统治思想之后，这种关系即被强化了。家族以礼治文化来规定人们的行为模式和道德标准，对于中国人来说，"家"不是简单的物理概念，而是代表了国家建立的基础文化价值，是一种政治、文化、观念、制度的载体。对于每个人来说，"家"是潜藏于心中的一种集体潜意识。以四合院为代表的传统住区，从建筑的规格、布置到轴线的空间序列上，都隐含着强烈的伦理道德秩序，是"家本位"观念的直观体现，实际上表达了一种"家"是"国"、"国"也是"家"的互为因果的整体观。

2.2 "组织性"象征

单位住区表现为"组织性"象征，它是以国家集体为主干的社会生产系统，是以生产单位而建立联系的家庭居住空间。其空间的象征性意义已从人伦血缘关系转变为"社会血缘"，从而使"家"成为一个个独立的社会单元，"家"的个体性开始显现。"家"作为生产单元被国家意志整合起来，国家意志通过单位来直观体现，这样"家"的一切秩序变成由集体性组织来维护和管理。集体性组织决定家庭事务的一切，工作、婚姻、教育、医疗等各方面都要受到集体的约束，其根本目的是为了促进生产。这里的"家"依然也是"国"的体现，"家"首先就是为国家的生产任务而建立的，所以"家"有了深刻的国家意志观念。区别于传统住区，传统住区中的"家"是以统治为前提的，是一种不平等的关系；单位住区中的"家"是以生产为前提的，是一种平等的关系。前者建立在伦理道德之上，后者则建立在新的社会关系之上。实际上，单位住区也体现着亲缘性，只是这种亲缘性是依靠事业社群来建立的。亲缘的象征性从血缘转移到组织上，组织作为新的"家长"来维持社会的运转，从这一点来看还是集体意识的表现，具有整体性的特征。

2.3 "社团性"象征

商品住区表现为"社团性"象征，以资产来划分住区空间等级。商品住区的选择与市场经济下的收入水平相关联，不再受人伦理念或国家意志的完全控制。家庭直接脱离了事业社群，从单位中剥离，而成为更小的社会单元，"家"的个体性特征更加明显。商品住区不表现为"亲缘性"象征，而表现为"社团性"象征。这从心理学上可以进一步解释为"相似性"，也就是人们从年龄、学历、兴趣、嗜好、态度、信仰、政治理念等方面的相似上来判断自己与他人交往的人际关系。从这一点上来说，住区的选择不单是以收入来进行的，而更强调个人所具有的"资产性"，也就是以个人的财产、学历、人脉等资产资源来建立社会关系，但决定性作用是收入。这样依托于此建立的住区就具有了"社团性"象征，但组成社团的"家"不再是整体概念，而是独立个体，因为他们不受社团约束。"家"此时成为被社会进一步分化的"粒子"，散落在社会中的"粒子"没有依托，而社团也仅是单个"粒子"的简单集合。因此，商品住区是以"粒子社群"来建立的，但它不能产生整体性的作用。

3 住区空间象征性的可持续性因素

住区空间象征性具有可持续性的性质。无论住区的物理空间形态如何变化，这种象征性的文化属性会一直存在，其原因在于人的情感认知性、心理认知性和符号认知性。首先，情感认知性是因情感的产生来自自我的认知，而在认知的过程中一定有某种属于人类共有的情感意向，当这种情感意向成为一种集体意识时，就会产生同类相生的影响。其次，心理认知性是当人不断地在认知中接收外来信息时会在心里形成某种态度倾向，如果新信息与原认知矛盾，人就会本能地通过调整观念或行为来减少因之带来的负面情绪。象征性意义就是人通过情感联系维系自我同一性，这在人的心理活动中是始终存在的。最后，符号认知性是人以符号化的方式来感知时空对象，利用符号语言来沟通并传达信息，其表明的信息内容和情感标志是以共通的观念形态存在于各个社会中的文化形态。因此，情感、心理、符号这些意识活动是象征性的可持续因素。

3.1 情感认知性

情感是人特有的心理活动，受社会性需求的影响。情感具有稳定性、深刻性、持久性和内隐性等特征，同时具有动力功能，也就是情感会驱动人的行为，这是人对客体对象的自然心理反应。如思乡之情是人们内心普遍存在的一种情感，但实际上对"乡"的依恋并不仅仅是对故乡，而是将其作为观念化的一种象征来倾诉内心的情感。美籍华裔地理学家段义孚（Yi－Fu Tuan）认为对故乡依恋是人类共情，人们都会倾向于以自己的故乡作为中心来阅读他者。空间与地方的差别在于它缺乏意义，当空间被经验与情感"界定并赋予意义"，便可以成为地方。所以段义孚把故乡解释为"地方"，但"地方"不等于故乡，其差别就在于其中的意义。因此，在这里可以理解类似"故乡"这样的概念，会因每个人不同的态度、认知而孕育出不同的象征性的表达。对情感的表述是源于人的内心而普遍存在的，因此情感认知具有可持续性。

3.2 心理认知性

象征性是一种意识，因它是感觉与知觉在空间的体验中而引发的。认知是意识、情绪、动机，是意识的主要成分，是人在环境中对刺激反应的一种情感表达。在意识的作用下，个体的记忆、思想、想象、选择、判断等都被其所控制，进而呈现个人的好恶、倾向、态度。一方面，按照认知心理学的解释，情感蕴藏在潜意识中，虽然这种情感一直存在，但是平时并不显露，而是作为一种长期记忆被储藏起来，直到在环境的刺激下才又得以使用。正是因心理认知中的意识隐性特征，才使人对于特定事物的情感会始终如一，而情感的直观形态是记忆。另一方面，社会认知是在人知觉和物知觉的共同作用中产生的。前者是从人的相貌、体态、言行等方面获得的知觉，后者是从物的认识、记忆、判断、推理等方面获得的知觉。而在对物知觉的认识上，其是有基本的共性的，因为物知觉没有个性；与之相比，人知觉很复杂，因为人是有个性的。空间的象征性观念是在物知觉与人知觉的共同作用中形成的，也就是"物"不是简单的物质存在，而是被赋予了人的意义。按照社会心理学一致性理论的解释，人与物的联系产生情感一致性，成为共同的情感意向而同类相生，因此象征性可持续的原因也在于人的心理认知上。

3.3 符号认知性

人类始终运用符号的方式来表达经验。符号是人们在进行思维活动时，对事物的把握由个别到一般的理性认知。它不仅可以传达特定的意义，而且是事物共性的表征。象征性在符号的认知中呈现，具有象征性特征的事物或行为一定能成为符号。传统住区、单位住区、商品住区都是一种符号语言，因为在它们的身上具有历史的、铭记的、革命的、奋斗的、激励的、关怀的象征意义，也是人类总体情感的体现。艺术是人类情感的符号，它将人类情感赋予形式的外衣，既表现情感又表现思想，是对人类内在生命的表达。因为在人类的情感之中存在着某种各个时代社会、各个民族、各个阶级共有的不变因素，其不变的原因在于人类具有共同的生理基础，情感活动又遵循着某些生理、心理的基本规律，所以艺术具有的象征性不会因艺术形式的改变而改变。人类通过艺术来交流情感或对情感概念进行形象表达，如建筑的情感表达在其空间建构中，人的情感被空间客观化并形成不同的象征性意义，从而吸引不同的人群。当然，艺术的创作者与欣赏者必须具有代入性，也就是被创作出的对象一定具有二者共同的情感体验，才能使象征性被理解和感悟。

4 住区空间象征性的可持续性表现

4.1 整体观——寻根

在"家"的传统观念中，其象征性也被解释为"根"。"落叶归根"的"根"就有"家"的含义，这是大部分中国人内心自古有之的归属感。作为传统的整体观，"家"对于个人来说不仅是一个起居之处，更意味着它是一个有机的整体。对于无"家"的人来说，其生命的延续将面对巨大的困难，因为"家"是人最后的生存屏障，更是最后的内心依靠。"安身立命之本"是"家"能够给人提供的最可靠的心灵慰藉。所以，"家"是整体，"家"在则人兴。住区空间的象征性就是对"家"的记忆和留恋，无论在外如何游荡，人的最终归处依然是"家"。无论是传统住区、单位住区还是商品住区，对居住者来说都是"家"，因为在他们的时空中能时时觉察到曾经的记忆和情感。

4.2 行为观——尊老

与寻根观念直接联系的是尊老。"老"不单指老人，还象征着历史文化。尊敬、尊崇的是历史文化，这是传统的行为观。传统住区和单位住区是属于城市历史文化遗产的一部分，自然是"老"的，但是它对于重塑人的精神的意义却是"新"的，因为它已经蜕变为城市精神文化图腾的象征。这种象征性具有强大的凝聚力，对居民而言可以获得幸福感，对城市而言可以获得自信心。"尊"的意义不仅在于守护，更在于发扬和传承。

4.3 价值观——守礼

与尊老观念直接联系的是守礼。"尊"也是"守"，而"礼"是价值观。在传统礼教文化的影响下，价值观对于住区空间的象征性影响始终在发生作用。但"礼"的含义与过去不同，"守礼"守的并不是因循守旧之"礼"，而是适用普通人生活之"礼"。对现代住区居民而言，"礼"在于诚信守诺、待人和睦、互尊互爱、互帮互助、互惠互利、平等相待。这些道德观念规劝人们的行为和生活，为其树立新的价值观念。

寻根、尊老、守礼是象征性的可持续表现，这是因人的情感、心理、符号等认知性所决定的，这种文化属性不因社会变迁而改变。

5 结语

综上所述，住区空间象征性是社会发展的文化表征属性，是"社会—空间"范式的具体体现。住区因社会的变迁而发展出不同的空间样式，但是其象征性的文化属性是始终如一的。对于传统住区、单位住区、商品住区来说，象征性又各自表现为亲缘性、组织性、社团性。这三者共同构成了"家"意义上的整体观、行为观和价值观，并在之后的发展中继续产生各自的作用。

［参考文献］

[1] 刘琦. 家：一个历史文化意象：从文化视角看《家》的象征意义［J］. 渤海学刊，1992（2）：88-92.

[2] 张春兴. 心理学原理［M］. 杭州：浙江教育出版社，2012.

[3] 苏珊·朗格. 情感与形式［M］. 刘大基，傅志强，周发祥，译. 北京：中国社会科学出版社，1986.

[4] JONATHAN H T. 社会学：概念与应用［M］. 张君枚，译. 高雄：巨流图书公司，2000.

[5] 赵燕. 心理学［M］. 成都：西南交通大学出版社，2017.

[6] 段义孚. 空间与地方：经验的视角［M］. 北京：中国人民大学出版社，2017.

［作者简介］

刘海明，博士，讲师，就职于西华师范大学美术学院。

谢锴，通信作者，博士，讲师，就职于西南民族大学建筑学院。

城市体检评估视角下基于 PSR 模型的城市工业生态安全动态预警研究

——以湖南省株洲市为例

□赵柱楠，滕洁

摘要：新时代新发展理念下构建国土空间安全格局是重中之重，而工业文明与生态文明的相互关系体现在经济发展与环境保护两者之间的矛盾中。在此背景下，本文利用 PSR 模型构建由"目标层—准则层—子准则层—指标层"组成的工业生态安全预警指标体系，采用熵权法确定工业生态安全预警指标权重，运用线性加权法得出株洲市 2015 年、2018 年、2021 年的工业生态安全预警综合值，对应得出株洲市工业生态安全预警状态，并分析其限制性因子，为制定相应的调控对策与措施提供一定的参考性意见。

关键词：城市体检评估；工业生态安全；动态预警；限制性因子；PSR 模型；株洲市

0 引言

党的二十大报告将"人与自然和谐共生的现代化"上升到"中国式现代化"的内涵之一，再次明确新时代中国生态文明建设的战略任务是推动绿色发展，促进人与自然和谐共生。自然资源部近年开始在全国范围内组织开展国土空间规划城市体检评估工作，以城区范围划定工作为基础，以安全、创新、协调、绿色、开放、共享 6 个维度的相关指标为抓手，从战略定位、底线管控、规模结构、空间布局、支撑系统、设施保障 6 个方面对城市发展现状进行评估分析，最终对国土空间规划及城市高质量可持续发展提出有针对性的对策建议。纵观近些年的城市发展，现代工业的发展极大地促进了社会生产方式的转变，但与此同时，工业对资源能源的消耗和对环境的污染也是一个逐渐累积的过程，当这种累积超过了一定的环境负载，就会对城市甚至整体人居环境带来负面影响。在全球生态危机日益严峻和我国推进高质量发展的背景下，工业对区域环境的污染和能源的消耗已成为环境管理的重点目标，工业对生态环境的影响已逐步上升为生态安全问题。当前，我国大力提倡高质量发展，国民经济进入转型升级"新常态"，各地对淘汰和退出落后产能与调整优化产业结构的专项整治也在如火如荼地进行中。研究工业与环境的相互作用机制有助于探明工业化进程对城市生态环境的动态影响，发掘城市工业各项指标变动与城市环境质量的契合程度，从而为城市空间新一轮的建设与规划起到一定的警示作用，也为更加合理地治理城市环境提供一定的参考。

工业生态安全是指在一定时间尺度内，工业生态系统保持自身正常结构与功能并满足人类持续发展需要的状态，是工业赖以发展的自然资源、生态环境处于一种不受威胁、没有危险的健康、平衡状态，具有可靠性、完善性和发展性。近几年，国内外学者对生态安全进行了大量研究，主要集中在大尺度国家及区域层面环境变化的模拟测算、部门或行业生态安全评价与测度，以及特殊地带的生态安全时空演变分析及生态格局构建。相较于农业、林业及特殊地区生态环境评价，对工业生态安全的研究尚处于起步阶段，如程漱兰等、郭中伟等、曲格平等较早地指出生态环境问题对人类生存和发展构成了广泛且严重的威胁，提出了中国生态安全的战略重点和措施；李炎女较为完整地运用"压力—状态—响应"理论模型，通过建立工业生态安全评价指标体系与熵值—综合指数法进行评价，研究了大连市的工业生态安全动态过程；张风丽等在构建新疆工业生态安全评价体系的基础上，通过综合指数分析法对新疆工业生态安全进行评价及预警分析，并创新性地通过因子障碍度模型找出制约因素。国内外学者对此类研究已经取得了一些成果，但是仍处于小规模的探索阶段，研究方法有待拓展，研究区域有待丰富，研究类型有待创新，缺乏更深层次与更广地域的理论与实证研究。学界普遍认为，现代工业化进程与保护资源环境相互制约，工业结构不仅影响城市布局与土地利用方式，更是与市民健康和生活息息相关，如何协调工业、城市与环境之间的关系是当前社会的重大议题。本文正是以此为切入点，以株洲市为例，利用PSR模型构建基于"目标层—准则层—子准则层—指标层"的工业生态安全预警指标体系，采用熵权法确定工业生态安全预警指标权重，运用线性加权法测得株洲市2015年、2018年、2021年工业生态安全预警综合值与对应的警情等级，并分析其限制性因子，为制定相应的调控对策与措施提供一定的参考性意见。

1 工业生态安全预警方法

1.1 研究方法

1.1.1 熵权法与工业生态安全预警指标体系构建

熵权法又称熵值分析法，是一种避免人为因素干扰的客观赋权方法，业内一般采用这种方法来计算权重。按照信息论基本原理的解释，熵是系统无序程度的一个度量，指标的信息熵越小，该指标提供的信息量越大，在综合评价中所起作用理当越大，权重就应该越高。研究采用熵权法确定工业生态安全预警指标权重，通过对原始数据的标准化与归一化处理定义熵值，继而算出各个指标的熵权，具体步骤如下：

计算指标体系中第 i 个指标的熵值 H_i：

$$H_i = -\frac{1}{\ln N} F_{ij} \ln F_{ij} \tag{1}$$

$$F_{ij} = \frac{r_{ij}}{\sum\limits_{j=1}^{n} r_{ij}} \tag{2}$$

其中，F_{ij} 为第 i 个指标下第 j 个评价值的比重，r_{ij} 为经过标准化与归一化处理后第 i 个指标下第 j 个评价值，$n=3$。

计算指标体系中第 i 个指标的熵权 d_i：

$$d_i = \frac{1-H_i}{\sum\limits_{i=1}^{n}(1-H_i)} \tag{3}$$

PSR模型即"压力—状态—响应"理论模型，是环境质量评价学科中生态系统健康评价子学科中常用的一种评价模型。PSR 模型中压力指标表示人类的经济和社会活动对环境的作用，状态指标表示特定时间阶段的环境状态和环境变化情况，响应指标表示社会和个人如何通过行动来减轻、阻止、恢复和预防人类活动对环境的负面影响，以及对已经发生的不利于人类生存发展的生态环境变化进行补救。本文结合工业发展指标、城市建设指标与环境保护指标，参考《国土空间规划城市体检评估规程》（TD/T 1063—2021）中部分指标和相关的研究成果，构建基于"目标层—准则层—子准则层—指标层"的工业生态安全预警指标体系，涵盖了以工业指标与环境指标为主的经济、社会、人口等相关指标，能够充分反映系统的整体性与层次性（表1）。

表 1　工业生态安全预警指标权重

目标层	准则层	子准则层	指标层	单位	指标权重
工业城市生态安全评价指标 A	压力系统 B1	人口压力 C1	人口密度 D1	人/km²	0.0000004
			从业人员占常住人口比重 D2	%	0.0057622
		产业压力 C2	工业增加值占 GDP 比重 D3	%	0.0108178
			工业增加值增长率 D4	%	0.1307846
		能源消耗压力 C3	工业固定资产投资总额增幅 D5	%	0.2320723
			万元工业增加值用水量 D6	m³/万元	0.0888896
		生态环境压力 C4	万元工业产值废水排放量 D7	t/万元	0.1131406
			万元工业产值废气排放量 D8	m³/万元	0.0056097
			万元工业产值工业烟（粉）尘排放量 D9	t/万元	0.1957631
	状态系统 B2	社会状态 C5	城镇化率 D10	%	0.0022978
			城镇居民人均可支配收入 D11	元	0.0230888
			农村居民人均可支配收入 D12	元	0.0304717
		经济产业状态 C6	人均工业增加值 D13	元	0.0122931
			人均 GDP D14	元	0.0189012
		生态环境状态 C7	城市建成区绿化覆盖率 D15	%	0.0002040
			森林覆盖率 D16	%	0.0000034
	响应系统 B3	环境治理响应 C8	节能环保支出占 GDP 比重 D17	%	0.0055936
			规模以上工业增加值能耗降低率 D18	%	0.0486064
			工业固废综合利用率 D19	%	0.0002003
			空气质量指数优良率 D20	%	0.0012145
		社会响应 C9	每万人中具有大学文化程度人口数量 D21	人	0.0224317
			每万人中 R&D 人员数量 D22	人	0.0518530

1.1.2　工业生态安全预警指标分级标准

　　工业生态安全预警指标体系中所选取指标均代表了城市发展和工业化进程的横断面状态，有相应的判别标准和量化分级。本文参考相关研究中的指标分级标准，遵循新时代高质量发展背景下更高的标准与更严格的要求，将工业生态安全预警指标分级标准的 22 个因素分为 5 个警级，并为其赋值（表2）。其中，对有确定标准的指标采用国家或行业标准划定级别，如万元工业增加值用水量、万元工业产值废水排放量、万元工业产值废气排放量、万元工业产值工业烟（粉）尘排放量等；对暂无标准但有其他地区数据对比的指标采用近几年的全国平均水平划定级别，如城镇化率、城镇居民人均可支配收入、农村居民人均可支配收入、人均工业增加值等；对其他指标的分级依据全省平均水平划定级别，如每万人中具有大学文化程度人口数量、每万人中R&D人员数量等。

表2 工业生态安全预警指标分级标准

指标	无警（10分）	轻警（8分）	中警（6分）	重警（4分）	巨警（2分）	划分标准
D1	D1<500	500≤D1<750	D1=750	750<D1≤1000	D1>1000	全国平均
D2	D2<55	55≤D2<60	D2=60	60<D2≤65	D2>65	全国平均
D3	D3<20	20≤D3<35	D3=35	35<D3≤50	D3>50	全国平均
D4	D4<15	15≤D4<25	D4=25	25<D4≤35	D4>35	全国平均
D5	D5<20	20≤D5<40	D5=40	40<D5≤60	D5>60	行业标准
D6	D6<30	30≤D6<45	D6=45	45<D6≤60	D6>60	行业标准
D7	D7<3	3≤D7<6	D7=6	6<D7≤15	D7>15	行业标准
D8	D8<9000	9000≤D8<12000	D8=12000	12000<D8≤15000	D8>15000	行业标准
D9	D9<4.5	4.5≤D9<8.5	D9=8.5	8.5<D9≤12.5	D9>12.5	行业标准
D10	D10>70	55<D10≤70	D10=0.55	40≤D10<55	D10<40	全国平均
D11	D11>50000	30000<D11≤50000	D11=30000	10000≤D11<30000	D11<10000	全国平均
D12	D12>25000	20000<D12≤25000	D12=20000	15000≤D12<20000	D12<15000	全国平均
D13	D13>50000	30000<D13≤50000	D13=30000	10000≤D13<30000	D13<10000	全国平均
D14	D14>80000	60000<D14≤80000	D14=60000	40000≤D14<60000	D14<40000	全国平均
D15	D15>45	35<D15≤45	D15=35	25≤D15<35	D15<25	全国平均
D16	D16>70	50<D16≤70	D16=50	30≤D16<50	D16<30	全国平均
D17	D17>3.5	2.5<D17≤3.5	D17=2.5	1.5≤D17<2.5	D17<1.5	全国平均
D18	D18>15	10<D18≤15	D18=10	5≤D18<10	D18<5	行业标准
D19	D19>90	80<D19≤90	D19=80	70≤D19<80	D19<70	行业标准
D20	D20>90	80<D20≤90	D20=80	70≤D20<80	D20<70	全国平均
D21	D21>1500	1200<D21≤1500	D21=1200	900≤D21<1200	D21<900	全省平均
D22	D22>100	50<D22≤100	D22=50	20≤D22<50	D22<20	全省平均

注：相关数据单位参见表1。

1.1.3 线性加权法

以工业生态安全预警指标的原始数据与权重为基础，通过线性加权法计算工业生态安全预警综合值，计算公式如下：

$$A_i = \sum_{i=1}^{n} d_i b_i \tag{4}$$

其中，b_i为各个指标在生态安全预警指标分级标准中的赋值。

最后得出的工业生态安全预警综合值应在（0~10]之间，并将其划分为5个标准，分别为无警（8.5~10]、轻警（7~8.5]、中警（5.5~7]、重警（3~5.5]、巨警（0~3]。其中，无警表示工业实现可持续发展，生态安全状态很好，工业与生态环境实现良性互动；轻警表示在一定程度上工业实现有序发展，生态安全状态良好，工业对生态环境产生微弱的压力，但对实际发展的影响可以忽略；中警表示工业发展未呈现出可持续状态，生态安全状态处于一般正常状态，响应措施不突出，需要进行一定程度的改进；重警表示工业系统对生态环境破坏较严重，生态安全状态对居民略有影响，环境问题上升到城市发展过程中的重大问题，响应措施不到位；巨警表示工业系统对生态环境破坏非常严重，工业类型急需转型升级，城市生态环境较难修复，几乎没有采取响应措施。

1.1.4　限制度分析

在城市工业生态安全预警指标体系中，限制度是指各项指标对工业生态安全预警综合值的阻碍程度，而限制性因子是其中影响最大的几个因素。计算公式如下：

$$X_{ij} = d_i \times (1 - d_i b_{ij}) \tag{5}$$

$$X_i = \frac{\sum_{j=1}^{n} X_{ij}}{N} \tag{6}$$

其中，X_i 为各个指标的限制度，$N = 3$。

1.2　数据来源与处理

本文所涉及的数据主要包括城市发展数据、工业数据、环保数据与社会经济数据等，选自《株洲市国民经济和社会发展统计公报》《株洲市生态环境状况公报》《株洲市统计年鉴（2013—2022）》《中国统计年鉴》《湖南省统计年鉴》《株洲市国土空间规划城市体检评估报告》等。本文所采用的运算属于基础运算，用相关统计分析软件即可完成。考虑到连续年份的社会经济数据变化较小，本文采取分段式数据采集方法，以3年为一个数据段，分别选取2015年、2018年和2021年的数据信息进行计算。

2　实证研究

2.1　研究区域概况

株洲市位于湖南省东部、湘江中游，市域总面积11248 km²，2021年末常住人口388.33万人。株洲市是中华人民共和国成立后首批重点建设的8个工业城市之一，是中国老工业基地，由于京广铁路和沪昆铁路在此交会而成为中国重要的"十字形"铁路枢纽；是长株潭城市群三大核心之一。株洲市还拥有"国家绿化城市""国家卫生城市""全国文明城市""国家园林城市"等荣誉称号。2021年株洲全市生产总值为3420.3亿元，比2019年增长12.7%，两年平均增长6.2%。其中，第一产业增加值259.4亿元，增长9.3%，两年平均增长6.3%，拉动经济增长0.8个百分点；第二产业增加值1627.7亿元，增长8.8%，两年平均增长6.8%，拉动经济增长4.1个百分点；第三产业增加值1533.2亿元，增长7.6%，两年平均增长5.4%，拉动经济增长3.4个百分点。（注：本数据来源于《株洲市2021年国民经济和社会发展统计公报》。）三次产业结构比为7.6∶47.6∶44.8，与上年同期对比，第一、第三产业均下降0.7个百分点，第二产业提升1.4个百分点。三次产业对GDP增幅的贡献率分别为5.3%、54.0%和40.7%。株洲市是国家"一五""二五"时期重点建设的工业城市，工业基础雄厚，改革开放以来，基本形成了以轨道交通、中小航空发动机、硬质合金、新材料等为主体的支柱产业，以服装、食品、汽车等为辅的新兴产业格局。过去，株洲市工业的快速发展引发一系列环境问题，如今老城区部分空气、水体、土壤等仍有不同程度的污染，生态环境问题仍然存在。

2.2 株洲市工业生态安全预警

2.2.1 总体生态安全

　　根据工业生态安全预警测算公式与分级标准，计算得出 2015 年、2018 年、2021 年株洲市工业生态安全预警综合值，从而得出相应的工业生态安全预警状态（表3）。测算结果显示，2015 年、2018 年、2021 年株洲市工业生态安全预警综合值分别为 6.64、6.75、7.96，所处的生态安全预警状态分别为重警、中警、轻警。综合来看，株洲市工业起步较早，近代以来便有着"工业株洲"之称，改革开放后更是蓬勃发展，形成了以轨道交通、航空动力和先进硬质材料三大主导产业为特色的现代工业城市。"十一五"时期之前，由于发展阶段以及工艺技术的限制，高污染、高排放的产业结构致使株洲市环境污染严重，工业带给经济社会发展的负面影响也日益显现，工业与区域人口、资源、环境、经济、社会系统协调发展状况较低。"十一五"时期之后，株洲市以"两型社会"为目标，全力整治冶炼、化工、造纸、洗涤等污染行业，开展了"蓝天碧水净土静音行动"和"清水塘工业区环境污染综合整治"等专项治理，强化环境监管，促进全市环境质量根本好转和主要污染物排放大幅下降，开展生态修复，加强生态建设。根据生态环境部最新公布数据，2021 年株洲市整体生态环境状况指数（EI）为 78.01，生态环境质量等级为优。

表 3　2015—2021 年株洲市工业生态安全预警状态

年度	压力系统评价值	状态系统评价值	响应系统评价值	生态安全预警综合值	预警状态
2015 年	5.60	0.53	0.51	6.64	中警
2018 年	5.41	0.53	0.81	6.75	中警
2021 年	6.06	0.85	1.05	7.96	轻警

　　从演变趋势来看，株洲市工业生态安全预警综合值从 2015 年到 2021 年呈上升的趋势，生态安全预警状态从中警下降到轻警，这也说明了株洲市产业转型升级不断加快，高污染、高排放的发展模式得以改善，环境问题得到关注，工业与社会、经济与环境的契合度逐步提升，符合当前高质量发展战略的内在要求。

2.2.2 各子系统生态安全

　　株洲市工业生态安全预警系统由压力系统、状态系统与响应系统构成（图1）。分析各个子系统的生态安全预警评价值有利于厘清工业生态安全的构成要素与反应机制，更为清晰地分析工业生态安全的优势项与薄弱项，从而为制定株洲市工业转型发展战略提供一定的参考意见。

　　2015—2021 年，株洲市工业生态安全压力系统评价值在 5.41～6.06 之间，呈现逐年上升形态，为生态安全预警综合值贡献了约 76%，所占权重为 78%。压力系统的分值大大提升了株洲市工业生态安全预警综合值，从侧面说明了当时株洲市所面临的人口压力、产业压力、能源消耗压力与生态环境压力等已经明显减轻。从分指标来看（表4），株洲市万元工业增加值用水量从 2015 年的 63.7338262 m³/万元下降到 2021 年的 32.1148393 m³/万元，万元工业产值废水排放量从 2015 年的 3.3569618 t/万元下降到 2021 年的 1.27517466 t/万元，节能措施得到有效落实；万元工业产值废水排放量、万元工业产值废气排放量、万元工业产值工业烟（粉）尘排放量评分值也高于全国平均水平，减排任务有效推进。近年来，株洲市大力推进节能减排，加快形成资源节约、环境友好的生产方式和消费模式，增强可持续发展能力，全市节能减排工作取得了一系列重大成果，带动和促进了城市环境高质量发展。

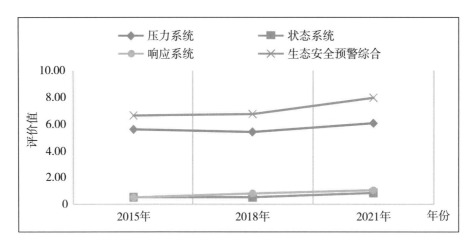

图 1　2015—2021 年株洲市工业生态安全评价

表 4　株洲市工业生态安全预警指标情况

指标项	2021 年	2018 年	2015 年	单位
人口密度 D1	345.243599	345.794808	345.234708	人/km²
从业人员占常住人口比重 D2	53.1764221	63.144363	64.3798929	%
工业增加值占 GDP 比重 D3	37.1195509	34.7582183	46.3363453	%
工业增加值增长率 D4	36.6042608	14.103512	28.5493644	%
工业固定资产投资总额增幅 D5	15.4	38.8	8.5	%
万元工业增加值用水量 D6	32.1148393	64.797719	63.7338262	m³/万元
万元工业产值废水排放量 D7	1.27517466	2.12808952	3.35569618	t/万元
万元工业产值废气排放量 D8	11124.5008	10233.9462	9002.41451	m³/万元
万元工业产值工业烟（粉）尘排放量 D9	3.55064074	11.496207	8.40764116	t/万元
城镇化率 D10	72.04	69.38	63.1	%
城镇居民人均可支配收入 D11	52399	42867	33977	元
农村居民人均可支配收入 D12	25657	19889	15637	元
人均工业增加值 D13	32693.8429	23895.1022	27863.6176	元
人均 GDP D14	62.11	61.95	61.79	元
城市建成区绿化覆盖率 D15	40.76	40.92	39.44	%
森林覆盖率 D16	87852	68762	60234	%
节能环保支出占 GDP 比重 D17	0.56907581	0.66463219	0.69932765	%
规模以上工业增加值能耗降低率 D18	10	8.6	5.3	%
工业固废综合利用率 D19	89.32	92.2	88.88	%
空气质量指数优良率 D20	84.9	80.2	77	%
每万人中具有大学文化程度人口数量 D21	1505	1202	986	人
每万人中 R&D 人员数量 D22	65.3748101	66.697519	36.0347136	人

株洲市工业生态安全状态系统评价值由 2015 年的 0.53 上升到 2021 年的 0.85，上升幅度为 60.38%，说明株洲市工业生态安全状态呈现较高程度的向好趋势。状态系统所有指标所占权重为 9%，对生态安全预警综合值影响有限。然而，从实际数据可以看出，社会经济的发展、产业的升级换代、生态环境质量的提高等都对株洲市工业发展起到正向推动作用，如株洲市城镇居民人均可支配收入、农村居民人均可支配收入、人均工业增加值等指标均高于全省平均值。

株洲市工业生态安全响应系统所占权重仅为 13%，但评价值由 2015 年的 0.51 上升到 2021 年的 1.05，数值实现了翻倍增长。这体现出株洲市在经济社会与工业不断发展的前提下，环境治理响应与社会响应均取得了较高成效，也潜移默化地间接作用于株洲市生态环境的改善。其中，节能环保支出占 GDP 比重仍小于 1%，且由 2015 年的 0.7% 降低到了 2021 年的 0.57%，规模以上工业增加值能耗降低率小于 12%，此两项指标偏低，但工业固废综合利用率、空气质量指数优良率两项指标偏高。在应对日益严峻的环境问题时，株洲市加大治理力度，拓宽治理领域与深度，深入打好污染防治攻坚战，全面完成各项生态环境考核指标，生态环境保护工作成效明显。

2.3 株洲市工业生态安全限制性因子分析

张风丽在对新疆工业生态安全评价及障碍因子诊断研究中指出，障碍因子主要体现在万元工业 GDP 水耗量、森林覆盖率、万元工业 GDP 能耗量、环境污染治理投资额占 GDP 比重、工业废水排放量和工业废气排放量等指标。本文采取不同的指标和计算方法，得出株洲市工业生态安全限制性因子前十位依次是万元工业增加值用水量、工业增加值增长率、规模以上工业增加值能耗降低率、每万人中 R&D 人员数量、农村居民人均可支配收入、每万人中具有大学文化程度人口数量、城镇居民人均可支配收入、人均 GDP、人均工业增加值、工业增加值占 GDP 比重（表 5）。其中，万元工业增加值用水量的限制度约为 0.057，是制约株洲市工业生态安全等级提升的最大因素。目前，株洲市节能环保支出占 GDP 比重低于全国平均水平（2021 年全国公共财政节能环保支出为 6784 亿元，占 GDP 的 0.59%，株洲市节能环保支出占 GDP 比重为 0.57%），节能环保支出偏低；工业增加值增长率的限制度约为 0.040，株洲市的三次产业结构比为 7.6∶47.6∶44.8，仍然是以第二产业为主的增长模式，产业结构有待优化升级。此外，规模以上工业增加值能耗降低率、每万人中 R&D 人员数量、每万人中具有大学文化程度人口数量等指标也是发展过程中的薄弱项。在排名前十位的限制性因子中，压力系统占比三成，限制度总和约为 0.11；状态系统占比四成，限制度总和约为 0.07；响应系统占比三成，限制度总和约为 0.09，响应系统正向作用力较弱。

表 5　株洲市工业生态安全限制性因子

排序	指标	指标编号	限制度	所属子系统层
1	万元工业增加值用水量	D6	0.05728416	压力系统
2	工业增加值增长率	D4	0.03956000	压力系统
3	规模以上工业增加值能耗降低率	D18	0.03600595	响应系统
4	每万人中 R&D 人员数量	D22	0.03392812	响应系统
5	农村居民人均可支配收入	D12	0.02490053	状态系统

续表

排序	指标	指标编号	限制度	所属子系统层
6	每万人中具有大学文化程度人口数量	D21	0.01874172	响应系统
7	城镇居民人均可支配收入	D11	0.01846866	状态系统
8	人均 GDP	D14	0.01604314	状态系统
9	人均工业增加值	D13	0.01148714	状态系统
10	工业增加值占 GDP 比重	D3	0.01019368	压力系统

3 结语

在创新、协调、绿色、开放、共享的新发展理念背景之下，老工业基地是产业升级改造的重点与难点。国家对老工业基地调整改造力度较大、工作成果突出的老工业城市和资源型城市，支持设立产业转型升级示范区，先行先试重大改革和重大政策，探索可复制、可推广的经验。2017 年，湖南中部（株洲—湘潭—娄底）产业转型示范区获批中国首批 12 个老工业城市和资源型城市产业转型升级示范区。本文以此为背景，利用 PSR 模型构建基于"目标层—准则层—子准则层—指标层"的工业生态安全预警指标体系，采用熵权法确定工业生态安全预警指标权重，运用线性加权法测得株洲市 2015 年、2018 年、2021 年工业生态安全预警综合值与对应的警情等级，并且分析其限制性因子，为制定相应的调控对策与措施提供一定的参考。

工业城市生态环境质量的改善代表了现代生态文明的进步，也是株洲市转型发展的重大成果。城市是一个复杂的生态系统，改善城市环境质量与提升市民幸福感任重而道远，也是不同行业与不同时代的人共同努力的方向，这必定是一个漫长的过程。我们对城市工业生态安全的研究不能仅停留在表面，需要结合城市体检评估工作进行深层次的探索与研究，推进株洲市"培育制造名城、建设幸福株洲"的进程。

［参考文献］
［1］李炎女. 工业生态安全评价与实证研究［D］. 大连：大连理工大学，2008.
［2］肖笃宁，陈文波，郭福良. 论生态安全的基本概念和研究内容［J］. 应用生态学报，2002，13（3）：354-358.
［3］徐成龙，程钰，任建兰. 黄河三角洲地区生态安全预警测度及时空格局［J］. 经济地理，2014，34（3）：149-155.
［4］赵宏波，马延吉. 东北粮食主产区耕地生态安全的时空格局及障碍因子：以吉林省为例［J］. 应用生态学报，2014，25（2）：515-524.
［5］吴大放，刘艳艳，刘毅华，等. 耕地生态安全评价研究展望［J］. 中国生态农业学报，2015，23（3）：257-267.
［6］张智光. 基于生态：产业共生关系的林业生态安全测度方法构想［J］. 生态学报，2013，33（4）：1326-1336.
［7］马世五，谢德体，张孝成，等. 三峡库区生态敏感区土地生态安全预警测度与时空演变：以重庆市万州区为例［J］. 生态学报，2017，37（24）：8227-8240.
［8］杜悦悦，胡熠娜，杨旸，等. 基于生态重要性和敏感性的西南山地生态安全格局构建：以云南省

大理白族自治州为例 [J]. 生态学报，2017，37（24）：8241-8253.

［9］程漱兰，陈焱. 高度重视国家生态安全战略 [J]. 生态经济，1999（5）：9-11.

［10］郭中伟. 建设国家生态安全预警系统与维护体系：面对严重的生态危机的对策 [J]. 科技导报，2001（1）：54-56.

[作者简介]

赵柱楠，工程师，注册城乡规划师，株洲市规划测绘设计院有限公司空间规划所副所长。

滕洁，工程师，咨询工程师（投资），湘潭市规划建筑设计院有限责任公司项目咨询研究所咨询师。

空间规划体系下跨边界生态功能区的空间治理经验和启示

□孔雅茹，刘华平，杨武亮，刘李

　　摘要：现代城市群、都市圈建设是我国构建城镇化总体格局的关键一环，如何在快速城镇化进程中保证区域大型绿地等开放空间的可持续发展、实现"三生"空间的融合成为区域协调发展的重要议题。欧洲国家在区域一体化实践方面有丰硕的理论与实证成果，其发展经验可为国内跨边界区域的协同治理提供指引。我国跨边界生态功能区面临保护与发展之间的矛盾和国土空间规划改革的新挑战，因此此类地区的空间治理体系需进行改革创新。本文选取荷兰兰斯塔德绿心、英国伦敦绿带和中国长株潭城市群生态绿心3个跨边界生态功能区进行研究，总结以"治理定位—治理主体—规划类型—规划体系—治理机制"为脉络的跨边界生态功能区空间治理优化逻辑，旨在为国内生态功能区的空间治理工作提供经验借鉴。

　　关键词：跨边界区域；生态功能区；空间治理；兰斯塔德绿心；伦敦绿带；长株潭城市群生态绿心

0　引言

　　近年来，现代城市群、都市圈建设成为我国构建城镇化总体格局的关键一环，国内的跨边界治理目标转为区域一体化发展，很多地区面临跨边界协同发展的机遇与挑战。生态功能区是以生态功能为根本，同时涉及人文、经济、社会、行政等多个层面的复合空间，作为具有特定生态环境、发挥特定生态功能的地理区域，面临融合发展和生态保护之间的矛盾与国土空间规划改革的新挑战。

　　国外对跨边界生态功能区的研究侧重政策和土地利用视角，早期便通过公共政策限制国土空间的无序建设、保护生态区域的自然本底，如英国、意大利、瑞典、荷兰、德国等通过建立区域管理机构、制定生态保护政策、制订空间规划与空间管制等举措，实现对绿心和绿带地区的保护。而国内研究侧重法制与管理体制、系统性规划思路、成效评估研究、空间演变与发展研究等方面，同时总结了不同尺度的跨边界发展模式，包括超国家尺度、跨省域尺度、跨市县行政界线等。国内现有研究多为针对某个特定生态空间的发展沿革、规划编制路线和实施机制等单向维度的定性研究，或通过定量分析评估生态空间规划的实施效应，较少将跨边界生态功能区的发展与现行的空间规划体系结合起来。因此，需要从更大的视野来考察此类生态功能区的空间治理话题。

　　本文基于对传统跨边界生态功能区发展的反思，总结跨边界生态功能区空间治理体系的国际经验，形成空间规划体系下的生态地区协同治理思路，并以长株潭城市群生态绿心为例进行实证研究，提出相应的协同治理机制优化建议。

1 跨边界区域与空间治理

1.1 跨边界区域的发展与反思

随着全球化和区域协调发展战略的推进，区域间人口流动频繁、经济往来密切，跨边界区域被视为区域一体化发展的基础与关键，开始得到城市研究者的关注。跨边界区域是一种跨越不同制度组织、空间形态要求、社会身份意识等要素的特殊空间区域，这些区域或通过集聚产业承担区域重要功能分工而发展为经济社会发展一体化的核心地带，或因地理区位位于行政区域边缘而发展迟缓。跨边界区域的发展取决于制度模式、规划工具和区域经济社会发展基础等因素。现存不同尺度的跨边界区域包括跨国尺度的跨国边境地区，如中俄、中越、中缅等边界地区；跨省域尺度的政策型跨边界地区，如京津冀地区和长三角地区等；跨市县行政界线的跨边界地区，如中国长株潭城市群、英国大伦敦都市圈、荷兰兰斯塔德地区等。

对于跨市县行政界线的边界区域，其协同发展面临着由于所属不同行政区域而导致的政策法规不一致、基础设施等资源分配不均、环境治理差异、规划目标不一致等矛盾，造成发展受限，最终在城镇化过程中逐渐成为阻碍一体化协同发展的灰色空间。

1.2 空间治理

"空间生产理论"的提出者列斐伏尔（Henri Lefebvre）认为，空间既是具体的，也是抽象的；空间由作为人类生存载体的物质空间、因权力关系和生产关系改变所创造的社会空间与精神空间组成。当前，在国家治理体系建设的背景下，政府管理体系向治理体系转变，而国土空间规划作为实现治理现代化目标的重要一环，逐渐成为我国治理体系的核心。空间治理的本质是政府、市场、社会主体在国土保护利用上的分工合作关系的反映，因而需要在空间治理过程中进行统筹谋划和共建共享，平衡政府、市场和公众等不同主体间的冲突，寻找"共治"与"分治"的利益结合点。跨边界区域作为一种新的空间治理对象，涉及不同行政制度、空间形态特征、空间规划和用途管制规则等。跨边界空间治理涉及不同尺度、不同情境的治理方式，包括区域协同治理、柔性治理、动态规划等，需要从治理主体、执行机构、治理机制、治理目标、治理效力等方面分析具体的治理方法。

1.3 空间规划的新要求

欧洲的规划体系较早从传统的土地利用规划向空间规划转变，自1999年颁布《欧洲空间发展展望》后，"空间规划"被欧洲各国政府和规划界广泛接受并付诸实践。空间规划超越了传统的土地利用规划，是在特定场所合理配置土地资源、构成空间发展格局的政策工具，包括决策、政策融合、社区参与、机构利益和发展管理等方面。由于经济社会环境和城乡发展需求的转变，我国建立"五级三类"国土空间规划体系，规划从对土地的管控工具上升为协调统筹各类可能对空间产生影响的公共政策的核心工具，其内涵与欧洲空间规划具有共通性，即土地资源利用与空间配置。同时，空间规划体系改革也对传统治理模式提出了新要求。欧洲空间规划体系对跨区域资源要素的治理有较成熟的经验，对我国生态功能区的发展具有重要借鉴价值。因此，本文选取欧洲的两个典型跨边界生态功能区——荷兰兰斯塔德绿心和英国伦敦城市绿带，总结其空间规划体系下的空间治理模式的主要特征，同时选取我国典型的跨边界生态功能区——长株潭城市群生态绿心作为对标案例，评析其现有治理体系的优劣和国土空间规划体系带来的新挑战，提出相应的协同治理机制优化建议，为该区域生态空间规划与建设提供经验和借鉴。

2 跨边界生态功能区空间治理的国际经验

2.1 荷兰兰斯塔德绿心：央地协商、地方主导的模式

荷兰兰斯塔德都市区是荷兰区域协同发展的典型地区。"兰斯塔德"是荷兰发展了多年的国家级空间规划，兰斯塔德绿心是由其中不同市镇围合而成的开敞绿色空间。兰斯塔德绿心地区的治理定位、治理主体、治理机制等经历了不断变迁，形成了较为成熟的治理方式。

2.1.1 绿心治理定位的不断讨论与变迁：由整体保护转为保护与开发并存的国家地景区模式

1960 年至今，荷兰政府为绿心制定了 5 次国家空间规划和 1 次国家空间战略，其规划体系由中央集权的控制型转向央地协商的自由裁量型，由刚性规划转向弹性规划。政府对绿心的认识与管理经历了多次跃迁，相应的保护开发策略经历了"整体保护—集中式分散发展—具体开发规则—紧凑都市—国家地景区"的演变过程，绿心从绝对保护的封闭地域转变为开放共享的公共空间。自 1956 年西荷兰工作委员会提出"绿心"这一概念，到 1990 年荷兰政府划定绿心范围线和提出绿心土地管控规则，再到弱化绿心刚性管控规定，政府对绿心地区的治理体系逐渐完善，探索出一种大都市地区中央开放地带的独立管理模式：国家空间战略中不再对绿心地区制定刚性规定，而将权力下放给地区（南荷兰、乌德勒支、北荷兰、弗莱福兰），不再严格限制绿心的开发活动。

2.1.2 跨区域治理主体在国家和地方之间的流转：由中央政府/省级政府制定宏观战略，市镇政府管理开发保护活动

荷兰进入城镇化稳定发展阶段后，在兰斯塔德绿心治理方面已形成"1＋3"的空间规划体系，其中"1"指《空间规划法》，是荷兰空间规划体系的核心法规政策；"3"指中央政府、省级政府、市镇政府，由 3 个层级政府构成跨区域治理主体。中央政府层面的规划主要包括《基础设施与空间规划国家政策战略》、国家结构规划和土地使用规划，国家空间政策已不再专门提及绿心保护政策；绿心涉及的省级政府中，南荷兰省以更具普适性的城市控制政策替代了省级层面规划对于绿心的发展控制，而其他三省的省域结构规划中仍有绿心政策；市镇政府层面的土地利用规划则是直接关系到绿心地区的规划引导、分区管控和用地管理等，无须经过省级政府批准。

2.1.3 跨区域治理机制的不断细化：大小生态空间结合的精细化、放权化管控模式

一方面，绿心是被整体保护、人与自然和谐共生的大生态区域，承载着生态文明建设、乡村建设、城市建设功能，政府在划定分区的基础上，除严控大规模的商业地产等开发活动外，鼓励在区域内积极发展旅游休闲相关服务业，允许有条件地建设具有区域重要性的政府项目；另一方面，地方通过划定精细化、小生态空间的方式进行管控。省级政府层面的结构规划和市镇政府层面的土地利用规划通过分区分类的精细化管控方式有效规避无序的开发建设活动，由市镇政府层面的土地利用规划规定土地用途。其中，南荷兰省根据场地自然属性将兰斯塔德绿心划分为高端品质区、特殊价值区、农村生活区 3 类空间，将绿心区域的新开发活动分为 3 种类型：符合区域性质和规模的适应型开发项目；不符合区域性质和规模，但定位合理，在必要时可采取生态补偿、增减挂钩等补偿性措施的调整类开发项目；不符合区域性质和规模，通过保证环境质量、额外场所营造、分阶段建设等设计手段开发的转型类开发项目。兰斯塔德绿心空

间管制的主要特点分别对适应型开发项目、调整类开发项目和转型类开发项目提出具体的管制规则，明确了不同分区中能准入的项目类型和准入审批主体，提高了项目的行政审批效率和项目准入的灵活性。

2.2 英国伦敦绿带：逐级传导、放权地方的模式

为规避伦敦因经济发展和城市不断扩张，最终与相邻的城镇融为一体的趋势，英国大伦敦区域规划委员会于 1935 年提出"绿带系统"概念。1938 年，《绿带法案》将绿带政策法定化，形成逐级传导、放权地方的模式。

2.2.1 跨区域治理主体的尺度转移：绿带治理事务在"国家—区域—地方"多层级空间规划中传导

伦敦绿带政策法定化后，政府不断增强制度"软环境"建设保障，把制度优势转化为国家治理效能，其刚性管控模式以及人民的绿带保护意识保证了伦敦绿带边界的长期稳定。英国伦敦绿带地区已形成由国家、区域和地方 3 级治理主体构成的治理体系。国家层面的《国家规划政策框架》（National planning policy framework，NPPF）作为国家规划纲领性文件，明确了保留绿带的重要性和地方当局修改绿带边界的程序和考虑因素，《绿带规划实施指南》（The planning practice guidance on the green belt，PPG）明确了地方当局修改绿带边界的实际情形；区域层面的《大伦敦规划 2021》（The London plan 2021）在规划政策要点中进一步说明了保护绿带的重要性和保护程序；地方层面的地方规划是地方当局陈述其发展愿景和未来开发计划，以及绿带规划和实施工作的关键法定文件，是直接面向绿带发展的实施性规划。地方主义引导下的空间规划体系较好地维护了绿带这一重要的开放空间，但英国未来仍面临着绿带保护与日益增长的经济适用房需求的矛盾。

2.2.2 跨区域治理机制的平衡：强控与发展平衡的刚弹管控并行模式

自 2008 年金融危机和 2010 年英国联合政府上台后，中央对绿带的管控策略逐渐转变为刚弹管控结合模式，其管控特点有两个方面。一是伦敦绿带边界和规模的法定性。伦敦绿带的边界由大伦敦地区政府统筹划定，边界一经划定不能随意变更，下一级郡县政府要在地方规划中落实管控要求。非特殊情况严禁对绿带进行破坏和开发建设，特殊情况需要变化时则应通过置换腾挪调整边界，保证绿带规模不变。这一举措类似国内的增减挂钩，且需要通过编制或审查地方规划等方式，证实对绿带进行强化建设的合理性与必要性。二是部分放权至地方的刚弹管控结合模式。根据 NPPF，中央政府拥有绿带规模调整的决定权和功能变更、项目规划许可的部分审批权，地方政府拥有核发绿带中项目规划许可的主导权。2021 年修订的 NPPF 提出"允许地方政府对不影响绿心功能的相容性开发项目核发规划许可，允许地方政府对农林业建设、休闲游憩设施建设、符合地方发展计划的经济适用房建设、维持用地规模的建筑改扩建等建设项目核发规划许可"，伦敦绿带从绝对保护转向绿色开发，从单一封闭转向多元开放。

荷兰兰斯塔德绿心和英国伦敦绿带作为空间规划体系下发展的跨边界生态功能区，其空间治理逻辑在治理定位、治理主体和治理机制等方面具有一定共同点，对国内跨边界地区的发展有启发性（表 1、图 1）。治理定位由单一保护演变为在尊重生态环境的前提下支持区域协调发展；各治理主体的权限有所流转，中央政府将部分空间规划权力让渡至实施层面的地方政府；治理机制中以政府法规确定生态功能区的法定性，并通过柔性规划规定项目准入的管制规则。

表 1   荷兰兰斯塔德绿心与英国伦敦绿带的空间管制模式

跨边界生态功能区	分区名称	分区依据	对应管制规则
荷兰兰斯塔德绿心	高端品质区	城市及其发展区	适应型开发项目需要省级主管部门审批准入，不允许调整类开发项目和转型类开发项目准入
	特殊价值区	城市发展过程中要保护的特殊生态或景观地段，以及具有全国或区域重要性的绿地	适应型开发项目和调整类开发项目需省级主管部门审批准入，不允许转型类开发项目准入
	农村生活区	行政区划所界定的农村中，没有特殊价值和卓越品质的地区	适应型开发项目、调整类开发项目和转型类开发项目需要省级主管部门审批
英国伦敦绿带	绿带地区	围绕城市周围的林地、风景区、牧场、农场等绿色空间	1. 地方规划当局可对以下"特定情况"核发规划许可：a. 农林业建设；b. 服务于户外游憩、坟场等活动的公共设施建设，保证绿带的开放性；c. 不超过原用地规模的建筑改扩建；d. 有限的村庄建设；e. 根据发展计划新建的地方社区经济适用房；f. 对已开发土地的再开发 2. 对不影响绿心开敞性的相容性开发核发规划许可：采矿、工程作业、绿色交通、存量建筑更新、土地用途改变（户外游憩康养功能）、相关社区规划中提出的必要开发
	弹性地区	绿带和城市建成区之间、近期不会被开发的储备性地区	平行于绿带政策的弹性管控手段，允许符合城镇边缘乡村特性的开发活动

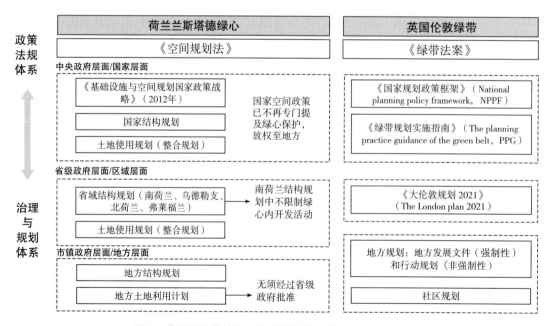

图 1   荷兰兰斯塔德绿心与英国伦敦绿带的空间治理逻辑

3 跨边界协同视角下的长株潭城市群生态绿心空间治理模式评析

3.1 空间治理现状

长株潭城市群生态绿心自 2005 年提出至今，已构建一套较为完备的跨边界空间治理体系（图 2）。在习近平生态文明思想指导下，生态绿心被定位为生态保护区域，有效规避了城市发展对生态绿心的蚕食。该区域的治理机制由完整的法律政策体系和规划体系构成，核心法规政策包括《长株潭城市群生态绿心地区总体规划（2010—2030 年）》（简称《绿心总规》）、《湖南省长株潭城市群生态绿心地区保护条例》（简称《绿心条例》）和《长株潭城市群生态绿心地区建设项目准入暂行管理办法》（简称《绿心准入办法》）。《绿心条例》明确了发展规划的强制性和法律权威性，《绿心准入办法》明确了规划中不同分区可准入的项目清单，为绿心地区的项目落地提供实施保障。在国土空间规划体系下，也逐步构建了逐级传导、"多规"融合的规划体系。

在空间管制方面，依托《绿心总规》《绿心条例》《绿心准入办法》共同管理绿心区域的不同管制分区活动。《绿心总规》划分控制建设区、限制开发区和禁止开发区，并提出了较为综合的管控内容，诸如控制建设区禁止工业和其他可能造成环境污染的建设项目；《绿心条例》将总规的管制内容法定化，是绿心内项目准入需满足的强制性前置条件，同时规定了建设项目的审批流程；《绿心准入办法》明确了各区准入的具体项目和项目准入办理程序，其对于禁限两区建设项目准入类型的严谨性充分体现了绿心规划的生态优先思想。在国土空间规划体系下，随着总规、详规和专规的细化，以及跨边界生态功能区的区域协调发展需求，绿心地区面临着"多规"协调、协同治理的挑战。

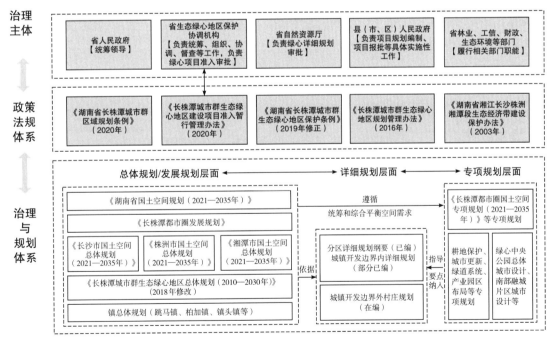

图 2 长株潭城市群生态绿心空间治理体系

3.2　空间治理现存问题

长株潭城市群生态绿心作为国内较典型的跨边界生态功能区，对其保护与发展过程进行剖析，有助于找出当下此类区域的共性和特性问题。

首先，跨边界生态功能区作为稳定生态安全格局、控制城市无序发展、引导区域一体化发展的有效载体，是区域协调发展战略的关注重点，其空间治理也面临着多重困境。主要表现在以下几个方面：一是跨边界生态资源的行政割裂，此类区域往往涉及不同的行政单元，跨区域生态资源管理联动性不足；二是不同治理主体的职能协调不畅，生态要素相关的事权掌握在自然资源、发展改革、农业农村、林业等不同行政管理职能部门之间，生态要素整合管理难；三是相关法规与规划的衔接性欠缺，部分生态区域的保护条例与对应规划不一致带来了现实矛盾，如长株潭城市群生态绿心地区的保护条例出台时间在其总规颁布后，管控范围以总规为准、管控措施以条例规定为准，而条例的管控措施严于总规，导致部分区域的管制措施与实际发展情况不符；四是城市发展与生态资源保护之间的矛盾。

其次，虽然长株潭城市群生态绿心空间治理体系完整全面，但在实施管理过程中仍存在部分具体的矛盾点。一是发展规划与空间规划相杂糅，省生态绿心地区保护协调机构组织编制的发展规划涵盖用地指标、基础设施规划、公共服务设施规划等空间规划内容，规划内容与主管部门职责的错位使规划效力降低；二是公共设施落地效率低，虽然公园内部必要的景区配套公共设施建设在允许准入范围，但现实中严格的项目准入制度和复杂的审核报批流程使必要的公共设施项目落地的效率大打折扣；三是引导性的负面清单实施难，由于项目审批流程关键点在于是否符合准入办法中的可兴建的项目目录，总规中的引导性负面清单缺少实施抓手；四是产业准入和空间管控内容条文相对笼统和图纸精度不高，且空间准入和产业准入相混淆，导致规划实施难、现实矛盾多。比如《绿心条例》中提出绿心地区禁止工业建设，但未明确禁止工业用地和禁止工业具体产业类别的区别。

4　跨边界生态功能区创新空间治理模式探索

4.1　治理定位：维系区域强控与发展的动态平衡

在区域协调背景下，跨边界生态功能区不仅承载着生态屏障功能，同时承载着休闲游憩、开放共享、绿色产业发展等功能，具体定位从"严格保护"转向"强控与发展的动态平衡"。我国的生态功能区需以生态保护为根基，通过生态产业化与产业生态化重塑区域活力，将生态资源转变为生态资本，通过刚弹管控结合的方式来实现保护与发展的平衡。一是通过细化管控规则对生态地区实行分区分类管控。对具有高度生态敏感性和生态重要性的地区实施严格保护的管制策略，赋予有绿色产业发展基础的其他生态区一定的空间管制灵活性，如伦敦绿带中的弹性地区采取弹性管控政策，允许开展符合城镇边缘乡村特性的开发活动，在保持生态环境良好的前提下为人们提供开放共享空间。二是融入生态补偿和"增减挂钩"制度。生态功能区中的农业空间占地面积大，完全刚性的被动保护会导致城市发展受限，因此需探索弹性的生态补偿机制。如兰斯塔德地区规定绿心内的调整类开发项目经评估有必要准入开发时，可采取生态补偿、"增减挂钩"等补偿性措施进行准入，通过刚弹结合的管控方式，将保护与发展并行的治理定位由想象变为现实。

4.2 治理机制：构建法规合一的跨边界生态功能区治理体系

跨边界生态功能区往往涉及不同的行政单元，区域内不同的生态要素归属于不同行政职能部门，使此类区域的管理面临现实困境。本文研究的跨边界区域的发展均经历了多轮政策演变，探索了上下体系相互呼应、相关部门协同合作的路径，体现在两个方面。一方面，通过国家或省级层面立法确定该区域的法定性，使之成为宏观战略中的重要组成部分。本文研究的跨边界区域发展之初，均有相关法案（法规）出台以明确生态保护区域的范围，"法"确定边界和保护原则，"规"细化不同分区的管控策略、不同类别产业的准入规则和不同用途土地的规模及布局。另一方面，立足区域一体化背景，基于"国家—省—区域—市"多重尺度构建自上而下的治理体系。如步入稳定发展阶段的兰斯塔德绿心，形成中央政府放权、省级政府统筹、市镇政府制定土地利用规划直接管理绿心的开发和保护活动等一套治理逻辑。

4.3 治理内容：探索"两规"协同和刚性柔性治理的动态平衡

在国土空间规划改革背景下，生态功能区的发展规划与空间规划的衔接是"多规"协调的重要议题。兰斯塔德绿心和伦敦绿带的空间治理体系没有与原规划体系剥离开，而是在原有的各层级规划中明确生态功能区规划与管理的相关内容，而长株潭城市群生态绿心由于自身强管控的特质，构建了"绿心条例—绿心准入办法—绿心总规"多层嵌套的发展规划体系，缺乏与各类国土空间规划的衔接。因此，需明晰发展规划与空间规划的关系，即发展规划聚焦社会经济发展目标，空间规划聚焦土地使用、空间布局、设施配置等方面内容。

我国生态功能区适用刚性和柔性结合的治理模式。一方面是重管控的空间规划体系，以国土空间总体规划为统领、详细规划为重点抓手，重点关注管制分区和用地规模控制方面。在管制分区方面，空间管制分区划定需考虑与国土空间"3条控制线"的协调，在生态保护红线和永久基本农田划定的基础上，严格落实这2条控制线的管控要求，以规避多类型规划的冲突；在用地规模控制方面，实事求是地规划城乡建设用地规模，重点管控居住用地和商业用地等经营性用地规模，同时考虑生态区域规划中的生态功能区规划与专项规划、详细规划的传导体系，这也是未来生态功能区规划和实施管理需探索的重要议题。另一方面是重弹性的柔性空间治理，柔性治理侧重于策略性指导和框架性规划，鼓励不同的治理主体实现协同合作，根据最新的信息、技术变革和环境变化进行动态调整和更新。

5 结语

随着现代城市群、都市圈建设成为我国构建城镇化总体格局的关键一环，其也成为区域一体化发展和区域环境治理的重要载体。对于跨市县边界的生态功能区，其协同发展面临着政策法规不一致、基础设施等资源分配不均、环境治理差异、规划目标不一致等矛盾，造成发展受限，成为阻碍区域一体化协同发展的灰色空间。在我国国土空间规划改革背景下，传统的单行政区域治理模式存在一定的局限性，需要探索创新空间规划体系下的空间治理机制。聚焦土地资源利用与空间配置的欧洲空间规划体系与我国国土空间规划体系具有一定共通性，其对于跨边界资源要素的治理理论对我国具有重要借鉴意义。本文以荷兰兰斯塔德绿心、英国伦敦绿带两个相似尺度、同类空间规划体系下的生态功能区为例，沿"治理定位—治理主体—治理机制—治理与规划"的研究脉络，总结了"大小生态空间结合的精细化、放权化管控"和"强控与发展平衡的刚弹管控并行"两种跨边界治理模式；针对跨边界生态资源的行政割裂、治理主体职能协调不畅、法规衔接性欠缺、城市发展与生态资源保护相矛盾等问题，提出维系区域强制性控制与发展的动态平衡、构建法规合一的跨边界生态功能区治理体系、探索"两规"协同和刚性柔性治理的动态平衡等三方面空间治理优化建议（表2）。

表2 跨边界生态功能区的空间治理优化逻辑

跨边界生态功能区		治理定位/目的/理念	治理主体	规划类型	规划体系	治理机制
荷兰兰斯塔德绿心		央地协商的自由裁量型，由整体保护型转为保护与发展共存的国家地景区模式	市镇政府主导，多元主体协同共治	法定规划型（指导型）	"1＋3"空间规划体系：《空间规划法》＋中央政府、省级政府、市镇政府三级治理主体	大小生态空间结合的精细化、放权化管控模式 •大生态空间：严控大规模商业地产等开发活动，鼓励发展旅游休闲等相关服务业 •小生态空间：实行具体的分区分类管控，对适应型开发项目、调整类开发项目和转型类项目提出具体管制规则
英国伦敦绿带		遏制城市无限蔓延、优化城市生态格局，开放共享的公共空间	地方政府主导	审查管理型（指导型）	"1＋3"空间规划体系：《绿带法案》＋国家、区域、地方三级治理主体	强控与发展平衡的刚弹管控并行模式 •绿带边界和规模法定 •刚弹管控并行：中央政府决定绿带规模和功能，地方政府决定项目规划许可
中国长株潭城市群生态绿心	现状	长株潭城市群生态屏障、两型社会生态服务示范区、生态文明建设先行区	区域协调机构主导	法定规划型（控制型）	发展规划＋空间规划（规划内容与主管部门职责不符）	法规结合、严格监管模式 •法：条例、准入办法等多个行政法规 •规：发展规划、空间规划相杂糅
	提升建议	生态源地、生态屏障和生态融通区域	区域协调机构主导	法定规划型（控制型）	发展规划＋空间规划（规划内容与主管部门职责相对应）	•简化管制分区：核心保护区、融合发展区 •明晰"两规"内容：发展规划聚焦宏观战略，新增该区域的国土空间专项规划，聚焦土地使用和空间布局 •制订绿心保护项目库和指导性清单

　　本文通过关于跨边界生态功能区空间治理的梳理评析，以及对协同治理模式的探索，以期为国土空间规划改革背景下的跨边界生态功能区的空间治理和规划编制工作提供经验借鉴，化解生态功能区"保护"与"发展"的矛盾，实现"保值"和"增值"的共生。

［参考文献］

［1］王晓俊，王建国. 兰斯塔德与"绿心"：荷兰西部城市群开放空间的保护与利用［J］. 规划师，
2006（3）：90-93.

［2］范建红，刘雅熙. 公共行政视角下兰斯塔德区域规划及启示［J］. 城市观察，2018（1）：124-
132.

［3］吴之凌. 城市生态功能区规划与实施的国际经验及启示：以大伦敦地区和兰斯塔德地区为例［J］.
国际城市规划，2015，30（1）：95-100.

［4］DE MONTIS A. Impacts of the European Landscape Convention on national planning systems：A
comparative investigation of six case studies［J］. Landscape and urban Planning，2014（124）：53-
65.

［5］叶强，潘若莼，赵垚. 土地用途管制下长株潭生态绿心地区乡村聚落时空演变特征［J］. 水土保
持研究，2021，28（2）：285-292.

［6］王世福. 跨边界治理与空间规划研究［J］. 国际城市规划，2023，38（5）：1-2.

［7］陈旭斌，林善泉. 空间治理视角下同城化战略实施路径研究［J］. 国际城市规划，2024，39（5）：
1-11.

［8］KOOMEN E，DEKKERS J，VAN DIJK T. Open－space preservation in the Netherlands：Plan-
ning，practice and prospects［J］. Land use policy，2008，25（3）：361-377.

［9］张佶，李亚洲，刘冠男，等. 寻求强控与发展的平衡：空间规划央地协同治理的国际经验与启示
［J］. 国际城市规划，2021，36（4）：82-90.

［基金项目：湖南省自然资源厅科技计划项目（No.20240116GH）；湖南省自然科学基金项目"基于
'双碳'的城市更新片区详细规划技术与机制响应研究"（2023JJ60571）。］

［作者简介］
孔雅茹，工程师，就职于湖南省国土资源规划院详细规划所。
刘华平，高级工程师，湖南省国土资源规划院详细规划所所长。
杨武亮，高级工程师，注册城乡规划师，湖南省国土资源规划院详细规划所副所长。
刘李，工程师，注册城乡规划师，就职于湖南省国土资源规划院详细规划所。

新质生产力驱动下生物医药产业空间重构与要素配置响应

——以上海市为例

□陈浩

摘要: 新质生产力是时代进步、生产力发展到高级阶段的必然产物,与生物医药等战略性产业的发展变革息息相关。面向新质发展,上海是中国参与国际生物医药产业竞争与创新协作的核心城市。上海近30年生物医药产业的时空布局演化显示,其分散布局正逐步转向空间极化,整体上处于"产业园区"向"创新城区"转型的关键时期。本文提出在"四位一体"新质集群生态体系的基础上优化现有产业空间格局,同时探讨圈层化的新质集群空间网络,以及围绕新质生产与服务的新质园区设施配置指引。

关键词: 新质生产力;生物医药;产业空间格局;产业园区;高质量发展;上海

1 新质生产力与生物医药产业发展

2023年9月,习近平总书记在东北全面振兴座谈会上首次提出"新质生产力"概念。新质生产力具有高科技、高性能、高质量的特征,是由技术革命性突破、生产要素创新性配置、产业深度转型升级而催生,以劳动者、劳动资料和劳动对象及其优化组合进步为基本内涵,以全要素生产力的大幅提升为核心标志。其特点是创新,关键在于质优,本质是先进生产力。

新质生产力与战略性新兴产业和未来产业发展息息相关,生物医药产业是契合新质生产力发展要求的资本与技术双密集型产业。全球知名的生物医药产业集群和地区均是展示国家实力及创造财富的高度专业化区域。2020年新冠疫情暴发后,各国政府更是纷纷加码生物医药产业政策,加速抢占生物医药技术及产业化的制高点,进一步凸显其对于世界公共卫生保障的重大战略意义。我国生物医药产业起步晚,尚处于技术追赶的低价值区段和全球创新网络的非核心位置。在国内国际"双循环"背景下,顺应新质发展趋势,优化产业空间格局,匹配新质空间需要,指导生物医药园区高质量转型发展,具有重大战略意义和现实紧迫性。

2 国际生物医药集群类型与新质发展态势

根据生产力驱动源不同,国际生物医药产业集群主要分为科研型、创投型、总部型和制造型4种类型,生物医药园区是其典型空间载体。新质生产力理论为观察国际案例提供了崭新视角,新技术、新业态、新模式等不断催生产业迭代,其中涌现的新质发展态势和新质空间需求值得重点研究(表1)。

表 1　国际生物医药集群类型与新质发展趋势

集群类型	传统模式	新质模式		代表性集群/园区
		模式特点	模式优势	
科研型	产学研	产学研政医	顺应不断细化的产业创新赛道，纳入更多的创新主体	美国波士顿长木医学区、美国北卡罗来纳三角园
创投型	简单孵化配套	金字塔式多层次配套	提供更精准和精细化的新质生产服务设施	英国剑桥科技园、美国硅谷生物医药集群、日本神户医疗产业都市
总部型	总部办公	总部办公＋文化展示＋新消费	满足更多元的医疗文化和医美消费新场景	日本东京生物医药产业集群
制造型	本地企业群落	区域制造协同	最大化利用区域比较优势并降低成本	中国泰州生物医药产业园

2.1　新科研型集群：从"产学研"模式转向"产学研政医"模式

聚焦科技创新驱动、增强新质生产力发展动能是大多数科研型集群的典型特征。科创空间在新时代背景下成为城市发展的主导性空间，而非配套性空间。相比其他产业而言，生物医药产业的特点在于创新主体多样性，从高校研究到企业量产之间存在医疗机构、大型研究机构、医疗研发外包服务商等多个创新主体，且均具备独立创新能力，尤其是医院依靠其临床优势成为关键新质发展要素。面对不断细化的产业创新赛道，传统"产学研"模式已难以为继，科研型集群正逐步转向"产学研政医"模式。以美国波士顿地区为例，哈佛大学、麻省理工学院、麻省总医院、政府产业创新中心等顶尖科研机构集聚，顶级的创新主体和次级创新主体的高密度与多样性是其成功关键。其中的长木医学区（Longwood Medical Area，LMA）是全球知名的健康医疗集聚区，研发机构和专业人士高度集中，医疗机构及学术机构密度达 27.9 家/km^2，医疗与研究人员密度达 5.07 万/km^2。

此外，以超算中心为代表的大科学装置对于生物医药产业，尤其是药物模拟等领域具有决定性推动作用。通过大科学装置获得新知识、新发现以及实现科技资源的良性循环，是大科学装置支持新质生产力的具体表现。例如，新冠疫情期间，美国、日本、中国利用超算中心，在治疗药物和防疫对策效果模拟方面展开全面竞赛。但由于大科学装置往往耗资巨大，各地政府投资力度成为科研环境评价指标之一，同时也促使政府成为"产学研政医"模式的重要主体。

2.2　新创投型集群：从"简单孵化"转向"金字塔式"多层次配套

生物医药产业高风险、高投入的特点，决定了风险投资对生物医药创投型产业集群至关重要。与大型企业相比，创新企业在创造性、敏捷性和成长性方面具有优势，全球医疗头部企业正不断通过并购或外包来获得中小企业的创新技术。从企业内部研发到"多渠道研发路径"的转型正成为趋势，欧美制药公司外包率普遍超过 50％。

应对上述新趋势，创投型集群竞争逐渐白热化，故抓住初创企业需求并实现精准化的设施配套成为关键。创新孵化设施的多样性、可获得性、可负担性是初创企业关注的重点，轻量化、清洁化和实验室化是发展趋势。以日本神户医疗产业都市为例，政府在前期规划和后期运营中高度重视提供租赁性创新设施，充分发挥市场作用，由专业研发机构和商务支撑机构提供小到共享实验器械、租赁工位、手术实验室、会议室，大到出租1000 m²以上的整层整栋工作空间的全周期解决方案。得益于"金字塔式"多层次创新配套，神户创新孵化率近年维持在10%以上。

2.3 新总部型集群：从"总部办公"转向"总部办公＋新文化＋新消费"

综合型生物医药总部集群以大型跨国公司总部空间集聚为特征，集群选址通常为城市核心地段，以便集聚顶级的管理人才与金融资本。如纽约作为全球制药产业中心，集聚了全美最大的10家制药公司中的7家总部，拥有巨大的行业话语权和资源调配能力。

伴随新文化和新消费趋势，以及传统市中心地区功能迭代演变，城市消费从一般消费品向更加注重环境、文化、服务、数字化的体验型经济转型。医疗总部已不是仅仅承担商务办公职能，尤其对于商业价值较高的低层建筑空间而言。以日本东京为例，越来越多的总部建筑沿街开设医美综合体，同时也吸引了一大批药妆店集聚，实现了集总部办公、文化展示、药妆销售、医美整形、健康保健等于一体的复合空间。总部集群的新质生产力内涵已不局限于对生产服务的支持，而是实现了更大范围的产业价值链整合与空间重构。

2.4 新制造型集群：从"本地企业群落"转向"区域制造协同"

制造型集群通常依靠政府牵头设立，通过政策优惠补贴、基础设施供给等手段进行产业链整合与成本控制并从中获得竞争优势，路径依赖是本地产业群落形成的重要原因之一。园区大多布局在城市外围租金低廉的地区，周边原材料、供应链服务等完备，是中国、印度等地生物医药园区的主要类型。管理体制方面，我国"政府主导、企业主营"模式凭借政策优惠在一定历史时期内实现了企业向园区转移的本地群落格局，但是近年来地方财政补贴减少、区域交通物流成本进一步降低，跨区开展制造协同逐渐成为新趋势。

3 上海市生物医药产业空间重构与要素配置

相比传统生产力，新质生产力的提出源于中国经济发展取得的显著绩效以及对生产力发展规律的深刻认识，新质生产力的形成、建设与布局势必对城市产业空间结构产生深远影响。顺应新质发展态势，实现产业空间重构与再匹配至关重要，依托产业空间规划调控新质生产关系是手段之一。

上海正加快迈向具有全球影响力的科创中心，其中生物医药产业是上海优势产业之一。《上海市生物医药产业发展"十四五"规划》提出：至2025年，上海生物医药产业发展能级显著提升，在长三角生物医药产业协同发展中的引领作用更加突出，产业技术创新策源国际影响力持续增强，初步建设成为世界级生物医药产业集群核心承载地，产业规模超1万亿元。作为拥有超大经济与人口体量的全球城市，不同于美国波士顿、日本神户、英国剑桥等其他生物医药产业高地，上海更具全面性和复杂性，既有跻身全球产业集群的压力，也有长三角区域一体化的竞争，更有自身资源统筹和能效提升的紧迫要求。顺应新质发展趋势，找准上海自身优势，吸取国际案例经验，推进产业空间重构和要素配置完善，是实现上海生物医药产业高质量发展的重要举措。

3.1 空间演进：从分散到极化的产业空间演进历程

2023年，上海拥有生物医药产业领域相关企业3224家。本文采用抽样分析法，获得启信宝数据库企业数据546条，开展企业时空分布特征研究。一是产销混合阶段（1990年以前）：全市生物医药企业较少，空间呈散点分布，主要位于徐汇、闵行、奉贤、闸北（现已撤销）等地。当时本土生物医药企业不强，外资企业在国内也以销售网点为主，其制造业尚未规模化迁入上海，中心城区产销混合的结构性特点明显。二是双头并进阶段（1991—2000年）：浦东开发开放，张江、金桥等地区开始崛起，德国西门子医疗、美国雅培、美国波士顿科学等外企加速布局中国、落户上海。同一时期，浦西地区的徐汇、黄浦等区凭借优越区位优势，也吸引了大批企业入驻，总体上新增注册企业数量和浦东地区并驾齐驱。三是空间极化阶段（2001—2010年）：浦东政策红利兑现，产业经济、区位交通优势进一步凸显，生物医药企业进一步加速入驻浦东并形成空间极化，本土企业与外企争相入驻张江，新增注册企业数量环比增长60%，产业集群效应明显。四是局部优化阶段（2011—2016年）：浦东各生物医药园区逐渐饱和，凭借园区政策优势，张江"园中园"体系进一步强化，包括徐汇聚科生物园区、青浦生物医药产业基地等。外环以外地区，由于土地指标、环保控制等原因，零散工业进一步清退或入园。

近30年时空布局演化特征显示，上海生物医药企业已从产销混合的点状分散，逐步转向产销分离、功能明晰的园区极化模式（图1）。2020年，上海生物医药产业规模达6000亿元，重点产业园区聚集了上海80%的规模以上生物医药企业，贡献了超过80%的制造业产值，园区驱动特征明显。长期以来，上海期望依托"张江研发＋上海制造"模式，以浦东张江为龙头来带动其他区镇园区发展并形成合力。然而，面临长三角其他园区的激烈竞争，上海除张江以外的其他园区日渐式微。因此，如何在张江极化充分、服务长三角的现状基础上，凝聚并带动上海其他各区生物医药企业创新转型，实现整体大于局部的新质发展，成为产业主管部门面临的重要任务。

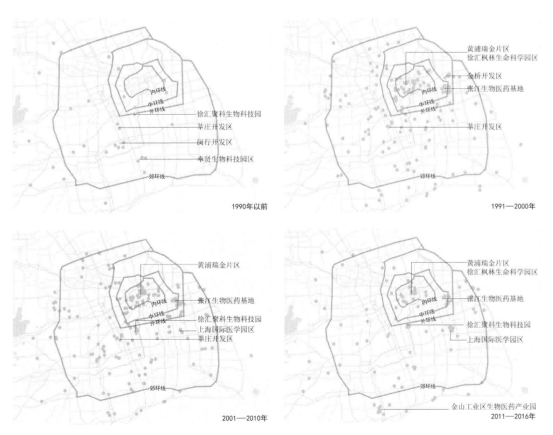

图1　近30年上海新增生物医药抽样企业分布

3.2　发展路径：构建"四位一体"新质集群生态体系

无论是传统生产力还是新质生产力，劳动资料、劳动者、劳动对象的组合搭配是在空间上开展的，因此生产要素空间优化是实现新质生产力的基本方式。新质生产力依赖于多元功能基因的重组，因此面向城市级产业空间布局优化。本文认为生物医药新质生产力的发展方向不应局限于技术层面的高科技突破、创新主体层面合作与效率提升，抑或是单个园区的政策扶持与提升，而应从全球城市层面来重新审视并思考生物医药产业空间格局优化路径，加强新技术、新人才、新空间的要素匹配，擘画高质量发展新格局。

新质集群生态体系是超越企业群落、产业集群，迈向区域协同创新的破题关键。有别于其他全球知名生物医药城市仅能容纳单一或少数几个类型集群，上海凭借超大的腹地范围、人口基础、政策扶持等，有机会实现相对完整和多样化的创新生态体系。为进一步打响"张江研发＋上海制造"品牌，引领长三角生物医药产业走向世界舞台中心，本文将国际顶尖生物医药集群经验及其新质发展趋势作为重要考量，探索构建新总部、新创投、新科研、新制造"四位一体"的新质集群生态系统。

3.3　空间重构：从单极化到圈层化的新质集群空间网络

顺应国际生物医药新质发展态势，以"四位一体"新质集群生态体系构建为目标，本文结合上海产业地图发展导向、各区生物医药园区评估报告，经人口、经济、产业、创新4个要素GIS叠加聚类分析，识别不同类型集群空间的集聚区域，探讨单极化向圈层化的产业空间格局转变，指导不同圈层下的存量和新增园区功能转型及要素配置（表2）。

表2　圈层化的新质集群空间网络

圈层类型	空间范围	代表性园区	资源特征	引导内容
新总部	中心城区内环线以内	浦东：张江生物医药产业基地	商务区位极好，城市形象极好	提升国际金融与全球资源配置能力，提升面向国际消费中心的新消费与新文化设施
新创投	中心城区中环沿线	徐汇：枫林生命科学园、上海聚科生物园	商务区位较好，租金水平适中，创新氛围较好	建设亚太地区研发外包与服务中心，鼓励CRO、CMO外包服务，引导创新中介集聚，增加"易获得、可负担"租赁性创新设施供给
新科研	上海：浦东中环—外环之间、浦西外环—郊环之间　长三角：沪宁合科创走廊、G60科创走廊	闵行：紫竹高新技术产业开发区　嘉定：嘉定工业区生物医药产业基地　松江：松江生物医药产业基地	"双一流"高校集中，顶尖研发机构集中，国家级实验室集中，国家级产业园区集中	"政产学研医"顶级科研资源共享，积极利用跨学科大科学装置（如AI超算中心），完善周边服务空间

续表

圈层类型	空间范围	代表性园区	资源特征	引导内容
新制造	上海：郊环沿线 长三角：沿长江廊道、沿杭州湾廊道	临港：临港新片区生命科技产业园 奉贤：上海化学工业区奉贤分区 金山：金山工业区生物医药产业园	人力成本较低，土地租金较低	加强跨市产业链整合与协同制造，面向柔性生产的中试与制造耦合

3.3.1 新总部圈层

空间范围集中于黄浦、静安、浦东陆家嘴等中心城区内环线以内商务核心地带。上海作为全球城市，是国际金融中心和国际消费中心。上海可借鉴美国纽约、日本东京经验，加强国际化，形成双向辐射扇面，发挥总部经济全球资源调配作用，拓展"本地—全球"多尺度合作网络，在现有城市 CBD 空间的基础上进一步突出和强化生物医药都市片区，丰富总部圈层功能空间配置，尤其是增加文化展示空间和面向新消费的医美综合体、药妆店、健康促进中心。

3.3.2 新创投圈层

空间范围集中于中环沿线，结合枫林生命科学园与上海聚科生物园等重点园区、"金色中环"点状工业地块更新，进一步强化创投和孵化设施配套，着力实现大企业 CRO、CMO 研发外包和中小企业的柔性生产优势高度耦合。上海可借鉴美国硅谷经验，充分利用分割出租的楼宇经济优势，促进风投资本、创新团队、创新中介的合作交流，支撑上海建设亚太地区研发外包与服务中心。同时，增加金字塔式"易获得、可负担"租赁性创新设施供给，包括共享实验器械、租赁工位、手术实验室、会议室等。引入市场资本和社会组织参与建设与运行，实现更为贴近市场需求的精细化管理。

3.3.3 新科研圈层

空间范围集中于浦东中环—外环之间、浦西外环—郊环之间的地带，如嘉定、闵行、松江大学城周边，对外沿 G60 科创走廊、沪宁合科创走廊与长三角科研资源衔接。上海可借鉴美国长木医学区多元主体创新趋势，在原有"产学研"模式基础上进一步扩容至"政产学研医"创新主体模式，将临床医院、社区健康网格中心等纳入全口径创新主体交流网络中。此外，在政府主导的大设施投资建设方面，借鉴日本神户医疗产业都市经验，以 AI 超算中心等大科学装置以及五大新城高校国家级实验室为突破口，推动形成大科学装置区、科学服务区、成果转化区等功能空间。

3.3.4 新制造圈层

空间范围集中于上海郊环沿线。长三角世界级制造业集群赋予上海得天独厚的产业链优势和成本优势，在"制造业回流"国际背景下，上海应牢牢抓住区域制造业基础，避免产业"脱实向虚"，进一步发挥制造和创新的双向支撑作用，强化高端中试与制造功能。结合浙江、江苏、安徽等地园区土地指标充足、地租及人力成本相对低廉等特点，位于上海郊环沿线的独立产业基地可通过沿江廊道、沿湾廊道衔接，形成世界级长三角协同制造体系。

3.4 要素配置：围绕新质生产与服务的配置指引

新质生产力时代的园区要素配置包括新质生产和新质服务两个部分。新质生产设施指直接影响创新研发和生产经营的设施，新质服务设施指间接影响创新研发和生产经营的设施。

新质生产设施配置引导（表3）：一是新总部圈层。强调新质功能外延拓展，即新文化和新消费设施，如10000 m² 以上医美综合体、中小型企业文化展示馆、健康促进中心和药妆店等，试点园区为中外总部集聚、正由"园"向"城"转型发展的张江生物医药产业基地。二是新创投圈层。在现有共享会议室、工作室的基础上，引导增设小型创新培育设施，如CRO创新中介网点、手术实验室、租赁工位、共享实验器械等，试点园区为创投氛围浓厚的徐汇上海聚科生物园区。三是新科研圈层。以大科学装置为设施核心，围绕AI超算中心扩展周边服务配套，形成超算设施群，同时结合五大新城升级5处国家级新质实验室，试点园区为紧邻上海交通大学的闵行紫竹科学园区。四是新制造圈层。顺应智能制造和数字化转型趋势，以新质中试中心和新质数据中心配置为抓手，实现高效的专业化、柔性化、定制化生产，试点园区为金山工业区生物医药产业园。

新质服务设施配置主要是以创新人士新质需求为核心的普适性设施配套，采用通用配置要求，适用范围包括生物医药园区内的配建以及园区周边的配套，如网红咖啡馆、产业基金会、学术及校友组织、健身中心、国际托育设施等。

表3 生物医药产业的新质生产设施配置引导建议

圈层类型	设施类型	代表性设施	设施面积（m²）	设置方式	试点园区
新总部	新文化＋新消费设施	医美综合体	≥10000	独立/复合设置	张江生物医药产业基地
		企业文化展示馆	≥500	独立/复合设置	
		健康促进中心	≥100	复合设置	
		药妆店	≥30	复合设置	
新创投	创新培育设施	CRO创新中介网点	≥100	复合设置	徐汇上海聚科生物园
		手术实验室	≥100	复合设置	
		租赁工位	—	复合设置	
		共享实验器械	—	复合设置	
新科研	大科学装置	AI超算中心	≥10000	独立设置	闵行紫竹科学园
		国家级新质实验室	≥3000	独立/复合设置	
新制造	智能制造设施	新质中试中心	≥5000	独立占地	金山工业区生物医药产业园
		新质数据中心	≥5000	独立占地	

4 结语

新质生产力是时代进步、生产力发展到高级阶段的必然产物。面对地方保护主义抬头引发的全球科技封锁，新质生产力是我国实现自主可控、突破传统生产力的束缚、由量变到质变的关键一环。2022年5月，我国发布《"十四五"生物经济发展规划》，提出生物经济将成为推动高质量发展的强劲动力，生物科技综合实力和产业融合发展要实现新跨越。

　　本文认为新质生产力不局限于新科技，还包括新市场和新场景。新质产业空间也并非一种全新的空间形态，而是各传统空间要素的创新组合，通过调节新质生产关系发展新动能、新业态、新服务。上海生物医药"四位一体"融合发展的新质集群生态体系是超越企业群落、产业集群的高阶形态。顺应新质趋势的产业空间格局重构和面向新质园区的服务设施配置引导，有利于上海生物医药产业实现全局性高质量发展。

［参考文献］

[1] 叶高斌. 新质生产力视角下特色产业园区的发展逻辑与空间优化策略研究 [J]. 城市观察，2024
　　（1）：60-71，160-161.

[2] 王缉慈. 创新的空间：产业集群与区域发展（修订版）[M]. 北京：科学出版社，2019.

[3] 张绪英. 基于全球创新网络的张江生物医药产业发展研究 [D]. 上海：华东师范大学，2013.

[4] 俞静. 全球城市视角下上海生物医药产业布局规划思考 [J]. 上海城市规划，2021（2）：120-
　　127.

[5] 梁圣蓉，罗良文. 新时代加快形成新质生产力的焦点难点与关键路径 [J]. 当代经济管理，2024，
　　46（7）：10-17.

[6] 陈浩，俞静. 日本神户医疗产业城的创新要素配置 [J]. 国际城市规划，2024，39（2）：153-
　　159.

[7] QIAO L，MU R，CHEN K. Scientific effects of large research infrastructures in China [J]. Tech-
　　nological Forecasting & Social Change，2016（112）：102-112.

[8] 吴晓隽，高汝熹，杨舟. 美国生物医药产业集群的模式、特点及启示 [J]. 中国科技论坛，2008
　　（1）：132-135.

[9] 李健，屠启宇. 创新时代的新经济空间：美国大都市区创新城区的崛起 [J]. 城市发展研究，
　　2015（10）：85-91.

[10] 杜传忠，疏爽，李泽浩. 新质生产力促进经济高质量发展的机制分析与实现路径 [J]. 经济纵
　　横，2023（12）：20-28.

[11] 赵梓渝，袁泽鑫，王士君，等. 中国城市新质生产功能网络结构及其影响因素研究：以战略性
　　新兴产业为例 [J]. 地理科学进展，2024，43（7）：1261-1272.

[12] 王凯，赵燕菁，张京祥，等. "新质生产力与城乡规划"学术笔谈 [J]. 城市规划学刊，2024
　　（4）：1-10.

[13] 胡海鹏，黄逸恒，蒋定哲. 产业特性视角下专业产业园空间布局策略研究：以生物医药产业为
　　例 [C] //中国城市规划学会. 人民城市，规划赋能：2022中国城市规划年会论文集. 北京：中
　　国建筑工业出版社，2023.

[14] 王思薇，陈西坤. 中国区域科技创新网络的时空演化特征与邻近性机制 [J]. 科技管理研究，
　　2023，43（4）：86-93.

［基金项目：上海市科学技术委员会"上海市生物医药产业布局（2018—2025）及对策研究"（编号：
18692113100）。］

［作者简介］
陈浩，上海同济城市规划设计研究院有限公司所长助理，中国城市规划协会青年规划师工作委员会委员。

空间、功能与结构融合：
多空间尺度下温台地区产城融合探析

□薛峰，王琳

摘要： 随着新型城镇化纵深发展，各空间尺度的产城关系逐渐走向融合，然而既有产城融合研究更偏好单一空间尺度，对其普适性内涵总结不多，且较少结合多空间尺度进行综合研判。本文在梳理产城融合内涵基础上，以浙江温台地区为例，结合区域、城市和平台载体三类空间尺度，识别其空间、功能和结构层面的融合特征，并提出相应规划策略。

关键词： 产城融合；新型城镇化；空间尺度；温台地区

0 引言

随着新型城镇化的推进，产业和城镇融合发展理念成为主流。2013年11月，党的十八届三中全会通过《中共中央关于全面深化改革若干重大问题的决定》，指出要"推进以人为核心的城镇化，推动产业和城镇融合发展"。2014年3月，国务院印发《国家新型城镇化规划（2014—2020年）》，明确指出了"产城融合不紧密，产业集聚与人口集聚不同步"的问题。2016年7月，国家发展改革委发布《关于支持各地开展产城融合示范区建设的通知》，明确了首批58个产城融合示范区，通过实践推动产城融合理论框架的发展。

国内外产城融合相关研究与地方试点实践交错并行，相互促进。国外关于产城融合的研究起步较早。Robert等新经济地理学家在20世纪80年代指出产业集聚促进了城市的扩张。Fujita等阐释了城市的规划建设可促进产业规模收益，产业的集聚也有助于推进城市的建设与发展。总体来看，国外产城融合研究对产业与城市的关系论证较多，而对产城融合的确切内涵与系统解释较少。国内学者对产城融合的研究兴起于2010年以后，张道刚较早关注到国内产城分离现象，率先提出"产城融合"理念，主张城市化与产业化要有对应的匹配度，不能一快一慢、脱节分离。此后，国内对产城融合的研究逐渐升温，研究重点主要包括产城融合的基本内涵、特征辨识与内在机理、融合度的测度与评价、发展路径与模式、规划思路与策略等方面。其中，产城融合内涵界定作为实现产城融合的关键基础，是分析其现状特征、构建产城融合度评价指标体系并提出发展路径与规划策略的理论依据。

2012年以来，国内学者先后对产城融合的内涵进行阐释与补充。刘畅提出产城融合的核心内涵是功能复合、配套完善与布局融合，并认为空间尺度和产业类型是其重要影响因素。许健等认为产城融合主要体现为城市核心功能提升、空间结构优化、城乡一体化发展、社会人文生态的协调发展。张建清等认为产城融合的内涵包含人本导向、功能匹配和空间整合三个方面。

赵虎等从结构融合、功能融合和形态融合三个方面构建产城融合规划策略框架。总体来看，有关产城融合内涵的研究日益丰富，然而形成普适性定义和内涵的研究仍较少。笔者通过梳理文献发现，产城融合的内涵主要包含三大维度：一是空间融合，主要表现在居住人群与就业人群在空间的匹配上，以职住空间混合与就近分布为核心干预路径，实现通勤便利、职住平衡的目标。二是功能融合，主要表现在城市或新型城市空间的产业发展（经济发展水平）与基本公共服务配套匹配与否上。三是结构融合，主要表现在产业结构与人口年龄结构、人口学历结构、人口消费结构等方面是否合理与是否匹配上。空间融合是产城融合的外在表现，功能融合是产城融合的关键路径，结构融合是产城融合的内在推力，空间、功能、结构在保持自身融合发展的基础上协同推进，形成职住一体、产城并进、结构稳健的产城融合发展格局（图1）。

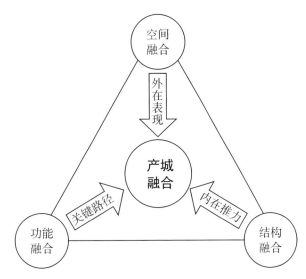

图 1　产城融合三维内涵示意图

从产城融合研究的空间尺度（空间单元）来看，以往相关研究主要集中在区域、城市和平台载体三类空间层级，较少结合多个层级的空间尺度，难以全面理性地研判区域产城融合的特征问题，容易减损路径和策略的系统性。基于此，本文结合区域（温台地区）、城市（温台两市或城区）与平台载体（温台两大新区）三级空间尺度，从空间融合、功能融合、结构融合三方面着手，对温台地区产城融合现状特征进行分析，提出推动各个空间尺度产城融合的规划策略。

1　温台地区产城融合现状

1.1　研究区概况与数据来源

温台地区包括浙江省温州、台州两个地级市，位于我国沿海中部经济发达地区的南缘，陆海交通便利，是著名的民营经济"温台模式"发源地。2022年1月和4月，浙江省人民政府先后同意设立温州湾新区、台州湾新区，并在批复中分别提出，"温州湾新区建设要深化产城融合，着力打造温州都市区产城融合新城区"，"台州湾新区要着力打造台州湾港产城深度融合新城区"；2022年6月，浙江省第十五次党代会提出了"支持温州提升'全省第三极'功能，支持台州创建民营经济示范城市"的新要求。可见，温台地区无论从城市还是新区尺度看，都处于产城加速发展与融合的关键期。由此，本文以温台地区为研究区域，从区域、城市、新区3级空间尺度着手分析。

本文采用的手机信令数据源于中国移动运营商，通过公用移动通信基站收集，为2021年12月的整月数据。根据国内三大运营商发布的相关数据，截至2022年9月全国移动用户总量占比58%，因此该数据能够较为准确地反映总体特征与问题。兴趣点（POI）数据源于百度地图，通过百度地图API进行相应爬取，为2021年数据。经济密度、公共服务设施人均配置、产业结构、就业者学历结构、人口消费结构数据源于地方统计年鉴，为2021年数据。人口年龄结构数据为第七次人口普查数据，为2020年数据。

1.2 空间融合特征分析

基于移动运营商手机信令数据，从区域、城市和新区3个层级入手分析温台地区空间融合特征。

从通勤联系空间格局看，温州主城区、台州主城区、瓯南地区形成温台地区三大通勤圈。分析发现，温州市区联动永嘉、瑞安，台州市区联动临海、温岭，形成了以中心城区为核心的紧密通勤组团，组团内工作周跨区县的人流量分别为667.2万人次、398.3万人次，分别是温台地区内部平均通勤人流量的5.2倍和4.7倍。此外，瓯南三县市（平阳、苍南、龙港）的内部通勤人流量达376.3万人次，形成温台地区通勤次组团。温州通过平阳与瑞安的通勤联系实现市域纵向贯通，形成"南北双组团引领、组团间适度联通"的通勤格局。从跨市域通勤看，温台两市毗邻地区"温岭—乐清""玉环—乐清"间存在一定程度跨市产城联动与融合（人流量大于3万人次），但相比市域内部的人口通勤联系强度仍显得相当薄弱。

从通勤便利度看，温台两地的中心城区和县城通勤相对便捷，台州居民通勤受山地地形限制比温州更明显。分析发现，温州绝大多数居民（92.47%）通勤时间小于半小时，大于1小时的极端通勤比例极小（0.72%），市域范围居民平均通勤18.9分钟；台州有35%居民通勤时间大于半小时，大于1小时的极端通勤占2.6%，市域范围居民平均通勤22分钟。可见，温州的产城联动便利度和基础设施支撑条件相对更优。同时，温台两地的中心城区和县城内部平均通勤时间均较短，分别为18分钟、20分钟，县级单元的产城融合、职住集成优势更为突出。与中心城区和县城相对，温州永嘉县北部、苍南县中部、文成县东部、平阳县西部等山区地带的居民平均通勤时间较长，通常大于25分钟，个别如青街畲族乡、岱岭畲族乡、凤阳畲族乡的居民平均通勤时间大于半小时；台州黄岩区西部、仙居县南部、天台县南部等地区受到山地地形影响，居民平均通勤时间较长，市域内高达23个乡（镇、街道）的居民平均通勤时间大于半小时（温州仅5个）。可见，山区、海岛的居民通勤较为不便，其中台州的城乡居民通勤受山地地形限制更明显。

聚焦温州湾新区，以温州经济开发区为驱动核心，新区内部形成产城联动区域，"就业居住基本在新区及其周边"的新区通勤圈已然形成，新老城区还存在少量通勤。从温州湾新区内部职住通勤联系看，通勤区域集中于新区中部以温州经济开发区为代表的区块、新区南部以温州理工学院滨海校区和浙江东方职业技术学校新校区为代表的区块，以及新区东部以生态功能为主的区块，已形成新区内部的产城联动融合区域。从通勤联系范围看，在新区就业或居住的人口，除了有一半左右通勤在新区内部（占总量的50.3%），还有相当一部分通勤为与龙湾区（除新区外）其他乡（镇、街道）的联系（占总量的39.2%）；温州湾新区与鹿城区也存在一定的通勤联系（占总量的4.8%）。可见，新老城区客观上存在一定强度的通勤需求。

聚焦台州湾新区，围绕新区及周边地区形成通勤圈，但新区内部通勤强度不及温州湾新区。

从台州湾新区内部职住情况看，多数员工居住于新区中部的村落集聚片区，并工作于新区西北部以台州经济开发区科技创业园为核心的产创融合片区，以及新区中部制造业片区，以短距离通勤为主；从通勤联系范围看，在新区就业或居住的人口中，有42.7%为新区内部通勤，与周边椒江区和路桥区（除新区外）的通勤联系占比高达53.6%。台州湾新区本身横跨椒江区和路桥区，这在一定程度上加快了椒江区与路桥区的产城融合步伐，但主要是围绕新区周边地区的通勤圈，新区内部通勤强度不及温州湾新区。

从新区居民和就业者比例看，两大新区均存在居住村落较多、就业岗位偏少的问题，新区居民明显多于就业者。分析温州湾新区和台州湾新区内部功能区块的职住比，发现温州湾新区的职住比为0.56（居住人口31.4万，工作人口17.7万），台州湾新区的职住比为0.53（居住人口18.1万，工作人口9.6万），可见温州湾新区的职住平衡水平略高于台州湾新区，但两大新区职住比都相对偏低。主要原因有：一是居住人口包括老人、小孩、失业人员等非就业人口，导致职住比小于1。二是两大新区都存在居住村落成片分布的特点，包括温州湾新区海滨街道的村落集群、台州湾新区三甲街道的村落集群。三是温台地区仅部分企业入驻两大新区，仍有不少企业尚未入园或产业园区在新区以外，新区就业岗位依旧偏少。

1.3　功能融合特征分析

基于统计数据和POI数据，从城市和新区尺度分析温台地区功能融合特征。因区域尺度功能融合分析意义不大，故本文不做分析。

从温台市区尺度看，温州市区和台州市区的经济密度（单位土地面积的GDP产出）分别为2.19亿元/km² 和1.22亿元/km²，分别位于省内各设区市的第2位和第6位，但与温台市区文体医疗设施配套水平不匹配（图2）。具体表现为温州市区每百万人博物馆数（4.3家）明显低于全省市辖区均值（5.3家），每万人体育场馆数（26.5个）稍低于全省市辖区均值（27.4个），文体设施配套水平偏低；台州市区每万人医院床位数（43.8个）和每万人医生数（32人）位于全省设区市末位，远低于全省市辖区均值（分别为63.1个、41人），医疗卫生服务设施配置水平偏低。

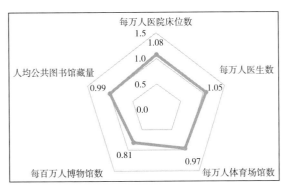
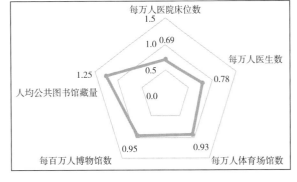

图2　温台市区公共服务设施与全省市辖区平均数的比值

从温台两大新区尺度看，新区居民享受老城区优质公共医疗服务较为便利，但新区在公园等设施配套上相对薄弱。对于医疗卫生服务设施配套，根据《全国医疗卫生服务体系规划纲要

（2015—2020 年）》，在地市级区域依据常住人口数，每 100 万～200 万人设置 1～2 个市办综合性医院（含中医类医院），服务半径一般为 50 km 左右，地广人稀的地区，人口规模可以适当放宽。根据两市三甲医院分布情况，按照辐射范围 1 km、10 km、20 km 和 30 km 作图，可以看到温州湾新区基本在温州三甲医院 8～25 km 辐射区域内，台州湾新区基本在台州三甲医院 5～20 km 辐射区域内，两大新区居民享受优质公共医疗服务均较为便利。对于公园设施配套，根据《城市园林绿化评价标准》，公园绿地的布局应尽可能实现居住用地范围内 500 m 服务半径的全覆盖。根据两市公园设施分布情况，按照辐射半径 500 m、1000 m 及 2000 m 作图，可以看到公园 500 m 辐射范围对温台两大新区的覆盖相当有限，温州湾新区沿海部分陆域、台州湾新区西部区域尚未实现公园 2000 m 辐射范围覆盖，新区公园设施配套相对不足。

1.4 结构融合特征分析

基于统计数据，从城市尺度入手，对温台地区产业结构、人口年龄结构、就业者学历结构、人口消费结构进行分析。因区域尺度结构融合分析意义不大、新区尺度结构融合分析缺乏统计数据，故本文不做分析。

从产业结构看，温州、台州的工业与服务业在省内实力均不强。分析温州、台州的产业结构，温州、台州的三次产业结构比为 2.2：42.1：55.8 和 5.3：43.9：50.8，第二产业产值占比分别位于全省 11 个设区市的第 8 位和第 6 位，第三产业产值占比分别位于全省 11 个设区市的第 4 位和第 6 位，与全省第二产业产值占比（42.4%）、第三产业产值占比（54.6%）差距不大，工业和服务业在本地国民经济的发展实力相对不强。

从人口年龄结构看，温州、台州老龄化压力不大，但就业人口规模效应不突出，就业人口对于产业发展的支撑不强。从劳动年龄人口（16～59 岁）比重、老年人口（60 岁以上）比重看，温州、台州老年人口比重分别为 16.5% 和 19.6%，低于全省老年人口比重（21.2%），其中温州该指标在省内仅次于金华（16.0%）。然而温州劳动年龄人口比重为 68.2%，在全省 11 个设区市中居第 5 位；台州劳动年龄人口比重为 65.7%，在全省 11 个设区市中居第 7 位，就业人口规模优势不足。

从就业者学历结构看，温州、台州高学历人才基数与杭甬地区差距较大，不利于产业结构优化提升。分析就业者学历情况，温州、台州两地集聚了全省 26% 的高中及以下学历的就业人口，大专及以上学历的就业人口仅占 18.0%，与杭州（31.9%）等城市有较大差距。其中，温州主要网罗了省内专科学历（占全省 14.9%）、高中及以下学历（占全省 12.3%）的就业人口，大学本科学历（9.0%）、硕士研究生学历（6.1%）、博士研究生学历（6.4%）就业人口与杭甬两地差距明显；台州除了高中及以下学历就业人口占全省的比例（10.9%）高于 10.0%，大学专科学历（7.8%）、大学本科学历（6.3%）就业人口占全省的比例高于 5.0%，硕士研究生学历（3.5%）、博士研究生学历（2.4%）就业人口占全省的比例偏低，高学历就业者相对匮乏。人才缺口将影响温台地区制造业关键核心技术攻关和服务业高质量发展，不利于产业结构的优化和转型提升。

从人口消费结构看，温州总体呈现居民消费需求升级的特点，台州居民消费需求和服务业供给偏弱。温州的服务性消费、发展享受型消费较好，除医疗保健方面消费支出占比较低外（5.5%），教育文化娱乐消费支出、居住消费支出占比分别为 12.8%、28.4%，均居全省 11 个设区市的第 2 位，位序略好于其服务业占比，呈现居民消费需求升级的特点。台州的居民生活水平并不高，食品烟酒支出占比（恩格尔系数）为 29.2%，明显高于全省平均水平（26.9%）；

教育文娱、医疗保健领域消费占比分别处于全省 11 个设区市的第 10 位、第 11 位，居民消费需求和服务业发展供给均偏低，产城互动的供需水平不强。

2　温台地区产城融合存在的问题

本文以温台地区为例，基于区域、城市与新区尺度对区域空间融合、功能融合、结构融合特征进行分析。研究发现，在空间融合方面，温州主城区、台州主城区、瓯南三县（市）形成三大主体通勤圈，市区和县城呈现产城空间融合程度高、居民通勤便捷的特点，但山区、海岛居民通勤较为不便，且跨市域通勤联系薄弱；两大新区形成了以新区为核心、周边地区为外围的近域通勤圈。在功能融合方面，温州市区文体设施和台州市区医疗卫生服务设施的配套水平较低，两大新区在高等级医院、品质公园等设施配套上也相对不足，城市经济密度、新区定位与对应功能配置的匹配性较低。在结构融合方面，温州、台州的产业结构优势不明显，工业和服务业在省内实力不强；地方产业结构与人口年龄结构、就业者学历结构、人口消费结构匹配水平不高，其中温州主要存在就业人口学历结构不优的问题；台州的居民消费需求和服务业供给较弱，存在高层次人才和普通劳动力储备不足的困境，难以支持产业转型提升。

3　温台地区产城融合策略

3.1　加快完善产城高效联动的交通网

在区域层面，加快区域高铁网络、海陆联通快速通道和沿海公路建设，配套高效的枢纽换乘体系。在中心城区层面，加快部署温州和台州两大中心城区辐射周边尤其是联动产业园区的快速通勤路网，加快轨道交通及接驳节点建设。在新老城区联动层面，加快打通温台两大新区内外部"断头路"，实现新区与城市整体路网的联网成环。在山区、海岛与城区联通层面，针对出行便捷性差且出行人数多、需求强的山区、海岛，扩大其公交线网覆盖面，适当增加公交、轮渡班次，推动形成"公交＋轻轨"的出行模式。

3.2　着力加密高品质的公共服务网

全面部署重点突出、全域覆盖的公共服务配置网络，尤其是强化温台中心城区的高端教育、医疗、文体等公共服务设施建设，加速形成区域性高等级的城市服务中心。以温台两大新区建设为载体，超前谋划适宜新兴产业培育和满足就业人口需求的现代化公共服务供给体系。

3.3　积极探索功能复合的综合空间

一方面，在中心城区边缘、工业园区周边等地块，谋划建设符合产业发展需求的生产性服务业集聚园区，配套便捷的交通设施，设计优质的低碳生态系统、景观风景系统、智能生活系统等。另一方面，放大新型产业用地在加强工业园区产城融合、提升用地效率上的积极作用，推动建立新型产业用地管理机制，打造一批生产、生活、生态融合发展的新型产业综合体。

3.4　着力提升县城城镇化水平

一方面，把经济强县作为以产兴城、功能提升的先行单元，引导温岭、临海、乐清、瑞安、玉环等县市与温台中心城区建立产业协作、市场疏解、服务配套等联动关系，强化生产制造功能，提高产业工人集聚水平。另一方面，以山区、海岛县作为为城促产、特色培育的示范单元，引导天台、三门、仙居、苍南、文成等县加快塑造独特的县城风貌空间，强化特色产业的创新发展，山海协同推进休闲度假、养生养老等文化旅游产业发展。

3.5 聚力提升地区人口吸引力

一方面，加大地方人才引育力度，强化温州对高学历人才的引进力度，探索人才双向流动机制；建立紧缺人才清单制度，探索对高层次或紧缺人才引进实行协议工资制、股权激励等机制；加大台州对技能人才的引育力度，创新产教融合、校企合作方式，建设一批高水平的公共实训基地。另一方面，加大中心城区环境整治与风貌改造力度，持续开展"四边三化"行动，推动老旧小区与棚户区改造。

［参考文献］

[1] 藤田昌久，保罗·克鲁格曼，安东尼·J·维纳布尔斯. 空间经济学：城市、区域与国际贸易 [M]. 梁琦，主译. 北京：中国人民大学出版社，2005.

[2] 冯烽. 产城融合与国家级新区高质量发展：机理诠释与推进策略 [J]. 经济学家，2021 (9)：50-57.

[3] 张道刚. "产城融合"的新理念 [J]. 决策，2011 (1)：1.

[4] 赵虎，张悦，尚铭宇，等. 体现产城融合导向的高新区空间规划对策体系研究：以枣庄高新区东区为例 [J]. 城市发展研究，2022，29 (6)：15-21.

[5] 邹德玲，丛海彬. 中国产城融合时空格局及其影响因素 [J]. 经济地理，2019，39 (6)：66-74.

[6] 刘畅，李新阳，杭小强. 城市新区产城融合发展模式与实施路径 [J]. 城市规划学刊，2012 (S1)：104-109.

[7] 许健，刘璇. 推动产城融合，促进城市转型发展：以浦东新区总体规划修编为例 [J]. 上海城市规划，2012 (1)：13-17.

[8] 张建清，沈姊文. 长江中游城市群产城融合度评价 [J]. 上海经济研究，2017 (3)：109-114.

［作者简介］

薛峰，经济师，就职于浙江省发展规划研究院区域发展研究所。

王琳，通信作者，正高级工程师、高级经济师，浙江省发展规划研究院区域发展研究所副所长。

中法武汉生态示范城可持续发展规划实施探索

□陈渝，肖玥，肖翔

摘要：中法武汉生态示范城是中法两国在城市可持续发展领域最高级别的合作项目。为了将中法武汉生态示范城打造成为可复制、可推广的城市可持续发展示范标杆，本文从城乡生态框架、城乡功能体系、空间品质塑造及低碳生态技术方面构建总体规划层面的可持续发展规划关键技术体系，并以生态城范围内中法半岛小镇为重点区域，按照武汉市重点功能区规划实施模式探索构建详细规划层面的可持续发展规划工作机制及工作模式，重点探索可持续发展规划的编制、传导及落实路径。

关键词：生态城市；可持续发展规划；空间规划；城市设计

0 引言

为应对城市可持续发展、环境保护和气候变化等方面面临的挑战，中法两国基于《联合国气候变化框架公约》《城市可持续发展领域的合作框架》等城市可持续发展领域的共识，于2014年决定在湖北省武汉市蔡甸区建立一个标志性的中法生态示范城项目——中法武汉生态示范城（简称"中法武汉生态城"）。

中法武汉生态城是将中法两国在城市规划设计、建造和管理领域的可持续发展技术及经验运用于生态城建设，贯彻低碳生态和产城融合发展的理念，注重可再生能源利用和生态环境技术，突出低碳交通体系和绿色建筑应用，促进高新技术发展和研发创新，建设中法科技谷，致力将该项目建设成为城市可持续发展方面的典范。

1 中法武汉生态城可持续发展规划实施面临的挑战

1.1 目标定位

1.1.1 国际层面，发展中国家应对环境保护问题的可持续发展示范区

全球环境变暖、暴雨内涝等气候变化已成为21世纪全人类共同面对的严峻挑战之一，是全世界密切关注的问题。中法武汉生态城是我国践行《巴黎协定》、联合国2030可持续发展目标、《新城市议程》的重要示范功能区。

1.1.2 国家层面，我国长江经济带生态优先、绿色发展的宜居新城典范

为应对快速城镇化带来的诸多生态环境问题，生态文明建设是关乎我国未来发展的重要战略。2020年9月22日，我国向全世界承诺，我国二氧化碳排放力争于2030年前达到峰值，并

努力争取于 2060 年前实现碳中和。中法武汉生态城是探索实现"双碳"路径的重要示范功能区。

1.1.3　地方层面，武汉建设国际交往中心的可持续发展示范先行区

2017 年，经中法双方联合审议，湖北省人民政府批复《中法武汉生态示范城总体规划（2017—2030）》，提出将中法武汉生态城建设成为创新产业之城、协调发展之城、低碳示范之城、中法合作之城、和谐共享之城。2022 年，《武汉市国土空间"十四五"规划》将中法武汉生态城定位为支撑国际交往中心建设、深化对欧开放的重点功能区。

1.2　实施面临的挑战

1.2.1　重愿景描绘，轻多规实施协同

有别于中新天津生态城、青岛中德生态园、深圳光明新城等国际合作生态城，中法武汉生态城位于平原丰水型特大城市集中建设区边缘地区，紧邻大型湖泊，规划建设高铁站。

中法武汉生态城的规划定位是基于特殊的气候地理环境、经济社会及交通格局，构建理想的生态框架体系，探索高度混合的土地利用体系，塑造宜人的空间环境品质，构建绿色智慧的基础设施支持体系；但当前通过围绕规划愿景的"多规"实施缺乏系统性，难以推动可持续发展规划落地，是面临的一大挑战。

1.2.2　重规划蓝图，轻实施过程管控

国际合作生态城区一般表现为中国各级政府和企业投入巨资，通过境外咨询机构进行规划设计，并运用国外先进理念规划一座全新的城市，强调生态示范经济国际合作的规划定位，强调产城融合、公共交通、社会和谐与活力，强调自然生态环境修复、发展高端技术以及技术可推广及标准制定等。

中法武汉生态城规划实施面临的挑战之二，是因缺乏全面的规划管控、成本控制及城市运营理念，使得宏伟的规划目标、创新的规划理念及精心设计的指标体系束之高阁。新时期生态城市应当在充分吸收国内外先进技术与理念的同时，结合本地城镇化发展阶段特点及趋势，将终极蓝图描绘向规划实施的"全周期""全过程"控制转化。

本文将依托中法武汉生态城总体城市设计，解读生态城市总体规划层面的可持续发展规划的关键技术；同时，以中法武汉生态城范围内的中法半岛小镇示范片区为例，探索生态城市详细规划层面的可持续发展规划实施路径。

2　中法武汉生态城总体规划层面的可持续发展规划关键技术

中法武汉生态城总体城市设计在落实中法武汉生态城总体规划控制要求的基础上，按照自然渗透、生态共享的设计理念，提出城市、山水与人的相遇、渗透及融合，通过夯实蓝绿生态基底、创新产城融合模式、塑造生态绿色街区、构建低碳支持体系等手段，打造城市可持续发展领域的典范。

2.1　尊重自然资源禀赋，夯实城乡覆盖、暴雨安全的低冲击海绵生态基底

中法武汉生态城基地地势南高北低，南部知音故地马鞍山地势最高，且具有"江湖联通、名山大湖、湖塘交织"的典型平原水乡湿地缓冲特征，以及夏季暴雨集中、强度大的亚热带季风气候特征。该设计以"100% 收集地面雨水，实现 50 年一遇暴雨自然排蓄"为目标，构建"南北雨水花园、多级蓝绿廊道、微循环渗透绿脉"的低冲击型蓝绿生态网络，为暴雨径流预留

足量的城乡生态调蓄空间。

2.1.1 打造南北雨水花园

中法武汉生态城充分尊重湖塘水田、湿地沟渠等自然资源条件,在北部形成以"什湖九荡"为核心的大湿地缓冲区,南部则以连续水塘为载体,构建宽度约为 200 m 的小湿地缓冲廊道。在集中建设区外围布局具有雨水调蓄功能的"生态海绵体",通过多级生态活力廊道联通北侧汉江、南侧后官湖,建立生态城与自然融合的生态基底。

2.1.2 构建多级蓝绿廊道

中法武汉生态城综合考虑现状地形地貌、汉江防洪安全、后官湖调蓄水位等因素,开展水安全模拟测算,结合生态绿廊,复合建设宽度在 9～50 m、深度在 1～3 m 之间的四级调蓄水廊道,实现雨水纵向径流。其中,一级廊道作为城乡生态系统的结构性廊道,锁定组团发展边界;二级廊道作为组团内部水系统循环、净化的主廊道;三级廊道作为生态街区的核心景观要素、多功能共享廊道;四级廊道则作为拥有雨水收集功能的住区间的休憩景观空间。

2.1.3 打通微循环渗透绿脉

中法武汉生态城通过地块内低影响开发的慢行景观通道、道路沿线具有雨水调蓄功能的下凹式绿带等,实现海绵廊道向街区、地块内部的深层渗透、末端循环。这些慢行廊道既是天然的雨水花园,又复合文体娱乐、农业科普等游憩功能,能够为居民提供类型丰富、开放共享的城市空间。

2.2 依托区域产业基础,创新产城融合、功能混合的土地利用模式

中法武汉生态城发挥其区位优势,按照"举中法旗、打生态牌、干新型产业"的思路打造高端服务业聚集高地,形成总部引领组团、创新服务组团、科教宜居组团、生态科创组团、智造科创组团五大建设型组团,"什湖九荡"湿地群公园、知音源微湿地群公园两大生态型组团,并配套"新城中心—组团中心—邻里中心—小区中心"四级公共活动中心。

2.2.1 围绕五大建设型组团,打造创新引领的载体

中法武汉生态城围绕中法国际交流、企业创新产业需求布局"东西双心、科技双谷",结合轨道站点、大型公共设施布局东部集贤公共服务中心、西部知音商务中心,结合生态农业、汽车产业聚集地布局中法生态创谷、智能制造科技创谷,培育科技商务区、核心创新区、嵌入式创新空间等多样化产业空间,并通过不同比例混合用地、不同尺度街区形态等手段引导职住平衡、差异化发展。

2.2.2 依托两大生态型组团,实现自然感知的延伸

中法武汉生态城引入中法两国生态修复、低碳农业技术,整合升级后官湖、什湖湿地等生态旅游资源,形成"什湖九荡"湿地群公园、知音文化公园、中法友谊公园等多个农业活动中心,打造集农业观光、科普教育、农产品展销、美食娱乐、生态废弃物清运等功能于一体的"农旅双环"游憩路径,营造现代都市生态田园景观(图 1)。

2.2.3 聚焦四级公共活动中心,展现中法文化的交融

集中展现中法两国文化艺术魅力,布局"中法双镇"两大公共服务设施聚集高地。结合国际交流基地、展览馆打造"古琴知音"主题中式水乡,结合美术馆、影剧院、米其林厨艺学校等打造法式生态半岛小镇,并紧邻生态景观绿廊、人流步行动线布局临绿型、嵌入式、多级别公共活动中心,营造职住平衡、服务均等、文化包容的活力共享社区。

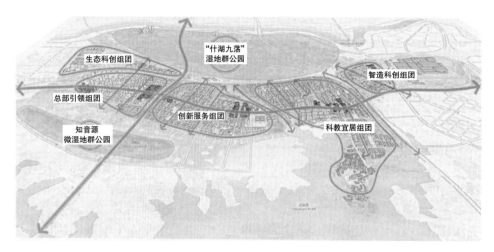

图 1 中法武汉生态城"产城融合、功能混合"的创新活力组团

2.3 基于新型绿色交通模式,塑造疏密有致、城绿渗透的生态绿色街区

延续"湖泊—水塘—水田—村落"缓冲渗透的水乡空间肌理,基于"小街区、密路网"的新型绿色交通模式,按照"疏密有致、城绿渗透、晴雨兼顾"思路,通过建筑形态管控、开敞空间设计、道路景观化设计等方式,打造 TOD 核心区街区、一般街区、缓冲区街区 3 种典型街区,实现自然肌理向城市肌理柔性过渡。

2.3.1 空间形态塑造

中法武汉生态城塑造集中建设区"高大道、低内街、强节点、柔边界、显山包"的总体空间形态,以围绕地铁站点建设的知音、集贤两大东西新城中心作为地标建筑群,并以马鞍山东西双峰高度作为建筑高度上限,形成建筑高度、建筑体量、建设强度从城市地区向自然地区阶梯式下降的趋势。同时,通过取消城市边界道路、采用生态手段锁定开发边界的方式,强化自然渗透、城绿缓冲。

2.3.2 开敞空间设计

综合地铁站点到生态景观的人流步行动线、路口过街的行为特征等因素,布局街心交往绿地、街角等候小广场等公共开敞空间,并通过"规整—半规整—自然有机"的景观形态变化、"成片规模—中等规模—零碎"的景观尺度变化、"屋顶农场、共享菜地"等田园景观的引入,实现生态农业景观向城市社区渗透。

2.3.3 道路景观融合

基于水流、人流、车流从地铁站点到自然区域的南北纵向主动线,提出"宽绿带、窄车道",基于行道树遮阴效果、行人游逛偏好提出"阴面宽、阳面窄",基于雨水径流需要提出建设底部为自然土壤,同时地埋雨水管网、雨水收集装置的复合海绵绿化带,通过海绵林荫路提升慢行体验及街道空间品质。

2.4 融合中法先进技术,构建绿色低碳、生态循环的可持续发展支持体系

从综合交通、市政设施等基础设施硬件入手,对交通、水利、农业、能源、垃圾处理、电信等 6 个方面 14 个指标进行规划管控,打造融合绿色交通技术国际经验、全球环境治理经验、本地规划实施经验的国际可持续发展典范。

2.4.1 绿色交通示范体系

完善"对外畅达、公交为主、步行优先、生态凸显"的综合交通系统,通过"快、干、支、微、辅"多层次、高密度公交体系推动落实公交站点 500 m 服务范围全覆盖,通过轨道交通、常规公交等多种交通方式推动落实高绿色出行率,通过硬质、软质分类分级城乡绿道体系推动落实高密度慢行公共路网等生态指标。

2.4.2 生态循环技术体系

引入暴雨径流量化模型、雨洪调蓄分区、雨水过滤花园、废弃物智能管理、分布式能源站等全球环境治理经验,实现水治理、垃圾处理、能源、生态恢复、都市农业五大系统循环发展。

2.4.3 本地建设实施体系

面向规划管理、实施建设需求,以控规细则深度的城市设计管控图则为抓手,通过指标分解、分区管理、空间管控、精细化设计指引,探索推进生态城市设计全域、全周期规划管控实施。

3 中法半岛小镇示范片区详细规划层面的可持续发展规划实施路径探索

3.1 尊重场地自然资源禀赋,加强城市设计及管控

3.1.1 秉承"最小动静、最低成本、最高标准"的规划理念

中法半岛小镇规划充分尊重自然生态本底,结合现状地形地势等自然资源特征,规划构建滨湖半岛空间结构。"最小动静"是指从山水林田湖草等自然资源禀赋出发,"少开挖,多保留";"最低成本"是指引入智慧湿地、环保技术、循环模式等先进手段,降低建设成本、运营成本;"最高标准"是指在业态品牌、生态环境、慢行体验及城镇景观等方面,打造引领武汉高质量发展、高品质生活的"金字招牌"。

3.1.2 打造"两轴一带一网四组团"的空间结构

中法半岛小镇核心区规划方案形成"两轴一带一网四组团"及鱼骨型滨湖半岛空间结构。"两轴"是指贯穿南北的"丁"字形国际公共交往轴,连接城市与后官湖、半岛小镇与武汉西站;"一带"是指顺应地形地貌、串联湿地水塘的后官湖滨湖生态带;"一网"是指蓝绿湿地生态网;"四组团"则是凸显"生态示范、智慧引领、转型驱动、开放共享"的国际商贸服务组团、法式生活服务组团、滨水文旅组团及文体创意组团 4 个功能板块。

3.1.3 聚集"生态低碳、国际服务、宜居生活"的主导功能

中法半岛小镇落实武汉市总体规划中的主体功能区主导功能,按照"国际公共服务聚集、生态低碳示范、宜居品质提升"的原则优化形成四大组团,包括紧邻现状地铁站及主干路的国际商贸服务组团,为高水平人才提供"类国际"生活服务的法式生活服务组团,紧邻后官湖西南岸线的滨水文旅组团,以及紧邻云雀路门户及后官湖东南岸线的文体创意组团。

3.1.4 加强"总量控制、动态平衡、生态缓冲"的形态引导

中法半岛小镇延续中法武汉生态城从地铁站点到生态地区逐渐过渡的总体空间形态,通过建筑强度、建筑高度分区管控,引导形成"地标区、中低强度区、低强度区、生态旅游区"等多种典型生态街区。根据核心区设计方案,该区域实行建筑规模总量控制,总建筑规模不突破原控制性详细建筑总规模上限,居住建筑规模在中法半岛小镇范围内实现动态平衡。

3.2 依托城市设计概念蓝图,编制"招商地图""实施地图"

3.2.1 依托功能单元主导功能编制"招商地图"

按照自然资源部门关于改革土地要素保障方式,变"项目找地"为"地等项目",方便招商

引资用地主体"按图索地"的工作要求，该设计围绕"生态低碳、国际服务、宜居生活"等功能单元，形成招商地图及项目库。中法半岛小镇招商地图具体包括 4 类 30 个项目，国际交往商务服务类含国际生态办公室等 6 个项目，国际公共服务类含法兰西美食学院等 7 个项目，法式文体时尚体验类含国际法国主题乐园等 9 个项目，滨湖旅游及生态示范类含智慧城市控制中心等 8 个项目。项目库按照"一图一表"的方式，通过招商手册、公开信息平台等方式进行公开推介。

3.2.2 依托雨洪生态网络及滨湖涵养带，编制无管网排水示范区"实施地图"

中法半岛小镇通过构建蓝绿交织的生态网络，形成"一网两带多廊"的生态格局。"一网"是指利用雨洪廊道和现有水域建立生态水网及湿地链，对雨水进行囤蓄、截流和净化。"两带"由滨湖生态涵养带及水下森林缓冲带构成。此外，中法半岛小镇选择环半岛外延 200 m 的后官湖敞水区构建水下森林缓冲带，快速净化小镇环湖入湖径流，进一步缓解外源污染对后官湖水质的影响。"多廊"则是基于全域生态安全格局构建和城市生物多样性提升理念，将中法半岛小镇内绿地进行整体规划，形成环城生态防护廊道、社区林荫休闲廊道、滨水绿带廊道等多级廊道系统。

3.2.3 依托分区分时交通管控，编制零碳交通示范区"实施地图"

一方面，中法半岛小镇依据用地布局及出行特征，划分为交通零碳区、低碳区及一般区，实行分区分时交通管控。零碳区位于中法半岛小镇南部，除应急救援及夜间外，仅允许清洁能源公交车进入，同时在小镇门户区域设置 4 处停车换乘区进行截流，结合近期开发设置 1 处临时停车点，远期进行生态化改造或复合利用，引导该范围内实现 100% 无污染交通；低碳区引导绿色交通占比在 90% 以上，同时控制车辆在该范围内的车速；一般区引导绿色交通占比在 85% 以上。另一方面，中法半岛小镇将轨道交通与常规公交结合提高半岛公共交通覆盖率。此外，通过提供智能化、个性化、绿色化无人驾驶公交服务，进一步引导实现半岛范围内绿色交通。

3.2.4 依托生态智慧技术，打造生态智慧示范区

中法半岛小镇致力构建"感知—监测—行动"一体化数字治理体系，探索智慧引领的新型高质量绿色发展模式。在硬件方面，中法半岛小镇高品质建设智慧城市控制中心，融合智慧交通、智慧市政控制中心、5G 综合机房、邮政支局等多种功能设施，并将小镇内所有地块数据接入，形成体系完善、功能健全、组织有序的数字信息设施体系。在软件方面，中法半岛小镇通过建设生态智慧仿真平台，实现可视化三维地理信息 100% 覆盖，建立精细化审批及智慧化监管两大系统，智慧管控规划及环境。

3.3 把握城市设计核心要素，开展"过程式"国土空间用途管制

3.3.1 构建"市区联动、中法联合、开门规划"的实施机制

自然资源规划管理部门联合地方政府、外事部门等共同成立项目秘书处，建立完善的组织架构及沟通决策机制；同时，成立招商推介、规划技术、建设实施三大平台，邀请法国设计机构、企业和中法政府部门共同参与，通过联席工作会方式推进项目。项目启动后，面向投资建设、商业运营、文化体育、能源环境、医疗健康、智慧管理服务、生态治理等领域的中外企业，开展多场大型招商推介会、小型规划研讨沙龙，吸引一批优质中法企业参与，共同推动中法半岛小镇规划蓝图迭代升级及落地实施。

3.3.2 探索"智慧监管、产业循环、经济持续"的可持续示范模式

中法半岛小镇落实中法武汉生态城总体规划指标体系，对标中国绿色生态城区、法国 HQE 等中外最新技术标准，结合新技术应用、高标准示范要求，引入中法环保生态领域龙头企业及

先进产品，通过暴雨径流量化模型、雨洪调蓄分区、雨水过滤花园、绿色再生水厂、湿垃圾处理机、无人驾驶公交专线、江水源集中供暖制冷、入户千兆宽带等绿色基础设施建设，在水治理、绿色交通、节能减排、循环利用等生态智慧示范方面开展探索。

3.3.3 兼顾"底线思维、弹性思维"开展国土空间规划及用途管制

项目依托"三图两表一平台"等管控抓手，兼顾"底线思维、弹性思维"开展国土空间规划及用途管制，推进自然资源精准匹配、保护及利用协调发展。"三图"包含管控底图、招商地图及规划蓝图，融合上位规划、空间骨架等管控型要求，招商行动指南以及规划实施目标；"两表"包含招商项目表、任务分解表等实施行动安排；"一平台"是指整合"管控底线、用途管制、设计规则、设计蓝图、招商行动、土地征储、实施进展、实施监督"等多源信息的全域、全要素、全周期的规划实施智慧管控平台。

4 结语

中法武汉生态城在可持续发展规划领域的实施探索基于中法两国在城市规划设计、建造和管理领域的先进技术与经验共识，是通过高质量空间规划推动高质量城镇化的探索实践，践行联合国《2030年可持续发展议程》及《新城市议程》。中法武汉生态城在总体规划层面探索一套可持续发展规划实施的关键技术，即注重将规划愿景转化为具有可实施性的系统规划。在总体规划层面，可持续发展规划应当依托自然资源禀赋、区域产业基础、新型交通模式及国际先进技术，聚焦城乡生态格局、产城融合发展、空间品质塑造与低碳技术应用等方面，推动生态规划、产业规划、城市设计及交通基础设施规划等"多规"协同实施。

中法武汉生态城在详细规划层面围绕核心示范片区探索可持续发展规划的实施路径，即注重围绕规划蓝图开展全周期、全过程的规划实施管控。在详细规划层面，可持续发展规划应当在各级政府部门、企业及机构的合作推进下，构建一套多方认可的实施机制、设计方案、实施标准，以"招商地图""实施地图"的全过程管控及高质量实施为抓手，推动核心产业落地、品质形象提升。

［参考文献］
[1] 宋洁，徐昊，杨正光，等."融"解生态城 [M]. 北京：中国建筑工业出版社，2019.
[2] 阿肯色大学社区设计中心. 低影响开发：城市设计手册 [M]. 卢涛，译. 南京：江苏凤凰科学技术出版社，2017.
[3] 陈宇亭. 城市雨水花园调蓄过程对雨水径流量削减效应 [D]. 成都：西南交通大学，2018.

［作者简介］
陈渝，高级工程师，就职于武汉市自然资源保护利用中心土地利用规划部。
肖玥，助理工程师，就职于武汉市自然资源保护利用中心空间规划设计部。
肖翔，工程师，就职于武汉市自然资源保护利用中心空间规划设计部。

"双重移民"村落的空间格局重构研究

——以福建省晋江市跃进村为例

□郑晨雨，邓奕

摘要：在我国城镇化快速进程中，移民村落是一类特殊的村落，面临整体搬迁后社会经济文化和空间环境的重构。水库移民村落为其中的典型代表，此类移民村落中的一些村庄在后续发展中承接新的务工移民，从而形成新的移民接纳需求，并带来社会经济文化和空间环境的再次重构。这些原有村民和新进务工人员均为"双重移民"，而"双重移民"村落社会经济文化和空间环境的多次重构，显示了外来要素与本地要素的融合机制。本文以"双重移民"的跃进村为研究对象，梳理了移民村"搬得出、稳得住、能致富"的内在机制，探索结合地域资源重构优化乡村可持续发展的途径。

关键词：移民政策；移民村；空间重构；城镇化；晋江市

0 引言

中国的社会发展史就是一部移民史，无论是社会的剧烈变革以及影响中国历史发展的重大事件的发生，还是实现工业化、信息化、城镇化的战略发展，都不可避免地引发全国性或区域性大规模的人口变化与迁移。人口迁徙已经构成了整个社会巨变的核心部分之一。中国历史上发生的多次移民潮中，"走西口""闯关东""下南洋"最具代表性。对于这些自发性的迁移，从最初的"耕氓皆冬归春往，毋得移家占籍"，到《沿边招垦章程》《移民与开发计划》，不仅官府从被动承认变成了主动招徕，而且移民招垦政策的制定与实施自此有了法律保障。这些积极顺应社会发展规律的措施对稳定地方与繁荣经济起到了有力的推动作用。

现代中国的移民运动具有政府主导性的突出特征。丰富的劳动力资源是现代中国发展经济的最大优势与最大资本。因此，最有效地调整劳动力资源，成为影响中国经济建构与布局变化极为关键的一环。"服从国家建设需要"成为新时代移民运动的主旋律。

水库移民是自中华人民共和国成立至改革开放后，不断大量出现的一种新的移民类型。水利是农业的命脉，对中国这样一个农业大国而言，水利建设的重要性不言而喻。但是，在水库建设过程中，往往有必要将淹没地区人口迁出并重新安置。据世界银行公布的相关报告估计，1950—1999年中国水库移民数量高达1220万人，由一些著名的大型水库建设而引发的人口迁移引起了国内外的高度关注。如位于河南省境内的著名的三门峡水库就是一个大型水利建设项目，淹没区涉及陕西、山西、河南三省，涉及移民总数达到113万人。

福建省晋江市西滨镇跃进村从一穷二白的水库移民村起步，村民集资兴办企业，将"移居"打造成"宜居"，成为"搬得出、稳得住、能致富"的新农村建设的典范。1998年，时任福建省委副书记习近平到晋江市考察跃进村，对跃进村的人居环境发展给予高度肯定。"跃进村经验"对于同类移民村的致富发展具有重要的借鉴意义。

1　城镇化背景下的移民安置政策

1.1　晋江市水库移民特点及移民安置政策

在中华人民共和国实施的第二个五年计划（1958—1962年）中，水利水电事业开始实现跨越式的发展。这个时期也是20世纪修建水利水电工程最多、移民人数最多的时期。受当时国情影响，全国一味追求开发建设而忽视了移民的权益保障，工程开发前期普遍缺少移民安置规划，没有专门的移民法规，移民安置和经济补偿以地方政府红头文件为依据，移民政策表现出很大的地域性和随意性。其中水库移民土地安置①比例最大，多采取由低到高、就近就地安置办法，存在安置地点生活条件较差且补偿标准普遍偏低、移民生活水平较搬迁前下降等问题。

福建省泉州市罗溪镇洪四村位于晋江县北部，罗溪镇一带在20世纪60年代归当时的晋江县管辖。1965年9月，选址洪四村的前洋水库工程开工。该水库控制流域面积为7.17 km²。1966年，为支持水库建设，洪四村前洋生产队的187名社员服从建设需要，移民到晋东平原的西滨军垦农场。

泉州市早期移民原则是"依靠群众，依靠集体，自力更生，亲邻互助，社队支援，国家扶持"。20世纪60年代后，主要实行"三自愿"的移民政策，即"自愿选择迁移地点；自愿选定建筑面积和标准质量；国家把退赔补助经费兑现到户，由移民户自行安排，掌握使用，实行退赔包干，不足自补"。为做好移民工作，晋江县移民建设委员会组织工作组到受淹没地区配合社队干部召开移民代表会、座谈会，并协助解决移民生产、生活等方面一些急需解决的问题。

晋江县西滨镇所在的地区早先是一片滩地，其围垦历史可以追溯至五代时期。西滨军垦农场（简称"西滨农场"）是晋江县规模最大、办得最早的农场。在跃进村生产队移民至农场前，该区域经过多年平整改造、开沟引水等基础设施的建设之后，农田用水问题得到了解决。迁移初期，首批移民以跃进生产队形式进行土地安置。1966年，在党和政府"谁围谁受益，谁垦谁种谁收"政策的号召下，与福州军区部队联合进行西滨农场的围垦工作。首批移民寄住在邻村居民家，常常十几个人住在一间屋子里，生活条件较差。而后村民自力更生，家家务农，搭建土坯房，形成了早期的乡村聚落空间。

1.2　农业安置不适合跃进村的长久发展

晋江地处福建东南沿海、泉州市东南部，因西晋永嘉年间中原百姓避战乱南迁据江居住而得名。晋江三面临海、一面依山，地势由西北向东南倾斜，东北连泉州湾，东与石狮市接壤，东南濒临台湾海峡，南与金门岛隔海相望，西与南安市交界，北和鲤城区相邻，陆域面积649 km²，海域面积957 km²，海岸线长121 km。农业生产是跃进生产队移民至晋东平原后的谋生手段，也是跃进村发展的开端。但随着经济形势的转型，这种"靠天吃饭"的生产模式并不能为跃进村带来更好的发展，跃进村的发展必然面临转型。

在自然条件方面，跃进村所在的晋东平原地势平坦，河网密布，土地肥沃，气候温和，雨量充沛。中华人民共和国成立后，大兴农田水利基本建设取得了显著成效。通过修建金鸡引水工程及乌边港排洪闸后，绝大部分耕地成为旱涝保收田。但由于人口过于稠密，为保证居民基本生活需要，农业生产以种植粮食作物为主，粮食产量虽然较高，但农民的收入却很低。

在计划经济体制的局限性方面，生产队的经营模式具有局限性，不足以支持跃进村长远发展。国营农场是中华人民共和国成立后依据计划经济原则创办的农业生产组织。但由于其内在的制度局限，未能摆脱效率低、成本高和大量亏损的被动局面。其中，国家通过行政统治汲取农业剩余，给农场的运营绩效带来深远的负效应，农场的运营效率不尽如人意。

在农业剩余劳动力问题方面，晋江市历史上是一个人多田少的农业区。1949 年人均耕地约 0.07 hm²，而到了 1978 年，人均耕地降至 0.037 hm²，农村劳均耕地约 0.1 hm²。由于人均耕地的减少、农民劳动积极性的提高和农村人口的增长，隐藏在集体经济中的人多地少的矛盾日益突出。农村剩余劳动力 20 多万人，占劳动总数的 60% 左右。

由于农民没有其他收入来源，只能排队轮流出工，全县整体农业收入不高，吃饱饭都成问题。当地农业剩余劳动力问题亟待通过其他方式转移。跃进村的出路是生产经营模式的转型，而生产经营模式的改变则带来村域空间的重构，这样才有可能使跃进村实现可持续发展。

2 移民村的空间重构

2.1 市场经济转型下的农村企业发展

西滨片区是环泉州湾区域的重要组成部分，距离晋江市区仅 4 km，交通便捷，区位条件优越。由于侨眷过多，晋江当地华侨回乡探亲和汇款的不少，所以消费品的物价比较高，是一个高产、高物价的贫穷地区。为了摆脱贫穷落后的面貌，有一定经济头脑和市场意识的晋江人曾尝试通过开办家庭作坊的方式发展副业，增加收入，但未能达到预期效果。

20 世纪 80 年代，改革开放促使计划经济逐步向市场经济转型。当时的晋江县委、县政府从晋江"人多地少"这一实际情况出发，选择乡镇企业作为振兴经济的突破口，适时发动和引导群众联户集资、合作经营，利用侨乡闲散资金、空闲民房和闲散劳动力创办乡镇企业。在政策的号召下，晋江市乡镇企业迅速发展，逐步成为晋江国民经济的重要支柱。从 1978 年到 1994 年，晋江市成为福建省乡镇企业发展最快的地区之一，由国营农场改制的西滨镇产值超过 2 亿元。在乡镇企业态势良好的背景下（表 1），村干部带领村民发起股份制企业，由生产队 34 家股东集资建跃进发泡厂，致力做高跟鞋底，当年每天产值峰值 1.5 万元，既解决了当地农村剩余劳动力的问题，提高了村民人均收入，也为 1986 年村庄重新规划设计提供了良好的经济基础。

表 1 改革开放初期西滨农场内创办的乡镇企业

企业名称	经济类型	主管部门	主要产品			工业总产值	
			名称	计量单位	产量	不变价	现行价
良种场砖瓦厂	全民	农场	砖瓦	万块	70	9	14
良种场砖瓦厂	全民	农场	罐头	t	173	49.3	49.3
西滨农村制鞋材料厂	全民	农场	泡沫轻泡片	t	87.4	59.3	59.3
西滨农场制鞋总厂	全民	农场	人革鞋	万双	21	218.5	218.5
西滨农场皮塑制鞋厂	全民	农场	鞋类	万双	2.1	21.1	21.1
西滨农场酿酒厂	全民	农场	酒	t	3.9	74.2	74.2

续表

企业名称	经济类型	主管部门	主要产品			工业总产值	
			名称	计量单位	产量	不变价	现行价
西滨农场跃进机械配件厂	全民	农场	汽车配件	万件	10	23.5	23.5
西滨农场跃进橡胶制鞋厂	全民	农场	鞋类	万双	50	31.9	31.9
西滨农场跃进农机厂	全民	农场	矿山倒斗	万套	1	31.9	31.9
西滨农场橡塑制鞋厂	全民	农场	鞋类	万双	11	60.9	60.9

改革开放以来，晋江大力发展民营经济、品牌经济、实体经济，走出了一条特色县域发展路子，经济总量长期占泉州四分之一，连续 28 年保持福建县域首位。2021 年 GDP 达 2986.41 亿元，财政总收入 256.93 亿元，县域经济基本竞争力位居全国第四，城市投资潜力、营商环境位居全国县域第二。晋江有四个方面特别突出：一是 97% 以上企业是民营企业；二是拥有超百亿、千亿的产业集群，工业产值突破 6900 亿元；三是品牌企业众多，恒安、安踏等知名品牌逐步走向国际化；四是上市公司数量居全国县域前列。习近平总书记在福建工作期间，曾 6 年 7 次到晋江，总结提出以"六个始终坚持"和"正确处理好五大关系"为主要内容的"晋江经验"，2019 年又强调"'晋江经验'现在仍然有指导意义"。

2.2 建成环境的空间重构

1984 年初代水库移民村正式由"军垦（国营）农场"改制为行政村，跃进村正式成立。1986 年，跃进村迎来了自移民搬迁以来首次村域规划设计，奠定了跃进村基本的村域空间布局形式。通过电网改造、自来水改造、路面改造，完善了基础配套设施。系统的道路整治，使村内道路分布均匀呈方格网状，住栋排列整齐，连片分布规律，道路两旁建起整洁的石头房和水泥路。跃进村成为晋江乃至泉州市新农村建设的典范。1998 年，时任福建省委副书记习近平到晋江市考察跃进村，对跃进村人居环境建设给予肯定。

在土地利用方面，全村面积达 312 亩*，其中农林用地约占 47%，工业用地约占 18%，住宅用地约占 30%。2016 年，西滨镇小姐港进行河道堤岸整治，跃进村将全村田地统一收回、统一开放，通过土地回收整体出租方式，获得承包经营总面积达 19.5 万亩，为规模性村企经营提供了用地保障。

在住宅建设方面，1986 年进行全村统一规划建设，基本都是石结构房屋，由于地处滩涂地，基础下沉导致石头房严重倾斜成了危房且无法加固。2015 年开始，为解决群众住房困难，在市级政策支持下，实施全村 58 幢石结构房屋翻建工程，项目实施三年计划，分批分期建设，原则上要求统一面积、统一层高、统一外观。2020 年，村域主要生活区大部分旧房已经更新。村民根据各自经济实力自建的房大多数质量较好，多以砖混结构建筑为主。但遗憾的是建筑外立面缺少统一风格，建筑背面电线裸露，部分新建房屋裸露墙体，尚需村民、村委、规划设计师多方联动，进一步完善美丽乡村建设。

在水系方面，金鸡沟西滨镇跃进村段将村域划分为南、北两个片区，该河道起点位于与新塘杏坂交界水闸处，终点位于与海滨街交界处，河流总长度为 0.5 km。除此之外，位于跃进村

---

* "亩"为市制非法定计量单位，为方便阅读，本书仍保留"亩"。1 亩 ≈ 666.67 m^2。

南片区的沟渠常年散发异味，一定程度上影响了南片区居民的生活。2023年，跃进村对南片区农田沟渠进行了清淤及整治工作，改善人居环境。

在公共服务设施方面，村内设有1个村民委员会、1个卫生设施、1个福利设施和2个文体设施，总体文化设施数量较少。从跃进村周边公共服务设施情况看，跃进村2 km辐射范围内文化设施不足，文化展示、交流的场所较少。针对这一情况，村内新建的星光篮球场常承办西滨镇"村BA"，"村村有球场、天天看比赛"成为晋江篮球的真实写照，篮球运动颇受欢迎，弥补了村民业余文化生活的不足。

2.3 地域文化的传承与延续

在跃进村域内有一座带有戏台的寺庙格外引人注目，名为"龟昭"。其名包含着移居者来源地的文化信仰。位于泉州市洛江区罗溪镇龟峰山南麓有一处"三教合一"的庙宇龟峰岩，始建于北宋开宝年间，距今有1000多年的历史。而在移民村迁出地（现泉州市洛江区罗溪镇洪四村）有一座昭灵宫，始建于明永乐二十二年（1424年），供奉武安尊王等神祇。1966年建水库时昭灵宫被拆除，1981年春在跃进村内复建庙宇，并将其命名为"龟昭庙"（图1），取罗

图1 跃进村龟昭庙

溪名刹"龟峰岩"和洪岩"昭灵宫"两庙名首字组成。龟昭庙延续了昭灵宫"多教合一"的供奉方式，体现了闽南信仰多元融合的特征。

移民文化还体现在居民自建房上，如当地房屋门楣反映了闽南人家族门户代称，通过门楣便可知该户人家姓氏血缘。如门楣写有"××衍派"或"××传芳"，"衍派"表明姓氏发源支脉，是中原文化传统在闽南的延伸；"传芳"则可理解为铭记的历史，是姓氏中某个典型人物的品德。同时，跃进村以陈、黄两姓为主要姓氏，其中陈姓占48%、黄姓占32%。在跃进村，"颍川衍派""玉湖衍派""飞钱传芳"等为陈姓人家，"紫云衍派""紫云传芳""江夏传芳"等为黄姓人家。这些门楣更能凸显地域性，体现了闽南家族自北南迁的渊源历史（图2、图3）。

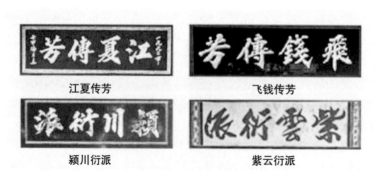

江夏传芳　　飞钱传芳

颍川衍派　　紫云衍派

图2 跃进村门楣实拍

图 3　南片居民区特色门楣分布位置示意图

西滨镇从最早的国营军垦农场发展成现在全省百强乡镇，随着时间推移，当地民营企业产值的攀升、居民生活水平的提高，西滨镇不同移民群体之间相互支持、包容及宽容构成了西滨镇独有的风范。而以晋北大罗溪群体为主的跃进村村民，发扬"敢拼才会赢"的晋江精神，自力更生，在推动民营企业发展的同时推动村域空间规划建设，实现了更加安稳、舒适、便捷的人居环境的改造提升。

3　集体引领的致富环境优化

3.1　轻工业发展吸引新一轮人口迁移

20 世纪 90 年代初，改革开放政策的总设计师邓小平发表"南方谈话"之后，中国改革开放的力度加大，进而迎来了东部沿海城市建设的新高潮，同时城镇化类型的人口迁徙也进入了"高度活跃期"。随着乡镇企业的发展，当地劳动力的需求量大增，不仅本地农村剩余劳动力就业问题得到缓解，而且吸引了众多外地农民前来务工务农，晋江当地逐步建立起劳动和人才市场。2023 年，跃进村外来人口约为 1500 人，占比达 71%，同时在外务工人员众多，当地人口的流动性较大（图 4）。

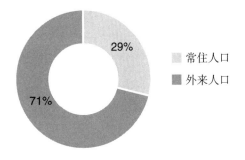

29%　□ 常住人口
71%　■ 外来人口

图 4　跃进村居民类型占比

3.2 "双重移民"跃进村空间的痛点

由于晋江乡镇企业是在工业基础十分薄弱的基础上起步，企业总体素质不高，呈现小型、分散、低起点、低技术含量的"满天星"景象。全市1万多家农村工业企业，其中65%的厂址在村落，在集镇的只占35%。这种"家家办厂"的工业布局，造成土地等资源以及基础设施投资上的浪费，不利于环境污染的治理，不利于企业规模效应和竞争力的提高。受大环境影响，跃进村村域空间发生改变。跃进村土地以农林用地和住宅用地为主，生活空间与农业空间过大导致生态空间与生产空间被挤压，同时生活空间又受到生产空间的隐患威胁，整体上空间分布不合理。

在农业空间方面，受乡镇企业效应影响，村内依靠农业为生的农户数量较少，农田长时间处于荒废状态。农业生产以种植为主，以养殖为辅。2016年小姐港整治期间，跃进村将荒废闲置的田地进行统一回收、开发，使其作为集体土地流转，由村集体将田地对外出租，获得租金，再分红给村民，以此增加农民的收入。经实地踏勘，村内土地承包者一般在村内农田旁搭建以竹子为材料的棚屋（图5），居住条件较差。生态空间主要依托农田分布，南北两片农田在位置上没有连片，缺乏联系。位于居民区内的水渠常年发黑发臭，影响了居民的生活质量。

用竹子搭建的棚屋　　　　　　　　　　台风过境后受损的棚屋

图5　跃进村内土地承包者搭建的棚屋

在工业空间方面，工业生产以鞋材制造为主导产业。企业经营以EVA发泡材料产业及鞋垫制作为主导产业，形成村内小微企业集聚的现象。企业规模方面，村内小微企业占91%，且工厂面积超过2000 m² 的企业仅占9%。工业用地紧张，企业扩张受限，存在大厂外迁的现象。就工人文化水平而言，从事鞋企生产的工人文化水平不高，能从事高技术岗位的工人数量较少，企业发展潜力不大。对于用地范围而言，工业用地受限，不利于鞋企扩大规模，鞋企发展受限，存在大厂外迁和小微企业留存现象。同时，工业空间靠近居民主要生活区，存在较大的安全隐患，对居民日常生活造成影响。

在生活空间方面，为满足跃进村日益增长的外来务工人员的住房需求，同时解决村内房屋闲置问题，跃进村出现了房屋整体出租现象。在空间布局上呈现出住栋连片分布、路网联系紧密、分布规律的空间布局形式。村域建筑物面积率高值区域主要集中在南片区，住宅层数多为

4～6 层，建筑分布密度高，相邻建筑间距过小，部分无法满足基本的日照、采光及消防要求。居民楼前曝露的杂乱电线，形成较大安全隐患。居民区紧邻工厂，其产生的噪声及空气污染对居民生活造成影响（图6）。

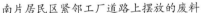

南片居民区紧邻工厂道路上摆放的废料　　　　　　　居民楼前杂乱的电线

图6　跃进村居民区存在安全隐患问题区域

在文化空间方面，跃进村缺乏较为优质的文化服务场所。作为具有浓厚移民文化氛围的移民社区，其开垦盐碱地的艰苦奋斗精神以及鞋厂创业的自力更生精神未得到良好的展现，具体体现在村内文化设施数量少，已有村民活动场所如跃进村戏台、老人会及党群活动中心等内部缺少服务设施及管理人员。文化设施及展示空间不足，村内文化资源基础薄弱，尚未得到良好开发，整体上缺乏村民和外来人员之间联系的纽带与交流场所。

3.3　跃进村产业空间优化策略

乡村要振兴，产业必振兴。立足跃进特色，依托村庄位于中国著名鞋都西滨镇、西滨工业园区内紧邻西滨镇综合服务区的区位优势，利用跃进路、拥军路的便利交通，结合村庄现有制造业和农业种植的产业条件，以及鞋材产业和移民文化的村庄特色，统筹谋划村庄产业发展，规划构建"两心一轴三带"的产业空间格局。"两心"为以鞋材生产为主导制造中心，以工农业生产用地租赁、批发零售、住宿和餐饮为配套服务中心。"一轴"为跃进路夜市经济轴，以西滨镇诚信农贸市场为载体，打造"跃跃欲肆"品牌夜市文化；同时，针对跃进精神形象提升进行符号化设计，以此推动当地移民文化的传承与转化。"三带"分为农田绿色景观展示带、跃进精神展示带和村企生态系统展示带。

3.3.1　夜市经济发展轴

以步行者优先为原则，活化利用沿水系的道路空间，采用"分时复用"原则对其进行分时段利用。以西滨镇诚信农贸市场为载体，规范地摊经营模式，打造金鸡沟沿岸夜市经济，更好地服务于外来务工者。同时针对以龟昭庙、跃进村戏台和跃进老人会为载体的文化活动空间进行活化设计，以风貌统一、空间交流和经济可行为三大营造重点，以本地性、互动性和共情性为初步设计理念，打造"跃进文化＋"设计策略（图7）。

图7　跃进村夜市经济带效果图

3.3.2　跃进精神展示带

以"移民村"和"跃进创业精神"为记忆点，为当地居民和外来人员提供交流休憩的场所，以此激发当地村民的集体记忆。跃进南路22号是跃进村旧厂址所在地，是跃进村当年发家所在地。采用增加室内运动场及村史展览功能、对原本工厂要素的复用与创新以及工厂流线的重置与梳理等方法对跃进村旧厂址进行活化设计。通过对跃进村发家场地的活化设计，为跃进村提供增强新老移民凝聚力的文化体育活动场所（图8）。

图8　跃进村工厂旧址改造为室内运动场

3.3.3　农田绿色景观展示带

现有农田景观层次单一，缺乏特色。目前存在水泥道路破坏乡村氛围、村内道路两侧街道界面风貌不统一及沿路植物搭配缺少美感等问题。通过沿岸种植绿化树木、清理岸边杂草以及整理通往节点建筑的巷道风貌等措施打造绿化隔离带。通过规范工厂废料垃圾处理，将工厂废料回收转化为当地铺地、景墙及院落摆设。将口袋公园植入跃进村各个休闲广场，通过在公园内设置互动景观互动体验，以此提供趣味性和提高居民参与感。

3.3.4　村企生态系统展示带

通过对居民区与工程隔离带厂区前地坪进行整理、增加户外活动设施及扩大行道树树池空间等方式增加厂区隔离带的层次感。利用垂直绿化对工厂外墙面进行立面处理，从而有效减少噪声污染以及缓解极端温度，同时减少空气中的灰尘和微粒物质，提高空气质量并增加城市生态系统的多样性。

4 结语

跃进村两次移民，实际上都是对原有村域空间功能和格局的重构。20 世纪 60 年代首批移民寄住在邻村居民家，生活条件较差。在"谁围谁受益，谁垦谁种谁收"政策的号召下，其自力更生搭建土坯房，形成了早期的乡村聚落空间。20 世纪 80 年代跃进村迎来了自移民搬迁以来首次村域规划，通过完善基础配套设施，实施全村 58 幢石结构房屋翻建工程，改造更新生活区大部分旧房，使跃进村形成了美丽乡村的新格局，实现了"搬得出、稳得住"的规划目标。

以村农贸市场为载体，打造河岸滨水空间夜市经济，在原有制造产业的基础上，进一步开拓第三产业市场。同时对以龟昭庙、跃进村戏台和跃进老人会为载体的文化活动空间进行活化设计，以本地性、互动性和共情性为设计理念，以期实现新老移民稳得住、共同致富的规划策略。

将跃进村生活区中心部的初代移民兴办企业旧址改建为"移民·跃进创业精神"村史展览馆，不仅可以激发当地村民的集体记忆，而且为当地居民和外来人员提供交流休憩场所，增强了跃进村新老移民的凝聚力。

移民村空间重构的核心是质的提升，而非数量或规模的增加。土地是农民赖以生存的重要物质基础。土地流转、用地性质变更、村企厂房迁建等土地利用问题牵扯面广，程序复杂。而国内外不乏"小民企为大航天提供关键零部件服务"的事例。打造一村一品的高质量产品，是未来乡村振兴与乡村可持续发展的可行之路。

[注释]
①土地安置：坚持以土为本、以农为主，实行集中安置与分散安置相结合，通称为土地安置（大农业方式）。

[参考文献]
[1] 安介生，张根福，陈鹏飞. 中国移民史·第七卷：清末至 20 世纪末 [M]. 上海：复旦大学出版社，2022.
[2] 苏爱华，付保红. 中国水库农村移民安置方式比较分析 [J]. 云南地理环境研究，2008（5）：73-78.
[3] 王应政. 中国水利水电工程移民问题研究 [M]. 北京：中国水利水电出版社，2010.
[4] 庄汉城. 从"龟昭庙"看西滨镇的移民文化 [J]. 晋江史志，2013（3）：50-51.
[5] 泉州市水利水电局. 泉州水利志 [M]. 北京：中国水利水电出版社，1998.
[6] 魏子真. 晋江的实践与启示 [M]. 福州：福建教育出版社，1997.
[7] 韩朝华. 新中国国营农场的缘起及其制度特点 [J]. 中国经济史研究，2016（1）：23-38.
[8] 陈苗，庄维坤. 晋江市志（上、下册）[M]. 上海：三联书店，1994.
[9] 王桂新，等. 迁移与发展：中国改革开放以来的实证 [M]. 北京：科学出版社，2005.

[基金项目：福州大学"福建城市社区生活圈的界定方法及其空间构成分析"（编号：510593）。]

[作者简介]
郑晨雨，就读于福州大学建筑与城乡规划学院。
邓奕，通信作者，博士，教授，就职于福州大学建筑与城乡规划学院。

矿山生态修复与综合开发策略及实践

——以浙江省湖州市德清县杨坟矿区改造文旅小镇为例

□何国华

摘要："两山"生态经济理论是我国国民经济理论的重要组成部分，矿山生态修复是"两山"理论最直接的应用实践。本文从矿山的生态修复程序和技术流程谈起，以矿山生态修复为基础和出发点，探讨了矿山综合利用的方法，并且结合浙江德清杨坟矿区改造成文旅小镇的实际案例，探索了矿区选址、经济社会要素评价、场地评价、产品策划、工程实施、效益评价等一系列方法，为矿山综合改造利用提供了较好的理论模型和实践探索。

关键词：矿山；生态修复；文旅小镇；主题公园

0 引言

自改革开放后，中国经济高速发展 40 多年，伴随着工业化和城镇化快速推进，对能源、矿石需求量与日俱增，带来了矿山的大量开采，尤其是交通发达的城镇周边区域，砂石的需求量大，矿石开采量也很大。矿山的开采，一方面给经济建设带来了丰富的原材料，另一方面也给自然生态造成极大破坏。尤其是早期开采的矿山，不注重有序开发和生态修复，矿山开采后留下大量矿坑，造成山体滑坡、水土流失和水系污染等环境破坏。同时，城镇周边裸露的矿坑，犹如大地母亲的累累伤痕，在视觉上也形成了很不美好的观感。因此，矿山生态修复的工作势在必行。在传统生态修复方面，通常采用矿壁治理、覆土、植被种植、水土保持等一系列修复方法，但由于资金不足和责任意识不强等问题，很多矿主对矿山修复积极性不高，躲避、拖延、敷衍了事，导致很多矿山开采后没有及时修复，或者修复的效果很差，起不到生态恢复的作用。本文以生态修复和矿山综合利用为基础，从技术、经济、环境等多个角度探讨矿山修复的方法，从而实现生态效益、经济效益和社会效益的统一，并充分调动矿主、投资主体和地方政府的积极性，使矿山修复能够高质量、可持续地推动。

1 矿山生态修复方法

矿山开采后，通常会面临地形陡峭容易坍塌、水土污染、植被破坏等问题，需要进行地形整理、生态修复和综合利用，生态修复的方法如图 1 所示。

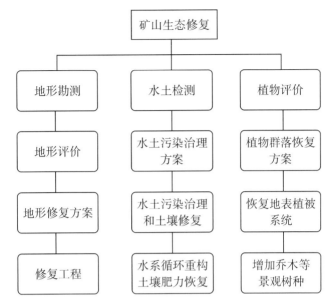

图1　矿山生态修复工程技术路线图

在矿山生态修复中，需要先对尾矿的地形地貌进行整体勘察测量，然后进行评价和提出修复方案，对一些绝壁、陡坡和易坍塌地形进行预处理，确保后续施工安全。同时，尽量构筑出缓坡、台阶等阶梯型地形（类似梯田，见图2），对于比较陡峭的山坡可设计成鱼鳞型（图3），防止水土流失，为后期水土复原和植被修复提供条件。

图2　阶梯型地形整理工程

图3　鱼鳞型地形整理工程

伴随着矿山开采，矿山内部的重金属、酸碱、放射性物质等露出地表，会进一步污染地表水系和土壤，因此矿山的生态修复要进行水土污染测量，并制订出完善的治理方案。治理方法通常有化学方法、物理方法和生态治理方法等。化学方法即通过离子沉淀、酸碱中和等方法，去除水土中的重金属离子和多余的酸碱，保持土壤平衡。物理方法即采用沉淀、过滤、混凝土覆盖等方法，去除或掩盖水土中的有害物质。生物方法则通常选用耐酸、耐盐碱植物或吸收重金属、放射性元素的植物，通过生物方法逐步治理水土，进行水土的无害化处理。水土治理完成后，还需要重建水土生态系统，包括水系循环的建立、土壤肥力和通气性恢复等，通常采用地表土回填、复合土喷涂、有机质改良、吸附氮磷植物（如豆科植物）种植、微生物改良（如蚯蚓）等方法，恢复土壤的肥力。

生态修复的最终目的是复绿，重建矿山的生态系统，因此植物种植方案要根据当地气候和土壤特点，以及矿山修复的阶段逐步进行种植。第一步，种植吸附力强、生命力强的草被和灌木，起到固土保水的作用，同时种植一些可以固氮的豆科植物，提升土壤肥力；第二步，待水土修复到一定阶段，种植一些适合本地气候的乔木，一般以本地树种为主；第三步，待生态系统基本恢复后，种植一些景观树种，提升生态修复的景观效果。

生态修复是治理矿山的基本方法，但由于技术条件、经济条件、主观能动性等制约，目前很多矿山开采后尚未完成生态修复，或者修复后质量不佳，因此需要从更广泛的角度研究矿山综合治理的办法。

2 矿山综合利用及文旅小镇开发案例分析

矿山修复除生态修复方法外，还有矿区回填、土地复垦、综合利用等方法。其中，综合利用即在对矿区进行生态修复的同时，利用矿区中一些地形条件好、适合建设的区域，进行主题公园、风情商业、健康社区或者产业园区开发。这样既能提升矿区的生态环境、推动产业的发展、给地方政府带来税收、解决就业，又能兼顾生态效益、经济效益和社会效益，是一种比较合理的方法。

综合利用一般选择的是一些区位条件较好的矿区，如大型城市周边的采石矿区。由于其离大型城市距离近、交通方便（采石矿区一般会选择交通便利的位置，便于砂石的运输）、土地综合利用的价值高，因此综合利用的可操作性大。矿区的综合利用不同于简单的生态修复，除要考虑工程技术和生态技术外，还要考虑项目定位、市场分析、产品分析、经济和社会效益分析等，在此基础上，再根据需要开发的产品进行相应的技术路线设计和工程设计，进行全盘综合性的考虑。矿山综合利用技术框架如图4所示。

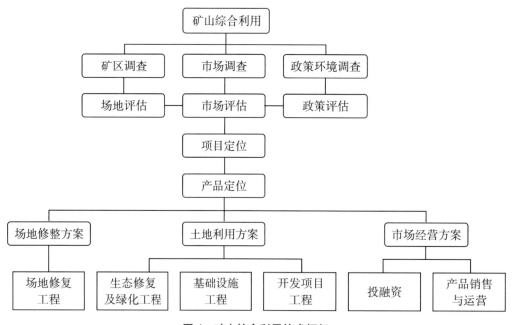

图4 矿山综合利用技术框架

从图 4 来看，综合利用的思考点和出发点与单纯的生态修复工程不同，它以综合利用为出发点，着眼于市场需求和经济平衡，在实现土地综合利用的同时，解决好矿区的生态修复问题，实现利用与保护相结合。本文以杭州市周边大明山东麓的德清县下渚湖街道杨坟矿区改造成文旅小镇的项目为例，探讨矿区综合利用的具体方法。

2.1 矿区基本情况

该矿区位于浙江省杭州市与湖州市交界地带。因周边经济发达，城镇建设对砂石需求量大，故该区域形成了大量采石矿区。由于矿区开采时间长，矿主几经更换，导致矿区开采后未进行统一修复，目前裸露的岩石极为扎眼。其地处杭州市北界、大明山国家森林公园东麓，及时治理十分必要。但由于治理需要投入大量的资金，且修复的责任主体不明确，因此矿区的生态修复工程迟迟未动，这给矿区的综合利用带来了实施条件。

2.2 经济社会条件分析

2.2.1 区位交通条件

该项目区位条件好，交通便利，位于湖州德清与杭州余杭交界位置，距德清县城 15 km、杭州市中心约 30 km（约 30 分钟车程），有 G25 高铁可直达杭州市区，规划中杭州轨道交通 10 号线仁和站点距项目地约 5 km，杭州—德清—湖州城际轨道经过项目所在地附近，设有仁和、三合 2 个站点，距项目地约 3 km，项目具有杭州同城生活的区位交通基础。

2.2.2 市场条件分析

杭州市是我国东部沿海经济发达的中心城市，人口规模超过 1200 万人，居民消费力强，周边短途旅游度假和健康休闲的需求旺盛。德清莫干山、下渚湖等生态旅游景区已较为成熟，是杭州市民周末、节假日度假休闲的理想去处。该项目可覆盖人群约 1200 万人，市场条件较为成熟。

2.2.3 政策环境分析

项目所在地德清县对旅游和健康产业发展比较支持，项目所在地正好为德清西、中、东 3 条旅游线路西部和中部线路的交会点，周边又有大明山国家森林公园、下渚湖国家生态湿地等生态景区，政府对旅游和健康产业发展支持力度大。在土地政策上，项目所在地土地利用整体规划大部分为建设用地，城市概念性规划中也为南部新城发展用地，项目建设有政策支持。

2.3 场地条件分析

项目为矿区开采后的矿坑，四周为山地，中间形成不同高程的几块平地，整体呈盆地状态，山坡适当修整后可开发建设的空间较大，如图 5 所示。

同时，对矿区及周边的陡坡、崖壁、台地、洼地、碎石、土包等进行三维测量和地质勘探，确定挖填、修整和利用的初步方案，再根据项目定位和利用方案进行优化调整。

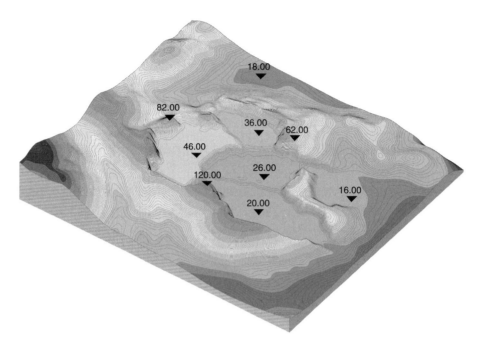

图5　项目地形条件分析图

2.4　项目定位及产品策划

　　根据项目所处位置、周边环境及市场资源，项目整体定位为服务杭州及周边市民周末生态旅游、度假、休闲娱乐、农业体验和健康生活的文旅度假小镇。主要产品策划如下。

2.4.1　防风主题乐园

　　项目西侧山地与中间矿区形成较大高差，地形适合过山车、滑道、蹦极、攀岩、玻璃栈道等乐园要素设计。同时，作为一个新开发的文旅小镇，也需要主题乐园等吸引流量的核心景区要素，于是在IP设计上充分挖掘本地防风古国的历史传说，设计出"防风"主题IP，并挖掘《水经注》等古籍关于防风古国的相关人物及故事记载，演绎成主题游乐元素，如防风氏主题雕塑、汪氏摩崖彩绘、大人国和小人国场景等，打造成防风主题乐园。如图6、图7所示。

图6　防风氏主题雕塑广场

图7　大人国、小人国场景设计

2.4.2 "宋风"商业街

在项目两个重要出入口附近，布局了"宋风"系列的风情商业街，通过挖掘周边杨坟村（南宋杨存中追封和王，墓位于项目周边，周边另有少量宋、元、明、清等历史遗存）的历史文化遗迹和流传故事，打造杨家宗祠、文武馆、宋都商业街等特色景点和风情商业。这样一方面可吸引游客，增加游客在景区的滞留时间，提升景点游客黏性；另一方面也可为景区提供更多配套吃、喝、玩、乐等休闲功能。

2.4.3 农业体验及大地艺术

围绕半坡、坡脚、山地等不适合建设区域，通过特色农业种植、体验农业、坡地复绿、花草及灌木种植、色叶乔木种植等，形成生态观光、农业体验、大地艺术等景观，成为少儿研学和网红打卡的理想处所。如图8所示。

图8 山坡大地艺术景观设计

2.4.4 健康社区

为完善项目配套，增加景区内的常住人口，提升景区公共设施的利用效率，同时增加项目经济收入、实现资金平衡，在区域中心较为平整的场地布局健康社区，提供集康复疗养、居家养老、健康生活于一体的康养社区。如图9所示。

图9 健康社区效果图

2.5 效益分析和资金平衡

该项目有较好的经济效益、社会效益和生态效益，能实现资金的自我平衡。项目可滚动开发，有很好的实践推广价值。

2.5.1 经济效益

该项目总用地 1500 亩，其中租赁土地 1000 亩，主要用于景区出入口、停车场、主题乐园、体验农业、生态绿化、基础设施等建设；购置土地 500 亩，主要用于乐园核心景区、风情商业、酒店、健康社区等建设。总投资约 40 亿元，其中土地款 8 亿元，生态修复和基础设施建设 2 亿元，其他用于产品开发建设。项目总收益 45 亿元，主要来源于健康社区、风情商业街住宅、商铺产品的销售，另外，持有的主题乐园、酒店、商铺、民宿等，每年大概还有 2000 万元的净收入。项目总收益大于总投资，对投资方来说，有较好的经济效益。由于政府在土地上有 8 亿元的土地款收益，也大于其用于土地整理的各项成本，因此整个项目在经济上是可行的、可持续发展的，可以推广到周边矿区的改造中。

2.5.2 社会效益

项目打造国家级 AAAA 景区一个，每年形成约 100 万人次的游客流量，可解决约 500 人的就业问题，每年给政府带来约 2000 万元税收；同时，本地的历史文化资源得以挖掘和推广，有较好的社会效益。

2.5.3 生态效益

项目把一个废旧矿区改造成文旅小镇，修复、改造、提升的生态景观面积将近 1000 亩，把大块的矿坑变成美丽的风景，具有很好的生态效益，在矿区生态修复案例中也有很好的示范效应。

3 结语

矿区生态修复是一项利国利民的环境工程，是"两山"理论的最佳实践，但由于各地受经济社会条件、主体责任感、政府能动性等制约，矿山的修复工程进展缓慢。矿山综合利用方案则提供了另一种可能，兼顾经济、社会、环境三方要素，让矿主、投资者、政府都有一定的回报，能充分激发社会各界力量。利用矿山开发文旅小镇是对矿山资源的最佳利用，一者可以很好地修复和综合利用矿山，二者也可尽量减少旅游开发对自然山体的破坏。当然，如果从综合利用的角度研究矿山修复，需从项目选址、市场评估、政策评估、产品策划、工程实施、投资收益评价等多个维度进行综合评价和考虑，以实现项目开发的综合效益。

［参考文献］
[1] 樊笑英，姜杉钰，杜雪明. 我国矿山生态保护与修复政策体系研究 [J]. 上海国土资源，2024，45 (2)：205-209，215.
[2] 谭兴元. 露天矿山边坡稳定化治理与生态修复技术分析. 世界有色金属，2023 (12)：213-215.

［作者简介］
何国华，博士，广西建设职业技术学院教师。

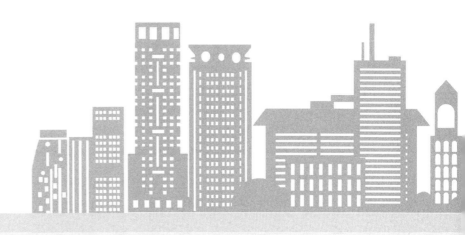

城市更新策略与行动

基于价值共创理论的城市自主更新模式研究

□王飞，程开宇，朱敬，吴瑜燕，辛有桐

摘要：随着城市化进程的发展，大量老旧小区、城中村、老旧厂区已不适合城市发展布局，但因投入大、收益少、分配不均等原因导致发展动力不足，需要政府财政资金大量投入的传统城市更新模式难以持续。本文采用价值网络方法分析城市更新项目价值创造过程中的价值目标、价值主体、价值资产和价值活动四部分网络核心要素及相互作用关系，提出城市更新价值共创的实施步骤和合作机制，以及自主更新模式的具体价值共创方法。

关键词：城市更新；价值共创；商业模式；自主更新；浙工新村

0 引言

根据最新的国家部委及地方的相关政策，旧城改造、老旧小区改造、城中村改造、低效工业用地提质升级等城市更新工作仍然是近期城市建设的重点任务之一。目前，遇到房地产市场下行、土地出让价格和成交量下滑等情况，地方的财政收支难以维持原有的以政府为主导的征拆出让模式和纯粹的房地产商主导的二级开发模式。近年来，城市自主更新是讨论热点和新的探索方向，该模式打破了原有的城市更新实施路径，需要制定相应的政策突破保障措施，已有地方政府进行了相应试点项目的尝试并取得了良好效果。价值共创核心理论是在价值创造过程中的生产者和消费者之间搭建协同合作机制，实现需求的及时响应和价值生产方案的及时优化，从而使得整个价值创造过程成本更低、效果更好。本文在研究城市更新领域的价值共创理论、协同合作模式、量化分析模型的基础上，结合相关案例进行分析，提出相应的研究结论和政策建议。

1 城市更新价值网络分析

Adrian Slywotzky首次提出价值网络概念，强调企业之间不仅仅是单向的供应链关系，而是形成一个多方参与、相互协作的网络结构。在这个网络中，企业、供应商、客户以及其他利益相关者，如大学研究人员和政府机构等，都是网络的一部分，共同参与价值的创造、分配、转移和使用过程。价值网络的核心在于通过整合各方资源和优势，实现资源的最优配置和价值的最大化。

价值网络是一个由多个网络节点（包括企业、组织、个人等）和连接这些节点的价值流组成的系统。这些节点覆盖了技术、产品、市场、资本和组织等基本要素，通过共享资源、信息、技术和知识，以及合作与竞争关系，共同创造价值。价值网络的核心在于实现价值共创、共享和共赢，从而推动整个系统的持续发展。

价值网络分析方法的研究内容主要包括价值目标、价值主体、价值资产和价值活动 4 个部分。以下结合城市更新项目的特点，进行城市更新网络价值的分析。

价值目标 G_i：价值目标是价值网络发挥作用的最终目的，要以客户需求为导向，分析客户的价值主张，了解他们对产品或服务的期望和偏好，这有助于确定价值网络中的关键活动和流程。市场和需求的变化会影响价值网络的结构，需要持续监控市场需求、竞争态势和技术发展，以确保价值网络能够有效响应市场变化，实现长期可持续发展。城市更新项目涉及多个价值主体，不同价值主体存在不同的利益诉求，如原有产权人/单位想要更大更好的房子或更多的货币资金，政府部门不想额外补贴，社会投资人/开发商希望风险低、收益高等。由于系统内能够调配的存量资源与资产有限，可能导致不同主体无法完全满足需求，若各利益相关者的价值诉求处理不到位，将影响到整个城市更新的目标实现和价值创造。

价值主体 P_i：价值主体主要为价值网络节点，是对价值创造活动起关键作用的参与者。不同价值主体之间存在利益关系和互动方式，价值主体的相互作用关系会影响整个价值网络的价值创造能力。组织内部的能力和流程对于价值网络的有效运作至关重要，有效提升组织的内部资源配置、流程优化和管理能力对于优化网络价值创造能力至关重要。城市更新所涉及的价值主体主要包括政府部门、国资平台公司、原居民住户/原产权单位、策划设计方、工程建设方、物业运营方、社会资本方/开发商、金融机构等，都是城市更新的利益相关方。不同的城市更新项目在不同的开发模式下，涉及不同的价值主体，以及承担不同的角色。

价值资产 Q_i：价值资产主要为价值活动过程中所创造的价值成品，以及创造价值过程中所涉及的各项初始和中间资源。城市更新价值网络中，主要是分析范围内不同价值主体所拥有的与价值活动相关的资产和负债，包括最终价值成品（如建成后的房屋或货币赔偿）和不同阶段的各项资源（如原有房屋，项目融资，过渡安置、建设成本，或政府补助、城市更新专项借款）等。由于初始价值资产有限，若没有一个很好的路径和平衡机制来满足各个价值主体的最低需求，项目实施将难以为继。

价值活动 F：价值活动主要包括资源流动和价值创造过程，其中资源流动包括物流、信息流、资金流等；价值创造是在资源流动的基础上，结合不同价值主体的业务能力，实现价值目标的过程。资源流动和价值创造的路径及效率可以揭示价值网络的运作机制。技术能力是价值创造活动的重要影响因素，分析现有技术如何支持价值创造，以及新技术可能带来的变革。城市更新的价值获得就是项目具体实施的各个步骤，如征地拆迁、开发策划、工程建设、权益分配、各项手续等，最终以项目各个价值主体的价值目标为目的。

实施推进 D：在价值网络研究的基础上，结合不同主体的需求，制订相应的战略计划并执行，从而优化相应价值主体的价值获得，并建立相应的持续监测和评估系统，实现整个价值网络的可持续发展，并优化整个价值网络的运作效率。

2 城市更新价值共创理论

2.1 价值共创理论概念与发展

在传统价值创造观念中，消费者不会参与商品的价值创造过程，是商品价值的被动接受者。价值共创是一种商业模式创新，在产品或服务的设计、创造和消费过程中，消费者作为决定价值内容的主体，与生产者进行频繁和持续性的互动合作，共同实现价值的创造。该模式可以帮助企业提高服务质量、降低成本、提高效率、发现市场机会、发明新产品、改进现有产品、提高品牌知名度、提升品牌价值等，这些构建了企业区别于其他竞争对手的竞争优势。

Prahalad 和 Ramaswamy 提出基于消费者体验的价值共创理论，认为共同创造消费体验是消费者与企业共创价值的核心，价值网络成员间的互动是价值共创的基本实现方式。企业必须考虑与消费者角色转变，按照共同创造价值经营模式，重构战略核心能力。

Vargo 提出了著名的"服务主导逻辑"，认为"服务是一切经济交换的根本基础"是服务主导逻辑的核心思想之一，同时提出了价值共创的环境框架。在服务主导逻辑下共同创造的价值更重要的是消费者在消费过程中实现的使用价值，该使用价值是消费者在使用产品和消费服务的过程中通过与生产者的互动共同创造的价值。同时，提出了生产者不能传递价值，只能提出价值主张，消费者也是价值的创造者。Schau 进一步发展了环境框架影响价值共创机制。Brodie 提出消费者参与是价值共创的核心，并以此构建相应的服务生态系统和共创价值构念网络。Yi 和 Lusch 分别深入研究了共创价值分析框架的构建和价值共创基于整个服务生态系统的方法，服务生态系统视角的价值共创，将服务主导逻辑早期强调的消费者和企业的二元视角拓展到更为广泛且复杂的、松散耦合的动态网络系统。

价值共创是一个涉及多主体、跨层次、多维度的复杂过程，它要求企业转变传统思维，积极与消费者和其他利益相关者合作，共同构建一个基于服务需求导向价值创造并协同合作的价值网络系统。近年来，国内外学者不断地深化价值共创理论研究及其在不同行业中的应用。

2.2 城市更新价值共创实施步骤

城市更新通常涉及复杂的社会、经济和环境问题，因此采用价值共创模式进行城市更新是一种有效的方法。采用价值共创模式进行城市更新的核心理念是构建多主体共同协作价值网络体系，通过优化配置和分工协作，平衡各个参与主体的利益诉求，实现整体效用的最大化，具体可以按以下步骤实施。

一是识别价值主体 P_i 和网络节点作用。明确城市更新项目的研究范围，确定项目中的关键利益相关者，包括政府、居民、企业、社区组织等。

二是明确价值目标 G_i 和效用接受范围。通过这个平台，与各关键利益相关方共同探讨和制定城市更新的愿景和目标，确保项目不仅反映专家的科学规划，也符合各价值主体的实际需求与期望，即 $G_i \in [Gmin_i, Gmax_i](i=1,2,3,\cdots,N)$，其中 G_i 是表示各价值主体的满意度或获得感价值目标效用函数，原有居民的价值目标效用函数可用资产增值率表述。各价值主体满足其最基本要求时为 0，数值越大，满意度越高。

三是构建价值网络 N 和价值共创机制。建立一个多方参与的开放沟通平台，确保政府部门、原产权人/单位、开发商和其他利益相关者能够平等对话和协作，通过组织工作坊、会议或在线论坛等方式实现不同价值主体之间的连接协同关系。

四是制订推进方案 D 并各方协同优化。对当前城市状况进行全面分析，识别了解基础设施、住房、交通、环境等方面存在的问题和挑战。鼓励各方提出创新的城市更新方案和改造需求，如智能城市规划和绿色建筑技术，以增强城市的可持续性和居住环境等，从而解决当前问题并实现共同愿景。对提出的方案进行评估，考虑其可行性、成本效益、社会影响等因素，确保所选方案符合城市更新的目标和原则。项目应注重过程的透明性和结果的公正性，确保所有利益相关者的价值目标得到平衡和满足最低要求，特别是对弱势群体的影响最小化，并通过公众参与和反馈机制不断优化更新方案。可采用最优化方法进行推进方案的制订，在满足总消耗资金和总价值创造能够实现资金平衡并有所盈余的前提下，使得总价值目标效用较优［加权平均价值目标效用 $E(G)=\sum w_i G_i$ 越高，平均满意度越高］，且各方价值目标满足程度相对平衡［价值目标效用方差 $D(G)=E\{[G-E(G)]^2\}$ 越大，均衡性越差］，从而使得方案 D 评价的综合评价指标 V_D 最高，其中综合评价指标 V_D 可采用 $E(G)$ 和 $\sqrt{D(G)}$ 的线性组合表示，如 $V_D=E(G)-0.2\sqrt{D(G)}$。在实际操作过程中，能够满足全部约束条件的方案均可行，综合评价指标越高，方案效果越好，当多方案可行时，可以将其作为方案优化比选的方法。

五是项目实施推进和跟踪监测。选择最佳方案后，制订详细的实施计划，并设定监测指标。确保项目按计划推进，并对结果进行持续监测，以跟踪更新项目的绩效和社会、经济、环境效益，从而实现城市更新的长远目标。

六是动态反馈调整和持续改进。在实施过程中收集反馈意见，根据实际情况进行调整，这有助于确保项目始终符合各方的需求和期望。同时，建立有效的反馈和调整机制，确保项目能够灵活应对挑战，实现持续改进。通过定期发布进展报告和效果分析，各利益方可以及时了解项目实施情况，并在必要时进行调整。通过共同努力，实现城市的可持续繁荣和发展，为所有利益相关者创造最大价值。这种动态的、互动式的价值共创方法有助于实现城市更新的可持续性，促进城市环境的改善，提升居民生活质量，最终达到城市整体价值的最大化。

2.3 城市更新价值共创合作机制

城市化成熟阶段的重点任务之一就是城市更新，如何让原产权人、政府部门、开发商及其他利益相关方共同参与，构建多维度价值共创模式，激发和促进原产权人参与整个城市更新价值共创过程，对于城市更新所实现的效率和效果至关重要。如图 1 所示，在城市更新的价值共创体系中，原产权人、政府部门、开发商是最重要的价值主体，对项目实施具有决定性作用；其余的利益相关方，如设计、咨询、银行等机构，满足其固定化的基本需求即可，将其有效整合进整个城市更新价值共创体系，也可以有效降低成本、提高效率。

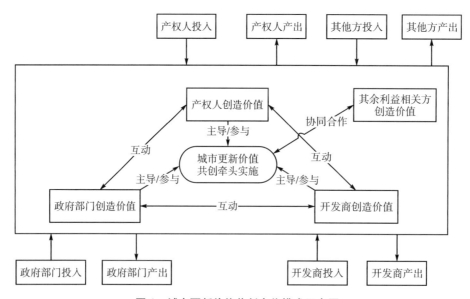

图 1 城市更新价值共创合作模式示意图

不同的实施模式中，由不同的主体占主导地位。以征拆安置为主体的更新模式是以政府部门为主导，以二级开发为主体的更新模式是以开发商为主导，最新兴起的以自主更新为主体的更新模式是以原产权人为主导。在不同模式中，各方承担的责任、风险、收益和利益诉求也不一样，其中自主更新模式最能充分发挥原产权人的积极性，降低对外部资源注入的需求，增加内部价值创造的效果。

3 城市自主更新模式及方案优化

3.1 城市自主更新模式分析

城市更新具有很强的经济属性特点，很多项目因为投入大、收益少、各方利益难以均衡，城市更新不同价值主体 P（主要是原产权人）对价值目标效用 G（即项目经济性需求）的最基本要求难以满足，成为困扰城市更新的最主要原因。对于政府主导或开发商主导的城市更新项目，原产权人（含自然人和企业等）通常会按照原有的征地拆迁标准要求进行赔偿，而项目自身经济性难以平衡。

对于原产权人发起或主导的自主更新模式，是一种以城市社区或园区业主代表为主导的自下而上的更新策略，将城市更新单元视为一个动态演化的生态系统，业主与政府、企业和非政府组织等多方利益相关者共同协商并实施更新项目，自发地适应不断变化的需求和挑战，实现有机更新和持续改进。

城市自主更新模式与传统城市更新（货币安置或实物安置）的最主要区别有 3 个方面：一是原产权人价值目标效用 G 要求不一样，原有城市更新按照征地拆迁标准进行赔偿，而自主更新只需要按照总价值（新房）获得大于总成本支出（旧房及货币）即可；二是项目的资金来源不一样，传统城市更新模式需要政府或开发商大量垫资用于征地拆迁，而项目收益还难以资金平衡，自主更新模式不仅不需要政府或开发商大量垫资用于征地拆迁，原业主还可以提供大量扩面的资金用于工程建设，大大降低了城市更新所需的资金压力；三是自主更新大大节省了政府在征拆过程中涉及协调、产权置换等的交易成本和税费损耗。

城市自主更新模式如图 2 所示，价值共创的核心决策主体为产权人及地方政府（含地方国资公司）。产权人更加积极主动参与更新方案的制订和优化，如提出对未来社区、第四代住宅、教育医疗公共配套、生活休闲商业配套等需求，对整个更新过程进行监管和反馈，获得感和满意度更高；而地方政府是自主更新项目的审批和决策单位，对于更新方案、赔偿标准、置换方案进行把关，同时可以提供容积率、用地性质、保障房、人才房、公共服务、优惠措施等相关配套支持政策，地方国资公司或政府委托单位会协助地方政府进行具体更新方案的落实和各个事项的协调，提供相应的价值共创支持系统，从而实现各方的价值需求。为更好地实现自主更新目的，提升城市更新价值网络 N 各主体 P 的价值效用 G，可以构建以产权人为主导的自主更新价值共创合作机制，实现整个价值网络的高效运转和利益均衡，最终实现生活品质蒸蒸日上和城市面貌焕然一新。

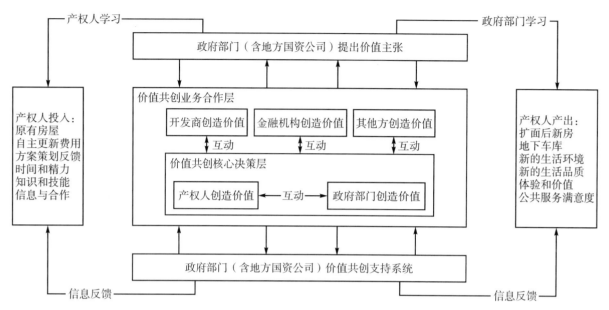

图2　以原产权人为主导的城市自主更新价值共创模型

3.2　自主更新方案经济可行性分析

为确保城市更新项目能够顺利实施，实现城市更新价值网络和价值创造工作高效运转，需要获得各个价值主体的认可，满足其最基本的价值目标效用要求，同时满足项目整体资金平衡。

通过建立城市更新的价值共创机制，在条件允许的情况下，应尽可能挖掘城市更新过程中所增加的净价值总额，尤其是可在核心价值主体之间进行分配的价值总额，从而使得项目能够资金平衡，以及核心价值主体能够获得较好的价值目标效用。对于城市更新项目整个价值网络全部价值主体的城市更新所影响的相关总资产价值变化情况如下。

更新前总资产：$Asset_0 = \sum Q_{0,i} = \sum Price_{old} \times Area_{old} + Expense + Resourse_{outside}$

更新后总资产：$Asset_1 = \sum Q_{1,i} = \sum Price_{new} \times Area_{new} + Assetnew$

总资产增值率：$Q_{total} = Asset_1 / Asset_0 - 1$

其中，$Price_{old}$、$Area_{old}$为更新前旧物业价格和面积，$Price_{new}$、$Area_{new}$为更新后新增物业价格和面积，$Expense$为从城市更新开发建设到各价值主体获得新物业中间各个过程的全部成本，$Resourse_{outside}$为该项目可以申请和争取到的外部资金或资源支持（如政府补助等），$Assetnew$为城市更新后新增的其他有价资产。

当$Asset_1 > Asset_0$或$Q_{total} > 0$，则整个城市更新过程能够实现整个社会的资产增值。但对于自主更新的核心决策主体产权人，申请和争取到的外部资金或资源支持，可能需要在更新后无偿移交相应资产（如学校、保障房等），因此在自主更新过程中产权人决策所涉及的总资产价值变化情况如下。

更新前产权人总资产：$Assetcore_0 = \sum Q_{0,i} = \sum Price_{old} \times Area_{old} + Expense$

更新后产权人总资产：$Assetcore_1 = \sum Q_{1,i} = \sum Price_{new} \times Area_{new} + Assetnew - Assetnew_{outside}$

产权人总资产增值率：$Q_{core} = Assetcore_1 / Assetcore_0 - 1$

在自主更新的实际操作过程中，产权人为抵抗市场波动风险，以及不同原产权人价值目标合理预期不同，产权人通常需要更新过程中总资产增值率 Q_{core} 在 20% 以上，项目才能取得绝大部分人同意并顺利实施。

3.3 自主更新方案价值共创及经济性优化

自主更新模式极大地降低了政府管理及税费损耗以及开发商的风险利润损耗，从而降低了 $Expense$，而 $Price_{old}$、$Area_{old}$ 为项目更新前现状属性无法更改，$Resourse_{outside}$ 为可争取的外部资金或资源，除少量项目质地差但危房改造需求迫切以及部分示范性项目外，推广性意义不大。因此，为进一步提高城市更新项目经济性，应当主要通过价值共创机制，增加 $Price_{new}$、$Area_{new}$、$Assetnew$ 三方面来考虑。

$Price_{new}$ 主要可以通过价值共创的方式，为产权人提供建设第四代住宅和未来社区等更符合产权人需求的更新方案，大大提升更新产品的市场价值。其中第四代住房又称庭院房，在整体建筑中融合了大量的立体生态园林等非计容居住面积，为每户提供"空中庭院"或"空中森林花园"，在土地占地不增加、建设成本增加有限的情况下，使城市的面貌得到更新、居住环境得到改善。未来社区以"人本化、生态化、数字化"为三维价值，构建以未来邻里、教育、健康、创业、建筑、交通、低碳、服务和治理为九大场景的创新集成系统，在社区内设有便民服务厅、居民会客厅、城市书房、多功能厅、人才之家等功能区块，以及邻里中心、医养综合体、幼儿园和托育所等多样化活动空间。第四代住房和未来社区分别从私宅与社区两个范围极大提升入住居民的居住舒适性和便利性，能够产生更高的市场价值，同时还能带来就业、财税以及经济的可持续增长。

$Area_{new}$ 和 $Assetnew$ 可以通过价值共创的方式，为产权人量身定制按需增加套内个人面积和社区公共面积，具体通过增加社区的容积率的方式增加可支配建筑面积等方式进行。其中，$Area_{new}$ 主要对于个人住宅范围通过第四代住宅、增加套内面积和优化户型等方式来增加每户可以获得的个人可支配面积。$Assetnew$ 主要增加社区配套商业和公共服务业等面积，额外增加可售或经营性物业面积。对于部分与老旧厂区或周边闲置用地相结合的城市更新项目，也可以考虑采用工改商、科创办公等新增业态增加整个更新过程中的总资产价值科目和价值量。

项目层面可以通过上述价值共创方式进行资金平衡优化，同时通过成本收益分配优化，增加增值收益在核心价值主体之间的分配比例和均衡性，降低各项不必要损耗的方式进行优化，使得项目具有经济性和可行性。政府层面可以进行整个辖区项目和可支配资金资源的统筹优化，促进城市面貌整体改善和居民共同富裕。此外，整个城市更新活动，以及新增的社区商业和公共服务业，也可以促进城市就业和经济增长，形成基于经济发展正反馈、内循环的经济新模式。

4 城市自主更新案例探析

4.1 项目概况

浙工新村位于朝晖六区，临近大运河和西湖文化广场，区位优越。小区原为浙江省农科院职工宿舍，建于 1983—1990 年，共计 13 幢房屋 548 户，容积率 1.8，共 3.97 万 m²（图 3）。建筑均为 5 层，户型面积为 38～93 m²，结构无防震设防，安全性较差，其中 4 幢楼房多次被鉴定为 C 级危房，是典型的老旧小区。

图 3　浙工新村更新前现状航拍图

更新方案规划新建 7 幢 33 m 小高层，容积率 2.1，总建筑面积约为 8.1 万 m²，其中地上约 5.7 万 m²、地下约 2.4 万 m²，共 548 户住户，户型 65～117 m²。新建"一老一小"活动中心等配套设施超 2000 m²，新设地下停车位 458 个，绿化率提升至 25％以上（图 4）。

图 4　浙工新村建成后效果图

4.2　组织实施

浙工新村危房问题历经多年，先后尝试采用危房加固、落架大修等模式，但由于居民接受度和资金等相关问题，最终未能解决。为加快危房改造和小区更新，浙工新村以全体居民为项目实施主体，以"一楼幢一代表"为原则成立由 13 人组成的居民代表自主有机更新委员会，负责协调居民和政府诉求，推进政策宣贯、居民签约等工作。

2023 年 7 月 14 日，浙工新村自主更新委员会在签约率达 99.64％的情况下，向政府正式提交自主改造申请，以委托政府部门的形式实施项目改造，政府按照一事一议方式进行审议，支持其进行"拆改结合"的自主改造。根据公示，浙工新村的房屋业主被认定为此次更新主体，杭州市拱墅区人民政府朝晖街道办事处为组织单位，并由拱墅区城市发展集团公司负责实施更新。项目于 2023 年 11 月 28 日开工建设，预计 2025 年底前竣工。

4.3　价值目标效用分析

该项目的主要价值主体为原产权人（即业主居民）和地方政府，其中原产权人是整个更新项目的核心利益相关方，也是最主要的价值目标效用分析对象；地方政府是项目更新方案的审批方和组织实施方（政府指定的国资平台公司），同时也提供了少量补助，因此项目要获得地方政府支持，也要进行政府部门的相关价值目标效用分析。

该项目居民出资的规则是，原住房面积部分按照套内面积不变的原则进行置换，即房屋置换面积＝旧房套面积/新房得房率，该部分置换面积按 1350 元/m² 出资，面积不满 53 m² 的房源将按照 53 m² 计算。每户还可最多扩面 20 m²，扩面部分按市场评估价 34520 元/m²（根据不同楼层、户型、朝向等因素略有浮动）出资，在交房时支付，可以银行按揭。地下停车位按照每个售价 22.1 万元由居民自由认购。装修补偿款根据具体原住房装修评估价格计算。临时租房补贴按照 63 元/m² 的标准，每户每月不低于 3000 元。

产权人居民货币支出：$Q_{cash} = 1350 \times A \times (1+\gamma) + 34520 \times \alpha + 221000 \times \beta$

居民更新前资产价值：$Q_0 = Price_{old} \times A + Q_{cash}$

居民更新后资产价值：$Q_t = Price_{new} \times [A \times (1+\gamma) + \alpha] + 221000 \times \beta$

居民对更新活动价值目标效用：$G = Q_t / Q_0 - 1$

式中，A 为原住房面积，γ 为高层扩面率（该项目中约 14％），α 为自由扩面面积，β 为购买的车位数，$Price_{old}$ 为旧房价格，$Price_{new}$ 为新房价格。

2024 年 3 月朝晖六区二手房成交参考均价 36483 元/m²，可以作为旧房的价格；朝晖地区新楼盘的成交价在 5.5 万～8 万元/m²，可保守按照 5 万元/m² 作为新房价值。如此来看，以低成本获得重建之后的新房，对于居住在危楼中的居民而言，无疑是巨大利好。

一套面积为 76.35 m² 的房子，按照套内面积不变的原则，房子更新后变为 87 m²，总共仅需出资约 11.7 万元。考虑可以按最多能扩面 20 m² 的政策，选择扩面至 106 m² 户型，扩面部分的价格是 34520 元/m²，扩面 19 m² 费用为 65.6 万元，总支出合计 77.3 万元。若再考虑买下一个 22.1 万元的车位，一共需要总支出 99.4 万元。此外，还能领到装修补偿款以及临时租房补贴，预计 10 万元。

根据上述算式分析，更新前旧房价值 263.6 万元，更新后新房价值 530 万元。更新前资产总价值 Q_0 包括旧房价值及货币出资，合计为 363 万元；更新后资产总价值 Q_t 为新房及地下停车位，合计 552.1 万元。保守考虑，更新活动中该居民的价值目标效用 G 为资产增值率 52.1％，远高于 0，因此产权人对于更新的积极性较高，这也是自主更新能够推动的主要原因。

对于整体自主更新过程，总资产变化如表 1 所示。其中，旧房面积 3.97 万 m²，居民出资约 4.7 亿元，更新前总资产 19.2 亿元；更新后新房面积 5.5 万 m²，车位 458 个，不考虑新增公共服务设施价值情况下，保守考虑更新后总资产为 28.5 亿元。更新前后总资产增加 9.3 亿元，作为价值目标效用 G 的资产增值率为 48.6％，远高于 0，具备经济可行性。

表 1　浙工新村自主更新总资产增值情况分析表

序号	项目	单位	数量	单价/元	金额/万元
1	更新前总资产 Q_0				191838
1.1	更新前旧房价值	万 m²	3.97	36483	144838
1.2	更新总费用支出				47000
2	更新后总资产 Q_t				285122
2.1	更新后新房价值	万 m²	5.50	50000	275000
2.2	更新后车位价值	个	458	221000	10122
2.3	新增公共服务价值	万 m²	0.20		
3	总资产增加值 ΔQ				93284
4	总资产增值率 G				48.6%

4.4　项目资金平衡分析

价值目标效用是从总资产增值角度考虑的，而项目资金平衡是从项目实施现金流角度考虑的。在现金流方面，现金流出 CF_{out} 主要包括给原产权人的装修补偿费和安置过渡费以及给开发商的工程建设费用等，即 $Expense$；现金流入 CF_{in} 主要包括产权人需要缴纳的自主更新货币出资 $\sum Qcash$，该部分费用为了覆盖各产权人为了分配获得增值权益（$\sum Price_{new} \times Area_{new} - \sum Price_{old} \times Area_{old} + Assetnew - Assetnew_{outside}$）而缴纳的费用。此外，项目可以争取到的政府补助及其他相关资金资源 $Resourse_{outside}$ 也是项目现金流入的一部分。

该项目总收入包括扩面收入、地下停车位费用、新旧差价结算、公建配套等共约 4.7 亿元，总支出包括建设投资、居民租房补贴等共约 5.3 亿元，其余资金由政府用到老旧小区改造上的旧改、加梯、未来社区改造等专项资金解决，从而实现在不新增政府补助情况下项目资金基本平衡。

4.5　项目经验创新总结

模式创新，价值共创，共同富裕。该项目一改政府大包大揽局面，通过引导居民转变观念，将政府角色从实施者变为引导者。对照周边二手房、次新房价格，合理确定扩面单价及车位价格，结合预先统计居民扩面和户型需求，明确各家出资数额，同时能实现出资所对应的增值价值。通过真正挖掘最终用户的内在需求，以及价值共创的合作机制，探寻自主更新居民实现资产增值和需求满足的路径，解决了传统更新中政府全部兜底的问题，建立了城市更新和共同富裕的可持续发展模式。

组织创新，政府引导，居民主体。该项目以"一楼幢一代表"为原则，成立 13 个居民代表的自主有机更新委员会，代表多数居民行使权利，并委托政府部门实施项目改造。自主有机更新委员会既代表居民争取和保障居民应有的权利，也可以协助政府开展政策宣讲、舆论引导、入户沟通等工作，并推进居民签约、问题协调等工作，构建良好的居民和政府沟通纽带。

制度创新，优惠措施，政策保障。该项目实施时，通过旧改联审联批并出具的会议纪要代替用地、工程规划许可，凭会议纪要办理施工许可和质安监手续，并以房产新证换旧证减少中间收储出让和销售各个环节成本消耗。为推广该模式，2024 年 4 月，浙江省住房和城乡建设厅、浙江省发展改革委、浙江省自然资源厅联合发布了《关于稳步推进城镇老旧小区自主更新试点工作的指导意见（试行）》，提出了一系列的优惠措施：老旧小区改造自主更新项目，可适当增加居住建筑面积、增配公共服务设施，按各地自主更新政策增加的住宅面积（不包括原有住宅按套扩面面积）、服务设施面积，可通过移交政府作为保障性住房、公共服务设施等方式用于冲抵建设成本；业主及其配偶可使用住房公积金进行贷款；免收（征）城市基础设施配套费、不动产登记费等行政事业性收费和政府性基金，涉及的经营服务性收费一律减半等。

5 结语

本文采用价值网络方法对城市自主更新项目整个价值创造过程进行了研究，分析了城市自主更新活动过程中价值目标、价值主体、价值资产和价值活动 4 个部分内容及相互作用关系。在可持续发展和广泛推广的城市自主更新模式中，必定需要以原产权人作为整个价值活动过程中核心价值主体，并以其价值资产（包括房产、货币、居住环境、公共配套等私有和公有价值）达到价值目标进行项目的统筹谋划。

为更好地推动城市自主更新项目的开展，并以实现社会价值创造和居民共同富裕为目标，本文提出了价值共创的实施步骤和合作机制。产权人、政府部门和开发商是城市更新价值共创过程中价值创造的主要贡献者和受益者，在不同的模式中以不同的主体作为牵头实施主体。在自主更新模式中，价值创造以产权人为主导、政府部门引导，作为价值共创的核心层，并通过整合开发商、金融机构及其他关联单位，建立良好的沟通协同机制，从而打造价值共创平台，为更新方案优化和落地提供支持。可以积极挖掘产权人的需求，通过打造未来社区、第四代住宅等方式，以及教育、医疗、托幼、养老等特定人群所需的公共配套和增值服务方式，采用较低的成本支出，创造更高的需求满足价值，并通过价值共创平台将这些需求和更新实现。价值共创的方式可以有效地降低城市自主更新项目资金平衡难度，提高产权人更新意愿，并能够为产权人创造更多价值，同时也为政府部门、开发商等其他参与方创造价值，从而能够更好地实现共同富裕和城市更新高质量发展。

对于政府部门、开发商，可以有效地通过价值共创机制推动城市更新业务的发展，需要自主更新小区业主也可以通过该机制使得更新方案和效果更加符合自身需求。对于城市治理的地方政府，为推动整个城市的更新改造工作，可以建立城市级的更新改造项目库，不仅可以包括老旧小区，还可以包括老旧园区、历史街区、低效用地等。建立项目库，可以综合衡量不同项目质地和资金平衡情况，使得资金能够在不同的地区和项目之间进行平衡。对于增值容积率、调整土地性质等公共性价值挖掘提供更多的机会，从而能够有效促进整个城市乃至社会的共同富裕。

［参考文献］

[1] 赵燕菁，沈洁. 增长转型最后的机会：城市更新的财务陷阱 [J]. 城市规划，2023，47（10）：11-22.

[2] 丁志刚，张京祥，关心，等. 社会资本如何参与城市更新 [J]. 城市规划，2023，47（11）：40-45.

[3] 何任翔. 城市更新利益博弈可视化模型构建：以深圳城市更新为例 [J]. 规划师，2023，39

（10）：83-89.

[4] 唐燕. 我国城市更新制度建设的关键维度与策略解析 [J]. 国际城市规划，2022，37（1）：1-8.

[5] 赵燕菁，沈洁. 价值捕获与财富转移：城市更新的底层财务逻辑 [J]. 城市规划学刊，2023（5）：20-28.

[6] 赵燕菁. 城市更新中的财务问题 [J]. 国际城市规划，2023，38（1）：19-27.

[7] 段一行. 创新驱动城市自主更新的新模式 [J]. 城市规划，2022，46（2）：100-107.

[8] 张慧敏，焦争鸣，李云风. 价值网络理论研究综述 [J]. 中国电子商务，2011（7）：305-306.

[9] ROBERT J. K.，LI T，VAN H E. Business Network-Based Value Creation in Electronic Commerce [J]. International Journal of Electronic Commerce，2010，15（1）：113-144.

[10] 易开刚，厉飞芹. 基于价值网络理论的旅游空间开发机理与模式研究：以浙江省特色小镇为例 [J]. 商业经济与管理，2017（2）：80-87.

[11] 吴海平，宣国良. 价值网络的本质及其竞争优势 [J]. 经济管理，2002，28（24）：11-17.

[12] 王欢明，刘馨. 从合作生产转向价值共创：公共服务供给范式的演进历程 [J]. 理论与改革，2023（5）：138-154，172.

[13] VARGO S. L.，LUSCH R. F. Evolving to a New Dominant Logic for Marketing [J]. Journal of Marketing，2004，68（1）：1-17.

[14] PAYNE A. F.，STORBACKA K.，FROW P. Managing the Co-creation of Value [J]. Journal of the Academy of Marketing Science，2008，36（1）：83-96.

[15] GRONROOS C. Value Co-creation in Service Logic：a Critical Analysis [J]. Marketing Theory，2011，11（3）：279-301.

[作者简介]

王飞，高级工程师，中国电建集团华东勘测设计研究院有限公司（杭州）城市规划研究院主任。

程开宇，教授级高级工程师，中国电建集团华东勘测设计研究院有限公司（杭州）副总经理。

朱敬，高级工程师，中国电建集团华东勘测设计研究院有限公司（杭州）城市规划研究院院长。

吴瑜燕，教授级高级工程师，中国电建集团华东勘测设计研究院有限公司（杭州）城市规划研究院副院长。

辛有桐，通信作者，工程师，中国电建集团华东勘测设计研究院有限公司（杭州）城市规划研究院城市规划师。

景观场域理论下的城市更新策略研究与实践

——以湖北省荆州市老旧小区更新为例

□欧阳宇晴，林沛毅，彭尽晖

摘要：近年来，我国城市更新由简单的功能性改善向低影响、可持续更新理念转变。本文以提高城市更新景观的系统性、可持续性，促进周边多元融合发展，平衡多方需求为出发点，引入景观场域概念，梳理空间、场所、场域的意义，并构建要素及其在景观规划中的相互关系，提出景观场域体系构建理论，从系统、共享、融合 3 个维度重新思考城市更新，提出涵括前端、运营和受众的统筹更新思路，构建全面、特色、平衡、共赢的更新策略和评价因子，并在实践中进行应用与检验。

关键词：城市更新策略；景观场域；社区联治；可持续更新

0 引言

在积极融入全球化的背景下，我国大小城市都经历了高速发展。随着社会变迁，大批城市空间正逐渐进入改善更新的阶段。由于历史因素，我国早期的旧城改造多为硬性拆改、重建和简单设施改善，城市空间常出现景观均质化、空间碎片化及空间意义弱化等问题。国内外城市营建经验与理论指出，各种实体要素的堆砌会使现代城市变为一个缺乏意义的空间，空间格局的趋同使人的归属感变得模糊，城市中的人们无法对生存的空间产生情感链接，以致更新场所建设的表象虽繁荣但缺少功能性和温度，空间变得缺乏人情味，且可持续发展的能力弱化，于是一种新的旧城更新危机随之呈现。

本文基于我国城市更新存量时代"低影响""低干预"的理念导向和实践经验，以及未来我国城市空间体验化、人性化、场景氛围化等发展趋势，提出"景观场域"这一概念，并将场域核心理念应用于旧城更新实践项目中，形成新的城市更新思路。

1 景观场域理论

1.1 场域理论与城市空间

"场域（Field）"概念源自 19 世纪的物理学，用以描述不同事物及其相互作用关系（尤其是远距离或无物理接触状态下）。20 世纪初，"场"这一概念被首次跨学科引入心理学领域，用于定义和研究复杂的心理及社会环境和关系网络，并在之后被社会学、生态学等各学科广泛引用。

在城市规划和景观领域，不少国内外学者对城市发展与城市场域构建做出了理论研究和实践，如曼纽尔·卡斯特在之前社会学的基础上将场域概念结合城市、时间和信息交流进行更贴近现代社会发展的研究，并提出"流动空间"（space of flows）与"地方空间"（space of places）两大概念，指出当代信息时代社会空间组织的全新形式和空间聚集趋势。斯坦艾伦提出场域不是通过几何来塑造形状的，而是通过错综复杂的内部具体要素之间的互动关联来界定的。詹姆斯·科纳则认为场域的形成和扩张本身具有高效性及去文化性这两面性，因此其设计理念强调保留文脉，利用最小的干预改变景观，并将城市中不同节点进行链接形成新的场域。

城乡规划研究中，场域已广泛应用于分析、设计与落地的各阶段，并衍生出相应的语境概念，如"城市场域""场域与景观涌现"等。这些概念多用于基于其语义的空间属性，以及其背后城市各组成部分之间相互连接与影响的关系状态。

1.2 景观场域形成逻辑

回顾发展历程，景观空间经历了从注重手法、构图、比例等物理要素逐渐发展到注重空间心理体验和情感延伸，再到被赋予精神高度和意义的过程。在此期间，景观空间不断通过功能、活动、场景、事件的加持，逐渐在当今社会中扮演愈发重要的角色。

未来，景观空间将不仅是生活环境和公共活动的载体，而将更多地承载社会职能，充当社会交流和表意的媒介以及城市主客体交换的媒介，成为城市的精神象征。

在城市景观场域的构建中，各个城市空间作为基底支撑，通过人、功能及活动的引入形成场所，场所之间通过功能联动、社会关系联通和场所精神及价值共鸣形成场域。多个场域共振形成城市能量场，而场域的形成和提升亦正面影响场所的属性，最终提升各空间单元的质量。

因此，景观场域的构建不是简单的元素加减，而是空间、场所、场域 3 个层级综合叠加形成的层层量变（图 1）。景观场域的构建将激发景观在城市发展建设中的更高层潜能，也为城市发展提供自我更新与区域联合升级的动力。

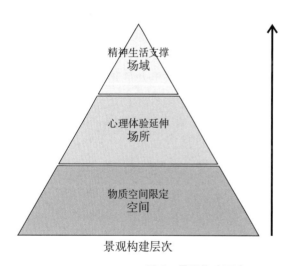

图 1 景观构建层次

1.3 空间、场所和场域

在景观体系当中，空间是景观的基底，是景观中各种形式上的物理和心理空间围合及各景观事物的相对位置关系，其构成了景观结构中的基本单元。

而在空间单元中，人的使用和活动定义了各个空间的不同功能和使用场景，使原本无差别的物理空间产生了各自独有的属性，这种具有清晰特性的空间便形成了场所。

在场所的基础上，多个离散场所的关联和相互作用形成了固定的区域网络，产生了区别于周边区域的"能量场"，而在更高维度上，多个如此区域之间的联系在更大范围上形成了一个更复杂的交织网络，进而叠加形成更高一级的能量场。因此"场域"不再是一个固定的物理概念，而是一定范围内各个场所互相作用形成的关系场的叠加和集合的多维概念。以上三者存在相互影响、相互关联（图2）。

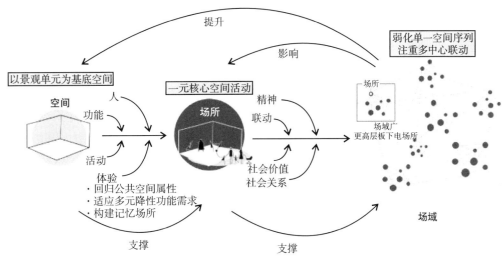

图2　景观场域构建逻辑

2　景观场域思维下的城市更新策略体系构建

2.1　场域思维下构筑城市场域的三层路径

在城市更新中，景观既在空间层面上作为建设者梳理空间基底格局，创造空间形态，定义空间功能和属性，也在场所层面作为组织者引导场地活动，构建空间体验和氛围，同时还在场域层面作为执行者积极协调与周边其他场域的经济、商业联合协作，并作为载体引导精神文化的建立与共振，同时配合进行社会公共职能的互补，协助社会价值的引导。

因此，本文在场域理论的基础上提出在旧城改造中可以通过"系统""共享""融合" 3个层级构建城市更新场域。

首先，构建旧城的城市场域需要通过场地图底关系组织、交通流线组织、功能布局、文脉梳理组织、生态系统构建建立场域系统架构，同时通过运营系统构建市场体系。

其次，需要通过打破社区壁垒、辐射周边功能和共享区域资源实现邻里职能的共享，同时加强开放场所打造、基础设施提升、社会服务对接等工作，以达到社区内部各区域各要素实现区域内与周边的共享。

最后，通过与周边形成精神价值共识，构建自发价值导向的区域能量场并促进区域归属感的建立，以及文化 IP 联合、高辨识度形象的树立和价值输出，达到精神文化的强化和融合。

2.2 场域理论指导下的城市更新策略体系与评价因子

本文从城市更新实际需求和场域构建理念两点出发，分别对旧城改造实际目标和景观场域构建目标进行拆解，再以场域维度为指导，对旧城改造目标的三大维度进行分类归置，结合场域准则分类细则，最后咨询专家意见进行调整与指标选定，形成"目标（城市更新景观评价）—维度（场域构建维度）—准则—指标"的策略及评价体系（图 3）。基于此评价体系，本文在老旧小区的更新改造中提出了系统全面的规划设计思路，同时通过实践应用对理论进行了论证反思。

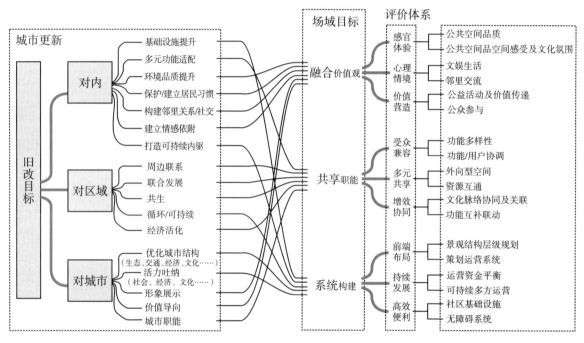

图 3　评价因子筛选流程

3　景观场域理论下的城市更新实践与思考

3.1　项目分析

本文实践项目位于历史文化名城湖北省荆州市。项目所在地紧邻张居正墓、荆州古城、中山公园等历史文化资源，基地东侧直面荆州市政府等一系列行政机构，为主要城市形象界面。同时，场地内部的自发市场为周边近 2.8 万户居民提供日常生活交互场地，承担了重要的城市和社会职能。

本文研究范围面积 492 亩，区域内包含菱村、莲村、帆村 3 个社区，其学校、医疗点等基础设施较为完善，但功能设施亟需升级以满足未来社区及周边人群需求；社区内部设施落后老旧、缺乏管理，绿地质量欠佳、道路及排水差、违章建筑多，造成公共空间挤兑、居民公共活动空间少且活动内容单一；社区内部市场业态可满足居民日常需求，是社区生活气息的主要来源，然而其缺乏统一管理，较为混乱，环境及视觉感受欠佳。

尽管如此，项目地作为曾经军工厂的员工及家属宿舍区，如今仍有大量的工厂退休员工、家属，以及在附近工厂工作的年轻人居住。军工厂文化是当地居民的共同记忆，社区邻里之间具有较强的感情联系，邻里关系密切，这也是社区场域构建的主要文化基石。

经过资料查阅、走访调查和 SWOT 分析，可总结此次项目的主要核心目标及诉求如下。

第一，充分考虑核心用户需求，系统解决基础空间、设施及环境问题。

第二，整合文化资源和场地特色，构建社区文化场所。

第三，通过产业升级和植入进行定向引流，通过功能置换最大化保留文化印记，同时构建社区公共场所，搭建邻里互通共享链条，激活社区活力场域。

第四，探索新型社区运营模式，实现经济平衡和社区自循环。

3.2　更新方案与策略

本项目从空间整理、场所构建、场域互作 3 个方面层层统筹，从政府、开发商、街道和居民等多方视角合理平衡各方需求，针对场地现状条件，提出年龄友好型、城市记忆型、融合共生型 3 种开发模式互相交织的开发策略；同时，将军工厂家院文化进行提取应用，形成以军工厂为脉络，以年龄友好、用户兼容为社区特质，以记忆共存迭代为精神内核和生活方式，多元化产业自主运营的社区发展架构。

基于总体策略愿景和场地现有条件，方案提出了三大设计策略。

3.2.1　碎片空间整合，公共空间系统梳理

方案将场地内部现有的违章建筑进行拆除，将其分类释放成不同级别和功能的社区公共空间，同时整合社区内部的碎片空间，形成大型潜在公共活动场所，并通过交通、建筑、公共空间的系统梳理形成明晰的社区空间结构和体系。

3.2.2　新旧建筑功能置换与植入，文化赋能延续社区场所精神的同时，赋予社区全新活力

方案将原场地一些状态较好的闲置公用建筑进行功能置换，在尽力保存场地原有建筑风貌的同时，重新赋予老建筑新活力。此外，结合社区文化特色，通过新的文化和功能性建筑及公共空间的植入重新塑造新社区文化体验氛围和格局，并将新植入的文化活动和场景赋予公共空间新的文化场所。

3.2.3　打造开发节点，打通对外沟通廊道，促进与周边城市板块的空间融合共生

方案将社区内部向外进行部分联通与打开形成集市生活廊道，将旧厂房与大型临市政街角空地进行二次开发形成城市阳台和广场，并将二者贯通串联，形成社区与外部城市的交流展示通道，构建内外场域连接。

在空间策略的引导下，方案最终形成了"一廊、三板块、四社区、多节点"的社区空间结构。

"一廊"为生活、文化、创新多位一体的城市共享活力廊。共享活力廊以社区市场为中心，打开社区对外通道；以军工厂文化为脉络，构建军属大院文化记忆走廊和城市展厅，形成社区活力和文化内核展示廊。

"三板块"为年龄友好社区、集体记忆文化创新高地、都市共生家园。年龄友好社区提倡全龄共享交流生活新方式，打造健身、社交、运动、文化体验等全龄参与的功能及文化活动空间。

集体记忆文化创新高地以工厂旧址为基础，挖掘社区军工厂文化记忆与精神，结合前沿文化创意产业赋予社区文化新生动力，同时面向居民打造文化馆、社区沙龙和社区剧场等文化场所，重塑社区文脉，促进集体记忆文化传承。都市共生家园板块充分利用社区与城市交界面的空闲空间，以文化创意为主题打造创智基地，通过商业及社区创意办公空间、教育空间吸引服务型业态，激发社区和周边场域活力。

"四社区"为莲村、帆村和菱村东西两区。以各村为单元，针对各村基础服务互补及空缺，打造5分钟社区服务中心和邻里交流点及服务链。

"多节点"为场地内部的多处共享社区广场。

3.3 景观场域构建因子落位

本方案基于前期搭建的城市更新中场域构建的三大目标及各项指标进行了全面的分析思考。

3.3.1 系统构建目标

方案对于系统构建的考虑主要从景观空间系统及运营两个角度出发。

首先，在景观空间系统方面，方案在统筹规划阶段便对场地的绿地系统、交通流线、建筑利用、公共设施、场地功能进行系统规划，以保障各个空间和社区系统的流畅、合理配合。同时，考虑社区老龄化现状，方案系统性地规划基础适老设施方案，包括高层住宅加装电梯、无障碍停车位、智慧助老设施布置，并于老人聚集场地规划了老年健身广场和棋牌口袋空间等受当地高龄居民喜爱的活动空间。

其次，在运营体系方面，方案梳理了项目各方的资金来源和流向，以及项目方案中的潜在运营点和盈利方向，在经过系统测算后，生成了一套阶段性的资金规划方案和各板块的运营项目体系方案，通过社区资金、社会资金、政府资助及居民自运营等多方渠道，使社区内部运营平衡，以满足各方的投资与盈利需求，达成策划运营系统构建、运营资金平衡和可持续多方运营的目标要求（图4、图5）。

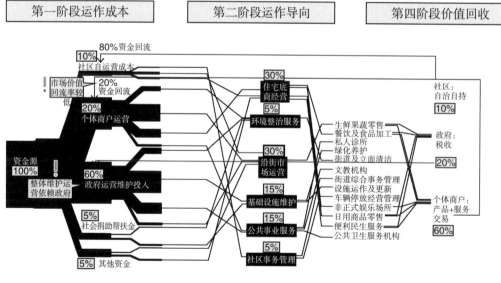

图4 资金现状图

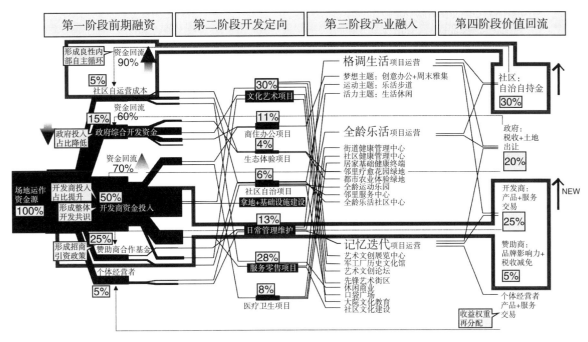

图 5　资金流规划图

3.3.2　共享职能目标

因场地空间和功能条件受限，现有公共空间不足以支撑所有所需功能。为达成共享职能目标，方案首先针对不同人群的活动需求，统筹分类现有空间，按类分区设置了部分具有交叉功能的潮汐活动场地，并且根据不同人群的活动时间错位，合理安排集会、运动、公共服务、文化活动及交流等不同功能的搭配，以较好地协调与满足社区及周边居民、游访客等不同人群的多样化的功能需求。同时，社区生活市场、周末集市、社区文化中心、新锐创意孵化基地等为社区引入了外来的新鲜血液，也为社区提供了一个对外的沟通及展示廊道，形成了良好的对外展示型空间。

在增效协同方面，方案充分调用现有建筑资源，在不同建筑更新手法的基础上分类植入场地特色文化功能与元素，最大化地保留场地文化基因，同时针对各建筑所在的不同功能服务区，在协同周边已有基础设施和功能的基础上强化自身特色与服务优势，扩大场地内部基础设施的影响范围，在打造自身特色的同时避免功能竞争和趋同，与周边形成良性功能协调与互补。

另外，考虑到场地在规划中位于现代都市风貌区、古城风貌协调区和古城风貌区交界处，因此方案提出对建筑及构筑物立面和装饰小品在材料、色彩、形态元素上以现代风格为基础进行部分古城历史元素的提取和创新运用，以达到风貌协调与平衡。

在文化场域方面，方案挖掘荆州及厂区文化故事和印记，策划荆城文化馆、厂院时光街和老城怀旧摄影展，以场地文化记忆点——一棵老榕树和旧时的小学信息板为故事脉络，以唤起居民小家记忆和情怀，激发其对城市和社区的文化认同感（图 6）。

| 街头口袋公园 | 露天阶梯舞台 | 工厂大舞台/展厅 | 健康跑道 | 阳光草坪 |

图6　场地效果图

3.3.3　融合价值观目标

为实现融合价值观目标，方案先提出社区绿化提升、设施升级、建筑立面美化、屋顶绿化等基础环境提升措施，再通过对小区公共空间的重组和再利用，增设社区全龄活动广场、社区疗愈花园、宅间果园、多龄生活剧场等，为社区提供了丰富有趣的日常活动空间和活动内容，以改善社区曾经狭小单调的公共空间体验，满足居民对公共空间品质的要求。同时，设置社区集市、院内小酒馆、广场舞场所、厂院露天电影、课后老街和童年杂货店等饱含工厂旧院文化的场景节点，不仅让老一辈军工人找回曾经生活的记忆，也让后辈能在长辈的故事中在这里探寻和留下自己的记忆，文化氛围和体验得到了满足。

此外，方案规划了社区跑步道、社区图书馆、社区运动广场、老年乐活中心等场所，为各年龄段的社区居民提供了多元化的日常文娱活动选择，街头口袋公园、邻里生态花园等也为邻里之间提供了交流机会，从多方面提升社区空间感受和文化氛围。

然而，由于场地和规划条件限制，方案在公益活动和公众参与的策划与组织上有所欠缺，因此在公益活动及公众参与方面有待进一步深入与完善。

整体而言，通过专家、业主等多方评价以及评价体系自我对照评价，可知方案通过对社区场域构建，以景观规划的角度，从空间、文化、社会关系、运营等多个方面为3个社区进行了全面的提升（图7），也为社区后期的运维发展方向提供了方向参考，是社区可持续发展的重要理论支持。

4　结语

本项目将场域理论应用于城市更新中的空间、景观、运营等全过程，探索以场域精神为核心，"多元协作、互利共建"的旧城改造模式，提出基于城市记忆和现代生活方式特点摸索自上而下与自下而上相结合的场景化、生活化、氛围化的活性、有机、可持续旧城更新策略和未来居民友好型、城市文化记忆友好型城市规划与设计路径与方向；同时结合城市更新目标与需求，提出了三大目标、三大层级、十八项指标的更新理论体系，统筹人、地、资金、社会等多方面要素，兼顾方案与评价，以期在前期阶段便系统性地把控提高旧城改造的质量，全面提升城市更新设计后续品质与使用感受，提高社会参与度，提升社会满意度，确保城市更新建设的整体效益。

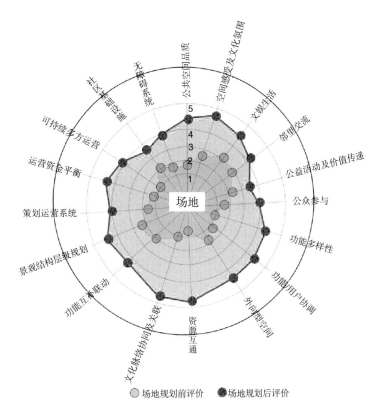

图7 景观评价玫瑰图

同时，项目实践证明，景观场域理论体系能全面系统地提供有针对性的城市更新思路和策略，将物理空间之外的城市区域联系和场地精神感受纳入城市更新景观考量之中。针对城市改造方案的不足之处提供改进的方向，并能在与社区居民及多利益群体沟通时，提供科学的参考依据，加强方案的理论支撑，未来具有延伸研究的潜力。

此外，此项目在理论搭建过程中认为，未来针对现有城市更新理论进行指标量化将会是城市更新理论研究的重要方向之一。本文对城市更新策略因子的研究为后期的景观评价指标量化提供基础，以期日后以科学的策略体系和严谨的评价量化指标进一步提升未来城市更新的实施效率和能级，帮助城市老旧区域整体联动升级，从而带动城市的整体可持续更新发展。

[参考文献]

[1] 华霞虹，庄慎. 以设计促进公共日常生活空间的更新：上海城市微更新实践综述 [J]. 建筑学报，2022（3）：1-11.

[2] 褚冬竹，阳蕊. 线·索：重庆城市微更新时空路径与实践特征 [J]. 建筑学报，2020（10）：58-65.

[3] 柴培根，童英姿. 城市更新语境下街道环境微更新的实践与思考 [J]. 建筑学报，2022（3）：37-43.

[4] 刘红. 曼纽尔·卡斯特流动空间思想及现实意义研究 [D]. 武汉：华中科技大学，2018.

[5] Castells, Manuel. Space of flows, space of places: Materials for a theory of urbanism in the information age [J]. The city reader. Routledge, 2020：240-251.

[6] 牛俊伟. 从城市空间到流动空间：卡斯特空间理论述评 [J]. 中南大学学报（社会科学版），

2014，20（2）：143-148，189.

［7］（美）斯坦·艾伦. 点＋线：关于城市的图解和设计［M］. 北京：中国建筑工业出版社，2007.

［8］唐斌. 局部与整体：近现代西方城市建筑理论中关于建筑与城市关系的类型分析［J］. 现代城市研究，2008（2）：44-53.

［9］杜雁，梁芷彤，赵茜. 本体与机理：场域理论的建构、演变与应用［J］. 国际城市规划，2022，37（3）：59-66.

［作者简介］

欧阳宇晴，笛东规划设计（北京）股份有限公司景观设计师兼研究员。

林沛毅，博士，笛东规划设计（北京）股份有限公司上海设计十二所设计总监。

彭尽晖，通信作者，博士，副教授，硕士研究生导师，就职于湖南农业大学风景园林与艺术设计学院。

基于生长性理念的城市滨水空间更新策略研究

——以河南省长垣市护城河为例

□朱冰淼，刘琴博，杨莹，李海霞

摘要：本文从生长性理念的角度出发，旨在探索适应城市滨水地区自然与人文生长过程的设计手法，以实现滨水景观在过去与未来、自然与城市之间的平衡。通过梳理相关理论和实践经验，文章提出了生长性在自然做功、空间融合、文化延展和效益辐射四个维度的实施途径。以河南长垣护城河的更新实践为例，探讨在生长性理念的指导下，如何将历史生态系统、先民文化基因、老城产业培育与城市发展过程相融合，最终创造出具有地域特色、可持续且低影响的滨水空间。

关键词：生长性；滨水空间；存量更新；可持续发展；护城河

0 引言

城临水而生，人依水而居，滨水空间作为国土空间最重要的生态涵养区，不仅是生物栖息的场所，也是城市发展的物质基础。千百年来，水如同城市的血脉在发展过程中不断延伸、运动、变化，城市与河流都处于永恒的生长过程中。滨水空间从物理环境到人文历史的发展，都是具有生命意义的，这种生长性体现了自然界和谐稳定、有序发展的特征。十八大以来，围绕城市建设区开始的以存量资源开发为主的城市"有机更新"成为新时期城市发展的主流。二十大指出尊重自然、顺应自然、保护自然，是全面建设社会主义现代化国家的内在要求。城市滨水地区的自然环境、人工环境和社会环境都是城市生长过程中的中间环节，探讨其发展动态特征及更新实施途径具有现实意义和前瞻价值。

1 滨水空间生长性的再认识

1.1 相关理论概述

滨水空间是城市中一个特定的空间地段，是指与河流、湖泊、海洋毗邻的土地或建筑，城镇邻近水体的部分（1991年版《牛津英语词典》）。作为连接城市与水体的过渡地带，滨水空间不仅参与了城市建设的发展历程，也是自然生态变化的重要组成部分。因此，对于"生长性"的理解应该从城市与生态的复合视角进行再认识。

"生长性"一词源于对生态学的理解，将城市视为有机体，由细胞单元组成，通过综合功能发挥作用，决定了城市发展过程中的生长特点与模式。每一次的城市更新都是对这个有机体的调整，体现了城市的有机生长过程。

近年来，"生长性"在城乡规划、风景学林等专业领域得到越来越多的应用。美国现代主义建筑大师赖特将"生长"概念引入建筑领域，倡导建筑应顺应自然、有机发展，主张城市发展应是具有生命力。麦克哈格在20世纪60年代开始研究滨水景观与生态学之间的联系，强调时间维度下城市滨水景观的动态变化。景观大师哈格里夫斯提出景观过程主义，认识到景观随时间、空间、季相变化而变化，提倡最大限度地借助自然力进行设计，让自然界自己管理生长过程。中国近年来越来越重视可持续发展的理念，如"绿色基础设施"理论和"海绵城市"概念的引入，这标志着城市更新由短期发展转向了更长远的综合治理阶段。从不同领域对"生长性"的理解，可得出"生长性"即为基于景观系统的生成发育和动态演变，采取自然、文化和社会经济发展等复合的设计策略，在时空维度上主动寻求人的需求与自然人文进程的融合。

1.2 基于生长性的滨水空间更新实践价值

工业革命之后，滨水地区的自然环境受到严重破坏，居住人口减少，政府投资转移。20世纪六七十年代开始，西方发达国家的开始实施滨水空间的更新实践，经历了滨水环境美化、滨水景观重建到整体功能综合提升的不同阶段。这一过程强调了自然与人工要素的共生，推动了滨水地区平衡有序发展，展现了基于"生长性"的更新实践的重要价值。基于"生长性"的更新实践已经开展了大量的工作，并获得了广泛认可。以下从认识论、方法论和实践论三个层面总结了生长性在滨水空间更新实践中的价值。

从认识论来看，"生长性"视角为我们理解解决滨水空间的动态演变提供了重要的途径，这一视角不仅让我们能够更好地把握滨水空间发展的时空规律，也有助于拓展我们对其认知的范畴，找到人类社会与自然互动的契合点，滨水景观不仅受到自然因素的影响，还受到所在区域的社会经济文化要素变化的直接或间接影响。关注滨水空间生长过程中的"大事件"有助于识别主要影响因素，采取有针对性的设计策略与手法。从方法论来看，基于"生长性"的更新实践在方法论上提出了更多维的更新路径，强调了对自然过程与城市发展之间关系的重视。这体现在顺应自然规律、打破空间边界、延展历史文脉和重塑产业格局等四个方面。从实践论来看，"生长性"在滨水空间更新实践中的实际应用表达了生长发育的过程，并将这一过程应用于滨水空间的产生、发展、消逝中，体现了更新过程的时空延续性。

1.3 滨水空间生长策略的实施途径

在滨水空间更新中，自然、社会、文化、经济等因素相互交织，具有复杂的耦合关系。为实现整体性、均衡性和可持续性的发展，应综合考虑多个方面，从自然生态、空间功能、历史人文、产业经济等四个层面进行生长发育和动态演变的把握，最终构成整体上可持续发展的有机动态系统。

1.3.1 自然做功

注重人为建设与自然环境的联系，充分发挥自然力量。新时期生态文明建设在尊重自然的基础上提出顺应自然、保护自然的发展理念，是在对自然恢复力的充分认知基础上提出的。设计应遵循自然发展规律，保证的水系横向的自然蜿蜒性和纵向的生境梯度结构，让自然动力做功。利用最小化的人为开发，整体空间秩序和局部生态要素共同调节，保证生物与非生物之间的平衡，形成整个滨水生态环境的可持续发展。

1.3.2　空间堆叠

以空间功能融合引导景观演变路径，实现城市与滨水空间的功能复合。滨水开放空间的形态结构是能量流动的基础和重要载体，对空间功能的调整可以影响滨水空间的生长过程。通过模糊空间界限，打破不同类型空间之间的壁垒，实现多功能的混合，在动态变化中能够弹性应对未来，使滨水空间能够向周边蔓延伸展，为未来提供更广阔的发展空间。

1.3.3　文化延展

重构时空链接，激发文化认同感、归属感。城市滨水地区承载着城市集体记忆，也是历史延续和未来开始的地方。通过挖掘多层次的历史信息，了解水体各个时期的文脉发展特征，对场地的肌理进行复写，引入事件来重新构建跨越时空的交会，展示滨水文化的生长属性。

1.3.4　效益辐射

兼顾生态效益、社会效益与经济效益，延展滨水腹地经济，实现产业迭代发展。在存量更新的时代，为适应滨水区未来住房、办公场所、休闲和服务设施的增长需求，产业布局应具有全局性。在布局上强调节点渗透，扩大滨水空间的辐射范围，共享滨水地区的经济效益。

2　项目概况

2.1　研究区位

长垣市位于河南省东北部，黄河的"豆腐腰"段，拥有悠久的历史和深厚的文化底蕴。城市的空间格局在千百年的治水中逐渐形成了独特的"水包城"城市格局，而护城河作为城市的起点与核心，在城市的发展中扮演着重要的角色。随着长垣城市的飞速发展，护城河的地位也发生了变化，从城外河转变为城内河。这种城河关系的变迁标志着护城河的战略价值从内向防御保护转向了外向带动整个城区的发展。2019 年 8 月，长垣撤县立市后，提出了深化百城建设提质工程的目标，并坚持以"水"润城、以"绿"荫城、以"文"化城、以"业"兴城，贯彻城市双修理念。在这一背景下，如何在护城河的生长过程中保留先民的生存文化基因，修复历史生态系统，焕发城市生机成为长垣市撤县立市后的一项重要课题。

2.2　生长过程

2.2.1　自然生长过程：生态防御与适应性景观

长垣位于黄河中下游，属于黄泛平原地区，长期受黄河泛滥影响，该这种洪水灾害的自然过程，与人们不懈的生存实践活动中相互作用，在其适水过程中形成了黄泛平原适应性景观，主要可归纳为居高、修筑城墙护城堤、保留建设蓄水坑塘三大方面。这种地域景观是长垣老城良好的历史风貌基底，老城也在其中逐渐形成了一系列的治水经验和生存之道，使老城的文明得以在严酷的环境中延续发展。

护城河总长约 4 km，河塘水面面积约 8.4 hm²。但城区快速发展对空间的侵占和对生态环境的漠视导致了老城历史格局中水系连贯性的巨大破坏。护城河的硬质驳岸无法调蓄水位，也难以对水质进行净化，反而可能加剧水体污染，城市滨水空间失去了自我调节、自我净化的能力，导致生长迟滞。

2.2.2　历史生长过程：形成深厚的历史底蕴

长垣历史悠久，文化底蕴深厚，是中国历史文化名城之一，也是中华文明的重要组成部分。作为早期人类活动地，长垣在 6000 年前就有人类在此繁衍生息。长垣的建城历史则是可以追溯到商代，在春秋战国时期作为魏国的重要城池，曾经也是其都城之一。长垣在历朝历代的更迭中，自身的文化底蕴也越来越深厚。除了被称了千年的"三善之地"之外，还被称为"君子之乡"，甚至近代还是远近闻名的"厨师之乡"。长垣在其6000多年的历史发展中，积累丰富的文化资源，历史遗址也是众多，形成了集黄河文化、圣贤文化、官宦文化以及商贸文化于一体的长垣文化特色。

护城河作为长垣历史发展的见证者，也是承载文化传承的载体。老城区护城河沿岸蕴含丰富的历史文化资源，包括故事记忆和古迹实体，具有巨大的文化价值。然而大多数老城文化资源在城市发展的过程中被埋没，未得到保护发展，亟待有效的保护和恢复。

2.2.3 空间生长过程：城外河向城内河转变

护城河在长垣老城建城初期作为城外河，主要起到防御外敌、抵抗水患等重要作用。随着城市的发展，军事防御功能逐渐减弱，在改革开放以后，伴随着城市经济的开放发展，城区逐渐围绕着老城区向护城河外蔓延。之后，受新（乡）荷（泽）铁路的影响，城区开始向西发展，护城河成为城市的内河（图1）。同时工业的快速发展特别是重工业，对护城河生态环境产生了较大的影响，环境本底恶化，既有功能萎缩。近年来，长垣的城市格局逐渐完善，处于城市空间核心地位的护城河，其城市功能再次回归是其重要的议题。

但护城河两侧存在大量的违建，导致滨河空间被占据，河道与城市之间的界面封闭，使得河道在城市道路上不可见。以上问题都对滨水空间的价值提升和未来生长的可能性构成了制约。

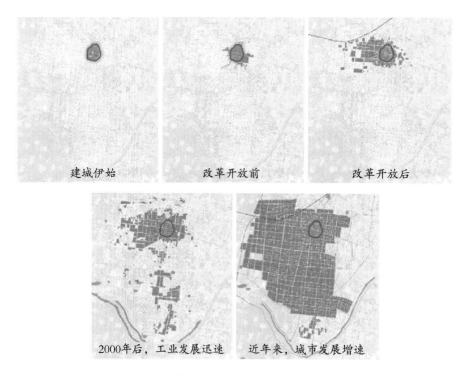

图 1　长垣城市发展历程中的城河关系

2.2.4 产业生长过程：消费特征转变及旅游市场发展趋势

长垣作为河南东部的门户城市，在经济发展格局中占据着重要地位，在2020年成为中部地区县域经济百强县，但工业仍然是长垣市最为强劲的动力引擎。河南省作为内需主导型经济省份，拥有超级消费市场的优势，因此长垣市有望发展新的供给，引领河南的新消费。尤其是在疫情的影响下，城乡居民的消费特征发生了新的变化，为发展城市深度游和近郊游提供了条件。护城河的更新不仅为区域经济产业转型提供了重要的空间载体，还有助于激活当地经济。新型城镇化正处于加速发展的阶段，形成了巨大的消费市场，对各类优质产品与服务具有旺盛的需求，长垣的第三产业迎来了发展的好时机。

3 长垣护城河滨水空间生长性策略实践探索

3.1 构建生态岸线，提升水体自净能力

3.1.1 恢复岸线自然形态

设计充分尊重自然规律，运用本地材料构建生态岸线，逐步恢复河道的自然形态。在评估场地的岸线条件和生态功能后，拆除原有砖石驳岸，根据水岸的坡度、弯曲度和周边土地利用情况，构建了石砌驳岸、台地驳岸、缓坡驳岸、抛石驳岸等四大基本类型。结合竖向设计建立连续的滨水层级湿地净化系统，就地滞蓄雨水，提升水体的自净能力和自我调节的能动性，为生物提供栖息地，形成护城河稳定健康的自然生物群落（图2）。

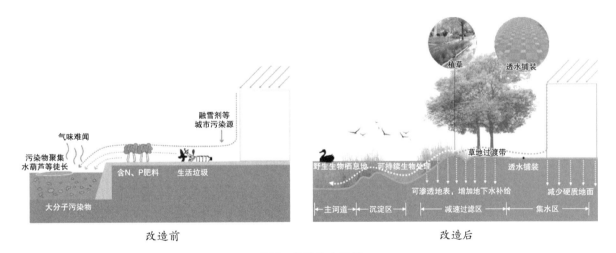

图2 构建生态岸线

3.1.2 多类型海绵技术

结合不同类型的生态岸线，因地制宜地应用海绵技术，增加驳岸的生态弹性。海绵设施成为城市内部的生态触媒，扩展了城水关系未来生长的可能。具体包括在建筑空隙中打造斑块状城市雨洪花园、利用微地形或滨水台地设置林地及特色雨洪果园、在河道弯曲的河段沿河道一侧开挖细小水道形成多个独立的生态绿岛，以及在河畔空间充足、距离社区较远的区域结合地形建设净水湿地。这些技术为城市滨水空间增加了生态弹性，使得滨水空间更能适应未来的变化，实现城市水体的健康发展（图3）。

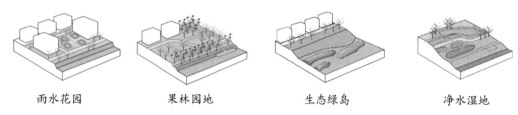

| 雨水花园 | 果林园地 | 生态绿岛 | 净水湿地 |

图3　多类型海绵技术

3.2　打开滨河界面，置换单一低质空间

3.2.1　置入小微空间

通过引入小微空间，旨在提升城市与滨水的交互性，创造人与自然和谐共存的环境。清除两侧的危旧建筑和闲置用地，塑造巷道、街区、广场、院落、园地、露台等多样的空间形式，将这些小空间与城河相连，打造具有共享性和参与性的复合型开放空间。通过在沿岸形成大型空间节点，同时在小空间中引导滨水活力，创造出多样的河道—城市衔接界面，满足居民的日常需求，如闲逛、散步、种植、运动、购物、社交、休闲等（图4）。

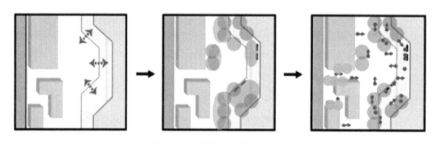

图4　多类型复合滨水空间

3.2.2　布设全域服务设施

结合重要功能节点如码头等，以及小微空间，在整个护城河范围内根据服务半径布局各类服务设施，形成综合服务节点。综合服务包括商业零售、运动设施、卫生间等，布局沿河形成综合服务节点，基本服务设施服务半径以300 m为主，覆盖主要游览区，满足城市多样功能需求，提升生长潜力。此外，合理设置入口广场和自行车停放点，方便由机动交通转为慢行交通，打造滨河纯慢行友好环境。

3.3　重塑文化序列，串联老城记忆史书

3.3.1　挖掘老城记忆，重塑护城河文化序列

通过梳理长垣的历史，提炼出具有图景意向的元素，运用传统文化景观进行转译，强调恢复生态文化、强化君子文化、保护城池文化、发展商贸文化、创新教育文化等多重层面。通过讲述"黄河故事"，在现代城市景观中体现古人雅趣，使人们能够感受到千年老城的独特魅力（图5）。

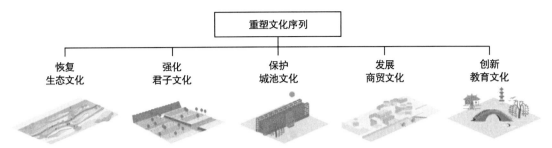

"迎恩林泽"净水湿地	"三善蒲芳"子路广场	"故垣新岸"城墙公园	"承熏熙华"集市广场	"书香桥影"水上商街

图5 重塑文化序列

3.3.2 恢复历史意象，串联历史文化古迹点

通过深入研究历史资料，挖掘历史文化古迹的景观意象，运用现代景观手法进行恢复和重现。例如，对"城门集市"、"古会戏台"、"城楼登高"等历史文化意象的保护和再现。同时，对老城墙等现存历史文化古迹进行保护和活化，使人们在不破坏古迹的前提下近距离体验古老的文化，与历史互动，激发当地居民的认同感和归属感。

3.4 提倡渐进更新，延展滨水腹地经济

为了实现护城河及其周边区域的可持续发展，策略包括整合现有护城河水系及其周边文化资源，精心打造护城河核心区。以核心区为引擎，带动周边区域的开发，使以水为根基的生活方式重新引起人们的关注。这一举措将带动更大范围的区域能够共享滨水岸线区域所带来的良好环境和经济效益（图6）。这种渐进更新的战略不仅有助于提高区域经济的竞争力，也能够促进滨水腹地的经济延展，为当地居民提供更好的生活体验。

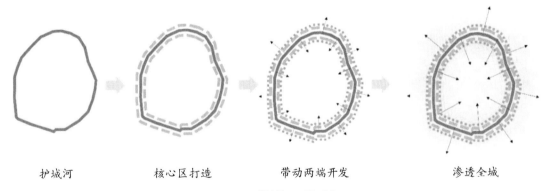

护城河　　　　　核心区打造　　　　带动两端开发　　　　渗透全城

图6 护城河开发时序

4 结语

"生长性"理念为城市滨水更新提供了全新的优化路径，拓展了学科视野、丰富了更新路径、促进了可持续发展等多方面的可能性。在实际实施中，设计师更倾向于注重引导自然做功，打造自然环境与人文空间的多元融合场景，延续历史文化记忆，实现渐进更新，推动社会与经济的协调发展。

河南长垣护城河规划设计实践充分体现了生长性理念，形成了完整而系统的设计策略。该规划最大程度地尊重了自然演变规律，延续并展现了先民传统的生态文明智慧。在生态修复的同时，该规划融合了文化、人本和产业，实现了水城联动。通过改善空间质量推动空间收益的提升，将短期的城市更新转变为长期的人居环境优化，产生了显著的效益。未来，关于更新过程的生长性，包括进程控制、不确定性应对等实施途径，将在后续的实践中继续深入研究。

[参考文献]

[1] 刘巍，吕涛. 存量语境下的城市更新：关于规划转型方向的思考 [J]. 上海城市规划，2017 (5)：17-22.

[2] 习近平. 高举中国特色社会主义伟大旗帜　为全面建设社会主义现代化国家而团结奋斗 [N]. 人民日报，2022-10-26 (001).

[3] 李华君. 营造生长的风景：景观材料的时间语言 [C] //. IFLA 亚太区、中国风景园林学会、上海市绿化和市容管理局. 2012 国际风景园林师联合会（IFLA）亚太区会议暨中国风景园林学会 2012 年会论文集（上册）. IFLA 亚太区、中国风景园林学会、上海市绿化和市容管理局：中国风景园林会，2012：307-311.

[4] 张琳. 生长性理念下城市滨水景观的空间秩序研究 [D]. 桂林：桂林理工大学，2020.

[5] 拉滕伯里 H. 生长的建筑 [M]. 赖特与塔里埃森建筑师事务所，蔡红译北京知识产权出版社，2004.

[6] 伊恩·麦克哈格著. 设计结合自然 [M]. 北京：中国建筑工业出版社，1992.

[7] 刘晓明. 风景过程主义之父：美国风景园林大师乔治·哈格里夫斯 [J]. 中国园林，2001 (3)：57-59.

[8] 黄剑，张杰龙. 让自然做功的河道生态修复：以呼和浩特大黑河城区段景观概念规划为例 [J]. 风景园林，2018，25 (10)：86-91.

[9] Travis Beck. Principles of Ecological Landscape Design [M]. Covelo：Island Press，2013.

[10] 李慧，钱云，边思敏，等. 景观过程视角下的风景园林规划设计研究：以成都世园会申办方案为例 [J]. 中国园林，2022，38 (7)：56-61.

[基金项目：中国建设科技集团科技创新基金-青年科技基金项目（Z2023Q07）。]

[作者简介]

朱冰淼，工程师，就职于中国建筑设计研究院有限公司第一建筑专业设计研究院。

刘琴博，高级工程师，就职于中国建筑设计研究院有限公司第一建筑专业设计研究院。

杨莹，工程师，就职于广州市城市规划勘测设计研究院有限公司政府规划编制部。

李海霞，工程师，就职于中国建筑设计研究院有限公司第一建筑专业设计研究院。

探索新形势下国土空间规划对城市经济的促进作用

——以浙江省嘉兴市嘉善县西门片区有机更新规划实践为例

□赵璇，潘龙

摘要：在全球经济萎靡的大环境下，国土空间规划不仅是指导高效利用土地资源的法规性文件，也是振兴城市经济发展的重要工具。本文以嘉兴市嘉善县西门片区有机更新规划实践为例，探讨当前如何利用国土空间规划来激发城市经济的活力。

关键词：国土空间规划；振兴；城市经济

1 背景分析

资源、环境问题是当前人类发展面临的共同挑战。我国建立"五级三类四体系"的国土空间规划新体系，旨在通过"三区三线"（即生态红线、永久基本农田红线和城镇开发边界）的严格管控，确保城市规模的合理控制，解决城市发展与土地资源短缺、环境保护、粮食安全的矛盾，从根本上确保社会经济的可持续发展。

改革开放以来，我国城市经济增长主要依靠土地要素大规模投入、城市规模快速扩张及土地融资来实现。但是从 2021 年开始，一方面，房地产市场急剧萎缩，原有土地融资的经济模式难以为继；另一方面，在新的国土空间规划体系下，城市规模受到严格管控，也切断了土地融资的来源。因此，需要在国土空间规划体系的指导下，探寻符合土地资源可持续利用、符合生态文明建设、适应经济结构优化升级的城市经济发展新模式。

国土空间规划通过管控城市土地资源的使用而对城市经济产生显著影响，国土空间规划不仅是指导高效、可持续利用国土空间资源的法规性文件，也应当是促进城市经济发展的重要工具。当前，全球经济面临转型，城市发展空间受限，探寻国土空间规划对城市经济的振兴作用尤为重要。本文以嘉兴市嘉善西门片区有机更新规划实践为例，探讨在新形势下通过国土空间规划激发城市经济活力的可行性。

1.1 当前城市经济发展面临的主要问题和挑战

1.1.1 全球经济进入转型发展期，城市经济缺乏活力

当前全球经济竞争愈发激烈，长三角区域依赖传统制造业的经济结构面临着来自低成本国家和地区的强力竞争，城市经济增长乏力，需要从传统的制造业向服务业、高技术产业和创新型产业转型。营造良好的城市创新、投资、生活环境，提升城市综合服务水平，促进产业结构

调整和转型升级迫在眉睫。

1.1.2　城市建设从增量建设转向存量提质，城市发展空间受限

"三区三线"严格控制了城市发展规模，特别是"三线"严格限制了城市发展边界，使得城市无法像过去那样无序扩张，城市发展需要探索内涵式发展和高效利用土地的路径，在有限的空间内进行精细化规划，提高土地利用效率。

1.1.3　城市环境品质有待提升，城市对发展要素缺乏凝聚力

就业岗位减少、房价高企、配套不完善、社会结构变化等一系列问题导致城市环境缺乏吸引力，外来劳动力回流、大都市对高端人才的虹吸效应，导致多数城市人力资源全谱系缺乏，需针对性改善以提升城市吸引力。

1.1.4　潜在的资源优势尚未充分发挥，城市地域特征及文化氛围不明显

城市地域特征和文化氛围，包括自然景观、历史遗产、人文背景等是城市发展的重要软实力，对于吸引投资、人才和游客至关重要。需要充分挖掘和利用潜在的自然、历史、人文资源，培育和发展文创、旅游等特色产业，提升城市的经济活力和文化魅力。

1.1.5　生态环境有待改善，强化经济可持续发展动力

经济可持续发展与生态环境关系密切。改善生态环境，可以提高资源利用效率，推动绿色经济发展，促进可持续经济增长。当前资源利用效率问题、城市环境质量问题均制约了经济可持续发展的动力。

1.2　国土空间规划的时代使命

国土空间规划不仅是指导高效、可持续利用国土空间资源的法规性文件，更是促进城市经济发展的重要工具。

1.2.1　指导高效、可持续利用国土空间资源的法规性文件

国土空间规划是我国国土空间开发与保护的基本依据。地方各级国土空间规划由属地人民政府负责编制，经过本级人大常委会和上级行政机关的审批，对地方国土空间利用和管理活动具有约束力。根据《中华人民共和国土地管理法》及其实施条例，国土空间规划的编制和实施需遵循一系列原则和要求，包括坚持提升质量和效率，坚持生态优先，坚持绿色发展、可持续发展。国土空间规划通过优化城市用地布局、控制土地开发强度、引导土地资源集约高效使用等措施，可以深挖城市空间资源，为城市发展提供空间支撑；通过系统规划城市绿色空间、完善配置公共服务设施、优化交通网络，可以创造更加生态宜居的城市环境；通过引导绿色发展，降低污染排放，减少对自然资源的消耗，可以增强城市的可持续发展能力；通过提供多元融合的城市空间、均等化的公共服务设施、多样化的就业机会，可以确保社会环境包容多元，维护社会公平与公正。

1.2.2　提升城市经济的重要工具

国土空间规划根据区域经济发展和产业结构调整的需要，通过优化产业布局，促进产业集聚和产业链的完善；通过培育创新经济环境，引导发展产业科技创新基地、创新园区等创新创业载体，优先保障创新产业土地供给，为创新产业提供发展平台和土地资源支撑；通过完善公共服务设施，促进居民的消费需求，释放城市消费潜力；通过挖掘文旅资源优势，提升城市的文化魅力和吸引力，推动文化创意产业和旅游服务业的发展；通过改善城市空间环境，注重城乡融合，推动产城一体化，提高城市品质和宜居性，吸引人才和投资，增强城市经济活力；通过科学合理的土地利用规划，提高土地的利用效率，为城市经济的发展提供可持续的土地支撑。

2 片区更新背景

2.1 基本情况

嘉善县位于浙江省东北部、江浙沪两省一市交会处，地处长三角经济圈核心，是浙江省接轨上海的第一站，是国务院批准的首批对外开放县市之一。嘉善县作为全国唯一的"双示范"（县域科学发展示范点、长三角生态绿色一体化发展示范区）区域，在中国城市发展战略中扮演着重要角色。随着长三角生态绿色一体化发展示范区总体方案的实施，对嘉善县的规划和建设提出了更高的要求。

西门片区是嘉善县老城区的重要组成部分。嘉善县老城区是嘉善县城区的历史起源，也是城市生产、生活综合服务主中心，是嘉善县国土空间规划提出的"一城一谷三区"网络化田园组团的城市核心。

2.2 主要问题

当前嘉善县西门片区面临功能、环境、文化保护、经济等突出问题。

第一，公共服务设施缺乏。小区级别设施不足，文体设施严重缺乏，绿地广场配置不足。

第二，交通体系不健全。支路尚未成网，对外连接的重要通道拥堵频率高；滨水空间开放连续性较差，慢行系统较为简陋；机动车停车位欠缺较多，停车问题突出。

第三，生态环境有待改善。城水相依环境特色未充分体现，绿化总量不足，绿地空间分布不均，公园绿地可入性较差。

第四，城市文化遗产需加强保护。嘉善县老城区作为城市发展的历史见证，具有独特的文化底蕴和丰富的建筑遗产。但随着城市发展，原有城市格局和风貌发生翻天覆地的变化，很多历史遗迹、历史建筑面临消失的风险，亟需通过城市更新实现文化传承与空间保护，避免造成历史文化空间场所的缺失。

第五，城市经济萎靡。受宏观环境影响，当前嘉善经济发展面临多重压力，部分经济指标滞后；受全球大环境影响，传统制造业发展受阻；因资金、土地等要素制约，城市经济发展乏力；城市能级还不够高，城市消费能力弱。老城区受交通不便、配套设施不足、商业项目市场定位不明确等因素影响，商业氛围弱，缺乏人气；文创、旅游等产业尚处于起步阶段。

3 嘉善西门片区有机更新规划实践分析

3.1 规划目标

《嘉善西门片区有机更新规划》提出，要抓住长三角生态绿色一体化发展的历史机遇，围绕国土总体空间规划"新时代全面展示中国特色社会主义制度优越性的重要窗口"总体目标定位，以更高起点谋划老城区转型发展，打造"魅力人文嘉善城，品质生活会客厅"。该规划旨在解决城市发展的瓶颈问题，不仅关注城市品质的提升和环境的改善，还着重于通过规划引领，为嘉善县的城市经济发展注入新的动力。

3.2 规划主要内容

规划希望通过有机更新解决片区面临的主要问题，为城市有机更新探索可推广、可示范的经验。规划突出三个示范。

第一，品质示范。完善配套服务，实现 15 分钟、10 分钟生活圈全覆盖；强化服务职能，补齐社区服务短板，包括增加社区服务中心、养老服务设施、托幼设施等；为老区发展第三产业提供必要的服务支撑，包括增加停车位、建设广场、完善慢行交通网络等。通过全方位改善服务职能，实现城市品质提升。

第二，做好文化示范。强化"一轴"（市河）、"一环"（环城河）城市文脉结构，串联老城文物保护单位、文物保护点、文化景观点，凸显嘉善历史文化基因，以西门更新撬动老城文化复兴，实现嘉善文化复兴的使命。

第三，做好景观示范。营造市河、环城河生态景观绿廊，改善老城生态环境。结合滨河绿廊设置慢行步道，将居民生活所需要的日常生活设施和公共开放空间联系起来，引导居民采取绿色健康的生活方式。

3.3　规划重点

根据自然资源部办公厅印发的《支持城市更新的规划与土地政策指引（2023 版）》要求，城市有机更新应促进产业转型升级，老旧商业街区和传统商圈更新应注重保留特色业态、提升原业态、植入新业态和复合新功能，促进商业服务业和消费层级的多样化发展，推进服务扩容、业态升级与功能复合，提升消费空间品质。

城市更新对经济的促进作用主要体现在发展产业、吸引投资、促进消费和文旅融合四个方面。城市更新将有限的土地资源向高附加值的产业倾斜，可以疏解老城区非核心功能，促进高附加值的现代服务业和创新产业向老城区集聚，产生巨量投资需求，提升老城区土地利用效益，升级产业，重振老城区经济活力。政府通过创造更多便于社会资本参与城市更新项目的途径，吸引投资，激活市场投资活力，促进经济发展。城市更新能够提升商业品质，促进消费升级，通过消费波及效应，激发商业活力，释放消费潜力。文化和旅游产业在城市更新进程中发挥着"催化剂"作用，是推动城市经济转型的新引擎。一方面，通过城市更新理顺城市文化发展脉络和塑造城市形象，能够实现社会价值、文化价值、经济价值的重构。另一方面，城市更新通过开发城市文旅资源，引入现代商业元素，衍生新业态，有效带动文化创意产业和旅游产业的发展。

《嘉善西门片区有机更新规划》特别强调项目开发对城市经济的带动作用。该规划提出，发展特色文旅、科创、商业新业态，培育新的城市经济增长点。在商业调查、专题论证的基础上，结合自身的文化特征、消费特征，规划提出了发展特色产业的具体建议（图 1）。

3.3.1　以"寻味嘉善"为主题，打造美食街区

引入"××点评必吃榜"的餐饮品牌店。此类店铺设置在东北区域，靠近城市商业中心、右侧有城市干道。

3.3.2　引入精品酒店

酒店设置在东北区域，靠近城市商业中心、右侧有城市干道。

3.3.3　结合商业节点、社区邻里中心设置智慧健康中心

引入"互联网＋医疗"创新服务平台，打造融健康养护、社区门诊为一体的高品质综合型健康中心。智慧健康中心设置在片区中部，居住人口相对集中的区域。

3.3.4　设置特色化服务设施

社区邻里中心在配置基本生活服务设施的基础上，设置茶舍、书吧、业主食堂、深夜食堂等特色化服务设施。特色化服务设施设置在片区中部，是居住人口相对集中的区域。

3.3.5　结合市河沿岸老街更新，打造滨水商业街区

依托市河串联重要历史文物遗迹点，将现代商业活动融入传统街区，使现代生活和传统文化完美地融合，打造以历史文脉体验为特色的商业文化娱乐街区，使其成为振兴老城区商业的重要节点，也是展示嘉善历史文化的重要场所。街区设置在片区西部滨水老街。

3.3.6　结合滨水绿带打造活力健康公园

活力健康公园的设置将增加老城区户外活动空间、丰富活动内容，集聚老城区人气。公园设置在片区西部滨水绿廊。

3.3.7　结合商业节点打造文化会客厅，建设老城区文创产业示范点

该片区能传承嘉善老城区文化基因，打造富有江南味文化地标、文化艺术聚集地，培育嘉善中心城区新魅力。培育书画培训、参与型艺术展览、阅览、手工艺体验、民俗体验、互动剧场等文商文创业态功能。引入知名艺术机构、文化传媒企业、文创工作室，建设复合型品牌书店、手作体验工坊、文旅剧场/秀场等，在发展旅游休闲职能的同时，提高居民日常参与度。结合房产项目建设一批艺术公寓。文化会客厅设置在片区西南部。

3.3.8　结合科创平台建设科技互动体育公园

建设大型体育运动综合体，设置普适性、全龄段的运动项目，如活力体验、激情赛道、功夫学堂、冒险岛、欢乐嘉年华等内容，掀起全民健身热潮。体育公园设置在片区西南部。

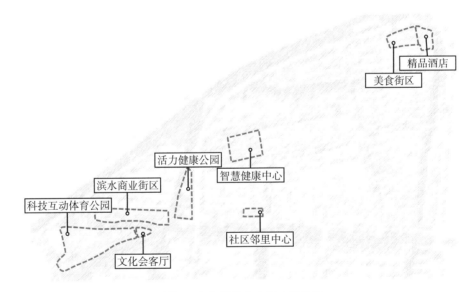

图1　商业新业态空间布局示意

3.4　规划实施保障

3.4.1　通过地块建设管控指标体系，为详细规划提供指引，确保项目落地

控制指标体系既要保证对文化遗产的保护、营造具有地域传统风貌的城市形态，又需要满足相关业态对地块开发的要求。

3.4.2　优化开发时序，确保建设资金流

以资金平衡为原则，根据资金流的需求和可用性，优化开发时序，合理规划项目、明确任务和阶段，提出项目推进计划建议表。引入迭代开发理念，提出项目迭代开发的资金使用建议

方案。充分调研相关的项目资金支持和补贴政策，提出项目资金来源和资金储备建议。

4 经验总结

《嘉善西门片区有机更新规划》在振兴城市经济方面的探索主要有以下五点。

4.1 项目有来源

规划的设计过程是沟通政府和市场的过程，既能让政府了解市场需求，也向市场宣传政府的发展规划和目标。项目组在企业资源库的支撑下，根据规划目标和需求，筛选出与规划目标业态相匹配的相关企业。调研筛选企业对规划的要求，以及对招商活动的看法和建议，同时向企业宣传政府的发展目标，介绍项目的开发价值。根据调研结果，为政府提出招商建议，包括目标客户群体、合作方式等，并将企业相关意见纳入规划设计。

4.2 规划可实施

规划在市场调研的基础上，分析规划业态对位置、用地规模、用地形状的相关要求，根据规划总体功能布局，提出合理的业态空间布局方案；根据调研企业对项目建设的要求，参考同类业态建设案例，提出容积率、建筑密度、绿地率、建筑高度等地块建设控制指标。既能满足城市总体设计的要求，也符合相关业态的开发要求，确保规划的可实施性。

4.3 资金有保障

编制项目推进计划，确定各阶段项目所需资金和投资回报，寻找合适的资金来源，以编制融资计划。通过合理筹划项目开发时序，实现投资收益支撑后续投资，保障开发资金。

4.4 指标有弹性

规划提出土地复合利用引导指标，推动在城市更新中复合利用、节约集约利用土地资源。为适应市场需求，在传导上位规划、明确规划强制性管控指标的前提下，通过提出负面清单管控的方法，以适应市场的不确定性，增强规划实施的操作性，并为创新实践提供空间。

4.5 发展可持续

功能布局既考虑近期开发项目的产出效益，更考虑城市长远发展的需求。通过提升城市生态环境、保护和传承地方文化、完善公共服务、改善交通，提升城市品质，增强城市持续发展动力。

《嘉善西门片区有机更新规划》在嘉善县国土空间总体规划的统揽下，与详细规划有机衔接，是国土空间规划"五级三类四体系"中专项规划重要组成部分。其从管控指标、业态建议名录、实施时序方面为下一步详细规划的编制和商业运作提供较为详尽的指导建议，将为指导老城区建设、推动城市经济发展发挥显著的作用，该规划编制模式也在嘉兴同类项目中得到推广。

5 结论与建议

《嘉善西门片区有机更新规划》的实践证明国土空间规划对城市经济的提升作用是多方面的：首先，在"五级三类四体系"国土空间规划新体系下，国土规划通过合理规划土地用途，指导高效、可持续利用国土空间资源，有助于优化城市经济环境，实现城市经济可持续稳定增长。其次，国土空间规划可以通过改善城市环境、提升城市品质、吸引投资、集聚人气，激发经济活力，产生新的经济增长点。在全球经济萎靡的大环境下，这种作用尤为重要。通过优化城市空间布局，提高城市基础设施水平，吸引更多的企业投资和人才流入，集聚发展要素，促进城市经济的发展和繁荣。最后，国土空间规划还可以通过土地使用引导、布局产业发展空间、引导产业转型升级等方式，推动城市产业结构的优化和升级，提升城市经济的竞争力。

[参考文献]
[1] 赵燕菁. 城市更新中的财务问题 [J]. 国际城市规划，2023，38 (1)：19-27.
[2] 尹利君，郭思佳，赵宇. 城市更新的回报机制及产出效益分析 [J]. 科技促进发展，2023，19 (11)：700-708.
[3] 王蔚然，梁明俏，苏敏，等. 城市更新驱动经济高质量发展效应研究 [J]. 统计与信息论坛，2022，37 (12)：112-125.
[4] 孙伟业. 城市更新规划对经济发展的影响研究 [J]. 住宅与房地产，2023 (36)：68-70.
[5] 吴晓琪，冯立阳. 产业经济发展与城市规划之间相互影响研究 [J]. 产业创新研究，2023 (7)：1-3，11.
[6] 王小广. 地方政府土地财政依赖的破解之道探讨 [J]. 国家治理，2023 (24)：28-33.
[7] 崔霁. 城市更新的迭代模式与创新推进 [J]. 上海房地，2022 (10)：15-21.

[作者简介]
赵璇，副高级工程师，嘉兴市国土空间规划研究有限公司嘉善分院院长。
潘龙，副高级工程师，嘉兴市国土空间规划研究有限公司主任工程师。

基层治理视角下的韧性城市更新策略研究

——基于北京市石景山区 9 个街道的访谈

□田新榕，李婧，林雨欣

摘要：本文以提升城市韧性为核心，深入探讨了韧性城市建设中的区级决策层与街道执行层之间的脱节问题。本文选取北京市石景山区作为研究样本，通过实地调研，系统评估了该区韧性城市建设的基础设施风险。同时，运用文本分析方法，深入剖析石景山区各街道的韧性基础设施需求，基于词频与语义网络分析，明确了各街道基础设施需求的优先级与内在关联。在此基础上，构建具有石景山区特色的韧性城市测度体系，为城市韧性建设提供了科学的量化标准。同时，针对决策层与执行层之间的问题，本文提出了加强现实情况调研、提升自治韧性及加强沟通协作等策略，旨在优化城市韧性设施服务水平，提升城市应对灾害性事件的能力。本文不仅丰富了韧性城市理论，也为未来城市的可持续发展提供了有力的理论支撑和实践指导。

关键词：韧性城市；基层治理；文本分析；词频分析；语义网络分析

0　引言

当今社会各种自然灾害和风险性事件频频发生，城市面临的冲击愈发复杂，如台风、暴雨、地震等，都是对我国应对突发事件的管理体系和城市韧性建设的一次次重大考验。统筹城市发展与安全，是满足人民对美好生活需要的重要保障，也是应对城市公共安全事件的关键。

近年来，众多城市在韧性城市建设方面开展了积极探索。例如，2021 年 10 月，北京市印发了《关于加快推进韧性城市建设的指导意见》，从空间、工程、管理和社会四个维度对韧性城市建设进行了系统规划，明确了 78 类任务分工；为编制韧性城市空间规划，北京市还编制了《北京市韧性城市空间专项规划（2022—2035 年）》，提出要构建具备维持力与恢复力、分布式与集群化相结合的韧性城市空间格局。其他诸如广州、深圳、南京、重庆等城市也在韧性城市建设上开启新探索。在韧性城市建设的进程中，街道连着千家万户，是基层的基础，在应对突发事件中扮演着关键性的角色，成为城市应对突发事件时不可或缺的一部分。因此，韧性城市建设需要落实到街道中来。

近几十年来，中外相关学者对韧性城市建设的研究主要集中在系统层面的安全体系完善、政策层面的报告解读等方面。从市级和区级的角度看，在相关韧性城市建设的城市韧性测度、轨道网络交通韧性测度、生态韧性水平空间评估、老旧小区韧性提升等领域已积累了丰富的研究经验。翟莹将韧性城市理念引入城市绿地防灾避险功能之中，并将其特征量化为具体评价指标因子用于城市绿地防灾避险功能评价体系构建；刘丽等人通过对七个超大型城市的"十四五"应急管理体系和能力建设规划文本进行解构分析，探讨应急社会动员能力的构建途径。大部分学者对我国政权组织的研究集中在归纳概括决策模式与制度上，少有研究涉及决策过程中的决策主体和执行主体的运行。赵聚军等人通过对案例城市最新修订的街道办组织条例的文本分析和田野调查，发现街道办的权责定位仍存在"应然"和"实然"的差别，特别提到"实然"方面，仍然存在权力承接困难、资源调配不均和摊派工作过度等问题，需要究其原因进行分析并提出相关优化策略。虽然以上学者分别对韧性城市建设的多个方面进行了研究，但研究样本较少而且受到明显的决策与执行脱节的限制，结论的普遍推广意义有限。此外，调查手段和调研内容都较为简单，难以深度分析街道层面的城市更新工作方向和策略。在基层治理方面对韧性城市建设层面的研究较少，而在对韧性城市基础设施基层治理的决策过程和执行过程的研究更少。本文正是站在这一新的视角上，旨在填补这一研究空白。本文将结合街道层面的特点和实际工作需求，通过实地调研和深度访谈，进一步采用文本分析的方法，对访谈记录进行深度信息挖掘，找出建设韧性街道回应基层治理难题，探索破解基层建设韧性街道参与治理能力受限的新路径。希望通过这一研究，能够为未来的城市更新工作提供更为科学、合理的决策依据，推动城市的可持续发展。

1 研究内容

1.1 研究区域

石景山区地处北京市城区西部，地形特点鲜明，西北高而东南低，这种地势为区域的自然排水提供了有利条件。其北面为绵延的山脉，为太行山北部余脉向平原的延伸，山地占据了该区面积的约三分之一，为石景山区构筑起一道天然屏障。作为北京市的6个主城区之一，石景山区不仅地理位置重要，而且其生态环境对于整个首都的安全具有不可忽视的意义。它的地理位置位于长安街西段，最东端距天安门仅14 km，因其独特的地形地貌，石景山区在防洪防涝方面承担着关键角色。石景山区内的河流与水域，若管理不善，确实存在潜在风险，但得益于其地形和水利设施的合理规划，这些风险得到了有效控制。因此，石景山区作为首都的重点区域，不仅举足轻重，而且在保障首都生态安全方面还发挥着至关重要的作用。此外，石景山区还是北京市绿化覆盖率最高、森林资源最丰富的地区之一。2023年，该区城市绿化覆盖率高达53.8%，人均公共绿地面积达到73.89 m²，居北京城区之首。这不仅为居民提供了优质的生态环境，也为该地区的防洪防涝能力增添了重要保障。因此，选择石景山区作为研究区域，不仅基于其地理位置和历史文化价值，还因为其在首都防洪防涝和生态安全方面的重要作用。

1.2 指标遴选

城市基础设施是一个庞大而复杂的系统，涵盖了众多关键领域，为城市的正常运转提供了坚实的支撑。具体来说，城市基础设施大致可分为综合交通、水务运行、能源管理、现代通信、市政工程、防灾避灾、生态环境及通信服务八大类（表1）。通过对这八大类及其子类指标的选取，可以更加全面、深入地了解城市基础设施的现状与发展需求，为城市规划和管理提供有力支撑。

表 1　城市基础设施分类

大类	子类
综合交通	市政道路、桥梁、隧道、轨道交通、公共交通、慢行交通
水务运行	供水系统、排水系统、水资源开发利用、污水与雨水处理系统
能源管理	电力供应、热力供应、燃气供应、可再生能源
现代通信	5G基站、电话、互联网、无线电和卫星通信系统等
市政工程	环卫设施、餐厨和厨余处理设施、粪便收运处理设施、公共厕所
防灾避灾	水利工程设施、防汛设施、防震减灾、消防、气象
生态环境	灾害发生频度与强度、可持续性、资源保护
通信服务	电信业务、互联网业务

1.3　对比评价

根据以上指标遴选对城市各项基础设施指标进行归纳、分析和筛选，建立三级评估体系，选取125个评估指标，并对指标数据进行收集和计算。通过对比国内外先进经验，结合已有资料，在125个评估指标的基础上进一步确定15个核心评价指标，以此作为基础设施韧性评价的依据（表2）。本文采用比较分析法，对核心指标的具体数值与规范数值进行比照，研究石景山区韧性基础设施的优势和不足。其中，规范值参照北京中心城区的基础设施规划建设标准。

表 2　韧性基础设施核心评价指标

一级指标	二级指标	三级指标	现状数据	规范值
交通	市政道路	路网密度（km/km²）	4.61 km/km²， 5.99 km/km²（集中建设区）	8 km/km²（集中建设区）
		人均道路面积（万 m²/万人）	12.13（万 m²/万人）	13（万 m²/万人）
能源	供热	清洁能源供热覆盖率	99.33%	基本实现清洁能源供热
市政	公共厕所	城市公厕等级达标率	93.75%	99%
防灾	防震减灾	人均避难场所面积（万 m²/万人）	1.52（万 m²/万人）	不低于 6（万 m²/万人）
		万人医疗卫生机构床位数（张/万人）	107（张/万人）	40（张/万人）
		万人救灾储备机构库房建筑面积（m²/万人）	14.13（m²/万人）	10（m²/万人）
		万人卫生技术人员数（人/万人）	202（人/万人）	50（人/万人）
水务	污水与雨水处理系统	建成区污水处理率（%）	99.70%	>99%

续表

一级指标	二级指标	三级指标	现状数据	规范值
人口	人口总述	暂住人口比率	31.09%	20%
		建成区常住人口密度（万人/km²）	0.86（万人/km²）	<0.2（万人/km²）
生态	可持续性	人均公园绿地面积（m²）	73.89（m²）	17（m²）
	资源保护	绿化覆盖率	52.42%	42%
	灾害发生频度与强度	洪涝事件年发生频率	0	常规降雨下不发生内涝灾害
土地	土地利用	土地开发强度	65.78%	45%

1.4 评价结果

通过指标对照分析，可发现石景山区在能源、生态、水务及防灾设施建设方面已展现出良好的发展态势，成为韧性城市建设的重要支撑。具体来看，清洁能源供热覆盖率、万人医疗卫生机构数量、万人救灾储备机构库房建筑面积、万人卫生技术人员数、建成区污水处理率、人均公园绿地面积以及污水处理率等 11 项三级指标数据均优于北京中心城区的基础设施规划建设标准。这在一定程度上表明，石景山区在能源（供热）、医疗卫生、灾害应对及生态环境保护等方面取得了显著成效，应急医疗设施充足，生态环境优良。

但研究发现，石景山区的道路交通设施仍有待加强。目前，该区的路网密度、人均道路面积等指标尚未达到建设预期，这不仅影响了居民的出行体验，还可能在一定程度上制约城市的交通效率和发展活力。因此，加强道路交通设施的建设和优化，提高路网的连通性和便捷性，将是石景山区未来基础设施更新的重要任务。此外，城市公厕等级达标率的提升也是石景山区需要关注的一个方面。通过改善城市环境卫生状况，不仅能够提升居民的生活品质，也有助于塑造石景山区更加宜居、宜业的城市形象。

特别值得一提的是，人均避难场所面积与标准要求存在明显差异。考虑到石景山区人均公园绿地面积较大的优势，可从平灾结合的角度出发，充分利用这些绿地资源，合理规划并提升避难场所空间。这不仅能够增强城市的韧性，提升应对突发事件的能力，还能够为居民提供更加安全、舒适的生活环境。

1.5 访谈分析

为确保上述评估结果的全面性与精准性，研究团队深入石景山区 9 个街道的各个街道办事处，与当地基层工作人员开展了面对面的深入访谈。访谈内容主要聚焦于交通、能源、水务等关键领域，旨在深入了解各街道居民在日常生活中所遇到的实际难题与困扰。通过访谈，可发现即便是在指标对比评价中已达标的领域，仍存在居民实际感受不足的问题。这些问题可能源于设施分布的不均衡、维护管理的不到位或是执行规范与实际操作的脱节等多种因素。因此，本文旨在通过深入分析访谈内容，找出执行过程中的困境，并探究该困境产生的深层次原因，以期为后续改进工作提供有力支撑。

然而，访谈所获得的信息虽然丰富，但往往较为零散和主观。文本分析或内容分析，是一种对显性内容的客观、定量描述方法。为了更全面、客观地了解各街道基础设施建设现状和居民需求，本文进一步采用文本分析的方法，对访谈记录进行深度挖掘和整理。

1.5.1 词频分析

词频分析是一种用于信息检索与文本挖掘的常用加权技术。综合石景山区各街道的访谈内容，采用 ROST 内容挖掘方法，并利用 ROST CM 6.0 软件进行文本分析，该软件具有自定义词典功能，能够精准识别并提取与研究紧密相关的高频 TF-idf 词频。借助 ROST CM 6.0 软件，对访谈内容（txt 文本格式）中的高频特征词进行了提炼，从而对各街道基础设施建设现状和需求作进一步分析。

首先，对石景山区八宝山街道、八角街道、金顶街道、苹果园街道、老山街道、五里坨街道、鲁谷街道、古城街道和广宁街道 9 个街道的各部门访谈记录进行总体词频分析，以此为基础来识别石景山区街道的整体形象。在此过程中，将出现频率最高的前 30 个词汇进行了归纳和整理，以期发现当地居民对街道建设形象的感知（表 3）。

表 3　排名前 30 的各街道基础设施网络评价高频词

排名	词汇	词频统计	排名	词汇	词频统计
1	投诉	59	16	供水	21
2	排水	57	17	公园	20
3	物业	40	18	共享单车	18
4	改造	38	19	平房	18
5	垃圾	37	20	金顶街	17
6	市政	36	21	周边	16
7	社区	35	22	信号	15
8	燃气	32	23	老百姓	15
9	地方	31	24	基础设施	15
10	供暖	27	25	地区	15
11	自来水	24	26	地下	14
12	电力	24	27	方便	13
13	严重	23	28	雨水	13
14	不够	23	29	临时	12
15	建设	22	30	充电	12

分析结果显示，"投诉"以 59 次的高频出现，成为居民最为关注的议题，主要聚焦于街道基础设施和服务质量方面。紧随其后的是"排水"问题，提及次数达到 57 次，显示出居民对排水系统的效率和稳定性的强烈关注。此外，"物业""改造""垃圾"和"市政"等词汇也频繁出现，反映出居民对物业管理、老旧小区改造、垃圾处理及市政设施等方面的期待和关注。

在居民的生活需求方面，"燃气""供暖"和"自来水"等词汇的高频出现，表明居民对基本生活设施的可靠性和便捷性有着高度要求。同时，"电力"和"供水"的提及反映出居民希望电力供应稳定可靠，供水系统能够保障日常用水需求。

然而，"严重"和"不够"等负面评价词的频繁出现，说明在如排水、电力等方面，居民认为存在较为严重的问题和不足，这也为相关部门提供了改进的方向和重点。

1.5.2 语义网络分析

尽管词频分析可以有效地通过提取词组属性来揭示事物的主要特征，但是它却无法捕捉词组在特定上下文中的联系以及文本深层次的结构关系。相对而言，语义网络分析则具备构建概念和语义关系网络图的能力，能够直观地展示各要素之间的内在联系。

进行语义网络分析时，首先对石景山区各街道韧性基础设施访谈文本进行分词处理，随后筛选出高频词并排除了部分无意义的词汇；其次基于这些特征进行了深入分析，并生成了 VNA 文件；最后将 VNA 文件导入 NetDraw 软件中，从而生成各街道韧性基础设施的整体语义网络图，如图 1 所示。通过观察这一网络图的层级结构，可发现其呈现出一种"核心—边缘"的显著特点。在图中，重要的节点往往被一层或多层子群所环绕。这些词语与核心节点的距离越近，它们之间的关联就越紧密。此外，词语间的共现频率可通过线条的疏密程度来体现。具体而言，线条越为密集，即意味着这些词语在文本中共同出现的频次越高（图 1）。

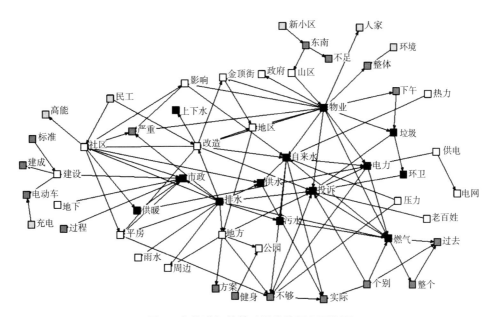

图 1　各街道韧性基础设施的语义网络图

整体来看，语义网络图呈现了一种鲜明的"核心—边缘"结构特征，其层次划分清晰，可明确划分为四个主要层级，各层级的高频词汇归纳整理见表 4。其中，第一层为核心层，涵盖了"供水""排水""电力""市政""供暖""物业"等词汇，这些词汇与街道基础设施的各类属性紧密关联，与"投诉"这一高频词相结合，共同构成了石景山区各街道居民投诉最为集中的内容，涉及供水、排水、电力、市政、供暖等多个方面。第二层为次核心层，是对核心层感知的深化与扩展，主要由"热力""压力""供电""地下""改造"等要素构成，这些要素与基础设施建设的核心问题紧密相连。第三层为过渡层，包含"不足""个别""严重""整体""过程""方案"等词汇，反映了居民对街道基础设施的整体评价及改进需求。第四层为边缘层，包括"新小区""人家""环境"等词汇，这些词汇虽然与核心层关联较弱，但也为理解居民对街道基础设施的认知提供了补充信息。因此，通过"核心—次核心—过渡—边缘"这四层结构，各街道韧性基础设施评价的语义网络得以将居民对街道基础设施的整体认知和感知以直观的方式展现出来。

表4　各街道基础设施语义网络图不同层级词汇

圈层	各街道韧性基础设施高频词
核心层	投诉、自来水、供水、排水、市政、供暖、污水、电力、燃气、物业、垃圾、环卫、上下水
次核心层	改造、地区、地方、雨水、平房、周边、公园、社区、建设、地下、影响、金顶街、政府、山区、热力、供电、电网、压力、老百姓
过渡层	不够、个别、方案、实际、整个、整体、过去、下午、不足、东南、健身、严重、过程、电动车、建成、标准
边缘层	新小区、高能、充电、民工、人家、环境

进一步深入分析，各街道基础设施的语义网络图展现出显著的语义相似性与匹配性。在核心层次上，"投诉"一词凸显，集中反映了居民对街道基础设施待提升方面的迫切需求。回溯访谈文本的原始内容，相关评论有"停车方面投诉非常多，其中老旧小区投诉最多""居民投诉小区里没有共享单车停放地点""上下水问题投诉多""老旧小区改造现在投诉量大"等，这些投诉内容揭示了街道基础设施建的核心需求，主要集中在老旧小区改造，特别是停车、上下水、给排水、电力等方面；而在次核心词层面，"建设""公园""改造"等关键词频繁出现。回归原文本中"未来将进行北众产业园和大众广场的双园贯通建设""老山公园等园区健身设施建设比较全面""近几年街道针对防控危险方面做了不少的改造""未来工作重心将以老旧小区改造为主"等文本信息，进一步表明随着石景山区基础设施的持续完善，街道正沿着"以老旧小区基础设施改造为主，同时推动多元化发展路径"的方向稳步前进。此外，在各街道基础设施语义网络图的过渡圈中，"排水—严重""电力—不够"等表述进一步反映了在排水和电力供应方面存在的问题和不足，这也将是未来基础设施建设和改造中需要重点关注及解决的关键环节。边缘圈还出现了"整体—环境"，具体表述为"街道整体环境有待改善"，表现了居民对于街道设施改进的期望和关注，以及对更加宜居、舒适的生活环境的向往。

2　研究结论

从基层治理的角度，街道基础设施建设的核心需求主要集中在老旧小区改造，特别是交通（停车、路网），水务（上下水、给排水）和能源（电力、燃气）三方面。

针对老旧小区改造的难点，其核心在于施工项目的复杂性与协调性的挑战。深入分析访谈文本，检索高频词"改造""社区""民工"，可得到老旧小区改造的具体问题：一是施工项目多、施工人员（民工）多、安全管理难度大；二是居民车辆与施工车辆需要做好统一协调；三是楼栋周边场地较为狭窄，材料倒运困难；四是"扰民"和"民扰"问题层出不穷。针对老旧小区改造的难点，应制定严格的安全管理规定和标准，强化安全监管，确保施工安全。同时，制定临时交通管理方案，保障居民与施工车辆有序通行。施工前期，与居民充分沟通，规划临时交通路线与停车点，减少施工对居民生活的影响。优化施工方案，合理利用临时场地，减少材料倒运的影响。设立投诉机制，及时解决居民问题，确保改造过程顺利进行。

街道交通所面临的核心挑战，主要源自车辆停放管理的无序状态。通过对"交通"与"停放"等高频词汇的深入检索，以及对"电动车—充电"等网络关系的细致分析，可得到街道交通存在诸多难点，如车辆乱停乱放、消防通道受阻、交通拥堵频发，以及电动车充电桩不足等问题，这些都导致了频繁的纠纷和矛盾。针对这些问题，应对策略包括：强化执法，严惩乱停乱放及占用消防通道的行为，定期整治交通，清理违规停放车辆；摸底街道停车资源，规划建设更多公共或立体停车场；推行停车收费制度，通过经济手段调节停车需求；合理规划电动车充电桩布局，引入智能充电设备，实现充电桩的预约、支付、使用等功能，提高充电效率。

街道水务方面的挑战核心在于水务设施老化导致的供水不足与给排水工程滞后。检索高频词"上下水""给排水""污水"，分析"自来水—压力—不够"等网络关系，可得到街道水务存在诸多难点，如管网老化导致送水能力弱、水压不足、供水不到位；给排水工程滞后，许多老旧小区的电力设施已经使用多年，设备老化严重，增加了电路安全隐患。针对这些问题，应对策略有：优化排水设计，确保暴雨时排水畅通；同时建立定期巡查维护机制，实时监控水务设施，及时解决问题，保障水务安全稳定。

街道能源方面的挑战，主要聚焦于能源设施的老化、维护的滞后以及潜在的安全隐患。通过检索高频词"电力""燃气"，并深入剖析"电力—不够"等网络关系，可发现街道能源难点、痛点有管线使用年限长、设备老化，存在安全隐患；受资金和人力限制，维护不及时；电线铺设不规范，易引发故障和事故；居民私自改装燃气管道，隐患重重。建议对策有制定管线检查和更新计划，及时更换老化管线，加强设备维护；优化资源配置，如引入智能化维护系统，提升维护效率；强化电线铺设监管，制定统一标准并加强巡查，降低风险；加强宣传教育，提高居民安全意识，严查擅自改装行为，确保燃气用气安全。

3 不足和讨论

综上所述，在韧性城市建设与治理中，区级决策层和街道执行层仍然存在脱节现象。究其原因，一方面，是政府在制定上位规划及相关政策时会忽视基层执行者的现实实施条件和可行性，出现与现实情况不符的情况，因此下沉到街道层面中的现实情况复杂多变，导致执行时困难重重。另一方面，社会经济环境的快速发展、政策的频繁调整和公共安全事件的突发等因素，都会对区级决策层的决策与街道执行层的实施产生重大影响，并在执行中遭遇种种挑战和困难。

区级决策层需要在制定上位规划和相关政策时更加注重现实情况的调研和分析，确保规划符合当地的实际需求和可行性。通过实地考察、深度访谈等方法深究居民所需所想；广泛收集相关基础数据，为规划政策提供科学依据；制定全面的分析评估体系和制度，分析研究国内外相关行业或领域的发展趋势，预测未来可能的变化；并根据当地资源环境情况评估规划实施的可行性和环境承载力。同时，建立有效的沟通和完善的议事机制，构建常态化议事平台，听取各方诉求，收集大家共同关心和反映的民生热点，协调各种利益关系并最终制定解决方案。

街道执行层需要与上级部门、同级部门、社区居民保持密切的沟通与协作。可以通过例会和信息共享机制，及时传达上级指示和要求，积极协调解决工作中的问题和困难；积极与社区居民沟通，了解他们的需求和意见，以便更好地为他们服务；通过提升执行能力和专业素养，确保工作的质量和效率。可以通过培训和学习交流，提升基层治理和相关部门工作人员的专业技能和业务水平；此外，在街道管理中往往只重视日常的事务处理，而忽视了对潜在风险的评估和监测，导致在应对突发事件时，基层相关应急岗位无法及时有效地做出反应，从而影响了解决风险的效率和效果。因此，在相关基础设施系统的设计阶段，街道部门应该在上级制定相关风险评估和预警机制的基础上，结合实际情况考虑系统的运行管理流程、人员培训和应急预案，包括设备的定期检修、维护计划的制定等方案，以确保工作的高效性。

[参考文献]

[1] 何兰萍，曹慧媛. 韧性思维嵌入治理现代化的政策演进及结构层次 [J]. 江苏社会科学，2023 (1)：132-141.

[2] 陈寅雅. 基层治理中的韧性社区建设研究 [J]. 特区经济，2023 (6)：27-33.

[3] 翟莹. 韧性城市理念下城市绿地防灾避险功能研究：以北京西城为例 [D]. 北京：北京建筑大学，2023.

[4] 刘丽，米加宁，刘润泽. 国家治理现代化视域下的应急社会动员能力研究：基于超大型城市应急管理"十四五"规划的政策文本分析 [J]. 理论与现代化，2024 (3)：67-78.

[5] 李振，李晓鹏. 街道办事处决策过程的制度化与非制度化：以 H 街道办事处为例 [J]. 政治学研究，2023 (4)：88-99，151.

[6] 赵聚军，张哲浩. 超特大城市街道办体制改革的权责逻辑 [J]. 南开学报（哲学社会科学版），2023 (6)：97-107.

[7] 王永明，王美霞，李瑞，等. 基于网络文本内容分析的凤凰古城旅游地意象感知研究 [J]. 地理与地理信息科学，2015，31 (1)：64-67，79.

[8] 蒋毅. 基于耦合式建设需求的浙江省乡村景观空间模式研究 [J]. 现代园艺，2024，47 (7)：58-63.

[9] 杨昆，姬梅，陈娅玲. 基于网络游记的西藏旅游目的地形象探析 [J]. 旅游论坛，2013，6 (3)：60-65.

[10] 王超，骆克任. 基于网络舆情的旅游包容性发展研究：以湖南凤凰古城门票事件为例 [J]. 经济地理，2014，34 (1)：161-167.

[11] 刘萌玥，陈效萱，吴建伟，等. 旅游景区网络舆情指标体系构建：基于蚂蜂窝网全国百家 5A 级景区的游客评论 [J]. 资源开发与市场，2017，33 (1)：80-84.

[12] 郑华伟. 红色旅游价值观内化的网络文本研究：兼论国民幸福感的生成机制 [J]. 旅游学刊，2016，31 (5)：111-118.

[13] 孙晓东，倪荣鑫. 中国邮轮游客的产品认知、情感表达与品牌形象感知：基于在线点评的内容分析 [J]. 地理研究，2018，37 (6)：1159-1180.

[14] 解为瀚，汪伟全. 韧性治理视域下社区应急管理的行动逻辑 [J]. 社会科学，2024 (3)：118-125，192.

[基金项目：北京市社会科学基金项目（23SRB010）"京西街区体征诊断指数构建、规划实施与动态评估；生活圈视角下的城市社区商业设施供给评价及规划策略研究"。]

[作者简介]
田新榕，北方工业大学建筑与艺术学院本科生。
李婧，通信作者，副教授，硕士研究生导师，就职于北方工业大学建筑与艺术学院。
林雨欣，北方工业大学建筑与艺术学院本科生。

城市更新下历史文化景观可持续保护与协同机制研究

——以江西省景德镇御窑遗址及周边历史街区为例

□涂彦珣，李锦伟，沈鑫，危小建

摘要：本文以景德镇御窑遗址及周边历史街区在城市更新下保护与活化更新为例，在系统分析街区营造与社区治理间关系、社区与居民在街区保护历程中所发挥作用的基础上，提出以遗产保护、景观更新手段分别从自内而外、由外而内、保持平衡三方面主导街区保护，协调社区内部与外部社会间关系形成协同机制等策略，了解陶瓷历史文化传统，引导社区与历史街区共同发展。以历史文化凝聚社区建设居住共同体，以期对城市历史遗产保护及当代价值转化实践提供启发。

关键词：城市更新；御窑；历史街区；可持续保护；协同机制

0 引言

保罗·霍恩伯格和林恩·霍伦·利斯（2009）认为城市研究须聚焦三大主题：城市起源、发生在城市中的各种活动、对城市生活之社会效应的认识。历史街区通常伴随城市发展形成，主要承载城市发展记忆。江西省景德镇御窑遗址及周边历史街区（以下简称"御窑历史街区"）反映着景德镇社会经济、政治、文化的变迁。在存量更新时代，景德镇向现代文旅城市转型过程中，御窑周边历史街区作为传统聚落，必然面临可持续发展问题。伍江在2020年第三届文化遗产保存国际会议指出，旧城仍有其存在的价值，要让历史文化成为激发城市活力的源泉。在当下社区介入历史街区保护实践阶段，已有香港薄扶林村、台湾宝藏岩两地由居民主导保护的先例。此外，近年厦门等城市在加强社区治理体系建设下，实现政府治理、社会调节与居民自治良性互动的"共同缔造"。探索以社区为导向实现历史遗产保护的路径也随各类社区设计实践而逐渐明晰。但多数仍以建成环境物质遗产保护作为主体形式，社区营造、社区与城市历史保护间的关系仍有待深入研究。

1 社区与御窑历史街区保护关系及难点

1.1 社区在历史街区保护中发挥的作用

社区指"在一定地域内共同生活的有组织的人群"。近年协同营造逐渐成为建筑学领域探讨营造活动与社会发展关系的热点，其有基础投入少、实现多样合作形式的优势，能够广泛适用于社区建成空间并提升其品质。一些建成社区已经在多元主体共建、共治、共享等方面展开探索。杜怡芳、黄健中等（2021）将协同营造分为政府主导社区落实、政府扶持社区主导、多元主体合作和居民主导四种类型，为社区主导历史文化遗产保护提供更多选择路径。

而社区协同营造下研究历史街区保护，主要以社区为核心，专业文保人员则提供支持、指导与帮助，以实现长期可持续发展。陈非（2022）通过分析薄扶林村由村民主导城市聚落遗产保护的先例，认为能够通过增强社区参与归属感，提高历史文化保护意识。扬尼斯·普里奥斯（2014）以本地社区与专业人士关系作为评价标准，将保护方法分为基于材料、基于价值和基于活态的遗产保护方法三类。其中，基于价值和基于活态的遗产保护方法均关注遗产所包含的社会价值属性，认为社区参与遗产保护十分重要；而在社区及公众参与层面，活态遗产保护方法则更有优越性，其将社区参与程度与重要性置于物质材料层面之前，重视保护过程，也关注地方社区生态，建立与遗产保护过程原始联系，同时保持社区"活态发展"。

既往研究普遍认为，社区协同营造涵盖多要素，由政府引导，多方参与，将遗产保护从单一主体主导到多方协同演进。而关于如何运用在地视角审视历史文化遗产保护、活化和更新设计等手段，促进社区发展及协调社区内部与外界间关系等具体实施路径问题探讨较少，并且社区与历史文化景观的协同营造机制仍存在缺乏对保护项目落地后的关注、保护主体权利与责任尚不清晰等问题。

1.2　社区参与御窑历史街区保护与协同营造难点

御窑历史街区生态有其内生逻辑。首先，御窑担负着传播历史文化、维护城市风貌景观的重任，拓展了城市历史景观文化内涵。其次，街区具备手工业城市历史景观的自然特征、功能特征、文化特征，三者之间具有丰富且互为镶嵌的内在联系。王淑佳等（2018）指出，社区参与遗产保护，面临着缺乏自上而下的保护机制导致遗产保护中社区参与缺失，以及过度依赖社区以外的专业人员进行保护等多重困境。因此，应正确梳理陶瓷文化历史，以及自身组织结构、运行机制对应的功能载体、文化群体、个体之间的社会脉络。御窑遗址历史景观所呈现出多元价值取向与内涵，使得社区参与街区保护有着更加真实与完整的可能性。

御窑历史街区是逐步由生产空间向居住空间转变的过程。针对城市更新压力，社区作为参与主体，在历史街区保护及其协同营造方面主要存在参与度较低，保护能力不足，项目营造周期长、难以形成协同效应等问题。

2　御窑历史街区保护发展历程与路径选择

景德镇城市空间格局的形成与发展离不开陶瓷生产，而陶瓷生产又围绕御窑生产体系来完成。最终形成以御窑为中心，"沿河建窑、因窑成市"的空间形态。

御窑历史街区位于珠山区辖区西部（图1）。该区域为明清陶瓷历史文化遗存保护区域，反映历史空间特征的同时记录着居民生产生活方式，其不仅是历史文化遗存，也是民俗风貌呈现载体。尽管陶瓷手工业衰落及城市化导致街区虽保存有旧街巷弄和历史建筑，但曾经因御窑而发展起来的民窑作坊、商铺、会馆、码头大部分已消失，历史风貌正面临着衰退。

2.1 第一阶段：瓷业生产重心转移与公众对陶瓷历史文化认知的缺乏

由于瓷业生产完整连续，城市发展脉络具有较强的连贯性。御窑历史街区位于昌江东岸第一与第二级阶梯间的二级台地，兼有交通便利和远离洪涝的优点，兼具居住与陶瓷贸易功能。弄巷大多数是在宋代至清代瓷业兴盛时期形成的，特别是在明代中后期逐渐形成以瓷业为主的工商业集中地，人口数量也随之上升，达十万余人。故可将御窑历史街区理解为沿丘陵分布，融合传统手工业与居住、生产与生活相互影响下所自然形成的社区。

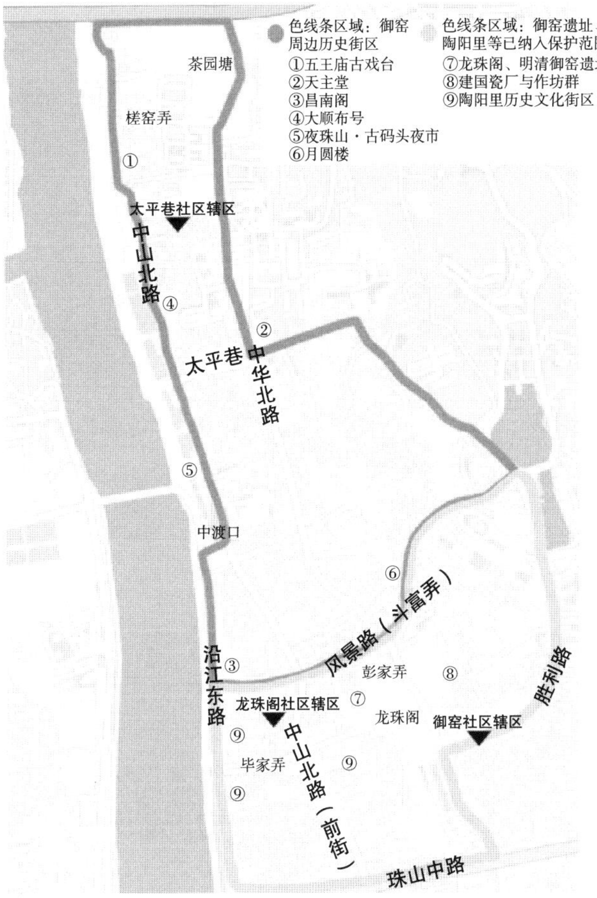

里弄遗存中的明清建筑多使用拆修窑炉的断窑砖砌成护墙，结构则多木构，建筑材料与技术相对落后，经常被认为是老旧里弄。并且在 20 世纪 80、90 年代，御窑周边盗挖瓷器遗物活动猖獗，不仅违反国家文物保护法规，还破坏了居住建筑的结构，对居民日常生活造成严重影响。

图 1 御窑历史街区位置

2.2 第二阶段：从居住基础设施提升到初步保护路径的改变

2.2.1 从里弄卫生与公共设施出发（1983 年以前）

公共卫生设施完善是影响人居环境质量的决定性要素。通过《景德镇市志略》《珠山区志》等资料得知，20 世纪 80 年代前，御窑历史街区周边未建立完整排水排污系统，缺乏自来水，公用卫生设施落后。尽管政府采取修复并新建管道、改造新式公厕等一系列改善措施，街区仍然受到不断加速的城市建设的威胁，居民也开始意识到改善人居环境仅仅是一项基础性工作，对街区长期保护的作用、意义也极其有限。

2.2.2 里弄人居环境提升与御窑整合式保护的初步协同（1983—2003 年）

居民是御窑历史街区保护工作的间接参与者，又是间接受益者，对御窑遗址初步保护离不开社区的配合参与。御窑遗址和周边相互促进与协同发展，在弄巷环境初步整顿的同时，御窑遗址保护规划还能为周边带来更多附加价值。自 20 世纪 80 年代起，珠山区文化馆协助各里弄创建文化室，负责搜集、整理街区内文物、文化遗产并进行抢救与保护。2003 年，社区配合文物、公安等部门，专项整治了御窑周边偷挖、盗挖、非法贩卖文物等乱象，在建立御窑物防技防机制的同时，重点保护区域全部修筑围墙，盗挖盗掘的现象得到基本遏制。

2.3 第三阶段：城市转型发展与更新下活化路径的自觉选择（2004—2015年）

御窑生产性功能虽已丧失，但周边还保留有生产遗迹。古代景德镇的兴起与发展是瓷业人口聚集造成的。景德镇曾历经两次瓷业生产重心由市中心朝周边的大规模转移，在空间结构上表现为传统瓷业地理单元大部分已转化为居住单元。据统计，昌江东岸有外立面保存较好的民国以前建筑约400栋，但在城市更新、社会阶层下滤和人居环境优化需求下，街区仍面临保护压力。

2.4 第四阶段：建设陶瓷文化可持续保护和社区生活并存的协同营造模式（2016年至今）

2016年，御窑列入国家"十三五"重点支持项目，13.1 hm² 保护范围及 72.8 hm² 建设控制范围内棚户区房屋全部征收与改造。2017年初御窑被列入《中国世界文化遗产预备名单》，13.1 hm² 遗址核心区逐步扩展覆盖到 80 hm² 延伸区以及 240 hm² "陶阳十三里"老城区各个申遗要素点。御窑历史街区与台北宝藏岩、南京小西湖同属于城市历史聚落，同样希望能恢复文化地景与保持历史风貌，并以更全面宏观的视角，协同整合策略保护御窑。尝试聚焦历史考察、遗产保护、城市"双修"、空间活化、社区治理等多个方向，尽最大可能保留陶瓷文化景观风貌和里弄生活方式。

因此，御窑遗址保护应从传播陶瓷文化、维护历史风貌，结合地方身份建立宜居环境等多层面整合资源，尝试建立可持续协同营造发展模式，与社区共同推动保护更新。

御窑遗址保护及历史街区人居环境改造中的大事件见表1。

表1 御窑遗址保护及历史街区人居环境改造与大事件纪要

时间线	发展阶段	御窑历史街区社区人居环境改造大事记	御窑遗址保护大事记
1980年代以前	居住基础设施提升到整合性保护策略	明末清初一些作坊主为了各自利益，沿自然沟修建了一些不同规模的零散下水道和害井，但大部分生活生产废水仍通过河汊排入昌江。民国时，由商会和沿街店铺集资"沟捐"，修建两条总长为3300米的拱券结构的排水干道，连通中山路、胜利路、中华路地下窨井。随着城市规模和等级不断扩大，公共卫生设施落后也长期影响御窑历史街区居民生活。该地段居民用水在20世纪60年代以前主要靠人工取水，取水途径有两条：使用木桶从里弄水井或者直接从昌江沿岸码头挑水。民国时各里弄和沿江码头只有一些简随的雨棚式茅厕。新中国成立后，茅厕多改为土、木与砖瓦混合搭建的旱厕，但卫生条件并未得到根治，还存在下雨漏水严重，屋顶瓦片掉落的安全隐患	—

续表

时间线	发展阶段	御窑历史街区社区人居环境改造大事记	御窑遗址保护大事记
1983—2002年	—	自20世纪80年代始，御窑周边居民就以上问题曾多次向有关部门反映。政府将原有排水干道疏通修复的同时，还新建下水道920.28 m。弄巷内新建、改造混合结构的水冲式新式公厕，使得里弄人居环境得到改善，至90年代初共铺设弄巷水泥路面超10000 m²，修建弄巷下水道920.28 m，制止违章建筑100余处。同时重点整治沿江东路护坡与中山路、中华路公共环境卫生	1982年，景德镇名列国务院公布首批24座国家历史文化名城。1980年代初，珠山区文化馆协助各里弄居委会创建文化室，在开展群众文化活动之余，还负责搜集、整理街区内文物、文化遗产并进行抢救与保护
2003—2015年	城市转型发展与更新下活化路径	2013年，御窑景巷工程开工建设，沿河设置里弄门牌路标，口袋花园等微更新景观；迁移并修复五王庙古戏台；修复沿街历史建筑，保持历史景观风貌的同时，复原了大顺布号、公和圃等老字号商铺	2002年12月底，为保护优化御窑遗址及其周边环境，景德镇市政府机关及18个部门从御窑内迁出。同时对历史街区进行大规模拆迁和保护工程，使得遗址与周边街区环境面貌得到进一步改善。2005年，在结束对珠山北麓开展的主动性考古发掘之后，2007年10月，御窑遗址正式开始对外开放。2010年，御窑厂国家考古遗址公园项目成功获得国家文物局批准立项
2016年至今	建设陶瓷文化可持续保护和社区生活并存的协同营造模式	2016年，启动御窑周边棚户区改造征收工作，将13.1 hm²保护范围及72.8 hm²建设控制范围内的房屋全部征收，为国家考古公园建设项目的实施打下坚实基础	2016年，《中共中央、国务院关于进一步加强城市规划建设管理工作的若干意见》提出大概用五年时间，完成全部城市历史文化街区划定和历史建筑的确定工作。同年，御窑遗址被统一列入国家"十三五"重点支持项目。2017年初，国家文物局把御窑遗址列入中国世界文化遗产预备名录，景德镇市委、市政府进一步理清遗址保护和利用的关系，进一步明确将御窑厂遗址13.1 hm²核心区逐步扩展盖到80 hm²延伸区以及240 hm²"陶阳十三里"老城区各个申遗要素点。2021年，景德镇市政府和江西省文旅厅研究制定下发御窑遗址申遗三年行动计划，并列入国家《"十四五"文物保护和科技创新规划》。同年，御窑入选全国"百年百大考古发现"，彭家弄作坊院项目获联合国教科文组织亚太地区文化遗产保护奖杰出奖

3 御窑历史街区保护活化的协同营造机制探讨

马克斯·韦伯将具有"自治"色彩的"共同体"概念发展成城市形成理论体系，因单一经济因素不足以解释城市产生和成长。同时，公民治理理论认为，社区治理最终目标是走向公民治理。为实现单一保护向协同营造转变，要求在遗产保护与景观治理方面，将多个保护主体组织起来以达到良性互动，体现在将政府由管理角色转向协调角色，将文保部门职能由风貌控制者转变为活化保护帮助决策者；社区还应提供高效理性的服务，将居民与旅游者由被动公共服务参与转变为主动参与，在允许引导公众参与历史街区景观治理的开放、民主过程中达成平衡（图2）。最终从两方面实现协同营造：一是获得街区内支持，重塑居民对陶瓷的文化认同及对社区的生活归属感；二是寻求外界支持，特别是吸引外界参观者感受陶瓷历史街区生活与历史传统。具体策略有以下三点。

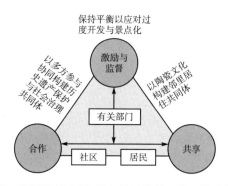

图2 御窑周边历史街区保护活化社区协同营造模式

3.1 自外而内的合作机制：以多方参与协同构建历史遗产保护与社会治理共同体

建设自外而内的合作机制，确保政府等多元主体共同参与是社区与遗产保护实现协同营造的重要手段之一，主要目标是以多方参与协同构建遗产保护与社会治理共同体。该机制的联动体系是由行政、社会、社区三种力量推动的，主要根据政策导向与社区发育程度进行。

一般而言，政府推动的合作机制，主要由政府把控，在居民自治的共同推动下，委托设计团队与基层组织深度合作，并寻求社会力量加入。设计团队提供方案与技术支持，引导居民参与更新，同时居民还可向有关部门提供街区相关文史资料、照片等，为最大限度还原历史景观提供确切的参考依据。在政府单一主体掌握下，保证街区保护与景观微更新全局战略目标的稳定，有效避免景观治理过程混乱失序，减少各方主体在社区保护与协同营造下的博弈与矛盾，有利于街区居民稳定与景观保护微更新项目合理推进。

社会力量推动合作机制则由各社会组织成立合作平台，联络各界对街区内陶瓷物质文化和非物质文化遗产进行保护并与其他社会资源协同，动员居民参与更新。减少对单一政府资源的依赖，充分调动各类潜在社会资源，实现资源配置由行政向市场转换，凸显社会组织在社区协同营造当中所发挥的作用。

而自治组织如社区推动合作机制则围绕居民运行，利用可能获得的资金来源将项目落地。居民对施工单位有充分选择权，并派代表监督资金使用与项目跟进，实现从单一依靠政府解决问题到自主解决问题，将民生、民意充分融入设计活动，成为景观治理与提升社区服务的内在动力。

在多方推动与干预下，保证街区保护与活化工作，达到保护与活化责任统一化（表2），尽量缓解多方参与主体的博弈与矛盾，从而达到保护活化工作全局与战略目标稳定。

表2　街区保护活化流程的角色优化

优化前								
主体	保护与设计	决策	实施	日常运营	日常维护	居住使用	评估	反馈
政府、文保等职能部门	★	★	△	★	△		★△	
基层社区	△	△	★			△		
外界力量	△	△	△		△			
居民					★	★		
优化后								
主体	保护与设计	决策	实施	日常运营	日常维护	居住使用	评估	反馈
政府、文保等职能部门			△				★△	
基层社区	☆	☆	☆	☆	▲	△	▲	☆
外界力量	△	△	△		△			
居民	☆	☆	☆	▲	★	★		▲
标示								
主导	★							
参与	△							
优化主导	☆							
优化参与	▲							

3.2　自内向外的共享机制：以御窑陶瓷文化传统与特色居住文化构建邻里居住共同体

通过自内向外的共享机制搭建居民社区与历史街区共治共享的运营模式，是实现社区与遗产保护协同营造的另一重要手段。即以居民为主体，共同建设、运营与维护居住型历史街区，将微更新设计成果作为居民日常活动场所，挖掘空间共享价值，强调微更新设计对于提升景观公共精神、激发街区活力与推动社区治理的作用与意义。

根据实地调查，里弄基本保持原貌，甚至一些传统生活习惯仍在延续。由于地理位置的特殊性，街区可能比遗址本身更具原生态与人文气息的吸引力。通过居民访谈得知，即便可能面临拆迁，现阶段完全可以利用现有环境改善居住条件。保护传承居住文化也是居民责任，街区最大限度保存了瓷业建筑原始风貌，其中的"镇派"传统建筑还衍生出具有景德镇特色的居住文化，如"照虫蚁"。一些居民还使用匣钵、窑砖等瓷业废弃物种植花草，使环境面貌有一定改观。

目前，公共空间设施和景观运营维护主要由社区居民共同承担，社区负责连接外部资源，组织居民参与各类社区活动以激发空间活力。通过建设、运用和维护历史景观，并将更新成果作为社区居民与游客活动场所，可为还原瓷业民俗提供场地与展演机会。如今随着城市发展与居民生活变迁，这些民俗也几近消失。因此，居民可自发承担一定的导游导赏工作，向游客介绍景德镇民俗以及"镇派"建筑历史与特色。

除居民外，街区保护活化应广泛寻求外界帮助，街区才能被更多人知晓，从而获得政府与社会力量的支持。依据世界文物建筑基金会世界遗产突出普遍价值评价标准（OUV）"具有足够的内在文化传统和真正的价值；受到来自社会发展的威胁；拥有负责队伍和完整的保护计划"，御窑能够体现良好技术成就，适当地使用或适应，有当地社区的参与以及对提升遗产地环境可持续性和复原力作出贡献，符合上述评价标准。

2017年初御窑进入中国世界文化遗产预备名录。2021年景德镇市政府和江西省文旅厅将御窑申遗三年行动计划列入《"十四五"文物保护和科技创新规划》。同年御窑入选"百年百大考古发现"，作为御窑生产功能延伸的彭家弄获联合国教科文组织亚太地区文化遗产保护杰出奖，瓷业建筑营造技艺被列入景德镇非物质文化遗产清单。这一系列成就表明御窑价值得到认可，鼓舞了街区发展，也极大增强了居民的信心。

对此，应当在城市发展过程中对御窑历史街区的物质空间及其深层次的自然、文化、功能意义予以保护，在自内而外的共享机制引导下，将街区特色居住文化结合陶瓷文化旅游发展和休闲功能加以展示和利用，以此来保障其作为陶瓷历史景观的延续性。

3.3 激励与监督机制：保持平衡以应对过度开发与景点化

在后期阶段，可建立日常激励与监督机制，梳理各主体可提供资源以及诉求之间的关系，整合形成互利互惠关系网络，以应对过度景点化的问题。过去五年，街区外围御窑景巷被开发之后，商业化与陡然增多的游客，让居民担心影响街区的平静。随着文旅消费市场复苏，居民也不希望街区完全变成旅游景点。

日常激励与监督机制的目的在于，首先，建立一种常态化街区景观更新评价反馈体系，应在景观更新决策阶段结束后，向社区居民与社会公众保留常态化的意见反馈通道，由线上线下共同监督。其次，建立对景观更新综合满意度与社会影响评价体系，由政府联合多部门统筹评估，或组织专业化评估队伍定期评价景观更新治理实施情况，确保成效持续性，并对居民与游客满意度高的项目进行奖励，形成记录档案以便于日后向其他类似项目推广经验。

御窑历史街区保护活化必须以维持历史景观风貌、保障居民生活日常秩序为前提。在激励与监督机制双重作用下，不仅保证更新方案的有效性，还可以监督项目运行实施，从长远看更有利于建设景观长效维护平台与协同营造机制（图3）。

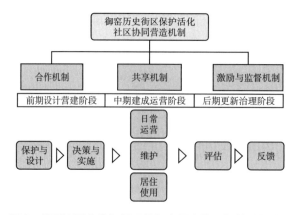

图3 社区协同营造机制下的御窑历史街区保护活化流程

4　启示与意义

历史街区是城市发展的宝贵资源，历史街区活化更新相关问题的公众讨论度高。正如张杰提出的，景德镇历史悠久的陶瓷产业为城市历史景观带来了产业性和功能性价值要素。尽管历史景观空间逐渐碎片化，但文化性和符号性得以永存。作为转型中的纯粹工业城市，御窑历史街区保护与活化更新让公众开始重新思考和认识景德镇作为瓷都的价值。

4.1　公众对陶瓷历史文化遗产保护意识的提升

居民作为与历史街区保护、活化更新最直接的利益相关人群，对城市历史遗产保护提升社区活力与生活品质的作用更为关注。陈非认为居民参与是社区主导城市历史遗产保护的基础，居民须具备公共精神，即在维护历史风貌基础上，建构地方文化认同并形成遗产保护意识地方共同体。要真正实现居民参与御窑历史街区保护、活化更新的社区营造，需要居民对御窑有较高程度的认知，甚至对其意义价值产生认同。无论从城市规划理论、遗产保护与改善民生等角度，社区与居民对街区保护、活化更新都具有不可替代作用。

遗址核心区与周边共同组成御窑大遗址保护规划，公众对陶瓷历史文化的关注也在不断增加，游客通过网络分享游览经历，媒体也不断报道推介关于御窑与景德镇旅游内容，向外界塑造景德镇城市形象。同时居民在与游客交流中也会逐渐改变对居住地段的固有印象，并随着居住情况改善，居民在幸福感提升的同时也进一步增强对街区的保护信心。

对此，研究小组认为，随着居民保护意识提升，遗产价值就会得到更多肯定，拆除可能性也越小。城市历史遗产保护是社会共同体建构过程，协同营造能够增强社区居民参与感与归属感，提高居民保护意识，使公众意识到遗产聚落重要性，体现了城市更新下公民治理融入遗产保护的创新路径，以及更新设计中的民主意识与公共精神。

4.2　社会力量介入与社区居民参与的重要性

社区内外交流是社区营造方式最重要的体现。一些对御窑历史遗产感兴趣的研究人员作为一部分社会力量，正积极参与历史街区保护活化工作当中。虽然这只是为研究陶瓷历史文化在当代创造性转化与创新性发展提供一个视角，但实际上，因一部分人或群体在本地社群有着血缘或者地缘的关系，使得外部能够初步理解社区协同营造及居民参与的重要性。

社会力量能够给予居民、社区一定支持，但无权改变社区，最终保护、活化更新决定权仍在于社区居民手中，社会力量参与保护也得到政府与职能部门支持，形成多方协同关系（图4）。

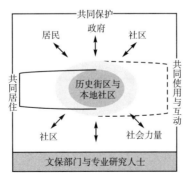

图4　御窑历史街区保护活化协同营造多方关系图

因此，一方面，需提升居民与社区参与度，社区应鼓励居民积极参与保护更新实施工作，加强双向互动，培养社区自主解决问题的能力。另一方面，应与社会力量共同合作，并将主动介入与在地性长效营造相结合；社区提高创收能力并向社会力量筹集一定资金，以减少对行政资源的依赖。

社区在遗产保护当中的赋权作用更加值得深入探究，只有尊重社区与居民在遗产保护中的主导地位，特别是加强居民对遗产保护工作的自主性，才能真正使作为历史景观的御窑历史街区得到活化。

4.3 大遗址下历史街区规划设计同社区形成激活效应

学界普遍认为，城市更新必须以人为本，除注重更新过程中居民参与，社会力量介入、社区治理之外，还要通过规划设计营造景观活力。

活力主要源自街区内部及公共空间内展开的活动，而历史建筑遗产与当地居民和谐共生是活力营造的首要条件。街区内现存不少历史建筑遗产景观，如圣安多尼天主堂、老码头、大顺布号旧址、徽州会馆旧址、五王庙古戏台、公和圃旧址、祁门木业公所旧址等。随着对御窑文化旅游资源的挖掘利用，历史建筑遗产也进一步得到活化：五王庙戏台经常开展民俗表演等文化活动，沿河老码头定期举行集市，大顺布号夜间开放参观。这些都为进一步促进历史遗产景观转化为活态遗产，推进街区可持续发展起重要作用。

公共区域微景观营造也是提升街区活力的关键。自 2013 年御窑景巷工程开工建设以来，中山北路沿河地带已从衰败、边缘化的老巷弄变成休闲街区，沿河铺设了砖石路，里弄巷口设有标识牌讲述传统地名知识；社区环境也得到重新整顿，里弄间空地营造为口袋花园，广种绿植，布置水景、雕塑等景观小品，安装休闲桌椅，形成一街一景、一巷一品的景观风貌格局，使巷弄公共空间更适合居民日常生活。历史街区规划设计与社区景观营造充分形成协同，带动历史遗产景观与社区居民互动，特别是以历史建筑遗产活化产业带动历史街区振兴，激发街区活力，形成激活效应。

4.4 以陶瓷历史文化传统提振社群凝聚力与文化认同

陶瓷历史文化作为活态文化传统，是当地居民产生文化认同的根本源头，也是维系人与人、人与居住空间的关系纽带。随着城市更新进程不断加快，社群文化蓬勃发展，街区内的陶瓷历史文化空间被压缩，同样也对御窑历史遗产保护发展带来一定阻碍。一旦御窑历史遗产失去承载空间与媒介，御窑历史街区也得不到很好的保护。对御窑历史街区而言，通过居民与社区参与对瓷业作坊与传统民居等建筑遗产的保护，弘扬陶瓷历史文化，提振社区凝聚力，是有效促进街区未来发展的必然方向。最终目的是增强居民对陶瓷历史文化保护意识，凝聚文化认同，让居民有更强烈的归属感。因此，将陶瓷历史文化传统注入社区活动与街区景观营造，重在挖掘御窑文化资源并将其作为主线发展。基于当前社区很少将御窑历史、陶瓷艺术等相关内容纳入社区文化宣教的情况，可以组织居民举办与御窑内容相关的活动，增加街区的活力同时让陶瓷文化、瓷业民俗更加贴近居民生活，使陶瓷历史文化传承的社会空间得以拓展与保留。2021年，文旅部门在陶阳里开展"陶阳里老居民·来旧居·话旧事"口述历史计划，主要用来收集街区历史档案，以探究以御窑为代表的陶瓷文化并加以系统保护，或为日后在社区中建设街区历史档案馆做好准备。

除社区活动外，御窑历史街区活化更新可构成以陶瓷历史与艺术为特色的"文化街区"，点缀瓷业景观小品，形成与御窑相得益彰的陶瓷文化景观，突出景观在地性特色。遗产保护不应局限于建筑与景观的物质层面，而应上升至历史文化传承并促进当代社区文化共同发展的层面。通过对街区内历史遗产景观的维护，提升居民文化认同感，建立共同身份特征以及社群与历史街区在物质精神层面的关联，使御窑历史街区保护活化真正成为塑造居住共同体的有效手段。

5　结语

只有在历史遗产保护更新中融入人民对美好生活的向往，方能彰显历史遗产的当代价值。当前城市更新过程中面临着历史遗产景观可持续保护的挑战，以及社区参与遗产保护如何激发城市活力等现实问题。特别是在老城旧城仍有存续价值的前提下，社区与居民应是未来历史遗产保护主要力量。

本文从发掘陶瓷历史文化传统，历史遗产保护与景观设计微更新激发街区活力与构建居住共同体出发，通过社区主导、多方支持、保持平衡等层面提出向内构建居住共同体、向外链接社会力量支持一系列策略，建立以合作、共享、激励与监督为核心的社区协同营造机制，实现街区在历史传统、遗产保护、社区治理等多方面有机发展，并努力维持保护活化与社区生态的平衡，防止过度开发景点化而丧失原有风貌；提出在保护御窑遗址核心区之外，要开辟街区新功能，实现街区保护可持续发展，同时寻找一个较为理想的历史遗产景观保护思路，以构建历史街区可持续发展的未来图景。

[参考文献]

[1] 贾梦婷，靳亦冰. 基于"自下而上"公众参与设计途径的聚落空间形态研究：以台北市宝藏岩聚落为例 [J]. 城市建筑，2017 (23)：72-74.

[2] 贺鼎，张杰，夏虞南. 古代景德镇城市空间变迁及其机制研究 [J]. 建筑学报学术论文专刊，2015 (13)：94-100.

[3] 保罗·霍恩伯格，林恩·霍伦·利斯. 都市欧洲的形成：1000—1994 年 [M]. 阮岳湘译. 北京：商务印书馆，2009.

[4] 陈非. 社区主导的可持续历史保护与地方营造：以中国香港薄扶林村为例 [J]. 建筑学报，2022 (6)：90-95.

[5] POULIOS Ioannis. Discussing Strategy in Heritage Conservation：Living Heritage Approach as an Example of Strategic Innovation [J]. Journal of Cultural Heritage Management and Sustainable Development，2014，4 (1)：16-34.

[6] POULIOS Ioannis. A Living Heritage Approach：The Main Principles [M]. London：Ubiquity Press，2014：129-134.

[7] 王淑佳，任亮，孔伟，等. 基于社区营造视角的非物质文化遗产保护与传承研究 [J]. 中国园林，2018，34 (6)：112-116.

[8] 景德镇市志编纂委员会. 景德镇市志略 [M]. 上海：汉语大词典出版社，1989，41-42.

[9] 马克斯·韦伯. 非正当性支配：城市的类型学 [M]. 康乐，简惠美译. 桂林：广西师范大学出版社，2005.

[10] 理查德·C·博克斯. 公民治理：引领 21 世纪的美国社区 [M]. 北京：中国人民大学出版社，2005.

[基金项目：国家自然科学基金项目"人本视角下'城—绿'空间耦合调控：作用机制、调控模型与优化路径"（52168010）；江西省"十四五"社科基金"基于社区营造视角的御窑历史街区活态保护与景观活化设计研究"（23ys15）；景德镇市社会科学规划项目"景德镇传统地名文化遗产挖掘、保护与利用研究"（2023041）。]

［作者简介］

涂彦珣，博士，景德镇陶瓷大学中国陶瓷文化研究所助理研究员。

李锦伟，博士，景德镇陶瓷大学古陶瓷研究中心助理研究员。

沈鑫，教授级高级工程师，注册城乡规划师，就职于江西壹空间规划建筑设计有限公司。

危小建，博士，副教授，就职于东华理工大学测绘工程学院。

文旅融合视野下的历史街区活化利用策略探讨

——以云南省蒙自市东大街历史街区城市更新为例

□高进，罗桑扎西，杨涛，罗兴云

摘要：历史街区不仅是城市传统文化的传播地、历史的承载发扬地，更是城市商业发展最具活力之地，起着增强城市经济发展动力、塑造城市形象的作用。在当今大力提倡城市文旅游融合发展的背景下，如何协调传统历史街区的保护与发展之间的关系，实现文化遗产的可持续利用与经济效益提升，是城市更新亟待解决的问题。本文从文旅融合的视角，以云南省蒙自市东大街历史街区为例，全面分析梳理了街区的现状问题，进而有针对性地提出东大街历史街区传统历史文化活化利用与传承发展的路径及策略，以期为具备历史文化及旅游资源的中小城市传统街区更新改造提供借鉴和启发。

关键词：历史街区；文旅融合；文化传承；活化利用；发展策略

0 引言

历史文化街区是城市文化遗产的重要载体，承载着丰富的历史信息和独特的文化价值。它们不仅展示了城市的历史演变和文化积淀，还为市民和游客提供了深刻的文化体验与情感认同。然而，随着我国城市化进程的加快，许多历史文化街区面临着保护与发展的双重挑战。

2020年《中共中央关于制定国民经济和社会发展第十四个五年规划和二〇三五年远景目标的建议》中明确提出要推动城市文化和旅游融合发展。当前文化和旅游深度融合已经成为我国城市建设发展的一种趋势，通过将文化资源与旅游产业有机结合，既能保护和传承历史文化，提升街区的综合价值和吸引力，又能带动广大中小城镇产业转型升级，激发地区经济活力。因此，从文旅融合的视角探讨历史文化街区保护更新，就具有了重要的理论和实践意义。

《蒙自市全域旅游发展规划（2017—2025）》中，明确把东大街及南湖周边的老城区的提升改造作为重点旅游项目，通过对街区建筑进行局部拆除、功能置换、保留新建，以及对街区内历史文化遗迹进行保护性修缮，以期逐步恢复传统空间格局和历史脉络。结合南湖公园共同构建"湖城一体"的历史格局，助力蒙自市打造"水韵湖城"的城市名片，提升城市形象和品质，打造蒙自人文风貌地标区。

2022年1月5日，云南省住房和城乡建设厅、云南省文物局将蒙自市东大街片区列为省级历史文化街区。街区位于蒙自传统老城中心地带内，东至海关路东侧、南至蒙自海关税务司署、西至阁学街、北至人民东路和廖家巷，规划面积约 7.67 hm²，其中核心保护区 6.17 hm²，建设控制区面积为 1.50 hm² （图 1）。

图 1　规划范围及区位图

1　东大街的文化旅游价值

蒙自市位于云南省东南部，是滇南的中心城市，是我国通往东南亚国家的重要交通枢纽，也是历史上云南对外开放的起始之地。这里历史悠久、气候宜人、自然资源丰富，文化底蕴深厚。特别是东大街街区及南湖周边片区，更是拥有丰富的历史文化遗产及独特的滨水景观环境，体现了中原文化和边疆民族文化、中华文化与西方文化的交汇融合，呈现出多元的地域建筑、近代开埠通商和红色抗战等文化特色。

1.1　繁荣的开埠通商文化

1885 年中法战争结束后，晚清政府签下一系列不平等条约，蒙自被开为商埠，蒙自海关和法领事署随即建立，随着滇越铁路的通车，云南大部分进出口商品均在蒙自集散，为适应外贸的发展，各种票号、商铺、饭店及各种服务行业也随之发展起来。云南省首个海关、邮局、电报局、外资银行、医院、赛马场等均诞生于蒙自，东大街片区逐渐成为国外领事机构和商行集中区，见证了近代蒙自市井工商业发展繁荣的历程。

1.2　中西融合的多元建筑文化

不同的文化不断渗透融合，造就了蒙自中西融合的建筑文化。东大街历史街区内分布着诸多独具特色的中式建筑和西式建筑，是展示中西方文化差异与融合发展的重要窗口（图 2）。东大街街区自古文风兴盛，早在明清时期就有五座书院、数十处私塾及文昌宫等教育机构。现存文庙、玉皇阁、文庙大成殿、周家宅院、魁星阁均为文物保护单位。其中，周家宅院是一座中西合璧式宅院，为单檐硬山顶木结构、与园林相结合的四合院建筑，为滇南地区中西建筑技艺融合的典型代表；玉皇阁为三重檐歇山顶建筑，融合儒、释、道三教教义，是当地居民活动聚会的重要场所，体现了蒙自文化的多元性和包容性。民居建筑群始建于清末民初，是云南格局较完整、保存较完好的传统建筑群，其空间布局灵活多样，包含有一进院、两进院、三进院、五进院、三合院、四合院等丰富的院落组合形式。精美的门楼、木雕、石雕和砖雕工艺凸显了滇南民居建筑的精湛技艺，充满了强烈的人文和生活气息，体现出天人合一的人文伦理和敬畏自然万物的观念。

西式建筑则多建于蒙自开埠通商后，现存的海关税务司署、法国花园和哥胪士洋行、法国领事府等均为清末民初重要的历史遗迹，体现了西方建筑体量大、简洁实用的特点。沿街的汤家缝纫店、南美咖啡馆、阮氏西装店、林家杂货铺、老茶馆等历史建筑也是蒙自城市工商繁荣、市井生活多样的宝贵历史见证。

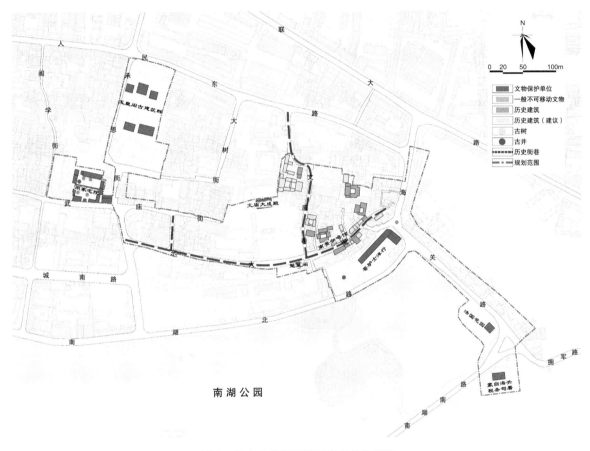

图 2 历史文物及环境要素现状分析图

1.3 西南联大抗战红色文化

1938 年 4 月，西南联合大学（以下简称"西南联大"）法商学院和文学院的数百名师生从昆明迁至蒙自，成立了西南联大蒙自分校，蒙自海关税务司署被辟为文法学院教室，哥胪士洋行作为教室和部分教师宿舍，周家宅院作为女生宿舍，为当时处于艰苦环境中的西南联大提供了安全教学场所。在蒙自期间，西南联大师生广泛传播爱国主义、民主思想和科学文化，支持、帮助蒙自发展地方文教事业，并积极开展抗日救国宣传活动，对蒙自文化教育事业的发展产生了深远的影响，为蒙自留下了宝贵精神财富。

2011年9月，西南联大蒙自分校旧址免费向社会开放，现已成为省级爱国主义教育基地和蒙自市社会科学普及的重要窗口。

2 街区现状评估及存在问题

2.1 现状调研

笔者通过实地调研，对街区建筑的年代、风貌、质量、功能、结构、产权等进行了详细调查评估，并对土地利用情况、空间肌理、道路交通、公共服务设施等内容做了深入调研、分析和梳理（表1），还开展了针对当地居民的访谈及问卷调查。受访者中78%为本地居民、21%为外来租客、1%为游客；40%为高中及以下文化程度，52%为大专及本科学历，8%为研究生及以上学历。95%以上受访者认为东大街文化底蕴深厚，表示会积极支持更新改造，对保护性提升改造持乐观态度。他们对改造内容关注度由高到低依次为历史风貌的保留与延续、建筑的保护和修缮、街区道路交通基础设施、绿化景观及公共空间、街区卫生状况、未来商业业态等，并普遍认为改造更新最重要的是对道路交通基础设施、公共服务设施、公共空间的提升改善。

表1 街区历史文化遗产保护要素构成表

	总体格局	以东大街为主轴，延伸至承恩街及海关路的"S"形湖城一体的历史格局	
人工环境与物质形态要素	历史街巷	东大街、武庙街（南北向）、文庙巷	
	文物建筑	国家级文物保护单位	蒙自海关旧址（包括海关税务司署、法国领事府、法国花园、法国监狱、哥胪士洋行）、玉皇阁古建筑群（包括玉皇阁及东西两阁、县衙大堂、建阳会馆）、周家宅院
		州级文物保护单位	文庙大成殿
		县（市）级文物保护单位	魁星阁
		一般不可移动文物	南美咖啡馆
	历史建筑	尹朝永民居、汤民初民居、汤家缝纫店、阮氏西装店、苗云孝民居、林家杂货铺、廖家大院、老茶馆、黄家住宅	
	建议历史建筑	文庙巷6-8号、文庙巷13-14号、廖家巷附4号、东大街25号、东大街37、39、41、47号、东大街42号、东大街51号、东大街61号、东大街62号、东大街63-64号、东大街65号、东大街73号	
	传统风貌建筑	除不可移动文物、历史建筑外，具有一定建成历史，对街区整体风貌特征形成具有价值和意义的建（构）筑物共92处	
	特色历史要素	木棉、缅桂、紫藤、万年青、朴树等古树共6棵	
		东门井、花泉2处古井	
人文环境与非物质文化遗产要素	传统戏剧	汉族洞经音乐	
	传统技艺	彝族刺绣	
	传统技艺	蒙自过桥米线制作技艺	

2.2 问题梳理

东大街历史街区建筑质量参差不齐、保护不力,整体街巷肌理形态已受到破坏,街区道路交通通达性较差,整体历史文化环境氛围严重缺失。街区整体环境质量较差,诸多问题的存在为东大街的保护与利用带来一定难度。

2.2.1 公共空间环境及人居环境亟待整治

街区内虽有较多历史建筑、传统建筑,但大部分居民已迁出,导致大量建筑闲置;且建筑大部分都年久失修、风貌陈旧,部分建筑已出现墙体垮塌、屋顶严重破损的现象;建筑集聚区密度较大,缺乏公共绿地、休闲公共活动空间;基础设施和生活服务设施落后,电力线路老化混杂,生活污水处理方式较为粗放。商业活动基本处于停滞状态,街区已陷入"人口空心化老龄化—原有居民流失—物质空间衰败—生活空间萎缩—在地文化遗产流失"的恶性循环,早已失去昔日活力和繁荣景象。

2.2.2 空间肌理破碎,街区脉络延续困难

街区内传统街巷空间的主骨架由东西向东大街和南北向文庙巷构成,而承恩街、武庙街与其他巷道由东大街向南北两侧拓展,形成次级骨架,整体呈鱼骨状街巷空间形态,建筑以沿街巷自由式布局的合院式民居院落为主。东西向武庙街东接蒙自第一中学为断头路、文庙巷与东大街呈"丁"字相交,因一座20世纪80年代危房阻隔没有继续向南延伸,使东大街与南湖公园的人行交通被阻断,成为较为封闭的街区。现状已拆除部分建筑,街区街巷肌理受到破坏,东大街及文庙巷主干街道界面破碎、不连续,其他巷道错综复杂,宽度为1~2 m不等,通行不畅,以石板路、土路为主,路面破损状况严重。街区内还存在较多大体量多层现代建筑,道路拓宽难度较大,仅东大街西侧入口和承恩街中部路段两侧设有停车位,道路通行不畅。

2.2.3 历史环境要素整体关联性较差、缺乏文化氛围

街区内虽有不同时代叠加的文化底蕴和传统文化载体,但建筑风貌杂乱冲突、色彩不协调。比如文庙传统格局已遭到破坏,魁星阁在蒙自第一中学围墙内,没有对外展示。另外,不同历史遗存整体建筑关联性较差,历史人文资源未能充分挖掘利用,旅游资源不足、缺乏应有的文化氛围。部分文物保护单位和历史建筑虽然经改造已被赋予新的功能,如周家宅院、哥胪士洋行和海关税务司署均成为历史展示馆,但是对传统文化的宣传和相关活动不足,加上居民的保护意识不强,街区人文底蕴日渐弱化,迅速消减。

3 文旅融合视野下的东大街保护更新策略探讨

东大街街区保护更新的目的,就是在文旅融合的大背景下,促进就业,扶持本地居民创业,使产业发展和居民生活有机结合,打造蒙自专属的新城市文化地标及本地商业品牌,形成一定的社会效益,创造未来蒙自老城城市优质生活街区环境。

针对东大街存在的问题,笔者认为有效的保护更新策略包括两方面:一是街区的总体格局、历史街巷、文物建筑、历史建筑及传统风貌建筑、历史环境要素等人工物质环境的保护传承;二是传统建筑文化、西南联大红色抗战文化、传统民俗活动、传统手工艺、舞蹈戏曲等人文历史环境与非物质文化要素的活化利用。

3.1 区域联动、统筹规划

保护更新首要任务是区域联动发展。政府应统筹规划,打破原有封闭街区,扩大东大街的

辐射外延，实现街区与蒙自周边文旅资源差异化发展、有效叠加与优势互补，最终实现区域资源有机整合、文旅平台共建共享。

蒙自市委、市政府近年来持续加大对文化旅游产业的发展扶持力度，已打造出以"百年滇越铁路、百年通商开埠、百年过桥米线"的"三个百年"为代表的旅游产品，基本形成了以观光游览、历史文化和民族文化体验、美食购物、康体度假等为特征的发展局面。碧色寨、滇越铁路历史文化公园、尼苏小镇、过桥米线小镇等一批重大文旅项目正在持续推进，并逐步通过全域理念将特色旅游线路与周边景点串联，形成旅游产业的空间联动。同时，应抓住大滇西旅游环线、昆玉红旅游文化带建设机遇，依托蒙自、建水、石屏的深厚历史文化，大力推进"滇南最美乡愁之旅"建设（图3）。

3.2 时空梳理、构建骨架

从旅游发展的角度看，历史文化街区物质空间层面的改造应由过去"推倒重建"的粗放式模式发展为"绣花"式的微改造模式，通过建筑保留修缮、局部拆改、功能置换、新建等方式，维持历史脉络和传统街巷空间格局，延续历史风貌；总体规划上，按照"保护、利用、再生"的原则，通过对东大街不同时空历史文化的梳理，形成"一核、两轴、四片区"的历史街区空间结构。"一核"指以文庙及南侧现有空地，结合20世纪70年代水塔遗存改造，规划"蒙自之光"灯塔广场作为街区核心，延伸出主要"两轴"骨架，分别为东西向东大街及南北向文庙巷传统风貌展示轴，进而串联传统风貌生活区、历史文化展示区、特色商业体验区及法式风情体验区四大片区，形成未来街区生活、文旅商业融合发展的整体格局。

3.2.1 风貌协调、分类施策

街区空间尺度的控制是延续历史格局的重要手段，应详细制定针对东大街历史文化街区的核心保护范围、建控地带及环境协调区等管控分区，保留传统空间格局和街巷肌理，延续街巷的特色，保护主要街道走向、宽度、空间尺度、两侧界面风貌、相关历史信息等，保证沿街建筑界面连续性和传统街巷肌理的整体完整性和风貌协调性，修补被破坏的街巷肌理，重现宜人舒朗的街区空间秩序。

以历史真实性为前提，梳理不同时期传统建筑，对价值较高的历史建筑、传统风貌建筑与历史环境要素形成分类保护整治措施，注重保护历史信息的完整性，建立与历史建筑群关联的尺度、风格，杜绝过度修缮、过度建设。具体分为拆除类、修缮类、风貌整治类、改造更新类、新建配套类五类。首先，通过政府回购、置换等措施，拆除质量较差及破损严重的临时建筑、违章建筑等与所处环境不适应且与历史风貌有冲突的环境要素。其次，保护和修缮文物建筑、历史建筑及传统风貌建筑，维持原有高度、体量、色彩及外观形象；保护其体现历史风貌特色、文化价值的构造做法、构件、装饰物。允许内部进行适度改善和更新，以适应现代的生活方式；与传统风貌不协调的建筑，尽量采用传统材料工艺做法进行改造，如采用优质木材、石材、砖瓦等材质，或通过减层、局部拆除、改变色彩、造型等措施，使其符合历史风貌要求；对于历史价值较低的传统建筑，可对立面进行酌情改造，但不得导致建筑年代、建筑类型、建筑风格不可辨识；当采用现代技术能更好地展现及恢复传统风貌时，在不影响外观情况下，可在建筑改造和新建中使用。为防止历史街区因同时维修改变特有的历史面貌，规划控制每年维修及改造的建筑不超过街区建筑总量的三分之一（图4）。

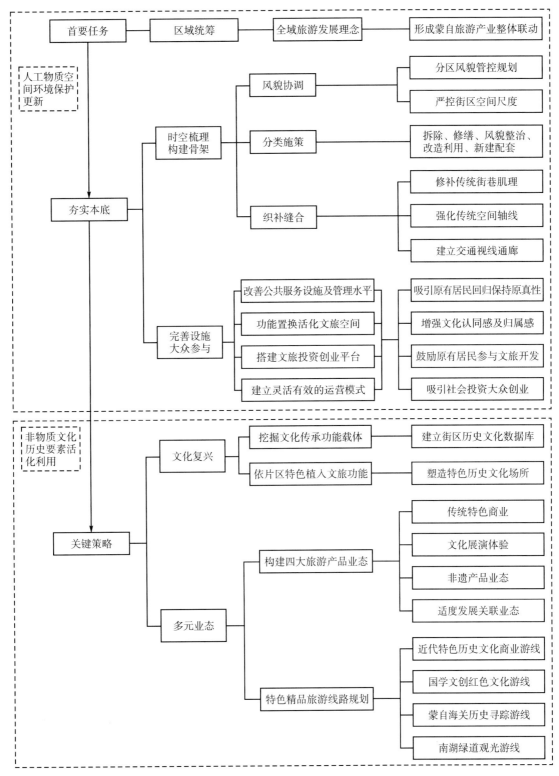

图3 文旅融合视野下的东大街历史街区保护更新策略

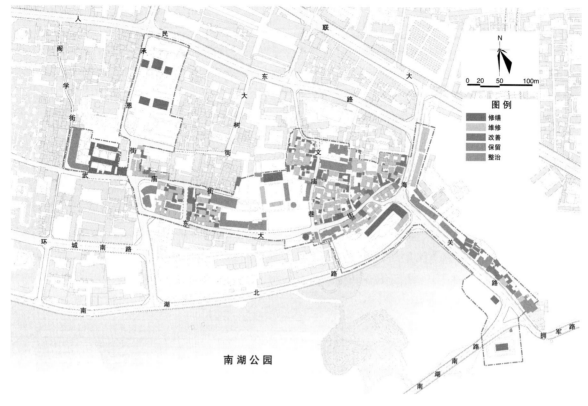

图 4　建筑物分类保护整治规划图

3.2.2　织补缝合、有机更新

在重点保护东大街、武庙街、文庙巷等 3 条街巷骨架基础上，通过"织布"与"缝合"，修补传统街巷肌理，强化文庙传统轴线关系，打通历史街区与南湖滨水绿地空间的交通。如打通大树街、武庙街东端断头路，与蒙自第一中学北片区及文庙相联系，拆除阻隔文庙巷通向南湖滨水绿化空间的多层危房，增设街区南侧入口节点并结合公共休闲广场规划设计，打开南北交通及景观视线通廊。

在充分研究传统合院尺度、组合方式的基础上，通过多样化布局，如合院式、L 形半围合式、一字形、点式布局等，用现代材料、多种类型结构和新设计手法进行创新。对沿街质量较差、体量过大、破坏景观完整性的多层建筑进行局部拆除或改造，实施严格建筑高度管控，保护景观视廊和街道对景。

3.2.3　完善设施、大众参与

在历史街区保护更新实施前，首先应成立历史文化街区保护委员会，统筹街区保护与更新项目的实施，协调解决相关问题，对街区现状做出科学合理的分析及评估，完善和优化公共服务设施；街区原有居民是历史文化街区重要的活态遗产，通过改善居民生活配套、完善公益类社区级公共服务设施布局，提高服务水平；增加基层商业网点，如便利店、小型超市、银行储蓄点、邮局、菜市场等商业生活服务设施；在社区服务的完善中发挥各社会团体的作用，对托幼养老服务、健康咨询、社区医疗、便民信息等方面进行创新尝试。对街区中位于最低生活保障及其边缘的家庭、残疾人家庭等弱势群体进行定点帮扶，延续和提升原有居民人文环境、保留街区历史文化原真性，以吸引原有居民回归、激发街区活力。

在延续街区文化价值的基础上，通过修缮历史建筑及传统风貌建筑，将其置换为其他功能，使其重新焕发生机。置换类型主要是将居住功能转换为文化、商业及旅游服务功能。但东大街是以居住生活功能为主的街区，因此商业置换比例不宜过高，否则会破坏街区的功能延续性、原真性及其文化价值。在置换用地，出让公房时，以振兴街区传统文化及商业氛围，吸引投资为原则；对需要改变原使用功能的历史建筑，要制定土地使用权和房屋所有权转换的激励政策，如现有建筑住宅出让时，街区居民具有优先选购、优先置换的权利，以鼓励原有居民参与文旅开发，增强居民归属感。新植入的功能需要进行全面评估和审核，包括其对设施的要求、空间使用方式、整体文化商业氛围以及未来可能的发展变化情况等。

另外，应建立广泛的社会参与机制和灵活有效的招商引资政策，创新城市商业运营管理模式，形成由商管公司主导的市场化运营模式，"以点带面"逐步拓展。由政府主导搭建旅游投融资平台，鼓励金融机构增加对入驻企业和文化旅游项目的授信额度，放宽相关贷款优惠政策的条件。支持企业通过多种模式参与改造项目的投资、建设与运营。鼓励社会大众参与文化旅游开发经营活动，建设就业帮扶点、就业培训点，降低创业门槛，积极鼓励旅游项目众筹，引导社会资本共同为具有市场前景的项目搭建众筹平台。如通过吸引国内品牌民宿主理人等旅游创业群体开展创新创业、将街区内的一些旧建筑改造为青年公寓和创意空间等，让年轻人回流街区，通过多种创新创意手段，打造适合地方特色的文旅产品。

3.3 文化复兴

街区保护更新策划初期就应强调文脉传承、保护传统风貌、保留历史文化记忆、适应城镇未来发展。以文化复兴为目的，提升公共生活空间品质、重塑文化场所，对恢复街区活力、缓解街区"空心化"等具有重要价值意义。

首先，应充分挖掘街区各个层面利于文化传承的功能载体，将之完整保留，使抽象的文化有所依附传承。采用研究古籍典籍、口述历史的方式，征集关于街区内人物、历史、老字号的印象、记忆、故事。通过采访老居民，翻拍老照片，整理文献、录音和视频资料，建立街区文化历史档案数据库。

其次，在空间规划上，应充分将蒙自历史文化与传统建筑、景观要素融合，居民生活与旅游发展融合，有节制地置入文旅功能，通过各种手段在街区不同空间充分展示蒙自地域文化。历史文化街区的活化离不开商业活动的带动，其类型应符合蒙自地方特色及街区风貌氛围，在街区内选择适合的住宅转换为餐饮、住宿、服饰店、手工艺品等商业体验空间，孵化自有品牌，是游客认识蒙自多元文化、体验当地居民文化生活、民俗风情的重要途径。

3.4 多元业态

结合现代旅游需求，保留传统生活及商业建筑空间形态，依据街区不同片区文化特色对建筑空间形式进行分类，通过沿街及内部传统合院建筑的改造，挖掘蒙自传统商业文化，注重传统文化的传承创新与现代生活的融合：如东大街临街建筑大多为两层单开间，属于典型前店后宅、下店上宅的经营生活模式，民居建筑以合院为主。在重视市场作用的基础上，可通过分析市场需求，结合建筑内外空间确立优势业态，推动街区多元业态的可持续发展。例如，恢复东大街东侧民国时期韵味特色会馆、老字号商号商铺，同时结合西南联大文化、开埠通商文化、法式风情等，形成不同风格街区，打造不同街区的各自有竞争力的旅游项目。

国土空间规划研究与设计实践

3.4.1 创新文旅融合形式、构建特色旅游业态

通过对街区历史文化要素的梳理划分旅游展示主题，对旅游展示对象进行分类与功能业态研究、调整，最终形成四大类旅游产品业态（表2）。

表2 旅游展示主题和旅游展示对象分类

旅游展示主题	旅游展示对象
多元建筑文化	蒙自玉皇阁古建筑群、东大街居民建筑群、文庙大成殿、魁星阁、汤家缝纫店、东大街杂货铺、林家杂货铺、老茶馆、林家杂货铺、南美咖啡馆、阮氏西装店等东大街沿街商铺
开埠通商文化	法国花园、海关税务司署、蒙自海关旧址
西南联大文化	西南联大文法学院教室、宿舍、周家宅院、哥胪士洋行等

一是传统特色商业。恢复传统老字号店铺，根据不同时期历史建筑文化氛围，活化原有特色店铺，如南美咖啡馆、汤家缝纫店、面包店、阮氏西装店、林家杂货铺等；充分发挥蒙自作为过桥米线发源地的优势，传承过桥米线及滇南美食文化制作技艺等，展示传统滇南餐饮文化特色。

二是文化展演体验。改造建筑、广场、街巷空间，设置纪念馆、展示馆、创意市集、歌舞表演剧场等多种文化展示空间，如文庙历史博物馆、西南联大博物馆、南湖诗社、汉族洞经音乐厅、彝族歌舞节庆活动广场、蒙自之光灯塔广场等。深入挖掘蒙自传统老字号、文化题材、民俗题材，并将其融于观光、购物、美食、娱乐中，形成一定规模及集群优势，以智能化、互动式的展陈方式系统展示街区历史文化特色，定期组织培育一批丰富多彩的蒙自地方特色旅游节庆文化活动，打造精品旅游演艺品牌，以吸引不同年龄层次的游客参与互动文旅体验，如举办蒙自城市先锋艺术节、动漫展、cosplay活动、音乐节、时装展、艺术家画廊、城市摄影比赛及作品展等。结合西南联大文化，恢复"南湖诗社"，举办联大文化研究学者系列主题演讲、联大文化研讨会、读书日、联大影像纪录展等。

三是打造非遗产品新业态。挖掘地方非物质文化遗产，对国学文化、宗教文化、少数民族文化进行创意开发，将文化创意设计服务及民族民间手工技艺、美食文化产业深度植入旅游，形成富有活力和创意的非遗文化旅游业态，如举办玉皇阁年初祭祀、文庙祭祀、洞经音乐表演、东大街文化艺术节、蒙自过桥米线美食文化节、蒙自石榴节、滇南美食节，以及火把节、花山节等。

四是适度发展关联业态。能近距离体验传统街区生活、提供街区慢生活和时尚生活的住宿、休闲娱乐业态，如青年旅社、特色民宿、咖啡馆、茶馆等。

3.4.2 特色精品旅游线路规划

丰富的旅游体验能更好地对地方文化起到保护和传承的作用，最大限度地实现历史街区的功能与价值。笔者以东大街特色传统建筑及外部空间作为文化节点，围绕节点策划了四条不同精品主题旅游线路，配套进行旅游产品开发设计，从而形成有吸引力的文化旅游线路体系。

结合蒙自悠久的历史文化底蕴，保护利用好玉皇阁、周家宅院、文庙等历史建筑及周围空间，强化传统儒雅人文风貌的展示，包括传统建筑文化、儒家文化、书院文化、道教文化、彝族刺绣、汉族洞经音乐及过桥米线等内容的宣传展示。将文庙大成殿进行重点保护与修缮，扩建辅殿成为文庙博物馆，结合南侧现状空地及原有老水塔进行改造，打造"蒙自之光"文庙灯塔广场，定期举行祭孔祈福活动，并承载大型公共活动、表演等功能，使其成为游客对街区悠久文化认知的窗口和新的蒙自精神文明地标。

可利用原有蒙自第一中学校区空间，改造为青年运动休闲公园，为周边居民生活注入新的活力。同时，结合青年人需求设置国学文创体验区；着重开发东大街特有周边品牌创意旅游产品；增加地方文物展览、民族服装体验、街拍、国潮动漫展示、传统字画创作、滇南历史文化剧场、话剧小品演出等体验活动；提升改造东大街南侧原有大面积绿地空间，将南湖景观引入历史街区。保留原有老年人在南湖畔下棋、遛鸟、唱戏等活动聚会场所，结合西南联大博物馆室内外空间，形成中西文化交融的文创集群效应体验区。在生态修复与环境整治的基础上，保护提升现有驳岸景观，改造环湖北路公共滨水开放空间（图5）。

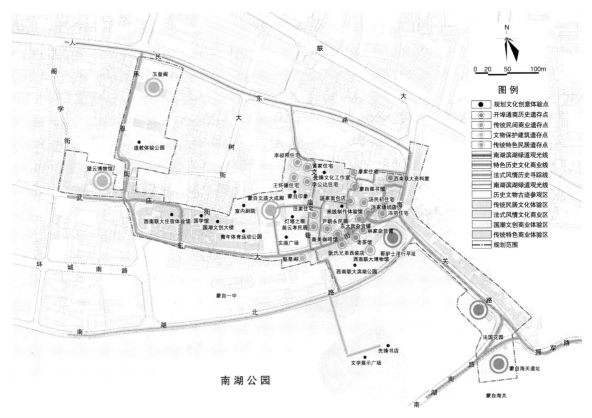

图5　空间功能结构及旅游路线规划图

4　结语

历史街区是中国传统文化的重要载体，将文旅融合的理念融入历史街区的发展，既能使传统文化传承复兴，又能创造性地发展，从而激发城市活力，实现中小城市历史街区文化经济的共荣。

在此，建议充分发挥互联网和各类新媒体的作用，全方位加强东大街历史文化的传播建设工作，联动国内主流媒体定期组织宣传相关文化活动，实现地方文化的推广与复兴。加深民众对街区及城市历史文化的认识和了解，提高居民保护历史街区的意识，教育和培养青少年对本土文化的热爱以及对传统文化遗产的思考，让人们了解到物质文化遗产的价值和重要性，使保护的意识深入人心，才能更好地对地方文化起到保护和传承的作用，最大限度地实现历史街区的功能与价值。

［参考文献］

［1］贾艳飞，丁玥，王儒卿，等. 基于形态管理区的历史街区更新模式研究：以襄阳市太平店历史街区为例［J］. 规划师，2023（6）：78-84.

［2］袁奇峰，蔡天抒，黄娜. 韧性视角下的历史街区保护与更新：以汕头小公园历史街区、佛山祖庙东华里历史街区为例［J］. 规划师，2016，32（10）：116-122.

［3］罗米，余翰武. 文旅融合视角下的小城镇建成环境更新路径研究：以浙江省皤滩乡镇区更新为例［J］. 现代城市研究，2023（3）：28-34.

［4］李袭霏. 重庆旧城居住街区微更新设计策略探索：以白象街为例［J］. 现代园艺，2021，44（21）：130-132，135.

［5］周海虹，韩宏绪，白惠亭，等. 论古城西安莲湖历史街区风貌保护更新途径［J］. 城市规划，2004（12）：53-57.

［基金项目：云南省教育厅科学研究基金项目"文旅融合视野下的历史文化街区活化利用研究——以蒙自市南湖北片区城市更新实践为例"（2023J0032）；2023年云南省"兴滇英才支持计划"项目。］

［作者简介］

高进，注册城乡规划师、一级注册建筑师，讲师，就职于云南大学建筑与规划学院。

罗桑扎西，通信作者，云南大学建筑与规划学院讲师，云南大学国土空间规划研究院研究员。

杨涛，国家注册城乡规划师，昆明城市交通研究所国土空间高级工程师。

罗兴云，云南大学地球科学学院研究生。

城市化"下半场" 的关键挑战：
社区城市更新项目的财务平衡

□王子威

摘要： 随着城市化进程的加速，社区城市更新项目成为推动城市化"下半场"发展的重要手段。如何在项目全过程中实现财务平衡，是城市化"下半场"的关键挑战。本文以我国社区城市更新项目为研究对象，通过解析国内外实践案例，结合财务平衡概念，探讨社区城市更新项目财务平衡的关键因素和策略。经研究发现，政策支持、市场运作、技术创新等因素对能否实现财务平衡具有重要影响。本文对此提出了包括优化项目规划、创新融资模式、加强成本控制等在内的财务平衡策略，旨在为我国城市化"下半场"社区城市更新项目的健康发展提供有益借鉴，为城市化"下半场"发展注入新的活力。

关键词： 城市更新；财务平衡；社区更新；资产负债表；增长转型

1 城市更新项目的背景与意义

1.1 城市更新的发展历程

城市更新，这一概念自 20 世纪中叶起便在全球范围内逐渐兴起，成为推动城市现代化建设与"下半场"发展的重要策略。在中国，城市更新的历程与国家的发展紧密相连，从最初的简单拆除重建，到现今多元化、综合化的更新模式，这一转变不仅反映了城市发展理念的深化，也体现了城市经济运作意识的增强。

我国的城市更新实践始于 20 世纪 80 年代，当时的重点主要集中在老旧住宅区的改造和工业区的转型上。这一时期的城市更新，更多地侧重于物质空间的改善提升，而对经济效益层面的考虑相对较少。随着时间的推移，特别是进入 21 世纪后，我国大型城市的城市更新理念和实践开始发生显著变化。城市更新不再仅仅是对物理空间的改造，而是逐渐转向包括空间、经济、文化等多维度综合考虑的全面更新。

1.2 社区城市更新的挑战与机遇

在城市更新发展历程中，社区城市更新逐渐成为城市更新的重要组成部分。社区更新项目不仅关注物质环境的改善，更强调社区功能的完善和居民生活质量的提升。其中，最为关键的便是财务平衡问题。如何在保证项目社会效益的同时，实现经济发展的可持续性，成为社区城市更新项目必须面对的核心问题。近年来，特别是在当前经济发展压力加大、房地产市场调整的背景下，城市更新项目的经济风险控制难度进一步加大。

1.3 研究目的与意义

我国城市化进程正处于深化阶段，社区城市更新项目作为推动城市可持续发展的重要手段，其财务平衡问题日益凸显。本文将通过案例分析，探讨国内外城市更新项目在财务平衡方面的经验和教训，并通过对案例的解读，基于对城市更新项目财务平衡的理解，分析影响财务平衡的关键因素，得出一个多维度的财务平衡框架，以期为我国城市化"下半场"的健康发展提供有效建议。

2 社区城市更新项目的财务平衡理论

2.1 财务平衡的概念与内涵

财务平衡这一概念在当前的社区城市更新项目中占据着至关重要的地位，它不仅是项目顺利进行的基石，更是确保更新活动可持续发展的关键因素。财务平衡的核心在于实现项目投入与产出之间的均衡，确保项目在经济层面的自给自足，从而避免因资金链断裂而导致的项目停滞或失败。这一概念的内涵丰富，涉及资金筹措、成本控制、收益预测等多个方面，其复杂性不容小觑。

2.2 社区城市更新项目财务平衡的影响因素

在探讨城市更新项目财务平衡的影响因素时，需要从政策、市场、技术等多个维度进行深入剖析。在政策层面，政府的支持力度、税收优惠、资金补贴等直接关系到项目财务的可持续性。在市场层面，房地产市场的供需状况、土地价格波动、居民购买力等都是不可忽视的因素。在技术层面，建筑技术的创新、能源效率的提升、绿色建筑的推广等，都对项目的财务平衡产生重要影响。在实际操作中，城市更新项目的财务平衡还受到多种复杂因素的交互影响（图 1）。

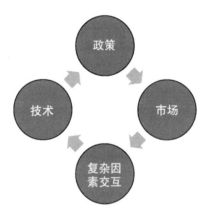

图 1 社区城市更新项目财务平衡的影响因素

城市更新项目的财务平衡是多维度、多因素综合作用的结果。因此，在未来的城市更新实践中，需要综合考虑这些因素，制定出既能促进城市发展，又能保障财务平衡的策略。这不仅是对城市更新项目管理者的挑战，也是对整个城市规划领域的挑战。

2.3 社区城市更新项目财务平衡策略的理论框架

这一框架的核心目标在于确保项目在经济层面的可持续性，即在满足社会和环境需求的同时，实现资金的合理流动和增值。这一目标的实现，依赖于对项目生命周期内各阶段资金流入与流出的精确预测和管理。

具体而言，理论框架的构建（图 2）应从以下几个维度展开：资金筹集策略，包括政府补贴、社会资本引入，以及通过金融市场筹资等多种方式；资金使用策略，涉及项目实施过程中的成本控制和资金分配；资金回收策略，涉及项目后期销售、租赁等复合方式回收投资并实现盈利；风险管理策略，包括各种财务风险的识别、评估和应对，如市场风险、政策风险、技术风险等，建立一套完善的风险评估和应对机制尤为关键。

图 2 社区城市更新项目财务平衡策略的理论框架

3 社区城市更新项目的财务平衡实践

3.1 国内外城市更新项目的财务平衡实践

在全球化的背景下，城市更新项目的财务平衡已成为国内外城市发展的重要议题。通过对国内外城市更新项目的深入分析，可以发现一系列成功的实践案例。

在伦敦，国王十字区更新项目通过精细的财务规划和多元化的资金筹措方式，成功实现了财务平衡。国王十字区更新项目在启动初期，便制定了详细的财务计划，包括用地平衡表和资产负债表的编制，确保了项目的资金流动性。项目还通过引入私人投资、政府补贴和公共债券等多种融资渠道，有效分散了财务风险。

在新加坡，滨海湾更新项目则展示了如何在有限的土地资源下实现财务平衡。该项目通过高密度的建筑设计和创新的商业模式，最大化地提升了土地价值。项目中的滨海湾金沙酒店等标志性建筑，不仅成为城市的名片，也通过其高端的商业和娱乐设施，吸引了大量游客，为项目带来了稳定的收入。

在国内，上海的世博园区更新项目也提供了有益的借鉴。世博园区更新项目在保留原有世博会场馆的基础上，通过功能转换和空间再利用，实现了财务平衡。项目中的中国馆被改造为中华艺术宫，不仅保留了历史文化遗产，也通过举办各类文化展览，为项目带来了稳定的门票收入。同时，园区内的其他场馆也被改造为商业和办公空间，通过租赁和销售，为项目提供了额外的财务支持。

通过对以上国内外城市更新项目的分析，可以总结出几点关键的经验：精细的财务规划是实现财务平衡的基础；多元化的资金筹措方式是分散财务风险的有效手段；创新的设计和商业模式是提升项目财务可持续性的关键；注重公共空间的打造和社区的参与，可以增强项目的社会效益，进一步提升项目的财务可持续性。

3.2 社区城市更新项目的财务平衡案例分析

在深入探讨社区城市更新项目的财务平衡案例时，选取位于上海市的"新天地"项目作为研究对象。这一项目不仅因其地理位置的优越性而备受瞩目，更因其成功的财务平衡策略而成为业界的典范。

"新天地"项目位于上海市中心，原为一片老旧的石库门建筑群。项目团队首先对原有建筑进行了细致的修复与改造，保留了石库门建筑的独特风貌，同时引入了现代商业设施，如高端餐饮、时尚零售和艺术展览等，吸引了大量游客和消费者。"新天地"项目采用了多元化的收入来源策略，除了传统的租金收入，项目还通过举办各类文化活动、艺术展览和商业推广活动，增加了非租金收入。此外，项目团队还积极探索与周边社区的合作，通过共享资源、互利共赢的方式，进一步拓宽了收入渠道。

从"新天地"项目年度报告的资产负债表和利润表中可以看出，"新天地"项目的资产结构合理，负债水平适中，所有者权益稳定增长。在收入方面，租金收入和非租金收入均呈现出良好的增长态势，费用控制得当，利润水平持续提升。

"新天地"项目成功的财务平衡策略主要得益于以下四个方面：一是项目定位准确，充分挖掘了历史文化资源的价值；二是收入来源多元化，有效降低了经营风险；三是成本控制得当，确保了项目的盈利能力；四是与周边社区的紧密合作，形成了良好的互动机制。

3.3 社区城市更新项目关于财务平衡的启示

在剖析上述案例后，一系列关键启示逐渐浮现：项目规划阶段的财务预算是确保财务平衡的基石，多元化的融资渠道是实现财务平衡的重要手段，有效的风险管理机制是保障财务平衡的必要条件，公众参与和社区共建是实现财务平衡的社会基础，持续的财务监管和评估是确保财务平衡的长效机制。

4 社区城市更新项目的财务平衡策略

社区城市更新项目的财务平衡是一个复杂而系统的过程，涉及预算规划、融资渠道、风险管理、公众参与和财务监管等多个方面。

4.1 社区城市更新项目财务平衡策略的构建

基于上述分析，得出以下财务平衡策略的构建方案。

在资金筹措方面，采用多元化的融资渠道，包括政府补贴、社会资本引入及公私合营（PPP）模式等。引入社会资本，设立专项基金，实现资金有效聚集与高效利用。

在成本控制环节，强调精细化管理的重要性。通过建立详细的成本预算体系，对项目各阶段的开支进行严格监控与调整。引入 BIM 技术，实现全过程的成本动态管理，降低不必要的开支。

在收益预测方面，建立科学的收益评估模型，综合考虑租金收入、资产增值、政策支持等多重因素。进行市场调研与数据分析，预测未来租金走势与资产增值潜力。

在风险管理环节，构建全面的风险评估与应对机制。通过识别潜在风险点，制定相应的风险防控措施，确保项目在面对市场波动、政策变化等不确定性因素时，能够保持财务的稳定与安全。建立风险预警系统，监控市场动态与政策走向，及时调整策略。

综上所述，社区城市更新项目的财务平衡策略构建，需要在资金筹措、成本控制、收益预测及风险管理等关键环节上，采取精细化、科学化、系统化的管理措施。

4.2　社区城市更新项目财务平衡策略的实施路径

社区城市更新项目财务平衡策略的实施路径需从多个层面进行分析。

在政策层面，政府在城市更新中扮演着至关重要的角色。例如，政府可以通过制定一系列激励措施，如减免税收、提供财政补贴和低息贷款等，有效地吸引私人投资者参与社区更新项目。这些政策不仅降低了项目的初始投资成本，还提高了项目的财务可行性。政府还可以通过制定长期规划，确保城市更新的持续性和稳定性，从而为项目的财务平衡提供坚实的基础。

在市场层面，需求与供给的动态平衡是实现财务平衡的关键。例如，某区域对创意办公空间和高端住宅的需求旺盛，开发商就可以调整项目规划，增加相应的产品供给，这不仅能满足市场需求，还提高了项目的盈利能力。灵活的市场策略，如预售、分期付款和租赁模式，也为项目的资金回流提供了多样化的途径，增强财务的灵活性和稳定性。

在技术层面，创新技术的应用对财务平衡同样至关重要。例如，在建筑设计中采用绿色建筑技术和智能管理系统，虽然初期投资较高，但是从长期来看，能显著降低运营成本，提高能源效率，从而增强项目的财务可持续性。又如，数字化管理平台的引入，使得项目管理更加高效，成本控制更加精准，为财务平衡提供了技术支持。

综合来看，社区城市更新项目的财务平衡策略实施路径是一个多维度的复杂过程。政策层面的支持为项目提供了外部保障，市场层面的灵活应对确保了项目的内部活力，而技术层面的创新则为项目的长远发展提供了动力。三者相互支撑，共同构成了一个稳固的财务平衡体系。

4.3　社区城市更新项目财务平衡策略的优化建议

对社区城市更新项目财务平衡，本文提出以下五点建议。

第一，优化资金筹措机制。地方政府应积极探索多元化的融资渠道，如发行城市更新专项债券，吸引社会资本参与，以及利用 PPP 模式等。通过这些方式，不仅可以缓解政府的财政压力，还能提高资金使用效率。

第二，实施精细化管理。项目管理团队应运用现代信息技术，如大数据分析、云计算等，对项目成本进行实时监控和动态调整。通过精细化管理，可以有效控制成本，提高资金使用效率。

第三，强化风险管理。城市更新项目涉及的风险因素众多，包括市场风险、政策风险、技术风险等。因此，建立健全的风险评估和应对机制至关重要。项目团队应定期进行风险评估，制定相应的风险应对策略，以降低潜在风险对项目财务平衡的影响。

第四，推动政策创新。政府应出台更多支持城市更新的政策，如税收优惠、财政补贴等，以降低项目运营成本，提高项目的财务可持续性。

第五，加强社区居民参与和沟通。城市更新项目的成功与否，很大程度上取决于社区居民的参与度和满意度。因此，项目团队应积极与社区居民沟通，了解他们的需求和期望，确保项目设计和服务能够真正满足社区的需求。

5　结论与展望

5.1　研究结论

在深入探讨社区城市更新项目的财务平衡问题后，本文得出了以下结论。

第一，资金来源的多元化是确保项目财务稳定的关键。除了传统的政府拨款和银行贷款，引入社会资本、发行城市债券以及利用 PPP 模式，都是有效的资金筹集方式。

第二，成本控制与效率提升是实现财务平衡的另一重要因素。在项目规划与执行过程中，采用先进的建筑技术和管理方法，可以显著降低建设成本。同时，优化项目管理流程，减少不必要的行政开支，也是提升效率的关键。

第三，收益预测的准确性与灵活性对于财务平衡至关重要。项目初期，通过市场调研和风险评估，制定合理的收益预期，有助于确保项目的财务可持续性。建立灵活的收益调整机制以应对市场变化，也是必不可少的。

第四，政策支持与法规环境的优化，为社区城市更新项目的财务平衡提供了有力保障。政府的税收优惠、补贴政策以及相关法规的完善，都能有效降低项目运营风险，增强投资者信心。

5.2 研究局限与展望

在探讨社区城市更新项目财务平衡问题时，本文虽力求全面，但仍存在若干局限。首先，研究数据的时效性和地域性限制了分析的广度。由于城市更新项目的实施往往受特定时期政策和经济环境的影响，本文主要基于近年的案例，可能未能充分反映历史变迁的全貌。其次，案例选择多集中于经济发达地区，对于欠发达地区的适用性有待进一步验证。未来的研究还需关注社区参与和利益相关者的角色，深入探讨如何通过有效的社区参与机制，确保更新项目的财务平衡与社区需求的契合，实现经济效益与社会效益的双赢。

社区城市更新项目财务平衡的研究虽已取得一定进展，但仍面临诸多挑战与机遇。未来的研究应不断拓宽视野，深化理论与实践的结合，以期为我国城市化"下半场"的健康发展提供更为坚实的支撑。

[参考文献]

[1] 翟斌庆，伍美琴. 城市更新理念与中国城市现实 [J]. 城市规划学刊，2009（2）：75-82.

[2] 赵燕菁，宋涛. 城市更新的财务平衡分析：模式与实践 [J]. 城市规划，2021，45（9）：53-61.

[3] 王辉. 谁的城市更新 [J]. 建筑师，2023（1）：29-36.

[4] 赵燕菁. 中国城市化的下半程 [J]. 北京规划建设，2024（1）：164-167.

[5] 赵斌. 我国城市更新背景下建筑类型学的重新解读 [J]. 现代城市研究，2012，27（1）：59-63.

[6] DAVIES J C. Neighborhood groups and urban renewal [M]. Newyork：Columbia University Press，1966.

[7] RICHARDS R. Urban renewal [M] //Encyclopedia of quality of life and well-being research. Cham：Springer International Publishing，2024：7445-7446.

[8] 周晓娟. 西方国家城市更新与开放空间设计 [J]. 现代城市研究，2001（1）：62-64.

[9] HYRA D S. Conceptualizing the new urban renewal：Comparing the past to the present [J]. Urban Affairs Review，2012，48（4）：498-527.

[作者简介]

王子威，二级注册建筑师，就职于悉达（成都）建筑设计有限公司。

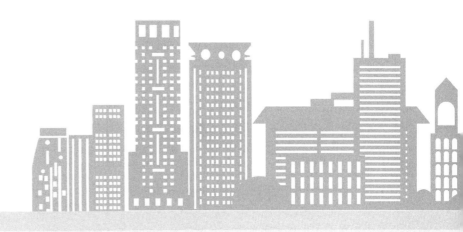

国土空间详细规划与专项规划

相邻权视角下控制性详细规划的作用及完善策略研究

□吴彦锋，张皓

摘要：本文对相邻权的相关概念、与控制性详细规划的关系等进行了辨析，认为私法领域对相邻权的保护与公法领域通过控制性详细规划对相邻权的分配之间存在冲突。在对比分析"相邻权—控规"和"妨害法—区划"的基础上，提出详细规划制度改革应纳入"排除相邻影响"的用途管制思路，细化详细规划中涉及相邻关系的技术准则，以及健全相邻关系当事人听证等公众参与制度，从而形成事前、事中、事后相衔接的相邻权益"分配"和"协调"体系。

关键词：相邻权；控制性详细规划；妨害法；区划；详细规划改革

0　引言

相邻权是指在相互毗邻的不动产的所有人或者使用人之间，任何一方为了合理行使其所有权或使用权，享有要求其他相邻方提供便利或是接受一定限制的权利，其实际上是一种为保障自身财产权而对相邻方行为进行限制的权利。随着我国不动产权制度的完善，民众对自身财产权的范畴和保护意识不断增强，与此同时相邻权保护的困境也逐步显现，现实中出现大量有关采光、通风以及"眺望权"纠纷和侵犯业主共有产权的诉讼案件。根据其诉讼的对象可分为两类，一是认为自己权利受相邻方行为侵害的当事人对相邻地块的建设单位提起民事诉讼，二是当事人对规划管理部门进行行政诉讼并要求赔偿。而在我国，具体的建设需要符合控制性详细规划的规定，并经过城乡规划管理部门"一书两证"的许可，也就是说，有关相邻权的诉讼不可避免地与控制性详细规划的编制和管理相关。

对空间使用外部性的考虑是相邻权和控制性详细规划的一个共同基础，但两者在对待"空间使用外部性"的出发点（利益保护的重心）、奉行的原则、调整的关系、调整方式等方面存在根本不同。城市控制性详细规划作为具备法律效力的法定规划，通过对空间建设上的安排和管制保障与认定相邻关系，实际上形成对相邻权的分配。但是，从内容上说，城市控制性详细规划确定了土地用途、开发容量、建设密度等，通过日照标准、建筑间距等建设指标审批许可，满足技术标准所规定的最低要求即可视为合规。因此，私法意义上作为财产权的相邻权通过城市控制性详细规划对空间的用途管制和建设管理在公法意义上进行分配，公法观念中最低限度保障的公平均衡思想与私法观念中私人产权保护思想在此产生冲突。这一冲突在大量当事人因对规划方案或规划许可本身进行质疑而产生的诉讼案件中得到体现。

从现有研究和相关判例来看，对于相邻权所涉及的权利类型本身，相邻权与控制性详细规划之间是何种关系、应是何种关系，以及如何从减少冲突的视角对控制性详细规划制度进行完善等问题仍有待深入探讨。为进一步理解相邻权与控制性详细规划运行的关系，本文从法律基础、规划内容、实施流程三方面梳理了美国妨害法与区划条例的关系，为认识我国相邻权与城市控制性详细规划的关联及新时期国土空间详细规划体系的建构提供一定借鉴。

1 相邻权与控制性详细规划关系的辨析

1.1 相邻权的法律解释及权利特征

《中华人民共和国民法典》（以下简称"民法典"）"物权"编中已经指出相邻关系的处理原则，即相邻关系的处理是以有利于生产生活为目标，在具体操作中需要考虑公平与和谐的原则，而这也暗示着相邻权涉及的情形往往较为复杂，对相邻关系的处理不仅需要对客观事实进行认定，还需权利人之间进行一定的协商。对于相邻权所涵盖的范围，民法典第二百九十条至第二百九十六条给出围绕不动产使用的多种情形，涵盖用水排水、交通通行、建造或铺设管线、采光通风日照、污染、安全等问题，并指出损害相邻权的行为应给予相邻权利人赔偿。据此可知，不动产之间的空间相邻关系是我国的现行法律体系中相邻权的主要来源，这一概念是法律意义上规定的权利义务关系，意在协调毗邻不动产间一方所有者或使用者对自身空间的支配与使用对他者形成的妨碍与侵害。因此概括来说，相邻关系描述了一种基于某种限制原则来处理毗邻不动产使用的权利义务关系，所涉及的权利总和即为相邻权。

从相邻权适用的对象来说，相邻权是一种面向不动产支配与使用的权利。而所谓不动产，是指物理性质上具有空间的固定性的财产，其价值也很大程度上受到位置的影响，也正因为如此，在位置不可变更的情形下，相邻关系中一方基于对自身不动产的自由支配而与他方不动产的排他效力则必然发生冲突，遂有相邻权制度以调和此种冲突关系。由此可见，相邻权伴随不动产的使用与支配产生，目的是保护不动产的价值，少受或不受毗邻不动产的影响，根本上是财产权的体现。

首先，从相邻权所涵盖的权利类型来说，一般涉及如安全权、出入通行权、排水权、采光通风权等多项具体的权利。从相邻权适用的范围来说，由于法律意义上相邻权是为保障物权的正常行使而作出的强制性限制，而这种限制既是必要的，也是最低限度的，但该限度该如何论定，民法典等相关法律法规则未作更详细的解释。其次，对"相邻"的理解也存在"不动产直接邻接""在不可量物侵害的情况下，不邻接近也可发生相邻关系""通过流水、空气等媒介而产生相邻"等几种不同的观点。尤其是随着社会的发展和对健康居住环境认识的转变，对相邻关系本身的认定理应有所扩展，同样，这种扩展的边界如何界定在司法实践中也面临着困难。

1.2 控制性详细规划作为相邻权益分配的工具

《中华人民共和国城乡规划法》已经通过技术标准、规划许可等流程规制对城市范围内的建设活动进行限制与规定，而这也是不动产权利人认为相关建设行为导致自身财产权利受到损害时寻求说法的依据。《中华人民共和国行政诉讼法》也对此类情形的处理原则与流程进行了说明。

通过最高人民法院作为指导案例的"念泗三村28幢居民35人诉扬州市规划局行政许可行为侵权案"中的判决可以看出，在控制性详细规划具备法律效力的基础上，为保证立法司法的一致性，法院在判决过程中实际上遵循"合规即合法"的理念处理规划许可中的相邻纠纷，其背后的思想是将技术标准规定的下限作为保障相邻权的必要限度，多名学者的分析也指出了这一点，如陈越峰（2015）通过对我国相邻纠纷的典型案例分析指出，法院判决将主观权利保护诉求处理成了客观合法性监督，作为判断标准的城市规划和技术标准实际上形成了城市空间利益正当分配的多阶机制和连续过程；成协中（2022）指出，虽然私法意义上的相邻权是规划许可诉讼的权利基础，但实践案例表明空间利益调整已经由私法上的产权法让位于以规划许可为核心的公法机制。这样的处理虽然提高了城市的建设发展效率，但私法意义上的物权通过城市控制性详细规划的形式直接转化为公权并进行分配，这一过程是否合理也引起了质疑，如肖泽晟（2017）认为应当保障相邻权人的利益，变更规划许可带来的采光权损害应由建设者补偿损失；顾大松（2017）认为应明确相邻权人作为规划许可程序中的参与主体地位，某些情形下旧城区新建建筑业主应对日照受损相邻权人应予以补偿。

1.3 私人产权保护与公权力分配——私法与公法之争

相邻权本质上是所有权的延伸和限制，实际上体现的是相邻不动产之间的权利平衡和利益协调，法律上在相邻关系成立的前提下处理相邻方的侵害行为，而相邻关系的成立可视为物理空间毗邻和通过使用行为的媒介毗邻两种情形，在城市控制性详细规划中对建筑空间关系的安排则是在物理空间层面形成了相邻关系的基础，如新区建设的相邻关系是由法定城乡规划来确定的。由此可以认为，相邻权首先是通过城市控制性详细规划对空间的安排完成基础"分配"，而后才会进入私法领域进行协调。

通过对相邻权法律上的规定与实践过程中的纠纷分析可以发现，首先，相邻权问题产生的原因首先是相关法律条例的规定尚有模糊性，如陈华彬（2017）指出民法典第八十条、第九十条所涉及相邻关系的形态规定较为简略，更为繁杂的建筑物之间相邻关系与土地和建筑物之间的相邻关系情形则难以涵盖；仅围绕相邻关系中的阳光、日照问题已有诸多研究，姜凯凯等（2022）通过对相邻权中的日照纠纷案例分析研究表明，民法体系中日照权相关规定与操作的缺失是导致此类纠纷多发的重要原因；侯丽等（2023）通过国际阳光权制度的对比研究指出我国阳光权制度总体上存在的模糊性导致了争议，这是由于阳光权在现实中表现为公共利益与私人利益的混合，在结构上也体现为公法与私法的混合。其次，以对土地空间的管制为核心的城乡规划技术规定和规划许可实际上成为评判相邻关系问题的标准，技术合规代替了对利益诉求的保护，如亢雁直（2001）指出，相邻权纠纷以城市规划技术规定作为评判标准，实际上是通过处理"物"之间的关系替代"人"之间的关系，将技术上的概念与法律上的概念杂糅混合；鄢德奎（2021）认为作为空间资源分配的城市规划决策过于依赖技术标准，导致城市空间利益分配过程中邻避现象频发。而在重视私人权利的欧美法系中，财产权在基本权利本位体系中处于优位，由此不乏观点认为规划作为一种公共管制，事实上侵害了个人财产权，原则上两者相互矛盾。

民法典对相邻关系的规定是对财产权的肯定和保护，而在城市建设和管理的过程中又通过详细规划和规划许可等对相邻权进行分配，两者之间的矛盾根源在于两者设定的依据分别来自私法所承认的个人财产权保护与公法对城市发展的公共利益安排，两者之间在目的与运行方式上有着根本的区别。民法典"物权"编的颁布实施进一步强化了民众的财产权意识，城市的规划与建设行为因相邻权存在而与既有财产权利人的利益息息相关。因此，如何处理好这一矛盾或者说两者的相互关系，是新时期详细规划改革需要回应的关键问题之一。

2　美国妨害法与区划的关系

2.1　妨害法与相邻权的概念差异

相邻权在美国法律中并未有直接的对应概念，但与妨害权（nuisance right）相似。从权利设定的情形上来看，美国的妨害法中所规定的"妨害"是侵权类型的一种，描述的是对他人不动产的非物理性侵入所导致的对他人不动产使用权利的损害。而根据损害对象的不同，又可分为对私人权利的侵害（私人侵害）和对公众健康、安全等的侵害（公共侵害），在土地使用相关的妨害情形中前者更为常见。从造成妨害的类型来看，妨害既可能是确切的、物理上的干扰，如气味、声音、光照等，也包括潜在性威胁，如工厂、易燃易爆品仓库等，更包括空间功能的不恰当布局，如精神病院、墓地、色情场所等特殊空间在心理、道德层面上造成的影响。不难发现，这些妨害看似是从土地不动产角度出发考虑，但更深层次上反映的是对人群生活的影响。而从城市空间使用的视角来看，妨害法事实上所表达的是一种空间使用的重要原则：在私有产权拥有优先顺位的情况下，个人对自己土地或不动产的使用不得损害他人对自己土地的使用权利，尽管承认每个人对自己土地使用的自由权利，但还需满足不能损害他人利益的前提。

如上文所述，控制性详细规划对（负）外部性进行考虑的目的是减少建设和空间使用行为对周边的妨害或侵权，控制性详细规划对空间的安排构成相邻权的基础。虽然相邻权与妨害法在法理基础、适用范围上有所不同，我国与美国的土地制度也有着根本差异，但从处理不动产的空间相邻关系的角度考虑，两者都旨在处理城市中围绕不动产相邻关系产生的问题。通过对美国妨害权规定和判例的认知与讨论，可为理解相邻权及其与"规划"的关系提供借鉴。

2.2　以排除妨害为原则的空间用途管制

2.2.1　妨害法与区划的关系

对私人产权的保护是美国妨害法诞生的背景，区划诞生之初就是为了排除相邻妨害，妨害法的立法观念是区划形成的基础。为解决城市建设过程中毗邻不动产使用的外部性问题，通过预先排除妨害用途的立法限制以及相应的司法管理，形成私人财产权的保障体系。

19世纪80年代，曼哈顿区建造的大量高层居住建筑导致人们对阳光和空气损失产生抗议，而1915年建成的42层"公平大厦"在相邻建筑上投下了巨大的阴影，严重影响了周边建筑的价值。为此政府出台了一系列住宅建筑的高度限制政策。1916年纽约州公布的区划条例（The 1916 Zonging Resolution），将城市分为三类用途地区：居住区、商业区和无限制地区，同时还通过预先设置区划条件进行光照空间管理，比如绝对高度限制、"阳光角"的壁立面退界管制等。用地分区方面，除了无限制地区没有限制外，其他类型均有相应的用途限制：居住区要求最为严格，只能建设社区住房相关设施，商业区在居住区允许用途的基础上增加了商业用途与部分没有污染的工业用途。三者按照用途限制的严苛程度对土地使用做出规定，外部性影响最大的土地用途受到最严重的管束：污染性工业只能选择在无限制区，影响较小的商业用途可在商业区和无限制区布局，而居住用途的选址则没有限制。从这三种分区可以看出，1916年纽约区划条例设置土地建设分区管制的重要因素就是土地用途的外部性影响，区划的目的是尽量排除相邻关系的有害影响。

随着区划的发展，纽约分区的相关规定也日益完善。1961年，纽约区划确定了更为完善的用途管制清单。一是在整体分区的类型划分上更加丰富，如根据发展目的的不同分出促进土地合理使用、形态与环境保护等分区。二是关于妨害的认定也不局限于噪声、气体或气味等这类基本物理因素对公众身体与心理的干扰影响，更包括城市尺度上对地区功能的损害、破坏地区空间形态以及降低空间资产价值等多方面因素。以排除此类妨害为原则，区划相关制度据此对城市中的空间用途做出详细分类，一方面将有损分区内功能或形象的用途排除在外，另一方面则是将相似功能、彼此影响较小的用途归为用途组，由此实现分区内空间功能选择的有限可选性（图1）。

	居住		社区设施		零售商业											综合服务	工业	
	1	2	3	4	5	6	7	8	9	10	11	12	13	14	15	16	17	18
居住区																		
R1 R2	●		●	●														
R3–R10	●	●	●	●														
商业区																		
C1	●	●	●	●	●	●												
C2	●	●	●	●	●	●	●	●						●				
C3	●	●	●	●	●	●	●	●						●				
C4	●	●	●	●	●	●	●	●	●			●						
C5	●	●	●	●	●	●	●	●	●	●	●							
C6	●	●	●	●	●	●	●	●										
C7													●	●	●			
C8	●	●	●	●	●	●	●	●								●		
工业区																		
M1				●		●	●	●	●	●	●	●	●	●		●	●	
M2						●	●	●	●	●	●	●	●	●		●	●	
M3						●	●									●	●	●

图 1　区划规定允许兼容的土地用途组 ［根据 *Zoning Handbook*（2018）改绘］

在具体的实施过程中，对土地而言可使用向下兼容的用地方案。即便存在着从妨害角度出发的限制，但从可供选择的用途清单来看，土地开发中的用途仍有广泛的选择空间。从区划法案的产生与发展过程来看，作为市场经济体制下的产物，区划与其说是基于城市空间发展做出的用途管制，倒不如说更近似于一种为了保护更加普遍的私人权利所制定的开发行为守则，在满足守则的前提下所有者仍具备支配使用土地的自由。妨害法在区划条例中也得到了充分体现，对社区的发展和再开发产生影响。开发商和不动产权利人必须遵守分区规定，确保他们的项目不会对相邻不动产造成妨害。这种规定除了限制土地用途兼容，还通过对不同情形的街道进行日照分析，通过天空曝光面这一引导控制手段保障街道和底层空间的采光，在不同密度分区中也通过建筑高度、退界距离等控制方式引导建筑形态以管控可能产生的妨害。

2.2.2　区划批准的征询听证

统一土地利用审查程序（uniform land use review procedure，ULURP）是纽约市用于规划和土地利用决策的正式程序。ULURP 旨在确保公众参与、透明决策和权力分配的过程。在涉及公共利益或可能带来妨害的重大建设项目中，面向公众的听证是十分重要的环节。从排除妨害的视角来看，这一环节的目的是在事前公布规划建设可能产生的影响从而避免建设后可能产生的妨害纠纷。

一般的建设行为需先满足区划所划定的土地分区和相应的管控条件，而区划调整通常涉及两种情形，一是涉及城市重大公共项目需要对区划进行调整；二是私人对区划提出异议，需要提请区划调整分区。在区划调整这一过程中，所有涉及的区划调整都需要进行公开听证会，由规划委员会和监督委员会申请举行，利益相关人的意见是调整通过与否的重要依据（图2）。城市规划中的公众参与权利就其本质而言是利益诉求的表达与实现，城市规划过程中实现与保障公众参与权需通过法律上的权利设置、程序机会的安排等方式承认各主体的正当利益。在此意义上，美国区划通过这一过程中的公众听证实际上也是相关利益的协商分配过程。

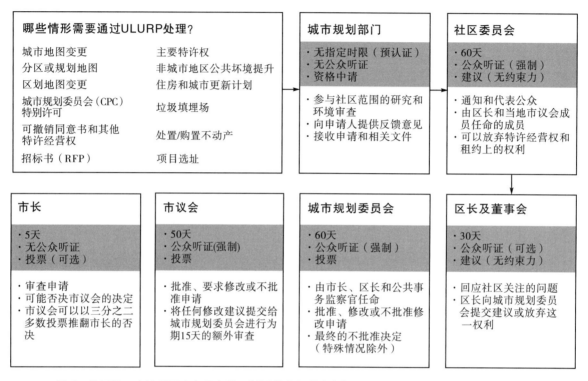

图 2　美国统一土地利用审查程序的区划调整流程［作者根据 *Zoning Handbook*（2018）改绘］

2.3　作为评判标准的区划工具

不同于区划的建设前"约定"与"限制"，妨害法在现实中的使用方式一般是受到侵害的一方首先提起诉讼，再由法院对妨害行为进行判断，判定妨害成立后的处理方式也一般是要求停止妨害或是对已存在的负面影响进行补偿。不难看出，妨害法对侵害行为的限制大多是在行为已发生的情况之下进行的，具有一定的滞后性。在区划成为土地开发使用的控制工具之前，地方政府一直将妨害法作为土地用途管理的重要工具，众多经典判例所体现的思想与原则为区划的形成提供了思想基础，并在区划中得到了进一步的延续。在此通过一个屡被引用的经典判例进行说明。

1910 年，原告在布法罗市 Abby 街和 Baraga 街的拐角处购买了两块空地，两年后在上面盖了一栋房子。楼房的前面被改造成了一家杂货店，原告将后面用作住宅，并出租了二楼的两套公寓。被告在其对面经营大型焦炉。焦炉的连续运行产生了带有焦炭的灰尘与水汽，排出后随风扩散，并且经常进入原告的房屋和商店中。原告认为这导致她的房子里积累了大量污垢与烟灰，并造成她无法打开街边的窗户；她还声称因吸入这种灰尘和气味而引起强烈头痛，自己和家人的健康受到严重损害。这一切使她不适并感到烦恼，降低了她房产的租金并时常使她的公寓无法出租。原告提起诉讼，以禁止被告进一步产生上述妨害行为，并要求就曾经因妨害行为带来的损害进行赔偿。法院最终的判决驳回了原告的上诉，主要给出的理由包括以下几点：

第一，相邻妨害的基础规则。作为一般规则，只要土地的使用不违反法律或法规，业主可以自由地使用他认为合适的财产而不受邻居的反对或干涉。但是实际情况远远复杂得多，因此任何人在使用其财产方面没有绝对的自由，在行使自己的权利时，都必须考虑对相邻方的影响与妨害。

第二，容忍义务。在热闹的市中心居住就不能期望如乡村般安静，同时空气污染与噪声的影响往往也难以避免。在享受城市便利生活的同时往往也需忍受因高密度带来的嘈杂环境，与整体的社区利益相比，这些嘈杂显然是微不足道的。归根结底，被告行为的效用取决于法院赋予它的社会价值。原告必须忍受一些不便，而不是限制被告的行动自由，无法要求被告必须如何使用自己的财产，以免对原告造成不合理的伤害。

第三，妨害的确定。私人妨害情形下的原告必须证明妨害是故意行为、并且对自己的使用产生切实干扰（尽管这些妨害可能不是故意的）和实质性损害（通常包括可证明的财产价值损害）。最重要的是，必须证明在这种情况下发生妨害的性质、持续时间或数额足以构成对土地使用的损害和贬值。私人妨害的典型类型涉及具体的物理干扰（如灰尘、砂石和烟雾等），但对不动产权利人的身体或精神伤害也同样可以纳入考量，只需符合妨害的产生存在明确动机、具有实质影响和产生的缘由不合理几个必要条件即可。

第四，区划分区对妨害的规定。《州普通法》（State Common Law）第 20 条第 25 款规定，该州当局的城市可以管理工业的选址，并为此目的对城市进行分区。根据这一授权，布法罗市共同理事会通过了一项法令，将被告工厂所在的特定区域作为焦炉可以合法放置的区域。原告建造房屋时，工厂所在的土地是山核桃树林。但在城镇不断发展的过程中，土地的使用情况不可避免地发生变化。现代城市需要发展重工业，这些重工业则必然对周边产生一定影响，如果这些不利影响只能以高昂的费用来补偿，那么无疑是不合理的。法院认为，某些地方适当地主要从事某些活动，引入不相容的活动必须被视为不合理，之后的区划条例继承并发展了这一想法。

通过对美国妨害法、区划条例与公众参与制度的相关内容分析，可以分辨出其以排除妨害为基本原则的连贯关系。在这一过程中，首先是妨害法从法律角度上具体规定了妨害的内涵和情形，其次是区划条例以划定分区的方式对土地用途进行刚性的管制，其内容实际上是对可能产生负面影响的建设活动的管控，最后是用地开发方案的论证过程中对妨害关系的处理。可以说，这个过程的目标原则是高度一致的，其目的便是排除相邻影响对私有财产的侵害。

3 对完善详细规划制度的启示

尽管在基本概念、法理等方面存在不同，但通过对妨害法与区划关系的分析，以及其与"相邻权和控规"的对比（表1），可为完善详细规划相关制度提供新的思路。这并不是说，需要扩展相邻权的范畴（像妨害法一样将广义的公共利益包含在内），或者是像妨害法与区划一样，将相邻权作为详细规划的基础。我国独特的治理方式和规划发展历程决定了详细规划同样具有发展和保护的作用，即不能单纯地将保护现有的权利及其关系作为出发点。本文认为，在新时期国土空间详细规划作为开发保护活动和统一用途管制的法定依据，以及空间治理的政策工具这一定位下，有必要从"过程的连贯性"思路出发，通过完善法律条文解释、细化技术准则和优化规划流程，对相邻权和详细规划的关系进行调整，从而为解决目前相邻权诉讼中的矛盾点提供一定支撑。

表 1　相邻权与妨害法相关概念梳理

比较维度	相邻权	妨害法
概念	基于不动产的毗邻位置关系设置，要求对所有者或使用者支配与使用其不动产的行为进行一定限制或相互提供便利，根本上是为了满足任意一方对其不动产的支配权利	自由市场经济体制下不动产权利人对自己土地的不合理使用实质性地减损了他人对自己土地的使用权利。基本理念是承认每个人都能自由地使用土地，但前提是不能妨碍或损害他人的利益
冲突情形	主要包括对地表或地下的生产建设活动中的相邻关系，如土地和矿产等自然资源的使用开发、农业生产中的用水排水等，以及日常生活中毗邻不动产之间受通风、采光等物理环境因素影响而产生的相邻关系	私人妨害：包括可量物侵害和不可量物侵害。可量物侵害包括噪声和气味等污染情形、光线视觉和施工震动的干扰以及构筑物的空间侵占；不可量物侵害主要指道德文化观念上的邻避或涉及安全的潜在威胁 公共妨害：指影响公众健康、安全或舒适的活动或条件，包括环境危害、阻碍公共通行、非法活动和不卫生条件
与控制性详细规划（区划条例）的关系	在控制性详细规划中作为土地用途兼容的依据加以考虑；在规划中以土地用途兼容限制、日照标准、建筑间距、建筑高度等指标具体控制；规划技术标准决定容忍义务，以此作为相邻权的权利边界	妨害法是区划条例产生的思想基础，在区划中以分区管制、土地用途组、包络面分析等体现；区划分区作为事后冲突的协调依据之一
冲突协调方式	规划许可前方案通过公示征求公众意见；事后冲突的解决途径一般为经济补偿	更改区划需通过听证会征询利益相关人意见，同意后方可实施；事后冲突的解决途径包括停止妨害行为和经济赔偿

3.1　重视相邻权在控制性详细规划制定过程中的考虑

在我国的规划管理中，详细规划是建设管理的法定依据，而制定、审批规划这一抽象行政行为所产生的问题在后续具体行政行为中才会反映出来，因此相邻权冲突问题的解决方案在制定规划时就应有所考虑。从其出发点来看，控制性详细规划其实是对土地使用的安排，而非土地权益的协调。而随着城市的发展，曾经在低强度建设下隐没的问题逐渐浮现，因为用途的外部性影响而引起的纠纷诉讼比比皆是，既有商业用途给居住带来负面影响的民事纠纷，也有因为规划建设新的用途而带来反对意见的行政纠纷。其中反映的问题是用地分类。我国的用地分类是以功能类型为主的，但是对经营活动的影响考量不足，在此基础上功能混合便会给居住带来隐患。

在用途管制方面，需要按照产生相邻权影响（妨害）的类型与程度来更加细致地划定空间性质或用途，在管控方式上则可借鉴区划的方法，以相互兼容的用途组（簇）对特定区域的用途进行管制。区划中的用途管控是普通法中妨害法的延续与转换，其实质是在创建管制分区的基础上进行开发管控：通过先确定规则再将规则空间化，以此规制土地开发与使用行为。而相邻权视角下的土地用途管制所需的是规则管制的思路，通过建立一般性的分区规则来管控土地用途与空间发展，以此契合保障相邻权的诉求。

3.2 细化详细规划相关技术准则

在城市的建成环境中，相邻关系完全不受影响的建设行为几乎不会存在，在此意义上，作为建设指引的城市规划就是城市公共利益与私人利益的协调，其底线就是由技术规定文件所确定的最低标准，对最低标准的保障也是对相邻权的保障。因此，利用控制性详细规划进行相邻权分配本身并无问题，真正的问题在于详细规划中的管制内容如何反映私法领域个人财产权受到保护的诉求。

详细规划涉及的其实是对城市稀缺自然资源（比如阳光、景观、通风等）的分配。这样的分配既需要考虑城市发展，也需兼顾私法，协调个人产权。具体来说，一方面，各地的城市规划技术管理规定或技术准则应结合实际情况，涉及重要稀缺资源的分配应给予更加详细科学的分析认定，保障最低限度的科学合理。另一方面，则需加强技术规定的合法性：对于相邻关系涉及的权利人而言，一方权利与利益的扩张同时意味着另一方权利使用与利益的收缩，扩张与收缩平衡的"度"，也即容忍义务，是相邻权扩张与限制的基点，而在规划许可审批过程中，这一基点是由城市规划技术规定或准则中的日照标准、建筑间距等方面的指标所规定，因此技术标准在恰当反映容忍义务要求的同时，也需要通过在法律上明确规定容忍义务规则来划定出相邻不动产之间的合理边界，进而强化其作为解决不动产相邻关系纠纷的工具的实用性。

3.3 优化规划许可审批制度与实施流程

对相邻权的法律救济需从事后救济转向事前、事中、事后救济相结合。这一过程的连贯性除了需要完善相关规定和详细规划内容，还需在流程上将周围妨害纳入考量。针对建设后可能会对周边产生影响的项目，应事先对规划建设方案举行公众听证，将其公众的知情同意意见纳入批准规划建设许可的条件。作为财产权的一部分，相邻权其实隐含的一个要求是建设前知情同意，公众听证环节的重要意义也正在于此，如凌维慈（2010）认为应承认受到利益侵害的周边居民在一定条件下应具有通过行政诉讼撤销规划许可的原告资格。

向利益相关方提前通知方案可能产生的影响并征询意见，要优于事后对规划方案的质疑、调整以及对建设方和规划管理部门的投诉纠纷。从发展利益共享的角度来看，城市发展中需要兼顾空间利益的公平性，完善行政规划许可听证程序的目的是保障公民参与城市空间利用的决策过程的权利。从规划审批与公示的流程来看，我国规划部门的建设项目公示通常是有限干预，即告知建设方履行规范和规划，向邻里公示规划与建设方案。纠纷的起因也往往与规划部门在这一过程中既要审查项目的方案又要监督方案按法规实施，同时扮演多个角色，进而卷入纠纷中。因此，建立将相邻影响（妨害）纳入考虑的事前、事中、事后相衔接，权责清晰的详细规划实施管理和公众参与制度是十分必要的。

4 结语

在我国的城市建设管理中，主要是通过控制性详细规划的方式来分配如日照、景观等涉及相邻纠纷的资源，在相邻纠纷的处理中采取符合规划许可即合法的方式解决。规划许可诉讼中相邻权纠纷问题在于相邻权的设定基于私法，是对财产权的保护且其界限模糊，而控制性详细规划作为对城市空间发展做出的安排，在实践中主要是依据技术准则来处理相邻问题，两者在基本的出发点、逻辑上不同，在对应关系上存在冲突。通过对美国妨害法和区划条例之间关系的分析，可以看到区划的根本原则与妨害法的要求一致，即排除不同空间使用间的相互妨害，并且两者的关系在区划的制定和实施的全过程中是一致的。在此基础上，本文提出应从详细规划的编制技术、技术准则的内容和实施管理的流程等方面优化详细规划制度，尽可能实现排除相邻影响（妨害）在法规体系及规划全过程中的相互衔接。

相邻权与相邻关系在私法观念中可视为平衡相邻不动产权利人权利和利益的协商机制，而这种协商往往是个别、被动地申诉调整和事后的协调补偿。而控制性详细规划作为普遍、主导的管理工具和事前的行为，对解决相邻权纠纷问题有着先决意义。新时期国土空间高质量发展的背景下，控制性（国土空间）详细规划作为落实上位空间规划意图、面向实施的重要环节，需要兼顾城市发展诉求与空间权益公平，通过纳入更精准的协商内容、构建更全面的协商平台、制定更科学的协商流程来切实提高城市治理水平。

［参考文献］

[1] 刘长兴. 我国相邻权规范的绿色解释：以相邻采光为例 [J]. 政治与法律，2020（10）：108-118.

[2] 于洋. "请别挡住我的阳光"：由一个阳光权纠纷案引发的产权思考 [J]. 城市规划，2016（4）：93-98.

[3] 赵民，高捷. 景观眺望权的制度分析及其在规划中的意义 [J]. 城市规划学刊，2006（1）：22-26.

[4] 陈越峰. 城市空间利益的正当分配：从规划行政许可侵犯相邻权益案切入 [J]. 法学研究，2015（1）：39-53.

[5] 成协中. 从相邻权到空间利益公平分配权：规划许可诉讼中"合法权益"的内涵扩张 [J]. 中国法学，2022（4）：156-174.

[6] 肖泽晟. 论规划许可变更前和谐相邻关系的行政法保护：以采光权的保护为例 [J]. 中国法学，2021（5）：202-223.

[7] 周剑云，戚冬瑾. 城乡规划中的相邻关系与规划管理部门的角色：答陈建萍、颜强关于"阳光权"法律属性的疑问 [J]. 城市规划，2009（4）：68-72.

[8] 姜凯凯，高浥尘. 住宅日照权纠纷的原因分析与治理对策：基于108个司法案例的分析 [J]. 国际城市规划，2022（5）：107-112.

[9] 鄢德奎. 市域邻避治理中空间利益再分配的规范进路 [J]. 行政法学研究，2021（5）：41-54.

[10] 王卉. 妨害视角下的城市土地用途控制探析：以美国为例 [J]. 国际城市规划，2015（增刊1）：23-28.

［作者简介］

吴彦锋，同济大学建筑与城市规划学院硕士研究生。

张皓，通信作者，同济大学建筑与城市规划学院博士后。

国土空间规划体系下详细规划单元划定探索

——以福建省三明市明溪县为例

□谢美娇

摘要：详细规划单元划定是开展详细规划编制、修改以及落实指标传导，实施规划管控的依据。详细规划存在尚未覆盖全域国土空间、尚未统筹各类详细规划，尚未理顺规划传导机制等问题。本文以明溪县的详细规划单元划定为例，按照"先特定、后一般"的原则，综合采取"优先识别特定区域—统筹划定城镇区域—权属划定乡村区域"的三步走流程，探索在国土空间规划体系下的全域详细规划单元划定方法、思路，形成全域覆盖、功能完整、便于管理、传导有序的详细规划单元以期为其他城市详细规划单元划定提供相关的经验借鉴。

关键词：国土空间规划；详细规划；单元划定；明溪县

0 引言

2019 年 5 月，中共中央、国务院出台了《关于建立国土空间规划体系并监督实施的若干意见》，该意见进一步明确了国土空间规划体系，即"五级三类四体系"，确定了详细规划在"开展国土空间开发保护活动、实施国土空间用途管制、核发城乡建设项目规划许可、进行各项建设等方面具有法定依据"的地位。全国部分省（区、市）纷纷开展国土空间详细规划体系研究，出台了相关的编制指南，以指导地方科学开展规划单元划定工作，统筹好国土空间的生产、生活、生态和安全功能。福建省国土空间规划已经批复实施，全省"三区三线"已启用，市、县国土空间总体规划进入报批收官阶段，详细规划编制即将全面开展。

以往在编制控制性详细规划时，因缺乏与总体规划的有效传导衔接，经常出现脱离总体规划目标和内容的情况；村庄规划通常以行政村为编制范围，缺少与控制性详细规划的统筹，与详细规划交叉重叠的情况较为普遍。因此，开展详细规划单元划定，可以在全域层面进行统筹划定，按照特定区域、城镇区域、乡村区域进行划分，确保单元不重不漏，实现详细规划的全域覆盖。为深入贯彻落实《自然资源部关于加强国土空间详细规划工作的通知》（自然资源部〔2023〕43 号文）相关要求，福建省自然资源厅发布了《关于开展国土空间详细规划单元划定和试点的通知》，对详细规划编制提出了基本要求，并明确时间进度，以期规范指导全省详细规划单元划定工作开展。三明市明溪县详细规划单元划定工作在此基础上正式展开。本文研究目的是依据福建省要求，梳理详细规划存在的问题，探索在国土空间规划体系下的全域详细规划单元划定的方法、思路，以三明市明溪县的详细规划单元划定为例进行实践应用，划定特定区域的自然生态单元、历史保护单元、其他特定单元，城镇区域的集中建设单元、城乡融合单元，以及乡村区域的国有农场单元、乡村单元，以期为其他城市提供相关的经验借鉴。

1 详规单元规划研究情况

1.1 详细规划内涵及作用

详细规划是实施国土空间用途管制和核发建设用地规划许可证、建设工程规划许可证、乡村建设规划许可证等城乡建设项目规划许可，以及实施城乡开发建设、整治更新、保护修复活动的法定依据，是优化城乡空间结构、完善功能配置、激发发展活力的实施性政策工具。详细规划在"五级三类"的国土空间规划体系中承担着承上启下的关键作用。详细规划单元是开展详细规划编制、修改以及落实指标传导、实施规划管控的基本单元，是推动详细规划分级分类管理的重要基础。因此，要结合区域特征，因地制宜地划分详细规划单元，构建详细规划单元全域全要素编制体系。

1.2 详细规划存在问题

1.2.1 尚未覆盖全域空间

各地编制的规划主要有城镇开发边界内的控制性详细规划、边界外的村庄规划、传统村落保护发展规划等类型。通过梳理既有的各类详细规划，进行拼合分析，发现这些规划并未全域覆盖各种场景管控，如针对自然保护地、国有农场、城乡融合地区等特征区域的规划，都处于空白或者缺失的状态。

1.2.2 尚未统筹各类规划

现行的详细规划主要分为控制性详细规划和村庄规划，呈现割裂的状态。控制性详细规划以单元或者地块为编制范围，而村庄规划以行政村为编制范围，两者缺乏统筹、分头编制，经常出现相互交叉重叠的问题，同时相关规划编制依据、管控规则等都有矛盾冲突，难以适应现阶段规划开发和保护的要求。

1.2.3 尚未理顺传导机制

以往控制性详细规划在单元规模、指标分解、功能布局、设施配置等方面与总体规划缺乏有效传导衔接，在编制过程中，往往脱离总体规划确定的目标和内容，出现总体规划和控制性详细规划"两张皮"的问题；村庄规划的约束性指标、村庄分类布局、公共服务设施配置等方面与国土空间总体规划的衔接不足，存在脱节现象，造成传导突破、弹性不足、指标无法落实等现象，导致规划频繁修编与动态维护，降低了规划的严肃性。

1.3 详细规划探索研究

2023年3月发布的《自然资源部关于加强国土空间详细规划工作的通知》，对当前阶段的详细规划工作进行了总体部署，标志着国土空间规划工作重点已经逐步转向详细规划，同时对新时期国土空间详细规划编制管理工作的改革优化提出了新要求、指明了新方向。对于详细规划，国家层面还未出台具体的规范标准，但广东、江苏、海南等地已经先期开展详细规划编制的探索实践，各地对详细规划编制单元的划定要求不一。2023年3月，广东省自然资源厅印发《关于推进城镇开发边界内详细规划评估及编制工作的通知》，重点明确在城镇开发边界内划分出全域覆盖、无缝衔接、分类管控、统一赋码的详细规划单元，同时结合城市规模大小及发展需求明确一般单元及重点开发、城市更新、历史保护、战略留白等特殊单元划分方式，对城镇开发边界外农业农村单元与生态单元探索较少；2023 年 6 月，江苏省自然资源厅发布了《江苏省详细规划单元划定指引（试行）》，明确运用城市设计、大数据等技术方法，深化城镇开发边界内城市更新地区、公共活动中心地区、交通枢纽地区、沿山滨水地区、历史风貌与文化遗产保护区等重点地区详细规划，积极探索城镇开发边界外城郊地区、生态空间、陆海统筹地区、线性基础设施空间等其他类型详细规划编制，逐步实现详细规划（村庄规划）全域覆盖；2023 年 11 月，海南省自然资源和规划厅出台《关于加强国土空间详细规划工作的通知》（征求意见稿），明确城镇开发边界内，依据上位规划，统筹行政界线、自然地理分界线、历史文化资源保护利用等因素，划分产业园区、历史文化、交通枢纽以及其他单元等，以一个或多个单元作为规划编制单位编制单元控制性详细规划；城镇开发边界外，以一个或多个乡镇范围、一个或多个海洋功能区为编制单位，编制城镇开发边界外单元控制性详细规划，划分为农业单元、林业单元、生态单元、海域单元、居民点单元、三产融合单元、矿业单元等；风景名胜区等有明确管理边界的特定区域，按照相关法律法规开展详细规划编制。

2　详细规划单元划定思路

2.1　分区分类，构建单元总体框架

依据相关通知要求，根据地方生态本底和发展理念，结合行政事权及生产、生活、生态和安全功能需求，本轮详细规划单元划分为特定区域、城镇区域、乡村区域三大区域单元类型，并结合国土空间开发保护和管控要求，细分至二级单元和三级分类，构建"3＋7＋14"的总体框架，确保单元覆盖全域全要素（图 1）。其中，城镇区域结合土地利用开发时序和空间管控要求，分为存量更新类、增量开发类、一般城镇类、城乡融合类；特定区域结合类型明确管理范围和政策管控，细分为自然保护区类、自然公园类、历史文化名村类、传统村落类、大型采矿类；乡村区域结合土地权属和行政事权，细分为国有农场类、国有林场类、集聚提升类、农业发展类、生态保育类。通过规划边界与行政区划的衔接，进一步加强详细规划与行政事权的匹配度，提高了详细规划的可实施性，保障规划有效落地实施。

2.2　落实责任，细化工作技术方案

本工作技术方案落实政府主体责任，建立以自然资源局牵头、相关部门合作、专业技术团队领衔的工作组织模式。在详细单元划定工作中，经历了资料收集、数据处理和沟通对接等工作环节，完成详细规划单元划定成果，确保空间上各类单元类型不交叉重叠，单元编码全域覆盖，通过福建省国土空间规划"一张图"实施对监督信息系统进行统一管理。

落实福建省自然资源厅通知中提出的划定要求，综合行政事权管理范围、总体规划分区、自然山体等地理空间要素，自然保护地、历史文化等特定管控区域的特点，按照"先特定、后一般"的原则，综合采取"工作底图梳理—优先识别特定区域—统筹划定城镇区域—权属划定乡村区域"的技术流程，统筹划定详细规划单元（图 2）。

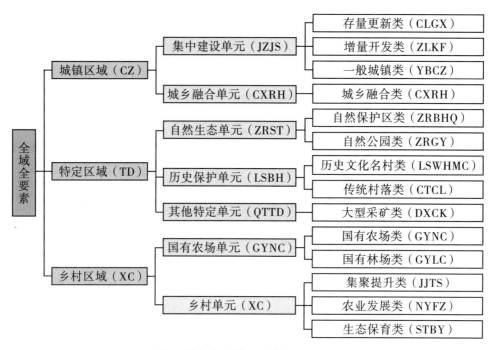

图 1　详细规划单元总体框架示意图

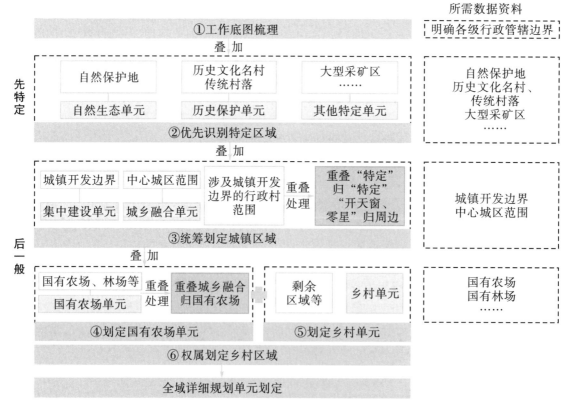

图 2　详细规划单元划定技术路线图

2.3 全域覆盖，统筹全域单元划分

本轮详细规划统筹覆盖全域全要素，建立与空间管理事权相协调、与不同要素相适应的全域全要素体系。根据详细规划单元一级区域用途管制的特点和方式，采取了分类式差异化的管控模式：在特定区域，按照行政管理范围进行严格的行政边界管控；在城镇区域，按照国土空间总体规划确定的严格倍数指标和划定的边界进行管控；在乡村区域，按照实用性村庄规划进行弹性的引导式管控。

详细规划单元的边界划定，一要依据"全域覆盖、功能完整"的原则，结合行政事权和生产、生活、生态与安全功能需求，加强城乡融合，确保单元覆盖全域全要素；单元划定要充分衔接国土空间总体规划确定的主导功能及规划分区，注重单元间的统筹衔接，确保功能完整。二要依据"边界衔接、统筹划定"的原则，不突破实际管辖边界，并与自然保护地、历史文化等特定管控界线和自然要素等地理空间要素相协调，确保单元不交叉不重叠；当单元功能出现交叉重叠时，由地方结合实际确定单元类型，鼓励距离相邻、功能相近的单元进行合并。三要依据"尊重权属、划管结合"的原则，充分考虑现状用地权属关系和用地审批、规划许可、不动产登记等管理数据，尽量避免切割合法用地权属，确保单元管理的可操作性；充分考虑后续详细规划编制、实施、管控、评估、监测、维护等相关工作，为新时期详细规划制度创新奠定基础。

2.3.1 优先识别特定区域

特定区域指受特定政策管控的特定功能区域，主要包括自然保护地、历史文化保护区、大型采矿区等具有明确空间治理主体的区域。本轮划定因地制宜根据地方的自然地理格局，按照"先特定、后一般"原则，利用 ArcGIS 中的分析标识工具，在工作底图基础上优先识别各级各类自然保护地、历史文化名村、传统村落，以及采矿区等其他特定政策管控区域。自然生态单元划定在充分衔接国土空间总体规划确定的主导功能及规划分区的基础上，同步衔接最新的自然保护地整合优化成果，按照明确的管理范围，优先识别各级各类自然保护地；历史保护单元衔接历史文化遗产保护范围，按照行政村界优先识别历史文化名村和传统村落；其他特定单元根据《福建省矿产资源总体规划（2021—2025 年）》，优先识别现状、规划采矿权范围，按照特定管控区域划定。可综合考虑管控需要和边界完整性，将与特定区域关联度较高的周边区域一并纳入特定管控单元，确保功能完整性，比如自然生态单元与历史保护单元、国有农场单元重叠的，以自然生态单元为主；历史保护单元与国有农场单元重叠的，以历史保护单元为主；其他特定单元与历史保护单元、国有农场单元重叠的，以其他特定单元为主。

2.3.2 统筹划定城镇区域

城镇区域指国土空间总体规划确定的城镇开发边界及中心城区等具备城镇建设功能、需规划管控的区域。集中建设单元划定要充分衔接自然资源部下发的"三区三线"成果，同步衔接国土空间总体规划确定的规划分区，以城镇开发边界内集中建设区域为主，全部划入集中建设单元。城镇开发边界内零星"开天窗"地区、零星分布且规模小于 1 hm² 的城镇开发边界可与周边地区统筹归入相应区域，细分三级类则按照规模小于 200 m² 区域可与周边分类进行统筹归并，保证集中建设单元有相对完整行政边界。比如，集中建设单元与自然生态单元、历史保护单元、其他特定单元、国有农场单元重叠的，以集中建设单元为主，将重叠的区域划定为集中建设单元；城镇开发边界外与城镇发展空间交错，功能联系紧密的区域，同步衔接国土空间总体规划的中心城区范围和村庄分类指引，按照行政村界划入城乡融合单元，保障城镇开发边界外需按照城镇进行规划管控的城乡用地需求。

2.3.3 按权属划定乡村区域

乡村区域指城镇和特定区域以外的区域，包括国有农场单元和乡村单元。国有农场单元根据2022年国土变更调查农场权属关系，将国有农场、林场等具有国有土地权属、以农业生产为主的地区划入，国有农场单元与城乡融合单元重叠，以国有农场单元为主。根据行政村界将剩余的以农业生产为主的村庄划入乡村单元，确保单元覆盖全域全要素。其他情况比如争议地则按照行政村界结合地方实际情况，统筹纳入周边相应单元；1 hm² 以下碎图斑，按照行政权属关系结合地方实际发展需求，统筹纳入周边相应单元，确保其功能的完整性。

2.4 分类引导，科学建立管控规则

建立详细规划单元管制规则，以明确不同分区单元的管控要求及准入清单，形成单元调整机制，探索面向全域不同场景和类型的规划编制形式，详见表1。在城镇区域，主要针对城镇范围内的开发建设活动进行管控，实行"详细规划＋规划许可"的方式，结合地块指标、城市"四线管控"等方式助力城市高质量发展；在特定区域，主要针对自然保护地、历史文化保护、矿产资源保护等方面的刚性要求加以引导，进行差别化管理；在乡村区域，按照实用性村庄规划的要求，实行"详细规划＋规划许可"和"约束指标＋分区准入"的管制方式，以满足乡村建设发展需求，促进乡村振兴。本次详细规划单元从范围方面综合考虑各类发展因素，做到全域覆盖；从传导方面要求落实总体规划的相关引导和管控要求，做到系统性传导、分层次落实，从而构建"自上而下、上下贯通"的规划体系；从应用方面要求构建规划"一张图"系统，做到编制与管理结合。

表 1　详细规划单元类型和管控规则

单元类型		编制类型	管控要求
城镇区域	集中建设单元	控制性详细规划	实行"详细规划＋规划许可"的方式，严格实行用途管制，按照规划用途依法办理有关手续，并加强与水体保护线、绿地系统线、基础设施建筑控制线、历史文化保护线等协同管控
	城乡融合单元	控制性详细规划	可探索编制详细规划，采用"详细规划＋规划许可"的方式进行管理，对城镇建设用地的指标严格管控，实施规划用途管制与开发许可制度
特定区域	自然生态单元	自然保护地详细规划	通过"详细规划＋准入清单"的方式，实行核心保护区和一般控制区分级分区管控、差别化管理。核心保护区原则上内禁止人为活动。一般控制区通过负面清单管理
	历史保护单元	历史文化保护详细规划	采用"详细规划"的方式进行管理，应当整体保护，保持村庄传统格局、历史风貌和空间尺度，不得改变与其相互依存的自然景观和环境
	其他特定单元	矿产资源详细规划	实行"详细规划"的方式，在符合国土空间规划和其他相关规划的前提下，允许矿产资源的勘探、开采、初加工以及相关的配套设施建设，鼓励生态修复和生态建设工程
乡村区域	国有农场单元	国有农场详细规划	可探索实行"详细规划＋规划许可"和"约束指标＋分区准入"的管制方式。不同于一般村庄规划，适用于国有农场单元详细规划编制和管控方法
	乡村单元	实用性村庄规划	实行"详细规划＋规划许可"和"约束指标＋分区准入"的管制方式。乡村单元准入宅基地、农村公共服务设施、交通市政基础设施、农产品加工仓储、农家乐、民宿及创意办公、休闲农业、乡村旅游区域配套设施等与农村生产、生活相关的用途

3 明溪县详细规划单元实践

3.1 区域基本情况

明溪县位于福建省西北部、武夷山脉东南麓，属亚热带海洋性季风气候，山地丘陵地带；境内群山环抱、溪网密布，自然资源丰富，生态系统多样，生态环境优美，红色资源宝贵，宜居宜业宜游，被誉为"绿海明珠"。全县总面积 1729.89 km²，辖 4 镇 5 乡 96 个村（居），"七普"显示常住人口为 9.89 万人。

3.2 划定范围和底图

本次详细单元划定方案的研究范围为明溪县行政辖区范围，总面积为 1729.89 km²，包括雪峰镇、城关乡、瀚仙镇、胡坊镇、盖洋镇、沙溪乡、夏阳乡、夏坊乡、枫溪乡 9 个乡镇；中心城区层次范围涉及雪峰镇及瀚仙镇、城关乡的局部地区，总面积为 44.69 km²。

结合相关通知中关于单元划定底图的要求，以明溪县 2022 年度国土变更调查成果为底图，采用"2000 国家大地坐标系""1985 国家高程基准"空间定位，结合地籍调查、不动产登记等法定数据和用地审批、规划许可等管理数据，以及行政管理界线、各类专项控制线及其他职能部门管理界限等法定数据，作为划定详细规划编制单元的底图。

3.3 划定方案

3.3.1 特定区域

一是自然生态单元。明溪县自然生态单元划定在充分衔接《明溪县国土空间总体规划（2021—2035 年）》确定的主导功能及规划分区的基础上，同步衔接明溪县最新的自然保护地整合优化成果，在工作底图基础上优先识别各级各类自然保护地，按照明确的管理范围，共划定 12 个自然生态单元，面积 20629.80 hm²。按照自然保护地的级别和类型细分为福建君子峰国家级自然保护区、福建三明罗卜岩省级自然保护区 2 个自然保护区类，以及福建三明雪峰山省级森林公园、福建三明紫云省级森林公园、福建三明古火山口省级地质公园 3 个省级自然公园类。

二是历史保护单元。衔接明溪县历史文化遗产保护名录，按照行政村界优先识别历史文化名村和传统村落并划入历史保护单元。本次共划定明溪县历史保护单元 11 个，面积 16734.84 hm²。按照历史文化保护的级别和类型细分为夏阳乡御帘村（国家级）、胡坊镇肖家山村、胡坊镇柏亨村、胡坊镇胡坊村、瀚仙镇龙湖村、夏坊乡夏坊村（市级）6 个历史文化名村类历史保护单元，以及夏坊乡苎畲村、夏阳乡旦上村、盖洋镇白叶村、盖洋镇衢地村 4 个传统村落类历史保护单元。

3.3.2 城镇区域

三是其他特定单元。根据《明溪县矿产资源总体规划（2021—2025 年）》，优先识别现状、规划采矿权范围，按照特定管控区域，共划定其他特定单元 37 个，面积 1164.18 km²，按照特定单元的类型细分为大型采矿类，包括明溪县长兴萤石矿业有限公司切坑萤石矿、福建省明溪凯华矿业有限公司洋见头白云岩矿、明溪县金山萤石矿有限公司胡坊镇柏亨萤石矿等。

第一，集中建设单元。衔接下发"三区三线"成果中的城镇开发边界范围，同步衔接《明溪县国土空间总体规划（2021—2035 年）》确定的规划分区，将城镇开发边界内的集中建设区域全部划入集中建设单元。此次共划分集中建设单元 118 个，面积 1689.98 hm²，主要分布在中心城区、盖洋镇、胡坊镇、瀚仙镇、沙溪乡等集中建设区域。按照集中建设的开发利用差异和时序细分为存量更新类、增量开发类和一般城镇类，面积分别为 108.71 hm²、159.11 hm² 和 1422.16 hm²。

第二，城乡融合单元。衔接《明溪县国土空间总体规划（2021—2035 年）》中的中心城区范围，将与城镇开发边界空间交错、功能联系紧密的城乡地区统筹划入城乡融合单元，即扣除集中建设单元区域后按照行政村界划入此单元。另外，乡镇村庄分类中为转型融合城郊村也一并按照行政村界划入此次的城乡融合单元。此次划分城乡融合单元共 60 个，面积 18412.98 hm²，其中三级分类全部划入城乡融合类。

3.3.3 乡村区域

第一，国有农场单元。以明溪县 2022 年度国土变更调查成果为底图，根据农场权属关系，将国有农场、林场等具有国有土地权属并以农业生产为主的地区划分为此单元。此次共划分 19 个国有农场单元，面积 2420.74 hm²，按照国有权属的管理事权单位将其细分为国有农场类和国有林场类，面积占比分别为 25.47% 和 74.53%。

第二，乡村单元。根据行政村界将剩余的以农业生产为主的村庄划入乡村单元。此次共划分 71 个乡村单元，面积 111936.58 hm²。按照明溪县、乡镇国土空间总体规划确定的村庄定位及村庄分类指引，结合地方实际发展情况，将剩余的乡村单元细分为 36 个集聚提升类、13 个农业发展类、12 个生态保育类，面积占比分别为 59.35%、18.31% 和 22.34%。

根据划定思路，本次明溪县详细规划总划定单元 363 个，其中集中建设单元 118 个、城乡融合单元 60 个、自然生态单元 12 个、历史保护单元 11 个、其他特定单元 37 个、国有农场单元 19 个、乡村单元 71 个，实现全域范围覆盖，确保区域功能完整。其中的三级分类详见表 2。

表 2　明溪县详细规划单元划分情况一览表

单元类型		面积/hm²	三级分类	面积/hm²	占比/%
城镇区域	集中建设单元	1689.98	存量更新类	108.71	0.06
			增量开发类	159.11	0.09
			一般城镇类	1422.16	0.82
	城乡融合单元	18412.98	城乡融合类	18412.98	10.64
特定区域	自然生态单元	20629.80	自然保护区类	18991.46	10.98
			自然公园类	1638.34	0.95
	历史保护单元	16734.84	历史文化名村类	11326.29	6.55
			传统村落类	5408.55	3.13
	其他特定单元	1164.18	大型采矿类	1164.18	0.67
乡村区域	国有农场单元	2420.74	国有农场类	616.57	0.36
			国有林场类	1804.17	1.04
	乡村单元	111936.58	集聚提升类	66434.21	38.41
			农业发展类	20499.44	11.85
			生态保育类	25002.93	14.45
合计		172989.10		172989.10	100.00

4 结语

本轮详细规划单元划定落实国土空间总体规划的功能分区，一方面，采取优先级排序方法，确定各类管理主体明确、边界清晰的范围优先划定为特定区域；另一方面，采取分区分类的方法，统筹划定城镇区域和乡村区域，形成全域覆盖、功能完整、便于管理、传导有序的规划单元。本次详细规划单元划定从以往侧重城镇空间转向特定区域、城镇、乡村等全域空间覆盖，从侧重集中建设用地转向涵盖山水林田湖等全要素统筹，从侧重编制技术转向编制审查、实施监督等全体系支撑，从侧重开发利用转向资源全周期管理，从侧重审批的管理型规划转向关注规划实施及所需的要素保障等空间治理型规划，推动实现"管治结合"。福建省各县市的详细规划单元划定工作正全面开展，基于不同地区在自然资源要素、城市发展阶段、城乡空间形态等方面的差异，在单元划定过程中会遇到不同地方性的问题，只有结合地方城市发展的特征，因地制宜地划定详细规划单元，才能更加有效地传导国土空间规划的要求，便捷地开展单元层面详细规划的编制工作，助力国土空间高质量发展。

［参考文献］

[1] 周旭东，黄兆函，李冬凌. 面向全域全要素的福建省国土空间详细规划编制体系构建 [J]. 规划师，2023（10）：113-119.

[2] 刘涛，姚江春，朱江，等. 生态空间内的详细规划单元划定与规划策略：以广州海珠国家湿地公园为例 [J]. 规划师，2023，39（9）：105-108.

[3] 沈洋，沈琪，邵祁峰. 国土空间规划语境下郊野地区详细规划单元划分及规划技术路径探索：以无锡市为例 [J]. 城市观察，2023，87（5）：75-88.

[4] 刘晓芳，韦希，于琪，等. 景城融合型风景名胜区详细规划探索：以厦门东坪山片区为例 [J]. 规划师，2023（3）：109-116.

[5] 黄玫. 存量空间增量价值：国土空间详细规划转型及实施路径改革 [J]. 规划师，2023（9）：9-15.

[6] 杨鸽，吴倩薇，张建荣. 国土空间详细规划编管体系优化路径 [J]. 规划师，2023（11）：117-123.

[7] 王海蒙，石春晖，高浩歌. 国土空间详细规划编制技术路线构建 [J]. 规划师，2021（17）：17-22.

[8] 胡思聪，罗小龙，顾宗倪，等. 国土空间规划体系下的汕头详细规划编制探索 [J]. 规划师，2021，37（5）：38-44.

［作者简介］
谢美娇，国土空间规划高级工程师，就职于福建省地质遥感与地理信息服务中心。

国土空间规划视角下的黄土高原地区详细规划探索

——以陕西省榆林市绥德县为例

□胡勇，李贵才

摘要： 本文通过在绥德县国土空间总体规划中"联动编制"详细规划，探索了城镇开发边界内控制性详细规划以及城镇开发边界外村庄规划的编制方法，通过实践总结黄土高原地区国土空间规划视角下的详细规划工作经验，在城镇开发边界内提出基于治理单元的详细规划标准化的编制方法和内容，在城镇开发边界外提出"一村一策"的特色发展的村庄规划内容和成果。绥德县的实践表明，在县域国土空间详细规划编制过程中主要有两条路径五个特点，专项规划在独特国土空间要素区具有重要作用。该实践探索目前尚处在规划编制阶段，未来需持续跟踪从规划实施到监督评估的全过程。

关键词： 国土空间规划；详细规划；村庄规划；城镇开发边界；空间治理

0 引言

2020年，深圳市北京大学规划设计研究中心有限公司联合陕西省生态环境规划院等单位（以下简称"规划编制团队"）共同承担了陕西省榆林市绥德县国土空间规划编制。规划内容包括该县县域及14个镇的镇级国土空间总体规划、1个村庄的试点规划。目前，已经完成县域总体规划、满堂川镇总体规划及试点村庄规划。其中，试点村规划——郭家沟村村庄规划成为陕西省第一批唯一入选自然资源部优秀村庄的规划案例。

绥德县位于黄土高原地区。黄土高原是我国四大高原之一，蕴藏着丰富的自然资源，拥有悠久的历史文化，同时也是气候干旱、地形破碎、生态脆弱的自然地理区，还是工业化、城镇化及经济发展相对落后的地区。本文以绥德县为例，探讨其在国土空间视角下的详细规划，对我国黄土高原地区的国土空间规划有参考意义。

规划工作在一开始就获得了相关专家及部门在专业技术上的指导。2020年11月28日，北京大学未来城市实验室与榆林市自然资源局召开黄河流域城乡高质量发展与国土空间规划学术研讨会，绥德县政府邀请国内专家召开了绥德国土空间规划专家咨询会。中国城市规划学会详细规划专业委员会的吕传廷、曹小署两位专家，给出了在绥德国土空间总体规划中"联动编制"同步探索详细规划，以求通过实践总结出体现我国详细规划的区域特征的参考建议。

1 对国土空间规划体系中详细规划的基本认识

1.1 国家国土空间规划体系基本架构是"五级三类"

在"五级三类"中，国家明确了"五级"中"国家、省、市"前三级的规划要求，对县级及乡镇级规划内容没有明确规定。在前三级规划全域全要素管控下，为县和乡镇留有"因地制宜"的弹性。在"三类"中，总体规划以"五级"予以明确；详细规划以城镇开发边界为线，线内称为详细规划，线外称为村庄规划；相关专项规划强调了对重要空间要素的规划重视。在规划编制团队的理解中，一是详细规划不再强调开发建设（保护）管控的详略层次，而是强调开发建设管控的规划全覆盖；二是专项规划是为不同规划区解决重点（独特）空间要素治理而进行的实施性规划（图1）。

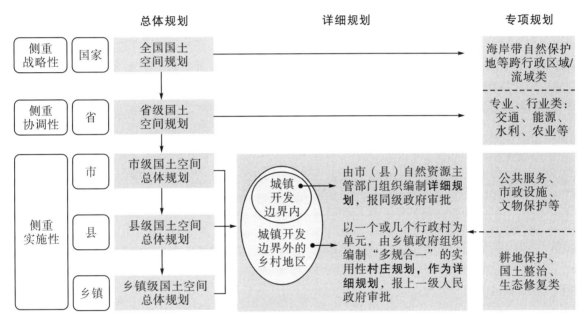

图1 国土空间规划"五级三类"基本框架图

1.2 详细规划是建立适应社会和经济发展体系的空间规划体系下一步改革的关键

规划体系改革的首要任务是建立适应社会和经济发展体系的空间规划体系，总体规划逻辑是自上而下的理想功能分区逻辑，打破了现实行政的主体责任范围，而现实的行政区划调整难度很大。理想功能分区与主体责任分区不匹配，极大地影响了县级总体规划的可实施性。为了实现总体规划蓝图，需要在尺度对应的基础上，正确处理对接偏差，这也是小尺度的详细规划的作用和必要性所在，以小尺度模块化的小规划自下往上地拼装，将便于规划体系与社会治理体系和经济发展体系的主体责任相匹配，从而减小基于未来的理想功能分区与现实规划实施的责任主体之间的错位（图2）。

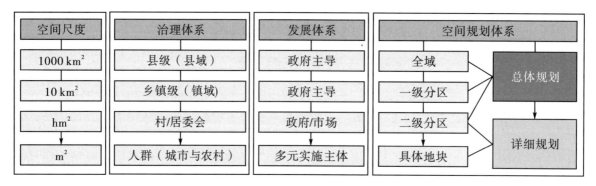

图2 空间尺度与治理、发展、规划体系关系图

1.3 详细规划改革进行时的阶段、体系与机制

随着城镇开发建设普遍进入存量时代，详细规划体系需要面对日趋复杂的现实条件和越来越具体的人群权益诉求，而整个社会经济发展速度日趋平缓，使得过去的规划方法渐渐失效。随着规划体系由城乡规划时代进入国土空间规划新时代，法定详细规划体系发生转变，其工作机制也由"重编轻管，调整频繁"逐步走向"编管一体，法定严谨"，提出了打通"规、建、管"，理顺"编、审、改"的新要求（图3）。

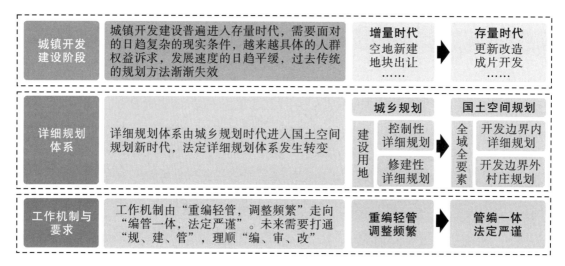

图3 详细规划改革阶段与趋势分析图

1.4 详细规划的基本逻辑是矩阵式的分区分类分层

总体规划为详细规划分区，分为线内线外、中心城区、镇区及其他区域；详细规划分类为城镇、农村、生态等不同类型单元；详细规划分层，一般分为单元、地块等不同层级。全国很多地区已经开展了"单元规划"探索，从机构改革前一直延续至今。在单元层面开展的控制性规划，强调法定性。同时，要区分不同单元类型，比如城镇单元区分新建地块和更新地块；农业农村单元区分不同类型的村庄建设规划；在自然保护地等特殊政策管制区的管控规划；在地块层级开展"修建性规划"或"综合实施方案"，强调实施性，以法定的单元控制性规划为依据，兼顾"刚性"与"弹性"（图4）。

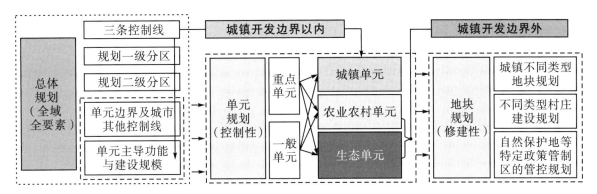

图4 "总体规划—详细规划"分区分类分层的逻辑关系图

2 绥德实践1：线内的详细规划（五里店—龙湾片区控制性详细规划）

2.1 绥德县概况

绥德县位于陕西省榆林市东南部，地处黄河中游地区、黄土高原腹地，是陕北重要交通枢纽；总面积1853.3 km²，辖15个镇339个行政村；2022年底统计户籍人口34.53万人，常住人口25.29万人，其人口特征是城镇化率低、人口持续减少。2022年全县生产总值为120.18亿元，是农业大县、工业小县，秦汉文化、红色文化、"两黄"（黄河、黄土高原）民俗文化资源丰富。

绥德县机构改革前现行城市总体规划未按规定审批，控制性详细规划（以下简称"控规"）、村镇规划几乎处于空白状态，导致具体项目审批无合法的总体规划和控规支撑。

2.2 划定中心城区范围

规划编制团队在编制绥德县城镇开发边界线内的详细规划之时，应基于"三线"划定和行政区划的完整性来确定中心城区的范围，在此范围内搭建全要素全流程规划工作体系：以"规划单元"和"用途分类"为基础，建立分区分类分层的矩阵模型，进行现状调查、评估、分析、决策、审批、管制。

2.3 中心城区的功能区划

中心城区范围划定以后，首先结合城镇集中建设用地的空间布局特征，将中心城区划分主城组团、城南组团、城西组团、城北组团四大组团；再则结合"十四五"规划的项目，按类型在空间上的集聚分布特征，归纳为发展主导型单元、改善治理型单元、生态复合型三大类单元。中心城区的功能区划矩阵即是四大组团叠加三大类单元。

2.4 基于功能区划的建设治理单元

在功能区划的基础之上，确定建设治理单元，为详细规划编制单元划定做好空间尺度的准备。在绥德县国土空间总体规划中提出对新时期详细规划的设想，即结合新时期全域全要素的国土管控观，基于城乡统筹、管控尺度精细化、行政区划界线、土地发展权等因素，划定建设治理单元。中心城区建设治理单元与控规编制单元的关系如图5所示。

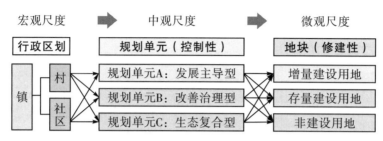

图 5　治理单元与试点编制单元关系图

2.5　基于治理单元的详细规划编制

2.5.1　治理单元范围

基于"全域管控,综合治理"的理念,落实国土空间全域全要素的管控,协调开发与保护的关系,将本项目涉及的清水沟、龙湾详细规划单元范围划定为治理单元,面积 595.81 hm²。

2.5.2　(控制性)详细规划范围

根据近期建设项目及可开发潜力用地分布情况,在城镇开发边界内基于"面向建设,高效开发"的理念划定控规范围 134.41 hm²,均位于城镇开发边界内。范围东至无定河及 242 国道,南至龙湾村山体,西至龙湾商贸城及五里店山体,北至无定河。

2.5.3　"分层"规划的方法和内容

五里店—龙湾片区控规是在总体规划已经确定的治理单元里面选择一个范围做控规。首先传导总体规划"三线"的规定,直接落实"三线"的过程并不难,重点是在此过程中要针对性地校核反馈,因为"三线"是在总体规划层面划定的,包括中心城区的范围,都很难精细到直接管控规划实施的程度,到了控规的层面需要校准"三线"到底能不能落实,然后根据双评价双评估来界定治理单元层面的开发与保护格局。开发格局管控实际上是在控规层面的功能分区,在治理单元中进一步明确了实际开展详细规划编制的范围。

实际开展的详细规划首先要从精细管控的角度,按照传统控规的深度,进一步细化功能布局,初步确定地块用地性质、开发强度等控制指标。其次为了更好地落实黄河、黄土高原地区建筑日照标准的要求,保留采用了传统修建性详细规划(以下简称"修规")的方法示意建筑布局,进一步调校地块及指标,优化空间形态,不管是居住建筑、公共建筑、商业建筑、开放空间等都做了详细布局并提出布局模式和设计原则,在详细规划层面实现从原来的控规到修规的结合。最后要划好地块,分街坊大比例尺表达,把每一块经过精细推敲后的用地边界及规划指标标注清楚。

3　绥德实践2:线外的村庄规划(郭家沟村村庄规划)

3.1　现状特征及主要问题

郭家沟村行政区划属于绥德县满堂川镇镇区,自然地理区位位于黄河上游五级支流的义和河(满红河)两侧,属于黄土高原梁峁丘陵区的一个小流域,具备"川—梁—峁"完整的地貌剖面,具有黄土高原生态脆弱的自然地理特征。

郭家沟村行政辖区面积 615 hm²,下辖郭家沟和罗家沟两个自然村。2019 年户籍户数 406户,总户籍人口 1090 人,而多年来常住人口不超过 400 人,人口流失严重。但是它文化底蕴非常深厚,村落形成于元代以前,自然风光优美,是著名的影视摄影、美术写生基地,镇村两级对这个地方的开发建设都有强烈的愿望。

经过分析对比总结发现，郭家沟村的优势主要包括区位、文化、自然、机遇，而在生态、产业、空间、配套等方面又存在不足（表 1）。如何突破限制条件，释放郭家沟村特色资源的价值潜力是本次规划要解决的主要问题。

3.2 规划思路和方法

本次规划旨在落实乡村振兴战略的新要求，以将郭家沟村打造成国家乡村振兴陕北示范样板为目的开展规划实践，探索新型村庄规划的编制办法。

3.2.1 总体思路：落实乡村振兴战略的新要求

贯彻落实习近平生态文明思想和国家新时期乡村振兴战略要求，巩固拓展脱贫攻坚成果，在村庄规划编制中立足郭家沟作为传统村落所具备历史悠久、文化特色显著的优势，彰显生态文明、乡村文明和文化自信，统筹全域全要素，实施国土空间用途管制，指导村庄规划建设，彰显陕北风貌特色，探索农村生态化、农民城镇化、农业现代化的乡村振兴空间治理方案，为实现黄河流域高质量发展的乡村空间治理提供示范。

表 1 郭家沟村优劣势分析对比

评价	指标	具体分析
优势	区位	地理区位：地理空间上靠近县镇两级中心，区位优势明显
		交通区位：乡道贯穿南北，距镇中心约 2.6 km，5 分钟可达。且临近 307 国道，离绥德县城区约 18 km，向西 30 分钟内可到达县城中心，向东可通至山西省
	文化	现存的古村落建于嘉庆十三年（1808 年），格局保存完好，体系完整，展现了陕北窑洞民居村落文化的诸多细节，窑洞民居层层叠叠、错落有致、风格独特，彰显着厚重的陕北黄土文化和传统民俗文化
		郭家沟村是全国著名的美术写生及影视拍摄基地，先后拍摄了《西安事变》《平凡的世界》《历史永远铭记》《长征大会师》等 23 部影视剧，每年接待写生人员 5000～6000 人次，著名画家陈云岗、刘文西、刘大为等均对郭家沟情有独钟。2014 年入选国家级传统村落名录，2018 年创建 AAA 级旅游景区，入选全国乡村旅游重点村名单。每年接待游客 8 万多人，旅游创收 30 多万元，还带动了剪纸、布艺等民间手工艺的发展
	自然	郭家沟村自然格局极具陕北特色，山水相间、林草相杂，梁峁沟壑交错的自然景观得天独厚
		郭家沟村层叠并置、错落有序的村落景观独具特色，窑洞建筑鳞次栉比、错落有致地分布于山体上下，满红河穿村而过，散发着黄土高原传统文化的精神、气质和神韵，为乡村旅游业的发展创造了良好的条件
	机遇	郭家沟村旅游资源极具地方特色，发展潜力大，具备依托古村落打造影视摄影、美术写生和文化教育基地的良好条件，县、镇、村各级领导均对郭家沟村的旅游发展抱有极大热情
		绥德县正在积极推进满堂川镇全域土地综合整治试点、常家沟村山水林田湖草生态修复试点等部省重点项目，项目区域与郭家沟村庄规划范围相邻，力争实现统筹协调、深度融合，达到示范带动效应

续表

评价	指标	具体分析
劣势	生态	郭家沟村属于典型的峁梁状黄土丘陵沟壑区，沟壑纵横，地形切割强烈，地势起伏大。生态环境脆弱，地质条件较差，易发滑坡、崩塌、泥石流等地质灾害，7—9月雨季暴雨易引发水土流失，对农业生产和人居环境均带来较大隐患
		满红河沿岸用地较为散乱，存在生活垃圾、零散养殖污染河道的现象
	产业	现状主要产业为农业和旅游业，但尚未形成规模较大、效益较好的主导产业
		人口流失情况突出，约70%的村民外出务工，村内常住人口较少，老龄化、空心化问题严重
	空间	现适宜建设的土地非常有限，村域内25°坡以上的土地面积占72%，25°坡以下的土地主要分布在满红河谷地、黄土沟间地区，也是主要的粮食种植地区。全村现状农林用地412.17 hm²，占比66.98%；建设用地23.10 hm²，占比3.75%；自然保护与保留地180.06 hm²，占比29.27%
		土地利用结构相对单一，集约化利用程度不高，人均建设用地面积达316 m²，建设用地分布分散，未能支撑旅游业高质量发展。耕地以旱地为主，分布破碎、质量较差，耕地撂荒现象严重，约80%耕地处于撂荒状态
	配套	村域内道路条件有待提升，村内乡道、村级干路、村级支路均为水泥硬化路面，宅间路质量参差不齐，部分铺设石板路，部分仍为土路，普遍坡道较大，道路体系需要进一步梳理
		村内公共服务设施数量少、等级低。有一处卫生室，位于乡道的西侧；一处商服设施，主要为写生人员提供食宿服务；两个自然村均设有文化站、广场和戏台；环卫设施分布在主路和少数巷道旁，但较为陈旧、混乱、不整洁；村民用水以井水为主，无统一排水处理设施

3.2.2 发展定位：国家乡村振兴陕北示范样板

立足山水古村，再塑"陕北印象"。规划以陕北窑洞民居文化、农耕文化为本底，以生态修复和特色保护为基础，融合休闲体验、影视写生、文化教育，发展城郊乡村旅游，重塑传统乡村文明，打造农、文、旅融合发展的乡村振兴示范样板。将郭家沟村发展功能定位为国家乡村振兴陕北示范村、"陕北印象"影视写生基地、黄土高原乡村美丽家园。

3.2.3 规划方法：探索新型村庄规划编制办法

落实"多规合一"要求，统筹全域全要素编制村庄规划。紧密衔接国土空间总体规划工作，以"三调"数据为基础深入开展村庄土地资源调查分析，衔接"十四五"建设项目落地需求，反映村委会村民发展意愿，编制可操作、可落地、可实施的实用性村庄规划。同时，按照国土空间规划传导要求，不断完善编制成果，作为村域内开展国土空间开发保护活动、实施国土空间用途管制、指导各项村庄建设等的规划依据。

3.3 主要规划内容及成果

黄土高原地区村庄规划的主要内容及成果，必须先从生态保护的角度出发，然后从提高农民收入、促进老百姓富裕的角度突出特色发展与乡村振兴。

3.3.1 生态保护

恢复山清水秀的特色生态格局，重塑村庄发展的基底。规划从生态保护和修复、耕地和基本农田保护、全域土地综合整治等措施出发，对郭家沟村整体生态格局进行恢复与保护。以山峁林田的景观生态为基底，以水系为脉络，在划定生态保护红线的基础上，划分自然恢复区、生态重建区和辅助再生区，以加强森林、草地功能修复与治理。开展水土流失综合防治，以系统治理满红河、修复水生态环境为重点内容。在严格保护耕地和永久基本农田基础上，实施全域土地综合整治，系统治理田水坝路林村，加强农地生态景观化塑造。

3.3.2 特色发展

探索特色保护发展路径，协调资源开发与保护。规划提出引入文化旅游业带动村庄的发展，提升村庄整体设施水平，增加村民收入，进而提高村民保护村庄的热情和动力，构筑村庄保护的常态化机制，形成良性的循环。规划构建了古村落建筑风貌评价指标体系，划定了古村落核心保护区和建设控制区；提出打造现代农业发展示范基地和"陕北印象"田园旅游特色村落，形成集生态观光、文化体验、养生度假、影视写生等于一体的旅游乡村和复合型旅游休闲目的地，发挥郭家沟村陕北历史文化的资源优势，推进旅游业的发展。

3.3.3 乡村振兴

打造乡村振兴发展空间，引导古村落发展示范。经与村干部、村民充分讨论，在全域范围内确定了村庄功能布局，即"一带四区"。"一带"：即沿满红河景观带，以沿河天然形成的景观带打造黄土高原地区的生态体验地。"四区"：生态涵养区、文化旅游发展区、生态农业示范区、现代果业示范区。

3.4 规划特色

3.4.1 尊重自然地理格局，系统推进生态修复、特色保护和乡村振兴

积极响应国土空间规划新要求，立足"双评价"，按照"多规合一"的原则，将规划建立在黄土高原、黄河流域自然地理格局基础和全域全要素规划理念上，合理安排农业空间、生态空间和建设空间，落实耕地和永久基本农田保护、土地综合整治、生态修复和村落保护等任务。规划从满红河治理、传统村落保护、黄土风貌彰显、农田林园美化等措施出发，构建立体式的"一河两岸三坡"空间优化布局模式（图6），共同提升"山、水、林、田、峁、村"等空间要素的自然、人文和经济价值，促进特色保护和乡村振兴。

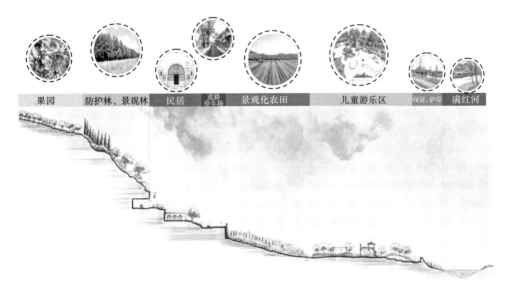

果园　防护林、景观林　民居　道路停车场　景观化农田　儿童游乐区　绿道、护岸　满红河

图6　"一河两岸三坡"国土空间利用结构优化模式图

3.4.2　立足新时代空间治理要求，以"三分＋三共"设施体系完善提升村庄宜居水平

考虑到村庄建设用地资源紧缺的现实情况，结合村庄存量建设用地整理，建立以"三分＋三共"为特色的公共服务设施体系完善思路：分级构建多层次村庄生活圈，实现村庄基本公共服务全覆盖；分类引导公共服务设施配置的不同侧重点；分期统筹现状与新建设施实施时序，加强近期设施保障。加强郭家沟与周边村庄、镇中心的设施共建、共用、共享，提高公共服务设施效益，提倡游客服务设施与居民生活设施的融合共享，提高设施功能复合性和使用便捷性。

3.4.3　彰显本地特色优势，提升传统村落风貌，留存历史遗存原真性。

在系统调研摸清郭家沟的历史文化价值、特色民居古建筑保护利用情况的基础上，延续传统空间格局和街巷肌理，保护好历史遗存，不搞大拆大建，保留黄土文化风貌和陕北风情。规划在原有形态上改扩建的部分注重挖掘、保护和彰显历史文化特色，与整体风貌保持协调一致。同时，注入旅游发展活力，新建和将部分窑洞民居改建为特色民宿、民俗博物馆、影视基地、写生基地，以"陕北印象"田园旅游助推传统村落保护活化和村民致富。在村庄规划过程当中，彰显本地特色非常重要，村庄的规划建设应突出特色、一村一策、因村施策，避免"千村一面"。

4　结论与思考

4.1　在县域国土空间详细规划编制过程中的路径

绥德县的详细规划实践，是在国土空间总体规划编制过程中开展的，主要有两条路径。

路径1：城镇开发边界内的详细规划，其分析研究是从县域到中心城区，从中心城区到局部地区，从局部地区到单元，从单元到地块逐级深入。

路径2：村庄规划的分析研究是从县域到镇域，从镇域到村域，包括村庄全域规划以及从村域到居民点布局的村庄建设（保护）规划。

4.2　两条路径的详细规划实践的特点

第一，密切对接中国县级行政单元的空间治理结构体系。第二，综合运用国际通行的"城市与区域规划"的分析理论和方法。第三，不抛弃传统详细规划（控规＋修建性详细规）中实用技术工具手段应用。第四，探索了新国土空间规划体系下的详细规划（开发边界内外区分不同类型）的编制方法。第五，实现县域法定规划体系由"总体规划—详细规划""两级"向"两类"平顺转变。

4.3　不能忽视专项规划在独特国土空间要素区具有重要作用

在国土空间总体规划编制过程中顺利开展详细规划，得益于在此期间先后开展了县国土空间生态修复专项规划、满堂川镇全域土地综合整治试点规划、常家沟山水林田湖草生态修复试点规划等。这些专项规划虽然空间尺度不一，但都是侧重解决独特空间要素治理且面向实施的规划。这些规划有力地支撑了详细规划编制工作的开展，提升了规划的科学性和可操作性。联动编制的过程，其实是新体系下三类规划（总体规划—专项规划—详细规划）在县级层面的实施传导与反馈的实践。

4.4　绥德实践尚处在规划编制阶段

详细规划探索绝不仅仅是规划编制问题，更多地需要解决面向实施与管理中遇到的问题，

配套的通则、准则、导则、政策等工具包很重要，这部分工作尚未开展。另外，尚处于设想状态的方案还有待在实施中进行检验和调校。未来，规划编制团队将持续推进绥德县的实践，从规划的制定到实施到监督评估，多角度、多尺度、多环节互动，深度参与，为绥德县完善规划体系和提升空间治理能力做贡献。

［参考文献］

[1] 王富海，周剑云，周劲，等. 控规的动态管控［J］. 城市规划，2023，47（12）：72-77.

[2] 曹小曙，欧阳世殊，吕传廷. 基于用地分类的国土空间详细规划编制研究［J］. 经济地理，2021，41（4）：192-200.

[3] 孙施文，张勤，武廷海，等. 空间规划基础理论大讨论［J］. 城市规划，2022，46（1）：32-37，43.

[4] 曹小曙，黄晓燕，李涛. 全域土地综合整治与国土空间详细规划［J］. 理想空间，2022，（1）：7-9.

[5] 胡勇，蓝添. 广东省详细规划历程回顾与趋势总结［J］. 理想空间，2022（1）：76-79.

[6] 林梦蝶，胡勇. 贫困村整治创建规划中存在的问题及对策初探：基于广东云浮省定贫困村村庄规划的调查研究［J］. 城市建筑，2020，17（30）：28-30，37.

[7] 村庄规划，落子在"实"［N］. 中国自然资源报，2024-03-21（3）.

[8] 何谕，廖辉，杨保清，等. 广东省村镇系统生命力评价及影响因素分析［J］. 地域研究与开发，2021，40（6）：134-139.

[9] 杨保清，晁恒，李贵才，等. 中国村镇聚落概念、识别与区划研究［J］. 经济地理，2021，41（5）：165-175.

[10] 刘迪. "村规—村建—村管"联动的乡村建设路径探索：以浙江省余村乡村共同缔造实验为例［J］. 城市规划：1-10.

［基金项目：北京大学未来城市实验室（深圳）铁汉科研开放课题基金（202106）。］

［作者简介］

胡勇，高级规划师、注册城乡规划师，深圳市北京大学规划设计研究中心有限公司副总规划师。

李贵才，通信作者，教授，博士研究生导师，北京大学未来城市实验室（深圳）主任。

乡村地区详细规划的"分"与"合"

——以广西壮族自治区百色市凌云县为例

□胡勇，李贵才

摘要：从改革开放到全面深化改革，宏观战略提法从"城镇化"到"新型城镇化"再到"乡村振兴"，规划体系和工作重点亦发生变革。国家正在构建"五级三类"的国土空间规划大体系，乡村地区的详细规划可以因地制宜地构建分级分类的小体系。规划产生的管控线是必要的内容之一，不适合作为详细规划分类分级的依据。总体规划和专项规划产生的各类各级管控要求和边界传导，详细规划对其进一步深化和细化，是规划工作的合理延续。在乡村地区，区分不同空间单元与用地类型，提出控制与引导要求并划定各种管控边界，对整体上长期稳定的单元与用地多采取刚性约束的手段，对近期局部实施的项目多采取精细化引导的方法，根据实际工作需要的时空尺度匹配合适精度的规划，将不同尺度、不同精度的规划要素和要求叠加，整合成"一张图"，为乡村地区落实乡村振兴战略，提供简明而稳定的蓝图支撑。

关键词：乡村；集镇；详细规划；村庄规划；开发边界；一张图

1 乡村的理论探讨

1.1 乡村的定义与内涵

"乡村"在《辞源》里被解释为以从事农业活动为主、人口相对城镇分布较为分散的地方。在《中华人民共和国乡村振兴促进法》中，乡村是指城市建成区以外具有自然、社会、经济特征和生产、生活、生态、文化等多重功能的地域综合体，包括乡镇和村庄等。在《城乡规划学名词》中被定义为具有大面积农业和林业土地使用或有大量各种未开垦土地的地区，其中包含着以农业生产为主，人口规模小、密度低的人类聚落。

县城以外的镇、乡、村、集镇的广大区域都被称为乡村地区。乡村与城镇有机共生，共同构成人类活动的主要空间。乡村作为一个词语，是相对于城镇而提出的一个抽象概念，其近义词有农村、村庄、村落、乡下、乡间等，反义词是城市、都市。乡村作为人居环境，人口分布相对分散，农业活动在社会经济活动中的比例较高。乡村作为空间治理单元，包含镇、乡、村不同行政区划级别对应的地域，其中乡/镇是我国最基层的行政机构级别，村是基层群众性自治单位（表1）。

表 1　乡、村、镇、集镇定义对比分析

类型	行政属性	聚落特征
乡	依法设定乡建制的行政区域	—
村	设立村民委员会的基层自治单位	农村人口集中居住形成的聚落
镇	依法设定镇建制的行政区域	规模较小的城市型聚落
集镇	乡人民政府所在的村	由集市发展形成的，作为农村一定地域经济文化和生活服务中心的聚落

1.2　乡村的发展与变化

1.2.1　乡村的时空动态性

乡村不是一成不变的，乡村的物质空间实体、文化内涵与表现形式都是动态变化的。从历史建置沿革来看，一个地方并不必然是城镇或乡村，也不会永远是城镇或乡村。"村"可以发展变成"乡"，"乡"可以变成"镇"，"镇"可以变成"城"；反之，"城"可以衰退变成"镇"，"镇"可能变成"乡"，"乡"可能变成"村"。通过参观地方博物馆，查阅地方志，很容易发现地方发展的历史变迁：当前的城，之前是某村；当前的村，在历史上曾经是城的部分，如今只有传说和历史遗存，如百色市凌云县下甲镇河州村的九洞门。城镇或乡村是一个同一时空语境下的相对概念，假设穿越时空，古时的城镇拿到当下来看，其建设规模仅相当于"乡村"，今天的"乡村"可能"量变到质变"成为"城镇"或"城镇"的一部分，也可能在"迁并"中消失得无影无踪。

1.2.2　"城镇化"与"乡村化"

城镇化是指农村人口转化为城镇人口的过程。城镇化为社会经济发展提供巨大潜在机会，作为国际普遍经验，被广为传播且深入人心。即便如此，从城镇化的理论研究来看，尚存在着"逆城镇化"现象。

如果从人类活动需求来看，对应"城镇化"，应该存在"乡村化"。第一，人类聚居活动，一方面追求城镇的热闹繁华，另一方面难舍乡村的清净自然。早在 1898 年，英国的埃比尼泽·霍华德爵士就据此提出田园城市理论，提出"城乡磁体"概念，即城市和乡村都存在着吸引人的特质，称之为"磁性"。田园城市的设想是集合城市和乡村两者的优点，这一设想被写成《明日，一条通向真正改革的和平道路》一书，"田园城市"理论的提出也被称为现代城市规划的开端。第二，虽然城镇化与经济增长有很强的正相关性，但是并不意味着城镇化就代表着唯一正确方向。从中国的改革开放到全面深化改革的实践来看，经济增长也只是满足人民美好生活需要的手段和路径，美好生活的需要空间载体不仅有城镇，更有乡村。

但目前没有跟"城镇化"对等量级的"乡村化"概念：利用中国知网搜索（搜索时间 2022 年 9 月 30 日）主题"城镇化"，共找到 20 多万条结果，搜索主题"乡村化"，结果不足 300 条。如果把"乡村化"概述为人们对美好乡村生活向往的心理趋势，则这一趋势会随着"城镇化"的发展而发展。城镇自身除了扩张，还有停滞、萎缩、消亡的阶段，研究表明中国当前整体城镇化率达到 64%，但某些城镇却进入了常住人口锐减的收缩发展阶段。在快速城镇化的浪潮下，主流人口迁徙除了从乡村到城镇，还有城镇间的流动，被浪潮掩盖的是从城镇回流到乡村。乡村自身也并不必然永远是乡村，乡村会向城镇渗透、扩张、转变，乡村也会收缩、衰败、消亡。

人从乡村到城镇活动，也存在从城镇回流乡村活动，这些活动具有季节性和周期性特征，其背后不仅有经济利益驱动的因素，还有复杂的社会以及文化因素。

经过改革开放40余年的大发展，我国城镇化率稳步提升，"城—镇—乡—村"空间体系渐趋稳定，从人口分布比例关系的角度，已经由"乡土中国"时代发展进入"城乡中国"时代，但乡村的地域面积广阔，在乡村发展的不平衡不充分与人民日益增长的美好生活需要之间的矛盾最为突出。无论是从构建新发展格局角度出发，还是从解决当今中国社会的主要矛盾出发，乡村地区是"广阔天地，大有作为"的。当前国家推行乡村振兴战略，在乡村投入巨大人力、物力、财力，通过生态资源价值化，从经济利益驱动的角度会吸引一部分人到乡村就业，从社会价值实现的角度会吸引一部分人到乡村服务，乡村的价值被重新发现并激活。

2 研究方法与对象

2.1 研究的方法

2.1.1 辨证论治的整体规划法

对"城—镇—乡—村"空间体系秉持整体生命系统观，参照类比"望闻问切"的传统中医诊断方法，进行实地调查，通过"过程导向—问题导向—目标导向"分析相结合，借鉴历史经验，分析现实问题，尊重常识，遵循规律，展望未来，在乡村振兴的战略目标引领下，直面快速城镇化过程中在乡村积累的各种现实问题，具体问题具体分析，辨证论治，提出既符合当地实际又具有全局意义的重要思路与具体策略（图1）。

2.1.2 从实求知的实地工作法

用"参与并观察"的方法研究乡村，在凌云县开展问卷调查、资料收集、集中座谈会、现场踏勘、入户访谈等工作。在项目过程中，项目组驻扎现场办公，与管理部门及村民紧密互动，边调研、边分析、边规划，随时交流（图2），以交朋友的真挚感情与村民促膝交谈，以老学究的精神探究村庄发展演变历史，以艺术写生的欣赏目光捕捉村庄优秀的潜质、特色和亮点。

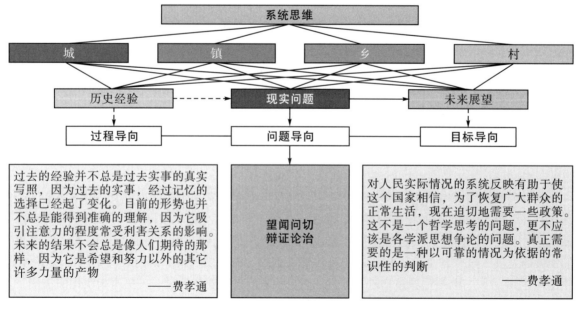

图1　辨证论治的整体规划法

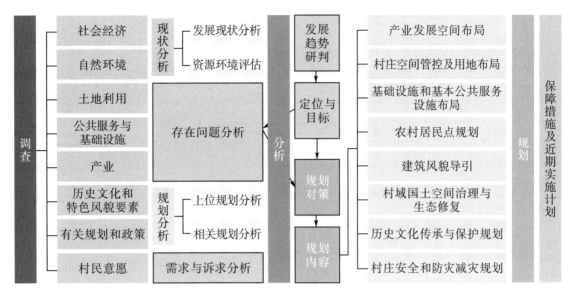

图 2　从实求知的实地工作法

2.2　凌云县概况

凌云县隶属广西西北部的百色市，地处滇黔桂交界位置的石漠化片区，境内海拔在 250～2000 m 之间，喀斯特地形地貌石山区占 40.4%，是革命老区、民族地区、原国定贫困县。该县 2019 年实现贫困县脱贫摘帽，2020 年累计实现 57 个贫困村摘帽出列，2021 年 8 月被确定为国家乡村振兴重点帮扶县。

2.3　案例选取与意义

凌云县辖 4 镇 4 乡，共 105 个行政村 5 个社区，行政区划上有乡有镇有村，乡村地区所涉及的行政区类型齐全。自 2020 年以来，凌云县先后开展编制县级国土空间总体规划、镇级国土空间规划、集镇详细规划、村庄规划、田园综合体规划、乡村振兴示范项目规划等，涉及乡村地区的规划类型丰富。

在凌云县特别选取了下甲镇与伶站瑶族乡开展规划工作实践。下甲镇人民政府和集镇在河洲村，伶站瑶族乡人民政府和集镇在伶兴村。本文聚焦在此开展的系列规划工作进行分析总结，分别包括乡镇的集镇详细规划、乡镇下辖的两个村庄规划（袍亭村、双达村，双达村原为贫困村）、跨两个乡镇行政边界的乡村振兴示范项目专题规划，并将涉及的相关规划纳入讨论。

在红色革命老区百色市选取国家乡村振兴重点帮扶县——凌云县，在集中连片特困地区，探索底层的乡村地区详细规划，为其他地区的乡村规划编制提供案例参考；通过具体的规划实践工作，总结乡村规划的经验和方法，为国土空间规划体系改革的顶层设计阐述底层逻辑，为具有全局意义的乡村振兴战略提供规划思路与空间策略。

3　乡村地区详细规划体系的传承与创新

2019 年 5 月 9 日，党中央、国务院正式印发《关于建立国土空间规划体系并监督实施的若干意见》（简称"18 号文"），国土空间规划要求实现全域全要素管控，管控范围对应空间治理单元——行政区划全域。乡镇级属于"五级三类"国土空间规划体系下总体规划类的第五级，村庄规划则被纳入"五级三类"的详细规划类。

3.1 乡村地区的分级控制与引导的规划经验传承

村庄规划要求村域范围内全域全要素管控，全域的行政区划相对稳定但也会调整。以下甲镇与伶站瑶族乡为例，查阅其建置沿革：1984年，下甲公社改为下甲乡，伶站公社改为伶站瑶族乡；2014年，下甲乡改为下甲镇，而伶站瑶族乡的建制依旧。虽然乡与镇属于同一级别的行政机构，但是在新一轮的县级国土空间总体规划编制中，与之同步单独编制有《下甲镇国土空间总体规划》，而没有伶站瑶族乡国土空间总体规划。

梳理过往的规划编制历程：下甲镇2010年编制《下甲乡总体规划（2010—2030）》，2019年编制《河洲村村庄规划》；伶站瑶族乡2008年编制《伶站瑶族乡总体规划（2008—2020）》，2015年编制《伶站瑶族乡控制性详细规划》，2020年编制《伶兴村村庄规划》（2020—2035年）。

实地工作中发现：第一，在自然资源与规划管理部门机构改革之前，无论是乡还是镇，都编制了乡/镇总体规划，机构改革后，乡/镇政府所在地的村都编制了村庄规划。第二，无论是乡政府还是镇政府，都认为乡/镇总体规划很重要。机构改革前的这些规划，虽然放到当下来讲，时效性不强，但是其所提出的布局、结构等依然存在影响力。第三，乡政府对于"本轮县国土空间总体规划编制没有同步单独编制该乡的国土空间总体规划"表示难以理解，而镇政府则表示"对同步编制的镇国土空间总体规划所知甚少"，总之乡/镇待遇不一，乡/镇参与度都不高。第四，机构改革前编制的《伶站瑶族乡控制性详细规划》被认为最实用，因为该规划做了详细的用地布局与道路路网设计，为后续的开发建设提供实用依据。第五，近期编制的村庄规划，虽然时效性强，但是实用性较差。因为村里实施规划的能力有限，集镇虽然包含在村庄规划范围内，但是规划的内容与深度和集镇的开发建设需求错位，导致规划难以得到有效实施。

传统的城乡规划将乡村地区分为乡镇级与村庄级，即乡/镇总体规划与村庄规划。如果以行政区划为范围编制村庄规划，可以实现村庄规划乡镇全域覆盖。但是由于乡镇全域是由"集镇、集镇所在村、其他村"构成的，可能涉及城镇开发边界，按18号文的要求应该编制详细规划。伶站瑶族乡集镇所在的村就是在机构改革之前编制了控制性详细规划，之后编制了村庄规划。

总结历史经验，乡村地区有必要区分乡镇与村两级管控，但要把集镇和村区别对待，在集镇编制详细规划，一般村编制村庄规划。整体来说，村庄地区的国土空间规划可以分为总体规划、详细规划两类，而详细规划可以继续细分为集镇与村两类，即控制性详细规划、村庄规划。

3.2 构建乡村地区"两类两级"的实用性详细规划体系

凌云县将乡村地区详细规划分为在乡/镇集镇单元编制详细规划（控制性）、在村庄单元编制村庄规划两类，针对近期实施建设的项目进一步细化到建筑布局，编制更精细的详细规划（修建性），形成"两类两级"的实用性乡村地区详细规划体系，同时根据工作需要配套编制"概念规划"与"专题研究"（图3）。该体系有以下三个特点：

第一，有主有辅。以"控制性—修建性""两级"详细规划为主线，辅助有偏宏观分析的"概念规划"，侧重风貌控制与引导的"专题研究"等。

第二，刚性与弹性相结合。"控制性"的详细规划偏重刚性与原则性，便于与法定国土空间规划总体规划体系相衔接；"修建性"的详细规划侧重弹性与灵活性，为具体的建设工程设计留接口。辅助的"概念规划"与"专题研究"可以灵活机动地应对其他部门（非自然资源主管部门）的空间规划诉求，起到综合协调的作用，但又能保持法定规划体系的稳定性。

第三，体现了在传承中创新。详细规划的"控制性—修建性"两级体系是对过往城乡规划经验的传承，而新时代空间规划的要求全域全要素管制，为了协调"整体愿景展望"与"局部近期实施"关系，对详细规划进行"面上拓展、点上细化"的创新探索。详细规划的覆盖范围匹配行政管理单元，实现了全域覆盖，便于获取行政口径的资料或数据，并与组织实施的行政主体事权范围挂钩。局部的细化设计，提供更为具体、更容易理解的指引给基层部门与老百姓，弥补了大而全的村域规划难以指导近期实施的某块地建设的缺憾。

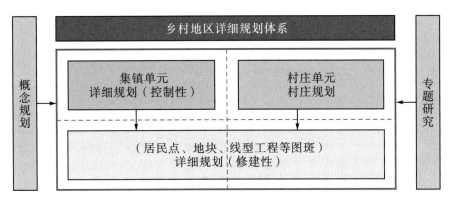

图3 乡村地区详细规划体系

4 乡村地区详细规划的分类与整合

4.1 不以城镇开发边界作为详细规划分类的依据

详细规划进一步分类是合适的，如城镇地区详细规划、乡村地区村庄规划，但依据城镇开发边界内外来划分值得商榷。

第一，新时期的国土空间总体规划编制要求划定城镇开发边界，划线范围划定规则要求与现状城镇建设用地范围挂钩，而现状城镇建设用地是依据第三次全国国土调查（简称"三调"）数据划定。乡和镇虽然行政级别一样，但是乡并不是建制镇，在"三调"的集镇建设用地标注区分为"202"与"203"，"202"指的是建制镇居民点，"203"指的是村庄用地，乡的标注为"203"，由此导致乡政府所在地的集镇建设用地未被统计为城镇建设用地。

第二，从理论上讲，城镇开发边界的划定规则要求划线规模与现状的城镇建设用地规模有一定的比例关系（比如1.3倍），而城镇建设用地现状规模统计如果为0，无论比例最终定是多少，按规则规划，乘以0，结果都是0，意味着"乡"未来发展成"建制镇"没有城镇空间。

第三，从现实情况来看，"三调"用地标注的"202"与"203"用地，镇的集镇和乡的集镇在空间形态类型上差别不大（图4），很多集镇属于在乡镇下的中心村行政范围，集镇与村庄相连，基层部门与老百姓分不清哪一部分应该归入城镇，哪一部分归入乡村。仅仅用地标注"202"与"203"的区别，意味着很多乡跟伶站瑶族乡一样，集镇建成区没有纳入城镇开发边界。

第四，远离中心城区的乡镇，现状的建设用地规模不大，集镇的集中建设用地往往不到30 hm²，其政府驻地位于某行政村，如果仅仅在城镇开发边界内编详细规划，则规划范围过小，难以起到规划整体协调的作用；如果对整个行政村全域编制村庄规划，又体现不出集镇建设与一般村庄建设的管控差异。

下甲镇集镇　　　　　伶站瑶族乡集镇

图4　乡/镇集镇空间形态对比

4.2　开发边界应作为详细规划的规划内容

在本轮国土空间规划中要求划定城镇开发边界，作为"三区三线"的"三线"之一。县国土空间总体规划规模增量有限，主要照顾中心城区，导致下甲镇和伶站瑶族乡的城镇开发边界在全县域尺度上划不准、划不细，乡集镇被漏划。这两个乡镇通过编制集镇详细规划，基于翔实地踏勘制作高清的正射影像地图，在精准对接基层需求及精细设计的基础上重新划定了乡镇的开发边界。实践表明，城镇开发边界不仅仅是"五级三类"总体规划的重要内容，更应该是详细规划的重要内容，以总体规划划定的城镇开发边界为基础深化和细化，在详细规划尺度和精度上对城镇开发边界进行更精准的落位。

划定开发边界不是目的，而是为了促进土地的集约高效利用。相对于城镇，从节约集约用地的角度出发，乡村地区划定开发边界十分必要。很多乡村常住人口虽然在流失，但是乡村建设用地规模却在扩张，户均宅基地指标长期处于"超标"状态。为了避免乡村建设用地的无序蔓延扩张，下甲镇的村庄规划中划定了乡村开发边界——居民点建设边界，作为村庄规划的刚性管控内容。城镇地区划定城镇开发边界，乡村地区划定乡村开发边界，都是"开发边界"，不论集镇详细规划还是村庄规划，将"开发边界"作为规划内容之一，是合理的（图5）。

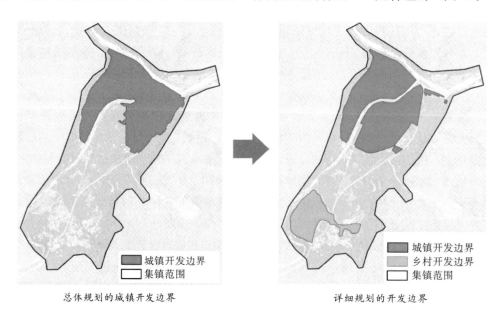

总体规划的城镇开发边界　　　　　详细规划的开发边界

图5　开发边界的深化和细化

4.3 不同用地单元分类控制与引导

国土空间总体规划的"三区"为生态空间、农业空间与城镇空间。按"三生空间"理论则划分为生态空间、生产空间、生活空间。乡村地区是以农用地和生态用地为主的区域，大部分归属于"三区"中的农业与生态空间，"三生空间"中的生态与生产空间。乡村地区有由集镇和居民点构成的生活空间，但有别于城镇空间，其集镇建设用地不大，居民点建设用地较多而分散。

在乡村地区划分用地空间单元时，可以综合"三区三线"要求与"三生空间"理论，划分为生态空间单元、农业生产单元、生活服务单元。生活服务单元的人工改造自然的程度高，用地一般尺度较小，地块划分比较精细；生态空间单元的人工化程度相对较低，地块尺度较大；农业生产单元地块尺度居中。生态空间单元与农业生产单元的地块划分一般以"三调"地块为基础，管控的精度不必像乡村生活单元一样精细。在三大类用地单元内根据生产、生活、生态的空间分布特征仍可细分子单元。

以伶站瑶族乡为例，从构建生态安全格局的角度出发，提出"环屏四廊"的生态空间单元结构，在生态空间单元内细分为生态维育和澄碧河生态廊道两类片区。对于农业生产单元，研究提出"三带三区"的高效农业空间布局思路。对于生活服务空间单元，则总结出"四轴三区"的总体布局思路，依据新增、存量及备用建设用地的占比，单元内细分为"适度扩张区、品质提升区、弹性发展区"三类子单元。对三大类单元下的各类子单元分别提出发展指引与管控要求（图6至图8）。

生态空间单元
构建生态安全格局

环屏
由研究范围周围的山体构成，形成本区域开发保护的生态屏障。
四廊
以澄碧河为主，外加平兰沟、他非沟、银百高速沿线自然保育地区，形成四条生态廊道。

图例
▮ 生态红线范围
▮ 生态维育区
□ 河流
⊡ 规划范围
⊡ 研究范围

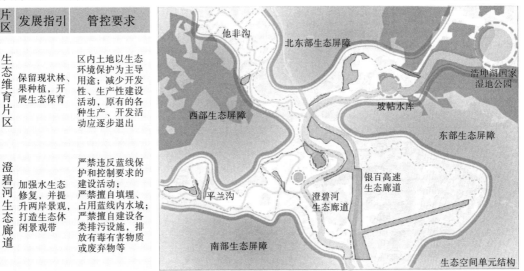

片区	发展指引	管控要求
生态维育片区	保留现状林、果种植，开展生态保育	区内土地以生态环境保护为主导用途；减少开发性、生产性建设活动，原有的各种生产、开发活动应逐步退出
澄碧河生态廊道	加强水生态修复，并提升两岸景观，打造生态休闲景观带	严禁违反蓝线保护和控制要求的建设活动；严禁擅自填埋、占用蓝线内水域；严禁擅自建设各类排污设施，排放有毒有害物质或废弃物等

图6 生态空间单元示意图

农业生产单元

打造高效的农业空间

三带

澄碧河、平兰沟、他非沟沿线河滩,形成区域内的三条农田集中带。

三区

紧邻研究范围,有百当芒果产业示范区核心区、凌云县林场油茶产业示范区核心区及富凤集团伶站养殖基地三个农业示范区。

图例
- 农田集中区
- 农业示范区
- 河流
- 规划范围
- 研究范围

片区	发展指引	管控要求
农田集中区	加强农田保护,改善农田设施条件,提高农业生产效益,打造田园综合体	区内土地主要为耕地、园地、畜禽水产养殖地和直接为农业生产服务的农村道路、农田水利、农田防护林及其他农业设施用地,基本农田保护区内土地,禁止种植破坏耕作层作物,禁止擅自闲置、撂荒
农业示范区	保留现状林果种植业和养殖业,减少农业污染	基本农田保护区外现有非农业建设用地和其他零星农用地应当优先整理、复垦或调整为耕地,规划期间确实不能整理、复垦或调整的,可保留现状用途,但不得扩大面积;禁止占用区内土地进行非农业建设,不得破坏、污染和荒芜区内土地

图7 农业生产单元示意图

生活服务单元

形成优质的生活空间

四轴

沿国道集镇发展轴、东西向家居建材发展轴、集镇至浩坤湖生态旅游发展轴、集镇至鸿顺高中产教融合发展轴

三区

根据开发管控区别分适度扩张区、品质提升区、弹性发展区。

图例
- 适度扩张区
- 品质提升区
- 弹性发展区
- 发展轴带
- 规划范围
- 研究范围

片区	发展指引	管控要求
适度扩张区	依托良好景观资源,建设高品质城区	城镇建设优先利用现有低效建设用地、闲置地和废弃地;区内农村建设应优先利用现有低效建设用地、闲置地和废弃地
品质提升区	改造提升现状集镇和村屯,完善生活配套,改善人居环境,产业区升级	加强区内土地生态修复;现状集镇和农村居民点可继续保留,允许开展基础设施完善建设活动;应加强地质灾害综合治理,消除安全隐患
弹性发展区	结合未来片区空间拓展方向预留空间,增强规划适应性	在不违反国土空间规划强制性内容和不突破规划城镇建设用地规模的前提下,可调整为城镇集中建设区,调整后的管控要求等同城镇集中建设区

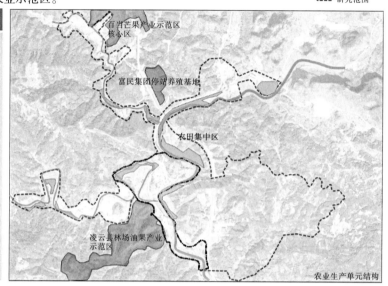

图8 生活服务单元示意图

4.4 区分集镇与一般乡村居民点

在生活服务单元内进一步区分集镇和一般乡村居民点。首先，集镇开发建设活动的强度更大，一般村庄的开发建设相对小且分布散，很多是小型工程，工程的质量标准相对较低；其次，集镇国有土地的比重较高，涉及征地拆迁等较为复杂的问题需要政府各部门综合协调解决，而一般村的开发建设以集体用地为主，村集体和村民代表的意见对于具体的开发建设有较大的影响力，利益诉求以短期私人利益为主。

乡村的全面振兴需要寻找突破口，近期重点是集镇。抓住集镇这个重点，有助于实现乡村振兴和新型城镇化互促互进。因为集镇能以较低的成本实现更好的服务，其公共服务设施基础较好，有规模效应，能就近解决农民改善人居环境、就业、老人赡养与子女上学等民生问题。一般的农村居民点分布相对分散，常住人口流失，空心化现象严重，公共服务设施闲置浪费。

集镇人群和建筑相对更集聚，建筑与建筑、人与人之间关系处理更复杂，对开发建设行为管控的要求更精细，集镇可以多借鉴城镇的规划管控思路，如"控制性＋修建性"的详细规划体系。在集镇内部仍可划分重点地区和一般地区：将以公共财政投资建设为主的地区作为重点，倡导修建性详细规划管控；对于以农民或居民购地自建房为主的一般地区，则采取规定建筑面积、建筑高度、建筑风格等的控制性要求；对于一般村庄，主要为农民自建房，为了避免无序扩张，划定居民点建设边界，并提出宅基地建设的通则要求。

4.5 刚性约束与精细化引导相结合

将村庄的用地单元归为两类：其一以保护保留利用为主要目的，用地类型包括林地、草地、湿地、陆地水域等；其二以开发建设利用为主要目的，如工矿用地、商业服务业用地、居住用地。保护保留利用类主要属于"基于自然，让自然做功"的用地，其用地规划管控重点是制定禁止开发建设、限制开发建设等行为管控措施，管控的要求偏刚性，管控的精度不宜过细。开发建设利用类主要是人工环境地区，其用地规划需要深入研究怎么用、如何用等问题，人为设计的成分高，"人本尺度"的要求更精细，由于与社会经济发展及工程技术进步密切相关，进行动态调整的频率较高。

凌云县下甲镇与伶站瑶族乡的行政辖区面积平均 200 km²，地域面积广阔，大面积的山水林田湖草即属于保护保留利用类，需在规划中制定好包含准入清单、负面清单等管控要求，起到刚性约束作用。该县 2022 年策划了 3 年内实施的三产融合乡村振兴示范项目，申请到中央专项彩票公益金，但资金有限，必须选取关键地区投放，示范项目没有覆盖全域。这些示范项目，从全域自然资源管理的尺度出发，很多都是点状和线型工程，需要详细规划深入地设计构思，为乡村振兴项目提供精细化的引导。

在全域全要素的管控基础上，规划的实施及成效跟资金投入密切相关。资金投放是有时效性的，有限的资金投放为了达到效果，需要通过详细规划实现精准发力。即使是在公益性项目中，也免不了考虑资金投入与效果，其项目所在的用地单元，详细规划也要从"管控工具"转换为"服务工具"，才能更好地满足基层工作需要。乡村地区详细规划既要统筹整体系统布局，还需在局部细节上精细刻画，"近、中、远""点、线、面"相结合，形成"有虚有实、有粗有细"的生动蓝图。

4.6 乡村地区规划"一张图"整合

按照空间单元和地块相结合，以平面要素为主，叠加立体要素或属性，将相对稳定的单元地块平面作为底板背景"面"元素，将动态调整频率和幅度大的作为图斑"点/线"要素，管控精度与人工活动的强度挂钩，即人为活动强度大的如集聚度高、人工环境比例高的集镇采取精细化管控，对于自然生态地区则采取刚性管控……将这些不同管控尺度与精度的详细规划整合到一起，形成"图/底"关系清晰的乡村地区详细规划"一张图"。

以下甲镇集镇详细规划"一张图"为例，整体以"三调"和国土空间总体规划为底板，叠合详细规划；落实深化"三线"，并进一步明确其管控要求；细化用地分类，城镇开发边界内细化到地块控制，参照原城镇控制性详细规划编制要求制定详细的控制指标，临近城镇开发边界的村庄居民点细化到地块控制，提出用途管制、建筑退线、风貌控制等的通则式要求；对于外围村庄制定建设管控规则，对于人工活动强度相对低的，如农业和生态空间单元，明确基本农田、生态红线等刚性管控要求。

5 结论与思考

改革开放以来，"城—镇—乡—村"之间的要素流动更加顺畅，人们可以更加自主地在"城—镇—乡—村"空间系统中安居乐业，整个城镇体系与城乡关系发生巨大变化。空间规划作为空间系统治理的有效手段，能促进"城—镇—乡—村"之间的要素流动更加有序。从系统论角度出发，空间规划是对"城—镇—乡—村"空间系统"演进、优化、重构"进行他组织的干预，但"城—镇—乡—村"重构还蕴含了自组织的内部发展诉求和动力。

凌云县"镇—乡—村"规划实践表明，无论城镇还是乡村，需要划定各种边界，用以区分用途管制分区与用地类型，开发边界仅仅是规划产生的众多边界之一。这些边界不是为了划线而划线，划线的目的是促进高质量发展，高质量发展的目的是为满足人民对美好生活的需要。在此过程中，规划作为稳定未来预期的一种空间安排，除了划定底线，还需要对美好生活进行展望并提供路径引导，"划线死守"与"主动作为"之间的关系是辩证统一的。

不论是城镇开发边界还是乡村开发边界，通过详细规划来划定，更符合高质量发展阶段规划管理精细化的趋势。乡村地区普遍存在着集镇与一般乡村居民点的不同，以此划分乡村地区详细规划类型更为通用；同时，考虑到乡村振兴项目涉及的主管部门工作分工与协作的关系，全域全要素的管控与分期分片的资金投放之间的关系，规划内容按需分级设定工作精细程度。将"分类分级管控，分期分片实施"所产生的"不同尺度、不同时序、不同精度"的空间规划要素，以求取"最大公约数"为原则，删繁就简进行叠加，整合形成"一张图"，作为乡村地区保护与发展的公共契约，为乡村地区落实乡村振兴战略，提供简明而稳定的蓝图支撑。

[参考文献]

[1] 刘彦随. 中国新时代城乡融合与乡村振兴 [J]. 地理学报，2018，73 (4)：637-650.

[2] 杨保清，晁恒，李贵才，等. 中国村镇聚落概念、识别与区划研究 [J]. 经济地理，2021，41 (5)：165-175.

[3] 周一星. 城镇郊区化和逆城镇化 [J]. 城市，1995 (4)：7-10.

[4] 刘守英，王一鸽. 从乡土中国到城乡中国：中国转型的乡村变迁视角 [J]. 管理世界，2018，34 (10)：128-146，232.

［5］金磊. 城市乡村化 乡村城市化：写在华揽洪《重建中国》（中文版）出版十周年之际［J］. 博览群书，2016（7）：76-80.

［6］温铁军，罗士轩，董筱丹，等. 乡村振兴背景下生态资源价值实现形式的创新［J］. 中国软科学，2018（12）：1-7.

［7］刘晓畅. 改革开放 40 年来中国城乡规划研究领域演进［J］. 城市发展研究，2021，28（1）：6-12.

［8］费孝通. 我对中国农民生活的认识过程［J］. 中国农业大学学报（社会科学版），2007（1）：5-14.

［9］张尚武，刘振宇，王昱菲.“三区三线”统筹划定与国土空间布局优化：难点与方法思考［J］. 城市规划学刊，2022（2）：12-19.

［10］俞孔坚. 基于自然，让自然做功：国土空间规划与生态修复之本［J］. 景观设计学，2020，8（1）：6-9.

［基金项目：北京大学未来城市实验室（深圳）铁汉科研开放课题基金（202106）。］

［作者简介］
胡勇，高级规划师、注册城乡规划师，深圳市北京大学规划设计研究中心有限公司副总规划师。
李贵才，通信作者，教授，博士研究生导师，北京大学未来城市实验室（深圳）主任。

农业产业园类国土空间规划编制技术思路探索

——以四川省成都市大邑县安仁都市现代农业产业园为例

□黄天意，张腾，玉智华，白洪昌

摘要：在经济新常态和乡村振兴的发展语境下，我国都市现代农业发展面临转型升级。在国土空间规划背景下，都市农业产业园规划也将迎来新的规划要求。基于此，通过分析当前安仁都市农业产业园面临的新要求、现状基础、发展趋势，探索构建了"问题先行—目标导向—传导落实—定位引领—战略引导—理念指导—规划统筹—措施保障"的一体化规划编制技术思路，以期为农业产业园国土空间专项规划提供一定的参考借鉴。

关键词：乡村振兴；都市农业产业园；国土空间专项规划；编制技术思路

0 引言

都市现代农业作为一种商品型的农业形态，能够依托都市发展优势，带动现代农业和乡村地区的发展。都市现代农业产业园作为重要的都市现代农业发展形势，是我国未来农业发展的主要导向之一，更是我国现代农业发展的重要抓手，其经济发展效益将直接影响现代农业的整体质量。都市农业产业园的高质量发展，不仅需要先进的农业技术和装备，而且需要精细的整体规划引导。当前，我国基本建立了国土空间规划体系，基本完成了五级国土空间总体规划，但国土空间专项规划编制仍在进一步探索之中，其中针对农业产业园类国土空间的规划研究较少。都市农业产业园作为一类特殊的农业空间，对引领现代农业高质量发展具有重大意义，探索编制农业园国土空间专项规划可实现对农业园国土空间要素配置的规划引领和农业空间生产的规划保障。

本文以四川省成都市大邑县安仁都市现代农业产业园为例，立足新时期的新要求，研判规划基础与趋势，以促进都市农业发展的转型升级为问题导向，以优化农业园国土空间规划要素配置为目标导向，提出"问题先行—目标导向—传导落实—定位引领—战略引导—理念指导—规划统筹—措施保障"的一体化的农业园国土空间专项规划编制技术思路，从而落实"农业强、农村美、农民富"的乡村振兴总目标，传导协调相关规划，保障安仁现代都市农业产业园的高质量发展。

1 立足新时期的新要求

1.1 响应经济转型和乡村振兴的新要求

经济"新常态"的背景下，我国经济由高速增长阶段向高质量发展阶段转变，由低效、粗放的发展方式向绿色、创新发展方式转变。优化经济产业结构、培育新经济增长点成为经济发展的重中之重。农业的关联性与包容性为乡村经济的提升发展提供了广阔的发挥空间，带来新的驱动力。经济"新常态"必然要求农业实现现代化、稳增长、调结构，持续夯实现代农业基础，提升传统农业及其衍生农产品附加值，贯穿农村一二三产、融合生产、生活和生态功能，紧密连接农业生产、农产品加工业、旅游服务业的新型产业形态和消费业态。乡村振兴战略要求到2035年，农业结构得到根本性改善，农业农村现代化基本实现。现代农业产业园建设是新时期党中央、国务院加快农业农村现代化的重大举措，是推进乡村产业振兴的重要载体。都市现代农业产业园作为现代农业产业园的特殊形式之一，是实现国家乡村振兴战略目标的先行区，应率先形成工农互促、城乡互补、协调发展、共同繁荣的新型工农、城乡关系。

1.2 融入"五级三类"国土空间规划体系

《中共中央、国务院关于建立国土空间规划体系并监督实施的若干意见》明确了"五级三类"的国土空间规划体系，包括"国家、省、市、县、乡镇"五级，"总体规划、专项规划、详细规划"三类。总体规划是整个规划体系的核心和基础，它决定了国土空间开发利用和保护的总体方向和目标，专项规划和详细规划都是围绕总体规划进行的，需要落实其相关传导内容。专项规划是总体规划的深化和细化，它针对某一特定领域或问题，提供具体的规划方案和措施。专项规划需要符合总体规划的指导思想和原则，同时为详细规划提供依据和指导。农业产业园类国土空间专项规划是以农业空间为主体的特定行业和空间领域的专项规划，其规划编制既要落实相关总体规划的规划传导，又要衔接、指引相关详细规划的编制。

1.3 顺应经济社会高质量发展的新目标

《中华人民共和国国民经济和社会发展第十四个五年规划和二〇三五年远景目标纲要》指出，要全面实施乡村振兴战略，加快农业农村现代化，优化农业生产布局，建设现代农业产业园区和农业现代化示范区。这就需要农村地区大力发展新型农业形式，特别是以农业产业园为代表的农业发展形势，提高农业生产水平，增加农业收入。大力推进农业现代化，要求各地方加快产业转型升级，着力提升现代农业发展质量；按照打造"创新高效、标准品牌、生态安全、开放合作、幸福共享"新型现代农业的理念，构建完善现代农业产业体系和新型农业经营体系，形成以现代科技为支持、以现代经营为基础、以现代农民为主体、以三产联动为特征的都市现代农业发展格局，加快基本实现农业现代化的步伐。

1.4 回应成都西绿色创新发展的新诉求

《成都市国土空间总体规划（2021—2035年）》要求大邑县落实成都建设全面体现新发展理念的国家中心城市以及"西控"战略总体要求。《大邑县国土空间总体规划（2021—2035年）》在成都市战略大格局下定位大邑县的发展方向，坚持以人民为中心的发展思想，践行城市新发展理念，突出大邑县在生态、旅游、人文等方面的优势，确立了至2035年，大邑县域规划构建

"一园三区，一核双廊"的国土空间保护开发总体格局以及"一园五区"的农业发展格局（现代农业产业园＋特色产业片区）。

安仁都市现代农业产业园是大邑县农业发展格局的核心引领地带，是大邑县整体发展的重要战略价值区。全面建设安仁都市现代农业产业园是实现大邑县创新绿色发展的必经之路，对于提升大邑县区域功能发挥了重要作用。大邑县作为成都市空间总体战略的"西控"地区的重要一极，承担着生态绿色发展的责任，要求充分发挥生态人文方面的独特优势，全面提升成都西部生态功能，兼顾环境保护与经济发展。

2 农业园发展基础与趋势

2.1 农业园现状发展基础

安仁都市现代农业产业园位于成都市主城区西南部、大邑县东南部，距离成都市区仅40 km，交通较为便捷。农业产业园区位于成都"西控"战略区，境内分布众多林盘，具有丰富的自然人文资源，属于川西平原优质资源区。农业产业园周围分布众多先进制造业、现代服务业及现代农业产业等产业集群，具备较好的产业发展环境。园区规划面积约110 km²，包括安仁镇全部，涉及原韩场、蔡场、董场、沙渠、苏家（部分村、社区）5个乡共23个村（社区），城乡人口约13.41万人。

农业产业园空间发展存在较多不足之处，主要体现在以下四点：原园区管委会撤销后，农业产业园整体组织分散，缺乏统一规划管理支撑；科研平台不完善，农业科技基础设施滞后，科技农业发展缓慢；林盘密布而特色营造不足；项目插花布局而产业链不健全，缺乏配套支撑；等等。

2.2 现代农业园发展趋势

从国内外的规划实践来看，传统农业种植产业已出现向"农商文旅创"多元融合发展的趋势。例如，上海、北京等地区关注农业品牌化发展，通过延伸农业产业链，推进农夫集市（图1）、农产品展销等"农业＋商业的新型业态"；武汉农业科技园等农业产业园通过积极引进新兴农业技术、农业电商物流等农业新业态，大力发展科技农业；台湾走马濑农场、成都郫都区农家乐等则关注实现农业向休闲农业的转变，通过积极导入新兴精品住宿、农业休闲、乡村度假等业态，发展"休闲农业＋旅游"的新业态；日本富田农场、台湾梅子梦工厂（图2）等通

图1 上海圣甲虫农夫集市

图2 台湾梅子梦工厂创意农产品

过策划新兴体验工坊、农产品创意设计等业态，实现农业向创意农业的转变。现代农业产业园作为重要的现代农业形式，园区集中连片和组织化的生产方式、集约高效的经营管理模式、先进的高科技支撑手段使其在保障粮食供给、新技术推广示范、带动农民增收等方面取得了良好的效果。安仁都市现代农业产业园应按照"西控"部署和构筑都市现代农业新高地要求，以"园区化"优化都市现代农业产业布局，拓展农业功能，加快培育新产业新业态，推进"农商文旅"融合发展，形成以农业功能为主体的产业生态圈。

2.3 规划编制导向

安仁都市现代农业产业园位于成都"西控"战略部署的重要地区，具有较好的本地生态、良好的农业生产基础和丰富的人文资源。应充分利用区位、自然人文资源优势，打造"高端精品农业＋文创农创＋乡村旅游"相结合的复合生态圈，与现代粮经产业园共同构建大邑县国家级现代农业发展区。

安仁都市现代农业产业园编制国土空间专项规划应以解决问题为前提，在落实"三区三线"和规划分区管控的基础上，强调农业园规划要素的优化配置和农业生产空间的保障，将农业园发展目标逐一细化落实到空间。同时，考虑利用林盘等特色自然人文资源，营造特色产业空间，从而整体打造精致高端、特色明显、产业复合的农业产业园。

3 规划编制技术思路

基于新时期要求和现状基础、趋势的分析，安仁都市现代农业产业园国土空间专项规划宜采用"目标和问题"双导向的总体编制思路，即"提出问题和目标—提供相应解决方案"的总体编制思路。

根据总体编制思路，提出"问题先行—目标导向—传导落实—定位引领—战略引导—理念指导—规划统筹—措施保障"的一体化规划编制技术路线（图3）。

3.1 问题先行

充分梳理现状，认清优势与短板，是编制规划的基础，更是制定发展目标和战略的出发点与落脚点。因此，现状问题诊断，一方面要基于实地调研、访谈问卷、已有评估评价成果（双评价、各类相关规划评估）进行分析，对安仁都市现代农业产业园的现状问题进行诊断与识别，并对产生问题的原因进行剖析。另一方面，可以收集交通区位资料，气候、土壤等自然地理资料，产业项目、农业产值、农民收入等产业发展资料，从区位、自然条件、产业现状、林盘特色等方面，全方位、多尺度地对安仁都市现代农业产业园的现状情况进行分析评价，总结产业园发展的优劣势。

以实际存在的问题为前提，以这个前提为出发点，健全发展目标，策划产业项目，构建规划体系，制定保障措施，从而使规划更贴合实际，更具有操作性与实践性。安仁都市现代农业产业园国土空间专项规划应立足当前存在的农业产业链仍不完善，配套设施尚不完备，林盘特色彰显不足等现状问题，有针对性地提出规划解决方案。

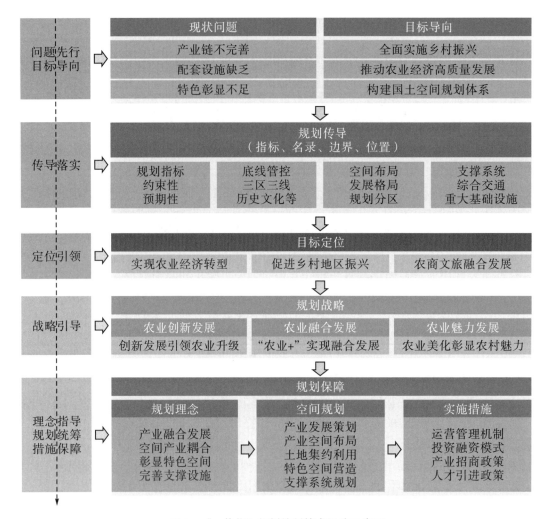

图3 "一体化"规划编制技术思路示意图

3.2 目标导向

规划关注与分析目标导向是实现规划引领的必然要求。除了需要分析宏观经济发展要求、全面推进乡村振兴要求，还要关注农业领域发展的相关要求及地方产业发展诉求。

安仁都市现代农业产业园国土空间专项规划的目标导向分析应从经济转型和乡村振兴、国土空间规划管控、经济高质量发展、成都绿色创新发展、大邑农业发展等方面入手。

3.3 传导落实

国土空间专项规划应落实国土空间总体规划的相关传导要求，特别是"三区三线"等底线管控的要求。安仁都市现代农业产业园国土空间专项规划作为专项规划，要落实《大邑县国土空间总体规划（2021—2035年）》《大邑县安仁博物馆发展片区国土空间总体规划（2021—2035年）》相关传导要求，确保专项规划的合法性、合理性、落地性。

主要传导内容包括相关预期性、约束性规划指标的传导，"三区三线"、历史文化保护线、洪涝灾害控制线等底线管控的传导，农业发展格局、规划分区、土地整治与生态修复等空间布局的传导，重大交通与基础设施等支撑系统的传导，图、表等多形式重点项目的传导。

3.4 定位引领

农业产业园的目标定位既是整个空间规划的立足点又是统筹点。目标定位一方面需要切合农业产业园的发展实际问题，符合大邑县乃至成都都市圈的发展需求；另一方面则需要具有前瞻性、引领性、创新性，从而更好引导规划。从当前国家宏观发展背景和国内现代农业发展趋势来看，安仁都市现代农业产业园的总体目标定位应重点关注农业经济转型、乡村地区振兴、"农商文旅"融合发展等方面内容。

安仁都市现代农业产业园的目标定位需结合两个方面来确定：一是按照外部环境要求，进行粗略的功能性定位；二是根据自身发展需求，进行精细化、创新化定位。产业园位于成都"西控"战略部署的重要地区，因此产业园需要跳出"就产业园论产业园"的思维局限，站在整个成都的高度，进行目标定位。根据"西控"战略，产业园需响应"城市生态本底"的要求，以保护生态环境为首要任务，探索绿色发展的新模式。产业园自身具有良好的农业生产基础和丰富的自然人文资源，应充分利用这些优势，结合国内外先进案例经验，打造"高端精品农业＋文创农创＋乡村旅游"相结合的"复合产业生态圈"。

3.5 战略引导

战略规划是统领整个空间规划的核心内容之一，是发展目标的深化，是具有统领性、概括性的行动纲领，是园区未来发展的远景谋划，为园区发展指明方向。安仁都市现代农业产业园的规划战略应立足现状问题和目标定位，重点关注农业的转型创新发展，创新发展科技农业引领农业的升级；关注农业融合发展，以农业为基础，高度融合发展二三产业；关注农业魅力发展，通过农业空间的精致美化，彰显农业魅力。

发展战略的制定需要考虑现状分析结果和发展目标两个方面的因素。通过分析现状优劣势，立足放大优势、克服劣势的基本原则，结合目标定位，安仁都市现代农业产业园可以分别在创新农业产业策划、农业产业空间布局、建设用地集约利用、林盘特色空间营造、相关配套支撑设施等方面提出发展策略，为规划提供明确的方向指引。

3.6 理念指导

规划理念是规划目标、发展战略指导规划过程和决策中所需要的核心思想及原则，指导并贯穿整个规划过程。

安仁都市现代农业产业园的规划理念应涉及产业策划、空间规划、风貌特色、支撑系统四个方面：从产业策划方面来看，应积极推动"农业＋"产业融合发展；从空间形态方面来看，应强调园区空间形态与产业布局的耦合；从风貌特色方面来看，应关注农业风景美化和林盘特色保护；从支撑系统来看，应加强基础设施先行和服务设施配套。

3.7 规划统筹

农业产业园国土空间专项规划是农业项目落地的重要抓手，以规划保障落实农业产业项目，统筹安排各种资源，保证资源的最优化配置，构建园区发展支撑体系，确定近期重点工程，明确远期发展方向，从而推动发展目标的实现。安仁都市现代农业产业园国土空间专项规划应立足"三区三线"及规划分区，以产业项目策划核心，统筹优化农业产业空间布局，引导重点项目的空间落位；明确生态、生产、生活空间的有效管控，促进城镇、村庄与生态、农业空间的有机融合；统筹支撑系统要素配置，重点关注公共设施、交通设施、市政设施等要素的完善提升。

3.7.1 产业发展策划

根据安仁都市现代农业产业园的目标定位，策划园区的产业项目时，既要体现创新性，也要体现可行性和操作性。一方面，不仅要充分利用园区的资源禀赋优势、人文特色优势、政策支撑优势，还要统筹考虑园区产业基础现状、土地利用现状、人们的生活需求等实际情况；另一方面，要考虑产业项目能与园区的战略定位、运作模式、管理模式等相匹配，从而能够使产业项目有效落地。

3.7.2 产业空间布局

现代农业产业园相对传统工业园而言，其产业空间布局更具有复杂性，现代农业产业园是一二三产业融合发展的空间载体。根据安仁都市农业产业园国土空间专项规划的目标定位，园区内需形成"农商文旅"相融合的产业生态圈。其产业发展布局，应立足上位国土空间规划的传导，重点落实"三区三线"；在"三区三线"及国土空间开发与保护总体格局的基础上，优化农业生产空间，落实粮食生产功能区、重要农产品生产保护区以及划定养殖业空间；在优化农业生产空间的基础上，可采用农业主导功能和上位规划传导相结合的方法进行农业功能区细化，为产业项目落地划定准入空间。

产业空间布局还要结合产业发展策划，根据基地现状条件，针对产业特性、产业间的关联及协同性进行科学的产业项目布局，整体形成合理的功能结构和产业项目谋划（图4）。

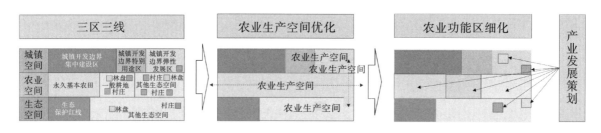

图4 农业产业空间规划布局技术方法示意图

3.7.3 土地集约利用

安仁都市农业产业园打造"农商文旅"相融合的产业生态圈，其本质是形成以农业为基础的一二三产业融合发展的产业集群，包含高端精致化的农业、绿色农产品加工业、乡村休闲旅游业、乡村文化创意产业以及相关配套服务业等产业。针对当前乱而杂的土地利用现状，农业产业园的产业空间布局应注意在充分尊重现状的基础上，根据各类产业用地性质和空间布局要求，合理、高效、集约利用土地。此外，还要考虑各类用地的相对独立性，以及用地之间的联动性。

3.7.4 营造特色空间

一个有活力、有特色，体现创新的农业产业园，不仅具有相应的新兴产业，而且具有深厚的历史文化底蕴。安仁都市农业产业园特色空间应当尊重地域文化、社会背景、经济情况，利用现有园区空间自然人文特色，以不断创新的手法营造具有当地人文特色的园区空间。安仁都市现代农业产业园内的川西林盘极具特色，但现状林盘特色风貌彰显不足，缺乏对林盘的文化特色进行保护和挖掘。因此，其规划应当思考如何保护林盘风貌，促进传统特色与农业新经济的有机融合，如采取"产业园＋特色镇/景区＋林盘"模式，突出农业园特色。

3.7.5　支撑系统配套

农业产业园支撑系统包括交通网络、交通设施、能源水利基础设施、综合防灾设施等，是确保农业产业园运行的基础支撑系统。

安仁都市农业产业园国土空间专项规划在支撑系统配套方面，要依据上位总体规划确定的综合交通、基础设施、综合防灾等内容，细化构建农业产业园自身的旅游集散体系、公共交通体系、综合防灾减灾体系，完善旅游驿站配套，完善供电、供水、排水、燃气、环卫等基础设施配套。

3.8　措施保障

农业产业园规划意图的落地需要一系列措施的保障，包括运营、创新管理机制、人才引进、产业招商、提升社会政务环境等措施。这些措施使各个层次的规划、规划的各个环节有效衔接，从而推动规划意图的落地。

安仁都市现代农业产业园规划目标的实现和产业项目的落地离不开配套的实施措施保障，主要包括建立长效的运营管理机制、创新投资融资模式、制定灵活的产业招商政策、加大人才引进和激励力度等。根据规划内容，分别从政策、管理、开发、运营等方面提出相应的保障措施。政策措施，主要是针对如何协调政府与市场的关系，既要极力体现政府的治理能力，又要最大限度发挥市场的配置能力；管理、开发、运营措施，是指根据产业园实际情况，借鉴国内外先进的案例经验，提出可供参考的管理、开发、运营模式。通过这些措施建议，可使规划策略有个良好的实施环境，从而推动并保障规划项目的落地。

4　总结

在经济新常态和乡村振兴发展的语境下，适逢国家构建国土空间规划体系，基于地方城市绿色创新发展、农业经济高质量发展的多重现实要求，探索农业国土空间专项规划编制技术思路显得尤为必要。本文以大邑县安仁都市现代农业产业园为例，分析其专项规划编制面临的新要求、现状基础、发展趋势，提出了从"问题—目标—传导"到"定位—战略—理念"再到"规划—措施"的一体化规划编制技术思路，以期推动安仁都市现代农业产业园实现高质量发展，对相关现代农业产业园国土空间专项规划具有一定参考价值。需要指出的是，由于地域资源禀赋和区位条件的差异，各地区现代农业产业园国土空间专项规划面临的具体问题不尽相同，在多重规划背景下，其规划编制技术思路方向和内容侧重也有所不同，尚需具体规划问题具体对待。

［参考文献］

[1] 王艳玲，杨德东，张东平. 现代农业发展研究：以河南省为例 [M]. 北京：中国农业出版社，2009.

[2] 王文，吕军，杨晓文，等. 现代农业产业园建设模式与关键技术研究 [J]. 中国农机化学报，2020，41（12）：210-216.

[3] 钟友军，彭继勇，卢晓琳，等. 安仁都市现代农业园区发展现状及问题对策研究 [J]. 全国流通经济，2020（32）：141-143.

[4] 张云彬，蒋五一，曹中良，等. 基于功能系统分析的现代农业园区规划方法研究 [J]. 华中农业大学学报，2010，29（6）：778-782.

[5] 刘越山，任晓刚. 找准加强农业与科技融合的发力点 [N]. 经济日报，2020-09-22（11）.

[6] 赵龙. 基于城乡统筹背景下的农业产业园区规划设计研究 [D]. 保定：河北农业大学，2014.

[7] 朱绪荣，王能波，曹立聪. 国土空间规划背景下农业现代化示范区规划布局现状与对策思考 [J]. 农学学报，2022，12 (12)：40-47.

[8] 叶庆亮，杨礼富. 三产融合须探索利益联结机制 [N]. 中国科学报，2020-09-15 (003).

[9] 张天柱. 现代农业园区规划与案例分析 [M]. 北京：中国轻工业出版社，2008.

[10] 罗其友，刘子萱，高明杰，等. 现代农业园区发展机制探析 [J]. 中国农业资源与区划，2020，41 (7)：14-20.

[作者简介]

黄天意，正高级工程师，湖南省建筑科学研究院有限责任公司规划研究所所长。

张腾，工程师，湖南省建筑科学研究院有限责任公司规划研究所工程师。

玉智华，通信作者，正高级工程师，株洲市规划测绘设计院有限责任公司规划研究分院院长。

白洪昌，高级工程师，株洲市规划测绘设计院有限责任公司规划研究分院副院长。

国土空间规划体系下人防工程规划的实施性研究

——以国家级新区江西省赣江新区为例

□冷虎林，李袁，付琼哲

摘要：在国土空间规划体系建立的背景下，本文梳理了当前人防工程规划中存在的主要问题，包括落实要素单一、缺乏综合性、规划动态调整缺乏衔接性、注重城镇建设缺乏统一性等。为有效探索国土空间规划体系下人防工程规划的可实施性，本文结合江西省赣江新区在人防工程规划中的实践，对分层分阶段落实人防工程、互联互通串联人防工程、集中配建提升人防工程、结合城市发展有序推进人防工程，以及纳入"一张图"系统有效监督人防工程等做法进行总结，为人防工程规划的有效实施提供可借鉴经验。

关键词：国土空间规划；人防工程；集建人防；互联互通

0　引言

人民防空（以下简称"人防"）建设是国防建设的重要组成部分，是增强国家整体防卫能力的重要措施。在当前国内外复杂形势下，结合城镇化建设步伐，快速推进人防工程建设步伐，对于增强城市的整体防御能力，促进当地经济、社会协调可持续发展，具有非常重要的战略和现实意义。

第七次全国人民防空会议指出，要转变人防建设发展方式，要在新型城镇化中统筹推进人防建设，把人防工程作为地下空间开发利用的重要载体，更好发挥地下资源潜力，形成平战结合、相互连接、四通八达的城市地下空间；要开发利用人民防空资源，既要发挥人防工程的公共服务功能，从实际出发，把人防工程用作停车场等公共服务设施和搭建"双创"平台，发展新业态，又要发挥人防应急救援支撑功能，纳入城市应急救援保障体系，增强公共应急能力。因此，人防工程规划应与城市发展紧密结合。这就要求人防工程规划与当前的国土空间规划紧密融合，强化其可实施性，更好地落实各项人防工程。

1　国土空间规划与人防工程规划

根据《中共中央、国务院关于建立国土空间规划体系并监督实施的若干意见》（以下简称《意见》），国家将主体功能区规划、土地利用规划、城乡规划等空间规划融合为统一的国土空间规划，实现"多规合一"，强化国土空间规划对各专项规划的指导约束作用，整体构建"五级三类"的国土空间规划体系。"五级"是从纵向对应的行政管理体系，分别是国家级、省级、市级、县级、乡镇级;"三类"则是指规划的类型,分为总体规划、详细规划及专项规划。

人防工程规划是在1986年全国人防厦门会议之后,各城市相继编制的人防相关规划,如人防防空总体规划、人民防空建设专项规划、城市人民防空工程规划等名称不一的规划,但从规划内容来看,均属于规划体系中的专项规划。

2 人防工程规划实施存在的问题

2.1 落实要素单一,缺乏综合性

当前人防工程规划更多仅考虑单一要素的空间落实,即在规划中仅对单个地块的人防建筑面积配置作出要求,缺乏统筹考虑人防空间之间以及人防空间与其他空间的联系,通过不同功能之间的协同,发挥人防空间在平时的空间价值,以及在人口疏散方面,缺乏统筹考虑人防空间与疏散通道、疏散场所之间的联系,交通廊道在国土空间规划中往往更多地考虑城市功能之间的交通联系,缺乏统筹考虑交通廊道承担人口疏散的功能,造成在人防规划中设置的疏散场所可能出现交通不便的情况等。因此,人防工程虽然有规划,但是其能发挥的价值往往会打折扣,缺乏整体性和系统性。

2.2 规划动态调整,缺乏衔接性

城市发展是动态的,城市的各类用地功能会随着城市的发展而发生变化。人防工程规划编制将当前使用的城市规划作为底图,布局各类人防工程设施,以形成与城市规划相匹配的人防工程体系。但在实际城市建设中,规划是动态调整的,通常会因某些项目的选址要求,对部分地块的规划进行调整,而原用地上需配置的人防骨干工程会因用地性质的调整而无法实施,从而忽略该工程的建设。如人防工程规划中按规划布局设置了急救医院,但由于在规划实施过程中医院选址有所调整,管理部门沟通不及时,规划衔接不到位,布局的急救医院有时会被忽略而未能落实。

2.3 注重城镇建设,缺乏统一性

城市在过去几十年的快速城镇化过程中,建设了大量的新城区。如以综合服务功能为主的新城区,建设初始时期往往以住宅小区开发为主,与小区同步建设的人防掩蔽工程比例会较高,而防空专业队工程通常会与公共建筑相结合配置,新城区公共建筑建设会相对滞后,因此防空专业队工程在新城区配置会有所滞后。又如,以工业为主的产业园区,通常情况下工业用地仅有少量的民用建筑,按照人防设施配置的要求可交易地建设费,从而导致在工业用地集中片区基本上无人防工程的现象。在城市大开发大建设时期,老城区又因历史原因,人防工程欠账较多,人防工程中人防指挥、通信、警报、掩蔽工程、疏散基地建设等都需要资金投入,人防工程建设会有所忽视,无力保障人防建设资金,从而导致城镇建设与人防工程建设不统一。

3 赣江新区人防工程规划的实践

3.1 赣江新区基本情况

2016年6月6日,国务院批复同意设立江西赣江新区。这是国家支持长江中游地区和江西省发展的重大战略部署,对于江西省贯彻落实生态文明建设、绿色发展等国家战略,打造美丽中国"江西样板"、内陆对外开放平台、推进区域一体化发展、探索中部地区产业转型升级具有重要作用。

赣江新区全域 465 km²，由经开组团、临空组团、永修组团和共青组团 4 个组团组成，跨南昌市和九江市 2 个设区市行政单元，涉及共青城市、永修县、国家（南昌）经济技术开发区 2 个县（市）和 1 个国家级开发区。在人防管理体制上，赣江新区分属各个行政单元，在人防体系上缺乏统一性，人防工程建设水平不一。为完善赣江新区人防工程规划的实施，赣江新区在规划体系、建设要求、管理体制等方面进行了探索实践。

3.2 赣江新区人防工程规划的实践

3.2.1 分层分阶段落实人防工程

人防工程建设必须切实融入城镇建设，将人防工程规划落实到国土空间规划的各个阶段，以促进城市用地节约、城市功能完善等。

赣江新区构建了"三级三类"的国土空间规划体系。其中，"三级"为新区级（市级）—组团级（县区级）—乡镇级，"三类"为总体规划、专项规划和详细规划。赣江新区人防工程规划分层分阶段融入国土空间"三级三类"的规划体系中，强化人防工程规划与国土空间规划体系的衔接融合。

总体规划阶段，赣江新区编制人防总体规划，将人防总体规划中明确的人防总体防护目标和人防工程的核心指标纳入国土空间总体规划。

赣江新区各组团按照行政区划各自编制人防工程专项规划，按照国土空间总体规划确定的总体格局，确定规划期内人防工程发展目标、规模、布局和配置方案，提出建立城市综合防空防灾体系的建设方案。

详细规划层面，赣江新区对重点地区编制地下空间利用和人防工程的详细规划，与国土空间详细规划共同指导人防建设。重点内容包括人防工程土地使用控制，主要规定各地块新建民用建筑附建防空地下室的控制指标、规模、层数、室外出入口的数量及方位，以及各类人防工程附属配套设施和人防工程设施安全保护用地控制界线；人防工程功能控制，主要规定人防工程防护功能及其技术保障等方面的内容，包括各地块人防工程战时、平时使用功能和防护标准等；人防工程建筑建造控制，主要对建设用地上的人防工程布置、人防工程之间的群体关系、人防工程设计引导作出必要的技术规定，包括连通、后退红线、建筑体量和环境要求等；规定各地块单建式人防工程的位置界线、开发层数、体量和容积率，确定地面出入口数量、方位；规定人防工程地下连通道位置、断面和标高。在国土空间详细规划中将人防工程详细规划主要空间指标纳入其中，明确区域、地块人防设施具体设置要求，形成专章，保证人防工程建设与城市建设同步进行（图 1）。

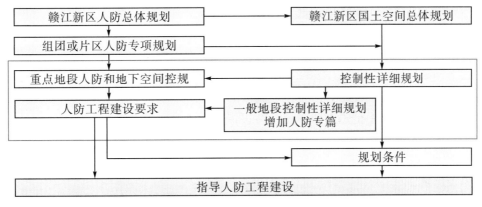

图 1　赣江新区国土空间体系与人防工程规划衔接图

3.2.2 促进地下空间与人防工程互联互通

赣江新区在重点片区建立了地下交通系统，与地下交通相邻的项目需要建设地下空间并在核心区域互联互通。人防工程在地下空间开发项目中将发挥重要的防护作用，将积极引导、协同参与，与地下空间连成整体，有效发挥平时经济、战时防护的功效，统筹以地下交通基础设施和人防工程为主体的地下安全设施、以地下综合体为主体的各类地下公共服务设施，构建多维、安全、高效、可持续的发展体系。

除依法结建人防工程的地下空间建设建筑物外，地下交通干线、地下过街隧道、地下综合管廊等地下空间开发项目考虑统筹兼顾人防要求，地下商业街、地下过街通道、地下综合体等重要地下空间开发项目应与就近重要人防工程和疏散干道合理连通，纳入人防体系，正在建设中的重要地下空间项目应预留与人防工程的连接口，促进人防工程由单体式向网络式发展。

如在儒乐湖核心区商务组团功能板块，建立了地下车行系统，规划在横三路、横四路、横五路、横六路、商务一路、商务二路、商务三路下设置地下车通道，形成环状地下车行连通系统，周边地块建筑地下室建设预留联通口，与地下车行通道和步行通道相对接，通过地下车行通道、地下步行通道、轨道交通站点将中心商务组团地块地下空间联通，车行联通通道均作为人防空间进行建设，从而使地块人防工程与道路人防工程进行串联成网（图2）。

图2 地下人防通道及连接地块的地下人防空间

3.2.3 集中配建人防提升地下空间利用效率

结合赣江新区产业园区较多的实际情况，创新产业地块人防工程审批管理方式，推进赣江新区产业用地区域内人防工程集中配建。通常工业用地所需配建的人防工程面积较小、利用率不高，按相关法规可缴纳易地建设费。赣江新区将这些零散的人防工程建设指标进行统筹，利用公共停车场、公园绿地、公共服务设施等用地进行集中配建人防工程，弥补片区因免建或易地建设造成人防工程缺失的不足。

赣江新区国土空间详细规划中，在工业园区会配置一定规模的邻里中心、货运停车场和公园绿地，明确该用地应集中配建人防工程。通过集中配建可有效实现人防工程优化设计、整体报批、同步建设、整体竣工验收、统一管理的目标，提升赣江新区产业用地空间资源利用效率和综合承载能力，既强化"应建必建、应收尽收"，在保证人防战时防护能力的同时，又提升赣江新区的营商环境。

3.2.4 结合城市建设有序推进人防工程实施

近年来，赣江新区在新城开发建设中，人员掩蔽工程、物资库工程面积相对较多而骨干工程面积普遍缺失。结合赣江新区国土空间规划近远期的开发时序，及时调整人防工程的建设需求。在近期的人防工程建设中，为弥补人防骨干工程的短板，进一步提高医疗救护、防空专业队等人防专用工程比例，医疗救护部门和群众防空组织组建部门新建地面民用建筑必须依法配套建设人防专用工程，鼓励社会其他投资主体按照折算优惠政策修建人防专用工程。赣江新区在"十四五"期间，减少物资库工程审批，限制物资库工程建设，适当增加其他类型配套工程建设，规划结合社区医院、卫生监督机构、居住用地等配建救护站、防空专业队工程等。

3.2.5 纳入"一张图"系统保障有效监督管理

结合国土空间开展"一张图"建设，支撑规划编制、审批、修改和实施监督的数字化管理。按照"多规合一"和节约集约用地等要求，统筹各类国土空间开发保护需求，赣江新区将人防工程规划建设数据库纳入国土空间"一张图"系统，人防主管部门可实时共享"一张图"数据，清楚掌握每一块土地的规划利用情况，跟进规划的动态调整，及时落实相关人防工程设施的建设，实现空间治理体系和治理能力的现代化。

4 结论

人防工作事关国家长治久安、人民生命安全及社会经济发展，要切实加强人防工程规划的可实施性，积极融入国土规划体系，让人防工程实施更加精准有效。

［参考文献］

［1］赵毅，赵雷，葛大永，等.江苏城市地下空间开发利用规划编制策略［J］.规划师，2017（增刊2）：106-110.

［2］韦丽华，唐军.城市地下空间与人防工程融合发展利用探索［J］.规划师，2016（5）：54-58.

［3］赵子维，杨晓彬.城市人民防空建设规划编制体系构建与探讨［J］.地下空间与工程学报，2018，14（增刊1）：55-60.

［4］沈雷洪.城市地下空间控规体系与编制探讨［J］.城市规划，2016（7）：19-25.

［5］刘晓波，李博文.新时期人民防空专项规划编制体系研究：以江西省为例［J］.城乡规划，2023（7）：74-80.

［作者简介］

冷虎林，高级工程师，就职于南昌市城市规划设计研究总院集团有限公司。

李袁，工程师，就职于上海市地下空间设计研究总院有限公司。

付琼哲，赣江新区城乡建设和交通局副局长。

基于自然地理格局的内河港口总体规划研究

——以湖南省益阳市益阳港总体规划为例

□熊智，官志鑫，丁琼，吴米玲，熊浩奇

摘要：本文针对编制内河港口总体规划时如何正确处理港口空间开发与自然本底资源保护之间的关系问题，通过分析梳理内河港口规划需考虑的自然地理格局相关因素，提出基于自然地理格局的内河港口总体规划编制思路，制定将此思路落实于港口规划全过程的技术路线，并通过益阳港总体规划实例研究验证这些思路的可行性和有效性，旨在为类似内河港口规划研究思路提供借鉴与参考。

关键词：内河港口；自然地理格局；总体规划；编制思路

0 引言

内河港口作为重要的水陆交通枢纽，扮演着促进经济发展和区域联系的重要角色。国家治理体系和治理能力现代化下的国土空间规划改革，也对新时期港口总体规划提出了新的要求。《中共中央、国务院关于建立国土空间规划体系并监督实施的若干意见》指出要实现"多规合一"，明确将城乡规划、主体功能区规划、土地利用规划等空间规划融合为统一的国土空间规划。在新的形势下，作为国土空间规划体系中的专项规划之一，港口总体规划的规划目标也需符合国土空间规划相关要求，科学布局港口生产空间，加快形成绿色港口生产方式，综合考虑人口分布、经济布局、国土利用、生态环境保护等因素。

内河港口依内河水系而生，由于我国内河水系资源具有多样性，港口总体规划所面临的自然本底资源也多种多样，因此编制港口总体规划时需处理内容繁杂的资源、环境等空间本底条件，分析复杂的人口、产业、经济社会发展等趋势，如果分析不全面、不准确，规划成果质量将难以保证。当前，为与国土空间规划准确衔接，港口规划的难点在于如何正确处理港口空间开发与自然本底资源保护之间的关系，从而合理确定港口资源开发方案。自然地理格局研究是对气候、地形、水土、生态环境等空间本底特征分析，明确自然地理格局、人口特征与经济发展的空间关系，提出国土空间优化建议的进程。新形势下，为了高质量落实港口规划，在国土空间优化布局的战略需求引领下，梳理自然地理格局中对港口总体规划的影响因素，研究基于自然地理格局的内河总体规划编制思路十分必要。

通过系统回顾国内外关于自然地理格局与港口规划的研究，本文总结当前理论发展的主要趋势和实践案例，为研究提供坚实的理论支撑。张慧等人结合自然地理及人文要素对风景名胜区总体构架进行分析，提出了区域保护与发展建议；黄沛等人从自然地理的角度，构建了一套海岸带流域—近岸海域的统筹分区方法；在中国人地关系研究进展的基础上，沈镭等人从资源环境约束因素和区域差异视角提出了一种"人"字形资源环境演变格局；杨晓明等人基于自然地理格局和农业适宜性评价分析，提出了农用地空间布局优化思路；姚海元等人提出了国土空间规划体系下的港口水域规划思路与方法，研究合理协调解决各类涉海规划间矛盾冲突的方法。目前，基于自然地理格局理念对港口总体规划思路的研究还处于起步阶段，探讨自然地理格局下内河港口总体规划的编制思路，对促进国土空间优化，使港口规划更好地贯彻落实新发展理念，促进港口与自然资源、人口、环境、城市、产业协调发展，具有重要意义。这可以使内河港口总体规划更加符合当地的自然条件和环境特点，适应性更强；同时，减少规划对环境的负面影响，增强规划的科学性、可持续性，避免港口总体规划频繁修订，促进区域协调发展。

本文旨在明确自然地理格局对内河港口总体规划的具体影响，以益阳港的规划实践为例，提出一套符合内河港口的规划编制方法。

1 内河港口规划中自然地理格局相关因素

我国内河水网地区河道密布，内河水运资源主要集中在长江、珠江、黑龙江、淮河及松辽四大水系，其中长江水系内河航道约占全国的一半。本文采用地球地理信息系统空间分析和多变量统计模型，结合专家访谈，梳理出内河港口规划中与自然地理格局相关的因素主要有地形地貌、生态环境、水文气象、城市发展，是港口总体规划中分析港口与各类资源相关关系的基础；深入分析自然地理格局相关因素对港口规划产生影响的原因和途径，由此得出各相关因素对港口规划产生影响的具体内容（图1）。

2 基于自然地理格局的内河港口总体规划编制思路研究

《中华人民共和国港口法》明确，港口总体规划是指一个港口在一定时期的具体规划，包括港口的陆域范围和水域、吞吐量、港区划分和到港船型、水域和陆域使用、港口的性质和功能、港口设施建设岸线使用、建设用地配置以及分期建设序列等内容。

对自然地理格局的考虑，以往的内河港口规划较为片面，一般在陆域平面布置中对地形地貌有结合，在集疏运中对城市交通网络有分析，在生态环境影响及其他因素带来的综合影响方面考虑得并不深入。通过前面的分析可知，自然地理格局相关因素将对港口规划的内容全面产生影响。因此，本文在规划阶段全面融入基于自然地理格局的理念，即综合考虑地形地貌、生态环境、水文气象、城市发展等多方面的自然地理格局，并从资料收集与分析入手，将其贯穿于港口空间布局（含岸线利用规划）、港区划分及功能定位、港口平面布置（含水域和陆域使用）、集疏运规划、客运及支持系统布局等各方面和全过程，以期实现港口规划全过程基于自然地理格局理念的落实。研究技术路线如图2所示。

2.1 资料收集与分析

在基于自然地理格局的内河港口总体规划编制思路中，自然地理格局涉及地形地貌、水文气象、生态环境、城市发展等多方面的资料，因此资料收集与分析是非常重要的一步。目前，适合港口规划的资料收集与分析的方法有实地调查、统计资料查询、专家咨询、卫星影像和航空摄影、地理信息系统（GIS）等。

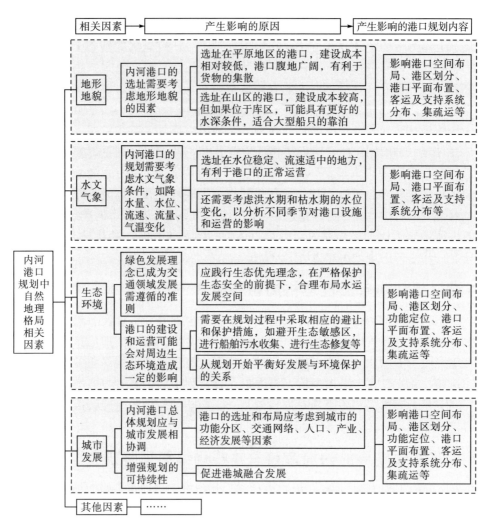

图1 内河港口规划中自然地理格局相关因素

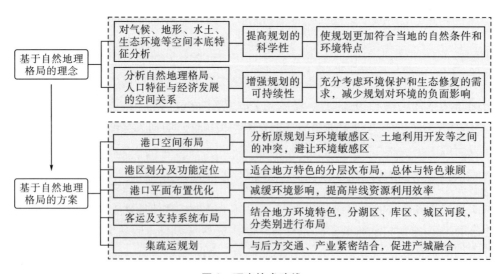

图2 研究技术路线

2.2　港口空间布局

港口总体规划作为国土空间规划体系下的组成部分，港口空间布局需要拓展时空维度，进一步适应更大的空间尺度，需要在更长的时间尺度上具有可行性。这些要求综合分析自然地理格局中环境敏感区、土地利用开发等多维度的影响因素，决定了港口空间布局需要充分考虑现状及未来可能的自然地理格局。

2.3　港区划分及功能定位

港区划分及功能定位需在对发展现状和条件进行评价后，进行发展环境的分析，才能把握发展方向进行港区划分、功能定位及规模预测。在这个分析的各环节中，发展现状与条件、发展环境、发展方向的分析均需基于自然地理格局来进行考虑。

2.4　港口平面布置

港口平面布置结合自然地理格局中生态环境与城市发展情况，能够减缓对环境的影响，合理布局功能，提高岸线资料利用效率。

2.5　客运及支持系统布局

客运及支持系统布局与地方自然地理资源及产业特色密切相关。客运可结合地方旅游资源特色，分湖区、库区、城区河段，分类别进行布局；支持系统可以结合地方管理需求和航道资源实际情况，分航道保障、应急救援、环境保护等不同类型。

2.6　集疏运规划

港口的集疏运体系是港口运行体系的重要保障，基于自然地理格局中后方陆域、交通、产业情况，考虑港口与内陆交通网络的衔接，做到与港口紧密结合，考虑港口与内陆交通网络的衔接，促进港—产—城融合。

3　基于自然地理格局的益阳港总体规划编制实践

3.1　研究区域概况

湖南省人民政府先后批复同意《湖南省"一江一湖四水"水运发展规划》《湖南省港口布局规划（修订）》，新时期湖南省港口按"一市一港"原则进行布局调整，《益阳港总体规划（2035 年）》的规划范围为整个益阳市。益阳港位于洞庭湖生态经济区核心区，港区范围跨越资水中下游，处沅水、澧水尾闾，环洞庭湖西南，拥有发达的水系和丰富的自然资源，沅水、资水、澧水等航道联通益阳市各区县。

益阳市范围呈狭长状，地形西高东低，属于中亚热带向北亚热带过渡的季风湿润性气候，四季分明、严寒期短、无霜期长。益阳港居雪峰山的东端及其余脉，为湘中丘陵向洞庭湖平原过渡的倾斜地带。

益阳市生态保护红线面积约 2860 km²，约占国土面积 23%。全市禁止开发区生态保护红线约 1305 km²，其中包含的自然保护区、森林公园、风景名胜区的核心景区（一级景区）、地质公园的地质遗迹保护区、湿地公园的湿地保育区和恢复重建区、饮用水源地的一级保护区、水产种质资源保护区的核心区占国土面积比例约 10.6%。港口规划与涉水的湿地公园、饮用水水源保护区、自然保护区等重合度较高，生态环境对益阳港总体规划的制约较大。

"十三五"期间，益阳市城镇体系采取"圈层渐进，沿轴开发"模式进行城镇开发和土地利用，形成"一圈三轴"的主要空间格局，最终形成"中心带动，沿轴发展"的城镇空间布局。"一圈"，即以益阳市中心城区为核心、外围桃江和沅江为联系圈的中部城市发展圈，打造核心增长极。"三轴"，以长益高速和 G319 形成的市域东部城镇发展轴，以益阳至南县高速公路形成的市域北部发展轴线，以益阳至溆浦高速公路形成的西部发展轴线。土地利用与城市发展格局相适应。

3.2 基于自然地理格局的内河港口总体规划编制实践

3.2.1 全面准确地收集资料与初步研前分析

根据益阳港总体规划编制需求，收集了各部门相关统计资料，包括腹地内的经济发展数据、工业发展规划、城市总体规划、物流规划、铁路专项规划，以及规划范围内水陆域的地形、地质、航道、水文、公路、铁路资料等数据。重点开展了益阳市范围内港口及产业调研，包括港口发展现状、各区县建港需求、园区产业结构及重点企业产能、原材料及产成品流量流向等问题，摸清益阳港发展基础。同时，开展了扎实的现场调研，利用 GIS 技术，叠加各相关要素后，对益阳港区范围内的自然地理格局有了大致的呈现，可初步梳理出可建港岸线，标记出需现场调研的重点岸线段，做到现场调研时有的放矢，能极大地提高调研效率。

在港口总体规划时需要充分了解掌握各航道的自然地理格局及资源特点，确保资料的准确性。在编制益阳港总体规划前，充分开展了益阳港截至 2020 年底的航道、码头及支持保障系统的现状调查。

3.2.2 生态优先的港口空间布局

规划中充分考虑现状自然地理格局，同时对未来国土空间规划的调整，区别处理客、货运港口，也区分了液体散货、干散货与集装箱、件杂货等不同货种码头，统筹港口规划与饮用水源、生态红线、自然保护地、水产种质资源、河湖管理、城市边界、永久基本农田等环境敏感区之间的关系，统筹主动避让和采取有效保护措施之间平衡，做到在发展中保护、在保护中发展，促进人与自然和谐共生。同时，将绿色发展贯穿到港口规划全过程，强化港口建设运营中的环境保护措施，保障港口绿色发展所需配套的资源和功能，加强港口船舶污染物回收设施、LNG 加注码头等配套岸线和码头布局。打造港口绿色发展体系，实现资源节约、环境友好。

原规划在雪峰湖国家湿地公园、桃江羞女湖湿地公园等区域布局有较多的港口岸线，本次规划对规划区域的环境敏感区进行了识别，在上述两处湿地公园内进行大幅的规划资源缩减并进行协调性分析，相对原规划方案共缩减港口岸线约 8 km，尽最大可能保护湿地公园等敏感生境。

3.2.3 科学合理定位港区功能

根据益阳港沿江岸线的水陆自然条件及开发情况，结合腹地经济发展需求等因素，科学定位各港区功能。一是科学分析益阳港自然岸线资源禀赋，在水系密布的湖区和人员分散的库区，靠近需求，客货运适度分散布局，主动适应自然交通条件及腹地发展需求。二是注重集中连片开发与沿江岸线的专业化功能分区，合理规划益阳港的矿建材料、集装箱、钢材、旅游客运等主要客货类码头泊位区，充分研究主要公用码头区后方土地及疏港通等自然地理格局，有效保护土地资源，为切实提升益阳港集约化、规模化与专业化水平奠定基础。三是拓展港口功能、谋划高效发展。积极拓展港口保税仓储、商贸服务、多式联运、流通加工等功能,强化港口的枢纽效应,引导要素集聚,不断提升岸线价值和港口高效发展水平。

3.2.4　优化港口平面布置

提出按照集约、高效利用港口资源、减少生态环境影响的原则,在港口平面布置规划中充分分析自然地理格局中各相关要素,优化平面布置方案。如将天星洲芦苇码头货运泊位退出货运功能,调整为支持保障功能;赤峰农化码头,由危货品码头泊位调整为通用码头功能,以更好地保护南洞庭湖水生生物生境。港口平面布置避让基本农田,同时将港口布置与周边城市的发展相协调,促进港城融合发展。

3.2.5　助力旅游及特色产业发展

根据益阳市从湘中丘陵向洞庭湖平原过渡地带的独特自然地理格局,其人文和自然旅游资源十分丰富,规划过程中充分挖掘茶马古道、雪峰湖洞穴宝库、桃花江竹海、大码头、明清古巷、洞庭湖湿地、洲岛风光等特色旅游资源,以规划推动水上旅游开发进程,展现益山益水生态益阳、幸福益阳的独特风采。依据各区县不同的自然地理格局,分区域打造安化茶旅文康水库游、桃花江湿地公园休闲游、益阳城区古城风情观光游、沅江南洞庭湖区体验游及湖乡运河风光游。

益阳市安化县黑茶产业闻名中外,沅江市拥有湖南省最大的船舶制造基地。规划过程中因地制宜,充分与安化茶产业、沅江造船产业等地方特色产业需求相融合,港区布局、功能定位充分考虑产业的实际,兼顾当前需求与未来发展空间,助力打造特色产业名片,做大做强。

3.2.6　构建放射型的对外集疏运网络

港口的集疏运体系是港口运行体系的重要保障,基于自然地理格局中后方陆域、交通、产业情况,通过对益阳港集疏运量预测和规划交通网络的综合分析,综合利用周边公路、铁路和水运等通道资源,规划形成以益阳港为中心的放射型对外集疏运网络,由5条射线组成,详见图3。

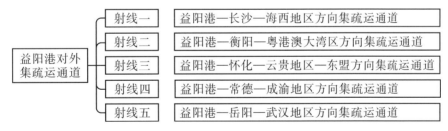

	射线一	益阳港—长沙—海西地区方向集疏运通道
益阳港对外集疏运通道	射线二	益阳港—衡阳—粤港澳大湾区方向集疏运通道
	射线三	益阳港—怀化—云贵地区—东盟方向集疏运通道
	射线四	益阳港—常德—成渝地区方向集疏运通道
	射线五	益阳港—岳阳—武汉地区方向集疏运通道

图3　益阳港对外集疏运通道

积极推进公转铁、公转水,在有条件的主要港区规划集疏运铁路,推动洞庭湖区域大宗散货、集装箱水铁联运通道建设。同时,加强与综合交通运输规划、国土空间总体规划的衔接,保障港口规划在国土空间规划中的具体落实,减少港口集疏运带来的城市交通与港口交通冲突等问题。

4　结语

首先,本文对如何正确处理港口空间开发与自然本底资源保护之间的关系问题,从自然地理格局的角度进行了有益探讨。

其次,内河港口规划中自然地理格局相关因素主要有四类:地形地貌、水文气象、生态环境及城市发展。在此基础上提出了基于自然地理格局的内河港口总体规划编制思路，构建了"资料收集与分析＋港口空间布局＋港区功能定位＋港口平面布置＋客运及支持系统布局＋集疏运规划"的港口规划全过程思路体系，并以益阳港总体规划为例进行了实践。

最后，基于自然地理格局的规划编制思路目前仍处于探索阶段，未来需要结合规划实施和管理实践，进一步完善基于自然地理格局的有关影响因素，不断推进港口总体规划在编制内容和实践应用层面的改革创新。

［参考文献］

[1] 张慧，张子磐，黄志鑫. 基于自然地理格局的风景名胜区总体构架研究：以湖南省为例 ［J］. 湖南林业科技，2023 (4)：96-104.

[2] 黄沛，石洪华，王宗灵. 基于自然地理格局的海岸带流域：近岸海域统筹分区研究 ［J］. 海洋环境科学，2023 (5)：797-804.

[3] 沈镭，安黎，钟帅. 中国资源环境新格局的稳定性与影响因素分析 ［J］. 中南大学学报（社会科学版），2022 (5)：82-95.

[4] 杨晓明，余军，蒋礼兵. 基于自然地理格局的衢州市衢江区农用地空间布局优化思考 ［J］. 国土资源，2022 (7)：35-36.

[5] 姚海元，陈正勇，王达川，等. 国土空间规划体系下港口水域规划思路与方法 ［J］. 水运工程，2022 (11)：1-6.

［作者简介］

熊智，高级工程师，就职于湖南省交通规划勘察设计院有限公司。

官志鑫，高级工程师，就职于湖南省港航水利集团有限公司。

丁琼，高级工程师，就职于湖南省交通规划勘察设计院有限公司。

吴米玲，高级工程师，就职于湖南省交通规划勘察设计院有限公司。

熊浩奇，工程师，就职于湖南省交通规划勘察设计院有限公司。

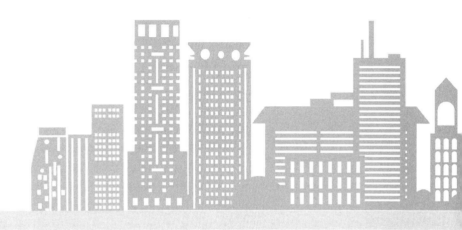

乡村规划与乡建保护

乡村格局演变视角下乡村建设的逻辑调整与策略优化

□魏来，赵明，李亚，张洁，郭文文

摘要：随着新型城镇化、乡村振兴战略的推进，我国的乡村格局正发生急剧变化，乡村建设作为打造宜居宜业和美乡村的重要抓手，需根据乡村格局的变化对其思路与策略进行持续调整与优化。本文从社会、经济和空间三个维度构建乡村格局演变对乡村建设影响的分析框架，回顾我国乡村格局演变的四个主要阶段和各阶段对应的乡村建设要点，进而提出了乡村建设策略的优化建议。

关键词：乡村格局演变；乡村建设；可持续运营；县域统筹

0 引言

乡村振兴战略实施以来，乡村日益成为投资建设的重点领域。这有效提高了乡村建设水平，显著提升了乡村治理效能，亦深刻改变了乡村格局。然而，建设投入效益不高、设施供需不匹配、可持续运营难度大等乡村建设的新问题也开始显现。其核心原因在于我国乡村格局仍在持续演变中，当前很多乡村建设的理念和方法是适应"老格局"的，与逐步形成的"新格局"不匹配。党的十八大以来，习近平总书记多次强调加强城乡格局变化研判的重要性。从现实需求来看，探索适应乡村格局变化的建设思路与策略极为迫切。

1 乡村格局影响乡村建设的分析框架

1.1 乡村格局

乡村格局演变是城乡格局变化在乡村的延伸与表现，国内既有的研究主要聚焦于城乡格局的变化，多从人口迁移、功能变迁等角度分析对乡村的影响，而深入乡村自身层面的分析较少。乡村格局演变可以理解为在工业化和城镇化进程中，因城乡人口流动和发展模式变化，当地参与者对这些作用及变化作出响应与调整，导致乡村地区的社会经济形态和地域空间格局产生变化。

乡村地域系统包括农业系统、村庄系统、乡域系统和城镇系统等相互作用、相互依存的子系统，人、地、业是乡村地域系统的核心要素，通过互馈机制塑造了乡村发展动力，进一步促进了乡村社会结构、经济结构和空间结构的演变。因此，可以从社会、经济和空间三个维度分析乡村格局的演变。其中，社会格局变迁的底层逻辑是乡村居民在满足家庭需求过程中的结构选择；经济格局变迁则受到宏观经济格局、城乡经济分工的影响，并与社会格局的变化相互牵扯，促成了村庄的分化；空间格局变迁是社会与经济格局共同演变的结果，并反作用于社会、经济格局（图 1）。

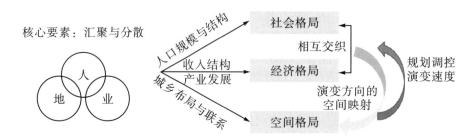

图 1　乡村格局演变分析框架图

1.2　乡村格局影响乡村建设的分析框架

　　乡村建设是落实乡村振兴战略、推动宜居宜业和美乡村建设的具体行动。乡村格局演变是通过需求变化、模式创新和机制重构三个层面影响乡村建设策略的设计与内容。首先，乡村格局变化会导致乡村建设需求的变化，如人口规模的缩减必然导致服务、设施的总量有所减少，而乡村老龄化、城乡融合与农业多功能价值体现等都会产生新的需求，需通过乡村建设来满足。其次，新的乡村格局与建设需求必然要求形成新的乡村建设模式，从过去投入新建为主，逐步转向建设与运营管理一体化，以确保其可持续性。最后，顺应城乡融合、乡村差异化发展等新格局，乡村建设的实施机制也要更加强化总体统筹，以实现整体效益的提升。本文基于乡村格局演变的视角，探讨新时期乡村建设的逻辑与策略（图 2）。

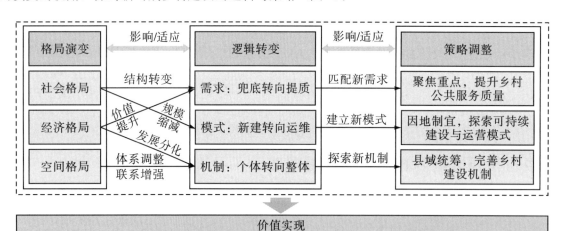

图 2　基于乡村格局演变视角的分析框架

2　乡村格局演变的经验与规律

2.1　国际经验借鉴

　　乡村格局演变伴随着国家整体的经济社会发展而发生。日本的乡村格局演变经历了农业振兴、城乡交流与乡村魅力重塑、农业多功能与乡村可持续发展三个阶段，对乡村价值的认知也经历了由农业生产向人居生活、生态保护的逐步丰富。1945—1976 年，日本的乡村建设注重农业振兴，主要内容是推进町村合并、农地改革、土地整理及基础设施建设，如两次新农村建设分别推进了农村基本建设与环境改善、公共服务设施建设；1977—1997年，日本开始注重城乡一体化，以重振乡村为目标，通过发展乡村工业克服过疏化问题，重塑乡村魅力和特色，其间重点开展了"一村一品"运动；1998年至今，日本追求更高水平的农业多功能性和乡村可持续发展，倡导"里山倡议"和"里地里山保全活用计划"等全域计划，提高了乡村地区发展活力，乡村产业也不断丰富。

2.2 我国乡村格局的历史演进

改革开放以来，我国城乡关系不断调整，乡村格局持续演变，但整体发展进程与日本有一定的相似性。我国乡村格局演进大致可以分为以下四个阶段，一系列乡村振兴政策的出台也印证了这一基本走向。

第一阶段：乡村工业化驱动下的乡村格局演变（1978—1995年）。国家政策聚焦农村家庭联产承包责任制的确立与推广、农村工商业发展、农业补贴等方面，解放和发展了农村生产力。但受城乡二元户籍制度的影响，乡村户籍人口缓慢增长。此后，改革重心逐步转向城市，从1987年到2003年，中央连续17年没有出台以"三农"为主题的一号文件。

第二阶段：城镇化主导下的乡村格局演变（1996—2003年）。我国城乡发展进入了以城市为中心的单向要素集聚阶段，乡村产业衰退，大量农业剩余人口涌入城镇。为保障城市发展所需的土地和劳动力，对村庄进行大量撤并集中，村庄数量持续减少，"空心村"开始出现，乡村演变为为城市提供廉价土地、劳动力的附属角色。

第三阶段：城乡统筹下的乡村格局演变（2004—2011年）。面对不断扩大的城乡差距，国家政策重点转向推进社会主义新农村建设、加大统筹城乡发展力度、加强农民工权利保障等方面。城市开始支持乡村，城市消费需求外溢带动部分村庄活力逐步恢复，但乡村人口仍在持续流出，农户空巢化、村庄空心化明显。2004年以来，中央一号文件连续20年关注三农问题。

第四阶段：城乡融合发展下的乡村格局演变（2012年至今）。党的十八大提出"推动城乡发展一体化"，到党的十九大提出实施乡村振兴战略，更加注重提升乡村整体发展水平，农业多功能性开始显现，乡村价值趋于分化及多元。这一阶段，城乡收入差距持续缩小，但乡村劳动年龄人口和就业人口均持续减少，农户空巢化、农民老龄化加剧，村庄空心化、房屋闲置现象仍然普遍存在。

可见，在我国乡村格局演变过程中，乡村政策的发展延续着"农业→农业农村"的脉络，在强调粮食安全的基础上，农业多功能性和乡村多元价值越来越得到重视，不同阶段乡村建设的着力点，也顺应宏观的发展阶段特征、政策目标逐步调整（表1）。

表1 改革开放以来乡村格局历史演进的特征

阶段	政策文件关注重点	社会格局	经济格局	空间格局①	建设重点
第一阶段	农业	乡村户籍人口缓慢增长	乡村集体经济、乡镇企业发展	村庄数量减少，村庄用地面积不断扩大	农房建设

续表

阶段	政策文件关注重点	社会格局	经济格局	空间格局①	建设重点
第二阶段	—	大量农业剩余人口拥入城镇	乡村产业衰退，演变为单向为城市提供廉价土地、劳动力的角色	乡村兼并重组，数量持续减少，空心村出现	—
第三阶段	农业农村	人口持续流出，农户空巢化	城市开始支持乡村，城市消费需求外溢带动部分村庄活力逐步恢复	村庄空心化明显，村庄平均用地面积仍在扩大	社会主义新农村建设、美丽乡村建设、人居环境整治
第四阶段	农业农村	农户空巢化、农民老龄化显著加剧	城乡差距逐步缩小，乡村振兴，农业多功能性显现，乡村价值趋于分化及多元	村庄空心化加剧，农房闲置普遍	乡村振兴、传统村落保护、和美乡村建设

3 我国乡村格局的特征与演变趋势

乡村格局的变迁整体体现出两种趋势，积极的变化和消极的变化同时存在。虽部分具备资源禀赋的村庄趋于多功能发展，但更多村庄则表现出逐渐衰落态势。

3.1 社会格局：人口规模不断缩减，社会结构持续演化

虽然我国城镇化速度有所放缓，但是乡村人口向城镇集聚的趋势仍在持续。2020年，我国乡村常住人口约5.1亿人；预计至2035年，我国将达到75%以上的城镇化率，届时将有超过1.6亿农村人口进入城镇，乡村人口规模将降低至约3.5亿人②。乡村人口持续向城市流动，将进一步加剧乡村空心化、过疏化等问题。乡村社会结构也在持续演化。一方面，乡村人口老龄化趋势明显，2010—2020年，我国乡村65岁及以上人口占比从10.1%上升至17.7%，对比日本、韩国（均超过30%），可以判断我国乡村老龄化趋势仍将持续；另一方面，随着城乡人口双向流动的加剧，乡村人口呈现出多元化趋势，"原乡人＋返乡人＋新乡人＋旅居者"构成乡村人口结构的新特征。

3.2 经济格局：发展分化趋势明显，多元价值逐步显现

我国村庄发展水平差距逐步扩大。从区域上看，各地农村居民收入差距较大如，2021年农村居民人均可支配收入最高地区（上海市）是最低地区（甘肃省）的3.4倍。村庄之间经济分化则更加明显，《中国乡村振兴综合调查研究报告（2021）》显示，户均收入最高与最低的10个行政村，两者之比高达24.9倍。此外，在村集体资产总额、村集体经济净收入等方面也存在较大差距。

乡村的功能和价值也出现了明显分化。大部分村庄仍以承载传统功能和价值（粮食与农产品供应、维护当地社区）为主，但部分具备区位条件、资源禀赋的村庄展现出更多发展可能，在景观特色、文化特色、生活质量和可持续发展等方面的价值将得到挖掘，进而带动乡村休闲度假、文化创意、生态康养等产业的发展。

3.3 空间格局：聚落体系稳步调整，空间联系显著增强

我国村庄数量仍在持续减少。2011—2021年，全国自然村数量③从273.0万个减少到236.1万个，共减少约36.9万个，平均每年减少3.7万个。结合乡村人口变化趋势的测算，预计这一趋势还将持续，但考虑到城镇开发从增量扩张逐步转向存量优化，村庄减少的速度将有所放缓。

同时，城乡空间联系也将更为密切。随着城乡交通条件的改善，城乡空间一体化、网络化的特征更加明显，移动互联网技术的发展则进一步促进城乡空间的融合，"流空间"带来的要素流动使城乡空间逐步形成自由连接的复杂网络，乡村地区的聚落体系有机会融入区域生产和消费体系中。

4 乡村建设的逻辑调整

4.1 从兜底保障转向品质提升

长期以来，我国乡村建设侧重于底线性、基础性的设施供给，经过多年的持续投入，我国乡村已经普遍具备基本的生产生活条件（表2）。当前，乡村社会经济结构的变化，正深刻改变乡村建设的内容与需求：一方面，乡村人口年龄结构变化，造成大量农村学校生源不足，而老年人亟需的高水平医疗、养老及文体设施却供不应求；另一方面，乡村多元价值的发展及城市人口逐步进入乡村，对乡村服务设施的质量及环境风貌品质提出了更高的要求，并产生更多特色化、个性化的服务需求。

社会、经济结构变化背景下，普惠性、基础性建设投入方式已经难以适应时代需求，乡村建设应当在完善部分地区基本需求的基础上，更加注重提升各类设施的服务水平，并更加聚焦面向特定人群（老年人、返乡人、新乡人等）的精准投入。

表2　2021年我国乡村建设水平相关数据汇总

类别	设施类型	建设水平
公共服务	村级养老服务设施覆盖率（%）	48.9%
	行政村卫生室覆盖率（%）	95.8%
基础设施	村庄集中供水行政村占比（%）	83.6%
	农村电网供电可靠率（%）	99.8%
	村庄燃气普及率（%）	38.2%
	农村公路总里程（万km）	446.6万km
人居环境	村庄排水管道沟渠密度（km/km²）	9.89 km/km²
	农村生活污水治理率（%）	28%
	农村卫生厕所普及率（%）	70%
	农村生活垃圾收运处理的自然村比例（%）	90%

数据来源：《全国乡村建设评价（2021年）》《城乡建设统计年鉴（2021年）》等。

4.2 从新建为主转向建管运一体

人口持续流出造成村庄公共产品的实际使用者减少，设施使用效率不高、闲置情况普遍存

在。同时，乡村公共设施的可持续运营正面临严峻挑战，对于很多中西部地区而言，乡村设施运营的支出已成为沉重负担，即使是东部发达地区乡村设施运营支出也开始难以为继④。调研发现，我国县域经济最发达的昆山市，乡村公共设施的后期运维经费也很难保障，需要争取省资金补贴。在文化、污水、道路、环卫等领域的挑战则表现得更加突出（表3）。

表3　乡村部分基础设施运营面临的主要挑战

设施类型	主要挑战
文化设施	覆盖率高，但实际使用率偏低，设施维护压力较大
污水设施	农村污水量小且污染物成分简单，采用微动力设施每年运行成本在2万~5万元，但中西部很多村庄集体收入也仅有5万元左右；同时，部分地区农村污水处理成本远高于城市（4~5倍）
道路设施	乡村道路省交通厅会下达部分运营资金，但要求县里配套（有些地区达到1∶1）。乡道和村道由镇村养护，主要结合公益性岗位，进行基本的维护。由于镇村资金紧张，养护难度较大
环卫设施	农村生活垃圾收运设施设备管护不到位情况突出，村庄环卫保洁主要由乡镇政府承担，年支出较大

资料来源：结合在浙江、江苏、湖北、四川等地的调研整理。

因此，乡村建设亟须平衡好规模效益和公平稳定的关系：既要科学投入，缩小城乡设施服务水平的差距，也要考虑乡村建设的成本收益，避免造成过度的财政压力。推动乡村建设到管理、运营的有效衔接，关乎乡村的可持续发展。乡村建设的关注重点要逐步从补充新建设施转向对既有设施的运营维护，要转变当前"重建设、轻运维"的工程思维，将运营思维前置，确保各类设施建成后的正常运转。

4.3　从单村推进转向整体统筹

城乡要素流动与功能联系增强，以单个村庄为单位的相对孤立的、封闭的发展方式将逐步弱化，更多乡村地区将通过融入动态性、网络化的区域分工，重新寻找自己的定位和发展路径。城乡空间网络的重塑将倒逼乡村建设机制的变革，统筹建设的需求日益迫切。此外，村庄聚落体系还在不断调整变化，村庄发展分化产生了多样性的建设需求，也需要在区域层面加以统筹，引导不同村庄根据资源禀赋和自身价值开展差异化建设。

因此，随着乡村由较为孤立与封闭的状态转为逐步接入全域开放系统，传统上基于行政体系、以个体为对象的建设管理方式，已经不适应当前网络化、开放式的空间组织模式。因此，应基于区域整体利益最大化的考虑，打破行政区划和部门职权束缚，加强乡村建设管理统筹。

5　乡村建设的策略优化

5.1　聚焦重点，提升乡村公共服务质量

面对乡村人口密度降低和对公共服务品质需求的提升，乡村公共服务设施配置模式应逐步从"布局均衡"转向"品质均优"，从全覆盖、均质化转向有重点、非均质化的设施布局建设。通过构建小城镇生活圈，以镇驻地、中心村为对象进行相对集中的服务设施建设，是实现这一模式转变的有效途径。小城镇作为乡村服务中心，空间体系和人口规模相对稳定，相比过度分散和格局尚未稳定的村庄，以小城镇为支点提升公共服务设施配置既能够避免投资浪费，也有

助于提高服务质量，从而引导人口逐步聚集。对于生活圈难以辐射到的部分偏远地区，可探索采用"流动服务"的方式（如流动课堂、流动体检车等），解决居民基本的服务需求。

此外，还需聚焦为老年人提供适宜的服务设施。我国的文化传统决定了机构养老方式在农村难以大规模推广，因此可以将农房适老化改造作为乡村建设的重点内容，以政府补贴资金带动村民投资的方式，进行厕所、厨卫、无障碍等设施改造，逐步完善乡村居家养老设施配置；同时，逐步推进农村老年人日间照料中心建设，重点完善老年食堂、老年助餐等服务，并探索与日间休息室、文化娱乐室等功能合并设置。

5.2 因地制宜，探索可持续建设与运营模式

提升乡村建设水平不是对城市建设标准和模式的简单模仿，而是要在充分考虑运营能力的前提下，形成适宜乡村的建设方式。一方面，要根据人口规模、地形条件、地方财力等因素，因地制宜制定差异化的建设标准，防止"一刀切"。例如，很多人口规模较小的乡镇污水污染物成分较为简单，但部分地区对乡镇污水排放全部采用一级 A 类标准，使得污水处理成本大幅提高。另一方面，要综合考虑乡村地区人口、地形、区位、经济等因素的影响，探索和推广适合乡村特点的小型化、分散化、生态化建设模式。以农村污水处理为例。对于人口规模较大的村庄，可以不采用"微动力"设施，而是将村庄划分为不同的片区，每个片区分别采用"大三格"或"大四格"的处理技术，从而有效降低设施运行成本。

探索设施运营机制创新，破解设施运营"无人管、无资金"的难题。可通过政策优化明确各类设施的管护范围、管护内容、主要责任人，保障农村居民长期受益；同时，探索多元渠道保障管护资金。例如，村集体可通过成立村级管护基金支持设施的管护，或通过建立使用者协会、引入社会主体等措施，开展日常的设施维修养护、服务运营工作并收取相应费用。建立完善共建共管制度也同样重要，要发动村民参与设施的运营和管理，以村民小组、自然村为单位建立日常维护队伍，从而有效降低运营成本。

5.3 县域统筹，完善乡村建设机制

县域城镇化是中国特色城镇化区别于西方城市化的重要体现。县制是我国地方管理中跨越时间最长、制度最稳定的组织机构，县域是我国当下新型城镇化的重要战场。综合来看，县域承上启下、连接城乡，是统筹乡村建设的最佳单元。

目前亟需加强县域统筹乡村建设的顶层设计，在科学研判县域人口流动趋势的基础上，通过分区分类、精准施策，建立县域统筹的有效模式，对镇村布局、基础设施建设、公共服务设施建设系统安排；同时，要加强资源资产统筹，逐步改变以"条条"为主的乡村建设专项投入方式，探索以县域为单元统筹各部门的专项建设资金，并全面梳理、逐步盘活农用地、宅基地、农村集体建设用地和闲置房屋等"三地一房"资源。此外，还需探索自下而上的乡村建设决策机制。当前，我国乡村建设"政府大包大揽，村民不当回事"的现象较为普遍，要逐步完善农民参与乡村建设的程序步骤，构建以村民为主体的多元共治机制，有序下放相关事权，激发村民参与乡村建设管理运营的主动性，提升乡村建设的合理性和适用性。

6 结语

在我国城乡关系转型和全面推进乡村振兴的关键时期，乡村建设面临诸多挑战，也面临着政府、市场、村民等多元主体的复杂博弈。当前，迫切需要健全乡村建设的体制机制，转变传

统的工程思维和自上而下的管制思维,以城市对乡村适度扶持为城乡关系基础、以城乡整体利益最大化为共同发展框架、以良性自组织为制度演化方向,有效平衡规模效益和公平稳定,科学应对村庄分化和多元需求,协同提高乡村建设水平和建设效益,最终实现可持续的乡村治理与运营。

[注释]
①数据来源:《2022年城乡建设统计年鉴》。
②数据来源:中国社科院人口与劳动经济研究所及社会科学文献出版社共同发布的《人口与劳动绿皮书:中国人口与劳动问题报告No. 22》。
③数据来源:2011—2021年《城乡建设统计年鉴》。由于统计数据原因,不包括港澳台及西藏地区。
④笔者对浙江、江苏、湖北、四川等省份的典型县域调研,发现乡村设施运营困难成为普遍现象,特别是污水、道路、环卫方面。

[参考文献]
[1] 申明锐. 乡村项目与规划驱动下的乡村治理:基于南京江宁的实证 [J]. 城市规划,2015(10):83-90.
[2] 邻艳丽. 浅议城乡统筹背景下乡村发展格局的调整 [J]. 小城镇建设,2012(5):33-37,41.
[3] 刘彦随,杨忍,林元城. 中国县域城镇化格局演化与优化路径 [J]. 地理学报,2022,77(12):2937-2953.
[4] 魏后凯. 新常态下中国城乡一体化格局及推进战略 [J]. 中国农村经济,2016:2-16.
[5] 刘守英. 城乡格局下的乡村振兴 [J]. 山东经济战略研究,2018(11):37-38.
[6] 龙花楼. 中国乡村转型发展与土地利用 [M]. 北京:科学出版社,2012.
[7] 李鑫,马晓冬,胡嫚莉. 乡村地域系统人—地—业要素互馈机制研究 [J]. 地理研究,2022,41(7):1981-1994.
[8] 杨亚妮. 我国乡村建设实践的价值反思与路径优化 [J]. 城市规划学刊,2021(4):112-118.
[9] 周岚,于春. 乡村规划建设的国际经验和江苏实践的专业思考 [J]. 国际城市规划,2014,29(6):1-7.
[10] 张京祥,申明锐,赵晨. 乡村复兴:生产主义和后生产主义下的中国乡村转型 [J]. 国际城市规划,2014,29(5):1-7.

[基金项目]:国家自然科学基金面上项目"国土空间规划体系下基于乡村活力测度的乡村规划方法研究"(52078479);农业农村部课题"城乡格局变化对村庄建设的影响与对策";住房和城乡建设部课题"县域推进村镇建设进展评估"(12020230014);住房和城乡建设部科学技术计划项目"以统筹城乡土地要素市场促进县域就地城镇化研究"(R20210147)。]

[作者简介]
魏来,中国城市规划设计研究院高级城市规划师。
赵明,通信作者,正高级城市规划师,中国城市规划设计研究院村镇规划研究所主任工程师。
李亚,中国城市规划设计研究院中级城市规划师。
张洁,工程师,就职于中国城市规划设计研究院。
郭文文,工程师,就职于中国城市规划设计研究院。

青海省黄南藏族自治州传统村镇形成机制和保护思路探索

□张子涵，任帅，杨开，杨玙珺

摘要：为贯彻落实习近平总书记关于把传统村落改造好、保护好的重要指示精神，近年来，财政部、住房和城乡建设部共同组织实施传统村落集中连片保护利用示范工程。青海省黄南藏族自治州传统聚落蕴含世界级非物质文化遗产热贡文化，是中国少数民族聚落的典型代表。2020 年，黄南藏族自治州成功申报第一批国家传统村落集中连片保护利用示范项目，为区域传统村落全面保护改善探索经验。本文从黄南州传统村镇产生背景入手，从自然地理、民族融合、地域文化、政治历史角度出发，深入剖析黄南州传统村镇产生的内在机制，进而从聚落整体、单个聚落及聚落要素特征入手，提取传统村镇核心特征要素，在对要素进行梳理的基础上，建立集中连片保护工作机制，为进一步探索区域性聚落保护和利用方式提供思路。

关键词：传统村镇；少数民族聚落；形成机制；整体保护

1 背景概况

1.1 民族传统聚落是中华民族多元一体格局的重要物质基础

1.1.1 中华民族伟大复兴需要以中华文化发展繁荣为条件

党的十八大以来，以习近平同志为核心的党中央高度重视中华优秀传统文化的传承发展。2013 年 11 月 25 日，习近平总书记在山东考察工作时强调，一个国家、一个民族的强盛，总是以文化兴盛为支撑，中华民族伟大复兴需要以中华文化发展繁荣为条件。5000 多年文明发展中孕育的中华优秀传统文化，积淀着中华民族最深沉的精神追求，代表着中华民族独特的精神标识，是当代中国发展的突出优势。

1.1.2 多民族、多文化是我国固有特色和发展动力

我国是统一的多民族国家，幅员辽阔，历史悠久。中华民族多元一体是先人们留给我们的丰厚遗产。在历史文化长廊中，少数民族文化是构成中华民族多元一体格局的重要组成部分。讲清楚民族的历史传统、文化积淀，是各民族在文化上相互欣赏、相互学习、相互交融借鉴的基础。加强少数民族历史文化研究，保护和传承少数民族优秀传统文化对铸牢中华民族共同体意识、促进各民族交往交流交融具有积极意义。少数民族传统村镇是民族文化的集中承载，也是少数民族生产生活的载体，其承载的民族文化、风俗习惯，以及村镇景观、民居样式、村镇风貌等，集中体现了少数民族社会发展特点。

1.1.3 国家对传统村落保护逐步重视

近年来，财政部、住房和城乡建设部共同组织实施传统村落集中连片保护利用示范工作，以推动实现区域传统村落面貌改善，建立传统村落保护改造长效机制。集中连片保护是我国传统村落保护理念和实践的进一步发展。目前，我国历史文化名镇名村大多已编制保护规划并开展了村镇保护实施工作，但单一的村镇规划保护实施工作不利于完整、系统地展现聚落价值，集中连片保护更有利于价值展示，同时有利于共享公共服务设施，减少规划建设成本，对村落整体保护和发展具有积极意义。

1.2 黄南州传统村镇概况

1.2.1 黄南州概况

黄南藏族自治州（简称"黄南州"）位于黄河上游、青海省东北部，因地处黄河以南而得名"黄南"。黄南州曾被明朝皇帝赞为"西域胜境"，境内自然和人文特征突出，其南部地区处于国家级自然保护区三江源自然保护区内。千百年来，多民族共同开发并创造了具有地域特色的灿烂文化。

黄南州辖尖扎县、同仁市（2020 年撤县改市）、泽库县、河南蒙古族自治县 4 个县（市）。尖扎县位于黄南州北部，黄河为其界，藏族人口约占总人口的 67%。尖扎县境内寺庙众多，拥有南宗寺、尼姑寺、南宗扎寺三大寺院，是青海省唯一的一处僧、密、尼并存的地域文化区域。同时，尖扎县还是"五彩神箭"文化发源地、中国民族传统射箭运动之乡。

尖扎县南部的同仁市为黄南州人民政府所在地，也是青海省唯一的国家历史文化名城、青海省历史遗迹最集中的区域之一、"热贡艺术"的发源地。以唐卡、泥塑、堆绣、刺绣、雕刻等艺术形式为代表的热贡艺术集绘画艺术、雕塑艺术于一体，于 2009 年被列入人类非物质文化遗产名录。2019 年，"热贡文化生态保护区"入选国家级文化生态保护区①（全国仅 7 处）。

同仁市南部为泽库县，境内的麦秀原始森林和泽库草原风光旖旎。泽库县以南为河南蒙古族自治县，是青海省唯一的蒙古族自治县，蒙古族民族文化突出；县境内大部分为草原，有天然草场近万亩，是全国天然的优质草场之一，也是青海省畜牧业主要基地。

1.2.2 黄南州传统村镇概况

黄南州是青海省传统村落的主要富集地，集中分布在以黄河和隆务河谷为主的"两河"流域。2023 年 3 月 19 日，住房和城乡建设部等六部委公布了《第六批列入中国传统村落名录的村落名单》（表 1），黄南州 24 个村落入选，占青海省第一批至第六批个入选村落的 40%。

表 1　黄南州中国传统村落列表

所在地区	中国传统村落名录村落名单
同仁市 （36 处）	城内村、吾屯下庄村、年都乎村、郭麻日村、江什加村、牙什当村
	环主村、宁他村、双朋西村、和日村、日秀麻村、江龙农业村
	木合沙村、索乃亥村、尕沙日村、吉仓村、吾屯上庄村、土房村
	录合相村、措玉村、隆务庄村、浪加村、新城村、银扎木村
	国盖立仓村、奴让村、瓜什则村、东干木村、加吾岗村、全都村
	牙浪村、曲么村、多哇村、协智村、群吾村、城外村

续表

所在地区	中国传统村落名录村落名单
尖扎县 （18 处）	尖巴昂村、牙那东村、贾加村、直岗拉卡村、德乾村、拉夫旦村
	南当村、城上村、茨卡村、洛科村、尖藏村、安中村、德洪村
	解放村、洛哇村、马克唐镇如什其村、措香村、昂拉乡如什其村

截至 2023 年底，青海省 187 个中国传统村落中，黄南州拥有 54 个中国传统村落，并拥有 38 个黄南州传统村落。黄南州中国传统村落数量占行政村总数的比率名列全省第一、占青海省中国传统村落数量的约 1/3。

黄南州传统村落集中分布在同仁市和尖扎县，同仁市拥有 36 个中国传统村落和 24 个黄南州传统村落，尖扎县拥有 18 个中国传统村落和 14 个黄南州传统村落。黄南州境内现有不可移动文物点 409 处，有丰富的马家窑文化、半山文化、齐家文化等文化类型，大部分历史遗迹均分布在传统村落中。

1.3 研究思路

相同的气候条件、自然环境、民族背景和生活方式，孕育了一致的乡土文化。将村落群作为一个整体对待，有助于区域整体历史文化基因的延续和传承。整体保护和研究对追溯文化价值的关联性，进一步认识差异性和共性，进一步挖掘文化内涵及指导村镇的保护具有重要意义。黄南州传统村落不同于分布广泛、数量众多的汉族传统聚落，也不同于川西和西藏等地具有浓郁藏文化气息的地域聚落。黄南州聚落内部体现出的多样性是我国独特的村镇景观代表。为什么在黄南州产生了数量众多的传统村镇，是什么原因孕育了独特的热贡文化，黄南州地域性村镇形成的内在机制和核心价值是什么？这些问题都需要进一步研究确定。

本文从黄南州传统村镇产生的背景入手，从自然地理角度、民族融合角度、地域文化角度、政治历史角度出发，深入剖析传统村镇产生的内在机制，进而从聚落整体、单个聚落及聚落要素特征入手，提取传统村镇核心特征要素，在对要素进行梳理的基础上，建立整体保护思路，为进一步探索区域性聚落保护利用提供研究思路。

2 黄南州传统村镇形成因素分析

2.1 自然地理角度

2.1.1 从自然条件看，以黄南州为主的青海省东部地区是青海地区最适宜人类居住的区域

青海省地广人稀，人口分布特征和自然地理特征关系密切，人口呈现东密西疏的态势，人口和城镇高度集中在东部地区。历史上青海的吐谷浑、青唐吐蕃等一系列政权都从东部地区开始形成。数据显示，2020 年青海省各市州人口密度排前三位的西宁市、海东市和黄南州均位于省域东部地区，其中黄南州人口密度位列全省第三（表 2）。西宁市、海东市、黄南州 3 个仅占青海省国土总面积 5.5% 的市州，却容纳了全省 69% 的人口。新一轮《青海省国土空间规划（2021—2035）》中提出"青海省生态地位重要，90% 国土是限制和禁止开发区，为支撑高原生态保护，青海省未来 15 年将提升各级中心城市的承载力，人口将进一步向西宁、海东等地区集聚"。未来，青海省东部地区将承载更为频繁的人类活动。优越的自然地理条件是更大区域文明发展的基础，更是传统村镇集中产生的主要因素。

表2 2020年青海省各地区人口密度表

青海省	行政区划面积（km²）	人口（万人）	人口密度（人/km²）
青海省	762049	592.40	0.08%
西宁市	7660	246.80	3.28%
海东市	13200	135.85	1.03%
海西州	300700	46.82	0.02%
海南州	44500	44.70	0.10%
玉树州	267000	42.52	0.02%
海北州	34389	26.53	0.08%
黄南州	18200	27.62	0.16%
果洛州	76400	21.56	0.03%

2.1.2 海拔低

青海省面积广阔，海拔3000 m以上的区域占全省面积的3/4，包含3万多km²的戈壁荒漠及更大范围的干旱半干旱地区。这些地区具有缺氧、寒冷、气候干燥、紫外线和红外线较强、日温差大和天气多变等特点，人类生存环境和条件较差。真正适宜人类居住的东部地区海拔高度为1800～2600 m，自古以来就是当地人们繁衍生息的主要场所，尤其在黄南州所处的黄河、隆务河流域，山谷阻挡了恶劣的北风，光热条件好，灌溉方便，耕作历史悠久，为城镇发展提供了优越的自然生态基底。

2.1.3 水源充足

黄南州位于我国"中华水塔"三江源保护区的东侧边缘，所在的麦秀保护分区是三江源保护区18个独立保护分区之一，属森林灌丛生态系统，生态多样性丰富。黄南州地处黄河、隆务河、洮河、泽曲河的源头，黄河的一级支流隆务河从境内由南向北汇入黄河。隆务河南部水流缓慢，形成以河南蒙古族自治县为代表的高原草甸区。隆务河中部河流由缓至急，水流落差大，形成河谷、丘陵，沿岸的隆务河谷地带是省内传统市镇分布的集中区域，正是因为隆务河谷对人文社会的滋养，河谷地带被称为"热贡"（即梦想开启的地方）。隆务河北部河流湍急、落差大、多河谷丘陵，在尖扎县内汇入黄河。

2.1.4 地形地貌差异度高

黄南州处于我国青藏高原与黄土高原两级地理板块的交界地带，地貌差异明显。境内有包括坎布拉国家森林公园、德吉村风景区、古浪堤青春瀑布、麦秀国家森林公园、扎毛水库等在内的自然风景区，森林资源丰富，且拥有优质草场。青海省草场集中分布在东部地区，草场资源居全国前列。黄南州草地总面积占州总面积的85.06%，而同仁多哇草原、泽库草原、河南草原更是青海省优质草场的代表，使青海成为全国四大牧区之一[②]。优质的草场不但造就了高度发达的畜牧业，还发展了赛马、射箭等独特的地域文化。

2.2 民族融合角度

2.2.1 多样的自然环境促进多元文明的形成

黄南州是我国古代陆上丝绸之路中原文明与西亚和欧洲文明交流的重要通道，儒家文化、藏传佛教文化以及伊斯兰文化在此交流影响，同时因为处于两大地理板块交界处，游牧文明与农耕文明此消彼长，多民族汇聚。不同民族在这里繁衍生息、融合成长，居住的物质环境、生产生活方式、民风习俗之间发生着潜移默化的影响和交融，造就了这片区域的文化多样性和统一性，形成了多元文化碰撞的独特文化景观。

2.2.2 属汉文化和藏文化的过渡区，形成以藏文化为主，其他民族文化百花争艳的多民族文化区域

黄南州有藏族、蒙古族、汉族、回族、土族、撒拉族、保安族等 15 个民族，少数民族人口占总人口的 92.23％。其中，藏族人口占比最高，为 65.74％，蒙古族（13.51％）、汉族（7.93％）、回族（7.86％）、土族（4.6％）、撒拉族（0.28％）次之。从民族地理学角度来看，黄南州处于费孝通先生提出的"藏彝文化走廊"北端，属于"北藏南彝"中，以藏族为主、其他少数民族为辅的多民族区域。

2.2.3 特殊的民族背景造就了传统村镇鲜明的统一性和多样性

村镇内部空间整体呈现统一的地域特征，村镇建筑、布局等内部细节也展现出多样的民族文化差异。黄南州公布的中国传统村落名单也体现了这一特点：54 个中国传统村落中，70％以上为藏族村落，其他为土族、汉族、回族等聚落。民族的多样性充分体现在传统村镇的选址布局、内部空间、建筑类型、功能布局以及民居内部陈设上。

2.3 地域文化角度

在黄南州历史上，人民信奉藏传佛教，民族习俗文化融入社会生活方方面面，成为影响人类生产生活的关键因素，传统村镇的布局、建筑形制、装饰手法等均受到地域民俗文化的影响。其中，藏传佛教对村镇的形成影响最为深远。除了藏传佛教，传统村镇还受到汉传佛教、苯教、伊斯兰教、道教等地域文化影响。整体来看，黄南州传统村镇的形成以藏传佛教影响为主，其他地域文化的影响共同作用。黄南州具有影响力的藏传佛教寺庙有同仁市的隆务寺、吾屯上下寺、郭麻日寺，以及尖扎县的南宗尼姑寺、智合寺等。隆务寺是黄南州规模最大的寺庙，在安多地区其规模、地位、影响力仅次于甘肃省的拉卜楞寺和青海省的塔尔寺。历史上先有隆务寺后有隆务镇，隆务寺所在的地区逐渐形成黄南州的州政府所在地。

2.4 政治历史角度

军屯制度影响了部分村镇早期的形态。黄南州历史上被称为"三秦之咽喉"，汉、羌、蒙古等民族曾频繁争战于此，是青海最早融入汉文化的区域。西汉时期，霍去病出兵击败匈奴而后设河西四郡，后来汉军征讨河湟羌人，开始经略湟中，汉朝开始了对青海东部的统治。黄南州历史上重要的转折时期在明代。1368 年，明朝政府实行军屯"保安五屯"制度，"五屯"即现在同仁市的年都乎村、郭麻日村、尕沙日村、保安乡、吾屯村，因此"屯堡"成为这类军屯村镇早期的模式。军屯村镇四周城墙高且厚，内部道路狭窄，如迷宫一般错综复杂（图 1）。居民都住在堡内，城堡具有高度内向集聚性，形成安全防卫的壁垒。明末清初，军屯制度废弛，黄南州地区实行"边屯政策"，迁河州等地汉人到黄南地区，形成即耕即兵的区域。此后，以军事防御为主的军屯逐渐演变为农耕聚落。军屯政策的实施，促进了中原农耕文化在游牧地区的传播，不但加快了本地文明进程，同时为具有"屯堡"特色的村镇形成奠定基础。

图 1 郭麻日古堡"军屯"时期建设的街巷

3 黄南州传统村镇的特点

3.1 特点一：村镇集中连片，数量多、质量高、保存好

3.1.1 传统聚落沿隆务河谷分布

黄南州传统村镇选址重视自然生态环境，遵从中国"天人合一"的选址理念，聚落多选址于河谷，藏风聚气、依山傍水、风流通畅。在格局面貌上，村落以山水为背景，以寺院为核心，协调共生，融于一体，形成了独特的"山、水、村、寺、堡"格局。

3.1.2 聚落分布体现大杂居、小聚居

藏族、土族、蒙古族等民族分散居住在黄南州各个市县，形成大杂居的居住特征。蒙古族主要分布在河南蒙古族自治县，藏族主要分布在同仁市、尖扎县。通常单一聚落以同一个少数民族为主，如同仁市的年都乎村为典型的土族聚落，聚落内90％以上的居民为土族。该聚落内土族民居保存完整，民俗六月会、於菟舞等土族特有的民俗文化原汁原味、神秘奇特，是土族文化典型代表聚落。

3.2 特点二：村镇个体受藏传佛教影响，地域文化特征突出

3.2.1 上寺下村、村寺一体

黄南地区传统聚落一般由村、堡、寺3个部分组成，呈现上寺下村、寺村一体的形态特征。上寺下村，指寺庙居于高处，民居和其他建筑与寺庙紧密结合，围绕寺庙展开布局。寺村一体，指藏传佛教寺庙与汉族佛教寺院的中轴对称和严整规划不同，藏传佛教寺院多以主体建筑为核心，其他建筑如护法殿、弥勒殿、经堂、龙王殿、灵塔殿等依据地势自由布局在主体建筑周围，形成寺庙核心建筑群，是寺庙的第一圈层。寺庙核心建筑群外围第二圈为僧舍建筑群，白墙院落式的僧舍建筑群自由整齐地布局在核心建筑群外围。第三圈层为民居建筑群，民居建筑在寺庙和僧舍外围展开布局，为当地普通民众居住。聚落大体形成以寺庙群为主体，其他建筑围绕寺庙自由布局的形式。与汉族佛教寺院和村镇的布局位置关系不同的是，汉族佛教寺院通常选址在环境优美、远离尘世的僻静之地，寺院与聚落之间有一段距离；而藏传佛教寺院则往往和聚落联系更加紧密、协调过渡，形成整体性更强的聚落景观。

3.2.2 寺庙为村镇布局和生产生活的核心

黄南州多数村镇大多由早期寺庙发展而来，先有寺庙后有村。寺庙大都选址在向阳的缓坡或高地上，因此在村镇发展过程中，寺庙主体长久处于高位，是村内最宏伟的建筑，以凸显寺

庙的神圣和接受民众的崇拜。寺庙不仅是村民的精神文化空间，而且是村民日常进行各类公共活动，开展教育、文化、医疗的空间。在黄南州，村民除了在农耕或者放牧时节进行产业经济活动，其他大多数时间都在寺院中度过，因此相较于汉族传统的佛教、道教、儒家学府等寺庙平日人少、节庆日人多，民族地区的藏传佛教寺院承担的功能更加多样化，每天都有很多民众前往。

3.2.3 村村都有玛尼康

玛尼康是村镇成员举行地域民俗活动的专用场所。玛尼康与一般民居差别不大，大堂设佛殿，配有灶台等设施。玛尼康的民俗活动除了岁时仪式和全村性民俗活动，全村轮流担任供施者，每天需要进行供水和煨桑活动。

3.2.4 村村有佛塔

黄南州多数传统村镇内有白塔。白塔装饰精美、色彩绚丽，可以盛放圣贤的舍利以及经书圣物，同时可供民众朝觐。除此之外，经幡、玛尼石堆等地域性标识强烈的设施在黄南州传统村镇中普遍出现（图2）。

郭麻日寺

吾屯上寺

寺庙僧舍巷道

隆务寺门头装饰

图2 村镇建筑——寺庙和佛塔

3.3 特点三：村镇建筑体现多民族文化影响下的多元文化风格

3.3.1 公共建筑类型丰富，体现多民族特征

黄南州传统村镇内的物质实体主要为公共建筑和民居建筑两种类型。少数民族文化活动丰富，文化的多元性尤其体现在公共建筑中，如藏族聚落的公共建筑多为藏传佛教寺庙，融合了藏族、汉族以及印度佛教的建筑风格，代表性的寺庙有隆务寺、吾屯上下寺、郭麻日寺；以蒙古族为主的河南蒙古族地区的公共建筑，建筑形式多以具有蒙古族建筑特征的圆顶、穹隆出现；

回族以清真寺为聚落中心，其他建筑如礼拜大殿、邦克楼、沐浴室，围寺而居，白绿色建筑色彩体现典型的穆斯林建筑风格，代表性建筑有尖扎县回民村清真寺、同仁市的隆务清真寺。

3.3.2 民居建筑外形统一，内部多样

黄南州民居整体外形相近，以庄廓式建筑为主。如图3所示，庄廓建筑为黄土屋面、木构架承重、带有檐廊，立面体现高墙小窗特征。各民族民居内部特征差异明显，能分辨出不同的民族文化，如汉族的庄廓多为坡屋顶，装饰中常见道教、儒家、佛教题材；藏族传统民居多为平顶，院中立经幡，墙角白石；土族民居中会设置经堂、嘛呢房和煨桑；回族民居中通常设置"礼拜"空间。黄南州的民居建筑木雕和砖雕细节丰富，尤其在大门的门头、门柱、屋檐、窗等处，雕刻十分精美。丰富的建筑细部构造大大增强了民居的装饰效果，具有很高的艺术价值。

典型的庄廓式民居

庄廓式民居内院

吾屯村传统民居

隆务镇传统民居

图3 村镇建筑——民居建筑以庄廓式民居为主

3.4 特点四：民俗独特，非遗丰富

黄南州传统村镇有丰富的物质文化遗存，更有丰富的非物质文化遗存。基于独特的热贡文化，在语言、服饰、礼仪、生活习俗等方面，文化特征异彩纷呈。黄南州的非物质文化遗产有民间艺术，如热贡艺术，包括唐卡、壁画绘画、泥塑、雕版印刷、木雕、堆绣、服饰；民风民俗，包括民间节日、民间乐舞、游艺、人生礼仪、生产生活习俗；语言，包括藏语方言、土族语言；科学技术，包括民族天文历算、民族医药、冶金、陶砖烧造；等等。

丰富的非物质文化遗产和民间传统艺术充实了黄南州传统聚落的内涵，使每一座村镇都成为一个活态的民族艺术博物馆。例如，吾屯上下村、郭麻日村、年都乎村都是热贡艺术的核心

聚落，如在吾屯村建成的热贡艺术博物馆内，精通热贡艺术的僧侣、艺术家传习唐卡、堆绣等传统技艺；又如在年都乎村，每逢传统节日都有群众自发开展大型活动，比较著名的活动有晒佛、於菟舞、六月雠祭（也称六月歌会）等。这些特色的民俗文化和技艺正在不断地被传承和发扬。

4 黄南州传统村镇的历史文化价值

4.1 群体性价值突出

传统聚落的整体价值不同于单体传统聚落价值，其具有系统性、关联性、规律性和共性特征。黄南州传统聚落是青海省有物可看、有事可续的宝贵历史遗存，村镇群体价值远大于村镇一加一的单体价值，是中国少数民族地域文化景观的典型案例。

4.2 民族性价值突出

费孝通先生在中华民族多元一体格局的研究中提出"华夏民族是以汉族为主体，不断吸收、容纳其他少数民族逐渐形成、发展起来，华夏族本身是各个少数民族相互同化、互相融合而成"。黄南州传统村镇作为少数民族文化的典型代表，无论是村镇传统格局特征还是物质文化遗产，既体现各民族的民族特征，同时也体现"你中有我、我中有你"相统一的文化特征，是我国大同思想在历史聚落中的体现，展现了中华民族融合及中华文化融合的过程。同仁市隆务镇的隆务古街就是多元一体的典型代表。隆务古街是安多文化、西域文化与中原文化的融会地，在古街上，藏传佛教隆务寺、汉传佛教圆通寺、伊斯兰教清真寺、道教二郎庙一字排开、相得益彰。隆务古街是民族包容与交融的结果，也是民族性突出价值的典型代表。

4.3 原生性价值突出

黄南州传统村镇代表的传统民俗、技艺、艺术等非物质文化遗产具有极高的独特性和稀缺性，即使在全球化的今天，黄南州的传统文化依然较为完整、真实地传承了历史上中国多民族的原生性。村镇所蕴含的热贡艺术及当地独有的民风民俗仍具有强大的生命力，神山崇拜、民俗活动较为完整地保留了青藏高原少数民族传统聚落的真实性，充满了浓郁的地域文化神秘气氛和强烈的地域文化感染力。

5 集中连片保护思路

第一，加强传统聚落的整体保护。黄南州传统聚落各村均有其独特之处，村与村之间的发展历程彼此相关。在同样的自然环境、气候条件、文化习俗和生活方式中孕育了一定的一致性文化，把黄南州地区传统聚落群体作为整体对待，有助于整个区域历史记忆的保护和文化产业的发展。对于黄南州地区传统聚落的保护，不能仅停留在某一聚落内部的保护与发展，应以更宽广的视野去保护聚落所依存的整体，从产业发展、服务设施配置、保护利用方式等角度在宏观上准确把握才能更好地保护传统村镇。

第二，加强传统聚落的历史环境和自然生态环境保护。对自然生态环境的保护是青海省作为我国重要的生态屏障的必然选择。自然环境是传统村镇历史环境的重要组成部分。近年来，青海省东部地区大量的人类活动使得草场资源退化，适宜人类居住的地区生态环境受到巨大挑战，部分地区随人类活动加剧，生态环境亟待修复治理。因此，在传统村镇保护过程中，需重视村镇所在地区的自然生态保护和修复。在实施大型人工设施，如在道路桥梁修建前期，应充分评估项目对自然环境、历史环境的影响，自然生态保护与历史文化资源保护应同步进行。传统聚落历史环境和自然生态环境的保护可由当地生态环境部门、水利部门、文化遗产保护部门协同推进、共同开展，结合本地生态系统治理与山体修复等环境保护工程同步进行。

第三，持续开展黄南州传统村落的历史文化研究及资源挖掘，建立数字化资源普查管理平台和数字化展示平台。历史文化资源最珍贵的莫过于其历史文化价值。历史文化价值需要在对历史文化深入研究的基础上梳理历史脉络，辨别核心文化价值和相关保护载体。讲好中国故事首先要研究清楚真实的中国历史。只有建立在真实的历史载体基础上，其历史文化价值才能被更多人欣赏、传承，才能实现"价值外溢"和价值增值。因此，应持续开展黄南州历史文化资源的调查、研究和入库管理工作，将传统村落管理与"互联网＋"结合，通过数字化平台管理共享数据资源，并对村落的维护、规划建设开展指导，提高政府保护和管理传统村落的工作效率。建立黄南州传统村落数字化博物馆，借助数字化手段展示村落的历史文化，使受众能够更直观、有效地了解传统村落所具有的历史、地理、人文和风俗，通过互动、创新等方式吸引年轻人的关注和参与，加强传统村落的展示和传播，推动传统村落的保护和发展。相关部门可以将传统村落保护发展的具体措施和取得的成效展示给全社会，加大传统村镇宣传力度。

第四，新建、改建、扩建应充分尊重传统建筑风格，传承传统营建智慧，避免在城市和村镇更新改造过程中破坏传统肌理和历史风貌。黄南州已出现部分新建、改建的传统风格建筑混杂着南方及其他地域特征的建筑风格，不利于本地文化延续。因此，应进一步研究当地传统村镇、建筑特征，鼓励相关文献出版，进一步发扬本地传统文化特征。在传统村镇更新改建过程中，充分运用当地材料和传统营建手法，避免不伦不类的建筑类型出现。通过深入了解地域文化和形成机制，进一步提高民族文化的自我认同，增强文化自信。

第五，完善村镇基础设施，加强共建、共治、共享，提高传统村镇人居环境品质。完善传统村镇市政基础设施和公共服务设施，要注重保留传统风格，如道路修建、道路铺陈方式和材质选择，既要满足群众生产生活需求，又要保留传统道路风貌特征。引导传统村镇向绿色低碳生活生产方式转型，推进村镇燃气设施建设，建设一批契合群众需求的长者食堂等服务设施；推进传统村镇垃圾处理，推动生活垃圾分类收集处理全覆盖。

第六，加快文化产业发展，传承利用好各类文化遗产，形成世界级的文化品牌。如何将现有的世界级热贡艺术、具有特色的传统村镇、优秀的地方传统文化传承好、发扬好、利用好，是目前需要突破的重要课题。黄南州地处西北内陆地区，交通条件、区位条件一般，文化产业发展缓慢，缺乏高品质的文化产品，文化品牌打造力度还不足，文化旅游相关的配套设施还需进一步完善。在保护黄南州传统村镇和各类文化遗产的基础上，应坚持以用促保，通过各方努力共同谋划民族文化产业的发展。加快产业结构优化，以文促旅，探索文旅融合新路径，依托优质的文化资源推动地方生产方式绿色化转型。村镇保护过程中，在加强保护管理的基础上应探索传统村镇经营发展的多元模式，鼓励社会资本参与到传统村镇的保护和发展利用中来，以提升村民收入为主要目标，形成滚动前进的村镇保护和发展模式。

6 小结

2023 年 6 月 2 日，习近平总书记在北京出席文化传承发展座谈会时强调，"中国文化源远流长，中华文明博大精深。只有全面深入了解中华文明的历史，才能更有效地推动中华优秀传统文化创造性转化、创新性发展，更有力地推进中国特色社会主义文化建设，建设中华民族现代文明"。在全球化背景下，民族地区不断受现代化全球化文明冲击，地域文化的保留和传承受到很大挑战，现代生活的便利和功能需求潜移默化地影响着传统文化。少数民族优秀传统文化体现我国自古以来多民族共融发展、和而不同、多民族命运共同体的发展历程。少数民族传统文化，尤其是活态的传统聚落，在新时代作为民族精神源泉更具价值。保护和传承好中华优秀传统文化，将中华优秀传统文化发扬光大、代代相传，是时代赋予我们的责任和义务。

[注释]

①国家级文化生态保护区是指以保护非物质文化遗产为核心，对历史文化积淀丰厚、存续状态良好，具有重要价值和鲜明特色的文化形态进行整体性保护，并经文化和旅游部同意设立的特定区域。截至 2023 年 8 月，我国共设立国家级文化生态保护区 16 个，涉及省份 17 个。黄南州的"热贡文化生态保护区"是文化和旅游部于 2019 年 12 月批准设立的首批 7 个国家级文化生态保护区之一。

②全国四大牧区为内蒙古牧区、新疆牧区、西藏牧区、青海牧区。

[参考文献]

[1] 李技文. 21 世纪以来我国民族地区乡村社会变迁研究综述 [J]. 贵州民族学院学报（哲学社会科学版），2011（2）：72-77.

[2] 鲁顺元. 当代青海藏族文化变迁的地域性差异研究 [D]. 兰州：兰州大学，1998.

[3] 唐仲山. 热贡文化百年学术研究 [J]. 青海民族研究，2012，23（4）：154-160.

[4] 李群. 青海古建筑 [M]. 北京：中国建筑工业出版社，2015.

[5] 马赛. 历史性城镇景观（HUL）视角下热贡艺术特色传统村落保护规划研究 [D]. 西安：长安大学，2022.

[6] 费孝通. 中华民族多元一体格局 [M]. 北京：中央民族大学出版社，2018.

[7] 索南多杰. 生态语境下青海传统村落保护路径探究 [J]. 青藏高原论坛，2017，5（3）：40-46.

[8] 李技文. 21 世纪以来我国民族地区乡村社会变迁研究综述 [J]. 贵州民族学院学报（哲学社会科学版），2011（2）：72-77.

[9] 赵小花. 近代青海河湟地区社会文化变迁 [M]. 北京：社会科学文献出版社，2018.

[基金项目：国家自然科学基金项目"全国历史文化名城名镇名村保护体系构建方法研究"（51978632）；国家自然科学基金（青年项目）"关中传统村落'固有性'特征的识别评价及保护更新研究"（52108030）。]

[作者简介]

张子涵，硕士，城市规划师，就职于中规院（北京）规划设计有限公司。

任帅，硕士，高级城市规划师，就职于中规院（北京）规划设计有限公司。

杨开，硕士，正高级城市规划师，就职于中国城市规划设计研究院。

杨玙珺，博士，助理教授，就职于西安交通大学。

基于文化自信的视角论村庄规划新实践

□刘颀，刘江敏

摘要：本文从乡村文化出发，总结了我国过去村庄规划对待乡村文化的两种模式，分别为"文化破坏型"村庄规划和"文化留存型"村庄规划，提出要摒弃破坏型的村庄规划，并从消极的"文化留存"规划模式走向积极的"文化自信"规划模式。通过党的十九大的启示，引入文化自信的规划视角，对新一轮国土空间规划中村庄规划如何实践文化自信路线提出规划策略；并以株洲市仙庾岭村为例，提出需立足本土"耕食"文化建立价值认同，彰显文化自信，从而获得村庄发展内生动力。

关键词：村庄规划；国土空间规划；乡村文化；文化自信

1 研究背景

1.1 乡村文化概念

基于乡村地域特性和乡村社会性质，乡村文化是指乡村区域的村民在生产、人际交往过程中，为满足生存、生活需要，共同创造、集体享有的人类创造物的总和。它既包括物质产品、符号表征等物化层面创造物，也包括价值体系、语言、行为方式等非物化层面创造物。

根据文化层次理论，乡村文化可分为物态文化、制度文化、行为文化、精神文化四类。它们共同构成乡村文化的整体形态。其中，除物态文化外，制度文化、行为文化、精神文化都是无形的，都需要借助载体进行呈现，在文化传承与更新方面难度较大。

物态文化是指可触知的具有物质实体的文化事物，如村落形态与风貌、乡村建筑、生产生活资料、劳动产品等；制度文化是乡村基于自身稳定和关系协调，由正式和非正式制度、规则形成的规范体系；行为文化是乡村社会成员在日常生产生活中慢慢衍生出的习惯和风俗；精神文化是乡村社会成员在生产生活中逐渐建立起来的价值观念，包括家族文化、宗教文化、乡村审美、孝道文化等。

1.2 我国村庄规划中乡村文化的发展现状

我国当前的村庄规划中，对待乡村文化存在两种模式：一种是忽视乡村文化的"文化破坏型"规划模式，另一种是有意识地加强乡村文化的"文化留存型"规划模式。

改革开放以来，在快速发展农村经济的追求下，村庄生活环境急剧变迁，大拆大建的做法对村庄空间造成了不可逆转的破坏；而在物质建设的同时，乡村的文化建设相对滞后，面临城市生活和外来文化的冲击。外部空间挤压加之内生条件薄弱，乡村文化逐渐丧失其生存载体。

随着人们逐渐认识到乡村文化对于地区发展的重要性，当地政府和规划师在留存乡村文化上做了许多尝试。例如，在规划编制方面，鼓励当地村民积极参与；挖掘和演绎本土历史文化，将传统要素融入空间设计；策划组织节事活动，促进乡村旅游。在规划实施方面，对村庄景观环境整体提质，并开展美化亮化；复兴当地家族、宗教文化，重塑村庄标志性建筑和空间；有的工作组还会长期驻地督促引导规划实施，让当地村民担当设计顾问，或动手参与改善自身生活环境。在此过程中，规划师发挥了积极的作用。

"文化破坏型"规划模式，使得村庄成为毫无特色和魅力的"类城镇次品"，村庄天然环境遭到破坏，对人吸引力降低，既不能使当地村民物质生活水平有效提升，也不符合村民精神价值的追求，是当前需被淘汰的发展模式。"文化留存型"规划模式正在实践过程中，但从当前态势中尤可窥见一些存在的问题。

1.2.1 "腾笼换鸟"式建设，村民获益有限

有些经包装后的乡村文化，以"腾笼换鸟"方式建设，受益者有限。例如，一些开展古镇旅游的村庄，徒有"古建"外壳，景区内实际经营者多为外来人员，景区当地居民获得补偿后异地安居；同时，景区外的居民建筑、环境得到的政策、资金、设计支持无法与景区相匹敌，从而导致发展不均衡。如此的村庄文化建设不过是为旅游经济服务的表演，不能给更广大村民带来收益，对当地文化传承也有限。

1.2.2 "盆景式"文化，脱离现代生活

所挖掘的本土乡村文化保留了古朴的传统原貌，但使村民与现代化的社会生活相脱离，仅有"盆景式"展示作用的文化价值，村民无法从中获得认同感。例如，某些复兴乡绅、宗族、宗教文化的村庄，如不能做到取其精华、去其糟粕，则不利于公序良俗建立，无法吸引村庄劳动力留在本地发展。而人是村庄可持续发展的决定性要素，村庄文化的演绎和建设均须与时俱进，以适应现代化的社会生活需要。

1.2.3 依赖政府投入，村庄造血功能弱

当前，各地许多村庄通过政策和资金支持进行一系列产业项目和民生设施建设，获得了显著的改善效果。这种发展依赖于政府短时间、保姆式投入，村庄本身造血能力并未得到提升，村庄由此产生依赖性和惰性，长远看来并不可持续。

在村庄规划建设过程中，经济取得长足发展，村容村貌发生了很大变化，人们的生活水平不断提升，人们在物质需求基本满足之后产生了对美好生活的新需求，体现为文化层次的价值追求和精神诉求。如何在城乡文化、中西文化高度融合的今天形成乡村居民自己独到的文化支撑和精神家园，是乡村振兴的重要使命，文化自信的问题也由此进入人们的视野。

2 党的十九大提出文化自信对村庄规划的启示

党的十九大报告提出"坚定文化自信，推动社会主义文化繁荣兴盛"的要求，指出"立足当代中国现实，结合当今时代条件，发展面向现代化、面向世界、面向未来的，民族的科学的大众的社会主义文化"。

中华文明植根于土地，乡村文化是中华文化的源头。通过"文化留存型"村庄规划模式，彰显乡村文化能让村民有凝聚力、归属感，解决了村庄文化的"有无"问题。而要从消极的"文化留存"走向积极的"文化自信"，需要让村民在村庄规划建设过程中有获得感，真正感受

到坚守乡村文化带来的幸福感。具体来说，需要将传统文化和现代生活相结合，在保持传统村庄文化特色的基础上实现农村现代化发展，使村民真正从乡村文化中获得收益，实现物质上的富足，进而获得精神上的富足。

3 国土空间规划背景下实现乡村文化自信的规划策略

新一轮国土空间规划坚持新发展理念，坚持以人民为中心，一切从实用性出发的指导思想。为实现乡村文化自信，村庄规划可采取以下规划策略。

3.1 保持乡土本色

有别于城市文化，乡村文化的核心是其乡土本色。一个村庄的文化诞生于其特定的山水格局和自然环境之中，保护山水林田湖草生命共同体，就是保护村庄文化的构成基础。国土空间规划中，通过划定"三线"，使永久基本农田保护红线、生态红线、城镇开发边界相协调，明确保护和开发利用的底线；同时，通过构建生态廊道和网络，推进生态修复，维护村庄生态宜居的自然基底，达到延续"乡愁"的目的。

3.2 提升文化经济价值

建立文化自信最直接有效的方法，即通过产业发展展现乡村文化的经济价值，使村民在收入提高的同时自觉保护、传承其文化形式，从而驱动村庄文化可持续发展。在村庄规划中，乡村产业的选择应与乡村文化密切相连，为村民创造以文化为基础的经济收入。在产业兴旺、生活富裕的基础上，乡村文化保护与复兴将成为内部成员的自觉行为，乡村文化的自我强化也将成为产业新的推动力量，并最终形成文化、产业良性互动的乡村发展模式。

3.3 营造文化空间

通过对城乡建设用地增减挂钩、"空心房"整治、废弃地利用等盘活存量土地，结合对村庄历史遗存、村民建筑、公共空间的合理开发利用，进行整体村庄人居环境提质改造，融入村庄本土文化元素，营造利于村庄文化传承的公共文化空间和产业经营场所，形成村庄文化的表达空间。

3.4 构建文化共同体

乡村文化自信的建构关键在村民"自觉"，村民在价值观念上达成共识，使传承和发扬村庄文化成为乡村社会成员间的自觉行为。通过村庄规划编制和实施的全过程，激发村民的文化认同，引导村民实施规划，培养村民文化自觉，获得乡村文化由内而外的活力与生命力，从而实现乡村文化持续发展。乡村文化共同体的建立应通过自上而下、自下而上的双向作用逐渐推进，通过政策引导和市场推动，形成乡风文明、治理有效、生活富裕的多赢局面。

4 基于文化自信视角的村庄规划实践

基于以上论述，以下将以仙庾岭村为研究样本，探讨在村庄规划中践行文化自信的技术路线。仙庾岭村规划技术路线如图 1 所示。

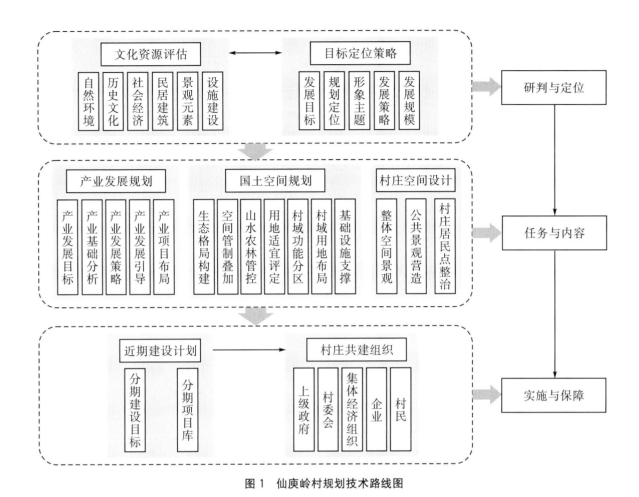

图 1　仙庚岭村规划技术路线图

4.1　研判村庄文化价值所在，提出"耕食文化"核心概念

4.1.1　村庄现状

仙庚岭村位于株洲市荷塘区，临近株洲中心城区，是典型的近郊型村庄。现状村域总面积 9.48 km²，2019 年人口 4006 人，人均纯收入 1.8 万元，全村总收入以旅游接待为主（约占 44.45%）纯农业和外出务工为辅。

仙庚岭村地形以丘陵为主，农田分布在河渠平地和山谷沟壑，农村居民点则散布于山脚坡地，背山面田。这一居民点分布特征是与村民务农的耕作半径相适应的，因此村庄的开发和居民点建设难以适用大量集中建设的模式。

仙庚风景名胜区于 2006 年设立为省级风景名胜区。仙庚岭村大部分区域位于仙庚风景名胜区中，内有文昌阁、仙庚庙等文保单位和道教始祖老子、唐末王妃沈珍珠等人文典故和传说。

4.1.2　历版规划建设得失

自评定为省级风景名胜区以来，仙庚岭村历经风景名胜区总体规划、镇级土地利用总体规划、村庄规划等多轮次规划。总体梳理来看，存在以下几个方面的得失。

一是有效保护了村庄自然及人文资源。各版规划对仙庚岭村内自然及人文资源提出了明确的保护范围和措施，避免了大规模低水平开发建设，为村庄未来发展留下了良好的基础。

二是多规不协调导致村庄发展建设受限。风景名胜区总体规划、土地利用总体规划和村庄规划在用地上两两之间不符合：同一空间位置上用地类型存在建设和非建设用地不一致；建设用地中用地范围、规模和性质均存在不相符的情况。此外，风景名胜区、国土和规划行政主管部门之间事权冲突也难以协调，导致仙庚岭村的建设项目难以审批和实施，多年以来仅在非建设项目的"荷塘月色"农业景观上有所作为。

三是定位不准确，难以获得村民的文化认同。历版规划对于本村的定位以"道""孝"文化和"荷塘月色"农业景观为特色，功能上定位为农业生态休闲和养生度假等。然而，在诠释"道""孝"文化上，各版规划仅针对历史传说开展修建老莱子墓和道观，以及建设仿古文化园（街），没有更多阐释其文化内涵，也未在空间和产业上配合文化落位。

上述援引传说作为村庄发展定位，可展开的产业门类有限，脱离了本地村民的生活实际，并不为当地村民普遍认同，也未能吸引到有效的社会投资。因而，村庄未在规划制定的定位下发展，没有产生持续内生动力。

四是田园观光虽掀起一时热潮但发展后劲不足。2012年以来，仙庚岭村依托村中千亩水田而形成的"荷塘月色"农业景观成为一个特色符号，围绕"荷塘月色"主题策划了节庆活动、电视综艺活动，吸引了周边游客前往仙庚岭村观光，进而带动了主要旅游线路上农家乐的繁荣，景区接待游客量峰值达到单日5000人。

由于此情形下发展的旅游主要为田园观光游，不产生直接收益，仅间接带动农家乐营收，无相关配套的上下游产品，本村旅游局限于半日游。随着省内其他地区，特别是长沙市周边乡村旅游逐渐发展，仙庚岭村面临越来越多同质竞争，本地区作为风景名胜区没有形成特色吸引力，旅游热度逐步下降。

4.1.3 村庄规划中的文化价值再认知与规划定位

总结以上得失，仙庚岭村需要重新审视其核心文化，以此明确村庄的定位和发展方向。通过对村庄长久以来的发展基础和城市近郊型村庄发展需求分析，仙庚岭村应当从本地农业入手，深入挖掘基于农耕文化的价值认同，找到传统农耕文化和现代生活方式的契合点，从而找到乡村文化自信的立足点。

在新一轮规划实践中，追溯仙庚岭村的文化本源，规划定位为以"耕食"文化为核心，"大农业、大健康"双引擎驱动，集农业、禅修、国学、康养、教育功能于一体的长株潭城乡融合发展示范乡村；形象定位为"天地人和的耕食家园"，围绕"耕食""耕读""耕心"三个层次依次串联整个村庄的产业门类。在村庄发展战略中，提出面向长株潭推出"大农业、大健康"概念，打造"长株潭健康养生中心、湖湘城乡产业融合发展示范平台、中国农耕文明传承示范基地"，从"农业、禅修、国学、康养、教育"五个方面诠释其文化内涵并布局产业项目。

4.2 发掘"耕食文化"经济价值，构建村庄产业体系

仙庚岭村联合其南部的黄陂田村，采取"示范带动、连片发展、一片一品"的新模式，构建乡村产业体系，对片区的核心资源进行梳理与整合，以"耕食"文化作为核心进行"农、禅、国、医、教"五大内涵的项目策划和空间布局，制定分期行动计划项目库。围绕村庄本土"耕食"文化，面向城市居民对田园的向往、对健康的追求，结合村民生活进行再演绎，对历版规划的"道""孝"文化和农家乐产业进行产业链延伸和组合。在此乡村产业体系下，促进乡村一二三产业融合发展，带动村民就业、促进农民增收，使村民共同参与村庄发展和建设。

农：依托现状仙庚岭村农业发展基础，进一步提升发展的现代农业。农业发展将关注食品安全，发展精品生态、高效有机的健康农业；同时，整合现有零散的农家乐休闲农业、"荷塘月

色"观光农业，形成产业联盟；以节事活动作为推广抓手，发展品牌化的精品休闲农业，提升区域农产品附加价值。

禅：以本地禅儒文化为基础，结合良好的生态山水田园本底，开展集农耕体验、禅修体验、康养体验和旅居度假功能于一体的禅修养心特色体验，展现"日出而作、日落而息、凿井而饮、耕田而食"的田园生活图景，为城市居民提供回归宁静、修身养性的归园田居之旅。

国：从本土农耕文化传播上升到中华文明的传承，打造一个文化传承、交流和创新的空间载体。在地传承和发扬国学文化，实现传统与现代文化、乡村和城市文化融合共生发展；为中西文化交流、文化艺术创新创造提供场所，成为一个文化创新基地。

医：以本地健康有机的食品和良好生态展开的养生体验，为城市居民提供"药食同源"的健康膳食，将休闲运动融入山水田园，倡导乐活养生的理念，使得人们在山水田园中逐渐锻炼出健康的体魄和积极的心态。

教：依托本地"三生"要素，形成寓教于乐的在地教育集群。通过田地耕食体验开展农耕文化教育，通过亲近大自然体验开展自然教育，在城市人群中撒播农耕文化的种子，成为青少年户外课堂、都市家庭农庄，促进亲子和乐、孝道传承、亲友和睦。

4.3 融入村庄山水格局，盘活村庄存量用地

4.3.1 多层次规划推动村庄文化自信实现

为了推动仙庚岭村文化自信实现，建立了多规协调的成套规划设计架构，保障村庄文化价值在宏观层面上统一战略方向，形成连贯性规划体系，保障规划微观上精准落地，具备可操作性。本次针对仙庚岭村的规划分为三个层面：一是从区域视角为村庄发展进行宏观战略和特色化谋划的总体概念规划，二是在国土空间规划体系下的村庄详细规划，三是针对村庄具体空间的整体规划和详细设计（表1）。

表 1 仙庚岭村规划设计架构示意表

规划层次	主要内容
总体概念规划	梳理整合资源
	制定发展战略
	"多规合一"落实上位规划指标和刚性控制线
	策划和布局产业项目
	明确分期行动计划
村庄详细规划	梳理增量、存量、低效用地
	明确集中居民点建设用地
	明确公共服务和基础设施用地
	落实产业项目用地
村庄空间设计	村庄整体空间设计
	村庄居民点详细设计
	村庄公共景观整治改造

4.3.2 总体层面把控村域空间格局

在新一轮国土空间规划体系下编制"多规合一"的仙庾岭村的村庄规划，是执行国土空间布局及用途管制的法定依据。村庄规划一是以第三次国土调查土地利用现状数据为基础，整合上位土地利用规划的约束性指标，落实永久性基本农田保护线、生态保护红线、风景区管控范围、历史文化保护范围等刚性控制线；二是在区域整体生态格局下，明确村庄生态廊道、屏障和保护要素；三是通过地形地势、土地适宜性分析，界定村庄开发空间的"一张蓝图"；四是通过地方志、村民风俗习惯、地标性山体和构筑物等梳理延续村庄文脉格局的要素，划分村庄可开发用地中适宜发展的项目类型，做到项目布局保护开发并重、生产生活并重、对内对外协调、动态静态相宜。

4.3.3 编制村庄详细规划

在详细规划工作中，按照"优增量、挖存量、预留白"模式布局村庄用地。首先，优先落实保障民生发展的村庄用地，确定集中居民点建设用地、公共服务和基础设施支撑建设内容；其次，落实产业规划中为村庄发展配备的产业空间；最后，为村庄未来发展适当"留白"。通过4次村民代表大会、专家部门听证会、镇人民政府和区级人民政府的审议，达成村庄发展共识。

4.3.4 开展村庄空间设计

为完成仙庾岭村"耕食"文化的布局，保障村庄人居环境品质，营造村庄文化承载空间，规划从整体空间景观控制、村庄居民点建设和公共景观整治改造的角度，对仙庾岭村展开空间设计。

一是整体空间景观控制。规划对仙庾岭村进行了基于地理空间分析的整体空间景观控制：延续村庄有史以来留存的山水人文格局，针对仙庾岭村现有制高点兼文化核心景观"文昌阁"、3个水库核心水域景观和交通干道走廊，分析村庄全域的可视性，控制文昌阁－村庄北主入口、文昌阁－村庄南主入口2条视线通廊和山体、农田、村庄干道两厢共5个景观界面，对视线通廊和景观界面中的建筑高度和开发强度严格控制，显山露水；要求界面中的建筑和环境须体现文化传承和乡土特色。对其他区域适当布局康养、旅居等需要安静环境的功能，建筑高度进行引导性控制，要求建筑和人工环境应因地制宜、融入自然，凸显"天人合一"的优美乡村风貌。

二是公共景观营造。在仙庾岭村整体"耕食"主题的文化背景下，针对新建公共建筑、主要田园景观、道路、水域周边和景观界面中的部分商业建筑，分别编制建筑新建或改造方案、环境提质方案，形成展现仙庾"耕食"文化脉络的整体性文化空间。

三是村庄居民点整治和建设。村庄居民点按照集中居民点规划控制和分散民居建筑引导两个层次进行规划管控。第一，对集中居民点进行详细规划控制。在村庄规划审批后，紧接着启动新建集中居民点详细规划。本轮规划尊重村民意愿，抛弃了以往大规模撤并居民点的做法，引导拆旧建新、分户、因产业或基础设施建设项目搬迁安置的村民在新的集中居民点聚集，其他分散居民点不强制搬迁而只做引导。对新建集中居民点因地制宜精心设计，依山就势组织建筑肌理，合理配置公共建筑和活动空间。第二，对分散民居进行建筑引导。结合乡土特色，编制符合本地实际的、村民看得懂的农村建筑建设手册，列出建筑正面清单和负面清单。其中，正面清单包括湘东民居风格、新中式风格及部分公共服务功能建筑可采用的现代风格，负面清单包括欧式风格、徽派民居风格、宫殿式风格、混搭风格等；同时，手册根据不同户居人口、村民不同经济水平，提供了高中低档次的建筑推荐方案图纸。

4.4 共建共享，形成"政、企、农"利益共同体

4.4.1 强调村民为主体编制规划

本轮规划在编制阶段强调公众参与，编制以村民为主体的村庄规划。通过各级党委、政府组织调动村民，以村民代表大会、村支"两委"会、村组和村民入户问卷调查、微信调查、在多个村民集聚点设展板等多渠道沟通，提高村民对规划的参与度、理解度。此外，规划致力于做"村民看得懂"的规划，将村民关心的居民点、道路、产业项目点、公共和基础设施、近期建设项目等信息在一张综合规划图上形象表达，成果文字表述尽可能通俗易懂，并编制朗朗上口的村规民约，便于村民理解和参与规划。

4.4.2 组织多方共同参与规划编制

一是成立专项工作领导小组，建立由区委、区政府领导总负责，区农村工作局、自然资源局、财政局、城管局、区环保分局、风景区管委会等多部门参与的村庄规划编制工作组，统筹谋划村庄规划编制工作。

二是镇人民政府承担组织规划编制的工作，直接指导村庄规划，组织各级政府、部门和专家审查，协调村庄重点建设项目落地，负责规划报批和规划实施的管理。

三是村支"两委"发挥主要组织村一级工作、宣传规划和直接对话村民的作用。

四是市自然资源和规划局与各县（市）区签订责任状，将村庄规划编制工作纳入县（市）区绩效考核范围，建立"月报告、季考核"工作制度，严格按绩效考核要求对村庄规划编制工作进度、质量进行层层考核，从体制机制上确保了规划编制进度和成果质量。

4.4.3 建立"耕食联盟"，多元主体合作共赢

对于村庄产业发展探索了多元主体合作模式，形成多方在共同认识下开展的产业共同体。区镇人民政府、村支"两委"、村集体经济组织、村民和相关意向企业共同组成"耕食联盟"，形成"政府统筹、村民主体、企业参与"的乡村振兴产业组织架构（图2）。仙庚岭村村民可在村庄规划建设中参与获利。例如，项目一耕食书院——由政府牵头，企业投资，农村文化活动

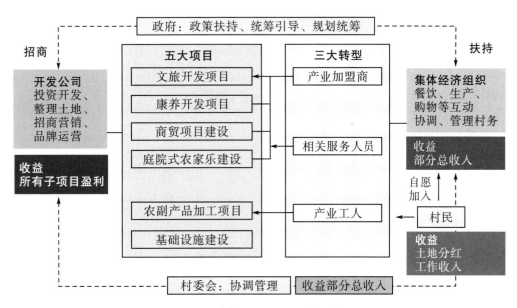

图2 "耕食联盟"共建共赢示意图

中心与营利项目共建，融农家书屋、农产品展销、餐饮、会议、住宿为一体的项目，丰富村民公共文化活动；项目二耕食农业文化园——由企业牵头，村民出租宅基地，集康养住宿、国学培训、中医膳食于一体，项目点状供地分布在山林间，村民可获得土地分红或在项目运营过程中就业。

5 结语

仙庾岭村庄规划是在国土空间规划背景下开展的规划工作之一。事实上，为了保障规划的有效实施，项目组从前期战略、后期设计上成系统地开展相关规划设计研究工作。文化自信的建立不是一蹴而就的，不是仅仅一轮规划就能确立的事情，本轮规划的设想或许只适应当前和未来短时间的需求状态。总而言之，无论如何为村庄谋划，都需要规划引领，从实事求是出发，正确认识人民的需求，尊重乡村的人与土地，精心、慎重地对待村庄存续千百年的格局，为文明的可持续发展延续火种。

[参考文献]

[1] 傅丽华，何燕子. 城郊农业旅游产品开发设计：以株洲市仙庾岭为例 [J]. 农业经济，2008 (1)：27-29.

[2] 郭湘闽，杨敏，彭珂. 基于 IP（知识产权）的文化型特色小镇规划营建方法研究 [J]. 规划师，2018，34 (1)：16-23.

[3] 李凌岚，安诣彬，郭成. "上""下"结合的特色小镇可持续发展路径 [J]. 规划师，2018，34 (1)：5-11.

[4] 李荣欣，于和平. "符合实际，突出特色"典型丘区小城镇规划设计：绵阳市农村综合改革试验区镇乡总体规划思考 [C] //中国城市规划学会. 规划 60 年：成就与挑战——2016 中国城市规划年会论文集. 北京：中国建筑工业出版社，2016.

[作者简介]

刘顺，工程师，株洲市规划测绘设计院有限责任公司项目负责人。

刘江敏，中级会计师，湖南省株洲市气象局核算中心主任。

全域土地整治举措下乡村共同富裕的推进策略

——以浙江省宁波市奉化区金溪五村规划设计为例

□朱柳萍，石鑫，张洪元

摘要：共同富裕是社会主义的本质要求，是中国式现代化的重要特征。促进共同富裕，最艰巨最繁重的任务仍然在农村。党的二十大报告强调要全面推进乡村振兴，实施乡村振兴战略进入了新阶段。全域土地综合整治工作在推动田水林路村系统性整治、改善乡村生产生活条件和生态环境中具有重要作用。文章以宁波市金溪五村为例，结合当前全域土地综合整治，从低效用地整理、基础设施优化、产旅融合提质、乡村风貌提升等方面探索在全域土地综合整治过程中推动乡村共同富裕的策略。

关键词：全域土地综合整治；乡村振兴；共同富裕

0 引言

全域土地综合整治是在国土空间规划的引领下，运用现代化的理念和手段，在特定区域内为充分挖掘自然资源利用潜力、优化空间布局、保护和恢复自然生态格局、促进乡村全面振兴而开展的全域全要素设计、一体化实施的治理活动。这个特定区域中的乡村是重点之一，通过土地综合整治可以提高乡村内部的土地利用率、优化土地利用结构，推动农村产业发展及提升乡村基础设施水平，促进乡村生态文明建设，从而推动乡村共同富裕。

鉴于此，本文通过全域土地综合整治与乡村共同富裕相关要素分析，结合宁波市金溪五村共同富裕带建设项目策略，浅析全域土地综合整治措施下乡村共同富裕的推进策略。

1 全域土地综合整治与乡村共同富裕

1.1 全域土地综合整治内容

我国土地整治可划分为土地整理（1997—2008年）、农村土地整治和城乡建设用地增减挂钩（2009—2019年）、全域土地综合整治（2019年至今）三个阶段，整治内容由单一的土地指标任务导向型向农用地整治、建设用地整治、生态修复等多要素综合整治转变，再到如今将低效用地整治纳入，项目实施单元也从过去的单一乡镇范围变化为多个乡镇乃至整个县域的跨区域系统性整治工程，已经成为解决空间无序化、耕地破碎化、土地利用低效化、生态功能退化、乡村空心化的重要措施与手段。

1.2 乡村共同富裕内涵与外延

乡村共同富裕是通过经济发展和社会进步，提高农村地区的生活水平，实现城乡之间的均衡发展，涉及农村经济、社会、文化、产业等多个领域。其核心是处理好效率与公平、发展与共享的关系，其总体目标是生活富裕富足、精神自信自强、环境宜居宜业、社会和谐和睦、公共服务普及普惠。2021年3月，《中华人民共和国国民经济和社会发展第十四个五年规划和二〇三五年远景目标纲要》提出共同富裕的具体时间要求，争取到2035年取得实质性进展；同年，《中共中央、国务院关于支持浙江高质量发展建设共同富裕示范区的意见》发布，共同富裕示范区落地浙江；2022年，党的二十大报告提出全面推进乡村振兴作为新时代新征程"三农"工作的总抓手，实施乡村振兴战略进入新阶段，将围绕产业振兴、人才振兴、文化振兴、生态文明振兴、组织振兴"五位一体"总体布局展开，坚持农业农村优先发展，坚持城乡融合发展，畅通城乡要素流动，实现全体人民共同富裕。

1.3 全域土地综合整治与乡村共同富裕的内在关联

全域土地综合整治通过农田整治、村庄整治、生态修复及产业发展等内容提升优化涉及区域的生产、生活、生态"三生"空间，在促进耕地保护、推动土地节约集约利用、保障一二三产业融合发展、改善农村人居环境、助推乡村振兴富裕等方面有重要作用，与共同富裕所追求的城乡公共服务均等化、新时代美丽乡村全域创建、高效生态农业质量效益明显提高、农民全生命周期需求更高水平满足的精神与物质双满足的内核不谋而合，更是与乡村振兴产业兴旺、生态宜居、乡风文明、治理有效、生活富裕的总要求一脉相承。

2 全域土地整治措施下的乡村共同富裕推进策略

2.1 盘活土地，积极拓展高质量发展新空间，提升土地效益

对村庄闲置宅基地及与农田大片连片的零散农居点等建设用地实施增减挂钩项目，对农村宅基地存量用地进行复垦，盘活土地；推动工业用地等低效用地提质升级，基本消除不符合规定、低散乱问题突出的零散工业集聚点，对用地进行优化提升，提高工业用地集约节约利用水平，提升用地效益。

2.2 布局优化，合理划分生产、生活、生态空间格局，提升空间质量

以国土空间规划为基准，充分衔接城镇开发边界、永久基本农田保护红线、生态保护红线"三区三线"划定成果，将布局落实到具体地块，有序发展，推动形成耕地集中连片、村庄集聚程度高、功能空间合理的乡村空间格局。

2.3 三产融合，全面优化村庄产业发展，提升经济收益

挖掘乡村产业增长极，完善产业结构，分析各乡村产业基底及产业优势，形成"一村一品"示范的乡村产业布局，优化产业；拓展乡村特色产业门类、延伸休闲农业功能、丰富乡村新型服务业类型，构建上下游全产业链的产业体系；探索各类产业联合体、经济组织建设，引导乡村产业向有利于就业增收的方向发展，促进农产品就地增值，带动农民就近就业，让乡村产业成为提升农业、繁荣农村、富裕农民的产业。

2.4 设施完善，缩小城乡设施差距，提升服务水平

完善乡村教育、交通、医疗等公共服务设施，提升电力通信、生活污水、垃圾处理等基础设施水平，更新陈旧设施，补齐乡村公共服务设施和基础设施短板，促进城乡设施布局均等化，满足村民日常活动需求，提高村民幸福指数。

2.5 环境整治，建设美丽乡村和美丽田园，提升人居环境

大力改善和提升乡村人居环境，加强对乡村环境的风貌提升。同时，遵循乡村整体性、延续性原则，融合乡村文化内涵、环境肌理，在推进乡村环境整治过程中，实现乡村地域性特色和功能性兼具，促进人与自然和谐共生，宜居宜业。

3 宁波奉化区金溪五村规划思路

3.1 背景研究

2021年，紧跟浙江共同富裕示范区建设，宁波市发布《宁波高质量发展建设共同富裕先行市行动计划（2021—2025年）》和《农业农村领域高质量发展推进共同富裕行动计划（2021—2025）》，出台《共同富裕乡村建设行动方案（2021—2025）》，推进共同富裕乡村样板区的目标实现；2022年，通过以强带弱、以城带乡、优势互补等方式，宁波市因地制宜推行各具特色的联建方式和工坊组建模式，推动组织共建、产业共兴、资源共享、治理共抓，取得明显成效。

3.2 基本概况

项目区位于浙江省宁波市奉化区西坞街道东南部，涉及余家坝村、金峨村、税务场村、蒋家池头村和雷山村5个行政村，总面积约1776 hm²。

项目区生态环境优良，东西两侧群山环绕，中部平原地势平坦，纵深较大，金溪水系贯穿而过，环境本底优越。然而，区域内农用地占比92.88%，建设空间沿主要道路及水系展开，呈带状、组团式散布，用地占比仅为6.43%，发展受限。

各村庄建设条件参差不齐，发展水平存在一定差距。金峨村、税务场村和蒋家池头村村庄建设条件良好，设施配套较为完善，仅村庄内部存在少部分老旧民宅。余家坝村和雷山村村庄建设条件一般，建筑以老旧砖瓦房为主，风貌较差，设施配套不完善，人居环境品质一般。

金峨村村集体收入与经营性收入均为5个村中最高，经济发展稳步提升；蒋家池头村、雷山村和税务场村平均经营性收入较高；余家坝村集体收入较低，收入趋势保持恒定，发展情况不佳。

项目区第一产业发展地域特色明显，以种植蔬菜、花卉苗木为主，种植规模较大。但农业种植产业链结构相对简单，在促进农民增收和产业可持续发展上，后劲不足。第二产业发展以制造业为主，小微企业共32家，但企业布局分散，难以形成集聚效应；少数家庭作坊式的个体加工产品附加值较低，经济效益不佳。第三产业基础薄弱，处于起步阶段，尽管目前已利用村域丰富的自然景观资源和人文资源，打造了一系列民宿、露营、采摘等产业项目，但规模小而散，品牌影响力不足。各村存在一定空心化现象，剩余劳动力年龄普遍为18~59周岁，现有剩余劳动力约2292人。

3.3 总体思路

一是以土地要素治理为基础，沿203省道交通带、滨水带集聚"山水林田村产"要素，集约用地，围绕蔬菜基地现代农业，引入现代科技，集循环农业、创意农业、科技农业、精致农业于一体，结合村落、文化、山水延伸文旅多业态，做大现代农业产业、做强乡村文旅产业、做精生态文化产业，构建新时代新农业致富路径。二是以人为本，优化基础设施，结合场景构建，注重村落特色与文化脉络，落实农民收入倍增、增产保供强基、产旅融合提质、优享便捷交通、乐享医养体系、乡村风貌塑造、深化党建引领七大共富行动，强化"物质＋精神"双富裕，最终构建浙江省共富先行带。

3.4 发展策略

3.4.1 优化布局，明晰发展定位

放大"五村两山夹金溪"的资源特色，营造"绿色""有机"的生活、生产、居住美丽图景。以共同富裕区域为最终目标，合理划分生产、生活、生态"三生"空间，最终形成"一心引领、一带联产、四区共赢"的空间格局。

"一心"是乡村共富客厅，利用交通区位优势，以综合服务、游览咨询为核心功能，完善换乘中心、智慧平台、展销平台等硬件设施，引入金溪特产商店、共富乡村微缩展厅、主题酒店等项目，是金溪五村的形象窗口；"一带"是将村庄、田园、河流等资源要素串联，配备驿站等景观设施，结合两侧田园、山林等自然景观，构建金溪五村的共富乡村碧水慢游带；"四区"则通过对乡村产业资源与文化内涵分析，以田园、乡村、山林等要素为要点，划分乡村文旅乐活区、乡创产业集聚区、现代农业示范区和山林游赏游憩区4个区块，构建金溪五村"一村一品"乡村群落、产业集聚区、产业示范区及生态观光区域。

3.4.2 用地管控，整理低效用地

运用GIS（地理信息系统）等软件对用地现状进行梳理分析，按照优化、集聚、减量的原则进行用地整治。坚守粮食生产用地，将耕地保护落实到全过程，坚决守住耕地保护红线，因地施策对项目区内的即可恢复地类、工程恢复地类开展耕地"非农化""非粮化"整治，实现耕地功能恢复面积3237亩；优化低效工业用地，按"退二还一""退二进三"策略进行整治更新工业工地166.52亩；集约乡村建设和产旅融合发展用地，按5%标准预留村庄发展建设用地，促进示范带土地资源高效利用。

3.4.3 创新措施，农民收入倍增

采取3项措施促进农民收入倍增。一是产业升级，依托现代农业、乡村文旅、生态文化三大产业导入物流服务、来料加工、健康服务、文旅创业等多元业态，开展富民技能培训工作，多途径多渠道增加就业机会、岗位，留住当地居民，引进新乡民；二是利用闲置资产，将集体经营性建设用地、农用地、劳动力、村庄闲置产业用地等入股，组建强村公司，统一进行资金投融、开发建设、营销招商及运营管理；三是打造金溪五村乡村共富共建平台，设置金溪五村富民专项基金，先富带动后富，互帮互扶（图1）。

3.4.4 业态培育，产旅融合提质

大力培育接"二"连"三"产业链条，做大现代农业、做强乡村文旅、做精生态文化；扶持一批职业经理人、乡村工匠、文化能人、非遗传承人等，成为金溪五村乡村振兴中推进共同富裕建设的重要内生动力；围绕村落特色，通过余家坝文创中心、金峨文化艺术馆、蒋家池头

非遗共富工坊、雷山村共富博物馆、水塔地历史文化名村等建设，打造一条非遗文化研学线，展现金溪五村文旅生命力（图2）。

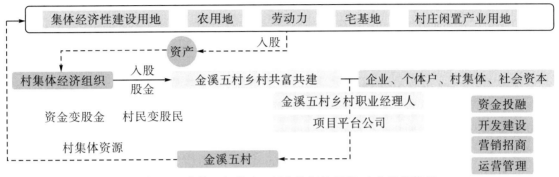

图1　乡村资产利用图

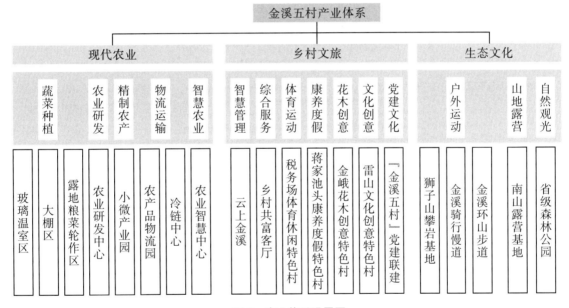

图2　产业体系设置图

3.4.5　"一村一品"，乡村风貌提升

突出景观风貌管控和个性化设计，巩固"余家坝—现代社区""金峨—花木创意""税务场—体育运动""蒋家池头—康养度假""雷山—文化创意"乡村集群特色，建设具有村落特色的项目集群，加快"一村一品"共富样板建设。同时，延续乡村文脉，形成"新旧融合"的乡村建筑场景，梳理出文化空间、景观空间、活动空间、休闲空间、服务空间的不足之处，查漏补缺，构建"功能复合、空间集约、特色鲜明、设施完备"的乡村居住环境，将金溪五村建设成为美丽乡村精品村群落。

3.4.6 内联外通，优享便捷交通

根据村庄发展定位与用地条件，根据通行需求划分主干路、次干路、慢行体系三级道路体系，合理布局路网，以"10分钟出村，30分钟至街道，1小时进宁波"为目标，形成功能明确、安全性高、覆盖面广、串联紧密的道路畅通网络。

3.4.7 上下互联，完善服务配套

参照《浙江省美丽城镇生活圈配置导则》《关于开展完整社区建设试点工作的通知》等政策规范，对金溪五村公共服务设施进行补充完善，形成"5分钟社会生活圈""15分钟社会生活圈""30分钟社会生活圈"。结合村民出行就医的实际需求，规划"市—街道—村"三级合作医疗体，推动上下互联的医疗建设，以"家庭医生＋智慧医疗"为手段，实现"名医名院"零距离、养老不出家门、看病远程咨询的全域医养体系；实施"2＋X"老幼融合策略，结合区内颐养健康管理中心、日间照料中心、托育站构建老幼融合生活圈，解决"一老一小"问题；配合金溪健身绿道、全民健康中心、健身广场等多功能健体设施，打造"有氧"健身圈。缩小城乡差距，高质量高水平推进公共服务均等化，丰富共同富裕内涵（表1）。

表1 金溪五村生活圈体系配置框架表

社区生活圈	设施配置	面积	位置
5分钟社会生活圈	邻里中心（含医疗点）	1000.00 m²	余家坝村、金峨村、税务场村、蒋家池头村、雷山村
	老年服务中心、幼儿托育站	300.00 m²	
	公共厕所	50.00 m²	
	便民服务网点	150.00 m²	
	健身场地	200.00 m²	
	老年食堂	200.00 m²	
15分钟社会生活圈	全民健身中心	2136.72 m²	税务场村
	颐养健康中心	9000.00 m²	蒋家池头村
30分钟社会生活圈	共富客厅、金溪医院	30.00 亩	金峨村
	金溪健身绿道	6.80 km	—

3.4.8 专班组建，深化党建引领

以金溪五村党建联建为核心引领，组建金溪五村共富共建专班，加强五村基层党组织建设。积极发挥村级党组织在组织动员、宣传思想等方面的堡垒作用，创建党员网格化、常态化的党建联建平台，压实基层党建工作责任制，激发党员干部动能，树立"一切工作到支部"的鲜明导向，做强金溪五村党建组织与力量。

4 结语

乡村共同富裕不仅仅是物质上的富裕，更包含了对美好生活的追求与向往的精神诉求，是社会主义的本质要求，需要政府、企业、社会各方面的共同努力才能实现；全域土地综合整治能够有效整合区域资源、推动农村产业升级、保护农村生态环境、促进城乡统筹发展，两者内

在关联紧密。本文通过对用地、产业、配套设施等各方面进行分析，探索全域土地综合整治措施中乡村共同富裕的推进策略，助推实现农业高质高效、乡村宜居宜业、农民富裕富足的美好愿景。

［参考文献］

［1］杨军，李晓庆，杨熙. 全域土地综合整治规划思路与探索［J］. 国土资源情报，2021（4）：31-36.

［2］余建忠，董翊明，田园，等. 基于自然资源整合的浙江省全域土地综合整治路径研究［J］. 规划师，2021，37（22）：17-23.

［3］吴家龙，苏少青. 共同富裕目标下的全域土地综合整治路径［J］. 中国土地，2021（12）：37-39.

［4］刘伟，吴兵兵. 共同富裕视域下的乡村治理：逻辑转换、体系革新与路径选择［J］. 中央社会主义学院学报，2023（1）：147-160.

［作者简介］

朱柳萍，工程师，就职于中国电建集团华东勘测设计研究院。

石鑫，高级工程师，就职于中国电建集团华东勘测设计研究院。

张洪元，高级工程师，就职于中国电建集团华东勘测设计研究院。

语篇分析视角下的民族村寨空间叙事策略研究

——以湖南省邵阳市隆回县山界回族乡民族村为例

□谭书佳，郑梦蓝，玉智华，鲁婵

摘要：民族村寨是民族历史记忆、生产生活智慧的载体，也是乡村振兴战略的重要组成部分。本文从语篇分析理论视角出发，探讨民族村寨的空间叙事逻辑，提出"语篇元素提取—语篇结构梳理—语篇情境创设"的分析框架，并以湖南省邵阳市隆回县山界回族乡民族村为例，对其建筑风格、生产活动、服饰形态、宗教活动和饮食传统等方面展开分析，最终提出聚焦地方线索、提炼叙事节点、搭建叙事路径和营造体验氛围等空间叙事策略，以期为游客和村民带来可感知的回族文化原真性体验，并为其他同类型村寨建设提供借鉴。

关键词：民族村寨；语篇分析；空间叙事；民族村；回族

0　引言

多民族共存是我国人口结构的显著特征。在历史发展过程中，由于不同地域的地理环境差异、民族迁徙、思想文化交融等，形成了各具特色的民族村寨。民族村寨承载着地区民族长期以来积累的工具、实物、手工艺品和建筑场所等物质文化遗产，以及社会实践、文化关系、知识技能等非物质文化遗产，是中华民族智慧的结晶与瑰宝，对中华民族文化传承有着不可替代的作用。2012年，国家民族事务委员会出台《少数民族特色村寨保护与发展规划纲要》，明确了民族村寨保护与发展的重要性，强调"以保护和传承民族文化为主线，加强村寨公共文化设施建设，彰显群众文化活力"。2018年，《中共中央、国务院关于实施乡村振兴战略的意见》提出要挖掘并发扬农耕文化优秀传统，保护文物古迹、民族村寨、传统村落等。由此可见，在新时代背景下，加强对民族村寨保护与发展的相关研究工作，具有历史传承与现实发展的双重意义。

隆回县山界回族乡是湖南省仅有的两个回族乡之一，也是邵阳市唯一的回族乡。民族村位于山界回族乡西北部，古名叫"竹山马家"，是最能体现山界回族特色的民族聚居村。民族村的形成可以追溯到明洪武年间，主要源于自上而下的卫所军屯移民。目前，村寨地域面积4.2 km²，全村共16个村民小组，其中回族人口占全村人口的78%。作为国家民族事务委员会命名挂牌的第二批中国少数民族特色村寨，民族村的回族民俗独具特色，文化资源优势突出。然而，调研发现，由于村寨缺乏统一合理规划，民族特色挖掘不足，存在整体风貌单调、空间割裂、民族特色湮没等问题。目前，针对民族村寨设计的研究多集中在体验视角的产品设计、地域特色视角的景观设计、社区视角的空间设计等方面，暂未有从空间语篇视角出发探讨空间设计的研究。因此，本文基于空间叙事理论，采用空间语篇分析方法，结合山界回族乡民族村规划项目，对村寨空间进行语篇解读及叙事搭建，以期为同类型规划设计提供借鉴。

1 空间叙事理论概述

1.1 空间叙事的概念

空间叙事（spatial narrative）是一种通过空间的安排、布局和设计来传达特定信息、情感或故事的概念框架。叙述者将物理空间与叙事元素相结合，使用符号和象征来传递情感信息，并由此创造具有丰富内涵的空间，使阅读者可以在空间中感知故事，解读和体验特定的叙事主题（图1）。国内外关于空间叙事的研究源于文学和艺术批评领域的叙事学研究，随后扩展到建筑学、城市规划、景观设计和博物馆学等领域，成为理解和设计空间的新视角，相关研究集中于通过对城市历史街区、老旧社区，以及文化建筑空间如博物馆等进行改造设计，以强调空间的社会性和文化性，重塑空间活力。

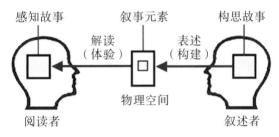

图1 空间叙事的概念框架

1.2 空间的语篇分析

语篇分析（discourse analysis）源自语言学和文学研究，旨在探究特定情境中语言的使用者是如何构建、组织和表达信息，以让阅读者能更好地理解的一种分析方法。它超越了对单个句子的分析，而更关注文本整体的结构、语法、语义关系、上下文语境等因素，揭示语篇的整体结构和意义。由于空间不仅是物理的，也是社会构建的，和语篇一样具有多维性和复杂性的特点，因此能够通过语言的使用反映其中的社会关系、权力结构和文化价值观并被人们解读。基于此，采用语篇分析方法可以通过对空间元素的使用、空间关系的描述，以及空间隐喻和象征的分析，实现对整体空间的全面解读。

2 民族村寨的空间叙事逻辑

2.1 民族村寨的空间可读性

民族村寨具有悠久的历史传统和鲜明的文化特色，在历史、文化、社会及自然环境等方面讲述着村寨的故事。从选址上看，村寨往往依山而建、临水而居，既考虑了地形地貌的适宜性，也兼顾了水源的充足性和可利用性。这种与自然和谐共生的选址智慧，体现了民族对生态环境的深刻理解和尊重敬畏，构成了村寨空间叙事的重要基础。从空间格局来看，村寨布局通常具有明确的功能分区，如居住区、公共活动区、生产区、宗教区等。这种布局既满足了村民的日常生活劳作需要，也体现了村寨的社会结构和文化习俗。村民在对这些空间的使用中延续着民族文化和传统,构成了村寨空间叙事的重要内容。从文化角度来看,村寨中的民族建筑、遗址、文物等物质文化遗产,口头传统、节庆活动、宗教信仰等非物质文化遗产,都构成了村寨历史叙事的重要载体。从社会关系来看,村寨居民的社会交往和文化传承的场所记忆遍布公共空间、家族院落、邻里关系之中,使这些空间具备了丰富动人的故事性。

由此可见,民族村寨作为民族悠久历史记忆和深刻文化认同的空间载体,具有丰富且多元的叙事元素,是可以被阅读、被分析的。通过深入挖掘民族村寨空间语篇中蕴含的文化特色、社会结构、认知方式和生活智慧,并将其串联成具有逻辑结构的叙事情节加以呈现,不仅有利于保护和传承原真性民族文化,而且能将其提炼、展示给游客和居民,实现文化资产的创造性转化和创新性发展。

2.2 民族村寨的空间语篇分析框架

法国城市社会学家亨利·列斐伏尔的空间生产理论认为空间是社会的产物,它不仅包括物质形态,还包括社会关系、意识形态和象征意义。在民族村寨空间分析中,可以按照"语篇元素提取—语篇结构梳理—语篇情境创设"的框架对其空间语篇进行分析,进而探索村寨的社会、文化、政治和经济力量是如何创造与重塑空间的(图2)。

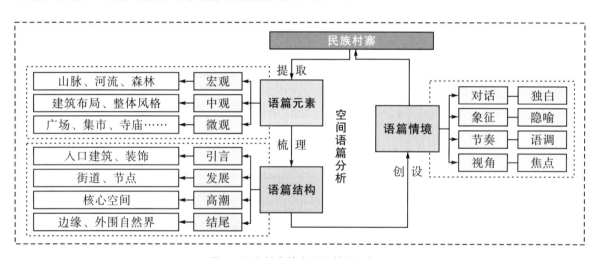

图2 民族村寨的空间语篇分析框架

2.2.1 语篇元素的提取

空间语篇元素是指在空间中通过物质或非物质的形式所展现出的叙事成分,构成了空间独特的文化表达和场所记忆。

在宏观背景之下,村寨周边的山脉、河流、森林等自然景观,不仅为村民提供了生产和生活资源,也是民族传说和神话的发源地。它们与村寨相结合,共同构成了一则生动的叙事篇章。在中观村寨之内,村寨的整体布局、建筑风格、材料选择、色彩搭配等,不仅具有使用功能,而且承载了丰富的民族文化象征和历史信息,是重要的空间语篇元素。在微观生活之中,村寨的活动广场、宗教祭祀场所、生产区域、集市等公共空间共同构成了民族文化的展示平台,村民的日常生活、劳作、仪式、庆典和集会等行为在此发生,是空间语篇的关键元素。此外,非物质文化遗产也是村寨叙事中不可或缺的语篇元素,包括民族的语言、书法、音乐、舞蹈、手工技艺等。

这些元素都体现了长期以来民族聚居形成的特色生活方式、价值观念和社会结构,折射出人与自然、人与社会以及人与历史之间的复杂关系。精确识别并提取出在空间中反复出现或具有强烈象征意义的语篇元素，可以为叙事提供基本的故事框架，同时加强和丰富主题的表达，使阅读者更好地理解叙述者试图传达的核心信息和情感。

2.2.2 语篇结构的梳理

空间语篇结构是指通过对各语篇元素进行有序排列和组织形成的一种能够传达特定文化意义和历史信息的整体脉络，由引言、发展、高潮、结尾等部分组成。

一是引言部分，由村寨的入口和边界构成，是语篇结构的起始点，界定了村寨的物理空间，也象征着村寨社区的内外之分。入口处的标志性建筑或装饰，如寨门、鼓楼、风雨桥、牌坊、雕塑和图腾等，是村寨的文化标识，为进入村寨的叙事旅程设定了基调。

二是发展部分，即以村寨内部的街道、巷道和桥梁等构成叙事路径，引导阅读者在空间中的步伐移动和视线变换体验。随着叙事的发展，一系列精心安排的情节点，如广场、集市、祭祀场所等逐渐出现，形成有序且流畅的空间序列。叙事者通过直叙、倒叙或多线并行的方式组织情节，逐步揭示叙事主题。

三是高潮部分，即叙事中关键元素和主题在一个场景中的集中展现，在叙事语篇中占据中心地位。通过村寨中具有精神象征的宗祠、寺庙、学堂、议事堂等核心空间的展示，以及仪式活动、传统节庆等文化事件的呈现，为阅读者提供丰富的感官享受，从而增强信息传递效能，引起阅读者的情感共鸣。

四是结尾部分，即村寨的边缘和外围空间，是叙事结构的收尾之处。它不仅仅是物理空间上的结束，更是情感体验和认知理解的闭合。村寨周围的农田、牧场、水源地等，既是村寨生活的物质基础，也是其与自然环境交界和融合的边界场所。村寨中展示民族历史记忆和文化成就的纪念馆、展览馆或观景台等，为阅读者提供了回顾与反思的空间。在此阶段中，阅读者的情感得到释放和满足，引发更多对村寨保护与传承的思考。

2.2.3 语篇情境的创设

空间语篇情境创设是指在特定的空间环境中，运用某种修辞手法呈现语篇元素，以增强叙事的感染力和吸引力，进而提升阅读者的综合情感体验的过程，具体可以通过对话与独白、象征与隐喻、节奏与语调、视角与交点等方式达成。

一是对话与独白。村寨居民之间的日常生活互动，如在市场买卖时的讨价还价、节日庆典中的欢声笑语、家庭聚会时的亲情交流等真实而直接的对话，能够让阅读者在村民的真实生活状态和情感关系间感受村寨的活力与温暖；在展览馆或纪念馆中，陈列的村民对自己生活经历、信仰观念等的独白，使阅读者能走进村民内心世界，在理解他们情感和价值观的同时，激发对自己文化身份的深刻反思。

二是象征与隐喻。利用具有特定文化意义的物品、符号、自然元素作为象征物，如一棵古树象征村寨的历史与根基、一座古桥象征联结与通达、一场特定的仪式象征对生命的敬畏等，来传达民族的文化身份与价值观，使语篇层次更为丰富；将某种概念或现象与另一个不直接相关的领域进行联系，让阅读者从更广阔的视角感受村寨背后的哲理，是对情境的隐喻表达，如将村寨的生活比作一条流淌的河流，既展示了生活的连续性和变化性，也暗示了村民对传统的坚守和对未来的期待。

三是节奏与语调。运用具有快慢、停顿间隔的节奏组织村寨生活的不同场景，如缓慢的田园风光、悠长的古老传说、快速而连续的街巷市集，使阅读者沉浸感受村寨韵律；通过声音的高低起伏、强弱变化传达不同情感态度，如高亢激昂的语调表达节日庆典的喜庆和兴奋、低沉平缓的语调叙述悲伤的历史或深沉的思考；同时，也可以通过调动建筑的色彩、风格等视觉元素来调节空间语调。

四是视角与交点。叙事过程中的第一人称和第三人称的视角体验是截然不同的，前者（如村民的自述）使观众直观感受人物的内心世界而产生强烈共情，后者（如客观描述）则为观众提供更广阔的视野进而更全面了解村寨社会的多样性；交点则是通过光线、色彩、声音等手段突出重点语篇元素，叙事者要适时在宏观全景与微观细节、静态物件与动态事件、传统文化与现代科技中进行切换，使阅读者进入深刻思考，从而构建对村寨更立体的认识。

3 隆回县山界回族乡民族村的空间语篇分析

3.1 "古朴端庄"的建筑风格

民族村的建筑风格深受伊斯兰教影响，极大展现了回族的宗教文化特色。其中，建于1727年的清真东寺是回族建筑的典型代表，寺内保存着古老的《古兰经》、法杖等珍贵的伊斯兰历史文物，其圆拱顶和新月标志等元素是回族建筑中最为常见的样式。村寨的民居环绕清真东寺而建，体现"围寺而居"的传统，至今保留100多座古老建筑。民居多是土砖砌墙、木板为壁、青瓦盖顶、门窗雕花，在延续回族人民生活习俗和审美情趣的同时，融入了汉族民间建筑艺术，形成独特的地域建筑风貌。然而近年来，大量现代建筑在村内无序搭建，对村寨整体风貌造成冲击。

3.2 "顺天应时"的生产活动

民族村的气候条件属于亚热带季风湿润气候，四季分明、雨量充沛、温度适中，村民根据季候变化安排水稻、甘蔗等农作物种植。其中，甘蔗是当地特色产业之一，通常深秋时节收割，采用百年传承的原生态古法制糖技艺，制作传统手工红糖。经手工制作的红糖天然醇香，保留丰富的营养成分，钙和铁含量显著高于白糖。村寨物产丰富，也是"隆回三辣"和龙牙百合的主产地之一。"隆回三辣"指虎爪生姜、红皮大蒜、宝庆辣椒，种植历史悠久，具有出色的食用和药用功能。然而，村寨经济过于依赖以上产业，缺乏多元化的发展模式，也造成经济增长点不足等问题。

3.3 "素雅高洁"的服饰形态

民族村的服饰形态多样，具有鲜明的回族特色和深厚的文化内涵，其主要标志是头部的装饰。男性普遍戴白色或黑色无檐小圆礼拜帽，用于宗教礼拜和日常佩戴；女性则常戴盖头，颜色和样式根据年龄或婚姻状况而有所不同，如未婚女子戴绿色盖头，已婚妇女戴黑色或白色盖头。服饰的整体风格素雅端庄，男性外着白色衬衫搭配黑色坎肩，下穿中式长裤，扎腰带；女性则内穿素色长袍，领口、襟边、下摆有刺绣和绲边，下穿长裤，脚穿绣鞋。服饰色彩受宗教影响，白色被视为最洁净之色，受到崇尚。然而，年轻一代在接受现代文化的同时，对传统服饰的认同感正逐渐减弱，包括传统服饰制作在内的传统技艺面临传承断层。

3.4 "虔诚笃信"的宗教活动

回族村民非常注重礼拜和节日祭祀等宗教活动，通过敬天祈福表达对真主的虔诚。宗教仪式贯穿回族人的一生，日常宗教仪式包括每日的"五时拜"和每周的聚礼，以及每年两次的

"会礼"，宗教节日如开斋节、古尔邦节等则会集体到清真寺进行礼拜。这些仪式活动不仅强化了回族村民的宗教信仰，也增强了社区的凝聚力。在宗教生活和经堂教育中，回族村民仍用阿拉伯语和阿拉伯文来念诵或书写《古兰经》。在回族村民内部交往中，一直保留使用部分阿拉伯语和波斯语词汇的习惯。然而近年来，由于村寨资金、技术不足等问题，宗教教育和宗教人才培养难以深入，民俗文化特色停留在表层。

3.5 "兼收并蓄"的饮食传统

一方面，回族村民严格遵循伊斯兰教教规，在食材选择和烹饪过程中，只食用符合清真规定的食品，如偏好牛羊肉、不食猪肉，村内设有专门的清真养殖基地和加工厂以确保肉类食品的清真和质量；另一方面，在长期的文化交融中，回族村民饮食逐渐结合湖南喜辣的特色，多在菜肴中加入"三辣"作为调料。在特定的宗教节日，如开斋节，村民制作各式节日食品，如油香、馓子、油果子等。这些饮食传统充分体现了湖湘地域文化与回族清真文化的结合。然而，如何让其产生更大的商业价值仍亟待探索。

4 隆回县山界回族乡民族村的空间叙事策略

4.1 聚焦地方线索——叙事主题在地化

叙事主题可以为空间的营造定下基调，是空间叙事的核心思想。通过深入解读民族村的空间语篇信息，挖掘村寨独特地域文化。项目设计以"回族文化原真性展示和体验"为主题，组织空间元素，采用游客原真性体验区嵌入居民原真性生活区的穿插式布局结构，创造一条有机、流畅的在地化回族风情故事线索。整体叙事空间设计既突出了结构层次清晰、内容多元丰富的空间序列，又增强了游客对回族文化的体验和感知，在步移景异中深刻领悟村寨语篇信息。

4.2 提炼叙事节点——文化元素多元化

在完整的空间叙事结构中，故事情节的推进主要通过空间节点的串联来呈现。通过对民族村的空间语篇进行分析不难发现，民族特色建筑、生产活动、传统服饰、饮食习惯和宗教活动等共同造就了村寨独特的文化气质，其中回族村民宗教活动和村寨记忆是最关键的核心元素。因此，在项目营造过程中明确民族村空间叙事的"二核五区"（图3）。"二核"为"一寺一馆"，即承载民族礼教的清真东寺和展示民族记忆的村寨记忆展陈馆；"五区"即全方位展示村寨回族食、产、衣、技、憩等民族风俗和文化的全景空间，同时也能成为民族村经济新的增长点。

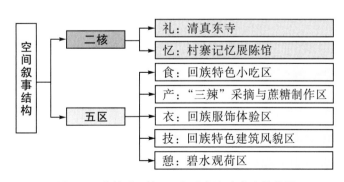

图3　民族村"二核五区"空间叙事节点结构图

以清真东寺为例，作为民族村村民精神生活的核心，其象征着村寨信仰的中心和社区的团结。通过在清真东寺举办宗教仪式和节日庆典，强化社区成员的民族认同和文化连续性，是村寨叙事的高潮所在。项目通过对清真寺立面进行改造，加强建筑细节、艺术装饰和宗教仪式的展示，打造礼教祈福圣地，为使用者提供沉浸式体验；同时，在寺内设回族廊架，并向四周延伸至景观节点，打造回族特色构筑物和以回族音乐、舞蹈、服饰等多种文化元素为灵感的民俗艺术景观装置，作为讲述回族宗教文化和历史故事的叙事分支节点，共同烘托清真东寺的核心地位，引起游客的兴趣和好奇心，激发他们对回族文化的探索欲望。

4.3　搭建叙事路径——叙事场所丰富化

叙事路径根据民族村语篇特色进行故事线组织，引导游客、村民等阅读者先从一个引人注目的起始场所进入村寨空间，然后按照有序的路径，亲历风格各异的空间节点，逐步参与、体验、融入回族文化叙事。

4.3.1　引言部分

村寨入口广场增设回族特色的牌坊和主题雕塑，不仅作为村寨的物理边界，也向游客传达回族文化特色，为整个村寨叙事定下基调。

4.3.2　发展部分

进入村寨后，街道两侧布置民族特色小吃摊位，集中展示回族饮食文化和烹饪技艺。一方面，色香味俱全的美食能调动游客的视觉、嗅觉、味觉，提供愉悦的感官体验，激发其深入了解和体验当地文化与生活的欲望；另一方面，村民能够通过经营摊位提高经济收益，在参与旅游经济的过程中，增强其社会凝聚力。随着叙事的铺开，游客经过甘蔗地和"三辣"采摘园，参与古法蔗糖制作和"三辣"种植、采摘等农事活动，不仅能够亲身体验民族村传统农耕文化和手工技艺，也能通过与村民交流对话感受民族魅力从而获得深层次满足。随后，游客进入回族民族服饰体验馆，在视觉上欣赏服饰工艺，从触觉中感受与民族的联系，加深对回族文化的理解。

4.3.3　高潮部分

游客身着回族传统服饰，进入村寨核心建筑——清真东寺，与村民一道，听一场诵经祷告，点几盏蜡烛，沉浸式体验宗教仪式的庄严与神圣。凝心观赏回族建筑和装饰艺术，在获得美学上的愉悦与享受的同时，进一步强化对回族宗教文化的认识和敬意。穿过民族团结广场，进入另一座核心建筑——村寨历史记忆展陈馆，通过陈列的历史文献、照片、文物等，了解村寨从古至今的发展变迁、重要历史事件，结合先前的实地体验，加深对村寨文化传统的认同，唤起情感共鸣。

4.3.4　结尾部分

经由风格统一的回族建筑特色街，感受回族建筑的精美装饰、色彩搭配和空间布局。随后，叙事语篇逐渐收束，最终阅读者在西面荷花池的静谧空间中释放情感，感受自然带来的宁静。至此，各具变化的叙事场所相互嵌套，成为故事的各个章节，串联起民族村的地域文脉。

4.4　营造体验氛围——人景关系融合化

在氛围营造过程中，主要通过展示、互动和沉浸式等方式为阅读者提供丰富的感官体验。具体有以下几个方面。

4.4.1 建筑营造

新建村寨历史记忆展陈馆，外观融入穹顶、拱门、尖塔等伊斯兰建筑元素，内外装饰回族传统几何图案、花卉纹样和阿拉伯书法等，采用对称布局，营造和谐而庄重的空间氛围。馆内分为回族文化馆、农耕文明展示馆和产业发展馆等。馆内除了实物陈列，设计还运用虚拟现实技术（VR）重现村寨古时形态，运用增强现实技术（AR）让展品"活"起来，打造交互式模拟体验，如再现回族古尔邦节庆典等场景，让游客沉浸式参与到生动的故事氛围中。通过参观，游客能深入领悟民族村的回族文化、农耕文化和乡土记忆。同时，展陈馆也作为民族村的教育研习平台，定期举办讲座、研讨会、文化体验活动等，丰富村民文化生活，激发村寨年轻一代对传统民族文化的兴趣和热爱。

4.4.2 设施建设

采用当地传统工艺、乡土材料，结合回族几何纹样、传统色彩等，设计具有回族特色的地面铺装图案、村寨标识系统和照明系统等，以烘托场所叙事氛围。同时，结合现代技术，在重要节点处设置解说板或互动屏幕，嵌入二维码，游客可扫描链接到村寨信息网站；纳入多语言系统，让游客通过手机扫描即可观看到该地点的历史故事和文化解说，增强标识系统的趣味性、互动性和信息量。

4.4.3 植物配景

选择本土特色的桂花、菊花、鸡爪槭、佛甲草等作为村寨入口广场、民族团结广场等重要叙事节点的景观植物；运用红色、金黄色等喜庆和繁荣的颜色，呈现回族文化的视觉特征。开发碧水观荷项目，打造象征纯洁、高尚、坚韧的荷花观赏区。通过在荷花池周围设置融入回族元素的滨水步道、雕塑、碑石等，引导使用者的步伐和情绪，感受村庄与自然环境的和谐共生，以此强调回族文化的叙事。

除此之外，定期举办反映民族文化和历史传统的社区活动，如民族舞蹈表演、手工艺市集、传统美食节等，让村民和游客一同参与，共同创造新的故事。

5　结语

在民族村寨规划设计中引入空间语篇分析方法，有利于深入解读村寨的整体文化语境，突破侧重单一空间需求和静态空间设计倾向的局限性，采用更为开放、连贯且流动的方式，将文化元素注入物理空间，从而提升空间的文化内涵，增强游客和村民的体验感。本文以叙述者和阅读者的双层视角，运用节点设计、路径搭建、氛围营造等手法组织空间，提出隆回县山界回族乡民族村的空间叙事设计策略，在清晰的叙事线索和逻辑中呈现民族村的原真性文化特色，同时创新村寨经济发展点，实现保护、传承与发展的协调统一，以期为其他同类型村寨建设与发展提供借鉴。

［参考文献］

[1] 张跃，何斯强. 中国民族村寨文化 [M]. 昆明：云南大学出版社，2006.

[2] 戴勤，蒋剑平. 隆回民族村：绝美的风情画 [N]. 湖南日报，2016-07-15.

[3] 钟洁. 基于游憩体验质量的民族村寨旅游产品优化研究：以云南西双版纳傣族园、四川甲居藏寨为例 [J]. 旅游学刊，2012，27（8）：95-103.

[4] 胡明玥. 地域特色视域下的民族村寨旅游景观设计：以恩施市芭蕉侗乡枫香坡侗族风情寨为例 [D]. 长沙：湖南师范大学，2021.

［5］ 李珉青，樊亚明. 社区营造视角下民族村寨文化空间规划设计策略：以贵州省从江县岜沙苗寨为例［C］//广东省建筑设计研究院有限公司，《规划师》编辑部，华蓝集团股份公司. 实施乡村振兴战略的规划路径探讨. 南宁：广西科学技术出版社，2022.

［6］ SILBERNAGEL，JANET. Bio-regional pattern and spatial narratives for integrative landscape research and design［J］. From landscape research to landscape planning. Springer，Dordrecht，2006：107-118.

［7］ 程锡麟. 叙事理论的空间转向：叙事空间理论概述［J］. 江西社会科学，2007（11）：25-35.

［8］ SMITTEN，JEFFREY R. Approaches to the Spatiality of Narrative［J］. Papers on Language and Literature，1987，14（3）：296.

［9］ 董晓烨. 文学空间与空间叙事理论［J］. 外国文学，2012（2）：117-123，159-160.

［10］ 于辉，葛意然. 空间叙事理论下的历史文化街区保护与更新研究［J］. 设计，2022，35（10）：60-62.

［11］ 李康康，张一兵. 基于空间叙事理论的老旧社区公共空间改造设计研究［J］. 工业设计，2023（6）：89-91.

［12］ 刘晨晓，姚健. 叙事理论下数字化交互空间探究：以博物馆空间为例［J］. 建筑与文化，2023（9）：19-21.

［13］ TRAPPES - LOMAX，HUGH. Discourse analysis［J］. The handbook of applied linguistics，2004：133-164.

［14］ 王文斌，李珂. 语篇分析的进展与前瞻［J］. 中国外语，2024，21（1）：38-49，77.

［15］ 王勇，李广斌，王传海. 基于空间生产的苏南乡村空间转型及规划应对［J］. 规划师，2012，28（4）：110-114.

［基金项目：2025 年湖南省社科成果评审委员会一般项目（XSP25YBZ205）；2024 年湖南省教育厅科学研究优秀青年项目（24B0543）；2023 年湖南省大学生创新训练计划项目（S202311535091）。］

［作者简介］
谭书佳，讲师，就职于湖南工业大学城市与环境学院。
郑梦蓝，湖南工业大学城市与环境学院本科生。
玉智华，通信作者，正高级工程师，注册城乡规划师，就职于株洲市规划测绘设计院有限责任公司。
鲁婵，副教授，注册城乡规划师，就职于湖南工业大学城市与环境学院。

云南省玉龙县石鼓镇空间形态构成及其特征研究

□尹伟，熊冉，宁广利，罗海丹，黄建强，巫沛耘

摘要：本文通过对云南省丽江市玉龙县石鼓镇的深入研究，从宏观、中观、微观三个层面分析石鼓镇传统村落的空间形态特征；基于实地调研、空间句法分析、GIS技术和无人机航拍等多种方法，探讨石鼓镇在宗族关系、风水文化和自然地理条件下形成的独特空间格局。研究发现，石鼓镇的建筑布局与地形、水系高度契合，呈现依山傍水的整体结构，反映了传统文化中的风水理念与宗族社会秩序。同时，随着旅游业的发展，城镇的建筑风貌和功能布局也受到现代化影响而逐渐发生变化。本文旨在为少数民族传统城镇的保护和发展提供理论依据，强调文化与自然环境在空间形态中的重要作用。

关键词：传统古镇；空间形态；石鼓镇；建筑风格

0 引言

古镇作为历史文化遗产的重要载体，其空间形态的形成与演变受到自然环境、地域文化和历史发展的多重影响。近年来，随着城镇化进程加快和旅游开发推进，许多古镇面临传统风貌被破坏、新老区域发展失衡等问题。在现代化建设快速推进的背景下，承载着城市独特记忆的传统建筑群落与历史街区正逐渐消逝。这些凝聚着先辈生活印记的建筑遗产，不仅是地方历史文化的物质载体，更是地域特色与人文传统的重要见证。

在实施乡村振兴战略和开展传统建筑保护发展工作时，必须避免因循守旧或简单照搬其他地区的开发模式而采取"一刀切"的实施方式，而是要对该区域的历史文化积淀和生态演变过程进行深入研究和系统还原，再经过统一规划，才付诸实践。玉龙县石鼓镇作为长江第一湾的重要节点，其"江湾直转、群山环抱"的山水格局和传统城镇形态具有独特研究价值。该案例可为探索文化生态保护与空间形态演变的互动关系，以及制定民族地区古镇可持续发展策略提供重要参考。玉龙县的传统城镇，因其独特的地理位置和多样化的民族文化，具有极高的研究价值，其空间形态在自然环境与人文历史的共同作用下，展现出不同于其他地区的复杂特征，亟待深入的学术探索。

本文通过对玉龙县石鼓镇这一特定古镇的个案分析，深入探讨其独特的空间形态特征与演变机制。石鼓镇的空间形态不仅受到宗族关系的深刻影响，还与周边的自然环境、风水观念紧密相关。本文旨在通过对石鼓镇整体布局、内部街巷网络、建筑分布等方面的研究，揭示石鼓镇在特定地域和文化背景下的空间组织逻辑，并为未来的古镇保护与发展提供理论依据。

1 研究对象与研究方法

1.1 石鼓镇地理与人文背景

石鼓镇位于云南省丽江市玉龙县，是一个集传统文化、地理特色和历史文化于一体的城镇空间。其独特的地理位置和丰富的自然资源塑造了村落的空间形态，并深刻影响了其文化背景和历史发展。石鼓镇依托金沙江流域，背靠玉龙雪山，呈现典型的山地地形。金沙江在石鼓镇附近形成了著名的石鼓大弯，这一独特的自然景观不仅具有壮观的视觉效果，还在历史上成为重要的交通要道和商贸节点。石鼓镇依山而建，逐层向高处延展，形成错落有致的空间布局。这种依托自然地形的布局模式不仅使石鼓镇与自然环境和谐共处，也使其免受洪水的侵袭。

石鼓镇的文化背景深受传统文化的影响。传统宗族观念在城镇空间中占据着核心位置，居民通过祭祀祖先、举行宗教仪式，维持着家族的凝聚力和社会秩序。

在历史发展过程中，石鼓镇经历了多次重要变迁。作为茶马古道的重要节点，石鼓镇曾是商贸往来的集散地，古代商贾和马帮在此驻足，带来了多元文化的交流与碰撞。这种文化交融为石鼓镇注入了开放的商业气质，也使其逐渐发展成为区域内的经济中心。历史上，石鼓镇还因其战略位置成为军事重镇，形成了以防御为主的格局，至今在一些村落中仍能看到部分遗留的防御性建筑和设施。

1.2 研究方法

在石鼓镇传统城镇空间形态的研究中，研究方法的选择至关重要，要求确保分析的全面性、精确性和科学性。本文采用了多种研究方法，包括实地调查、问卷访谈、收集传统古镇的档案及村落保护规划文本等文献资料、空间句法，同时结合无人机航拍等技术手段全面解析石鼓镇的传统城镇空间形态。多种方法的结合，不仅使研究具备了更高的精确性和系统性，也确保了从多个维度理解村落空间结构和文化特征。通过这些研究方法的应用，研究团队能够深入揭示石鼓镇复杂的空间组织和其背后的社会文化逻辑，为传统历史城镇的保护和可持续发展提供了坚实的理论基础和实证支持。

本文将石鼓镇空间形态分为宏观、中观、微观三个层级，分别是石鼓镇整体、石鼓镇内部和建筑单元的空间形态（表1）。虽然这三个层级按从小到大的逻辑解析，但是它们相辅相成、相互补充。

表1 石鼓镇空间层级分析

规模层面	宏观	中观	微观
城镇层级	城镇整体空间形态	城镇内部空间形态	建筑单元空间形态
具体内容	地理位置、整体格局、整体风貌	街巷格局、街巷尺度、道路系统	建筑轴向、建筑风格

2 石鼓镇空间形态特征分析

2.1 整体空间形态特征

2.1.1 整体格局清晰

石鼓镇位于风景如画的"万里长江第一湾"畔，是进入老君山的中转站和"三江并流"世界自然遗产的南大门，东隔金沙江与迪庆藏族州香格里拉市为邻，南与龙蟠、九河两乡接壤，西与石头乡相接，北与黎明乡相邻，全镇面积 643.4 km²。境内有万里长江第一湾、石鼓亭、石鼓铁索桥、红军长征过丽江纪念馆等景区景点。

石鼓镇的空间形态与自然环境高度协调，依山势错落布置建筑，形成了有效利用地形的布局。金沙江流经石鼓镇，水系与道路系统相结合，石鼓镇沿江布置，同时考虑水患风险，确保水陆交通便利。风水理念在村落选址中得以体现，强调"依山傍水"，使城镇与自然和谐共存。

石鼓镇总体布局紧凑有序，主干道与支路相互交织，主干道连接宗族祠堂、市场等重要节点，支路通向各家族居住区，整体布局遵循宗族分布与自然地形的逻辑，呈现层级分明的空间结构。

2.1.2 石鼓镇整体风貌

石鼓镇建筑风格承载着深厚的民族文化内涵和独特的地域特色。无论是建筑立面的色彩与装饰，还是屋顶、门窗、院落的设计，都展现了传统工艺与现代材料的巧妙融合（图1）。以下从七个方面探讨石鼓镇的建筑风貌。

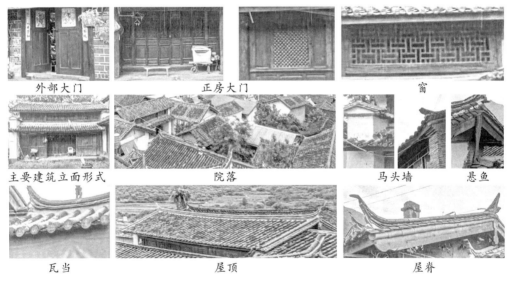

外部大门　　　　　正房大门　　　　　窗

主要建筑立面形式　　　　院落　　　　马头墙　　悬鱼

瓦当　　　　　屋顶　　　　　屋脊

图 1　石鼓镇建筑风貌特征

一是建筑外立面。石鼓镇的建筑外立面以土黄色和白色为主要色调。立面装饰采用民族文化图案作为核心视觉符号。建筑外墙清晰呈现传统建筑的特色元素，如墙面、柱子、梁架和枋构造。柱子、梁架和枋通常使用仿木材，色彩多为砖红色或棕黄色，实心墙体则以白色或保留泥土原色为主。

二是建筑层高。石鼓镇的建筑层数通常不超过三层。檐口的高度通常控制在 7.5 m 以内，屋脊的高度则一般不超过 9 m。

三是屋顶设计。屋顶通常采用悬山式风格，屋脊上翘，檐口装饰瓦当，外廊设有坡檐。屋面、屋脊和檐口多使用深灰或浅灰色调，瓦片则多选用小青瓦、板瓦或筒瓦。屋脊通常以小青瓦或成品构件装饰，檐口常用混凝土、木材或成品材料建造，整体屋顶色彩以青灰色为主。

四是门窗样式。门窗采用传统花格形式，窗格图案多为传统民俗风格。

五是门廊设计。外墙采用铝合金或原木色的门窗框，窗格图案融入民族主题的纹理设计。

六是庭院布局。庭院布局根据居住面积进行规范设计，整体整洁有序，并种植绿化植物。院落围合方式包括开放式和半开放式，常使用植物或栅栏作为围合手段。庭院地面通常采用硬质铺装材料。

七是建筑结构。石鼓镇的民居多采用土木结构，主体框架由木材构成，并与泥土、石材、砖块和木料混合，形成完整的建筑体系。

2.2 内部空间形态特征

2.2.1 街巷空间格局

石鼓镇的街巷空间呈现典型的传统村落组织模式，反映了宗族文化与自然地形的双重影响。街巷空间主要由主干道、次干道和巷道组成，呈现网状结构。石鼓镇的主干道依山势和水流走向，连接重要的公共节点，如祠堂、集市等；而次干道和巷道则深入到各家族的居住区域。主干道的功能以交通和公共活动为主，常常是居民日常交流和举行集体活动的场所。巷道则相对狭窄，主要服务于家庭生活和私人空间，强化了宗族间的内部联系。石鼓镇的街巷空间组合形式主要包括"建筑—街巷—建筑""建筑—沟渠—街巷—建筑""建筑—沟渠—街巷—沟渠—建筑""建筑—街巷—田地"等多种类型（表2）。其中，"建筑—沟渠—街巷—建筑"是村落中最常见的街巷组合形式，沿街排列的乡村房屋展现了独特的地域风貌，整体布局层次分明。

表2 街巷空间组合形态分析

街巷空间组合形态	建筑—街巷—建筑	建筑—沟渠—街巷—建筑	建筑—沟渠—街巷—沟渠—建筑	建筑—街巷—田地
剖面示意图				
空间功能	通行	通行、排水防洪	通行、排水防洪	通行、观赏、种植
空间特征	道路曲折，长度、宽度不一	最常见形式，通行方便，沟渠有利于排水	道路较宽，生产生活空间宽敞，沟渠有效排水	以实用性为主，兼顾观赏、休闲和种植作用
空间示意				

2.2.2　街巷空间尺度

石鼓镇街巷的空间尺度与其自然地形、文化功能高度相关，不同等级的街巷呈现不同的尺度与空间感知。石鼓镇现状建筑以一、二层为主，局部三层，选取村落中不同类型、尺度的街巷，对石鼓镇街巷空间进行尺度进行分析（表3）。主干道是353国道，道路宽度大，宽度为9～10 m，主干道道路宽高比（D/H）为1.5～2，主要服务于交通、商业等公共活动。主干道的宽敞设计不仅方便村落之间的交通往来，也确保了村民集会和节庆活动的开展。次干道的宽度较大，通常能容纳车辆通行，宽度为3.5～8 m，次干道街道道路宽高比（D/H）为0.5～1.3，空间尺度宜人。次干道主要服务于交通、集市等活动。相比之下，巷道的尺度明显缩小，街巷宽1.5～2.5 m，道路宽高比（D/H）为0.2～0.5。这种空间尺度上的变化不仅反映了不同街巷的功能定位，也为城镇内部提供了不同的空间体验。巷道的狭小增强了私密性，使家庭空间与公共空间之间形成了清晰的分界。巷道的尺度设计考虑了自然通风、采光及防洪等需求，同时也兼顾了城镇的防御功能。狭窄的巷道在必要时可以通过简易封闭实现局部防御，展现了传统村落应对外来威胁的策略。

表3　街巷空间尺度分析

街巷类型	交通性道路	生活性道路	服务性道路
剖面示意			
街道宽度/m	9～10	3.5～8	1.5～2.5
街巷宽高比	1.5～2	0.5～1.3	0.2～0.5

2.2.3　道路网络形态

从道路网络形态上看，石鼓镇街巷路网的平面结构呈"东西—南北"走向的"十"字形格局，街巷道路大致以网状样式进行排布，石鼓镇的道路网络可以分为三个主要层级：主干道、次干道和巷道。

主干道是城镇的交通主线，连接城镇的核心公共空间与外部交通系统，通常沿着城镇的主轴线分布。石鼓镇的主干道依托山地地形和金沙江流向，沿东西走向贯穿石鼓镇，将宗族祠堂、集市和公共空间等重要节点串联起来。主干道的存在不仅确保了石鼓镇内部的主要交通需求，同时也确保了石鼓镇与外部的交通需求。

次干道作为主干道的延伸，深入石鼓镇的次级空间，连接各家族住宅区与公共空间。次干道往往垂直于主干道分布，呈现枝状结构。其作用主要是为居民日常生活提供通行便利，确保家庭之间的联系，同时划分不同的居住片区。

巷道是石鼓镇道路网络的最小单位，通常是城镇内部的生活性道路。这些巷道连接家族住宅，深入石鼓镇的各个角落，形成复杂的网状结构。巷道的布局依照地形与宗族分布形成灵活的路径，多数较为狭窄，仅供步行或小型交通工具通行。这种网状的巷道布局不仅增强了城镇的私密性，还提供了多样化的通行路径，使得空间结构更为紧凑。

2.3　建筑单元空间形态特征

2.3.1　建筑轴向

在石鼓镇，建筑轴线的选择严格遵循"依山傍水"和风水原则，形成了高度有序的空间格局。石鼓镇位于山谷地带，地形复杂。这种地理环境对建筑轴向的选择起到了直接影响。在城镇的规划过程中，建筑的轴向设计必须适应地形的变化，既要充分利用山地和水系的自然资源，又要避免不利的地质条件如陡坡或滑坡风险。除了需要适应地形而采用东西轴向的建筑，大多数民居采取南北朝向的轴线设计。这种朝向能够最大限度地接收光照，保持居住空间的干燥和温暖。此外，民居的轴向设计还考虑到了邻近建筑之间的关系，避免彼此的遮挡，确保通风和日照。南北朝向的建筑布局有助于调节室内温度，适应当地的季节性气候变化，尤其在冬季能更好地采光保暖。

2.3.2 建筑风格

在建筑风格上，石鼓镇以传统的仿汉式民居为主。如图2所示，建筑单体多采用"骑厦楼"这一基本形式，典型的院落布局包括"两坊一拐角""三坊一照壁""四合五天井"等主要类型，同时也衍生出前后院、一进两院等多样化的建筑组合形式。这类布局注重围合性，以院落为核心，正房、厢房、侧房围绕庭院而建，形成一个封闭的生活空间，不仅提供了良好的隐私性和防护性，还符合宗族聚居的传统习惯。

图2 建筑风格示意图

2.3.3 建筑风格的现代化影响

随着旅游业的发展和现代化的推进，石鼓镇的建筑风格开始出现了一些新的变化。虽然村落整体上保留了传统的建筑布局和风格，但是在功能和形式上有所调整，以适应现代生活的需求。

一是现代功能的引入。许多传统民居在保持原有外观的基础上，对内部进行了现代化改造，如引入自来水、电力、卫浴设施等。建筑的功能性得到了提升，但同时也带来了传统空间格局的部分改变。

二是旅游开发的影响。随着石鼓镇成为旅游胜地，部分传统建筑被改造成民宿、商店和餐馆。这些建筑在外观上仍然保留了传统风貌，但内部功能和装饰更加现代化。虽然这种变化提升了城镇的经济活力，但是也引发了传统建筑风貌与现代功能需求之间的矛盾。

石鼓镇的建筑风格反映了文化传统、自然环境和历史发展之间的深刻联系。无论是民居、宗祠、庙宇，还是商业建筑，都以独特的布局、材料和装饰展现了石鼓镇的历史积淀与文化特征。在现代化发展的影响下，石鼓镇的建筑风格正在经历变迁，但仍然保持了与传统文化的紧密联系。通过对石鼓镇建筑风格的分析，可以更好地理解传统村落的文化内涵，并为其保护与发展提供有力的参考。

3 结语

本文通过对玉龙县石鼓镇的实证分析，揭示了传统城镇空间形态的多维特征，特别是自然环境、宗族结构与风水文化对城镇布局的深远影响。从学术意义来看，本文为理解少数民族传统城镇的空间组织提供了新视角，填补了西南少数民族城镇空间形态研究的空白；实践意义方面，本文为石鼓镇及类似城镇的保护与发展提供了理论依据，强调了在现代化过程中保持传统文化与空间特色的重要性。未来研究可以进一步探讨如何在乡村振兴和旅游开发中，平衡传统城镇的文化保护与经济发展，寻找可持续发展的最佳路径。

[参考文献]
[1] 郝海钊，陈晓健. 古镇空间生长及协同发展引导：以陕南古镇为例 [J]. 现代城市研究，2023（5）：35-44.
[2] 王奕蓉，陆衍安. 地域文化视角下的传统建筑空间形态研究：以丽江古城束河古镇为例 [J]. 城市建筑，2024，21（14）：64-67.
[3] 梁苑慧. 生态式发展理念下传统古镇建设：以昆明官渡古镇为例 [J]. 贵州民族研究，2021，42（1）：89-95.
[4] 刘小妹，苏航，李佳睿. 基于地域文脉保护传承的特色小镇风貌塑造策略：以云南丽江长江第一湾石鼓特色小镇详细规划为例 [J]. 建筑与文化，2020（6）：261-265.
[5] 孟凡瑜，兰俊. 现代化进程中传统村落空间形态演变研究：以青海河湟谷地孟达大庄村和专堂村为例 [J]. 住区，2024（3）：120-126.
[6] 尹伟，黄建强，史晶荣，等. 羌族碉楼建筑空间与石砌结构特征探析：以阿坝藏族羌族自治州理县桃坪碉楼为例 [C] // 霍子文，尹伟，杨一虹. 国土空间规划编制探索与创新. 南宁：广西科学技术出版社，2022.
[7] 尹伟，秦珺，黄园林，等. 巴蜀文化旅游走廊评价与建设研究 [J]. 西部人居环境学刊，2022，37（6）：80-86.
[8] 尹伟，巫沛耘，秦珺，等. "BIM＋VR" 技术在羌族石砌碉楼保护中的应用 [C] // 霍子文，尹伟，杨一虹. 国土空间规划编制探索与创新. 南宁：广西科学技术出版社，2022.
[9] 唐宝义宁，赵翠薇. 山地屯堡传统村落空间形态演变及其影响因素：以蔡官村与小呈堡村为例 [J]. 湖南师范大学自然科学学报，2023，46（1）：126-135.
[10] 李彦潼，朱雅琴，周游，等. 基于分形理论下村落空间形态特征量化研究：以南宁市村落为例 [J]. 南方建筑，2020（5）：64-69.
[11] 杨汝婷，温小军，肖平，等. 基于分形理论及空间句法的丹溪村空间形态研究 [J]. 江西理工大学学报，2020，41（1）：21-27.
[12] 段彦琪，刘鸿宇. 茶马古道云南大理州段沿线传统村落空间形态研究：以诺邓、喜洲、寺登村为例 [J]. 城市建筑，2023，20（16）：69-72.

[作者简介]
尹伟，副教授，就职于西南民族大学建筑学院。
熊冉，西南民族大学建筑学院硕士研究生。
宁广利，西南民族大学建筑学院硕士研究生。
罗海丹，西南民族大学建筑学院硕士研究生。
黄建强，西南民族大学建筑学院硕士研究生。
巫沛耘，西南民族大学建筑学院硕士研究生。

基于民族共同体视觉认知的四川藏族聚落保育实践

——以四川省阿坝藏族羌族自治州松潘县高屯子村为例

□谢锴，刘海明

摘要：本文基于中国传统图式的空间原型研究，从民族共同体视觉认知的角度，聚焦四川省阿坝藏族羌族自治州松潘县高屯子村的保育更新实践，探寻传统图式中的传统智慧如何在整体聚落风貌保护与提升乡村生活品质之间取得平衡，从而推动传统村落的物质更新、产业振兴和文化复兴，尝试能够充分挖掘自身特色和优势，促进精神文化有效传承的乡村遗产保育策略。

关键词：共同体意识；乡村振兴；乡村建筑遗产；乡村文化遗产；川西高原地区

0 引言

　　文化是一个民族的魂魄，文化认同则是民族团结的根脉。在中国漫长的历史中，农耕、草原、海洋文明融合发展，各民族文化借鉴交流，熔铸形成各民族"中华文化共有精神家园"的情感认同。这种认同的基础建构是民族作为广泛意义社群共同体的集体记忆。四川各民族文化作为中华民族优秀文化的组成部分，其聚落和建筑的形成与发展都折射出集体记忆在民族共同体方面的自我认同。

　　2022年，国家民委等九部门在《关于铸牢中华民族共同体意识，扎实推进民族地区巩固拓展脱贫攻坚成果同乡村振兴有效衔接的意见》中强调各族群众在实现乡村振兴进程中关于铸牢中华民族共同体意识的五大举措。近年来，《四川省乡村振兴促进条例》和《四川省乡村建设行动实施方案》提出产业兴旺、生态宜居、乡风文明、治理有效、生活富裕的总要求；鼓励在社会主义核心价值观的引领下，发展乡村旅游，推进农村公共文化服务体系建设；挖掘、保护、传承农村优秀传统民俗、民间技艺、餐饮文化，繁荣农村文化市场；因地制宜建立乡村（社区）博物馆，建设民间文化艺术之乡；推动乡村景点、微景观、文化公园等建设。

　　同时，乡土建筑遗产保护工作越发受到重视。1964年，《威尼斯宪章》提出有必要在国际范围内协商和制定古建筑保护与修复的原则；1999年，国际古迹遗址理事会《关于乡土建筑遗产的宪章》提出各类遗产保护的专业指导原则；2004年，第28届世界遗产大会在苏州举行，发表了《世界遗产青少年苏州宣言》；2005年，国际古迹遗址理事会在西安发布《西安宣言》；2012年，《"世遗遗产：可持续发展"无锡倡议》发布，遗产保护从探索乡土建筑"承古绘今"，转向探寻保护传统、提升现代品质的优秀传统文化传承创新上来。

1 民族共同体视觉认知影响下的聚落空间塑造

1.1 集体记忆与聚落空间塑造

集体记忆是社群共同心智记忆的整体产物，具有延续性和不可分割性，需要群体成员在一定时空边界的物质客体和现实中长期建构，积累共有符号和象征规则。集体记忆的文化性的主客体统一、物质和心理空间关联，审视社会、历史和空间的共时性、复杂性，是我们认识文化空间的核心问题之一。

集体记忆最早可追溯到法国社会学家涂尔干的"集体意识"："一个特定群体之成员共享往事的过程和结果，保证集体记忆传承的条件是社会交往及群体意识需要提取该记忆的延续性。"法国社会学家莫里斯·哈布瓦赫指出"一个特定群体之成员共享往事的过程和结果，保证集体记忆传承的条件是社会交往及群体意识需要提取该记忆的延续性"。可见，集体记忆在时间和空间层面被具化为一种共同交流的经历，是传承价值、地方形成、变迁发展的重要基因。

洛特曼认为文化是一种记忆，具有传播、创造和记录的功能。它以图像、文字、特殊仪式等，在特定的社会和时代中反复出现，以此"培养"人们形成稳定的自我形象。从某一民族的族群认同到中华民族共同体意识，离不开集体记忆，形象化后视觉认知的具体指向，即一个村落的节日风俗、传说历史、营建技艺、聚落风貌等文化形态要素，以指向性相似的释义符号隐性且持久地重叠。这种集体记忆和视觉认知的可读性与识别性，由此折射到聚落等物化的空间形态上来。

1.2 基于民族共同体视觉认知的图式空间

藏族文化在历史发展中积累的大量象征性和抽象性图式符号，广泛应用于其绘画、服饰、器皿、雕塑、祭祀、宗教、建筑和聚落规划中。其中，表达聚落空间的传统图式，如坛城、须弥山和净土图式，被不断地传承发展成一种视觉认知范式，形成一种集体记忆，融合成为中华民族共同体视觉认知体系的重要组成部分。这种认知范式具有超现实想象和虚构的成分，即"图式空间"，是实体空间的提炼和升华，与真实的物质"建筑空间"形成主观映射的镜像关系。

坛城、须弥山、净土图式都是采用几何图形组合的造型方式。这种简单几何完形的美感是复杂复合图形无法替代的。以二维平面表现三维空间的空间认知方式反映了中华民族共有的一种宇宙观和世界观，也是藏族先民对宇宙世界和理想人居环境的想象及憧憬（表1）。这种文化现象共同指向一种空间图式的原型，即民族共同视知觉建构的一种"居住模型"。

人们在空间布局时会无意识地以中心位置为视觉参照，觉得中心是唯一静止的所在，其他空间都在此特定方向上扩展。从几何学看，只有圆和方形等规则图形才有中心，平衡对称场中各力的分布倾向，因此聚落中心通常会与几何中心相重合，如藏族图式中的金刚界坛城因为修行思想的不同，密宗"坛城图式"又被称为两界坛城——"金刚界"和"胎藏界"两大坛城系统为向心汇聚的"十"字形轴，胎藏界坛城以回字形同心相套的布局为主要特点，二者都有类金字塔形的空间原型和四面一式的隐性十字轴线特征。须弥山图式呈现同心圆相套多圈层，中心高耸向四周逐层降低的态势。这类图式突出中心构图的稳定感，成为一种在聚落构形中发挥结构引领作用的原型。从心理学角度来看，无论是藏族寺院僧人所作，还是卡尔·古斯塔夫·荣格的病人在梦中或者想象中创作的，我们都能窥到一种人类集体无意识的统一模式，一种图式精神物化的共有原型，以及一种人类共通思维方式下对宇宙认知的理想心图。

表 1 传统图式原型及其对应的聚落形态

	传统图式	空间原型提取		图式空间模型生成	代表性聚落案例
传统坛城图式	金刚界坛城图式	简化平面	平面格局	金刚界坛城图式空间模型	须弥福寿之庙卫星图
	胎藏界坛城图式	简化平面	平面格局	胎藏界坛城图式空间模型	大昭寺八廓街卫星图
传统须弥山图式	须弥山图式	须弥山图式平面格局		须弥山图式空间模型	桑耶寺聚落卫星图

　　我国西南地区多民族世代杂居，文化多元融合，藏族、侗族、彝族、苗族等民族的传统聚落中都有"寨心"的空间观念。"寨心"是在聚落中的一处具有统率性和绝对影响力的核心空间，通常在此营建碉楼、魁星楼、风水塔、转经廊、佛寺等重要建筑，村民在此开展祭祀、表演、议事、娱乐、休憩等活动。集体记忆在此得到强化、信息汇聚和互通交流。

　　四川阿坝藏族聚落的理想原型都是背靠大山，小丘连绵，左右两侧小河流过交汇于面前，环绕寨心。聚落外部有较好的空间围合性，两侧山脊向外延伸，形成抱而不死的格局。这种中心突出且内敛向心的感受，以坛城、须弥山和净土图式为呈现形式，又与崇拜自然、顺应自然、因山就势、靠近神山的天梯图腾观和中原风水文化等先民朴实的观念相结合，影响着聚落选址与布局。

　　综上所述，与汉地聚落选址思想相同，四川藏族聚落通常采用"依山式"布局，把山水关系纳入图式构形中来，呈现由平面图式到山水聚落的宏观空间格局。四川藏族聚落地区山高地险，无法严格按图式修建聚落，图式思想在聚落布局中灵活运用，大都不再讲求几何完形，而是追求空间比例和相对关系的平衡，聚落在融合演变过程中呈现新的变化，具体如下。

　　聚落核心空间的多种要素组合。物质聚居要素中的寺院、喇嘛塔、转经房等宗教设施选择在聚落空间最有利的位置修建，一般不会与水毗邻，其他属性的物质聚居要素空间位置则相对灵活。

　　聚落物质聚居要素的功能复合。聚落物质要素因为聚居者的活动不同而承担不同功能，形式复合交织。停车场、休憩活动空间、喇嘛塔、转经房、寺庙等公共空间要素，以及人流和物流循环的道路系统，都聚集在寨心周围，以循环旋转的路径形式展开。

　　聚落领域往往有清晰的边界或限制。自然山水是聚落的外围基础环境，耕地、草场、山体、水体、建筑是建构聚落边界领域的基础要素。

　　民居建筑是聚落构成最基本的实体，因私密性和安全性要求，而不与其他功能要素组合。

2 案例概况及现状

高屯子村位于四川省阿坝藏族羌族自治州松潘县，距松潘古城 5 km，距川主寺镇 7.5 km，毗邻"九寨黄龙"世界自然遗产、岷江源国家湿地公园，是前往国家长征文化公园总碑的必经之地。村庄坐落于岷江河谷，东西两侧高山环抱，耕地 1000 亩、草原 5405 亩、林地 800 亩，田园与河流交织，是典型的川西高原平坝型藏族自然村落，213 国道将村庄分为东西两个部分。村庄核心区域面积约 12.63 hm²。

高屯子村因唐代在松州屯兵冶炼而聚，是川西军事要地和茶马互市的商贸通道。唐代四大女诗人之一的薛涛曾流放至此。据载，薛涛曾在此留诗 80 多首，乡间至今流传着诸多如"素仙花"等关于薛涛的传说。

高屯子村位于安多县和嘉绒藏族聚居地交界带，是川西北和甘南藏地的门户，以嘉绒藏族为主体的多民族长期杂居，藏族、汉族、羌族、回族等民族文化融合发展。村民信仰多元并流，道教、藏传佛教在高屯子庙中得到同时供奉。屯兵而来的汉文化、薛涛传说、诗词文化、民族民俗文化、商贸文化、宗教文化在此沉淀，融汇构成历史文脉与民族信仰的村民集体记忆，留下高屯子庙、薛涛洞等文化遗存。但由于对文化价值的认识不足，加之缺乏保护与活化意识，村落的风貌格局在发展中逐步丧失，基础设施、公共建筑、村民活动空间匮乏或缺失。

3 美丽乡村的保育实践策略

3.1 图式原型的物质空间再现

随着松潘全域旅游的推进，长征国家文化公园—长江文化公园—红军长征纪念总碑碑园—九寨黄龙沟旅游环线初步形成，给高屯子村带来巨大发展机遇。高屯子村亟待由农牧业向旅游业转型，传统文化复兴、历史文化遗产保护利用、乡村风貌恢复成为未来发展的关注点。

以嘉绒藏族为主体的多民族群众历代围绕高屯子庙而居。高屯子庙及周边公共空间在村民的日常生活中成为节日活动、邻里交往、民族融合的重要场所。高屯子庙历经多次重建，以其为"寨心"的无意识复建行为早已作为集体记忆而不断复兴和强化。和普通乡村一样，高屯子村也面临空心化、老龄化的问题，原有乡村幼儿园和小学闲置；村民在改建过程中修建大量现代砖混民房，水泥、红砖、彩钢瓦等现代建筑材料的露明使用使聚落失去了原来的风貌；村中无停车场所，车辆停放严重影响村庄风貌。村民活动的公共空间唯有高屯子庙前村委信息公开栏处简易棚亭。

首先，规划尊重高屯子庙在聚落中的统率地位，结合东侧闲置小学，新增薛涛文化馆和村史馆，整合东南侧闲置坡地，形成村民文化广场，以信仰、历史和人文要素共同组成聚落区域核心。基于民族共同体视觉认知研究，设计提炼坛城、须弥山图式的空间规律，运用于聚落形态设计中，结合地形高差和视线分析，物化叠合天际线制高点、村口形象、地理几何中心、行为交往公共空间，与人居、生产、自然要素形成四重空间圈层：核心圈层为高屯子庙、薛涛文化馆和村史馆的公共空间；第二圈层为民居和村民活动空间；第三圈层为聚居区外围的耕地、农田、林场等生产空间；第四圈为两山一江环抱的自然环境。

其次，规划更新优化高屯子庙及附属建筑，回归传统建筑形制，保护地域建筑风貌，优化景观环境，新建薛涛文化馆和村史馆建筑群化整为零，以小尺度坡屋顶融入村落肌理，其中增设藏式碉楼为区域性地标建筑，形成整体空间的统率力和标志性。高屯子沟后山山峰、寺院院落和南侧山脉形成明确的南北空间轴线，碉楼和寺院成为聚落制高点，即视线和行为活动汇聚的焦点，造就了聚落均质中的异质化和内聚性的空间性格，在竖向空间和天际线设计中完成对聚落核心优势公共空间的巩固强化，聚落空间布局模式与传统图式结构同心、层级分明的图案组合形成耦合关系。

设计建议民居建筑保持原有双坡屋顶形式，坡度控制在 10～15°（数据现场调研测量而来），少数建筑可采用平顶或平坡组合的形式，构成统一肌理和色彩本底；通过分析地形高差和视线关系，新增标志性碉楼一座，形成空间焦点（图 1）；普通建筑屋顶采用深灰色瓦片铺面，重点建筑如高屯子庙，保持原有如穿斗歇山的特殊建筑形制；藏族民居一层墙体收分角度控制在 5度左右，上窄下宽，采用石砌外墙做法，强化抗震性同时也增强地域特色，部分外墙可做质感涂料，外墙材料禁止采用大理石、瓷砖、仿古砖等材料；民居一层地垄墙基础形成内部空间，外墙开设通风道和小窗户；民居二层建议采用传统木质墙体结构，所有门窗建议以木材为主，可为平开方式拼板门，有利于后期商业功能的改造；建筑门窗上可有彩绘装饰，装饰材料建议采用传统工艺和木装饰，门窗不采用反光玻璃，使用无色玻璃。

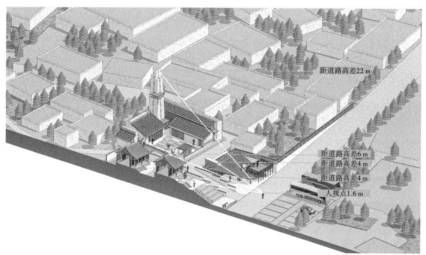

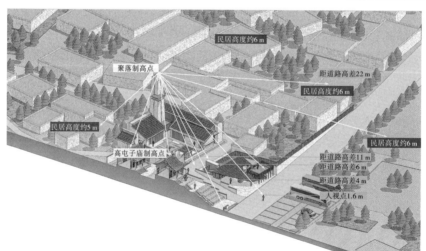

图 1　新增标志性碉楼地形高差和视线分析

3.2 基于共同体视知觉的集体记忆再现

对于高屯子村的乡村振兴，针灸式的更新策略相对于全盘推倒重来的规划要更为合理。关键在于优先进行空间改造，使新空间功能发挥引领效益，循序渐进带动扩大聚落改造（图2）。

高屯子庙是历史变迁和汉藏文化融合的见证者。据田野调查村民描述，高屯子庙始建于明朝，光绪年间重建整改，背倚高屯子沟，面朝岷江。整体格局为一进川式单檐歇山顶穿斗结构的汉族院落形制，主殿面阔进深皆三间，双槽平面，明间开门，次间实墙绘有汉藏风格彩画，庙中供奉佛教、道教等多种宗教神祇。殿内空间局促，部分佛像和土地神设置在殿前车道两侧旁搭建的简易棚亭内，后院北侧为简易佛殿一处，西侧附属建筑为双坡简易民房，生活与礼拜空间重叠，杂物堆积，环境残破。村民和香客前来祈福祭拜，村中老人也常在殿前的简易村委信息公示棚亭闲聊休憩。殿前空间功能流线交叉，非正式性和临时性功能杂糅混乱，进一步导致了空间上的无序。

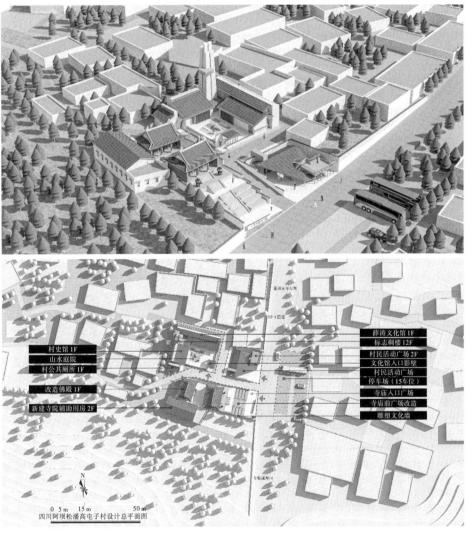

图2 高屯子村核心空间规划设计效果图和总图

设计保存修复高屯子庙原有的木桁架正殿，拆除重建第二进院落破败的新建佛殿，完善院落递进的礼序象征关系，利用入口近 4 m 的地形高差，把入村转弯坡道连接至 213 国道的斜坡转化成为崭新的寺院前区公共空间，修正现状陡峭的转弯坡道，建立纵向聚落老街与国道的横向联结。拆除现状殿前花坛、简易棚亭、村委信息公开栏和焚香房，将殿外神像和土地神龛移至新建殿中，在殿前设立影壁，入口广场西侧设立雕塑墙，强化凸显空间透视深度，遮挡旁侧居民菜地，使信仰空间环境更加纯粹（图 3）。设计将地形高差逐级分台设立台阶和花坛，恢复与强化其传统礼制空间的轴线感，使这里不但成为村民日常生活与游客参观的公共空间，而且可以修补不同历史阶段的建筑痕迹，加深高屯子庙在村民生活中的集体记忆。

图 3　高屯子庙设计效果图及功能分析图

3.3　多元融合的文化共生方式

类型不依赖于特定时期而存在，是不同时代下被认同的一种重叠性的形式，它揭示历史进化过程的规律。建筑的创新是通过历史各时期的继承与发展而得到的，是一个递进的而非相互抵消的过程。建筑类型是在早期的"形式"归纳总结中形成的。可以说，当今建筑的实践是历史上存在的形式的进一步演进。西藏桑耶寺采用汉族、藏族和印度风格混搭而成，对后世藏族聚落发展影响深远，在图式观念的"宇宙观"影响下，藏族聚落和建筑往往展现出多地域、多民族的文化融合的特征。

薛涛作为汉族诗歌文化的重要代表人物，流放居住于高屯子村的故事传说，千年以来至今仍为本地村民口口相传，成为高屯子村乃至松潘地区汉藏文化交流融合的重要 IP 和历史见证。应村方要求，设计以薛涛诗词文化和嘉绒藏族文化展示的空间，探索其演变形式所属的形态类型，是不同建筑形态类型生成与特定民族文化相结合的过程。

高屯子庙北侧"L"形平面建筑原为高屯子村小学，后改为高屯子村村委会，近年又变为高屯子村幼儿园，现因生源减少撤销闲置。基地地势较高，为聚落内最平坦宽阔的用地，平日村民也在此晾晒农产与休憩交流。改造设计以点入线，将其改建为薛涛文化馆和村史馆，结合聚落图式空间格局，形成一处重要的核心公共空间。

以薛涛文化馆为主体，村史馆、公厕、碉楼、庭院形成一处建筑院落，以小尺度的方式融入聚落之中。设计尝试汉藏融合的建筑形式，礼制、诗意、人文、开放相协调。合院的布局中，南入口处的影壁、廊道和庭院山水景观，均为汉族建筑特色，低矮的围墙使庭院通透开放，建筑立面的竖向粉色格栅隐喻薛涛女性诗人的轻盈婉转和浪漫情怀。建筑毛石砌墙和构架坡顶呼应嘉绒藏族民居石木结构的"碉巢"形式，在薛涛文化馆和村史馆的体块交界处，设计藏族碉楼，通过视线分析，保证了整个聚落及国道车辆的视线可达性，突出川西藏式建筑独有的地域性和对外的形象昭示性（图 4）。

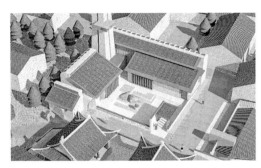

图 4　薛涛文化馆和村史馆设计效果图

3.4　场所塑造和功能植入

文化性是统一主客体，是关联物质与心理空间的纽带，认识空间需要审视社会、历史和空间的共时性、复杂性。空间的文化性应该体现整体性、转换性和调整性的特征，聚落空间图像原型正是其中至关重要的一环。这种空间结构的原型一方面承载了聚落和城市的物质建造及各种社会功能，另一方面不依赖于单一物质个体，而是在宏观空间的高度作为主导文化和民族记忆的载体而不断强化和构型。

结合村民共享交流需求，营造村民舒适休闲的公共活动空间，构建乡村文化活动中心。拆除闲置幼儿园东侧现状农田与堡坎挡墙，使地坪顺接 213 国道，在该处新建村民活动中心——它既是村民之间家长里短的闲谈之处，也是村民售卖高屯子村特色农作物的场所。以开放的设计，打开场地内外的视线通廊；以闲逸的村民生活方式，吸引国道上过境游客的目光。借助地形高差形成下沉平台和阶梯座椅供村民休憩闲谈，开放的空间作为讲台，整体可供村民开展村民大会、特色农产品展销等活动（图 5）。

图 5　村民活动中心设计效果图

4　总结：民族共同体的文化身份再认知

乡村文化遗产与乡村建筑遗产有别于自然遗产、文物遗产、历史文化名城等高级别保护遗产，乡村文化遗产具有数量大、规模小、多样性、关注度低、影响力小、保护成本高、保护思想不够普及等特征。这导致该类遗产的保护困难重重。遗产保护策略逐渐从"维护、保存、恢复"转变为保育策略即"以适切及可持续的方式，因应实际情况对历史和文物建筑及地点加以保护、保存和活化更新"。

对于乡村遗产来说，保育策略能够很好地促进乡村文化遗产与乡村建筑遗产的活化及再生；能够有效地保存乡村文化遗产与乡村建筑遗产，并以创新的方法予以善用；能够将乡村建筑遗产转化为村民的文化地标，极大地提升村民文化自信，推动村民积极参与保育文化遗产与建筑遗产；能够创造就业机会，助力乡村振兴，巩固拓展脱贫攻坚成果。

高屯子村的改造实践不仅是物质空间的营造，而且在于对村民集体记忆的维护，基于民族共同体视觉认知，进行保育建设，改变村民观念，使其自发融入新的乡村生活。川西高原偏远乡村建设和遗产保育设计不能妄图以"盲人摸象"的操作来规划全局，如何在中华民族共同体框架之下探寻地域文化的身份，巩固拓展乡村保育成果，提高村民精神和物质生活水平，是未来川西高原地区乡村建设的重要方面。

［参考文献］

[1] 肖金亮. 从阐释与展示的维度审视遗址保护棚的意义：以洛阳明堂、天堂为例 [J]. 建筑创作，2018（3）：70-79.

[2] 陈曦. 建筑遗产保护思想的演变 [M]. 上海：同济大学出版社，2016.

[3] 彭长歆，孙婧. 乡村建筑遗产的保育与活化：广东地区的实践与探索 [J]. 新建筑，2023（2）：11-17.

[4] 吕品晶. 见人见物见生活的乡村改造实践 [J]. 世界建筑，2018（8）：26-31，129.

[5] 常春. 构建乡村文化遗产的活化机制 [N]. 中国社会科学报，2023-03-21（005）.

[6] 格勒著. 藏学、人类学论文集 [M]. 北京：中国藏学出版社，2008.

[7] 旦增·龙多尼玛. 藏传佛教坛城度量彩绘图集 [M]. 拉萨：西藏人民出版社，2012.

[8] 荣格. 红书 [M]. 周党伟，译. 北京：机械工业出版社，2019.

[9] 拉德米拉·莫阿卡宁. 荣格心理学与藏传佛教：东西方的心灵之路 [M]. 蓝莲花，译. 北京：世界图书出版社，2015.

[10] 徐宗威. 西藏传统建筑导则 [M]. 北京：中国建筑工业出版社，2004.

[11] 宋蜀华. 中国民族学理论探索与实践 [M]. 北京：中央民族出版社，1999.

[12] 吴良镛. 人居环境科学导论 [M]. 北京：中国建筑工业出版社，2001.

［基金项目：2022 年四川省自然科学基金项目成果（编号：2022NSFSC1081）；2022 年中央高校基本科研业务费专项基金项目（编号：2022SQN05）；西南民族大学引进人才科研启动金资助项目成果（编号：RQD2022030）。］

［作者简介］

谢锴，博士，讲师，就职于西南民族大学建筑学院。

刘海明，通信作者，博士研究生，中级讲师，就职于西华师范大学美术学院。

乡村振兴背景下传统村落保护和发展策略研究

——以四川省阿坝藏族羌族自治州松潘县小姓乡埃溪村为例

□任嘉瑶，温军

摘要： 随着我国乡村振兴战略的实施，传统村落的乡村振兴与乡村文化的保护和传承成为当前传统村落保护、开发过程中需深入思考的重要问题。本文以四川省阿坝州松潘县小姓乡埃溪村为例，以村落文脉保护与传承为着力点，从自然环境、建筑风貌、产业特色等方面梳理传统村落的多元化保护与资源开发，从完善基础设施、保护传统建筑、提升公共空间活力、发掘村落文化底蕴、振兴产业等方面提出乡村振兴与保护规划策略，以期为传统村落的乡村振兴与保护发展提供参考和借鉴。

关键词： 传统村落；乡村振兴；保护与发展

0 引言

2021 年发布的《中共中央、国务院关于全面推进乡村振兴加快农业农村现代化的意见》，提出要全面推进乡村振兴战略，加快推进农业农村现代化建设。高质量推进乡村振兴是我国立足新发展阶段、贯彻新发展理念、构建新发展格局的必然要求。实施乡村振兴战略是传承中华优秀传统文化的有效途径，乡村振兴的高质量发展过程包含了乡村地区中华传统文化创造性转化和创新性发展的过程。传统村落，俗称"古村落"，往往较为完整地保存了某一段历史时期的建筑、景观面貌，具有深厚的历史、民俗、地理、建筑、艺术、文化等价值。然而，随着经济的迅猛发展和城市化进程的加快，许多传统村落出现人口流失、空心化现象，并逐渐走向消亡。因此，如何在国家大力实施乡村振兴的机遇下，推动传统村落的繁荣发展，稳扎稳打、久久为功，促进乡村宜居宜业、农民富裕富足，是当前我国新型城镇化背景下乡村振兴战略实施面临的重要挑战。本文以小姓乡埃溪村为例，在总结分析埃溪村现状的基础上，深入调研分析村落现状发展中存在的问题与不足，积极探索空心化的传统村落乡村振兴发展之路，希冀为实现空心化传统村落文化的保护与传承和乡村振兴的全面发展提供一些思路。

1 埃溪村概况及特征

1.1 村落概况

小姓乡隶属四川省阿坝州松潘县，地处松潘县南部，东接镇江关镇，南连茂县叠溪镇，西靠红土镇，北依安宏乡，东北与岷江乡相连。埃溪村是小姓乡下辖村，有 3 个村民小组，一、二组团旧村位于百花娄，三组团新建村位于热务河南部。2023 年末，全村户籍人口 63 户、231人，其中羌族 210 人，占总人口的 90.9%；藏族 18 人，占总人口的 7.8%；其他民族占总人口的 1.3%。全村土地总面积 7.86 万亩，耕地面积 0.06 万亩，其余土地主要为山林草地。退耕还林面积 356.5 亩，产业以牧业为主。2023 年被列入首批四川传统村落名录，是四川乡村振兴重点帮扶村、四川第二批中国少数民族特色村寨。

1.2 道路交通情况

进入小姓乡的主要道路为松黑路；埃溪村外部交通主要通过松黑路与小姓乡及周边村落连接，村落内部主要道路宽约 4m，没有明显的道路边界；建筑之间通过盘山曲折的山路串联，部分道路为碎石路面，不能通车，交通不够便利，村落可达性较差（图 1）。

图 1　埃溪村道路交通情况

1.3 村落空间特征

埃溪村群山环绕，山体连绵起伏，呈明显山地特征，地势西高东低，山体起伏较大，东西差异显著。村内林密草深，自然环境优美。村落建筑分布较为分散，呈大散居、小聚居状态；各组团分别散落在群山之中的山地陡坡之上，为聚落提供了天然的屏障和丰富的自然资源。建筑之间顺应地势，沿道路两侧分布（图 2），彼此通过山路联系。

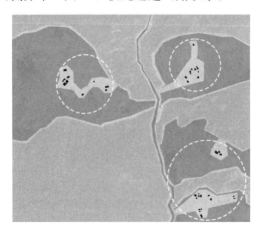

图 2　村落建筑肌理图

2 村庄建筑特征

2.1 建筑布局

埃溪村民居建筑基本上坐北朝南，依山就势而建；民居一般不设围墙，没有明显的院落边界，建筑周边基本都是农田。民居建筑运用木材、砖石或夯土相结合的建造手法，以木材先搭房屋框架，形成木构体系，再在框架上运用砖石、夯土和干草等材料进行房屋外围护结构的建设（图3）。

图 3　民居建筑实拍图

2.2 建筑平面

建筑整体以三层为主，一层为牲畜养殖及储物空间，主要用于堆放生活物品；二层为居住空间，主要由客厅、卧室、厨房及卫生间构成；三层为屋顶夹层，主要用于晾晒（图4）。

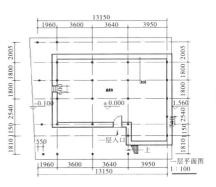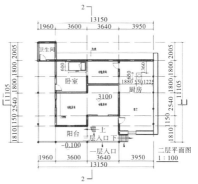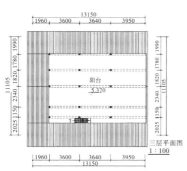

图 4　民居建筑平面图

建筑一层平面通常结合地形高差形成，在靠地形较高的一侧用大块碎石砌筑作为地基，高出地面部分做夯土墙；在其他面的部分位置开小窗，起到通风、采光的作用，因此一层的采光较差、内部也较潮湿。建筑地面不做过多处理，仅用三合土夯实。

建筑二层平面作为民居主要的生活空间，将客厅与厨房布置在一起，是家庭日常生活的重要组成部分；其他房间作为卧室或粮食存储空间；房间通过外走廊连接端头卫生间。同时，在二层走廊设置进入层楼的简易楼梯。二层地面由木框架梁和木板构成，具有一定的保温作用，整体舒适性较好。

建筑三层平面为屋顶夹层，结合坡屋面形成，主要是用作储存、晾晒粮食和牧草等。空间高度不高，但通风效果较好。三层地面采用木质梁板的方式，为二层生活空间提供更好的保温作用。

民居一、二层平面主体柱网基本对齐，但在边缘部分有时会根据具体的情况错位布置，如一层柱子抬起二层梁板，而二层柱子根据需要在此基础上重新根据屋顶建设需要予以布置。

2.3 建筑立面

民居建筑立面呈现三段式特征：地面段主要为夯土墙或碎石墙体；中间墙体段为木结构外墙，基本上没有过多装饰，以材料自身颜色作为立面色彩，如以轻度碳化的灰黑色木材和黄色夯土墙（碎石墙）为主；屋顶段采用双坡屋顶形式，传统屋顶材料采用碳化木板方式，后期建造过程中部分民居改为红瓦屋面。建筑一层通常开小窗或不开窗，二层各个房间根据需要设置窗户，但整体来看窗户基本能满足室内采光要求，没有设置过大窗户，反映了传统民居的生态建造思想。建筑高度通常在 7.5 m 左右，结合周边地形错落有致（图 5）。

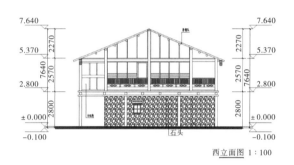

西立面图 1：100

图 5　建筑立面图

2.4 建筑剖面

从建筑剖面来看，民居建筑结构简单明了（图 6）。主体采用木框架结构承重，碎石（夯土）墙体主要作为维护结构。建筑屋顶采用双坡顶，屋顶坡度约 22°，屋面材料使用碳化木板或红瓦。但近年来新建建筑较少使用碳化木板或红瓦，大部分使用彩钢瓦屋面，以减少维护成本。

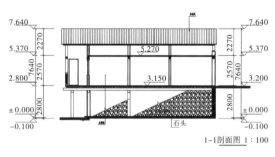

1-1剖面图 1：100

图 6　民居建筑剖面图

2.5 建筑材料与风貌

民居建筑材料主要包括木材、夯土与砖石，这与当地的自然环境特征有着密切联系，如周边有大片森林，可以提供丰富的木材原料（图 7）。由于建筑处于高差较大的山坡地，因此底层使用木柱和碎石砌筑方式将建筑抬高架空；屋顶采用双坡屋顶和穿斗式屋顶结构，受到汉族传统建筑文化影响较大。

图7　民居建筑材料及周边环境

3　村落资源特征

3.1　文化资源

　　埃溪村民族主要有藏族、羌族、回族、汉族等，各民族之间友好交往且互相通婚。村民都能说羌语，多数还能说汉语、藏语。这种多民族共存的格局为埃溪村带来了多元的文化交融。

　　每年农历六月十五日，小姓乡都会举办多声部毕曼歌节，羌族群众总是携家带口唱着祖祖辈辈传唱下来的羌族多声部民歌。"毕曼"在羌语中意为父母或根源，毕曼歌节因此也被称为羌族多声部的"源泉之音"。这一节日起源于羌族人民对祖宗先辈的怀念和对丰收的期盼，是羌族文化的重要组成部分。毕曼歌节不仅是对羌族古老传统的庆祝，更是羌族人民表达对生活的热爱、对自然的敬畏以及对和谐社会追求的节日。多声部民歌被列入国家级非物质文化遗产名录。此外，村民还会举行一些特殊的宗教仪式，如羌族的"挂红"仪式。这是一种祈福和驱邪的仪式，通过挂红色的布条，希望能够带来好运和吉祥。

3.2　景观资源

　　埃溪村内有百花娄景区，与红土乡相连，景区总面积近8万亩，森林面积7.6万亩，覆盖率达97%。树种繁多，仅乔灌木树种就有数百种，形成以云杉、冷杉、铁杉、泡杉为主的大面积原始森林。整个景区呈环状分布，除丰富的木本植物外，还有繁多的草本植物，其中有数百种属中草药，称得上是青藏高原植物品种的微缩景观，具有很强的代表性。

3.3　产业资源

　　埃溪村的第一产业为种植业和畜牧业，几乎家家户户都养牛，少量养马。村民种植莴笋、野生菌、虫草和羊肚菌等，但是因埃溪村处于高半山地势，产量并不高。目前，埃溪村也是红谷羌椒合作社的种植基地。因本地有广阔的森林资源，村民在不同季节从森林中获取不同的野生作物，如菌类、药材等进行加工与销售。埃溪村第三产业则主要发展旅游业，充分利用百花娄和羌族文化资源优势，成功打造"百花娄"国家AA级旅游景区，引进企业资金建成"云栖谷"民宿，引导村民组建马帮，大力发展集养生度假、徒步旅游、文化体验及土特产销售于一体的旅游业，但整体发展还处于起步阶段，没有形成规模。

4　埃溪村保护与发展面临的问题

4.1　空心化严重和整体搬迁

　　近年来，埃溪村在乡村振兴战略的引领下，虽取得一定的成就，但仍面临着空心化严重和整体搬迁的双重挑战。空心化问题主要源于人口外流，随着城市化进程的加快，越来越多的青壮年劳动力选择外出务工或求学，导致村内常住人口减少，尤其是高素质劳动力的流失，使得村庄发展后劲不足。村内留守的多为老人和儿童，他们在生产、生活及文化传承等方面面临诸多困难，进一步加剧了村庄的空心化现象。

与此同时，整体搬迁问题也日益凸显。埃溪村及周边地区地质灾害频发，生活居住条件落后，为了保障人民群众的生命安全，给他们提供更好的生活居住环境，地方政府开始对村庄整体进行搬迁。这一举措虽然能够从根本上解决村民的居住问题，但也对村庄原有的社会结构、文化传承和经济发展模式提出了新的挑战。在整体搬迁的过程中，如何妥善安置搬迁群众，确保他们在新环境中能够稳定生活、持续发展，成为亟待解决的问题；同时，如何保护和传承埃溪村独特的羌族传统文化，避免在搬迁过程中造成文化断层，也是摆在当地政府面前的一项重要任务。

4.2 村落功能配置缺失，基础服务设施落后

埃溪村经济发展相对滞后，公共设施和基础设施的建设也远未达到现代化水平。这不仅影响了村民的日常生产生活，也制约了当地乡村振兴战略的深入实施。埃溪村地处偏远，交通不便，道路狭窄且多为泥土路，雨季时泥泞不堪，严重影响了村民的出行和物资的运输。此外，埃溪村缺乏公共交通工具，村民出行成本高，限制了村民与外界的交流。教育设施资源匮乏是埃溪村面临的另一大问题。学校基础设施简陋、教学设备落后、师资力量薄弱，难以满足当地孩子的教育需求。这不仅影响了孩子的学业成绩，也限制了他们未来的发展机会。医疗卫生条件差也是埃溪村亟待解决的问题之一。村里没有正规的医疗机构，村民看病难、看病贵的问题突出。外出求医不仅增加了当地村民的看病成本，还使村民错过了最佳的看病时机。村落内部基础服务设施相对落后，缺少网络信号，电力水利条件也与现代化居住条件脱轨，严重影响旅游业的发展。

4.3 传统村落文化面临失传

文化是一个民族的灵魂，也是一个传统村落的根基。在保护和发展传统村落的同时，也要顾及传统村落文化的传承，因为村落文化是最能传达村落历史价值和文化价值的媒介。埃溪村是民族传统村落的典型，村落所蕴含的文化价值和建筑价值丰富，但是该村在整体搬迁过程中没有相关的记录和文献资料保存，也没有制定相关的措施来保护传统建筑，使村落文化没有得到更好的发展和传承。此外，村落人口老龄化严重，年轻一代人口的缺失造成了村落传统文化保护和传承意识的欠缺，对传统村落的隐藏价值和保护的重要性、紧迫性认识不足，也造成了如今村落文化面临失传的问题。

4.4 产业结构联动薄弱

埃溪村现有第一产业以种植业与畜牧业为主。由于该村地处高海拔地区，气候条件复杂多变，对农作物的生长周期和产量造成影响，土壤肥力也会对农作物的品质有一定影响。在种植过程中缺乏现代化技术支持，传统的种植方式导致生产效率低下，农产品品质难以提升。第三产业服务功能体系不完善，缺少地区民族文化特色，导致与其他产业无法联动，缺少对文旅产业的吸引力，无法带动文旅经济发展。就目前而言，该村难以做到通过三产融合发展来助力乡村产业振兴。

5 保护与发展策略

5.1 保护村落建筑，改造村落空间

埃溪村的现状文化十分丰富，应根据村落现存情况作进一步调查分析，对有价值的文化予以保护。传统村落作为村民世代生活的环境场所，历经几百年的演化，形成了村落独有的原生态空间肌理与演化模式。村落历史的演化过程也逐步形成了传统村落文化要素与历史生活的印记，村落内部现存的建筑需要根据年代分类保护与改造。村落周边交通可达性较差、道路崎岖，公共活动空间较少，村落内部空间形式较为单一，空间在保留部分原有肌理的条件下应重新组织，增加村民与游客的停留活动空间，保证游客来往交通的便利性。

5.2 挖掘村落资源，推动三产融合发展

产业发展是乡村振兴的基础和核心，埃溪村要充分挖掘自身资源和优势，以畜牧业为主、旅游业为辅，打造"一村一品"，重点发展种植业、畜牧业和乡村特色旅游业。第一产业以种植羊肚菌与畜牧业为主，第三产业在第一产业的基础上发展特色农业、旅游和民宿服务。第一，在种植业方面推动规模化发展，引进先进的技术，提高羊肚菌的产量和质量；同时，建立采摘园，开展游客体验模式，与村民一同劳作，体验埃溪村生活。第二，在服务业方面借助相关政策和产业融合，发展特色旅游与特色民宿，突出埃溪村传统文化，打造文旅特色品牌。外部增加村落可达性，内部以体现村庄特色为主，增加趣味性，以文旅产业带动第一、第三产业融合发展。

5.3 传承村落文化，提高村落吸引力

近年来，随着国家对非物质文化遗产保护的重视和支持力度的加大，毕曼歌节得到了更加广泛的关注和传承。各级政府和文化部门积极组织相关活动，推动毕曼歌节的传承与发展。未来，毕曼歌节将继续发挥其文化传承和旅游推广的双重作用，加强与旅游产业的深度融合，打造具有地方特色的文化旅游产品，推动当地经济社会的全面发展。毕曼歌节文化的传承与发展，与乡村振兴战略紧密相连。通过挖掘和弘扬传统文化资源，埃溪村不仅提升了自身的文化软实力，还促进了乡村经济的多元化发展。毕曼歌节活动带动了乡村旅游业和文化产业的繁荣，为村民提供了更多的就业机会和创业机会，推动了乡村经济的转型升级和可持续发展。

5.4 政府牵头，资本注入，村民共助

埃溪村不仅拥有丰富的自然、文化资源，还拥有巨大的产业发展潜力。对于村落文化遗产的保护，政府应该加大保护力度，向村民普及相关文化遗产知识，增强村民保护文化遗产的意识，了解村落文化价值及其重要性，将村内文化遗址及时申报为文物保护单位，逐步完成文物"四有"工作，并建立安全管理网格，推行属地管理职责，逐级落实文物安全责任，同时建立县、乡镇、村及产权和使用人逐级分管的网络体系。此外，政府应积极牵头经济发展与产业升级工作。第一，制定发展规划，以乡村振兴战略为引领，通过发展特色优势产业和战略性新兴产业，推动产业升级，争取和落实各类乡村振兴政策与专项资金，支持相关产业项目。第二，与资本合作，招商引资，如成都航空职业技术学院等定点帮扶单位提供资金、技术支持，帮助埃溪村发展羊肚菌、中药材等高效益种植业，建立温室大棚、简易棚等设施。通过"832"平台

和"以购代捐"活动，采购埃溪村产品，拓宽销售渠道。第三，村民参与共助，村民在村党支部的带领下，积极参与羊肚菌、当归等作物的种植；在羊肚菌采收后，还要种植青椒、莲花白等，进一步提高土地利用率，实现农业增效、农民增收。以增加村集体经济收入为目的，采取"村党支部＋高校＋合作社＋农户"模式，进一步做大做强羊肚菌产业，同时积极探索当归、贝母等中药材种植，不断优化农业产业结构，以产业振兴助推乡村振兴，解决家门口就业问题，增加村民家庭经济收入。促进旅游业发展，提供徒步旅游、文化体验、土特产销售及民宿度假等服务。这些服务既可以保护传统建筑风貌和村落文化，又可以促进当地旅游经济发展。

6 结语

乡村振兴战略是实现中华民族伟大复兴，实现城乡共同富裕，走向城乡协调发展的必由之路。贯彻落实乡村振兴发展战略，就是要发挥乡村的资源优势，打造具有地域传统村落文化特色的美丽乡村。本文以埃溪村为例，提出空心化传统村落在传统文化振兴、产业振兴、人居环境振兴等乡村振兴的重点建设体系。通过进一步完善村庄服务功能，提升传统村落的历史内涵与传统特色，推动村落所在地域空间特征和文化的传承与延续，从而实现传统村落在文化、产业和空间环境等方面的可持续发展。

[参考文献]
[1] 胡彬彬，李向军，王晓波. 中国传统村落保护调查报告（2017）[M]. 北京：社会科学文献出版社，2017.
[2] 王园园，许大明，张颖超. 乡村振兴背景下的传统村落保护规划探索：以焦作市白坡河村为例 [J]. 建筑与文化，2023（10）：93-96.
[3] 陈颖，朱长寿，关雯青，等. 追溯中国农耕文化的渊源与发展：以贵州贵定县多元文化发展为例 [J]. 贵州大学学报（自然科学版），2015，32（1）：137-140.
[4] 何艳林，卫红，刘保国. 我国传统村落文化的保护与发展探析 [J]. 城市住宅，2020，27（4）：127-128.
[5] 路璐，朱志平. 历史、景观与主体：乡村振兴视域下的乡村文化空间建构 [J]. 南京社会科学，2018（11）：115-122.

[作者简介]
任嘉瑶，西南民族大学建筑学院本科生。
温军，讲师，高级工程师，就职于西南民族大学建筑学院。

石波寨日斯满巴碉房及其营造技艺研究

□尹伟，宁广利，封宇帆，韩秉桦，吴雨航，罗海丹

摘要：藏羌彝走廊地带传统民居碉房有着独特的建筑风格和卓越的建造技艺。本文针对宗科乡加斯满村石波寨传统碉房中各种结构特征识别，再对典型案例进行详细的测绘和分析，发现其选址格局和功能类型是解决防御问题与文化进行展示的必要因素；通过三维设备扫描和访谈，解析日斯满巴碉房的建造工艺，进一步了解藏式碉房的建造特点，以期为传统民居建筑保护和传统村落规划发展提供参考。

关键词：民居；石木结构；碉房；营造技艺；原型解析

0 引言

藏族传统村落和民居既是中国传统民居典型之一，也是藏羌彝走廊地带最具代表性的文化形式，被誉为"东方古堡"。四川省阿坝州壤塘县作为藏羌彝走廊地带民族地区，其传统村落布局与空间受高度、气候、地域文化等多重因素影响，呈现山水布局、功能复合等典型的地域性特征。本文以日斯满巴碉房为例，从丘状高原等自然要素特征和村落民居空间形态特征两个维度出发，探索独特且稳定的"自然—空间—人文"互动演化的传统村落特色基因，为推进民族地区传统村落规划建设提供参考。

1 研究区域概况及数据来源

1.1 研究区域概况

加斯满村石波寨隶属壤塘县宗科乡，位于壤塘县东南部，东临甲学镇，北靠石里乡，杜柯河与东南县道交错，距壤塘县 90 km，海拔 3230 m，境内为典型中高山峡谷地貌类型区。碉房，藏语称为"卡尔"或"宗卡尔"，原意为堡寨。关于这类建筑空间形态记载最早可追溯到《后汉书》"皆依山居止，累石为室，高者至十余丈，为邛笼"。独特的地理环境与历史价值造就了碉房典型空间形态特征。

石波寨传统村落沿山势自下而上层层递阶，东西长约 500 m，南北宽约 400 m。根据其分布特点与调研数据，可分为沿东北方山体地形向东侧分布、沿西北山体向西南延伸、前方河坝平缓地带以及东西两侧山谷内 4 个地块（图 1）。"藏族民居之王"日斯满巴碉房位于村寨中心偏西，为宗科乡管辖、土司绰斯甲所建，距今 600 余年历史。建筑坐西向东，占地面积约 250 m²，平面呈矩形相交叠加，高达 25 m，采用石木结构平顶建筑，外墙由石材砌筑而成，呈现自下而

上、层层退台的碉楼民居特征（图 2）。

图 1　石波寨平面图　　　　图 2　日斯满巴碉房总平面图

1.2　数据来源

以石波寨为研究区域，通过实地调研与文献考据，深入分析石波寨空间基因与原型特征，通过 ArcGIS 数据分析民族地区传统聚落空间演变格局，探究其地貌环境历史沉淀因素与民居空间分布物质实体条件等多因素之间的关联性，分析石波寨空间基因及形态演进载体，探求碉房空间原型组合及建造方式的主要影响因素，以解译地域空间组合模式特征的形成机制。

2　传统村落空间基因影响因素

2.1　自然因素

壤塘县内西南部属杜柯河流域，地形和地貌确保了充足的水源供应与适宜的农牧用地资源。由于气候条件的影响，村寨通常选择背山向阳的位置。水资源分布促使居民充分利用有限的土地资源，实行垂直发展，以满足不同的农牧和居住需求。

2.2　社会文化因素

石波寨神山崇拜文化影响村寨的朝向，将自然神圣之地与居住地紧密联系在一起。农牧经济的特点决定村落内部的多功能性布局，强调了社区的自给自足性。多层次、分层出入的布局反映了社会等级观念，使高碉房在社区中具有特殊地位。文化习俗和宗教仪式通过建筑的内外部装饰元素得以表达，加强了与信仰和宗教的紧密联系。这些因素交织，共同塑造了石波寨村落的独有特征。

2.3　守备防卫

传统藏式碉房蕴含着高度发达的设防理念，在碉房营建中，藏族、羌族祖先们将他们在生产生活中积累的智慧、安全意识和戒备心理融入其中，形成了独特的建筑风格和安全机制，反映了他们应对自然灾害和社会变迁的智慧。

在石波寨中，坚固的砌石围墙构成了碉房的第一道安全屏障。碉房的石墙厚实且高，居住空间位于中高位置，构成了第二道安全屏障（图3）。井干式木结构在防潮、抗震方面较为稳定，更便于储存粮食。高位的小窗和窗框内收的设计使得向外看容易、向内看困难。在顶部几层挑出的阳台既可以晾晒农作物，也可以兼作瞭望台。这些智慧的防御构造和理念使得日斯满巴碉房具有瞭望、储备、躲避和防守等多重功能，充分反映了人们对防灾的策略。

图3　加斯满村石波寨

3　村寨布局特征解析

3.1　聚落选址：山水林田融合共生

村寨受地理条件、气候特征、文化传统以及居民的生产生活方式等多方面因素的影响，虽然空间形态发生变化，但其内在组织结构特征表现出一定的规律性和相对稳定性，主要体现在聚落选址、聚落布局及民居院落方面。

3.1.1　与山水环境的关系

石波寨选址特征在很大程度上受到与山水环境的紧密关系影响。宗教信仰中的神山崇拜文化在居民的日常生活和村寨选址中扮演着重要角色。村寨会选择靠近神山的地点，并朝向神山选址，以体现对神山的尊崇。

由于山脊上的风速较大，容易形成冷空气槽，因此居民点往往选址在半山稍有台地且向阳的位置。这种选址方式有助于最大程度地利用阳光，同时避开强风的直吹。与水源的距离也是选址的重要因素，居民倾向于选择半山区域，以便兼顾取水和防洪的需求。

3.1.2　生产与居民生活相伴而生

石波寨居民以半农半牧为主要生产生活方式。在选址时，居民需要充分考虑耕作的范围。农田呈现出较为集中的分布，形成了耕地与村寨相互依存、相辅相成的融合状态。村寨在选址和布局时采取特定的策略，通常将宅院布置在台地边缘，通过楼层叠加退台的方式，以节约宝贵的平坦土地，用于耕种和生活，这与其他地区有明显的差异。

3.2　聚落布局：垂直空间类型特征

石波寨受到独特的地理条件的显著影响，形成了独具特色的垂直递阶分布的乡村聚落（表1），包括以下三个主要空间类型特征。

3.2.1　村落沿等高线指状布局

村落坐落于山脚或山腰，沿着山势分布，通常沿着山坡的一侧建造，以充分利用地理环境的优势。线性集中型布局的特点满足居民交往需求。沿着主要的线性聚落轴线，民居之间的距离相对较近，在促进社区内的社交活动和文化交流的同时，使碉房群更易于管理和维护。

3.2.2 群体空间放射状排列

碉房群通常采用放射状排布。其布局模式以一个核心点为中心，放射状分布碉房建筑。这个核心点通常位于山脚或山腰，是碉房群的中心地标，通常用于集会、宗教仪式或社区活动。从这个核心点向外的碉房通常依山而建，沿着山势自下而上分布，形成一种放射状的聚落格局。

3.2.3 碉房节点单元式营造

碉房在其线形节点上独立存在。碉房和民居建筑相对集中，房屋之间距离通常较短，形成了一定的集聚效应。居民倾向于选择相对密集的区域建立民居和碉房，单元式布局的特征使得村落内居民之间的社交和互动更加频繁，有助于资源共享和文化传承。

表 1　石波寨整体布局特征

空间基因	主要特征	特色场景	空间要素	组合规则	作用机制
神山崇拜的山水画卷	依山傍水、神山崇拜、半山向阳、兼顾取水、诗情画意的山水画卷		青山、密林、村落、河流	总体颜色：以青山密林为背景，碉房民居多以灰色搭配橙红色，白色藏式建筑镶嵌其中	（1）神山崇拜：村寨选择靠近神山且朝向神山选址，以表达对神山的尊崇； （2）气候条件：选址偏向半山稍有台地且向阳的位置，以最大程度地利用阳光，同时避开强风的直吹； （3）水源距离：选择半山区域，以方便取水和满足防洪的需求
耕住相伴的生活方式	所在地以半农半牧为主要生产生活方式，在海拔1800～2600 m 的地区，农田集中分布，村寨宅院布置在台地边缘		农田、牧房、村寨、宅院	功能类型：牲畜圈、厨房、客厅、寝室、佛经堂、走廊、厕所	（1）生产生活：主要生产生活方式为半农半牧，居民既从事农业耕作、种植农作物，又养殖牲畜； （2）耕作半径：农田分布较为集中，形成了耕地和村寨相互依存、相辅相成的状态； （3）村寨选址：通常将宅院布置在台地边缘，以节约平坦土地，用于耕种和生活
聚集分布的传统村落	碉房和民居建筑相对集中、密集分布，房屋之间的距离较短		碉房、民居、村庄、道路	空间形态：碉房和民居建筑相对集中、密集分布，房屋之间距离通常较短，形成了一定的集聚效应	（1）建筑布局：村落内碉房和民居建筑相对密集，距离较短，形成聚集效应； （2）文化资源：居民在聚集的区域内共享资源，有助于文化的传承与保护； （3）组织方式：这种聚集型布局反映了古老的村庄组织方式，强调集体生活和集体意识

续表

空间基因	主要特征	特色场景	空间要素	组合规则	作用机制
依山而建的带状布局	碉房群的典型布局特点是在山地地形中依山而建，形成自然与建筑相互融合的和谐景观，通过线性集中型布局		碉房、山地、密林、河流	空间形态：考虑山地地形的复杂性，巧妙地沿着山势分布	（1）建筑布局：村落内碉房和民居建筑相对密集，距离较短，形成聚集效应； （2）文化资源：居民在聚集的区域内共享资源，有助于文化的传承与保护； （3）组织方式：这种聚集型布局反映了古老的村庄组织方式，强调集体生活和集体意识
放射分布的聚落布局	以核心点为中心，碉房呈放射状分布，依山而建，充分利用山地资源		碉房、山地、密林、道路	空间形态：以山间碉房为中心，向四周辐射，房屋建筑布局相对密集	（1）核心设置：碉房群的中心地标通常位于山脚或山腰，用于集会、宗教仪式或社区活动； （2）碉房分布：从核心点向外辐射分布，形成放射状的聚落格局，有助于碉房群的组织和管理； （3）山势建设：碉房依山而建，沿着山势自下而上分布，充分利用山地资源

3.3 碉房原型：功能空间组合解析

3.3.1 平面解析——矩形叠加相交

日斯满巴碉房所在的村落平面形态展现了独特的地理特点，受地势、山水、道路、林田等自然要素的控制和引导。碉房沿等高线指状布局与民居聚集型分布相结合，形似"树藤结瓜，蜿蜒延伸"，民居与自然环境和谐融合（图4）。

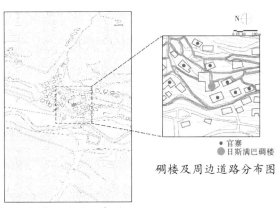

碉楼及周边道路分布图

日斯满巴位置示意图

图4 日斯满巴碉房村寨位置示意图

碉房平面特征展现其独特的文化和实用性。其长方形平面布局为不同功能区域的合理布置提供了可能性，允许将不同用途的空间整合在一个建筑内，提高了土地利用效率（图 5）。多层结构是碉房的显著特征，底层用于牲畜饲养和杂物存储，而上层则为居住和文化活动所用。木制走廊从碉房的二层开始建造，用于晾晒粮食和乘凉，促进居民生活的交流。窗户布局在通风、采光和视野方面起到关键作用，同时增添了建筑的美感（表 2 至表 4）。

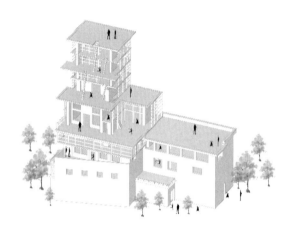

图 5　日斯满巴碉房建筑模型

表 2　日斯满巴碉房测绘数据

楼层	一层	二层	三层	四层	五层	六层	七层	八层	九层
海拔/m	3220	3223	3226	3229	3232	3225	3228	3224	3224
朝向	南北朝向	南北朝向	南北朝向	南北朝向	南北朝向	南北朝向	南北朝向	南北朝向	南北朝向
现状	完好	完好	完好	完好	完好	完好	完好	完好	完好
面积/m²	286	257	257	245	273	116	53	69	46

表 3　日斯满巴碉房平面形制

横层	示意图
一层	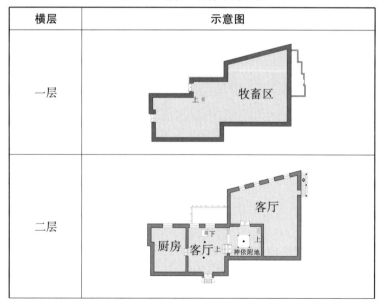
二层	

续表

横层	示意图
三层	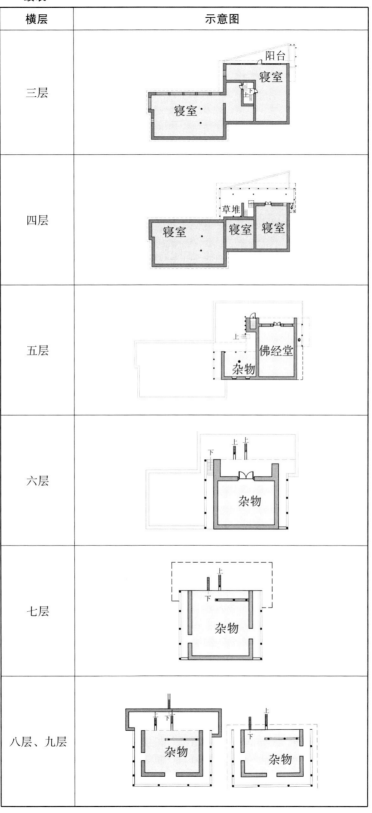
四层	
五层	
六层	
七层	
八层、九层	

表 4 日斯满巴碉房立面形制

朝向	示意图
东立面	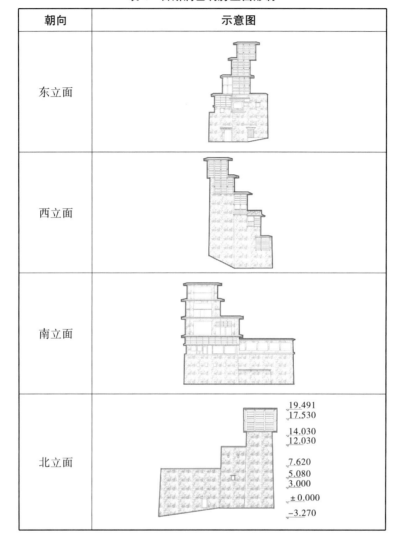
西立面	
南立面	
北立面	19.491 17.530 14.030 12.030 7.620 5.080 3.000 ±0.000 -3.270

3.3.2 空间组合——日斯满巴碉房功能组合

碉房空间营建与周边民居建筑方式相同，即以原木为柱梁，构成结构支撑体系，墙体布局合理，通过设置外墙上的通高变形缝，分隔出最高部分和其他部分；以石材砌筑厚实的外墙，墙体自下向上逐渐收分，构成稳定的整体，既减少地基不均匀沉降和地震的影响，也体现碉楼崇拜的文化内涵。碉房入口为木构架，内部由楼梯连通各层空间，屋顶平台间用独木梯加以连通，由此将碉房内外生活空间连接起来（图6）。

碉房各层布局精巧，充分满足居民的多种需求。一层为牲畜圈，既可以保护重要的家畜，又可以充当堆放杂物的场所；二层为客厅与厨房，北侧为厨房，南侧为客厅，每层都配有木质走廊，为居民提供休息和社交的空间；三、四层为寝室，为居民提供私密的居住空间，同时设有木质吊脚楼厕所，提升居民卫生环境质量；五层为佛经堂，是宗教活动和精神寄托的场所；六层及以上为储藏粮食的杂物库房，每层都设置窗户，以确保通风和采光。碉房至四层开始留出屋顶晾台，为满足谷物晾晒的需求（图7）。

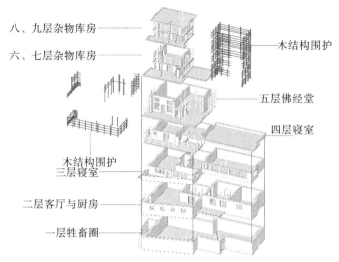
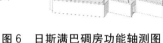

图 6　日斯满巴碉房功能轴测图

图 7　日斯满巴碉房实景图

4　传统民居适应性策略

传统民居在选址和建造上着重关注气候与生活的调节，以形成相对稳定的气候适应方式。通过对石波寨空间布局类型分析及典型碉房建筑空间原型解析，了解碉房建造选址基本需求；通过以功能为主的建筑空间进行组合，形成符合当地气候的空间类型，以求提高空间气候适应能力。具体包括以下方面。

4.1　生产与生活的合理

在村寨周边调整规划农田及水源，以确保居民日常生活和农业劳作的便捷。建设共用设施，如集体供水系统、集中粮食储藏仓库等，提高农村生活和生产的效率，既改善生活环境，又保护自然生态格局。

4.2　通风与采光的优化

碉房室内光线及通风存在明显欠缺，在窗户和通风口设计上，应利用当地气流，合理开窗，实现室内外空气的有效交换。窗户的位置和尺寸应根据气候特点和季节变化进行合理安排，以保持室内的舒适温度和空气质量。

4.3　节能和保温的措施

在碉房建筑中采用地区性节能材料和技术，如片石厚墙体、夯土隔热保温层等，以减少能源消耗。保温层的加强在寒冷季节为居民提供更好的保温效果，同时在炎热季节降低室内温度，提高居住的舒适度。

5　结论与建议

藏羌彝走廊地带传统村落大多位于地形相对复杂地区，人口分布较为分散，传统村落发展缺乏动力。基于此，对于传统碉房村落群保护与发展提出以下策略：一是碉房是代表藏族传统建筑和文化的珍贵遗产，应加强碉房的维护和修复工作，同时鼓励社区居民参与文化传承活动；

二是考虑碉房所处的地理位置和气候条件，建议采取气候适应性策略，包括通风、采光、节能、保温等设计和技术措施，以提高碉房在不同季节和气候条件下的舒适度与能源效率；三是通过空间特征宏观视角，对传统村落民居进行分析与研究，优化中观层面的研究与设计。因此，需要进一步细化研究方向，更好地解析传统村落形成及其演变规律，为民居保护发展体系化研究提供帮助。

[参考文献]

[1] 周政旭，王训迪，钱云. 基于GIS的喀斯特山地河谷地带聚落分布规律研究：以贵州省白水河谷地区为例 [J]. 住区，2017 (1)：14-22.

[2] 何昕，朱小丽，李静雅，等. 阿坝州壤塘县藏族传统民居建筑空间特征研究 [J]. 建筑与文化，2024 (5)：199-200.

[3] 董书音. 川西藏区茶堡碉房及其营造技艺研究 [J]. 建筑学报，2018 (11)：78-83.

[4] 韩艺萌. 川西藏寨的空间形态特征及其发展 [J]. 大众文艺，2016 (15)：130-131，35.

[5] 谢正伟，温成龙，蒋旗，等. 基于空间基因的川西特色村寨聚落布局研究：以四川省丹巴县巴底镇为例 [J]. 资源与人居环境，2023 (2)：30-37.

[6] 郑文俊，王娜，邓蓉，等. 乡村聚落气候适应性研究进展 [J]. 西部人居环境学刊，2023，38 (3)：141-148.

[7] 尹伟，秦珺，黄园林，等. 巴蜀文化旅游走廊评价与建设研究 [J]. 西部人居环境学刊，2022，37 (6)：80-86.

[8] 尹伟，黄建强，史晶荣，等. 羌族碉楼建筑空间与石砌结构特征探析：以阿坝藏族羌族自治州理县桃坪碉楼为例 [C] // 霍子文，尹伟，杨一虹. 国土空间规划编制探索与创新，南宁：广西科学与技术出版社，2022.

[9] 尹伟，巫沛耘，秦珺，等. "BIM＋VR"技术在羌族石砌碉楼保护中的应用 [C] // 霍子文，尹伟，杨一虹. 国土空间规划编制探索与创新，南宁：广西科学与技术出版社，2022.

[作者简介]
尹伟，副教授，就职于西南民族大学建筑学院。
宁广利，西南民族大学建筑学院硕士研究生。
封宇帆，就职于成都建工第二建筑工程有限公司。
韩秉桦，西南民族大学建筑学院本科生。
吴雨航，西南民族大学建筑学院本科生。
罗海丹，西南民族大学建筑学院硕士研究生。

景观设计与可达性研究

承质而得形意：人居需求导向下的山水城市宏观营景方式传衍

□陈宸，黄文柳

摘要：华夏文明于山岳广布、河川汇流的地理环境中诞生，使山水基因刻入我国古代人居环境的营建理念之中。诸多传统城市在古时权力架构下，从适应在地人群的生存、归属、认知等需求出发，紧密依托地域山水本底，发展出山水城市空间结构基因，为当今大尺度山水城市的形成奠定了基础。至当代，山水城市构想提出者钱学森强调社会主义中国的城市应满足效用（"质"）、形式（"形"）、意境（"意"）三个方面的人居需求，这正与传统山水城市面临的三类主要需求大致契合。因此，需求作为人居环境发展的动因与出发点，是联系古今山水营城的主要线索。在宏观视角下，山水城市的格局调适、空间利用和意象塑造等景观营造行为与上述三方面需求分别关联。基于古今人居需求的演变分析，当代山水城市便能较合理地判断宏观营景方式的传衍方向，避免陷入"过分注重形式"的争议，并制定以维护巩固或调整转化为主的原则性策略。本文通过归纳相关结论，形成较为全面的技术框架，为山水营城的具体实践和进一步研究提供有价值的参考。

关键词：山水城市；人居环境；人居需求；景观；宏观框架

0　引言

恩格斯指出，人类自蒙昧向文明时代的进步中发生了三次社会大分工，依次为畜牧业与采集业的分离、手工业与农业的分离、商业与生产制造业的分离。对古代华夏文明而言，第一次分工并未改变先民逐水草而居的生存状态，而第二次分工才真正赋予了他们在特定地域长期定居的条件。持续数千年的农耕轮作不仅是催生并巩固古代中国城乡分野的关键支柱，也是凝聚华夏文明社会心理的厚重基石。

长久的农耕有赖于客观且准确的历法推演、安全稳定的用水条件及趋利避害的定居选址等。在公认的四大古文明中，华夏文明开展早期农耕的自然本底因与山水空间的紧密依存关系而显得十分特殊。根据华北地区新石器时代遗址分布情况，低平少山的黄淮平原下游与今山东、河北、河南、山西、陕西、青海的山前地带在遗址密度上大相径庭，可见华夏先民的生存空间与山川关系紧密。

而中东的古埃及人与苏美尔人则难以与山岳频繁互动。柴尔德在《远古文化史》中认为，冲积的河水流域，虽然食物丰富，但其他经营文明生活的重要原料却特别缺少。尼罗河流域缺乏供建筑用的木料，以及易于使用的砂石、矿砂及具备魔性的石头等。苏美尔的情形，比这还要坏。其唯一土产的木料，就是枣椰树，至于出产供建筑用石头的石山，距离则比埃及的还要远，还要不易到达。至于印度河流域的哈拉帕文明，已被发现的大型城址多分布于印度河平原，距周遭的喜马拉雅、兴都库什等大型山脉及德干高原也都较远。

华夏文明与其他古文明进行早期农耕活动的自然本底差异分明，可能是华夏先民对山水萌发独特情感的主要因素之一。黄河流域考古发现，仰韶时期先民多定居在阳坡，采光较好；土壤疏松、肥沃，容易获得较好收成；离水源较近，方便生活；地势相对较高的地方，证实水流趋缓的山前缓坡对农耕的适宜性高于连绵的山地或平原。在南方太湖流域，良渚古城选址于其东南部的大雄山、大观山与北部大遮山支系杨氏山连线的分水岭上。这里地势稍高，不会出现水流聚集的情况，也印证了较大规模史前城址与山岳的依存关系。这种依存关系在之后的数千年里不断延续与强化，将山水基因不可逆转地刻入我国人居环境发展的理念之中。

1 界定"山水城市"

"山水城市"的说法并非古已有之。1990年，钱学森在与我国人居环境科学奠基者吴良镛的通信中首次谈到"山水城市"。他提出"把中国的山水诗词、中国古典园林建筑和中国的山水画融合在一起"，"人离开自然又要返回自然"，表达了一种以本土化方式亲近自然山水的未来人居愿景。

迄今为止，诸多学者已基于自身学术背景对"山水城市"提出侧重点各异的定义。不过，若要在人居需求导向下探索古今山水营城的传衍，便不能脱离人与山水环境在物质空间层面的密切联系。这种联系在新石器时代就已明确显现，并始终贯穿华夏文明发展至今的数千年历程。因此，为了全面探索古今山水城市宏观层面景观特征与人居需求的关系，就要将研究对象界定为具有显著宏观山水属性的山水城市。其必须临近山脉与水系，并紧密依托山形水势进行聚落或其他人工景观营建。

2 传统山水城市：人居需求与权力主导的景观发展

传统山水城市中，在地人群出于自身需要而不可避免地与宏观山水环境建立身心联系。参考马斯洛的需求层次理论，这些联系可被归入维系生存、凝聚归属与升华认知三个方面，不仅适应个体由低到高的需求递进逻辑，也与古代社会金字塔式的权力架构高度契合。

2.1 因山水而生——维系生存

首先，维系生存是所有居民的基本需要。无论地位高低、财富多寡，都需直接或间接地从自然环境中获取食物、淡水、能源、建材等生存资源，也需避免遭受自然灾害侵袭，即传统堪舆强调的"趋利避害"。若山岳的高度与走向能够令其滞留充足的、随季风而来的海洋水汽，在坡度趋缓的山前地带就会出现流量可观的河川水系，从而滋养繁茂的林草。同时，较高的地势使山前地带在光照、排水等方面具备优势，是诸多传统聚落于大型山岳前选址的重要原因。

此外，山前舒缓的竖向高差变化对因势利导兴建水利工程尤为适宜，可为周边广袤地区的农业发展带来助益，以供养聚集于地区的大量人口。从良渚古城与其外围水利系统工程的格局上看，利用山前地形修建大型水利设施的做法早在新石器时代便已出现且成效显著。

2.2 因山水而附——凝聚归属

与全面普适的维系生存不同，凝聚归属是部分人群才具有的需要。封建时期，依赖固定资源而得以长期定居某地只是部分人的权利，只有他们才具备与城市深度绑定并建立归属感的基础。为此，他们会利用山水环境来维持并巩固这种社会凝聚力，具体体现在军事防御、交通产业与宗教（礼乐）象征等方面。

传统城市依托山水强化自身防御的原理十分直观。山与水是阻滞陆地交通的天然屏障，较大的江河水系还利于水运行舟，依山傍水的城市选址与城池布局能大大提升城市面临外部威胁时的防御灵活性，也能直观地向人群传递安全信号并增加其防御信心。同时，军事目的不仅能强化山水地区的城防，还能促进水陆交通体系的连通加密，以便战时人员与物资的高效投送。而交通线路一旦成型，也可用于非军事目的，带动沿线非农产业与城镇聚落发展，这使得经济较为繁荣的山水城市（城镇）多分布于山间水边的水陆运输干道沿线。相对丰富的谋生选择使人们更易在此立足并长期生活和工作，构建起特色鲜明且易于传播的地方认同。

与前两者相比，宗教（礼乐）对社会心理的作用更加间接和长效。古代平民少有机会接触高质量的教育资源，宗教是他们认知并理解各类宏大自然现象的主要依据，也是古代统治阶级用来令他们安于现状、信服上位者得利正当性的有力媒介。在距今 4000 年以上的新石器时代，山岳作为古人观象授时、务农耕作的主要参照物，就已与良渚古城形成了基于历法周期的大尺度空间对位关系。在超大距离方位测定技术支持下，日月星辰、山岳与城市统治者居所之间周期性地呈现特定位置关系，烘托出国家统治的神圣性。同时，良渚文化出土玉琮的象征图形和这种对位关系存在呼应，可能与当时宗教信仰的创世观和宇宙观密切相关，是良渚国家政体推行"国家认同"的符号，其衍生功能便是强化社会秩序稳定。

封建时期，随着历法完善和对天体运行规律的进一步认知，山川对位的意义从城市和宇宙天体的位置参照演变为上位权力的神圣象征，通过营造超越视觉尺度的心理意象来体现掌权者的权力由创造天地的神明赋予，彰显其统治的不可撼动。以南宋政治中心临安城为例，吴山—朝天门一线可视为南部皇权礼乐区与北部世俗生活区的分界，以其为核心的对位轴线向西穿过西湖畔南高峰、北高峰构成的"天门双阙"中心，串联大涤山、太庙山等城内不可见但在宋代杭州具有崇高文化地位的山体，使视野边界外的轴线感知得到强化；同时，该轴线也向东直指当时尚处南大矗的钱塘江入海口，借助无际平旷的江海增添自然神性对人的压迫感。

由于此时已无须依靠山川对位辨识历法周期，因此其不一定遵循正东西—正南北向对位格局，而是严格呼应所在区域的空间等级体系，传衍为更加纯粹的政治信仰图腾。唐末吴越国将领杜稜主持修筑的东安城（今新登古城）就在对位关系上反映了对上位统治者的服从意图。从城南百丈山为城池"朝山"的信息可推断，该城的对位轴线是倾斜的。继而通过反向延长城池中心与百丈山顶的连线，可发现城池北方所对为吴越国王陵所在的太庙山，与该轴线垂直且同样穿过城池中心的轴线则指向作为吴越国陪都的东府越州（今绍兴）。自东安城无法直接眺望太庙山与越州城，再次印证传统城市的山川对位可超越城内视野限制；而轴线往东指向越州，表明高等级政治节点也能与山岳一样象征王权礼乐。

2.3 因山水而名——升华认知

基于文化传授、传播方面的权威性，中国传统城市将朴素的山水环境赋予某种精神内核或作为某些情感寄托的升华认知，主要是由少数士人阶层引领，并通过士人自身的"网红"效应以及他们所创作的作品获得广泛传播。对于一座传统城市及其所处区域而言，如果能对士人群体产生较高的吸引力，则容易激发足够多且高质量的文化交流与创作活动，并促使城因山水而名，如西湖之于杭州。

受"仁者乐山、智者乐水"的儒家思想影响，自然山水景观作为一种典型的人文资源，往往往会成为激发士人文化创作的关键因素，而江南地区的山水景观对古代士人的吸引尤为显著，并深度融入他们的诗画创作和宗教禅修等精神文化活动之中。其中，诗画创作多以文人墨客所见的山水景观为依托，对所观所感的境界加以写意化表达，使特定作品能够与现实山水空间对照关联，赋予其长久传承的审美鉴赏价值。而自宋代起，以潇湘八景、西湖十景等为代表的诗画题名组景备受文人追捧，推动"八景"文化于明清时期在全国流行。该过程中虽难免出现"景八股"现象，但这也体现山水诗画在经历长期发展后形成较为成熟、易于传播的创作范式，为山水审美时至今日仍具有较高的国民度奠定良好基础。

此外，由于精通宗教需要深厚的知识积累，部分宗教人士本身也出自士人阶层，如自号"抱朴子"的晋代道学家葛洪就曾任将兵都尉和关内侯[①]。加之一些宗教设施选址在远离人烟的山林深处，并非用于频繁承接寻常百姓香火，而多为精英人士提供文化服务。随着高等级知识交流集中发生，造诣较高的研讨成果应运而生，进而深刻影响区域、国家乃至国际层面的文化交流与发展。例如，坐落于杭州西郊径山顶、享誉宋代"江南五禅院之首"的径山寺即为日本临济禅宗祖庭。此外，宗教对古代世俗生活也存在自上而下的广泛影响，通过提倡人与自然和谐共处的核心理念凝聚起保护山水景观、延续山水特色的社会共识。

综上所述，山水景致与点缀其中的寺观塔阁等人工景物，在古代士人追求精神升华的过程中激发诗画创作与哲学思辨，树立起广受认同的文化形象，成为自然与人文特质共融的风景名胜空间。它们距城市或近或远，对在地人群感知周边形胜意境而言不可或缺。其与城市间的水陆交通联系也因多有士人往来而成为山水游赏线路，成为传统山水城市风貌中极具亮点和特色的部分，在诸多当代城市周边也得以留存并依旧为人称道，是传统山水城市宏观景观结构的重要组成部分。

3 当代山水城市：源自人居需求的景观特征承衍

3.1 由表及里的当代山水城市解悟

与传统山水城市一样，当代山水城市也需以现实人居需求为景观营造的出发点。从钱学森提出山水城市前后的相关文件来看，他对人居需求的理解经历一段由表及里、不断深入的过程。

1983年，钱学森在第一期市长研究班上提出"要以中国园林艺术来美化，使我们的大城市比起国外的名城更美"，以应对当时业已显现的空间形象问题，包括城乡风貌的"二元"对立、城市风貌的"千城一面"、本土风貌特色的没落等。至1990年，当他首次提出"山水城市"这一概念时，进一步提到融合山水诗词与山水画等意境元素，强调"形美"之上的"形意兼备"。后在1993年山水城市讨论会上所作的书面发言中，他将快速城市化进程中急功近利的拆建问题归结为没有明确"社会主义中国的城市该怎么规划设计"，并从"形、意、质并重"的角度给出了朴素、直白的回答："第一，有中国的文化风格；第二，美；第三，科学地组织市民生活、工作、学习和娱乐。"也就是在美化形象、展现意境的同时，也应满足人们最本质的空间使用需求。

钱学森对山水城市内涵的三层表述虽未与传统山水营城的三方面人居需求一一对应，但却大致契合。其中，"有中国的文化风格"是指对我国传统山水营城经验的合理传承与运用，当代山水城市需体现本土化的空间利用方式，维系在地人群与地域风土的情感连结；"美"是指山水景观美学特征的凸显表达，当代山水城市需以传统审美认知为基准，为山水景观赋予恰当的意义和价值，凝聚起适应目前时代的山水审美共识。同时，无论传统城市还是当代城市，中国文化风格之"形"和城市空间美之"意"，都需要根植于市民生产、生活这一"质"的基本需求。

虽然当代人居环境营造的基本标准、技术方式、科技手段，以及所处的社会、文化、经济环境都与古时已大相径庭，引发"质"的内核产生根本变化，但文化习俗、风土人情、山水美景的感悟却牢牢凝固在中华民族的血液里，成为中华优秀传统文化的重要组成部分。

3.2 古今人居需求演变与营景思考

在生存（生活）、归属与认知三个方面，古今人居需求在具体特点上既有延续，也有变化。基于跨时空人居需求的"不变与变"，可较为合理地判断当代山水城市塑造宏观景观特征的总体方向，针对山水空间的格局、利用及意象，制定以维护巩固或调整转化为主的策略。

3.2.1 生存（生活）需求与格局调适

总体上，当代城市仍需依赖宏观山水格局以保证人居环境的稳固存续。由于大尺度山水形势（尤其是山体形貌）在数千年的历史长度中不易剧烈变化，加之我国一脉相承的自然观不提倡盲目推山填水，当代山水城市需总体维护自古就有的宏观山水格局特征。在进行新的局部调整或优化时，也需充分尊重并依循山水空间的自然形态与柔性边界。

具体来看，古人在聚落选址、水利建设、农田垦殖等方面的格局性景观遗产宜根据需求演变的实际情况采用差异化的调适方向。古今需求一致或基本不变的，就要对格局特征加以维护巩固。例如，始建于东汉的西险大塘时至今日仍能使广袤的杭嘉湖平原西部免受洪水威胁，虽在历经多次加高、加固后已不复其古时形态，但仍能完整呈现山水格局调适的传统理念与经验。而当古今需求发生显著变化时，就需通过寻求这些遗产价值的核心，找到保护与发展的契合点。以广泛分布于杭州平原地区的传统圩田景观为例，与之对应的人居需求最初只围绕农业生产，然而在现代已因不同城市片区的发展环境差异而分化，使其中一部分继续保留圩田肌理但回归生态涵养功能，如西溪湿地、北湖草荡等；另一部分则在维持农业景观特征的同时引入新兴产业，如大城北地区对乡村数字游牧民的定居设想[②]。

3.2.2 归属需求与空间利用

人对特定空间的归属感主要源于其利用方式，来自异域或因其他缘故而不契合本土习惯的空间利用方式便难以引起在地人群的归属认同。当代山水营城时，需优先保留并彰显历史上最具代表性的空间利用景观，包含依托山水本底形成的古代城防体系、水陆交通网络及沿线聚落布局、山川对位结构等，确立整体延续本土归属感的基础。

山水城市的现代建设空间除与上述历史景观相协调外，也可在其自身空间特征中适当融入传统基因。尽管受工程技术、规范标准等影响，现代城市的建设模式已与过去大不相同，但历史人居环境的部分使用特点尚能适应当代环境并产生积极的文化传承作用。例如，杭州为应对山水营城文脉割裂的困境，以宋代传统坊巷空间为研究原型，结合在地村镇布局特点与人群需求分析，经过合理取舍、调和而提出"未来坊巷"营建模式。其在顺应当代人群的空间使用习惯之余，也涵盖对本土人居特征的呼应转化，相比全新的城乡建设空间，显然更能为在地人群提供归属上的情绪价值。这种先对传统基因进行识别提取，再分析其在当代环境下的适用性，进而引导现代城乡建设对其传承或调整的空间利用路径，不失为一种可持续激发山水城市保护与创新动力的地方归属感传衍手段。

3.2.3 认知需求与意象塑造

过去，对山水城市的形象认知往往与其标志性名胜景观深度绑定，名胜本体与其周边环境融合构成的审美意象久经历代文人品评打磨，能成熟地展现传统山水的意境风韵，理应在当代继续受到重视和保护。随着现代城市空间扩展，一些名胜景观的感知空间被不断压缩，需在宏观层面根据视点的可达性、公共性等因素，识别出辨识度较高的眺望视野并加以管控。管控方式除借鉴国外发达地区的地标眺望体系外，更要着重体现中国传统山水景致的视觉感知特点，如散点透视、步移景异、"三远"构图等③。

同时，由于传统审美方式历经长期传承，时至今日仍能获得广泛的情感共鸣，因此对当代山水城市而言，妥善维系具有古典特征的景观审美认知并协调其与城市发展的关系，是植入新建空间意象的适宜对策。例如，基于良渚古城的山川对位关系，可判断其宫殿区的东望视野尤为重要，一是因为其与农耕文明最重视的"日出东山"意象紧密关联；二是因为古城东部存在若干规模较大的外围聚邑遗址。鉴于此，杭州将维持良渚古城宫殿区东望视野的开阔景象作为城北地区新城意象导控的重要原则，并通过三维景观分析④等手段引导山前城市轮廓进行舒缓起伏，以映衬远景山体的标志性。

3.3 一种当代山水营城的宏观框架

对以上思考内容进行梳理归整，便能使人居需求的层次递进与古今演变相结合，构成当代山水营城的两项重要参考维度，进而以格局调适、空间利用和意象塑造为支点，在维护巩固或调整转化这两类总体传衍策略的引领下，聚焦山水城市宏观景观营造的重点要素，形成全面综合的原则性技术框架（图1）。该框架系统整合了城与乡、古与今、人与地等人居研究视角，不仅契合吴良镛院士对人居环境科学"整体观"的表述，也符合钱学森"鉴古筑今"的构想初衷及其对山水城市"质、形、意"的内涵解读。

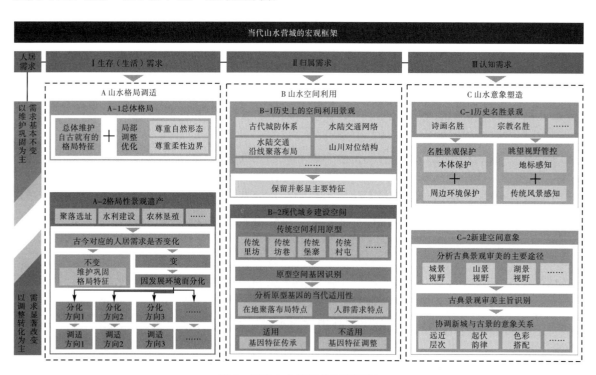

图1 当代山水营城的宏观框架

此外，需强调图示框架内的重点要素主要依据山水城市营建的一般情况进行确定，框架本身具有一定的开放度与灵活性，具体运用时可根据实际情形对其中要素进行增补或调换。至于每一项要素，也可在框架制定的原则方向下开展更加精准、细致的传衍路径探索。

4 总结与展望

华夏先民在山水地区的人居经营历来务实，景观虽是显露山水特色的直观载体，但其背后多有与之对应的需求和动因。直至当代，需求仍然是人居环境发展的关键出发点，基于人居需求分析的景观营造能在一定程度上帮助当代山水城市摆脱"过分注重形式"的争议。同时，对山水地区宏观营景方式的古今传衍进行思考并归纳初步框架，也能适当启发更小尺度、更为精细的局部景观研究。

目前，人居环境科学下的跨领域合作尚有未被发掘的深远潜力，山水城市可借助不同学科间的碰撞交互，进一步探究人居需求与山水景观营造的相互关联，或以更深入的研究视角触及山水营城活动的本质。类似的研究与应用成果不断累积，也能逐渐揭示山水地区人居环境发展的机制与原理，促成对我国本土空间文化基因更全面、更完整的认识。

[注释]
①出自《晋书·葛洪传》。
②出自杭州市《大城北地区国土空间规划（2023—2035年）》。
③"三远"法出自北宋郭熙所著的《林泉高致》。
④三维景观分析是杭州对重点地区项目方案进行人视模拟的技术评价手段，旨在尽量真实地展现项目实施效果并出具分析意见，为项目审批提供依据。

[参考文献]
[1] 董广辉，刘峰文，杨谊时，等.黄河流域新石器文化的空间扩张及其影响因素［J］.自然杂志，2016，38（4）：248-252.
[2] 柴尔德.远古文化史［M］.周进楷，译.上海：群联出版社，1954.
[3] 尹申平.陕西新石器时代居民对环境的选择［C］//《中国考古学研究论集》编委会.中国考古学研究论集：纪念夏鼐先生考古五十周年.西安：三秦出版社，1987.
[4] 刘建国，王辉.空间分析技术支持的良渚古城外围水利工程研究［J］.江汉考古，2018（4）：111-116.
[5] 鲍世行，吴宇江.钱学森论山水城市［M］.北京：中国建筑工业出版社，2010.
[6] 王宁远，刘斌.杭州市良渚古城外围水利系统的考古调查［J］.考古，2015（1）：3-13，2.
[7] 张杰.中国古代空间文化溯源［M］.北京：清华大学出版社，2016.
[8] 何努.良渚文化玉琮所蕴含的宇宙观与创世观念：国家社会象征图形符号系统考古研究之二［J］.南方文物，2021（4）：1-12.
[9] 朱玲.杭州古代城市人居环境营造经验研究［D］.西安：西安建筑科技大学，2014.
[10] 陈苇，王深法，蒋玉根.新登古城人居环境解读及新城发展出路分析［J］.中国园林，2003（10）：34-37.
[11] 智伟静.浙江省"八景"文化景观探究［D］.杭州：浙江农林大学，2013.
[12] 吴然.四川盆地山水城市营造的文化传统与景观理法研究［D］.北京：北京林业大学，2016.
[13] 陈宸，刘海芋，缪岑岑，等.城乡过渡片区的在地化空间迭代模式探讨：以杭州市三江汇区域的未来坊巷为例［C］//黄逊，冯光乐，杨一虹，等.城市有机更新与精细化治理.南宁：广西科学技术出版社，2023.

［14］吴良镛. 人居环境科学导论［M］. 北京：中国建筑工业出版社，2001.

［基金项目：浙江省自然资源厅 2024 年度厅级自然资源科技项目（编号：2024ZJGH010）。］

［作者简介］
陈宸，工程师，就职于杭州市规划设计研究院。
黄文柳，教授级高级工程师，就职于杭州市规划设计研究院。

基于景观特征评价的多层级县域国土景观优化策略

——以湖北省丹江口市为例

□丁玥，夏雅丝，贾艳飞，张智奇

摘要：以国土景观单元为载体，以国土景观特征识别和综合评价为技术手段，进行国土景观的多层级与系统性优化，是构建美丽中国的有效路径。在我国长期、快速、大规模的城镇化进程中，国土景观格局破碎、国土景观风貌紊乱和国土景观特征消隐的问题逐渐凸显，而国土空间规划体系的建构为国土景观的整体性塑造提供了宝贵契机。在综述国内外国土景观风貌建构研究的基础上，本文提出"县（市）域—国土景观分区—国土景观单元"层级传导的国土景观优化方法；从问题出发，提出响应策略，基于评价结果探索县（市）域、国土景观分区与国土景观单元各层级的国土景观优化指引，为全域国土景观塑造提供建议；通过丹江口市域国土景观的实证，阐释基于景观特征评价的多层级国土景观优化的技术路径，为后续研究和实践提供一定基础。

关键词：景观特征识别；景观综合评价；国土景观分区；国土景观单元；丹江口

0 引言

　　党的二十大报告明确提出建设美丽中国的目标，国土景观建设是关键载体。在我国长期、快速、大规模的城镇化进程实践中，国土景观整体性、科学性评析尚缺成熟考量，有效优化方法缺失，导致了国土景观格局破碎、风貌紊乱和特征消隐等问题。深度挖掘市县域景观特征、建构国土景观优化的可操作性方法具有紧迫性。

　　现有研究多集中于乡村、镇域尺度，缺乏全域尺度研究和具体有效的景观空间营造指引。当前国土景观优化手段主要分为两大类：一是侧重城乡风貌指引，主要聚焦于建筑风貌控制指引、城市风貌控制指引或乡村风貌控制指引；二是借助城市设计导控，多以导则或图则的形式，在空间尺度上包含了重点地区、市域和中心城区。第一种方式导控的内容相对单一，对于建筑之外的其他景观要素的控制相对较弱；第二种方式重点关注中心城区，对于全域空间的风貌管控相对局限。因此，本文尝试引入景观特征评价方法，通过识别国土景观属性特征、研判景观价值，从市县域全域尺度建构"全域—国土景观分区—国土景观单元"的多层级国土景观优化方法。

　　本文提出基于景观特征评价的多层级国土景观优化路径。通过景观特征识别和评价国土景观属性特征，划分国土景观分区与单元。对于不同的国土景观分区，通过"定要素—划单元—显结构"的方法提出国土景观分区风貌指引和优化重点；对于不同的国土景观单元，根据各单元的资源优势和现状景观特征，提出相应的国土景观单元优化模式。如此，通过构建"市县域—国土景观分区—国土景观单元"层级传导的国土景观优化路径范式，为国土景观的系统性规划与优化提供新的思路。

1 基于景观特征识别与评价的国土景观优化方法构建

1.1 景观特征识别与评价的方法

景观特征是指国土资源中的各种元素组合形成的可识别属性，反映在景观区、景观类、景观亚类、景观单元四个层级中。景观特征评价包含特征识别和价值评价两个阶段：特征识别是对国土景观要素进行描述与景观特征认识；价值评价是根据国土景观的差异性，评价不同景观特征分区的价值差异。

1.1.1 景观特征识别

景观特征识别首先是资料收集与初步分类。通过收集研究区域相关的空间数据、图片资料以及文字资料，筛选出研究区域的主要自然要素和文化/社会要素；借助 ArcGIS 软件，对各类要素进行空间分析与处理，得到初步的景观特征分区图。其次是实地调研与修正。以初步的景观特征分区图为基础，通过实地调研对其进行修正，并对前期资料收集的内容进行现场调查论证。最后是进行国土景观特征分区与描述。将调研汇总的修正信息利用 ArcGIS 软件进行处理，绘制最终的景观特征分区图；提取各个国土景观特征区域的关键特征，并分别描述其地形地貌、水文地质、植被绿化、村庄聚落、文化景观等特征。

1.1.2 景观特征评价

景观特征评价首要的是构建评价指标体系，结合景观特征分区图和研究区域的景观特征，从景观的吸引力、生命力、承载力三个维度构建评价指标体系。其次，确定指标权重，运用"AHP—熵权法"计算指标权重。最后，计算指标得分。评价指标包括定性指标和定量指标。定性指标的得分通过专家打分获得，定量指标的得分采用多目标线性加权函数构建景观综合评价模型。

1.2 多层级国土景观优化模式

在识别和评价的基础上，构建"市县域—国土景观分区—国土景观单元"多层级关联的国土景观优化模式。在市县域层次，重点梳理全域资源禀赋，理清国土风貌与山水形胜格局，构建广域国土空间景观体系；在国土景观分区层次，通过"定要素—划单元—显结构"的景观营造手段，打造国土景观节点与核心、划分国土景观单元，通过轴带串联来强化结构；在国土景观单元层次，从单元内部的要素特征出发，剖析单元内部的资源要素禀赋、景观特征现状，提出切实可行的国土景观单元优化方法与建议。

2 丹江口市景观特征评价

2.1 丹江口市概况

位于湖北省西北部的丹江口市，被秦岭山系的武当山和大横山夹峙汉江，呈现"一祖两山夹一川"的国土空间格局。丹江口市文化资源丰富，主要分布在市域中部和西部；土地利用以山林为主，城镇建设用地集中在平原。丹江口市拥有丰富的自然和文化景观资源，合理保护和高效利用这些资源对于塑造其国土景观风貌至关重要。

2.2 丹江口市景观特征识别

根据丹江口市的国土资源要素特征，从自然要素和文化/社会要素两个方面进行特征识别（表1）。所使用的数据包括 DEM 高程、土地利用、行政区划、文化景观设施点位、文字记载资料和实地调研所获得的数据。

表 1 丹江口市景观特征要素分类

要素分类	要素名称	要素因子
自然要素	高程	低海拔（＜1000 m）
		中海拔（1000～3500 m）
	地形起伏度	平原、台地（＜30 m）
		低丘陵（30～100 m）
		高丘陵（100～200 m）
		小起伏山地（200～500 m）
		中起伏山地（500～1000 m）
	地表覆盖类型	耕地
		园地
		林地
		草地
		湿地
		绿地与开敞空间用地
		水体
		城乡建设用地
文化/社会要素	遗址遗迹	人类活动遗址、历史场所
	景观建筑设施	历史文化类景观建筑设施、特色风貌类型的聚类
	宗教文化景观	宗教类景观建筑设施、文化活动发生地

2.2.1 自然景观特征识别

叠加高程和地形起伏度数据，结合地表覆盖类型得到自然景观特征二阶聚类结果。结合实地调研数据进行调整，获得丹江口市自然景观特征分类结果。结果显示，丹江口市主要有 12 类自然景观特征区域，以城乡景观和自然景观为主。城乡景观主要为耕地景观和建设用地景观，耕地景观在北部习家店镇、嵩坪镇、石鼓镇呈现出较为明显的集聚分布，建设用地景观在东部中心城区和中部滨江河谷地区呈现出较为明显的集聚分布。自然景观主要为河湖水体、园地、山林等，河湖水体集中于中部，园地沿水系分布，山林则主要位于北部大横山和南部武当山。

2.2.2 文化/社会景观特征识别

通过对遗迹遗址、景观建筑设施、宗教文化景观进行核密度分析并叠加，得到文化/社会景观密度特征的空间分布图。文化/社会景观在东部中心城区和南部武当山高度集聚；从类型来看，东部中心城区有着丰富的景观建筑设施，南部武当山各类文化/社会景观均非常丰富，而北部则以景观建筑设施和宗教文化景观居多。

2.2.3　景观特征识别结果

将自然和文化/社会景观特征分类结果叠加，得到景观特征类型的识别结果。考虑到小面积碎片斑块易受周围景观基质影响，需要整体性构建。为了便于管理，将碎片化的景观特征类型最终整合为15种国土景观单元，并对每个单元进行特征识别和命名。

基于景观要素和单元功能的相似性、组织结构的潜力，将微观尺度的国土景观单元进一步整合形成了4个中尺度的国土景观分区。北部大横山乡野风貌分区以丘陵和低山为主，地势北高南低；用地以林地为主，沿山谷带状分布有建设用地和耕地；水体主要是坑塘水面；产业以农业贸易与农副产品加工为主；文化资源包含庞湾窑址、石鼓村后山坡遗址等，有习家店和石鼓村两处主要的传统风貌区。中部滨江河谷风貌分区以平原、台地和低海拔丘陵为主，有部分高海拔丘陵；用地以河湖水体、林地、园地为主，有少量建设用地和耕地；水体包括汉江和丹江口水库；文化资源丰富，有遗迹遗址、古墓群、古城、庙宇、宝塔以及古均州传统文化。城镇集聚景观风貌分区空间分布呈带状，以丘陵为主，为集聚型城乡聚落风貌；用地以林地、建设用地、耕地、园地为主，建设用地沿道路带状分布并在中心城区沿汉江两侧集聚；文化资源以宫殿、遗址、老街为主。南部武当高山文旅景观风貌分区以低山和中山为主，并分布有高海拔丘陵；用地以林地为主，有带状建设用地和零星耕地；水体以山泉河流为主；形成了以武当山和武当道教文化为核心的高山文旅产业。

2.3　丹江口市景观综合评价

2.3.1　评价指标的选取

按照完整性、独立性、代表性和可行性原则，结合丹江口市国土景观要素特征、资料收集难易程度和指标的定性与定量计算，基于AVC理论，从吸引力、生命力、承载力三个维度构建评价指标体系，最终确定3个目标层、9个准则层、26个功能指标（表2）。

表2　景观综合评价指标体系

目标层	权重	准则层	权重	指标层	权重
吸引力	0.5716	自然景观丰富度	0.2662	水体景观面积比	0.0409
				景观类型丰富度	0.1136
				植被覆盖率	0.0195
				地形地貌奇特性	0.0626
				景观季节特色性	0.0296
		文化景观丰富度	0.1584	遗迹遗址知名度	0.0747
				名胜古迹丰富度	0.0262
				景观建筑设施完善度	0.0171
				地域民俗活动丰富度	0.0404
		聚落环境适宜性	0.0921	聚落空间有序性	0.0274
				建筑风貌协调性	0.0151
				基础设施完善度	0.0496
		区位条件优越性	0.0549	交通便捷度	0.0366
				地理位置优越性	0.0183

续表

目标层	权重	准则层	权重	指标层	权重
生命力	0.2856	经济活力	0.1904	产业发展潜力	0.0312
				产业增加值占总产值比例	0.0565
				单位面积产值	0.1027
		经济收入	0.0952	年人均纯收入	0.0317
				年人均纯收入增长率	0.0635
承载力	0.1428	生态环境承载力	0.0769	大气质量	0.0192
				水体质量	0.0192
				生物多样性	0.0385
		资源空间承载力	0.0234	人口密度	0.0078
				遗迹遗址完整度	0.0156
		心理承载力	0.0425	游客满意度	0.0283
				居民满意度	0.0142

2.3.2　指标权重的确定

采用主客观相结合的"AHP-熵权法"计算指标权重，结合了定性分析与定量分析，包含层次分析法和熵权法两个过程。在层次分析法（AHP）阶段邀请 15 位城乡规划学、景观学、地理学领域的专家对权重进行匿名评分，获得指标平均权重值，记为 w_i。熵权法阶段计算步骤如下。

①构建熵权法原始数据矩阵：

$$X = (x_{ij})_{mn} \tag{式（1）}$$

式（1）中，x_{ij} 表示数据矩阵 X 的第 i 行第 j 列的元素，m 代表设置了 m 个评价指标，n 代表设置了 n 个评价对象。

②对指标进行标准化处理：

$$R_{ij} = \frac{x_{ij} - min\{x_{ij}\}}{max\{x_{ij}\} - min\{x_{ij}\}} \tag{式（2）}$$

式（2）中，$max\{x_{ij}\}$、$min\{x_{ij}\}$ 分别代表数据矩阵的最大值和最小值，R_{ij} 为数据矩阵标准化后的每个元素。

③计算第 i 项指标的信息熵 E_i 和信息效用值 d_i：

$$E_i = \frac{1}{\ln n} \sum_{j=1}^{n} (f_{ij} \ln f_{ij}) \tag{式（3）}$$

$$f_{ij} = \frac{R_{ij}}{\sum_{j=1}^{n} R_{ij}} \tag{式（4）}$$

$$d_i = 1 - E_i \tag{式（5）}$$

④计算第 i 项指标的权重 s_i：

$$s_i = \frac{d_i}{\sum_{i=1}^{m} d_i} = \frac{1 - E_i}{m - \sum_{i=1}^{m} E_i} \tag{式（6）}$$

⑤最后，计算 AHP-熵权法的组合权重：

$$\overline{W_i} = \frac{w_i s_i}{\sum_{i=1}^{n} w_i s_i} \qquad \text{式（7）}$$

式（7）中，w_i、s_i、$\overline{W_i}$ 分别代表 AHP 权重、熵权法权重、AHP－熵权法组合权重。

2.3.3 评价指标的分级定量

采取不同的方式来确定定性指标与定量指标的得分。

①定量指标分为正向指标和负向指标，对于正向指标，值越大表示结果越好，负向指标则是值越小结果越好。

正向指标：$i_j = a_i / sta(a_j)$

逆向指标：$i_j = sta(a_j) / a_j$

式中，i_j 为 j 指标的评价值，a_j 为 j 指标的现状值，$sta(a_j)$ 为 j 指标的标准值。

②对于定性指标，结合专家意见和数据间隔情况，由高到低划分为 5 个等级，分别赋值为 $1\sim0.8$、$0.8\sim0.6$、$0.6\sim0.4$、$0.4\sim0.2$、$0.2\sim0$。

2.3.4 综合评价模型与标准

利用多目标线性加权函数构建景观综合评价模型，对各项指标进行加权求和。计算公式如下：

$$C = \sum_{i=1}^{m} (D_i \times W_i) \qquad \text{式（8）}$$

$$B = \sum_{j=1}^{n} (E_j \times W_j) \qquad \text{式（9）}$$

$$G = \sum_{k=1}^{p} (F_k \times W_k) \qquad \text{式（10）}$$

其中，C 为因素层各指标评分值，D_i 为因素层对应的指标层中第 i 个指标的评分值，W_i 为该指标的权重值，m 为该因素层的指标个数；B 为项目层各指标评分值，E_j 为项目层对应的因素层中第 j 个指标的评分值，W_j 为该指标的权重值，n 为该项目层的指标个数；G 为目标层综合评分值，F_k 为目标层对应的项目层中第 k 个指标的评分值，W_k 为该指标的权重值，p 为该目标层的指标个数。最终得出的评价结果参考相关研究的分组方法来确定评判标准（表3）。

表3　景观综合评判标准

评分值	<0.25	$0.25\sim0.35$	$0.35\sim0.5$	$0.5\sim0.75$	>0.75
评判标准	很差	较差	一般	良好	优异

2.3.5 评价结果分析

得到丹江口市 15 个景观单元的综合评价结果，共有 2 个结果为优异的景观单元，即东部的山水人文风貌单元和南部的武当生态人文风貌单元；2 个结果为良好的景观单元，即中部的水乡田园风貌单元和南部的武当山林风貌单元；6 个结果为一般的景观单元；3 个结果为较差的景观单元；2 个结果为很差的景观单元，即北部的低山林地风貌单元和东部的田园乡野风貌单元。

3 丹江口市多层级国土景观优化

3.1 市域层次优化

基于国土景观特征识别和评价结果，将丹江口市的国土景观风貌格局归纳为 4 个片区。北部大恒山乡野风貌分区重点打造山林风貌，结合优势农业打造地域性农林景观。中部滨江河谷风貌分区围绕汉江与丹江水系，依托平原河谷的地形优势，整合以古均州为核心的文化景观要素，同时注重两江四岸的景观视野关系，塑造良好的景观视线通廊。城镇文化景观风貌分区重点突出中心城区隔江而望的景观关系，打造沿高速分布的"L"型公路城镇景观带。南部武当高山文旅景观风貌分区发挥武当山作为区域文化核心的优势，弘扬武当文化和道教文化。

3.2 分区层次优化

依据人文与社会景观分布特征、景观综合评价结果，确定要素节点与核心；依据景观特征识别、景观综合评价结果确定景观单元；依托单元内部干道确定结构。

北部大恒山乡野风貌分区（图1）以低山、滨水、农田为特征，自然景观组团分布，文化景观点状集聚。核心为习家店镇莲花湖公园，要素节点有6处，划分为低山林地、丘陵田园、丘陵山林三类风貌单元，并依托S337省道打造山林风光轴。

中部滨江河谷风貌分区（图2）汉江贯穿，林地丘陵分散，古均州遗迹点缀。核心为古均州遗迹梁王墓，有4处要素节点沿汉江分布，划分为丘陵田园、水乡田园、丘陵山林、滨水人文四类文风貌单元，并依托凉习路和十淅高速打造十字交叉的滨水风光轴。

城镇文化景观风貌分区（图3）整体南山北水，汉江嵌入，集镇呈线性分布于道路两侧，自然、文化景观沿城镇连绵带呈组团状分布。片区内打造两处风貌核心，一处是中心城区的丹江口大坝景区，另一处为玉虚宫、圣极道院和回龙观聚集形成的风貌特征区域。要素节点有8处，划分为城区山水文化、田园乡野、城镇连绵、滨水乡野四类风貌单元，并依托316国道和241国道打造城镇连绵风光轴。

南部武当高山文旅景观风貌分区（图4）内两涧南北穿山林，乡野小村散水边，武当文化丰富，自然、文化景观呈组团状、线状分布。核心为武当山风景区内的老虎寨和娘娘庙及周边区域，要素节点有9处，划分为低山林地、丘陵山林、武当生态文化、生态乡野四类风貌单元，并依托279省道、209国道和呼北高速打造山林风光轴与文化风光轴。

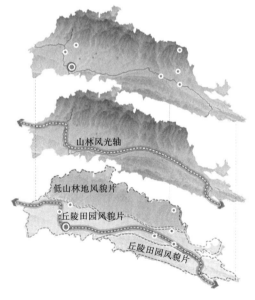

图1 北部大横山乡野风貌分区指引

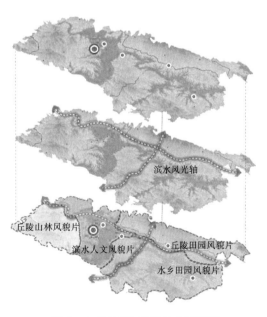

图2 中部滨江河谷风貌分区指引

图 3 城镇文化景观风貌分区指引   图 4 南部武当高山文旅风貌分区指引

3.3 单元层次优化

在国土景观单元层次，基于"山水田城文"五类景观要素，提炼出山林、水网、农田、城镇四类风貌型国土景观单元，并提出相应的指引和管控重点。结合 15 个国土景观单元和四大分区，以及综合评价结果，从每类单元中选取一个进行国土景观单元层级的风貌优化与指引（表 4）。

表 4 丹江口市国土景观单元优化方法

单元类型	单元名称	指引与管控重点
山林风貌型单元	低山林地风貌单元	（1）严格控制建筑与山体的关系，高度应与山体走势一致，建筑宜平行山体等高线布置； （2）控制山顶与山谷的景观视域，保证良好的景观视线廊道和观景视野； （3）严守生态红线，对重要的山体进行严格保护，对被破坏山体进行修复
农田风貌型单元	田园乡野风貌单元	（1）打通水系景观廊道，沿水布置休闲、展览、运动类环境景观小品； （2）整合山、水、田、林、村等资源，打造现代化特色农业体系； （3）坚持"退二进三"，结合田园种植、水乡养殖特色，打造一批农业采摘园、田园郊野公园、水乡养殖示范基地等
水网风貌型单元	滨水人文风貌单元	（1）严控滨水区域的建筑高度，滨水建筑高度应小于非滨水建筑，塑造视觉舒适的滨水空间； （2）挖掘均州古城文化要素，设置滨水文化观景台等，结合喷泉、水池等打造滨水游憩活动岸线； （3）完善旅游服务设施配置，发展滨水文化旅游； （4）均州古城遗址，打造山水文化风光小镇，体现地域历史文化
城镇风貌型单元	城镇连绵风貌单元	（1）控制国道沿线的建筑高度，道路沿线的建筑高度应小于内部的建筑高度； （2）控制道路沿线建筑风貌的协调性，控制道路沿线的建筑色彩、里立面形式、屋顶样式等； （3）塑造沿路绿化景观带，串联主要的景观节点和公共空间； （4）按照完整社区的理念，完善公共服务设施配套，提升城镇公共服务品质和能力

4 结语

国土景观分区与单元优化对展现国土资源优势和塑造特色至关重要。本文在城市尺度下，通过丹江口市景观特征识别与评价，划分 15 个国土景观单元和四大分区。在市域层级，梳理国土景观分区；在国土景观分区层级，通过"定要素—划单元—显结构"的方式对每一个国土景观分区进行风貌引导和优化；在国土景观单元层级，按照"山水田城文"的国土景观要素，归纳为山林风貌型、水网风貌型、农田风貌型、城镇风貌型四类国土景观单元，提炼各种国土景观单元类型的优化模式与管控重点。

本文也存在一定的局限性。首先是自然景观特征识别中仅考虑了高程、地形起伏度、地表覆盖类型三个因素，未包含生态保护区、生物多样性等因素；其次是人文/社会景观特征识别以"点状景观"的形式考虑，并以空间核密度方法评估其空间影响范围，因此难免与实际风貌特征区域存在些许差别；最后，本文的景观综合评价方法和体系也有待进一步完善。

[参考文献]

[1] 方豪杰，周玉斌，王婷，等. 引入控规导则控制手段的城市风貌规划新探索：基于富拉尔基区风貌规划的实践 [J]. 城市规划学刊，2012 (4)：92-97.

[2] 栾峰，裴祖璇，曹晟，等. 实用性乡村风貌规划：编制方法与实践探索 [J]. 城市规划学刊，2022 (3)：65-71.

[3] 曹春，陆晓喻，陈亚辉. 中观层次的城市设计管控方式探讨：以舟山市千岛中央商务区城市设计为例 [J]. 城市规划学刊，2019 (1)：82-90.

[4] 季松，段进，林莉，等. 国土空间规划体系下的总体城市设计方法研究：以江苏溧阳为例 [J]. 规划师，2022，38 (1)：104-110.

[5] SWANWICK C. Landscape Character Assessment：Guidance for England and Scotland-Edinburgh [M]. London：The Countryside Agency and Scottish Natural Heritage，2002.

[6] 黎梦娜，吴雪飞. 融合景观特征识别和景观健康评价的景观管护方法：以鄂西北秦巴山区为例 [J]. 风景园林，2023，30 (4)：87-94.

[7] 谢花林，刘黎明，徐为. 乡村景观美感评价研究 [J]. 经济地理，2003 (3)：423-426，432.

[8] 谢花林，刘黎明，赵英伟. 乡村景观评价指标体系与评价方法研究 [J]. 农业现代化研究，2003 (2)：95-98.

[9] 谢花林. 乡村景观功能评价 [J]. 生态学报，2004 (9)：1988-1993.

[基金项目：湖北"三线"工业遗产保护与再生设计策略研究（21ZD004）。]

[作者简介]

丁玥，就职于武汉市测绘研究院。

夏雅丝，就职于神州数码（中国）有限公司武汉分公司。

贾艳飞，副教授，就职于华中科技大学建筑与城市规划学院。

张智奇，通信作者，华中科技大学建筑与城市规划学院硕士研究生。

民族地区城市景观集体记忆研究

——以内蒙古自治区呼和浩特市为例

□邹馨仪，郭梦瑶，王芳

摘要： 城市景观传递并体现着一个城市的独特文化，是城市人民共同的文化心理符号。民族地区具有很多独特的文化与特殊的景观，因此深入探究民族地区居民的城市景观集体记忆对推进民族团结进步、铸牢中华民族共同体意识具有重要意义。本文以呼和浩特市为例，基于城市意象理论框架，运用认知地图与调查问卷法探究民族地区城市景观集体记忆特征及其影响因素。研究发现，呼和浩特居民集体记忆的认知图总体上呈现出"双轴、双中心、多意象"的形态，且民族性景观占据重要地位，特别在历史文化类景观中占比较高，不同民族居民的集体记忆中均将民族特色景观作为城市标志的主体部分。居民城市景观集体记忆主要受到主体、客体与民族因素的影响，功能复合性越强、密集度越高、特色越显著的景观越容易产生集体记忆。

关键词： 城市景观；集体记忆；民族特色；认同感

0 引言

城市景观作为城市的实物实景，是承载和展示文化的重要载体。一方面，它的形成受到该城市的区位、历史、文化、宗教等多个方面的影响，具有地域性特色。另一方面，人们在参与景观建设、保护的过程中及与其长期交往互动中赋予了城市景观价值、精神等内核，使它拥有了生命力。因此，城市景观是一个重要的展示地区文化特征的视觉形象。城市景观展示着城市的文化与核心价值，承载着一个地区人民的集体记忆。探究民族地区人民对城市景观的识别度和认同感，找到人民共同的城市景观记忆交汇点，有助于加强民族地区人民的文化认同感和归属感，并且为民族地区城市景观建设与优化提供重要参考。

法国社会学家莫里斯·哈布瓦赫（Maurice Halbwachs）最早对集体记忆进行详细阐述，将其定义为"一个特定社会群体的成员共享往事的过程和结果"。随着我国城市化进程的快速发展，集体记忆在城市中的作用越来越凸显，相关研究也逐渐增多，主要涉及集体记忆与城市空间景观的研究、集体记忆与城市更新的研究、集体记忆与地方性的研究等方面。在研究方法上也呈现多元化趋势，如康晓媛、白凯运用结构方程模型分析集体记忆对旅游行为产生的影响，李凡等人基于GIS将集体记忆空间可视化。总之，上述研究证实了集体记忆与城市之间的密切联系及其重要作用。

近年来，许多学者开始关注集体记忆的构建功能，城市景观作为人地关系的集合体与人们价值、情感的表征，是集体记忆的重要载体。由于集体记忆与居民情感间存在内在联系，城市空间可以通过集体记忆得到再造，集体记忆引领景观塑造场所精神，形成地方性的动态构建，并且集体记忆的形成不局限于时间的长短，基于丰富的文本信息和短期的接触与交流同样可以形成集体记忆，这对城市景观规划也有很强的借鉴意义。因此，充分发挥集体记忆的构建功能，有利于加强文化真实性，提高人们的认同感、归属感。关于城市景观的集体记忆研究，国内部分学者从主体角度出发，基于城市意象来研究人们对景观的集体记忆，如曾诗晴等人探究旅游者体验的历史文化街区集体记忆的景观表征；刘祎绯等人探究居住年限不同的人群对拉萨城市历史景观的记忆差异与主客体及地域特色因素对集体记忆的影响。

综合来看，学者们对集体记忆研究角度不断拓宽，近年来集体记忆研究也已成为热点，但现有研究缺乏对民族特色的关注，有关民族地区城市特色景观，以及对多民族居民的集体记忆的影响探究尚且不足。而民族地区往往是各种特色城市景观与文化的"大熔炉"，其城市景观与居民文化等更为复杂。因此，本文聚焦于铸牢中华民族共同体意识的大背景下，以呼和浩特市为民族地区城市的典型案例，基于城市意象理论对城市进行解构，探究民族地区居民的集体记忆特征及其影响因素。这为民族地区景观规划与完善提供重要参考，对于塑造居民集体记忆，提高民族地区认同感具有重要的理论和实践意义。

1 研究区域与研究方法

1.1 研究区域

呼和浩特是内蒙古自治区的首府，蒙古语译为"青色的城"，是我国北方沿边地区重要的中心城市。呼和浩特市作为国家历史文化名城，拥有 2400 多年的建城史，是华夏文明的发祥地之一，同时呼和浩特是一个多民族文化和多宗教文化的城市，聚居了汉族、蒙古族、回族、满族、达斡尔族、鄂温克族等 41 个民族，拥有喇嘛教（藏传佛教）、汉传佛教、道教、伊斯兰教等 7 种宗教。在历史的脉络中，呼和浩特市俨然成了文化的"大熔炉"，多种时代文化、民族文化及宗教文化等在这里碰撞交融，同时在时代变革的洗礼下传承、演进和沉淀，形成了深厚的文化底蕴和独特的城市精神。呼和浩特市作为中华人民共和国第一个建立的民族区域自治政府的首府，也是我国历史上多民族活动的重要地点，留下了许多民族性的景观遗产，因此是研究民族地区城市景观的典型案例地。

1.2 研究方法与数据来源

认知地图是存储于人的长时记忆中的对于外部世界及其属性的表达。凯文·林奇（Lynch. K）首次运用认知地图了解居民对城市的空间意象并建立了认知地图的 5 种意象要素，即标志物、道路、节点、区域、边界。此后认知地图被广泛地应用于获取人们对于城市空间的感知与记忆。认知地图可以描述居民在长期生活中形成的城市记忆的结构与组成。近年来，学者广泛运用认知地图来研究人们的集体记忆。

本文通过认知地图对呼和浩特市居民进行问卷调查。调查问卷中要求受访者在纸上描绘出记忆中的呼和浩特市草图，标注出头脑中有关呼和浩特市的所有要素。问卷发放时间为 2022 年 10 月 16—24 日。问卷发放地点为呼和浩特市 4 个市辖区内的多个小区，确保调查对象的代表性和城市居民的覆盖性。问卷内容主要包括两个部分，第一部分是居民的个人信息，包括性别、年龄、教育程度、民族以及在呼和浩特市居住过的年限；第二部分是绘制认知地图及回答相关问项。共回收草图 91 份，回收有效草图 79 份，有效回收率 87.8%（表1）。

表1 调查问卷基本信息统计

项目	类别	人数（人）	百分比
性别	男	21	26.58%
	女	58	73.42%
年龄	18～25 岁	25	31.65%
	26～34 岁	32	40.51%
	35～49 岁	19	24.05%
	50 岁及以上	3	3.80%
民族	汉族	62	78.48%
	蒙古族	15	18.99%
	其他民族	2	2.53%
在呼和浩特市居住过的年限	超过 10 年	26	32.91%
	6～10 年	12	15.19%
	2～5 年	24	30.38%
	2 年以下	12	15.19%
	其他	5	6.33%

注：因采取四舍五入，百分比总和可能存在细微误差。

2 研究结果

2.1 民族地区城市景观集体记忆特征分析

本文基于林奇的城市意象理论，从五要素出发对民族地区居民的城市景观集体记忆空间结构进行分析。统计认知地图共得到 185 个城市景观要素，总出现频次 883 次。其中，道路 53 个，出现 183 次；区域 12 个，出现 123 次；节点 75 个，出现 364 次；标志物 38 个，出现 135 次；边界 7 个，出现 78 次。呼和浩特市居民集体记忆的认知图总体上呈"双轴、双中心、多意象"的形态。"双轴"为城市主干道东西向新华大街、南北向锡林郭勒大街。"双中心"一是中山路两侧的市中心区域，呼和浩特主要的商圈、政治中心、娱乐设施等多功能景观都聚集于此；二则是由中山西路西段—公园西路—石羊桥路—西河围合的老城区区域，也就是历史上的归化城，呼和浩特的主要历史文化景观就聚集于此。

2.1.1 道路

道路是观察城市的线性要素，也是城市意象的主导要素。道路是受访者认知地图中出现频次较高的要素，是居民城市意象的枝干，串联起关于城市景观的记忆。由于民族文化历史的渊源，呼和浩特市许多道路名称是由蒙古语音译过来，表达一些美好的愿望或某些纪念意义，这些道路也在受访者的认知地图中有所呈现。呼和浩特市二环内城市道路总体上呈棋盘方格网状，根据道路出现的频率和频次，将道路认知分为高、中、低三个等级（表2）。

表2　道路认知统计

认知程度	名称	频次	频率
高（共5处）	锡林郭勒路	17	9.29%
	新华大街	16	8.74%
	中山路	16	8.74%
	昭乌达路	14	7.65%
	地铁二号线	11	6.01%
小计		74	40.43%
中（共14处）	大学西街	9	4.92%
	地铁一号线	9	4.92%
	鄂尔多斯大街	7	3.83%
	通道北路	7	3.83%
	呼伦贝尔路	5	2.73%
	石羊桥路	5	2.73%
	昭君路	4	2.19%
	丝绸之路大道	4	2.19%
	大学东街、塞上老街等6处	18	9.84%
小计		68	35.52%
低（共34处）	大召前街、五塔寺前街、海拉尔街、银河南街等	41	22.40%

认知程度高的道路建设时间久远，不仅见证了呼和浩特城市的演进与发展，而且如今承载着历史、文化、生活、商业等众多功能，贯穿城市的核心区，承载着城市的主要交通流量。这里将呼和浩特市的两条地铁线归为道路要素，两条线路串联了呼和浩特市的重要景观和节点，地铁的设计也创新性地融入了城市的历史文化和民族特色元素，并且打造了12个特色站和4个红色主题站。红色主题站可以通过扫描二维码来浏览"英雄人物"故事，运用数字技术帮助居民加强集体记忆。地铁特色站则从多个角度深化人们对城市景观的感知。因此，即便两条地铁线建设与开放时间较短，但凭借交通空间与城市景观及其历史沉淀的完美交织，使得人们产生了深刻的记忆。

认知程度中等的道路是由核心区域逐渐向外扩散的道路，其中有一部分道路拥有较强的历史文化属性，但总体上复合型功能偏弱。而认知程度低的道路大多紧靠生活区，可识别性弱，往往是长时间居住在附近的居民才能识别。道路要素往往不是单独被人们感知的，而是受到区位、周围景观、功能复合性以及时间推移等多种因素的影响，交通道路也由此成为加深人们对于城市景观集体记忆的重要纽带。

2.1.2 区域

区域是指人们从心理上有"进入"感觉的比较大的范围。区域意象共12个，根据其属性的不同，分为以下几类（表3）。

表3 区域认知统计

类型	名称	频次	频率
行政区域	赛罕区、回民区等	12	9.76%
民族性历史文化区域	大召寺区域	26	21.14%
	公主府区域	10	8.13%
	蒙古风情园	6	4.88%
	昭君博物馆区域	3	2.44%
小计		45	36.59%
商业区域	中山路商圈	34	27.64%
教育区域	大学城区	15	12.20%
旅游景区	大青山	8	6.50%
	恼包村	3	2.44%
	五一水库	1	0.81%
小计		12	9.76%
工业区	伊利健康谷	3	2.44%
	蒙牛工业区	2	1.63%
小计		5	4.07%

从受访者的认知地图中获取到的区域均已在呼和浩特市形成鲜明的区域特色，具有明确的区域功能。人们回忆其中一个景观时，往往还会联想到该区域的其他景观，可意象性强。历史文化性区域承载着呼和浩特市具有代表性的历史文化遗产，是传承下来的宝贵财富。它一直诉说着这座城市发生过的故事，记录着人们的感情和记忆，因此认知程度最高。大召寺、公主府、蒙古风情园和昭君博物馆几处典型民族历史文化区域都被人们所感知，这几处区域涉及范围大且具有统一的建筑风格，容易使人产生整体性认知。

15.2%的受访者在认知地图中标出呼和浩特市的4个行政区划。中山路商圈位于呼和浩特市核心地段，商业功能齐全、基础设施完善，其中具有代表性的海亮广场如今也成为青城人民心中的精神坐标。呼和浩特市聚集了内蒙古的主要高校，大学城区域也成为人们记忆中不可或缺的部分。呼和浩特市又有"乳都"之称，蒙牛、伊利两处主要工业区也能被人们感知到。

2.1.3 标志物

标志物是一座城市中的突出要素，是人们观察城市的外部参考点。由于其外观、内涵和功能具有独特性和不可替代性，因此被人们所熟知并具有影响力。它往往是一座城市的象征符号，对于弘扬地域文化、展示地方特色有着至关重要的作用（表4）。

表 4 标志物认知统计

类型	名称	频次	频率
历史文化性（共 14 处）	大召寺	27	20.00%
	将军衙署	13	9.63%
	公主府	11	8.15%
	小召寺	7	5.19%
	乌兰夫纪念馆	5	3.70%
	五塔寺、昭君墓、鼓楼等	25	18.5%
小计		88	65.17%
外观独特性（共 15 处）	如意大桥	5	3.70%
	香格里拉酒店	3	2.22%
	内蒙古电视台、哈达门等	15	11.11%
小计		23	17.03%
政治功能性（共 9 处）	市政府	12	8.89%
	自治区政府	3	2.22%
	内蒙古人民会堂、赛罕区政府等	9	6.67%
小计		24	17.78%

标志物中历史文化性景观整体识别性高，因为它不仅外观具有自身特色，而且赓续着历史文化的精神血脉，自身的意蕴强化了其在城市中的标志性地位。随着时代的发展，历史文化性景观也开始发挥更多的功能，它不仅是承载物质文化的象征符号，而且是与人们情感相通的精神表征。这些景观随着历史的沉淀被保留、传承下来，有高度的集体认同感，在长期的社会互动中，成为城市中个体之间的黏合剂，最终形成集体身份的认同。外观独特性景观因其外观具有一定的独特性而被人们所注意，成为一定区域内的标志物，以及在此举办的仪式活动也会加深人们的记忆。政治功能性的地标由于其特殊的属性，又与群众之间联系密切，因此也在一定范围内成为地标。

2.1.4 节点

节点是观察者可以进入的焦点，包括道路的交叉点或线上突出的集中点，如广场等。在城市中，节点和标志物往往是相辅相成、彼此促进的。两者最大的区别是可进入性，前者更强调实际使用功能，后者则更强调符号象征功能，如大召寺广场与大召寺。本文将受访者认知地图中出现的节点分为文化类和非文化类两种（表 5）。

表5　节点认知统计

类型	小类	名称	频次	频率
文化类	文化传播节点	内蒙古博物馆	13	3.57%
		展览馆	4	1.10%
		内蒙古美术馆、内蒙古图书馆等4处	10	2.75%
	小计		27	7.42%
	文化活动节点	满都海公园	13	3.57%
		南湖湿地公园	8	2.20%
		成吉思汗公园、蒙西文化广场等6处	9	2.47%
	小计		30	8.24%
小计			57	15.66%
非文化类	人口集散地	呼和浩特站	32	8.79%
		白塔机场	27	4.67%
		呼和浩特东站	17	7.42%
		通达长途南站等3处	8	2.20%
	小计		84	23.08%
	生活节点	海亮广场	34	9.34%
		万达广场	22	6.04%
		新华广场	22	6.04%
		青城公园	21	5.77%
		摩尔城	15	4.12%
		内蒙古体育馆、内蒙古医科大学附属医院、维多利商场等21处	109	29.95%
	小计		223	61.26%
小计			307	84.34%

　　文化类节点中内蒙古博物馆、展览馆等作为文化传播的重要场所，也是呼和浩特市具有代表性的景观之一，是城市的浓缩，其内部设计具有浓厚的地方特色和民族特色。以满都海公园和南湖湿地公园为代表的文化活动节点作为呼和浩特市历史悠久的公园，可识别性较强，以及部分为了纪念少数民族优秀领袖而建立的公园，展现了少数民族英勇奋战的精神，使历史文化和民族精神得以通过公园中的景观诠释出来，增强人们的民族荣誉感并传承和发扬优秀精神。

　　非文化类节点中人口集聚地是人们出行的必要场所，人口流量大，且是人们都能接触到的功能性场所，因此人们对此认知性强、记忆深刻。生活节点是与人们日常生活息息相关的景观，涉及日常的生活、购物、休闲、娱乐等场所。像医院、建材城、市场等生活气息浓郁的节点往往是长时间居住的居民才能感知到的。

2.1.5 边界

　　边界是除道路以外的又一线性要素，是两个区域的边界线。在认知地图中整体上来看，具意象性较弱，具体见表6。

表 6 边界认知统计

地名	频数	频率
南二环路	23	29.49%
北二环路	17	21.79%
东二环路	13	16.67%
西二环路	9	11.54%
大黑河	7	8.97%
小黑河	6	7.69%
金海高架桥	3	3.85%

　　二环路在某种意义上对人们来说是可以通过的边界，是人们感受较为明显的意象。二环内是呼和浩特市的主要城区，重要景观也大多聚集在二环以内，人们多以二环为边界线来绘制地图。大黑河位于内蒙古河套地区东北隅，是黄河上游末端的一条大支流。小黑河是大黑河的支流，位于南二环，横贯滨河路东西，成为区域划分的边界线。

2.2 民族地区城市景观集体记忆的影响因素分析

2.2.1 主体因素

　　居民对城市景观集体记忆的形成受到自身多方面因素的综合影响。研究发现，尽管呼和浩特作为多民族聚居的城市，但其中占比最高的汉族与蒙古族两类群体关于城市景观的集体记忆并无显著差异。这说明不同民族间即便存在民族文化、习俗等方面的差异，但在长时间的城市环境影响下，对城市景观形成了共同的集体记忆。受到居住时间的影响，不同群体间集体记忆产生了一定的差异，根据居住时间的长短，将人群划分为长期居住人群（10年以上）、中长期居住人群（6～10年）、中短期居住人群（2～5年）以及短期居住人群（2年以下）（表7）。随着居住年限的增多，人们对道路记忆的丰富度与广度逐渐增加；与之对应，对道路周边景观记忆层次丰富度也逐渐增加。相较于短期居住人群，长期居住人群对于城市中的日常生活、休闲娱乐等景观的认知度更高，在认知地图的呈现中也更加丰富。四类人群对标志物的集体记忆差别不大，标志性景观都能被大家所识别，表明标志性景观对集体记忆的影响受到时间的影响不大。较之景观与人们之间的高互动性，人们对于区域和边界的感知度相对较低，因此短期与中短期居住人群的区域感与边界感较弱。

表 7 居住年限不同人群认知要素统计

要素	长期		中长期		中短期		短期	
	频数	频率	频数	频率	频数	频率	频数	频率
道路	55	15.90%	43	25.00%	56	25.93%	29	19.46%
区域	58	16.76%	18	10.47%	29	13.43%	18	12.08%
节点	140	21.98%	62	36.05%	92	42.59%	70	46.98%
标志物	61	17.63%	25	14.53%	27	12.50%	22	14.77%
边界	32	9.25%	24	12.24%	12	5.56%	10	6.71%
总计	346	81.52%	172	98.29%	216	100.01%	149	100.00%

　　注：因采取四舍五入，百分比总和可能存在细微误差。

2.2.2 客体因素

功能布局、建筑风格以及景观的历史文化背景对居民集体记忆的形成也产生了一定的影响。功能布局方面，呼和浩特市主城区中山路区域城市支路网密度高，景观密集度高且商业、娱乐设施空间聚集特征明显，且兼具购物、娱乐、休闲、餐饮多种功能更能满足人们在物质与精神上的追求，这也是人们对中山路区域城市要素记忆点多的原因。以大召寺为核心的寺庙群是呼和浩特市历史文化景观的聚集地，具有鲜明的民族与地域建筑风格，是呼和浩特市重要旅游地，此区域活力性强，发挥多样性的功能。大召寺因其独特的地理位置、鲜明的建筑风格及功能的多样性成为人们集体记忆中最为深刻的标志物。此外，如将军衙署、公主府等历史遗留的景观虽不具有良好的地理区位，也因其历史文化因素与独特的建筑风格而影响人们的集体记忆，但集体记忆频次远少于大召寺。高频次景观主要为商业场所、广场、公园、博物馆和人口集散地等，可见人们在日常生活中越来越注重满足精神文化需求。

2.2.3 民族因素

民族因素是民族地区城市所独有的影响因素，景观的民族建筑风格与蕴含民族文化以及开展的仪式习俗对居民集体记忆产生了重要的影响。研究发现，呼和浩特城市景观具有较强的民族特色，且受访者受民族因素的影响对民族性景观记忆占比较高，特别是集体记忆中的历史文化类景观以民族性景观为主。这些民族性景观往往具有历史文化、宗教文化、旅游观光、日常生活等功能属性，也在很大程度上体现呼和浩特市城市景观特色。

民族性景观因其独特的建筑风格或外观上的民族元素使其与城市中的其他景观形成了显著的差异，视觉上的冲击强化了人们对民族性景观的记忆。统计发现含民族因素的区域、节点与标志物在对应要素的历史文化类占比分别为100%、75.43%、94.32%，表明民族性景观不仅通过特色的外观风貌吸引人们的注意，其承载的城市历史属性与蕴含的民族文化也强化了人们对景观的集体记忆，民族性景观中的仪式习俗，如宗教祈福活动、赛马、篝火晚会等也促使人们产生独特的情感体验，有助于加强人们对景观记忆的深度。此外，研究发现，民族性景观在各族人民的认知地图中都有所呈现，由此可知民族因素不是一个民族的独有影响因素，而是对生活在这座城市中的各族人民的集体记忆都产生了重要的影响。

3 结论与讨论

3.1 结论

呼和浩特市的城市景观意象主要集中在二环以内，记忆程度高的景观聚集在城市的市中心区域与老城区区域。民族性景观在城市中占有重要地位，在认知地图中出现频次高，可识别性强，是人们集体记忆的焦点。

居民集体记忆主要受到主体因素、客体因素以及民族因素三个方面的影响。主体因素中居住年限对人们的集体记忆产生重要影响，居民城市景观集体记忆层次的丰富度随居住年限的降低而逐渐递减，但标志性景观的影响力与传播力强受到时间维度的约束力小，能够使不同居住年限的人产生相似记忆，因此应注重此类景观的建设与发扬，将其作为价值观与文化传递的重要载体。客体因素中集体记忆主要受景观功能布局方面的影响。承载功能性越强、密集度越高的景观活力越强，与人们的互动性也越高，越容易使人们产生集体记忆，在城市建设与优化过程中加强对景观新功能的挖掘，提高景观与人们的互动性，增强人们的城市体验感；民族因素中居民的集体记忆主要受民族建筑风格、民族文化以及开展的仪式习俗方面的影响。并且汉族与蒙古族居民的城市景观集体记忆不存在明显区别，都受到民族因素的影响，民族性景观在不同民族居民的集体记忆中均占据重要地位，是当地人民身份认同的标志之一。因此，应加强对民族性景观的重视，促使民族性景观在保留地域文化特色的同时，加强与我国多种文化的交流与融合，以提高本地居民的归属感，铸牢中华民族共同体意识。

3.2 讨论

民族地区是我国各民族文化碰撞与交融的重要地点，呼和浩特市作为典型的民族地区城市，具有多元的文化背景与众多的民族特色景观，影响人们城市景观集体记忆的因素也更为复杂。因此，在铸牢中华民族共同体意识的大背景下，聚焦于探究民族地区城市景观集体记忆特征及其影响因素，促使城市景观研究增加对民族特色的关注，丰富了景观与民众集体记忆研究等方面的涉猎广度，具有较强的研究意义。此外，本文为民族地区景观建设与优化提供了重要的参考价值，对民族地区城市景观可持续性发展和强化人们认同感与归属感具有重要的现实意义。随着人们出行方式越来越便利，呼和浩特市的外来游客也逐渐增多，本文尚未考虑外来游客对民族地区景观的认知情况及产生的集体记忆。未来将进一步探索新时代民族地区城市景观对外来游客集体记忆的影响以及本地居民与外来游客集体记忆的差异，这对于民族地区景观更好传播文化，塑造集体记忆有重要的参考。

[参考文献]
[1] 莫里斯·哈布瓦赫. 论集体记忆 [M]. 毕然，郭金华，译. 上海：上海人民出版社，2002.
[2] 赵星雅，李佳怡，张志远，等. 基于集体记忆的城市历史景观活化途径研究：以襄阳为例 [J]. 现代城市研究，2024（4）：24-30.
[3] 李猛，乌铁红，钟林生. 旅游"网红村"居民的怀旧、集体记忆与地方认同的特征及互动关系：以内蒙古呼和浩特市恼包村为例 [J]. 地理科学，2022，42（10）：1799-1806.
[4] 李凡，朱竑，黄维. 从地理学视角看城市历史文化景观集体记忆的研究 [J]. 人文地理，2010，25（4）：60-66.
[5] TOH ZI GUI, DIEHL JESSICA A. Projecting nostalgia：Portrayal of memoryscapes in local cinema as place attachment for community-driven redevelopment of Singapore landscapes [J]. Singapore Journal of Tropical Geography，2022，43（3）.
[6] HUSSEIN F，STEPHENS J，TIWARI R. Memory for Social Sustainability：Recalling Cultural Memories in Zanqit Alsitat Historical Street Market，Alexandria，Egypt [J]. Sustainability，2020，12.
[7] 曾诗晴，谢彦君，史艳荣. 时光轴里的旅游体验：历史文化街区日常生活的集体记忆表征及景观化凝视 [J]. 旅游学刊，2021，36（2）：70-79.
[8] 刘祎绯，周娅茜，郭卓君，等. 基于城市意象的拉萨城市历史景观集体记忆研究 [J]. 城市发展研究，2018，25（3）：77-87.
[9] LYNCH K. The Image of the City Cambridge [M]. Mass：MIT Press，1960.

[基金项目]：国家自然科学基金"新消费时代我国西部城市商业空间重构研究"（41801149）；内蒙古自治区高等学校"青年科技英才支持计划"——"基于小地域尺度和精细化调控的城市人口时空行为研究——以呼和浩特为例"（NJTY-20-B09）；内蒙古社会科学研究课题"内蒙古城市文化景观与铸牢中华民族共同体意识的适应性研究"（EY10）；内蒙古大学中华民族共同体研究中心课题"铸牢

中华民族共同体意识视域下民族地区城市文化景观重构"（NDZH202219）。]

[作者简介]

邹馨仪，内蒙古大学公共管理学院硕士研究生。

郭梦瑶，中山大学地理科学与规划学院博士研究生。

王芳，通信作者，博士，副教授，硕士研究生导师，就职于内蒙古大学公共管理学院。

基于情绪反馈的高强度片区街景舒适度评价与优化

□金榜，张颖异

摘要：城市高强度片区具有空间开发高密度和人群活动强聚集特征，为超大特大城市核心区主要空间模式之一。但是，特殊的空间形态易引发重空间、轻人文的问题，强调空间建设，忽视人文关怀。本文以北京市西城区西单—金融街片区为例，以人本感知为切入点，拓展人本尺度下的街景舒适度内涵；构建基于高强度片区街景特征的情绪测度模型，量化分析街景元素与空间使用者情绪反馈间的互馈关联；从建筑界面、街巷环境和生态空间三个维度，探索提升高强度片区街景舒适度的具体路径和策略，科学支撑高强度片区人本化发展。

关键词：情绪反馈；高强度片区；街景；舒适度

0　引言

2019年，习近平总书记提出"人民城市人民建，人民城市为人民"的重要理念。党的二十大报告进一步指出，坚持人民城市人民建，人民城市为人民，提高城市规划、建设、治理水平，健全共建共治共享社会治理制度。高强度片区作为超大特大城市中心区的主要发展模式之一，其空间形态复杂并承担多重用地功能，往往是经济行为的主要发生地和对外展示城市形象的窗口。更高的开发强度、建筑密度和人口密度，易暴露高强度低品质、重空间轻人文的问题，如日常活动空间的挤占、安全可达路径的缺失、视线的封闭阻隔、氛围的匆忙紧张等。高密度片区的发展方式亟须转型，即从同质化空间塑造到关注多样性人文需求，从宏观性规模增长到关注日常性活力营造。

现有的高强度片区研究主要集中在生态、交通、空间系统组织等领域。李月嫦、杨可昀等探究了城市中心区热岛强度和雨洪防治的影响因素与路径方法。赵婧达、郑明伟等针对高强度片区交通组织问题，提出高强度片区更新中的站城一体化策略和交通系统架构方式。朱骏、李梦月等以深圳为例，分析高强度开发下的空间组织机制，提出多元立体的高强度空间开发模式。此外，图像语义分割、机器学习等方法为复杂型高强度片区街巷空间研究提供了理性支撑，近年来涌现出较多基于数字技术和数据工具的空间品质测定评价研究。街景是构成城市空间体系的主要内容，包含街巷中可视的建筑界面、指示标识、环境小品、街旁绿植等。街景研究多基于功能特征展开，如庞春雨、李晓飞分析了商业步行街道的空间要素内涵和评价标准；王新宇、何欣等探究了城市更新视角下的街巷公共空间营造策略，探求公共场所空间的设计方法；熊付爱等分析了基于街景数据的空间活力特征，提出老城街巷活化的多种可能。综上所述，高强度片区已成为当前城市规划设计领域研究的焦点，多重技术方法不断涌现。街景是高强度片区的重要构成要素，其品质高低关系到城市居民的体验感、获得感和幸福感。但是，已有研究主要侧重于物质空间层面，从空间使用者的身体尺度出发，基于人的情绪反馈进行高强度片区街景研究的成果尚不充分。据此，本文以情绪反馈为切入点，关注空间体验，以北京市西城区西单—金融街片区为例，建构街景舒适度评价体系，探究高强度片区街景舒适度优化策略，从而科学支撑高强度片区人本性能提升。

1 研究方法

1.1 样本选取

依据 2023 年联合国世界城市区域研究统计，城市高密度人口基准线为 15000 人/km²。本文界定高强度片区为人口密度高于高密度国际基准线、具有高强度开发特征和复杂空间形态的区域。

本文选取北京西单—金融街片区的 3.98 km² 区域为研究对象。西单为北京著名商业街区，其历史可追溯到明代。作为通往京城西南孔道广安门的主要路口，西单地区常有西南各省经陆路而来的商旅和货物，推动了商业发展。如今的西单得名于老北京城俗称的西单牌楼，以西单路口为中心，沿西单文化广场、西单北大街有诸多商业设施分布。金融街毗邻西单，是北京市第一个大规模整体定向开发的金融产业功能区，1992 年经北京市委、市政府批准正式启动建设。当前，金融街聚集了国家金融管理部门中的中央金融委员会办公室、中国人民银行、中国证券监督管理委员会、国家金融监督管理总局，以及中国证券投资基金业协会等 15 家金融行业协会、全国四大资产管理公司、国有大型商业银行、大型股份制银行总部等。西单—金融街片区以商业商务功能为主，新旧空间并存，为本文的研究提供了适宜的样本片区。

1.2 实验过程

实验过程分三个阶段进行。一为街景空间测度阶段。为探究西单—金融街片区空间形态特征并划定典型街景空间便于深入调研，通过空间句法手段，对该片区的集成度与选择度进行量化分析。空间句法是一种描述城市空间模式的语言，其核心思想在于对空间进行尺度分隔，量化描述拓扑、几何、实际距离等关系。空间句法应用于城市空间结构、人群活动模式问题时具有较强分析能力，常用于空间形态研究，能够对空间系统在整体和局部组织关系上进行理性探析。当前，句法工具不断开发迭代，有轴线图分析可用的 Axman、Depthmap 等，有视域分析可用的 Depthmap、Syntax 2D 等。考虑稳定度与成熟度，本文选取 DepthmapX 为空间形态分析工具。

二为评价指标筛选阶段。通过预调研，结合现有研究，选取高强度片区的建筑界面、街巷环境和生态空间 3 个维度指标，以情绪感知视角评价街景舒适度。具体指标筛选原则为文献提取、专家认同且信息可取，其中建筑界面指标包括建筑外立面风格、沿街店铺招牌色彩、沿街建筑灰空间及沿街店铺内部可视度 4 项；街巷环境指标包括人行道通畅度、街巷整洁度、夜间灯光照明、城市家具美观度、街巷空间高宽比及贴线率 6 项；生态空间指标包括街旁绿地和街旁水体 2 项。空间使用者的情绪反馈依据李克特量表，舒适度划分为非常舒适、舒适、一般、不舒适及非常不舒适 5 级。

三为街景实地调研阶段。基于前序阶段的街景样本划定和指标筛选，对不同功能和空间特征的街巷地区进行实地调研，包含问卷调查、半结构访谈、影像记录等。其中，问卷调查和半结构访谈力求覆盖西单—金融街片区多样化人群，确保结果可靠性。

1.3 数据采集

数据采集时间为 2023 年 11 月至 2024 年 3 月，覆盖早中晚各时段，共发放问卷 350 份。利用 SPSS 软件分别将各指标的原始分数转换为标准分数（Z 分数），当有 2 个及以上 Z 值大于 2.5 或者小于 -2.5，即将其对应的原始数据视为无效数据并予以剔除。最终得到有效问卷 324 份，有效率为 92.5%。在对问卷数据进行信效度检验和差异分析后，利用相关性分析确定各街景要素关系；以舒适度反馈为因变量，各指标值为自变量，构建回归模型，描述空间使用者情绪反馈与高强度片区街景之间的量化关联。综合分析现状条件和数据结果，提出高强度片区街景舒适度优化提升策略。

2 结果与分析

2.1 街景空间的句法分析

利用 DepthmapX 对研究范围内的路网分别进行集成度和选择度分析，结果如图 1 和图 2 所示。集成度越高在图中显示越趋向暖色调，代表道路吸引到达交通的潜力较强，越冷色调代表潜力弱；选择度对应通过量，选择度越高代表道路吸引穿行交通的潜力越强，反之越弱。从分析结果中选择集成度和选择度均较高的街景空间作为典型街景进行分析，包含金融大街（复兴门内大街—广宁伯街）、西单北大街（西长安街—灵境胡同）和西四北头条（图 3）。金融大街长 690 m，两厢为商务办公建筑，是金融街区主要街道之一。西单北大街以商业功能为主，长 820 m。西四北头条以居住功能为主，留存传统胡同空间，长 623 m。各街道的功能和形态不同，有利于对比分析高强度片区多种街景空间中的舒适度测度结果。

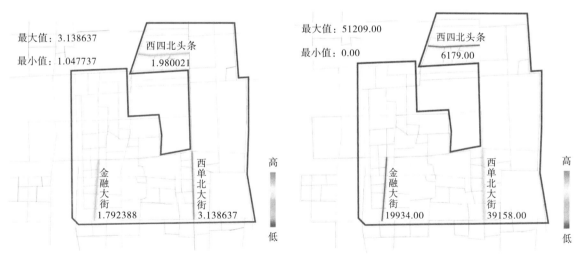

图 1　集成度分析结果　　　　　　　图 2　选择度分析结果

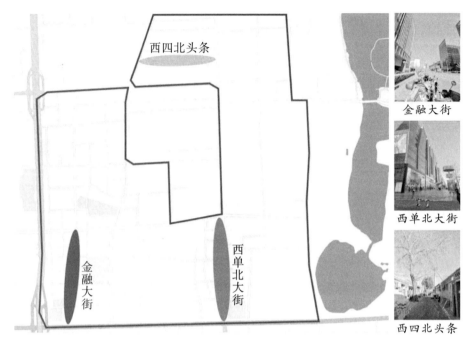

图 3 样本街景空间位置

2.2 数据统计结果分析

2.2.1 描述性统计

利用 SPSS 对回收问卷进行样本分布的描述性统计分析，以描述本次调研对象的基本信息分布情况（表 1）。结果显示，人群性别构成比例接近 1：1，在年龄构成中，金融大街以 19～50 岁为主，西单北大街以 19～40 岁为主，西四北头条以 51 岁及以上为主。在职业构成中，金融大街以公司职员、事业单位工作人员、服务业人员为主，西单北大街以学生、服务业人员、公司职员为主，西四北头条以其他事业单位工作人员、专业人士为主。

表 1 各街道调研对象人口学信息统计

人口学信息	指标	金融大街		西单北大街		西四北头条	
		人数/人	占比	人数/人	占比	人数/人	占比
性别	男	56	51.4%	53	47.3%	55	53.4%
	女	53	48.6%	59	52.7%	48	46.6%
年龄	18 岁以下	7	6.4%	18	16.0%	3	2.9%
	19～30 岁	22	20.2%	37	33.0%	7	6.8%
	31～40 岁	36	33.1%	30	26.7%	10	9.7%
	41～50 岁	29	26.6%	11	10.0%	13	12.6%
	51～64 岁	7	6.4%	11	10.0%	27	26.2%
	65 岁以上	8	7.3%	5	4.3%	43	41.8%

续表

人口学信息	指标	金融大街		西单北大街		西四北头条	
		人数/人	占比	人数/人	占比	人数/人	占比
职业	事业单位工作人员	22	20.2%	15	13.4%	20	19.4%
	专业人士	4	3.8%	7	6.2%	17	16.5%
	服务业人员	22	20.2%	19	16.9%	14	13.3%
	商人/雇主	11	10.1%	11	10.0%	3	2.9%
	公司职员	44	40.3%	18	16.0%	7	6.8%
	学生	6	5.4%	42	36.5%	7	6.8%
	其他					35	34.3%
总计		109	100.0%	112	100.0%	103	100.0%

2.2.2 信效度分析

问卷信度检验借助 SPSS 工具实现。对问卷整体以及各指标维度进行可信度检验，结果显示克隆巴赫 α 系数均大于 0.7，表明问卷整体以及各维度的内部一致性较高。

问卷信度检验达标后进行问卷的效度检验，由于问卷的维度已知，因此借助 AMOS 软件进行问卷效度检验，分别检验问卷量表的聚合效度和区分效度。街景潜变量 F1、F2、F3 对应各指标因子载荷数均大于 0.7，说明各个潜变量对应所属题目具有较高代表性；各个潜变量平均方差变异 AVE 均大于 0.5，组合信度 CR 均大于 0.8，说明指标设置信度理想。由表4可知，街景潜变量 F1、F2、F3 之间均有显著相关性（$P<0.01$），且相关系数均小于对应的 AVE 平方根，说明各潜变量之间确切相关，且彼此又有一定区分度，指标设置区分度理想。

2.2.3 差异分析

对问卷结果进行基于性别、年龄、职业的差异分析，以检验调研人群是否会对问卷量表3个维度的情绪反馈结果造成显著的感知差异影响。表2中对问卷结果进行基于性别的独立样本 t 检验，显示莱文方差方程检验值均大于 0.05，数据符合方差齐性；且均值方程 t 检验显著值均大于 0.05，表明性别差异不对量表3个维度的结果造成显著感知差异影响。

表2 基于性别的独立样本 t 检验

街道	维度	平均分	标准差	男	女	t
金融大街	建筑界面	3.31	.69	3.26±.69	3.36±.71	−.747
	街巷环境	3.88	.74	3.81±.76	3.95±.71	−.972
	生态空间	2.59	.70	2.54±.71	2.65±.70	−.853
西单北大街	建筑界面	4.32	.58	4.37±.58	4.27±.58	.882
	街巷环境	4.11	.73	4.15±.71	4.08±.74	.519
	生态空间	2.58	.69	2.58±.63	2.58±.75	.066

续表

街道	维度	平均分	标准差	男	女	t
西四北头条	建筑界面	2.19	.58	2.25±.58	2.12±.58	1.173
	街巷环境	3.04	.65	3.12±.62	2.94±.67	1.435
	生态空间	1.61	.51	1.62±.52	1.60±.52	.137

对问卷结果进行基于年龄和职业的单因素 ANOVA 检验（表3、表4），显示莱文方差方程检验值均大于0.05，表明数据符合方差齐性；且显著值均大于0.05，表明年龄和职业差异不对量表3个维度的结果造成显著感知差异影响。

表3　基于年龄的单因素 ANOVA 检验

街道	维度	年龄（平均值±标准差）						F	P
		18岁以下	19～30岁	31～40岁	41～50岁	51～64岁	65岁以上		
金融大街	建筑界面	3.21±.55	3.06±.69	3.39±.69	3.28±.72	3.29±.71	3.84±.53	1.721	.136
	街巷环境	3.74±.63	3.61±.79	3.96±.71	3.83±.76	3.83±.56	4.52±.53	2.063	.076
	生态空间	2.43±.45	2.34±.76	2.67±.62	2.55±.76	2.57±.61	3.25±.65	2.256	.054
西单北大街	建筑界面	4.17±.59	4.41±.57	4.34±.62	4.05±.44	4.43±.59	4.40±0.55	1.017	.412
	街巷环境	3.99±.77	4.22±.68	4.14±.75	3.83±.56	4.17±.85	4.03±.93	.602	.699
	生态空间	2.47±.67	2.62±.63	2.68±.74	2.36±.67	2.55±.82	2.60±.89	.457	.808
西四北头条	建筑界面	2.58±.58	2.32±.69	2.03±.69	2.31±.63	2.22±.61	2.13±.51	.715	.614
	街巷环境	3.33±.58	3.14±.63	2.85±.77	3.24±.58	3.06±.72	2.97±.61	.681	.639
	生态空间	1.50±.50	1.79±.57	1.55±.60	1.58±.57	1.70±.50	1.56±.49	.483	.788

表4　基于职业的单因素 ANOVA 检验

街道	维度	职业（平均值±标准差）							F	P
		事业单位工作人员	专业人士	服务业人员	商人/雇主	公司职员	学生	其他		
金融大街	建筑界面	3.48±.75	3.00±.74	3.47±.68	3.20±.84	3.23±.67	3.04±.25		.973	.438
	街巷环境	4.06±.82	3.71±.67	3.99±.72	3.79±.92	3.80±.70	3.61±.86		.703	.622
	生态空间	2.77±.78	2.38±.48	2.66±.68	2.59±.97	2.53±.66	2.25±.27		.739	.596
西单北大街	建筑界面	4.12±.52	4.32±.47	4.59±.54	4.07±.49	4.19±.67	4.38±.57		1.967	.089
	街巷环境	3.88±.72	4.07±.69	4.41±.76	3.71±.66	4.02±.80	4.21±.66		1.910	.099
	生态空间	2.40±.63	2.50±.76	2.89±.77	2.23±.79	2.47±.72	2.65±.59		1.826	.114
西四北头条	建筑界面	2.09±.55	2.26±.59	2.21±.80	1.75±.50	2.82±.45	1.93±.69	2.17±.43	2.192	.059
	街巷环境	2.89±.62	3.23±.70	3.02±.83	2.50±.60	3.71±.37	2.60±.76	3.04±.47	2.829	.074
	生态空间	1.70±.50	1.65±.52	1.61±.59	1.34±.84	2.07±.19	1.43±.53	1.54±.49	2.139	.056

2.3 街景特征及舒适度分析

2.3.1 街景特征分析

在建筑界面维度上，西单北大街 4 项指标现状均较好；金融大街在外立面风格和沿街建筑灰空间上表现较好，而沿街店铺招牌色彩和沿街店铺内部可视度则有待提高；西四北头条整体现状呈现较低水平。

在街巷环境维度上，西单北大街 6 项指标现状均较好；金融大街在人行道指标上较其他良好指标略有降低，而城市家具指标则有待提高；西四北头条在街巷高宽比和贴线率指标上表现良好，整洁度和夜间灯光照明次之，而人行道和城市家具指标则有待提高。

在生态空间维度上，3 条街道现状指标均不理想。金融大街和西单北大街街旁绿地略优于街旁水体，西四北头条则 2 项指标均低于其他 2 条街道（表 5）。

表 5　街景特征计算结果

维度	指标	金融大街	西单北大街	西四北头条	均值
建筑界面	建筑外立面风格 X1	4.17	4.30	3.13	3.87
	沿街店铺招牌色彩 X2	2.67	4.37	2.02	3.02
	沿街建筑灰空间 X3	4.06	4.21	1.88	3.83
	沿街店铺内部可视度 X4	2.33	4.39	1.74	2.82
街巷环境	人行道通畅度 X5	3.60	4.13	1.89	3.21
	街巷整洁度 X6	4.11	4.13	3.07	3.77
	夜间灯光照明 X7	4.15	4.10	3.24	3.83
	城市家具美观度 X8	2.94	4.02	1.84	2.93
	街巷空间高宽比 X9	4.20	4.17	4.00	4.12
	贴线率 X10	4.26	4.11	4.18	4.18
生态空间	街旁绿地 X11	3.32	3.33	1.64	2.76
	街旁水体 X12	1.86	1.83	1.58	1.76

2.3.2 街景舒适度分析

对量表数据进行 KMO 和巴特利特球形度检验。表 6 的结果显示，金融大街、西单北大街和西四北头条数据的 KMO 取样适切量数均大于 0.6，且巴特利特检验显著值均小于 0.05，说明各个变量之间存在相关性，适合进行主成分分析。

表 6　各街道量表 KMO 和巴特利特球形检验

街道		金融大街	西单北大街	西四北头条
KMO 取样适切性量数		.925	.922	.919
巴特利特球形度检验	近似卡方	2634.793	2864.621	1839.276
	自由度	66	66	66
	显著性	.000	.000	.000

主成分提取中，为与原始量表维度保持一致，选择提取因子的固定数目为 3。结果显示各街道数据的 3 个主成分累计解释方差贡献率均大于 90%，说明 3 个主成分可以解释各街巷数据量表信息。分别计算各主成分的得分系数，用成分矩阵变量除以其主成分特征值算术平方根，计 3 个主成分分别为 F1、F2、F3，整理为成分得分系数表（表 7）。计算各街景要素所占权重并进行归一化整理，得出每条街道的街景要素所占权重（表 8）。

表 7　各街道量表成分得分系数

指标	金融大街			西单北大街			西四北头条		
	F1	F2	F3	F1	F2	F3	F1	F2	F3
X1	.299	−.257	.069	.285	.371	.021	.303	−.170	−.169
X2	.263	.631	.305	.277	.488	.197	.290	−.306	−.050
X3	.292	−.051	−.422	.297	.056	−.260	.300	.021	−.285
X4	.287	.106	−.024	.272	.476	.304	.281	.411	−.132
X5	.289	.228	.239	.298	−.144	−.279	.295	−.068	−.436
X6	.297	−.181	−.250	.301	−.111	−.190	.291	−.321	.290
X7	.298	−.247	−.072	.299	−.183	−.132	.303	−.213	.071
X8	.291	−.085	−.374	.291	−.247	.186	.289	.088	−.427
X9	.296	−.279	.217	.299	−.048	−.296	.303	−.076	.235
X10	.288	−.232	.391	.299	−.193	−.210	.284	−.23	.454
X11	.293	.003	.320	.288	.033	.109	.266	.511	.174
X12	.268	.487	−.396	.256	−.475	.701	.256	.478	.344

表 8　街景要素对应权重

指标	金融大街	西单北大街	西四北头条
X1	.083	.084	.079
X2	.088	.082	.074
X3	.079	.086	.081
X4	.084	.081	.089
X5	.089	.085	.075
X6	.081	.086	.081
X7	.082	.085	.083
X8	.079	.083	.078
X9	.083	.086	.089
X10	.083	.085	.084
X11	.087	.083	.093
X12	.081	.073	.093

将表 8 的指标权重代入量表数据，计算出情绪反馈的综合得分和均值，作为金融大街、西

单北大街和西四北头条的情绪反馈最终得分（表9）。

表9 研究场地使用者情绪反馈结果及均值

街道	金融大街	西单北大街	西四北头条	均值
情绪反馈得分	3.47	3.94	2.51	3.31

2.4 基于街景特征的情绪预测模型

2.4.1 街景特征相关性分析

对评价指标中的12项街景要素进行相关性分析，结果见表10。相关性分析的结果为后续的影响因素研究提供了依据和保证。

表10 街景要素相关性分析

指标	西单北大街街景要素相关性分析											
	X1	X2	X3	X4	X5	X6	X7	X8	X9	X10	X11	X12
X1	1											
X2	.748 **	1										
X3	.895 **	.756 **	1									
X4	.906 **	.829 **	.850 **	1								
X5	.856 **	.882 **	.855 **	.848 **	1							
X6	.941 **	.749 **	.948 **	.873 **	.853 **	1						
X7	.973 **	.743 **	.915 **	.892 **	.855 **	.964 **	1					
X8	.888 **	.725 **	.938 **	.846 **	.866 **	.919 **	.902 **	1				
X9	.974 **	.738 **	.870 **	.878 **	.864 **	.915 **	.946 **	.881 **	1			
X10	.923 **	.739 **	.830 **	.822 **	.880 **	.869 **	.897 **	.864 **	.944 **	1		
X11	.910 **	.826 **	.853 **	.827 **	.880 **	.876 **	.896 **	.847 **	.931 **	.925 **	1	
X12	.769 **	.825 **	.830 **	.811 **	.808 **	.798 **	.775 **	.834 **	.744 **	.718 **	.810 **	1
西单北大街街景要素相关性分析												
X1	1											
X2	.918 **	1										
X3	.900 **	.844 **	1									
X4	.886 **	.931 **	.821 **	1								
X5	.850 **	.807 **	.933 **	.789 **	1							
X6	.867 **	.832 **	.940 **	.813 **	.951 **	1						
X7	.846 **	.815 **	.912 **	.798 **	.953 **	.970 **	1					
X8	.815 **	.796 **	.865 **	.785 **	.912 **	.913 **	.938 **	1				
X9	.876 **	.828 **	.965 **	.807 **	.966 **	.952 **	.940 **	.888 **	1			
X10	.842 **	.806 **	.915 **	.790 **	.976 **	.977 **	.976 **	.931 **	.945 **	1		
X11	.880 **	.831 **	.922 **	.800 **	.877 **	.878 **	.862 **	.835 **	.897 **	.865 **	1	

续表

指标	西单北大街街景要素相关性分析											
X12	.673 **	.647 **	.730 **	.660 **	.772 **	.791 **	.810 **	.868 **	.753 **	.796 **	.798 **	1
西四北头条街景要素相关性分析												
X1	1											
X2	.865 **	1										
X3	.864 **	.825 **	1									
X4	.733 **	.664 **	.811 **	1								
X5	.897 **	.812 **	.869 **	.766 **	1							
X6	.832 **	.867 **	.743 **	.653 **	.750 **	1						
X7	.927 **	.869 **	.839 **	.709 **	.825 **	.865 **	1					
X8	.809 **	.746 **	.855 **	.825 **	.912 **	.713 **	.752 **	1				
X9	.816 **	.781 **	.842 **	.766 **	.773 **	.889 **	.863 **	.785 **	1			
X10	.765 **	.789 **	.705 **	.649 **	.701 **	.904 **	.843 **	.675 **	.898 **	1		
X11	.676 **	.607 **	.718 **	.849 **	.663 **	.623 **	.678 **	.699 **	.727 **	.648 **	1	
X12	.656 **	.585 **	.674 **	.771 **	.612 **	.615 **	.674 **	.636 **	.714 **	.658 **	.836 **	1

注：＊＊表示 $P<0.01$，＊表示 $P<0.05$

2.4.2 情绪预测模型构建

以情绪反馈作为因变量，以 12 类街景要素作为自变量，构建街景空间的线性回归方程模型，为测算高强度片区情绪反馈提供参考。表 11 中的金融大街回归分析结果表明，人体尺度下的情绪反馈受到沿街店铺内部可视度（$P=0.000$）、贴线率（$P=0.000$）和街旁绿地（$P=0.000$）的正面影响，受沿街店铺招牌色彩（$P=0.004$）的负面影响。据此，金融大街情绪预测如公式（1）：

情绪反馈＝0.012－0.188×沿街店铺招牌色彩＋0.298×沿街店铺内部可视度＋0.351×贴线率＋0.567×街旁绿地　　　　　　　　　　　　　　　　　　　　　　　　　式（1）

表 11　金融大街模型拟合信息及特征量汇总

模型	非标准化系数		标准系数	t	显著性
	B	标准误差	Beta		
（常量）	.012	.236		.051	.960
沿街店铺招牌色彩	－.188	.063	－.174	－2.969	.004
沿街店铺内部可视度	.298	.053	.338	5.651	.000
贴线率	.351	.080	.315	4.374	.000
街旁绿地	.567	.069	.641	8.216	.000
R^2					.967
F					231.811
P					<.001

注：因变量为情绪反馈。

表 12 中的西单北大街回归分析结果表明，情绪反馈受到夜间灯光照明（$p=0.000$）和贴线率（$p=0.000$）的正面影响，同时受街巷整洁度（$p=0.004$）和街巷空间高宽比（$p=0.010$）的负面影响。据此，西单北大街情绪反馈预测模型如公式（2）：

情绪反馈$=-0.023-0.215\times$街巷整洁度$+0.723\times$夜间灯光照明$-0.129\times$街巷空间高宽比$+0.434\times$贴线率 　　　　　　式（2）

表 12　西单北大街模型拟合信息及特征量汇总

模型	非标准化系数		标准系数	t	显著性
	B	标准误差	$Beta$		
（常量）	$-.023$	.066		$-.350$	.727
街巷整洁度	$-.215$	.055	$-.215$	-3.926	.000
夜间灯光照明	.723	.045	.728	16.093	.000
街巷空间高宽比	$-.129$	.049	$-.121$	-2.615	.010
贴线率	.434	.072	.426	5.996	.000
R^2				.993	
F				1177.053	
P				$<.001$	

注：因变量为情绪反馈。

表 13 中的西四北头条回归分析结果表明，情绪反馈受到街巷整洁度（$P=0.043$）、贴线率（$P=0.004$）以及街旁绿地（$P=0.000$）的正面影响。据此，西四北头条情绪反馈预测模型如公式（3）：

情绪反馈$=-0.046+0.194\times$街巷整洁度$+0.257\times$贴线率$+0.693\times$街旁绿地 　　式（3）

表 13　西四北头条模型拟合信息及特征量汇总

模型	非标准化系数		标准系数	t	显著性
	B	标准误差	$Beta$		
（常量）	$-.046$	.143		$-.322$	.748
街巷整洁度	.194	.094	.207	2.057	.043
贴线率	.257	.087	.199	2.945	.004
街旁绿地	.693	.076	.530	9.083	.000
R^2				.920	
F				85.690	
P				$<.001$	

注：因变量为情绪反馈。

3　高强度片区街景舒适度优化策略

综合分析街景特征和情绪反馈结果，金融大街使用者的情绪反馈受沿街店铺内部可视度、贴线率以及街旁绿地的正面影响，受沿街店铺招牌色彩的负面影响。西单北大街使用者的情绪反馈受夜间灯光照明和贴线率的正面影响，受街巷整洁度和街巷空间高宽比的负面影响。西四北头条使用者的情绪反馈受街巷整洁度、贴线率和街旁绿地的正面影响。

据此，对形态功能差异化的街景要素进行优化策略提炼。以金融大街为代表的现代金融办公类街巷，在建筑界面上，应综合考虑建筑功能的特殊性，将产业文化与地域特色相结合，凸显现代化高端产业特征，设置简约明确的标识系统；适度提升沿街建筑低层可视度，可通过使用透光性材质、重置隔离绿带以缩短人与建筑底层距离等路径实现。在街巷环境上，一方面可通过政企合作等方式，做好街道家具的设计和长期维护工作；另一方面也可将地方特色和现代化元素融入其中，提升城市家具的品质。在生态空间上，可结合公园绿地或城市绿廊布置水塘、人工河等人工水体，以丰富生态空间的景观。

以西单北大街为代表的现代商业类街巷，由于其自身盈利需求，街景舒适度水平较高，但容易在生态空间方面存在不足，应注重小微绿地空间的营造。

以西四北头条为代表的居住类街巷（胡同），通常建设年代久远、建筑密度大，街景舒适度整体较差。在建筑界面上，可通过传统地域特色与商业功能，打造"文创＋居住"空间；通过胡同IP和商业化手段改善街景色彩，沿街商铺的开设也会增加店铺内部的可视度；可设置室外伞棚等方式增加沿街灰空间。在街巷环境上，可通过分时段限制机动车进入方式缓解人车矛盾；将临时垃圾收集点转移至胡同外，生活垃圾统一管理，提升街巷整洁度；夜间灯光照明方面，可增加夜间照度以提升舒适感；还可增设健身器材丰富街景内容。在生态空间上，在保护原有植被基础上，可采用垂直绿化或屋顶绿化的方式增加绿视率，改善生态景观。

本文以情绪反馈为切入点，通过量化分析描述主观情绪与客观街景特征之间的复杂关系，探索高强度片区街景舒适度优化策略，不仅为打造高品质高强度片区提供了有效的设计路径，也拓展了以人的情绪感知为导向展开街景舒适度研究的方法。但本文中尚未考虑气候、噪声等对街景舒适度的影响，可在未来研究中继续深化，为更为普适的高强度片区街景舒适度优化提供依据。

[参考文献]

[1] 李月嫦. 城市街区热岛强度的规划影响因素研究 [D]. 西安：西安建筑科技大学，2023.

[2] 杨可昀，李炳锋. 高密度城区"十四五"海绵城市建设路径研究 [J]. 市政技术，2022，40 (9)：164-170.

[3] 赵婧达，周耀辉，张珩. 基于站城一体理念的高强度更新片区内交通枢纽建筑设计研究 [J]. 运输经理世界，2023 (2)：10-12.

[4] 郑明伟. 城市高强度更新开发背景下交通系统对策与方案：以深圳湖贝片区为例 [J]. 交通与运输，2018，34 (6)：22-23.

[5] 朱骏，李梦月. 高强度城市创新空间发展机制与空间组织研究：以深圳市重点片区规划实践为例 [J]. 城乡规划，2021 (5)：91-98.

[6] 庞春雨，李晓飞. 基于街景图像的商业步行街空间品质测定评价 [J]. 智能城市，2023，9 (12)：49-51.

[7] 王新宇，李彦，李伟健，等. 城市更新视角下的公共空间品质评估方法：基于移动感知技术的探索 [J]. 国际城市规划，2024，39 (1)：21-29.

[8] 何欣. 新城旧街街景更新"公共场所空间"设计初探：以沣西新城统一西路道路街景提升为例 [J]. 城市建设理论研究，2023 (30)：13-15.

[9] 熊付爱，王颖，郑溪，等. 基于街景数据的空间感知与活力特征探究：以昆明老城为例 [J]. 住

宅科技，2023，43（12）：27-33.

[10] HILLIER B. Space is the Machine [M]. Cambridge：Cambridge University Press，1996.

[11] 伊慧敏，李翅. 基于空间认知方法的历史街区街巷提升研究：以北京白塔寺街区为例 [C] //中国城市规划学会. 面向高质量发展的空间治理：2021 中国城市规划年会论文集. 北京：中国建筑工业出版社，2021.

[12] 舒金妮. 特色藏区街景的塑造：以合作市念钦街为例 [J]. 甘肃科技，2015，31（16）：110-111.

[13] 徐磊青，孟若希，黄舒晴，等. 疗愈导向的街道设计：基于 VR 实验的探索 [J]. 国际城市规划，2019，34（1）：38-45.

[14] 王圣雯，杨东峰. 街道步行环境质量的空间测度 [J]. 城市建筑，2022，19（11）：93-96，132.

[15] 戴智妹，朱查松. 基于街景图片的街道空间品质对比研究 [J]. 城市建筑，2021，18（19）：165-169.

[16] 叶圆圆. 城市街道活动空间活力提升研究 [D]. 郑州：河南农业大学，2022.

[17] 聂玮，樊丽，魏愿宁，等. 基于视觉感受的街道空间量化研究：以合肥市一环内城区街道为例 [J]. 城市建筑，2021，18（5）：176-180.

[18] 翟启明，曹珊. 晕轮效应视角下的历史文化街区街巷界面研究：以雍和宫周边地区为例 [C] //中国城市规划学会. 面向高质量发展的空间治理：2021 中国城市规划年会论文集. 北京：中国建筑工业出版社，2021.

[19] 陈奕良. 基于街景图片大数据的街道数字画像方法研究 [D]. 南京：东南大学，2022.

[20] 陈建华，宋英玉. 基于空间句法的广府传统村落公共空间形态认知研究：以广州深井古村为例 [J]. 华中建筑，2024，42（3）：102-108.

[21] SHAO Y，HAO Y，YIN Y，et al. Improving Soundscape Comfort in Urban Green Spaces Based on Aural-Visual Interaction Attributes of Landscape Experience [J]. Forests，2022，13（8）：1262.

[22] 信慧言，龙思好，王志飞. 城市家具赋能城市微更新的设计策略研究 [J]. 中外建筑，2023（11）：61-66.

[23] 舒诗楠，阮金梅，彭敏，等. 基于交通安宁化理念的南锣鼓巷历史文化街区停车规划研究 [C] //中国城市规划学会城市交通规划学术委员会. 交通治理与空间重塑：2020 年中国城市交通规划年会论文集. 北京：中国建筑工业出版社，2020.

［基金项目：“十四五”国家重点研发计划“城镇可持续发展关键技术与装备”——城市高强度片区优化设计关键技术（2023YFC3807404）。］

［作者简介］
金榜，北京建筑大学建筑与城市规划学院硕士研究生。
张颖昇，副教授，就职于北京建筑大学建筑与城市规划学院。

提升城市公园儿童友好度策略研究

——以上海市青浦区赵巷体育公园为例

□侯丽娜

摘要：公园是城市儿童户外活动的重要场所，建设儿童友好型公园是城市规划发展的新方向。目前，城市公园一般以成年人为主要使用者展开设计，缺乏对儿童尺度和儿童心理的思考。例如，有些公园的场地功能、配套设施等空间环境不符合儿童的身体尺度，无法满足儿童的心理需求。本文以上海市青浦区赵巷体育公园为例，通过调研公园环境和儿童玩耍情况，对照儿童友好度的评判标准，借鉴相关案例，提出城市公园提升儿童友好度的策略。

关键词：儿童友好；公园；设计；适儿化

0 引言

儿童友好是指为儿童成长发展提供适宜的条件、环境和服务，切实保障儿童的生存权、发展权、受保护权和参与权。少年儿童友好型城市建设提案从 1996 年开始实施，旨在响应联合国关于人类居住环境的第二次会议决议：把城市建设为适合所有人群居住的地方。会议提出少年儿童的健康程度是衡量人类生活环境的健康程度和政府管理水平的最终标准。

为推进儿童友好城市建设，国家层面及上海市近年发布多项文件。在国家层面，2009 年，国务院妇女儿童工作委员会等部门主办创建儿童友好城市高层论坛，推动创建有利于儿童安全、健康成长的儿童友好城市；2011 年，国务院印发《中国儿童发展纲要（2011—2020 年）》，明确提出创建儿童友好型社会环境；2019 年，中国城市规划学会、联合国儿童基金会联合出版《儿童友好型城市规划手册：为孩子营造美好城市》；2021 年，国家发展改革委等部门印发《关于推进儿童友好城市建设的指导意见》，正式提出建设儿童友好城市；2022 年，国家发展改革委、住房和城乡建设部、国务院妇儿工委办公室印发《城市儿童友好空间建设导则（试行）》。在上海市层面，2017 年，上海市人民政府印发《上海市妇女儿童发展"十三五"规划》，明确提出营造儿童友好型环境；2022 年，上海市人民政府办公厅印发《上海市儿童友好城市建设实施方案》；2023 年，上海市发展改革委印发《上海市推进儿童友好城市建设三年行动方案（2023—2025 年）》。其中《城市儿童友好空间建设导则（试行）》明确提出，公园绿地是儿童户外休闲游乐活动的重要场所，应根据儿童身心特点，对儿童使用频率较高的城市郊野型公园、综合公园、专类公园、社区公园、口袋公园、广场等进行差异化的适儿化改造，保障儿童游戏权利，为儿童提供安全而有包容性的绿色公共空间。上海市的实施方案和行动方案中均提出要推进公园绿地儿童友好空间建设。

儿童的成长离不开健康有益的绿色环境以及与环境频繁、有益的互动。研究表明，在户外空间玩耍是儿童健康发育的先决条件之一，儿童多参与户外活动对智力发展、社会技能和一般生活能力有积极的促进作用，城市公园已成为儿童户外活动的主要场所之一。公园是城市儿童开展户外游憩活动、接触自然的主要场所，是城市公共空间的重要组成部分。提升公园绿地的儿童友好度，建设儿童友好型城市，已成为当前城市建设研究的重点内容。

1 文献研究

1.1 数据来源

以维普资讯中文期刊为数据源，检索条件为"（任意字段＝儿童友好公园）and（题名＝设计）not（题名＝景观）"，共检索到学术期刊论文 21 篇。依时效性排序整理成表 1，并对各论文中儿童友好公园的设计原则或策略进行整理提炼。

表 1　维普儿童友好公园论文检索

序号	年份	题名	设计原则/策略/关键点
1	2023	儿童友好型公园设计初探——以浦东新区德韵园改造为例	全园性、安全性、趣味性、教育性
2	2023	"儿童友好城市"背景下的口袋公园设计思考	安全性、功能多样性、趣味性
3	2023	儿童友好型城市理论下的城市公园设计优化提升路径探寻	符合儿童人体工程学原则、植物配置合理性原则、安全性原则、友好关怀性原则、因地制宜的原则
4	2023	儿童友好视角下城市公园设计研究——以江苏省盱眙县为例	可达性、安全性、舒适性、自然性
5	2023	儿童友好型城市开放空间规划设计——以成都市武侯区儿童游乐公园为例	安全性、友好性、教育性、参与性
6	2023	人性化理念在风景园林设计中的应用	相关性弱
7	2023	基于社会支持网络的孤独症儿童康复（媒介）公园设计研究	相关性弱
8	2022	从儿童友好到全龄友好——复合空间视角下的佛山公园改造设计研究	趣味性、安全性、学习性、互动性、多功能性、融合性
9	2022	儿童友好型公园城市亲子游憩空间设计探索——基于游艺学的视角	安全性、文化性、教育性
10	2022	儿童友好型城市公园户外游憩空间设计思考——以福清清源里公园为例	安全无忧、自然有趣、年龄适配、亲子便捷、寓教于乐
11	2021	浅谈儿童友好型公园的规划设计	全园性、阶段性、便捷性、安全性、自然性、趣味性、友好性

续表

序号	年份	题名	设计原则/策略/关键点
12	2021	儿童友好视角下的城市公园设计策略与方法研究	安全性、功能多样性
13	2021	基于"儿童友好型城市"视角下的口袋公园设计	安全性、趣味性、多功能性
14	2021	自然元素在中国城市公园儿童游戏空间设计中的应用调查研究	相关性弱
15	2020	"儿童友好型城市"视角下的城市公园设计探析	安全性、友好性、因地制宜
16	2020	儿童友好型城市理论下的城市公园设计优化提升策略	符合儿童人体工程学、植物配置合理性
17	2016	基于儿童友好型城市建设视角下的公园设计——以新加坡远东儿童乐园为例	可达性、儿童参与、多样性
18	2012	浅析"儿童友好型"公园的规划与设计	可达性、自然性、突破边界性
19	2011	儿童公园设计发展新方向初探	主题创意性、游戏艺术性、空间趣味性、自然互动性
20	2008	适合儿童的公园与花园——儿童友好型公园的设计与研究	可达性、多样性、允许儿童独立自主地玩耍、自然性、互动空间、性别平等
21	2008	活动场地：城市——设计少年儿童友好型城市开放空间	可达性、安全性、游憩质量、多功能性

1.2 结果分析

对检索结果进行分析，排除相关性较弱的文献后，对相似的设计原则、策略进行归纳，将其中的复合表述进行拆解，如将"游憩质量"拆解为舒适性和趣味性、将"自然有趣"拆解为自然性和趣味性、将"自然互动"拆解为自然性和参与性……得到设计原则的12个系列关键词。其中，安全性包含安全无忧、允许儿童独立自主地玩耍；舒适性包含符合儿童人体工程学、友好关怀性、友好性、亲子便捷、便捷性、游憩质量；自然性包含因地制宜、自然有趣、自然互动性；趣味性包含自然有趣、空间趣味性、主题创意性、游戏艺术性、游憩质量；多功能性包含功能多样性、融合性、多样性；教育性包含学习性、寓教于乐、文化性；参与性包含儿童参与、互动性、自然互动性、互动空间；全园性包含突破边界性；阶段性包含年龄适配。

按关键词出现频次排序，得到儿童友好公园设计原则关注度排序——安全性、舒适性、自然性、趣味性、多功能性、教育性、可达性、参与性、全国性、植物配置合理性、阶段性和性别平等，取排名前五项的设计原则作为儿童友好公园的评判标准。

按关键词出现年份进行分析，可发现安全性重要程度逐年上升，可达性越来越少被提及，近两年开始注重教育性。此外，偶被提及的阶段性和性别平等原则，可并入舒适性原则考虑。

2 案例分析

青浦赵巷体育公园于 2018 年开工建设，2020 年对外开放，位于城市主干路嘉松公路东侧，北侧紧邻山姆超市，总用地 64222.2 m²，整个公园以两条河为界划分为东、中、西三片区域。园内运动场地可以满足全年龄段体育运动需要，景观上多采用本土物种，保留自然野趣，园内设施新且具有设计感，可以同时满足人们运动、自然生态、社交休闲需求，深受周边儿童喜爱，在儿童友好度研究方面有很强的借鉴性。以下将根据文献研究得到的儿童友好公园评判标准逐条分析青浦赵巷体育公园在儿童友好方面的现状与不足。

2.1 安全性

2.1.1 流线安全

公园的外部交通虽与主要道路相邻，但设有围墙，公园内完全不受外部交通影响；而公园的内部交通设有专门骑车的泵道，且通过公园入口有直达泵道的路线，与其他游线无冲突。

值得推广借鉴的是，公园在设计之初，就提出可以同时满足活力运动道、自然生态道、迎宾休闲道三类使用需求的专门游线，将不同的功能流线相互交织贯穿整个公园，使每个功能不仅保持各自的连续性和紧密性，而且三种不同类型的用户能互不干扰地享受公园。

2.1.2 场所空间

每个区域都有清晰的物理边界，以绿化带等软边界进行分隔，保障儿童活动时不会被其他因素干扰或受到威胁；泵道、幼儿游乐场、攀岩区设置家长看护休憩区，保证儿童玩耍时不受成人过多干预，在需要时又能及时获得帮助；采用高大乔木与花卉地被结合的种植方式，保障家长看护视线的畅通；公园西片区桥梁以北的区域仅一处出入口，道路呈口袋形，方便家长远距离看护，同时提升儿童自由玩耍的可能性。

2.1.3 细部设计

幼儿游乐场地面采用橡胶垫等防护性材料，泵道除车行区域外为草地，周边种植灌木以起到缓冲作用，可以有效降低儿童受伤的概率。

广受欢迎的攀岩墙位于公园核心位置，却存在很多安全隐患。例如，攀岩墙顶部栏杆不够坚固，已出现破损现象。栏杆上悬挂的"禁止攀爬当心跌落"的提示牌，一方面，牌上都是文字缺少图片，学龄前儿童可能不理解；另一方面，防护栏杆是横向布置的，非常适合儿童攀爬。栏杆内外挂满了温馨提示"儿童攀爬需家长看护"，意味着家长需要时刻陪伴，儿童的运动安全主要依赖于成人的保护。

2.2 舒适性

2.2.1 适合儿童的设计

为满足儿童的审美和使用需求，设施的材质、尺度、边角等细节设计需要充分考虑儿童的需求。幼儿游乐场设置适合儿童尺度的小树池，池为圆形，避免出现尖锐棱角，池中设有青浦赵巷体育公园卡通 IP 形象，但缺少儿童尺度洗手池等卫生用具及儿童座椅。

2.2.2 亲子便捷

在适当间隔处设置遮阴处，并提供座椅等休息空间，延长儿童和陪伴者在户外的停留时间。但看护座椅与植物遮阴结合不足，不能舒适陪伴。幼儿游乐场的沙坑距离清洗空间较远，使用不够便捷。无障碍设施未按系统设置，通往篮球场卫生间的路上只有台阶无坡道。

亟待解决的问题是，公园目前缺少家庭卫生间，且通常起替代作用的无障碍卫生间设置于男女卫生间内，导致异性家长带儿童上厕所不便（图1），独自如厕或在外等待的儿童存在安全问题。

图1　青浦赵巷体育公园缺少家庭卫生间及使用现状

2.3　自然性

2.3.1　因地制宜

经查看2017年影像可见，公园场地本身地形较平坦无明显起伏，没有树木和草坪，仅有两条自然河道。目前，公园除运动场地和必要的道路外均被绿植覆盖，保留原河道走向，对水体进行清理，拓展水面面积，河道沿线植物经人工修整出波浪图案，最大程度地保留场地中部开敞空间。

2.3.2　自然要素

本文主要借鉴英国研究者对游戏空间和游戏价值的研究，考虑其在中国应用的局限性，结合国内儿童游戏空间已有的调研结果，将儿童友好设计的自然要素分为自然材料、植物、地形、水体、沙坑/沙地、小动物栖息地，结合评价依据，自然元素在体育公园中的应用见表2。

表2　自然元素在体育公园中的应用

自然要素分类	评价依据	自然要素在青浦赵巷体育公园中的应用
自然材料	自然材料在场地中的利用程度	座椅、景观小品、地面铺装、场地设计中运用草、木材、石材、泥土、细沙、落叶
植物	植物的丰富性	种类多样且具有鼓励儿童互动的特性，如捡拾果实、叶片、花朵等
地形	地形丰富多变，有美感可使用	采用软质橡胶形成攀岩陡坡；攀岩区后部人工堆坡；中央大草坪形成自然缓坡；设置具有挑战性的泵道
水体	水体设置的适宜性	两条自然河道，几处人工水塘（冬季干涸），水体不可触摸，不可开展亲水活动
沙坑/沙地	设置的多样性	有一处有明确界限的游戏沙坑，可提供玩沙机会
小动物栖息地	可观察/接触小动物的机会	可观察鸟类、昆虫

总的来说，自然材料种类丰富，但利用方式相对单一（图2）；植物数量多且种类丰富（图3）；地形处理多样，包含缓坡及陡坡，地形设计具美感。而短板在于水体不可亲近；沙地与场地结合生硬，且缺少与其他游戏设施的结合；没有小动物栖息地，缺少与小动物互动机会。

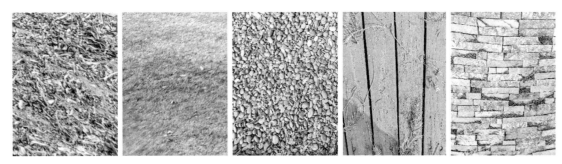

图2　青浦赵巷体育公园自然材料铺地

图3　青浦赵巷体育公园冬季植物

2.4　趣味性

2.4.1　色彩造型

青浦赵巷体育公园的地面铺装缺乏设计，辨识度低，趣味性不足；缺少活泼轻松的建筑空间和小品设施，服务中心、卫生间等用房和设施在尺度与造型上主要还是为成年人服务。三处桥体外观（图4）一致，但外表冰冷、栏杆过高，不具备儿童观景条件。

图4　冬季岸边的桥体

2.4.2 探索空间

具有挑战性的游戏空间可以激发儿童探索兴趣，攀爬、骑车等活动可以提高平衡能力，锻炼儿童智力和运动神经。例如，青浦赵巷体育公园的泵道（图5）和攀岩场地，其富有变化的地形给儿童提供了探索机会和空间，使场地充满趣味性；服务中心外设有旋转楼梯，通往屋顶，为儿童提供不一样的视角和新奇的活动空间。

图5 青浦赵巷体育公园的泵道

2.4.3 植物设计

青浦赵巷体育公园植被层次丰富，植被环境多样，各季节都有赏花植物，配色绚烂，多数植物叶形具有识别性、果实品种多样，适合儿童捡拾落叶和收集果实，在拓展自然认知的同时，增添生态趣味。

2.5 多功能性

2.5.1 教育功能

青浦赵巷体育公园是集儿童公园、游憩场地于一体的环境空间，可以满足体育运动、生态游憩、游戏交往、亲子互动等多方面需求。但公园里缺少自然科普、植物认知的说明展板、标识牌等，缺少科普讲座的室内场地，导致教育功能薄弱，缺少文化内涵。

2.5.2 全龄友好

青浦赵巷体育公园不仅可以满足各年龄层儿童的行为特征和场地特点，同时还考虑了儿童的父母、陪护儿童的老人的需求，覆盖全年龄段游客使用需求（表3），如公园的大草坪可供不同年龄段人群共同使用，实现儿童之间、儿童与家长或其他成年人之间的互动交往，实现功能的有效融合。

表3　全龄友好对应活动空间

活动主体	活动需求	功能空间
婴儿（1～3岁）	自然体验、游戏活动	漫步道、大草坪、沙坑
幼儿（4～6岁）	游戏活动、互动交往、知识获取	幼儿游乐场、泵道、攀岩区、大草坪、自然探索区
学龄儿童/少年（7～18岁）	游戏活动、互动交往、知识获取、休闲健身	泵道、攀岩区、大草坪、网球场、篮球场
儿童的父母/青年	自然体验、休闲健身、其他娱乐	大草坪、漫步道、慢跑道、网球场、篮球场、健身会所
陪护/不陪护儿童的老人	自然体验、互动交往、知识获取、安全步行、其他娱乐	漫步道、慢跑道、服务中心

2.5.3　移动设施

开放空间，特别是儿童玩得比较多的地方，应该被设计成多种用途，功能更要随着使用者的想法而改变。可以通过提供可移动的设施（不一定是运动设施）来实现这一目的。

青浦赵巷体育公园整个场地几乎没有可以移动的游戏部件。此项属于较新理念，国内公园目前实践较少，有待进一步重视。

3　提升策略

3.1　从安全保障到支持独立活动

3.1.1　场地设计无隐患

儿童友好设计的首要原则是安全性。在马斯洛需求层次理论中，安全是人类的最基本需求，安全的空间环境对于儿童健康成长和发展起到关键作用。我们需要给儿童营造客观安全的空间环境，这个环境应是稳定的、有秩序和规则的，能为儿童提供全方位保护的。

成人扶手下方需要增设供儿童使用的扶手，扶手高度考虑儿童尺度宜为60 cm；防护栏杆排布时应防止儿童攀爬，栏杆间距要避免儿童身体或头部穿过；避免出现"一步台阶"，儿童很容易因忽略高差而被绊倒，需要注意活动场地的平整连续性；设立安全监督员，定期检查并维护安全设施，日常监督使用情况，做到防患于未然，有效保护儿童的安全。

3.1.2　增设儿童安全设施

自由活动对儿童的身心发展至关重要，但现在的社会环境和客观环境等导致家长为避免孩子受伤或被监护人以外的人带走，往往一直伴随在孩子身边，致使孩子无法尽情玩耍。因此，对儿童的安全保障应以实现儿童能独立、安全地进行活动为最高目标。

为保障儿童在没有成年人的陪护下自由活动，应增设儿童安全设施。在游戏区域、出入口等空间设计安全缓冲区，避免出现突发性的危险行为，营造支持儿童安全开展活动的环境；为避免儿童意外坠落或受伤，沿水域、防跌落区域设置安全栅栏或其他有效的隔离设施；提供儿童易于理解的安全标识牌，如增加图案信息、补充拼音等。

3.2 从亲子便捷到友好关怀

3.2.1 考虑儿童尺度

城市公园中不应只有适合成人尺度的座椅，还应设置适合儿童身材特点的小尺度座椅。根据国内现有研究成果，户外成人座椅适宜高度在 0.389～0.419 m。因为儿童发育成长速度较快，所以通用的儿童座椅适宜高度在 0.250 m 左右。

建议在现有成人座椅端头增加儿童座椅，可以选择与原座椅相同的自然材质，采用树桩造型或动物图案增加童趣，在满足多种人群使用需求的同时，也方便儿童与成人的交流。此外，结合区域功能，可适当增加休息座椅，并注重与遮阴遮雨设施的结合。通过提供儿童尺度户外家具提高舒适度。

3.2.2 补充儿童配套

儿童友好设计不仅要满足儿童需求，也要满足家长照顾儿童的需求，这就需要在公园的各游戏区域或节点处提供相应的儿童配套服务设施，如在幼儿游乐场提供母婴室、婴儿车存放处，在沙坑附近设置儿童洗手池、儿童更衣室，在现有卫生间点位增加家庭卫生间，在公园核心位置设置带急救设施的卫生间，在公园入口处提供储物柜等，提升儿童的舒适性。

3.2.3 提供亲子共玩设施

在为家长解放双手的同时，提供休息交流功能。此外，考虑儿童、家长两类群体的尺度、设施标准、活动形式等方面的差异化需求，设计适合亲子共同进行游戏活动的场地与设施，如亲子秋千、滑梯和跷跷板等游戏设施，并注意设施的尺度和承重能力，方便家长共同参与游戏活动，通过侧重对育儿家长的友好关怀提供舒适感。

3.3 提高水体设计的适宜性

3.3.1 观水

水体是极受儿童欢迎的自然要素，可布置形式不同的多种水景，并增强其趣味性与可玩性。青浦赵巷体育公园的自然水体呈直线驳岸，趣味不足。

沿岸可以利用草地、卵石、块石等丰富堤岸设计，利用水生植物等适当覆盖水体，形成多层次的自然屏障，曲化边界，创造水绿一体的自然空间，促进水绿相互咬合、亲密无间的视觉印象和水岸曲径通幽的有趣体验。局部放大空间设置木质观景平台，提供适合儿童的沿岸开敞空间，还可以在观景台对岸设置适合小动物停留的休息平台。同时，观景台必须设置防止儿童落水的防护栏等设施，以免发生危险。

3.3.2 戏水

公园内可结合自然条件设计增加可蹚水、戏水的景观水体，满足儿童游水玩水的需求。在《青浦新城滨水空间建设导则》中，鼓励平行于水的公共开放空间设置浅水池等亲水设施，以保障安全为前提，慎重设置高压喷泉、避免水下电线等安全隐患，创造儿童安全玩水的游乐空间。

根据《公园设计规范》中儿童戏水池最深处的水深要求，浅水池可以借鉴滨水空间的临水做法，靠近岸边采用浅水，近岸 2 m 范围内的常水位水深不超过 0.35 m，池壁平整圆滑，池底设置防滑措施；2 m 亲水范围外采用自然淤泥底，并种植水生植物，在保证安全的前提下，亲近自然。

3.3.3 用水

为就近满足儿童和家长的清洁需求，应在活动场地边缘设置清洁池等。形式上既可以采用简洁实用、下铺滤网的清洁池，也可以采用一些互动游戏装置，如水泵、阿基米德取水器等，带来更多玩水乐趣。同时，建议在活动场地周边设置直饮水，便于解决饮水需求。

3.4 结合装置设施，提升趣味性

3.4.1 丰富色彩独特造型

充满趣味性的空间与设施是吸引儿童活动行为发生的重要因素。儿童对感兴趣的事情会全身心投入，保持高度的专注力，并体会到事情完成所带来的成就感。

有着丰富色彩或独特造型的设施往往更能吸引儿童的兴趣，激发儿童的想象力，如地面铺装可采用彩色格子、动物图案等，实现跳房子等游戏功能；沙坑结合动植物造型设置游戏设施，如大象造型滑梯、蘑菇造型游戏屋等；静态装置结合儿童游戏功能设置，如具有攀爬、跳跃、交流功能的景观小品；建筑、场地使用色彩明艳的卡通标识；设计有趣亲和的景观桥并提供观景条件等，通过趣味造型、丰富色彩提高空间吸引力。

3.4.2 增加参与互动设施

可引入参与式设施，结合新技术设计符合儿童尺度的互动协作装置如景观互动装置、无动力设施等，在游戏中促进儿童获得多感官的体验；还可采取多人合作的游戏方式，增加同伴间合作互动的机会。

如成都市麓湖的云朵乐园，结合装置设计打造了一个儿童与自然互动的水体验馆乐园，在广场上设置利用互动装置激发的旱喷，脚踩即可打开喷泉。水池边的喷水装置可以由儿童自行控制开关。这些参与式设施不仅增强了儿童与自然的互动性，还有助于增加不同儿童之间、儿童与家庭成员之间的互动，提升公园的趣味性。

3.5 拓展人群覆盖与增加设施，实现多功能转换

3.5.1 引入多元主体

可与周边学校、居住小区、儿童教育机构等合作，利用公园现有的植物景观、开阔场地、室内空间等资源，作为教育基地等组织长期持续的实地教学活动，同时举办多种形式、内容丰富的科普讲座、教授手工制作、开展亲子集市等（图6）。通过引入更多参与式体验活动，激发儿童和家长参与的积极性，促进亲子间的交往互动，促进儿童身心全面发展。

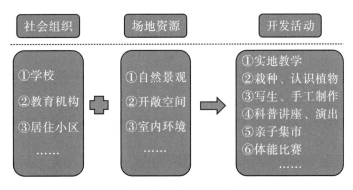

图6 引入多元主体

3.5.2 从全龄友好到全员友好

在条件允许的情况下宜同时考虑特殊人群的需求，设置无障碍通行设施，提供保证视觉障

碍、听觉障碍的人群能够获得信息的警示标识，提供无障碍信息交流设施，提供残障儿童与健全儿童可以共同进行活动的场地。

儿童活动场地应考虑面向不同健康状况儿童使用的通用性，采用饱和度高的色彩以照顾色盲、色弱的儿童；有条件的情况下，提供供残障儿童玩耍的设施如靠背秋千等，让特殊儿童可以获得与正常儿童同样的体验。

3.5.3 可移动设施带来更多功能转换

鼓励通过设施的多功能设计实现空间的多样化使用。可移动可转换的新型设施在满足儿童游戏需求的同时还能满足监护人的看护需求。实现阅读空间与游戏空间、户外玩耍空间与露天舞台的功能转换，通过共享空间设计，促进儿童与成人之间的交流互动。

可设置一端固定一端可旋转的字母座椅，通过尝试不同的组合排布方式提供多种空间形式、游戏可能，实现更多功能转换，如同一朝向时可以排列成观众席，实现观赏或讲座等功能；围合排布时，中心形成舞台空间，可以做循环类的游戏；分组围合形成内环时，可以分组讨论；等等。

4 展望

儿童友好型公园是儿童友好型城市建设的必要内容。在未来，建设儿童友好型公园，对现有公园的适儿化改造，需要上位规划的技术引导、相关标准的规范要求，制定确保儿童权益的有效机制，灵活运用新技术新设施。通过为儿童营造有益其成长的安全健康的绿色公共空间，以点带面推动儿童友好型城市的建设，最终实现儿童友好的可持续发展。

4.1 增强规划引领，建立儿童友好型城市

在总体规划层面，增加与儿童生活紧密相关的关爱型指引；在详细规划层面，明确对场地、活动空间、街道设计的刚性管控要求，以及对社区设施、慢行系统等详细的布局要求，注重儿童友好设施和空间场所规划。

4.2 保障儿童参与儿童友好设计的权利

儿童友好包含儿童参与设计的权利，设计者可以通过访谈、绘画等方式了解儿童的想法。儿童是使用者，他们最清楚自身对空间的需求，设计者在保留自己理念的同时，应将他们的声音视为正在进行项目的要求。

4.3 重视新技术，切实提高儿童友好感受

在规划实施层面，应对新兴技术、新型设施予以重视。新技术新设施可以有效改善不足，如扩大儿童自由活动的范围，提高儿童友好度，促进儿童友好环境的建设，提供儿童友好的软硬件环境，让城市的空间环境更好地促进儿童的身心健康发展。

[参考文献]

[1] M.欧伯雷瑟-芬柯，吴玮琼.活动场地：城市——设计少年儿童友好型城市开放空间 [J].中国园林，2008，24（9）：49-55.

[2] 谭玛丽，周方诚.适合儿童的公园与花园：儿童友好型公园的设计与研究 [J].中国园林，2008，24（9）：43-48.

［3］ 王霞，陈甜甜，林广思.自然元素在中国城市公园儿童游戏空间设计中的应用调查研究［J］.国际城市规划，2021，36（1）：40-46.

［4］ 刘紫薇，杨茂川.城市儿童公园亲子互动空间设计研究［J］.美术教育研究，2020（3）：72-73.

［5］ 沈瑶，刘佳燕，吴楠.儿童友好社区规划与设计［M］.北京：中国建筑工业出版社，2023.

［6］ 郑伟.基于人体尺寸的户外座椅设计［J］.四川建筑，2011，31（2）：40-42.

［7］ 李爽.浅谈儿童友好型公园的规划设计［J］.中国园林，2021，37（Z1）：80-84.

［8］ 黄婧.基于儿童友好空间营造的城市规划建设探索：以上海松江新城为例［J］.上海城市规划，2022，3（3）：81-86.

［作者简介］

侯丽娜，高级工程师，注册城乡规划师，就职于上海市松江区规划自然资源事务管理中心。

全民健身背景下的城市体育公园设计研究

——以四川省泸州市和丰运动公园设计方案为例

□尹伟，罗海丹，宁广利，温军，樊轶龙

摘要：在全民健身国家战略与"后奥运时代"背景下，城市运动公园作为与居民生活密切相关的城市绿地，集合各类运动场地和服务设施，是体育健身与自然环境相融合的重要媒介，具有运动健身、竞技比赛、自然体验、文化交流等多种功能，是为人民群众提供健康生活服务的重要场域。本文从全民健身背景下的体育公园设计原则出发，以泸州市和丰运动公园设计方案为例，对城市体育公园的场地规划、空间环境营造与智慧化全民健身体验三个方面进行设计实践，并进一步对城市体育公园未来发展提出建议，以期为未来城市运动公园建设提供参考。

关键词：全民健身；城市公园；体育公园；公园设计

0 引言

建设体育强国具有促进人民健康、提高国家综合实力、实现民族复兴的重要意义。国家体育总局办公厅《2024 年群众体育工作要点》指出，要构建更高水平的全民健身公共服务体系，切实提升广大群众参与健身的获得感、满足感、幸福感。而城市体育公园既是城市重要的绿地资源又是实现全民健身目标的重要场所。同时，在《关于构建更高水平的全民健身公共服务体系的意见》中更是强调，"十四五"期间将在全国推动建设 2000 个体育公园等健身设施，完成 5000 个乡镇街道体育健身设施建设补短板项目，推动健身公共服务的均等化。因此，体育公园是完善全民健身公共服务体系的重要环节，加强建设乃是重中之重。

在全民健身战略和"后奥运时代"的推动下，城市体育公园作为城市公共空间的重要组成部分，扮演着愈发关键的角色。通过在公园内举办各种体育赛事、文化活动，居民不仅能够增强身体素质，还能在互动中增进理解与合作，推动多元文化的融合与发展。同时，体育公园中智能化健身设施的引入，不仅提升了居民的运动体验，还通过数据收集和分析帮助居民更科学地锻炼，推动了健康生活方式的普及。因此，本文基于当前居民对美好生活的健康需求，通过对泸州市和丰运动公园设计方案的研究，探讨全民健身背景下城市运动公园多维度的设计策略，以期为未来城市体育公园的建设和发展提供理论依据与实践参考。

1 全民健身提升城市公共活力

1.1 体育活动促进城市活力

　　全民健身是增强人民体魄、追求健康生活的基础和保障，是实现群众主动健康的重要途径。《全民健身场地设施提升行动方案（2023－2025 年）》主要强调以健身设施为依托的群众体育赛事活动更加普及，公共健身设施服务水平和使用效益进一步提升，基本实现数字化管理，群众满意度明显提高，提升行动成为新时代体育活动事业发展新品牌。而城市活力是指城市在经济、社会、文化和环境方面的动态生命力。体育活动作为一项战略性举措，在提升这些方面具有关键作用。随着城市的发展，体育活动不仅要满足居民的基本需求，还要确保健身和娱乐空间的可达性、吸引力和有效利用率。当城市整合了体育公园等以健身为导向的空间，就是创造了一个居民可以轻松参与体育活动的环境，进而带来更好的健康结果，这不仅减少医疗成本，还能提高城市居民的整体生产力，从而促进城市整体经济的活力。

1.2 体育活动推动城市空间融合

　　体育活动具有天然的社交功能，为人们提供了一个轻松愉快的交流平台，能够跨越年龄、职业和兴趣的界限，促使不同背景和身份的人们超越日常的社交界限，彼此接触、理解与共鸣，通过共同的运动项目自然地互动。这种互动不仅是身体上的锻炼，还是社交关系的拓展和社区活力的增强，以及打破城市生活壁垒的手段。主题化的赛事以标志化的符号、积极向上的口号和广泛的参与范围增加市民对于城市大型活动的参与感与归属感，能激发市民们的运动热情和社会凝聚力。同时，通过这些活动，还能更进一步强化这种社会空间的融合效应，而城市中的开放空间就被赋予新的意义和功能，成为居民之间交流与互动的重要场域。

2 全民健身背景下的城市体育公园设计策略及实践

2.1 合理的场地规划

　　在全民健身背景下，合理的场地规划是城市体育公园设计中不可忽视的核心因素。这些场地条件不仅决定公园的功能布局和使用效果，还直接影响其能否满足多样化人群的需求。选址决定公园的服务范围和使用人群，规模限制功能设施的数量和多样性，形状则直接影响设计布局和交通流线。此外，场地所在城市的自然与文化特征赋予公园独特的地域性。在设计过程中，必须充分考虑并灵活利用这些场地条件，因地制宜，巧妙整合自然与人文元素，以确保公园能最大化地支持全民健身目标的实现。

2.1.1 场地布局形式：因地制宜

　　在体育公园的设计过程中，应充分考虑场地的规模、形状以及与周边环境的关系，选择最适宜的布局形式。例如，对于带状的体育公园，可以采用线性布局，将各运动功能区沿主轴线有序分布，或通过交错排列的方式增强场地的动态感；对于不规则形状的场地或长宽比例接近1∶1的场地，可以选择围合式布局，以增强空间的整体性与连贯性，若空间允许，还可采用复合围合式布局，增加功能区的多样性与层次感；当场地内有大型体育馆或其他标志性建筑时，可以围绕这些核心建筑采用放射式布局，使其成为公园空间的视觉焦点。体育公园的设计必须依据场地条件，因地制宜，确保布局的合理性与功能的完善性，从而更好地满足居民的多样化运动需求。

2.1.2 道路交通规划：全局有序

在体育公园的道路设计中，既要明确划分不同功能的道路，还需充分考虑各个年龄阶段使用人群的运动习惯和需求。外部应根据城市道路的情况合理设置出入口和停车场，以确保公园的便捷可达性。内部道路需根据功能进行分级设计：主园路作为公园的交通骨架，不仅要连接主要功能区，还应适应管理车辆的通行；次路则服务于步行和慢跑等运动，连接各个运动区域，特别适合中青年群体使用；支路则应采用多样化的路面形式，如卵石或木板，可设计为休闲小道，以满足老年人和儿童散步、轻度运动或游览的需求。

2.1.3 功能分区：整体多样

功能分区的规划至关重要，因为它直接影响到使用者的体验和公园的整体功能性。合理的功能分区不仅能够满足不同年龄层次使用人群的多样化需求，还能提高公园的使用效率和便利性。不同年龄的居民在生理、心理及行为特征上有所不同，进而影响他们对活动类型和场地设施的需求。在设计过程中，必须充分考虑这些差异，进行科学的功能分区，以满足各种运动和社交活动的需要。例如，散步和慢跑等运动项目需要宽敞的空间，并且应与自然景观相结合，形成舒适、自然的运动环境。慢跑道可以围绕公园的外围布局，既提供了足够的跑步空间，又能与周边的绿化带相结合，提升使用者的运动体验。此外，体育公园的功能分区设计还需要具备一定的灵活性和多样性。一些区域可以根据不同的季节或活动需求进行调整，如开放的草坪区在夏季可以用作休闲活动或瑜伽区域，而在冬季则可转换为冰雪运动场地。这样的多维度设计不仅能提高空间利用率，还能够适应不同的活动需求，增强公园的吸引力和使用率。总之，体育公园的功能分区应当明确且多样化，既要确保每类活动有适宜的空间，又要保持设计的灵活性，以适应不断变化的使用需求。通过科学规划和合理布局，运动公园能够为居民提供一个全龄友好、功能齐备的运动与休闲空间，进一步提升城市居民的生活质量和健康水平。

2.1.4 设计实践

泸州市和丰运动公园位于泸州市江阳区中心城区西片区，项目南邻康城路，北接和丰老街历史文化街区，距离厦蓉高速约2 km，距离二环路约1.7 km，交通方便快捷（图1）。整个场地呈带状，可以选择线性的布局形式；场地内高差较大，场地整体布局采取了"一心一轴，两园三主题"的设计理念，分别是游乐休闲、极限运动、专项竞赛三个主题，确保了不同功能区的清晰划分。比如，图1中的足球场、篮球场等强度较大运动区域被设置在地势平坦且视野开阔的区域，且相似运动属性的功能都集中布置在场地南侧，形成集中运动区域，方便运动爱好者进行选择性运动。

在道路规划层面上，首先需做到人车分流、交通便利，同时也需根据不同年龄阶段人群的使用需求分级设置，结合场地所处的地域特色，创造丰富的周边景观，对景观视线进行分析，满足运动人群"边行边健身""边行边观景"的需求。此外，该公园设计还体现了灵活性和多维度思考。例如，公园中有多个灵活的空间，如草坪区和空中观景廊，可以根据季节或活动需求进行调整和转换。这种多功能设计使得公园能够适应不同的活动要求，提升了场地的利用率和吸引力（图2）。

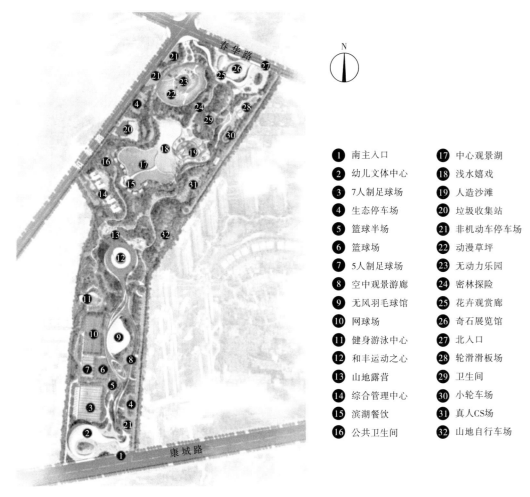

图 1 泸州和丰运动公园设计方案总平面图

① 南主入口
② 幼儿文体中心
③ 7人制足球场
④ 生态停车场
⑤ 篮球半场
⑥ 篮球场
⑦ 5人制足球场
⑧ 空中观景游廊
⑨ 无风羽毛球馆
⑩ 网球场
⑪ 健身游泳中心
⑫ 和丰运动之心
⑬ 山地露营
⑭ 综合管理中心
⑮ 滨湖餐饮
⑯ 公共卫生间
⑰ 中心观景湖
⑱ 浅水嬉戏
⑲ 人造沙滩
⑳ 垃圾收集站
㉑ 非机动车停车场
㉒ 动漫草坪
㉓ 无动力乐园
㉔ 密林探险
㉕ 花卉观赏廊
㉖ 奇石展览馆
㉗ 北入口
㉘ 轮滑滑板场
㉙ 卫生间
㉚ 小轮车场
㉛ 真人CS场
㉜ 山地自行车场

图 2 泸州和丰运动公园场地概念分析图

2.2 空间环境的营造

2.2.1 运动氛围的营造

居民的健身意识是影响居民是否积极参与体育锻炼的重要因素。在体育公园的设计中，健身氛围的打造必须结合场地的自然特征和地域文化，因地制宜地进行规划，这样不仅能够有效提升公园的使用率，还能在更广泛的范围内推广全民健身的理念，同时增强居民的文化认同感和归属感。场景多指在一定时间阶段与空间范围内所发生、出现的行为活动，或者因人为因素而构成的具体生活画面。在设计体育公园时，可结合场地的自然环境特点，如地形、植被等，设计具有地域特色的运动场景，既能与自然和谐共生，又能突出公园的主题氛围。此外，在细节设计上，也可以通过道路两侧的标识牌结合地方特色的文化故事等科普健身知识，增强居民的参与感和兴趣。同时，利用公园的功能设施，如景观灯、配电箱等，将运动元素与当地文化相结合，设计出既实用又美观的设施，进一步强化全民健身的氛围。通过将运动主题与场地文化有机结合，使体育公园不仅能成为居民日常健身的重要场所，也能成为弘扬地域文化、增强社区凝聚力的公共活动空间。

2.2.2 设计实践

泸州市和丰运动公园设计方案中，运动氛围的营造不仅是视觉上的体现，更是文化内涵与场地功能的深度融合。方案结合泸州当地的体育文化和地域特色，旨在打造一个不仅适合全民健身，还能反映出泸州独特文化底蕴的公共活动空间。设计时充分考虑到泸州居民对体育的热爱，特别是对羽毛球、网球、足球等团队运动的偏好，在公园南部区域设置大型的专项竞技区，配备相关专业设施，满足不同年龄段居民的运动需求（图3）。同时，结合当地地形，设计多个极限运动区，如滑板场、小轮车道等，既适合年轻人挑战自我，也与场地的多高差地形相呼应。为进一步推广全民健身理念，公园的中央区域设置了以健康生活为主题的步道系统，这些步道蜿蜒穿过公园的各个功能区，串联起各个运动场地与休闲空间（图4）。步道两侧还设置了与健身相关的文化展示和标识牌，结合泸州本地的运动故事和文化符号，进一步提升居民参与运动的积极性。该设计充分结合了当地的体育文化和地域特色，营造出一个具有浓烈运动氛围的多功能公园。

图3 泸州和丰运动公园南侧专项竞赛区鸟瞰图

图 4　泸州和丰运动公园鸟瞰图

2.3　打造智慧化全民健身体验的新空间

2.3.1　智慧化配套设施

《全民健身计划（2021—2025 年）》中再次提到将大数据、"互联网＋"、智慧体育等与全民健身充分结合。在体育公园中，智慧化配套设施的融入已成为不可忽视的重要趋势，这不仅能提升公园的整体管理水平，也极大地丰富了居民的健身体验。智慧化配套设施应依托于新基建的快速发展，充分利用 5G、大数据、物联网及云计算等先进技术，实现体育公园设施的智能互联与数据共享。通过智能监控系统，可实时监测公园内人流密度、设施使用情况，为公园的运营管理提供科学依据。同时，智能健身器材能够记录并分析用户的运动数据，提供个性化运动建议，促进科学健身。此外，智慧化配套设施还应着眼于满足各年龄段居民的需求，配置个性化、人性化的智能健身器材与互动设施，增强用户体验。体育公园的智慧化配套设施设计是一个系统工程，需从技术支撑、用户需求、环保可持续性及数据安全等多个维度进行综合考虑。通过科学规划与合理布局，智慧化配套设施将有力推动体育公园向更加智能化、人性化、绿色化方向发展，为居民提供更加优质、便捷的健身体验。

2.3.2　智慧空间场景与文化体验

智慧体育公园显著体现出将地域特色与文化元素深度融合的设计趋势。参与式、互动式成为场景体验的重要方式，适度超前且安全可靠的智能体验技术成为公园场景营造与建设的重要趋势。通过挖掘并融入当地的历史文化、自然景观及民俗风情，智慧体育公园能够利用数字化展览、AR 导览等前沿技术创造独特且丰富的场景体验，游客可在沉浸式环境中深刻感受地域文化的独特韵味。同时，结合地域自然风貌与民俗传统，设计智慧化设施与互动体验项目，不仅提升公园的吸引力,还能促进体育、旅游与文化的多维融合。智慧技术的赋能不仅提高公园管理效率,更拓宽了文化体验的深度与广度,为地方文化的传承与发展提供了崭新平台,推动了全民健身与文化建设的协同发展。

2.3.3 设计实践

泸州市和丰运动公园设计方案中,采用"智能管理+智能运营"的模式,利用大数据、物联网等先进技术,实现对园区内各项设施的精准监控与高效管理。智能摄像头与实时监控平台互联,构建起全方位的安全防护网,确保游客安全无忧。同时,采用无人机巡航管控与电子围栏技术,进一步提升了园区的应急响应速度与安全管理水平。智能门禁系统则通过人脸识别等生物识别技术,实现了快速入园与精准人员管理,让游客体验更加顺畅。公园还在道路设计时创新性地引入智能跑道系统、智能导视系统等设施,为游客提供个性化的运动体验与便捷的导航服务。智能跑道不仅能实时记录运动数据,还能根据游客的体能状况推荐合适的运动强度,让运动更加科学有效。智能导视系统则通过语音导航与AR技术,为游客呈现出生动有趣的导览信息,让游园过程充满探索的乐趣。

该方案还注重增强游客的互动体验,设置了互动装置艺术、景观交互系统等互动设施。这些设施通过光影效果与互动设计,让游客在游玩过程中能够亲身参与、感受科技的魅力,体现智能科技的无限创意与可能。此外,通过全息投影、智能VR等数字化智慧系统让中国传统人物形象跃然眼前,与观众席中智能机器人等科技场景形成对比,是智慧技术与地域文化的结合及传承(图5)。

图5　泸州和丰运动公园智慧体验场景效果图

3　对城市体育公园未来建设的建议

3.1　未来建设

加快建设综合性公共服务设施,是发展全民健身事业的重要组成部分。推动体育公园从"量"到"质"的根本转变,是一项多方协同共进的系统工程。对城市体育公园的未来建设发展应注重以下四点:一是建设数字智慧化城市体育公园。利用数字化赋能城市体育公园建设,对于提高全民健身公共资源利用效率,改善人民生活品质,推进全民健身公共服务高质量发展具有重要意义。二是多功能与全龄友好设计。公园应为不同年龄段和兴趣的居民提供多样化的活动空间和设施,设计要包括适合儿童、青少年、成年人和老年人的不同区域,并根据季节或特殊活动的需求灵活调整功能区。三是生态与可持续发展。随着环境保护意识的提升,未来体育公园的发展应更加注重生态与可持续性。在设计中,公园应与自然景观紧密结合,融入生态环保的理念,如使用可再生能源、推广绿色建筑材料、设计雨水收集系统等。四是文化与社区融合。体育公园作为社区文化的载体,应更加注重与当地文化和社区需求的融合。公园不仅是居民健身的场所,更是社区文化传播和交流的重要平台。应注重在公园中设计主题化的活动、文化符号的植入以及社区参与的机制。

3.2 发展建议

随着居民健康观念的深化,城市体育公园已成为推动全民健身运动、激活社区生命力的核心载体,本文基于以上对全民健身理念在体育公园的设计实践提出以下发展建议:一是建议加强智慧技术的全面应用。从智能设备的部署到智慧管理系统的建立,公园应充分利用科技手段,提升管理效率和用户体验。同时,要注重数据的采集与分析,为用户提供个性化服务,并在此基础上优化公园的整体运营。二是注重功能多样性与灵活性设计。未来体育公园的设计应注重功能的多样性和灵活性,以适应不同年龄段和兴趣群体的需求。三是强化生态可持续性建设。在设计和建设体育公园时,应优先考虑生态可持续性。融入绿色智能材料,降低公园能源消耗,提升环保能力,推进健身设施同自然景观和谐相融,打造绿色便捷的全民健身新载体。四是深化文化与社区的融合。为了增强公园的社会功能,建议在设计中深入挖掘并融入地方文化元素,提升居民的文化认同感和社区归属感,使体育公园不仅成为健身的场所,更成为社区文化的重要载体。

4 结语

随着城市化进程的加速推进,公众对于体育锻炼及休闲健身活动的需求日益显著。在此背景下,城市体育公园不仅能丰富城市的绿化景观,优化生态环境,促进社会的绿色可持续发展,也成了检验智能技术、促进文化交流的重要平台。同时,还能有效助力居民建立起积极健康的生活方式和良好的健身习惯。在全民健身的背景之下,功能齐全、绿色生态的城市体育公园的建设会愈加完善。本文通过对城市体育公园相关理论的研究以及相关案例的分析,提出在全民健身背景下的体育公园的设计策略,并应用到泸州市和丰运动公园设计方案中,为未来相似的城市体育公园的规划设计提供参考。

[参考文献]

[1] 金依然.全民健身背景下县级体育公园建设研究 [J].广西城镇建设,2024 (7):68-72.

[2] 陈铭,段楚明.全民健身理念下城市小微空间营造策略研究:以武汉市洪山区微型公共空间规划设计为例 [J].华中建筑,2024,42 (3):81-86.

[3] 陈芃序,王天扬,张德顺.全民健身背景下城市社区公园环境设计研究:以无锡市 V-PARK 公园设计方案为例 [J].华中建筑,2023,41 (2):68-72.

[4] 杜晶晶,柯晶晶.大健康时代背景下社区公园改造提升策略 [J].居舍,2024 (10):121-124.

[5] 陈伟,缪岑岑,周妙莹.面向未来的公园场景营造系统研究:以杭州三江汇流地区为例 [J].当代建筑,2023 (1):142-144.

[6] 漆斐,范安辉,邓庆,等.社区体育公园建设现实价值及未来路向 [J].体育文化导刊,2024

（5）：55-61．

[7] 胡若晨，朱菊芳，周铭扬，等. 城市体育公园高质量发展：基本内涵、现实动因与推进路径 [J].
体育文化导刊，2022（10）：21-27，64．

[8] 马訾懿. 城市体育公园景观智慧化更新设计研究 [D]. 苏州：苏州大学，2023．

［作者简介］

尹伟，副教授，就职于西南民族大学建筑学院。

罗海丹，西南民族大学建筑学院硕士研究生。

宁广利，西南民族大学建筑学院硕士研究生。

温军，讲师，高级工程师，就职于西南民族大学建筑学院。

樊轶龙，中级工程师，就职于悉达（成都）建筑设计有限公司。

地铁可达性对居民通勤碳排放影响及策略研究

——以北京市清河街道三个社区为例

□吕文静，李婧，梁铭玉

摘要：轨道交通是低碳城市建设的重要组成部分，轨道交通出行对于降低城市碳排放具有显著的功效。而居民使用轨道交通的出行意愿与距轨道站点的距离有明显的关联性。本文依据北京市清河街道三个不同地铁可达性社区的问卷数据，计算其通勤碳排放，来分析站点可达性差异对居民碳排放的影响，同时从收入、家庭情况等方面分析可能影响居民通勤碳排放的因素，并利用排序算法分析居民对公共交通体验提升及"最后一公里"问题的期望侧重。结果表明：不同区位社区居民的通勤碳排放与其居住社区到地铁站的距离有密切关系；个人属性、家庭属性、通勤属性对于碳排放平均值均有影响；地铁可达性差异会对社区居民通勤方式选择和未来公共交通期望因素侧重有所影响。

关键词：碳排放；通勤；地铁可达性

0 引言

交通在城市碳排放中占据重要地位，而通勤出行是城市交通出行的主体，因此研究通勤碳排放是深入推动低碳城市建设的有力措施。国内外在宏观层面关于碳排放的研究较多，包括通过数学模型分析影响城市交通碳排放量的特征和原因，从而给出相应的政策措施，如 Christian Brand（2010）提出"60—20"规律，即 20％的居民排放了碳排放总量的 60％。David McNamara（2011）等基于二元逻辑模型，分析影响爱尔兰居民通勤交通碳排放量的因素，并探讨个人碳排放限额政策可行性。也有部分学者在微观层面对通勤碳排放进行了研究，研究表明，城市空间形态、土地混合度、人口密度、住房价格等城市特征都是城市通勤碳排放的主要因素，同时，居民收入、职业、教育经历等个人特征也是影响碳排放的重要因素。随着城市轨道交通的兴起和建设，公共交通已经成为特大型城市居民通勤的主要方式，而随着通勤距离的增加，居民最常选择的交通方式也从非机动车辆变为公交再变为地铁。也有学者开展了地铁对通勤碳排放影响的研究，如赵荣钦（2021）对地铁开通前后附近社区碳排放变化情况进行了研究，得出城市地铁有较大的碳排放潜力的结论。然而，关于地铁可达性对社区居民通勤碳排放具体影响的研究比较少，同时关于公众对公共交通的意向调查的相关研究也较为欠缺。本文以北京市的主要居住组团清河街道为例，探讨不同地铁可达性下的社区居民通勤碳排放特征，为城市公共交通的优化和低碳交通的建设提供理论与方法参考。

1　研究区域概况

北京作为特大城市，居住人口众多且大企业密布，通勤距离和时间一直居于国内城市前列。2023年，北京市中心城区平均通勤时耗为51分钟，平均通勤距离13.2 km，60分钟以上通勤出行约占三成。此外，北京地铁轨道交通发展较早，已有17条运营线路、270座车站、456 km里程，地铁已经成为北京市居民通勤工具的常见选择之一。

而选择清河街道，一是因为清河街道不仅是北京十大居住组团之一，交通发达，而且周边有中关村、上地、望京等多个就业组团，是北京市通勤量最大的地区之一，该地区的通勤碳排放特征具有典型性；二是因为清河街道一直注重绿色更新和交通优化，不仅一直致力于街道通勤重点路段的交通梳理和优化，部署交通管理设施，全时段管控道路状况，还有来自清华大学社会学、城乡规划等学科的师生团队扎根清河街道，开展基层社会治理创新的"新清河实验"，为清河绿色发展提供技术支持。以清河街道为例，分析其社区通勤碳排放特征，可以为其低碳发展、交通升级提供数据支持。

在清河街道区域内，以清河小营桥地铁站和清河站两个重要的通勤地铁站点为中心。由于距离地铁站太远的居民地铁出行可能性较低，本次调查以0～3 km的距离范围、居住人口较多、建成年代相近为标准，分别选取了距离地铁站点200 m左右、1000 m左右、2000 m左右的燕语清园、清上园、安宁佳园三个典型社区进行研究（图1）。

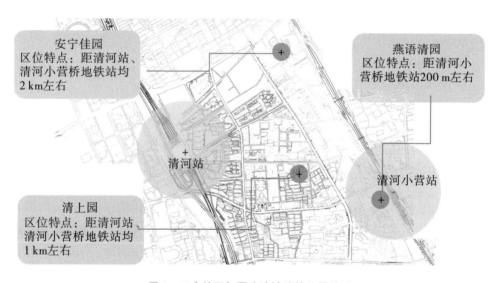

图1　三个社区与周边地铁站的位置关系

2　研究区域碳排放结果及分析

2.1　数据来源

数据来源于2024年3—4月从三个社区收集的调查问卷。共收集问卷101份，其中有效问卷93份，有效回收问卷率为92.07%（表1）。问卷主要内容包括个人及家庭属性调查、日常通勤行为调查和对公共交通的期望调查三大部分。

表1 调查社区基本情况

社区名称	建成年份	区位特点	常住人口/人	问卷数量/份
燕语清园	2005年	距清河小营桥地铁站200 m左右	3666	30
清上园	2003年	距清河站、清河小营桥地铁站均1 km左右	5574	38
安宁佳园	2007年	距清河站、清河小营桥地铁站均2 km左右	2757	25

2.2 计算方法

目前，计算出行碳排放量主要有两种方法：一是利用燃料类型进行计算，通过将不同交通工具的燃料消耗量乘以相应碳排放系数计算出行碳排放量，其计算结果相对准确，但是涉及地铁和公交等公共交通方式时，燃料数据难以获取；二是利用出行距离进行计算，将不同交通方式的出行距离与相应的碳排放系数相乘得到出行碳排放量，尽管此方法是推算结果，准确性相对较差，但其计算方法简单、可行性强，在研究中得到了普遍应用及实证检验。

本文中，每种交通方式单位距离所使用的燃料用量难以准确收集，因此采用上述第二种计算方法测算居民通勤碳排放量。居民一天通勤碳排放量的计算公式：

$$Tn=\sum_{i=1}^{n}Di\times Ki \tag{1}$$

式中：Tn 为居民一天通勤碳排放总量（g）；i 为通勤选择的交通出行方式；Di 为使用交通方式 i 出行的总距离（km）；Ki 为交通出行方式 i 单位距离的碳排放系数 g/（人·km）。

居民的通勤活动通常以一周为周期，通过对比居民一周的通勤碳排放，可以反映不同交通方式对居民通勤总体碳排放的影响。因此，每位居民通勤碳排放的计算公式如下：

$$C=T_n\times d \tag{2}$$

式中：C 为居民一周的通勤碳排放总量（g）；T_n 为居民一天通勤碳排放总量（g）；d 为居民一周通勤天数。

国内外针对各类交通方式的碳排放系数已开展大量研究，不同交通方式的碳排放系数主要依据相关研究成果（表2）。鉴于研究目的是深入剖析居民采用不同交通方式通勤时所产生的碳排放量特征，因此在本文的碳排放量计算中，道路建设及交通工具制造过程中的碳排放并未纳入考量范畴。

表2 不同交通方式的碳排放系数

交通方式	碳排放系数 g/（人·km）
私人汽车/出租车	135.00
单位用车	21.50
公交车	16.90
电动车/摩托车	10.00
地铁	9.10
共享单车/自行车	0
步行	0

2.3 通勤碳排放特征分析

2.3.1 不同社区居民通勤碳排放特征分析

通过不同社区每日通勤碳排放和每周通勤碳排放数据对比，主要有以下特征：

第一，随着地铁可达性变差，社区居民每周通勤碳排放升高。利用 SPSS 软件计算各社区居民每周通勤碳排放平均值、标准差、中位数可知（表 3），随着地铁可达性变差，社区居民每周通勤碳排放平均值逐渐升高，且差异较大。距离地铁站点 200 m 左右的燕语清园 [7069.03 g/（人·周）] 和距离地铁站点 1000 m 左右的清上园 [7553.83 g/（人·周）] 相对差异较小，相差 484.8 g/（人·周），均显著低于距离地铁站 2000 m 左右的安宁佳园 [9119.76 g/（人·周）]。通过对比标准差，清上园标准差最小，说明该社区居民通勤行为低碳同质性最强，其次是燕语清园，最后为安宁佳园。通过对比中位数，燕语清园中位数比清上园、安宁佳园小，说明该社区居民通勤具有低碳排放的特点。

表 3　各社区居民通勤碳排放情况

单位：g/（人·周）

社区名称	平均值	标准差	中位数
燕语清园	7069.03	18060.97	1090.00
清上园	7553.83	15014.89	1843.00
安宁佳园	9119.76	20064.66	1236.66

第二，地铁可达性较好和较差的社区通勤个体碳排放不均等性更大。通过将每个社区各居民的通勤碳排放量进行升序排序，基于这一排列结果，可以计算出通勤者碳排放量累计百分比和个体排序累计百分比，从而得到各社区居民通勤碳排放洛伦兹曲线（图 2）。Christian Brand 曾提出"60－20"规律，但从本文中的洛伦兹曲线可以看出，清上园通勤碳排放较接近"80－20"的分布，即 20% 的高碳排放者排放了社区通勤碳排放总量的 80%；燕语清园和安宁佳园的洛伦兹曲线较为相似，接近"90－20"规律，即 20% 的高碳排放者排放了社区通勤碳排放总量的 90%。由洛伦兹曲线可知，三个社区相对以往学者研究所选社区的碳排放不均等性大，可能与北京市长通勤距离的特点有关。除此之外，地铁可达性较好和较差的社区通勤碳排放不均等性相对更大，部分通勤者通勤行为高碳化现象严重。

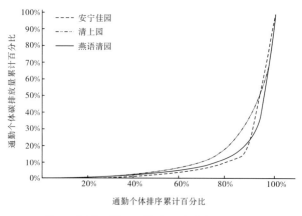

图 2　各社区居民通勤碳排放的洛伦兹曲线

2.3.2　不同属性居民通勤碳排放特征分析

以往研究表明，居民的个人特征、家庭特征等对通勤碳排放具有一定影响。因此，问卷设计了个人属性、家庭属性、通勤属性三大属性对居民进行了调查，以分析不同居民属性对通勤碳排放的影响（表4）。

表4　通勤碳排放调查属性及说明

属性分类	属性	属性说明
个人属性	性别	1. 男；2. 女
	年龄段	1. 18～25 岁；2. 26～35 岁；3. 36～45 岁；4. 46～55 岁；5. 55 岁及以上
	户口	1. 非农业户口；2. 农业户口
	教育经历	1. 小学及以上学历；2. 初中学历；3. 高中、中专或技校学历；4. 大学专科（含成人高等教育）学历；5. 大学本科（含成人高等教育）学历；6. 硕士研究生及以上学历
	职业	1. 机关组织、企事业单位人员；2. 专业技术与文教科技人员（医生、教师、律师等）；3. 事务人员（机关、企业、团体的一般职员）；4. 私营业主（企业、商店等私营者）；5. 商业、服务业人员
	年收入	1. 5 万元以下；2. 5 万～15 万元；3. 15 万～25 万元；4. 25 万～35 万元；5. 35 万元以上
	婚姻状况	1. 未婚；2. 已婚
家庭属性	家庭状况	1. 单身户；2. 一对夫妇；3. 单亲家庭带小孩；4. 一对夫妇一个小孩；5. 一对夫妇两个小孩；6. 一对夫妇多个小孩；7. 三代人家庭；8. 其他
	家庭通勤人数	—
	家庭汽车数量	—
通勤属性	日常通勤方式	1. 步行；2. 自行车/共享单车；3. 电动车；4. 摩托车；5. 地铁；6. 公交车；7. 出租车；8. 私人汽车；9. 单位用车；10. 其他
	每日平均通勤距离	居住地距工作地的距离
	每日通勤往返次数	—
	每周通勤天数	—

通过 93 位居民的通勤碳排放对比，不同属性的居民通勤碳排放主要特征如下。

第一，从个人属性分析。从教育经历来看，与已有相关研究结果相似，随着学历升高，通勤碳排放平均值总体上逐渐升高，但大学专科学历通勤碳排放平均值显著低于其他学历；从性别来看，不同于已有相关研究结果，女性通勤碳排放平均值显著高于男性，推测其原因是许多女性为了顾及家庭，增加了每日通勤往返次数；从职业类型来看，有固定通勤习惯的居民通勤碳排放平均值更高，如机关组织、企事业单位等工作人员通勤碳排放平均值远远大于其他职业，原因可能是这些单位区位相对集中，因此工作人员职住分离情况较为严重；从年龄段来看，年龄段与通勤碳排放平均值呈正相关关系，年龄每增长 10 岁，通勤碳排放平均值升高 3984.35 克/人·周；从婚姻状况来看，已婚居民通勤碳排放平均值显著高于未婚居民；从年收入来看，年收入 15 万～25 万元的居民通勤碳排放平均值相对较高，年收入 5 万元以下的居民通勤碳排放平均值相对较低。北京市将年收入在 4 万～12 万元之间的人群划为中等收入群体，4 万元以下为低收入群体，中低收入人群可能为了节省生活成本，通勤选择公共交通的较多，因而通勤碳排放平均值较低，而高收入人群考虑到舒适度和通勤效率，则更倾向于私家车出行，因此其通勤碳排放平均值居高不下（图 3）。

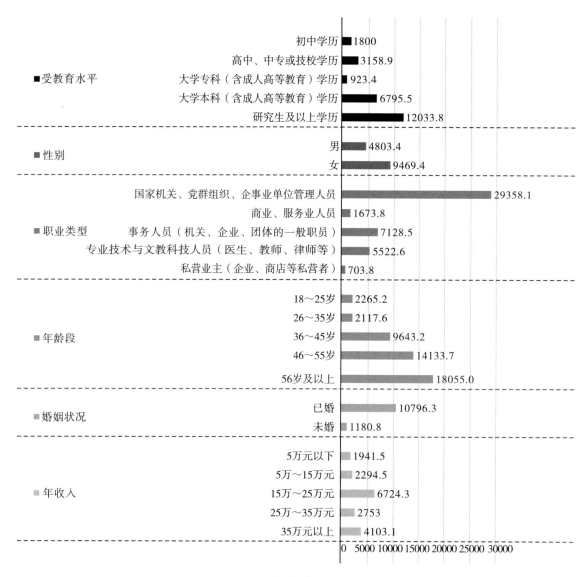

通勤碳排放平均值［g/（人·周）］

图 3　不同个人属性居民的通勤碳排放平均值对比

第二，从家庭属性分析。从家庭构成来看，家庭情况为独自居住和一对夫妇一个小孩的居民通勤碳排放平均值高于其他家庭，其他家庭构成差别不大；从家庭通勤人数来看，与已有研究结果不同，家庭通勤人数为 2 人时，居民通勤碳排放平均值最高，其次是家庭通勤人数为 1 人时。当家庭通勤人数大于 2 人时，通勤碳排放平均值显著降低且变化幅度减小；从家庭拥有私家车数量来看，拥有私家车数量与通勤碳排放平均值呈正相关关系，当家庭拥有 3 辆私家车时，居民通勤碳排放平均值显著高于其他居民（图 4）。

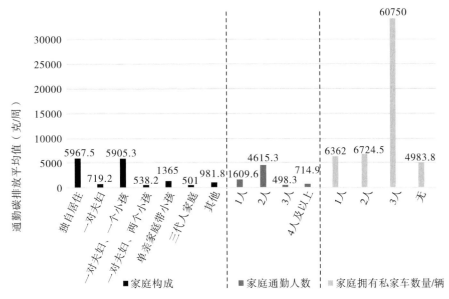

图4 不同家庭属性居民的通勤碳排放平均值对比

第三，从通勤属性分析。从通勤往返次数来看，其与通勤碳排放平均值呈负相关关系，可能的原因为通勤往返次数多的居民往往通勤距离较短，往往会采用步行、自行车等绿色交通方式；从每周通勤天数来看，每周通勤5天的居民通勤碳排放平均值最高，为10438.4 g；每周通勤4天的居民通勤碳排放平均值最低，为546 g；从通勤方式来看，基本与碳排放系数相对应，私人汽车通勤碳排放平均值最高，自行车/共享单车和步行为零碳排放（图5）；从通勤距离来看，整体上随着通勤距离变长，通勤碳排放平均值逐渐升高，但在通勤距离为6～7 km、8～10 km、11～20 km时，通勤碳排放平均值显著降低，原因是该区间的很多居民选择地铁、公交、电动自行车等低碳方式出行（图6）。

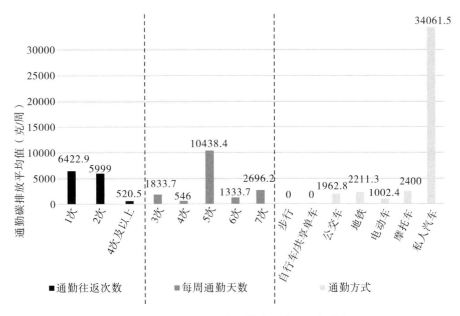

图5 不同通勤属性居民的通勤碳排放平均值对比（1）

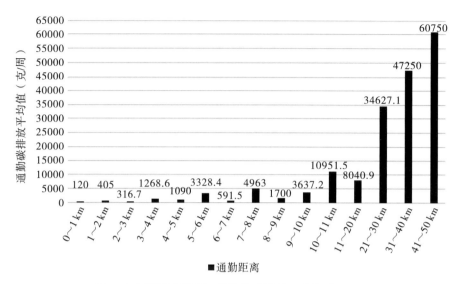

图 6 不同通勤属性居民的通勤碳排放平均值对比（2）

2.3.3 不同社区居民公共交通期望特征分析

通过让社区所有居民对每个通勤因素的各种因素进行排序，可计算出该社区居民对于每种因素的平均综合得分，其计算公式为：

$$因素平均综合得分＝（\sum_{i=1}^{n}频数×权值）/本题填写人次 \tag{3}$$

式中，权值由选项被排列的位置和选项个数决定。

通过对各社区影响居民选择通勤方式的因素得分情况（表 5）可以看出，总体上，居民在选择通勤方式时会优先考虑通勤距离和通勤时间，其次为社区附近公共交通便利度和道路状况。其中，地铁可达性较好的社区居民通勤时更加注重舒适度和是否符合低碳理念，地铁可达性较差的社区居民通勤时则更注重道路状况和通勤费用。

表 5 影响居民选择通勤方式的因素得分情况

因素	燕语清园	清上园	安宁佳园	综合得分
通勤距离	5.43	5.43	5.27	5.39
通勤时间	4.90	5.26	4.40	4.91
社区附近公共交通便利度	3	3.57	2.07	2.98
道路状况	2.50	2.04	2.80	2.41
通勤费用	2.07	1.78	2.73	1.85
舒适度	1.57	1.43	0.27	1.35
是否符合低碳理念	1.27	0.30	0.67	0.80
其他	0.07	0	0.53	0.14

通过统计各社区居民对于现有公共交通体验提升的因素得分情况（表 6）可以得知，居民最期待高峰时期增加公共交通班次、公共交通定制化服务，同时也对提升公共交通移动网络质量表达了强烈意愿；地铁可达性较好的社区居民对高峰时期增加公共交通班次、提升公共交通移动网络质量以及增加私人空间和增加座椅靠垫意愿相对更加强烈，或许与该社区居民平常利用

地铁通勤较多的原因有关，因而该社区居民更加注重乘坐过程的舒适性；地铁可达性相对较差的社区居民则更注重公共交通定制化服务，以提高公共交通便利度和通勤效率。

表6　居民对于现有公共交通体验提升的因素得分情况

因素	燕语清园	清上园	安宁佳园	综合得分
管理智能化，高峰时期增加班次缓解拥堵情况	4.90	3.91	2.93	4.13
公共交通信息管理更加智能，定制个性化服务以便更好地规划通勤线路及支付票款，提升换乘效率	2.87	3.57	3.53	3.25
提升公共交通移动网络质量	3.47	1.57	1.80	2.45
公共交通控制每节车厢人数以增加更多私人空间	2	1.09	0.60	1.38
公共交通座椅质量优化，增加靠垫	1.13	0.57	0.80	0.86
其他	0.03	0.09	0.87	0.23

从居民对于"最后一公里"期望的因素得分情况来看（表7），居民对于增设公共交通站点、完善15分钟生活圈这两方面意愿比较强烈，其次是建设非机动车友好道路/行人友好道路、政府推出公共交通优惠政策等意愿。随着地铁可达性的降低，社区居民对于增设公共交通站点、建设非机动车友好道路/行人友好道路的意愿愈加强烈，对完善15分钟生活圈的关注则逐渐减少。

表7　居民对于"最后一公里"期望的因素得分情况

因素	燕语清园	清上园	安宁佳园	综合得分
社区附近增设公共交通站点以完善接驳体验	3.67	4.57	4.73	4.20
完善15分钟生活圈，沿线可以满足饮食等需求	3.93	2.74	1.80	3.05
建设非机动车友好道路/行人友好道路	2.43	2.87	3.27	2.76
政府推出公共交通优惠政策（阶梯式收费，累计路程多优惠大）	2.23	1.09	3.20	2.05
社区推出相应奖励机制（如公交里程换取生活用品等）	1.87	0.91	2.33	1.64
其他	0.30	0	0	0.13

通过以上分析，得出主要结论如下。

一是随着地铁可达性变差，社区居民每周通勤碳排放升高，且地铁可达性较好和较差的社区通勤碳排放不均等性更大。

二是个人属性、家庭属性、通勤属性对于通勤碳排放平均值均有影响。个人属性中，高学历，女性，职业为机关组织、企事业单位人员，年龄相对较大，婚姻状况为已婚，年收入较高的居民通勤碳排放平均值相对较高；家庭属性中，家庭状况为独自居住或一对夫妇带一个小孩，家庭通勤人数较少，拥有私家车数量较多的居民通勤碳排放平均值相对较高；通勤属性中，通勤往返次数较少，每周通勤天数为5天，通勤方式为小汽车的居民通勤碳排放平均值相对较高。

三是影响居民选择通勤方式的因素中，通勤距离和通勤时间得分相对较高，其次为社区附近公共交通便利度和道路状况；对于现有公共交通体验提升的因素，高峰时期增加公共交通班次，公共交通定制化服务因素得分较高；对于"最后一公里"期望的因素中，增设公共交通站点，构建完善 15 分钟生活圈因素得分较高。同时，随着地铁可达性不同，社区居民对各通勤因素侧重点也有所不同。

3　策略建议

综合对不同地铁可达性的社区居民通勤碳排放特征、不同属性的居民通勤碳排放特征、居民对于公共交通期望因素的特征的分析，对城市公共交通优化和低碳交通建设主要提出三点建议。

3.1　构建智能化管理平台，提供定制化服务

从居民对公共交通期望因素的特征得知，居民对公共交通系统的智能化和公共交通定制化服务意愿强烈，引入大数据分析可以很好地满足居民的需求。通过大数据分析，可以实时监测列车的运行状态、各站点客流量以及各种资源的利用率，在帮助运营者调整各时刻列车发车频率、减少资源浪费的同时，还可以为居民提供更个性化的服务，如推荐车厢位置更优、等待时间更短、舒适度更高的出行路线，以帮助居民更好地规划自己的通勤行程，减少不必要的拥堵和等待。

此外，可以考虑新技术的融合引入，如第六代无线网络技术与物联网融合以提高地铁移动网络质量，满足乘客乘车上网需求，同时可以依托乘客信息系统，在车站部署 Wi-Fi 6 无线局域网，为车站各类智能化功能（如智慧标识、智慧安检、智能票务等）提供网络传输通道，从而丰富运营智能管理措施，提高运营效率。

提升居民公共交通便捷度和可达性，可以参考浙江省搭建智慧接驳站台。浙江省智慧站台利用车路协同的智慧设施，实现自动驾驶公交车的精准停靠和到站提示；针对公交车停靠侵占非机动车道的安全风险，利用传感器设置通行避让系统；为方便居民更好地践行低碳出行，可将公交车站点和共享单车停放点一体化打造，以实现公共交通的无缝换乘；为实现智慧运营管理，结合图像识别等人工智能技术对共享单车的停放实现规范化引导，并通过互联网技术实现远程监管。

智慧化措施的引入，不仅可以提高乘客的整体通勤体验，吸引更多居民使用公共交通通勤，还有助于提高他们的满意度和忠诚度，促进公共交通系统的可持续发展。

3.2　发展微循环交通，减弱地铁可达性对不同区位住区的影响

由上述研究可得，地铁可达性越好，居民通勤越呈现低碳化特点。因此，针对地铁可达性相对较差的社区，需要着重解决地铁站与住区"最后一公里"问题，充分发挥地铁减排优势。在居民对于"最后一公里"期望的因素中，增设公共交通站点得分最高，对此可以引入城市微循环理念作为指导思想，建设"穿梭巴士"、微循环公交体系以加强各住区与地铁站间的空间联系，推进末端交通"最后一公里"公共交通体系建设，减弱地铁可达性对不同区位住区的影响。在规划微循环公交车线路时，可适当延伸当前已有的公交线路，以当前区域人口热力点为中心，以 600 m 为服务半径连接地铁可达性较差的社区，促进城市内部交通微循环。

此外，微循环公交体系如果想要持续地发挥作用，还应搭建实时反馈平台以保证微循环公交时刻以居民需求为导向运行。搭建实时反馈平台，首先需要通过大数据了解各时段居民出行习惯及情况，减少部分时段前往部分站点的微循环交通车辆，以降低能源消耗。对于部分使用率较低的站点推行预约制，即每天在平台报备第二天行程，微循环公交系统根据报备情况及长

客流规律情况派遣相应人数车辆载客。同时，在住区中推行微循环交通反馈平台，居民可实时关注公交情况，在现有公交反馈平台基础上增加公交内部实时温度、客流量、空座率等信息，提升居民的出行体验。在公交站点还可以设置多样化服务，包括但不限于增设互动屏幕、点餐程序等，一站式解决居民生活需求。

3.3 加快非机动车/行人友好道路建设，为居民提供更多的通勤选择

清河街道三个调研小区有 37% 的居民为 5 公里内通勤，通勤降碳空间大，然而城市道路存在非机动车道规划不完善、人行道被占用等问题，居民通勤路程的慢行体验差，对于非机动车/行人友好道路建设的期望强烈。建设非机动车/行人友好道路，首先应将思想从"车本位"转化为"人本位"，在道路设计管理时保证人行的优先权，宽度足够的道路适当对慢行空间中的步行道和骑行道进一步分区设计，分为漫步道、跑步道以及骑行道等，为不同通勤需求的居民提供更多选择。

除此之外，可对慢行空间两侧商铺业态进行控制，满足居民通勤路上的饮食需求，同时丰富沿途的生活场景，如购物、停车、学校等，鼓励路边商户为骑行者、步行者提供更多便利服务，吸引更多居民采用慢行交通方式解决"最后一公里"和短途通勤需求。

4 结语

本文以北京市清河街道为例，研究了不同地铁可达性对居民通勤碳排放的影响并提出相关策略建议。在距地铁站 3 km 范围内选择三个不同可达性的社区，通过调查居民个人属性、家庭属性、通勤属性、公共交通期望，研究不同社区居民、不同属性居民的通勤碳排放特征及居民对公共交通的期望。提出三点建议：构建智能化管理平台，提供定制化服务；发展微循环交通，减弱地铁可达性对不同区位住区的影响；加快非机动车/行人友好道路建设，为居民提供更多的通勤选择。

限于选择的社区样本较少，问卷数量也偏少，同时对于居民换乘通勤的碳排放关注度较低，本文研究的深度有待加强。下一步可扩大问卷样本和数量，增加对居民换乘通勤的调查，其结论将对城市低碳交通建设具有更多指导意义。

[参考文献]

[1] BRAND C，PRESTON J M.'60－20 emission'：The unequal distribution of greenhouse gas emissions from personal，non-business travel in the UK [J]. Transport Policy，2010，17（1）：9-19.

[2] MCNAMARA D，CAULFIELD B. Measuring the potential implications of introducing a cap and share scheme in Ireland to reduce green house gas emissions [J]. Transport Policy，2011，18（4）：579-586.

[3] 张纯，宁延豪，梁颖. 城市建成环境对通勤碳排放的影响：以北京市为例 [J]. 上海城市规划，2023（6）：18-24.

[4] 秦波，邵然. 城市形态对居民直接碳排放的影响：基于社区的案例研究 [J]. 城市规划，2012，36（6）：33-38.

[5] 满洲，赵荣钦，袁盈超，等. 城市居住区周边土地混合度对居民通勤交通碳排放的影响：以南京市江宁区典型居住区为例 [J]. 人文地理，2018，33（1）：70-75.

[6] 黄晓燕，刘夏琼，曹小曙. 广州市三个圈层社区居民通勤碳排放特征：以都府小区、南雅苑小区

和丽江花园为例［J］. 地理研究，2015，34（4）：751-761.

［7］ 袁玉娟，刘清春，马寒卿. 基于住房价格的通勤碳排放空间分异：以济南市为例［J］. 自然资源学报，2021，36（8）：2081-2094.

［8］ 朱燕妮，陈红敏，陆淼菁. 上海市通勤高碳排放群体识别与特征分析［J］. 资源科学，2014，36（7）：1469-1477.

［9］ 赵荣钦，范桦，张振佳，等. 城市地铁对沿线居民通勤交通碳排放的影响：以郑州市为例［J］. 地域研究与开发，2021，40（2）：151-155，161.

［10］ 杨俊宇. WiFi 6 与物联网融合在智慧地铁中应用研究［J］. 长江信息通信，2023，36（12）：176-178.

［基金项目：北京市社会科学基金项目（23SRB010）。］

［作者简介］

吕文静，北方工业大学建筑与艺术学院本科生。

李婧，副教授，硕士研究生导师，就职于北方工业大学建筑与艺术学院。

梁铭玉，北方工业大学建筑与艺术学院本科生。

山水城市慢行交通系统规划设计研究

——以江西省赣州市中心城区慢行系统为例

□杨慧，王涛

摘要： 随着社会经济的不断发展，人们的出行方式日趋多样化，对休闲娱乐的需求越来越高，慢行交通系统在完善城市空间格局、提高居民生活品质方面的重要性不断提升。本文以赣州市中心城区慢行交通系统规划设计为例，系统分析了山水城市格局的特点，探讨了山水城市慢行交通系统规划设计策略，并从分区规划、网络布局、空间管控、衔接设计及景观设计五个方面构建了系统、完善的赣州市中心城区慢行交通系统，有效提升了城市交通出行环境、提高居民生活水平。研究成果可为山水城市慢行交通空间规划探索提供参考。

关键词： 慢行交通系统；山水城市；分区规划；网络布局

0　引言

随着城市化步伐的加快和人们生活质量的提高，城市交通问题愈发突出，特别是在那些山水相依、地形复杂的城市。如何构建一个既符合生态环保理念，又能满足居民出行需求的慢行交通系统，已成为城市规划领域的重要议题。

近年来，学者们针对山水城市慢行交通系统的规划设计开展了大量的研究，提供了丰富的理论支持和实践经验。首先，山水城市的独特自然环境和文化底蕴对慢行交通系统的规划设计提出了特殊的要求。江松霖等探讨了山地城市的绿道规划策略，将泸州中心城区绿道划分为城市级、片区级、社区级网络，形成良好的慢行生态格局。其次，慢行交通系统的规划设计需综合考虑交通便捷性、生态保护和居民生活质量提升。王晓燕等以银川慢行交通为例，从步行街区、自行车道两方面进行分析，探究了步行分区、街面设计、自行车道分级等关键要素，提出了银川慢行交通发展策略。最后，慢行交通系统的规划设计需要充分考虑居民的出行需求和行为习惯。江家顺以河源市中心城区为例，深入分析了居民慢行休闲活动与休闲空间的关系，提出休闲空间应结合中心城区功能结构均衡发展的趋势进行层级化、均衡化、特色化布局，基于组团式休闲空间体系建构城市慢行系统。

赣州市是一座典型的山水相互共生的城市，地理空间格局十分独特。中心城区属于带状组团型城市，各组团依托赣江、章江、贡江，形成"三江六岸"的城市滨水空间景观结构，生态资源丰富，为慢行系统建设提供了良好的自然条件基础。本文以赣州市中心城区为例，系统地对山水城市慢行系统构建进行分析，探讨山水城市慢行交通系统设计策略，明确赣州市慢行系统发展方向，并针对不同的交通分区制定差异化交通指引细则。

1 赣州城市特征

1.1 城市自然特征

赣州市地处赣江上游，四周山峦重叠、丘陵起伏，中心城区坡度较缓；"三江六岸"滨水地区构成了整个赣州市空间景观的核心，沿着"三江六岸"分布着众多的人文景观、自然景观点和生态廊道，如郁孤台、滨江公园、古城墙等；城镇周边拥有山体、郊野资源，如南部的峰山一欧潭生态绿楔，西北部的三阳山—通天岩—水东生态绿楔。以上均为赣州中心城区构建良好的步行和自行车交通系统提供了天然的环境支持。

1.2 城市气候特征

赣州市地处中亚热带南缘，属亚热带季风气候区，冬短夏长，夏季约 165 天，冬季约 63 天；冬季较为温和，偶有寒冷天气。年平均气温 19.40 ℃，处于人体比较适宜的温度范围。赣州市的气候条件为慢行交通系统规划提供了良好的环境。

1.3 城市结构特征

从城市布局结构分析，三江环绕交汇的独特空间格局是赣州市城市个性的根本所在。赣州市区功能分布呈现典型的带状式组团结构模式，城市活动范围较小，机动化水平不高，日常步行和自行车交通活动主要发生在组团内，有利于通过"以点带面"的方式将步行和自行车交通逐步完善，让各组团之间的交通主要依靠自行车或步行与公共交通方式的接驳来实现。基于这样的城市结构特征，系统地规划步行和自行车交通系统将进一步推进赣州市综合交通体系的建设。

2 山水城市慢行系统设计策略

2.1 科学量化出行强度，合理划定交通分区等级

基于基本交通分区，统筹考虑分区内各用地性质、开发强度、居住人口等因素，结合道路网络密度以及步行和自行车出行比率指标，通过 GIS 软件对数据进行分析，测算出各地块的高峰小时出行强度，科学确定交通分区。

2.2 串联山水要素与历史人文要素的网络系统，增强文化自信

依托城市特质、自然和人文景观，规划步行和自行车专用路网络，将历史文化街区、滨江绿地、公园、城市街头绿地及郊野型公园串联在一起，形成具有特色的步行和自行车交通系统，推动山水自然景观与现代城市的融合，提升城市的文化自信。

2.3 建立"步行盒子"和自行车"骑行社区"

结合步行和自行车交通分区，以及城市功能片区划分，将不同的道路网络形成回路，提高通过性与趣味性；以社区类公共服务为中心，构建 10 分钟的自行车出行的基本公共服务全覆盖，并与各片区控制性详细规划中医疗、中小学等公共服务设施规划反馈互动。

2.4　注重人的出行空间，实现一体化空间环境设计

以构建"微笑街道"为目标，以人的安全、舒适为基本出发点，构建与机动车交通差异化发展的道路体系，并通过对设施带、自行车道、步行道、建筑前区、街边广场绿地、街道界面等一体化空间环境设计指引，提升街道的活力。

3　赣州市慢行交通系统规划实践

3.1　分区规划，制定差异化交通指引

综合考虑区域功能布局、设施集聚程度、用地开发强度、人口密度等因素，结合现状数据调查开展交通需求预测，识别区域慢行交通需求。同时，基于交通需求，结合城市中心体系、历史文化保护规划等，划定慢行交通出行分区，体现城市不同区域之间的步行交通特征差异。从道路间距、道路密度、附属设施等方面提出差异化建设指引，为步行网络布局以及详细设计提出更为细致的分区网络指引和设计方案。

3.2　网络布局，建设独立完整的慢行系统

结合赣州山水特色，在构建完整的慢行交通网络目标下，注重慢行交通网络与传统城市道路网络之间的差异性和关联性，结合慢行分区需求预测，考虑路径周边用地和建筑功能、用地开发强度和行人流量等因素，形成以慢行需求为导向的分级分类体系，构建相对独立完整的慢行网络系统。

3.3　空间管控，统筹设计街道空间

对中心城区所有建成和规划的城市道路进行分类，并提出断面改造方法，保障慢行通行空间，解决"机非共板"以及慢行空间被挤占的问题。可采取以下三种方式对空间进行管控：一是对道路断面内部进行调整，适用于建成有富余中央绿化隔离带、路侧绿化的城市道路；二是通过彩色涂装，增设机非护栏、完善标志标线，突出步行和自行车路权，多用于老城区已建成各级道路；三是利用道路外围空间调整，适用于路侧设置有防护绿地、街头绿地和建筑退让空间等城市道路（图1）。

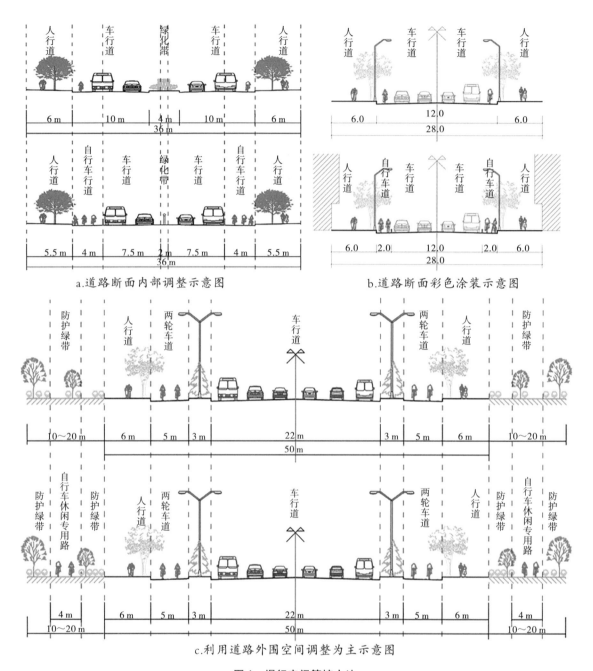

a.道路断面内部调整示意图　　　　　　b.道路断面彩色涂装示意图

c.利用道路外围空间调整为主示意图

图1　慢行空间管控方法

3.4　衔接设计，构建 300 m 换乘衔接圈

步行和自行车交通作为公共交通的"最后一公里"接驳的主要方式，应采取各种措施实现步行、自行车交通与公共交通"无缝对接"，打造地铁、"公交＋步行"、自行车的一体化城市综合客运体系，让市民出行和换乘更方便、快捷。规划将地铁站、公交站台、公共服务设施（自行车停车场、休憩设施、交通信息亭等）一体化布局，并完善步行和自行车通道，形成 300 m 交通换乘衔接圈，提升居民优先选择公共交通出行的积极性（图2）。

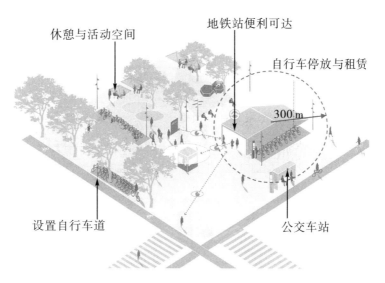

图2　慢行交通与公共交通衔接设计

3.5　景观设计，提升慢行出行舒适性

充分考虑慢行交通的安全性、便捷性、遮阴性以及周边景物分布，提出绿化景观、指示标识、街道家具、街道界面四方面的设计要素，以提升慢行出行环境，促进居民优先选择慢行交通出行。一是做好绿化景观设计。重点提升遮阴性、便捷性、观赏性，打造舒适的步行和自行车出行环境。二是做好指示标识设计。统筹设计各层级慢行系统指示标识（方位、引导、管理），解决现状标识系统缺失的问题。三是做好街道家具设计。结合慢行分区，专用路以合理的间距设置休憩设施，提出建筑小品设计指引。四是做好街道界面设计。通过对街道界面控制以及地面铺装的色彩化设计，提升出行环境。

4　结语

慢行交通作为城市综合交通体系的重要组成部分，具有绿色、生态、低碳、环保等特征。山水城市以其独特的生态地理环境，在建设慢行交通系统方面具有天然的优势，本文以赣州市中心城区慢行交通系统规划设计为例，提出"分区规划、网络规划、空间管控、衔接设计和景观设计"五个方面的慢行交通设计方法，构建了系统完善的城市慢行交通系统，可为山水城市慢行交通空间规划探索提供参考。

[参考文献]

[1] 王鹤，孙兴堂. 基于山水花园城市定位的步行系统规划：以镇江市为例 [J]. 交通标准化，2014，42（11）：25-28，32.

[2] 江松霖，李西，付而康. 山地城市绿道规划策略探讨 [J]. 林业资源管理，2020（3）：26-31.

[3] 赵紫浩. 关于城市"慢行空间"景观设计的思考 [J]. 艺术与设计：理论，2017（2）：58-60.

[4] 李飞. 中小城市优化发展中慢行交通系统规划研究 [J]. 内蒙古科技与经济，2014（15）：3-4，6.

[5] 王晓燕，黄一凡. 基于绿色出行理念的城市慢行交通空间塑造研究：以银川为例 [J]. 城市，2019（8）：55-61.

［6］彭群洁. 城市新区慢行交通系统规划研究 ［J］. 城市道桥与防洪，2019（2）：28-32.

［7］王晶. 人性维度下绿道慢行交通系统规划设计研究 ［D］. 合肥：安徽农业大学，2014.

［8］江家顺. 居民慢行出行特征与休闲空间布局分析：以河源市中心城区为例 ［J］. 城市地理，2017（1X）：21.

［作者简介］

杨慧，高级工程师，就职于赣州市国土空间调查规划研究中心。

王涛，高级工程师，注册规划师，就职于赣州市国土空间调查规划研究中心。

基于设施可达性的完整社区生活圈划定、评价与完善

——以重庆市江北区观音桥街道鲤鱼池片区为例

□聂琼，温军

摘要： 随着城市化进程的加速，社区作为城市的基本单元，其设施配置与居民生活质量息息相关。本文以重庆市江北区观音桥街道鲤鱼池片区为例，基于设施可达性理论，探讨现代社区生活圈的划定、评价及补充方法。通过分析该片区历史沿革、现状设施条件及地理区位，应用设施可达性分析等方法，提出科学合理的社区生活圈划定方法以及基于"五宜"（宜业、宜居、宜养、宜学、宜游）的15分钟生活圈规划策略。通过评价和优化，完善教育、医疗、文化、养老、休闲、就业等公共服务设施，提升片区空间环境品质和居民生活质量，构建美好社区，促进社区和谐发展。

关键词： 设施可达性；完整社区；社区生活圈划定

0　引言

社区生活圈作为城乡规划的新理念，旨在通过合理配置服务设施，提高居民生活便利性和幸福感。近年来，我国多个城市如上海、北京、成都等，以及国外如新加坡均已开展相关探索和实践。2021年6月9日，自然资源部发布《社区生活圈规划技术指南》。重庆市作为西南地区的重要城市，社区生活圈建设紧跟时代步伐，在2021年10月重庆市住房和城乡建设委员会颁布了《重庆市绿色社区创建、完整居住社区建设操作指南（试行）》。2024年，上海市规划编审中心会同相关单位共同编制完成了《上海15分钟社区生活圈规划技术标准》（征求意见稿），明确"15分钟社区生活圈"各类公共服务要素的配置原则和技术要求；成都市发布《成都市"15分钟社区幸福生活圈"建设工作导引（试行）》。在此背景下，本文以重庆市江北区观音桥街道鲤鱼池片区为研究对象，探索适合本地特点的社区生活圈划定方法，以响应国家政策并提升居民生活质量。

1　概念及分析方法

1.1　完整社区规划理念

完整社区是指在居民适宜步行范围内有完善的基本公共服务设施，健全的便民商业服务设施，完备的市政配套基础设施，充足的公共活动空间，全覆盖的物业服务和健全的社区管理机

制，且居民归属感、认同感较强的居住社区。

1.2 生活圈概念

生活圈的概念最早源自日本，之后在全球范围内得到推广和应用。其核心思想是在一定时间和空间范围内，满足居民工作、生活、休闲等各类需求的基本单元。国内外学者对此进行了大量研究，如美国提出的 20 分钟城市、法国巴黎的 15 分钟城市等均体现了生活圈理念。

1.3 设施可达性分析方法

设施可达性是指居民从居住地到达各类服务设施的便捷程度，是衡量社区生活质量的重要指标。常用的分析方法包括距离法、重力模型、两步移动搜索法等。这些方法在设施布局优化、社区规划等领域具有广泛应用。

2 社区生活圈的发展现状与存在问题

2.1 社区生活圈的范围划定存在现实难题

"15 分钟生活圈"，顾名思义是居民在 15 分钟步行可达的范围内可以享受到完善的公共服务设施。因此，社区生活圈的范围从定义上来说，应该是以人的步行速度结合地区的路网可达性来确定。而我国的控制性详细规划体系是以人口规模与服务半径来确定公共设施的规模。同济大学教授于一凡认为，随着高度、密度、建设标准等居住形态特征的日益多元化，相同服务半径内的居住人口规模和服务需求结构已经大相径庭，传统的千人指标、服务半径双控手段已经难以满足发展需求。在《重庆市绿色社区创建、完整居住社区建设操作指南（试行）》中的"完整居住社区"是指人口规模在 0.5 万～2.0 万人，到达社区内各项服务设施的时间在 5～10分钟，但具体 5～10 分钟如何划定并没有给出具体方法规定。

2.2 社区生活圈服务要素配置失衡

我国城市在过去的 20 年经历了快速发展阶段，这一阶段的城市发展往往更加注重市区级的公共服务设施建设，而社区级的基层公共服务设施往往供给较少且建设标准偏低。

3 基于设施可达性的社区生活圈划定

3.1 研究区域概况

3.1.1 地理位置与区位条件
鲤鱼池片区位于重庆市江北区观音桥街道，地处城市核心区域，交通便利，周边配套设施较为完善。然而，由于历史原因，该片区内的老旧社区如鲤鱼池社区、桃花源社区等存在诸多问题，亟须改造升级。

3.1.2 现状设施状况
目前，鲤鱼池片区内的公共服务设施主要包括学校、社区医院、市场、养老院等。一所小学、一个小区环境脏乱差，基础设施陈旧。街道上车辆乱停、乱放的现象严重，交通拥堵时有发生。

3.1.3 现状问题与特征
重庆作为典型的山地城市，具有以下显著特征：地形地貌复杂，地势起伏大，以山地为主，山高谷深，沟壑纵横。由于受地形的限制，重庆的城市道路在建设时一般会绕过复杂地形，如悬崖、陡坡等，导致交通路网不像平原城市那样以同心圆式或方格网状布局，因此在基础设施可达性上与成都等平原城市存在差异，形成了有别于平原地区的城市肌理和空间模式。山地城市步行系统与地形起伏变化的环境紧密结合，居民步行出行的轨迹较复杂，消耗的时空成本较高，加之山地城市各空间要素相对较割裂，可达性普遍较低。因此进行可达性分析处理时，在方法运用、数据处理上需充分考虑重庆山地复杂路况，如根据交通系统的不同层级（如主干道、次干道、支路等）与高程结合计算后赋予不同的步行速度。

3.2 数据收集与处理

本文采用多源数据融合的方法，包括 POI 数据、路网数据、人口数据等，通过 GIS 技术进行空间分析，获取了研究区域的基础数据，随后利用 Grasshopper Pedsim 人流模拟，以了解人流活动密集区域和主要活动路线，再结合 UrbanFlow 等时圈生成工具，得到该条路线的可达性，初步划定片区的 5 分钟、10 分钟、15 分钟生活圈范围。最后利用 POI 数据进行基于 GIS 缓冲区和网络分析的设施服务半径分析，进一步修正生活圈范围，为社区生活圈的划定提供依据。

3.2.1 Grasshopper Pedsim 人流模拟

Pedsim 电池图通过限定起点、终点和兴趣点及障碍物，最终形成场地内的人流模拟。起点是既有住区，终点被场地包围的两个住区，兴趣点是场地的进入点（图 1）。

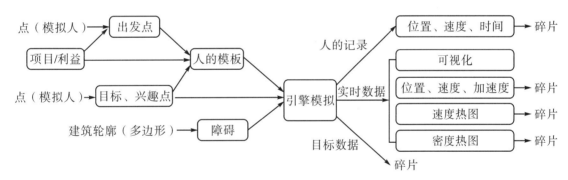

图 1 Pedsim 电池组工作流程

前期调研发现鲤鱼池片区道路交通情况复杂，该片区北至北城天街、南至建新东路、东至鲤鱼池路、西接洋河路范围内，主次干支交接频繁，总体地势高差达 140m 左右，土地类型多样，公共设施数量缺乏。西部北仓社区改造成效显著，与范围内形成强烈对比，且有借鉴意义，因此以该范围为例，进行 Pedsim 人流模拟。

由模拟结果可知，北从北城天街起，沿洋河路至塔坪正街，沿塔坪正街中段路口向南，至鲤鱼池一支路，再沿鲤鱼池一支路向西至建新东路一段活动类型丰富，人流量大，偏好性强。因此，选取该路段作为目标街区进行下一步 UrbanFlow 等时圈生成。

3.2.2 UrbanFlow 等时圈生成

利用 UrbanFlow 工具，基于路网数据，以目标街区为出发点，结合路网数据生成 5 分钟、15 分钟、30 分钟等不同时段的日常生活等时圈。

3.2.3 设施服务半径分析

基于初步的生活圈范围，通过对现状设施的服务半径进行分析，发现公共设施种类虽较为齐全，但数量不足，且设施分布不均衡。根据《重庆市绿色社区创建、完整居住社区建设操作指南（试行）》对公共设施种类要求，先对基于 GIS 缓冲区和网络分析的设施服务半径进行分析，结果显示分析范围教育设施有中学、小学各 1 处，幼儿园 4 处，均满足完整社区要求。1 处社区综合服务站位于分析范围几何中心偏北位置，导致范围内南侧部分用地没有覆盖在步行 5 分钟范围内；有 5 处社区卫生中心，但由于分布不均，导致分析范围内东侧部分用地没有覆盖在步行 5 分钟范围内；有 1 处养老院，位于分析范围几何中心偏南位置，满足完整社区要求；有 6 处菜市场，但分布不均，导致分析范围内北侧部分用地没有覆盖在步行 5 分钟范围内；有 63 处停车场、10 个公交站，满足完整社区要求；范围内无充电站，必须补充建设；范围内有 3 处公厕，但由于分布不均，导致分析范围内南侧部分用地没有覆盖在步行 5 分钟范围内。

3.3 社区生活圈划定校正

在 UrbanFlow 等时圈得出的生活圈范围内，根据《重庆市绿色社区创建、完整居住社区建设操作指南（试行）》对公共设施数量的要求，在范围内补足设施后，重新进行设施服务半径分析，并结合最终设施服务半径的范围，不断修正社区生活圈，最终划定生活圈范围。

4 社区生活圈评价与完善

4.1 综合可达性评价

基于综合可达性评价指标，对鲤鱼池片区各社区生活圈进行评价。采用地理探测器统计方法，通过定量分析可达性 POI 功能密度、人口密度、路网密度和交叉口密度等空间形态因子，深入探讨它们与社区可达性的相互关系。

4.2 问题识别

由于网络数据存在不完整及片面等问题，导致生活圈划定结果不够准确，还需补充对人群行为、活动及时间的分析，从而使划定更加人性化，实现以人为本的目的。

一是行为需求分析。通过问卷调查、访谈等多元方法，深入了解居民的日常行为需求，包括购物、就医、教育等，以这些数据为基础，为后续的设施配置提供有力依据。

二是活动时间与轨迹分析。利用 Pedsim 等交通模拟软件，结合 GPS 数据和手机信令数据，分析居民的活动时间和轨迹，识别出行热点和瓶颈区域，优化交通组织。

三是社会关系分析。分析社区居民之间的社会关系网络，识别社区领袖和关键节点，由此来推动社区建设和治理工作的开展。

4.3 补充策略

4.3.1 优化设施布局

根据评价结果，合理调整公共服务设施点位布局，尽量保证各社区生活圈内设施均衡分布。中学、幼儿园及停车场满足要求，不用补充建设。公交站及地铁站要充分考虑交通线路的安排，在此不作布局建议。

4.3.2 完善方向

根据评价结果，合理调整公共服务设施布局，确保各社区生活圈内设施均衡分布。一是提升基础设施质量。加大对老旧社区基础设施的改造力度，如道路修复、排水系统升级等。二是加强物业管理。引入专业物业管理团队，提升社区管理水平，改善小区环境。三是促进智慧社区建设。利用大数据、物联网、云计算等现代信息技术，推动鲤鱼池片区的智慧社区建设。通过构建社区信息平台，实现社区管理、服务、安全防护等智能化，提升居民生活品质和社区治理效率。四是强化社区文化与社会关系。组织多样化的社区文化活动，如文艺演出、体育比赛、公益讲座等，增强居民之间的交流与互动，提升社区凝聚力。五是构建社区共同体。鼓励居民参与社区治理，形成共建共治共享的良好氛围。通过建立社区志愿者队伍、居民议事会等机制，激发居民参与社区事务的热情和责任感。六是关注特殊群体。针对老年人、儿童、残疾人等特殊群体，提供定制化服务，如设立日间照料中心、儿童游乐区、无障碍设施等，确保他们也能享受到便捷的社区生活。

5　结论与不足

本研究通过对重庆市江北区观音桥街道鲤鱼池片区的深入分析，提出基于设施可达性的现代社区生活圈划定、评价及补充策略。通过对现状设施服务半径分析，发现由于设施分布不均、数量不足等问题，导致部分现状基础设施可达性较弱。根据分析结果，提出优化设施布局、提升基础设施建设、加强物业管理、促进智慧社区建设、强化社区文化与社会关系以及营建15分钟生活圈要素等措施建议，旨在提升片区空间环境品质，构建美好社区。未来，随着城市化进程的不断深入和居民需求的不断变化，社区生活圈建设将面临更多挑战和机遇。因此，需要持续关注居民需求变化，不断创新社区治理模式和服务方式，推动社区生活圈持续健康发展。

本研究在方法和实践层面都具有重要意义。在方法层面，将 Grasshopper Pedsim 人流模拟与 GIS 分析相结合，建立基于大样本居民活动数据的社区生活圈测度方法，通过不断修正，为解决当前社区生活圈规划的关键技术难点——边界划定提供一定参考。在实践层面，本研究以科学方法为基础，致力于构建完整社区生活圈。通过基础设施服务半径分析得出现状问题，从而更科学、更高效地优化设施布局，确保各类服务设施均衡分布，可提升居民在教育、医疗、养老等多方面的生活质量，为构建和谐宜居的现代社区提供有力支持，对推动社会整体进步具有重要意义。

本研究存在的不足是受数据限制，互联网平台收集的数据往往是单方面的标准化数据，难以全面反映真实情况。此外，在数据收集过程中可能受到网络拓扑结构、服务器硬件配置等因素的限制，影响数据的全面性和准确性。

［参考文献］

[1] 达康. 厦门市翔安区"15分钟生活圈"的规划探讨 [J]. 福建建材，2024 (2)：40-42，46.

[2] 杨辰，辛蕾，马东波，等. 基于位置服务数据的社区生活圈测度方法及影响因素分析 [J]. 同济大学学报（自然科学版），2024，52 (2)：232-240.

[3] 罗丹，张沂珊，洪竞科. 基于在线地图路径循迹的山地城市绿色开放空间步行可达性衰减 [J]. 风景园林，2024，31 (7)：100-107.

［作者简介］

聂琼，西南民族大学建筑学院本科生。

温军，讲师，高级工程师，就职于西南民族大学建筑学院。

国土空间规划教育学科建设研究

基于知识图谱的课程群建设研究
——以城乡规划专业核心课程群建设为例

□陈涛，李志英，杨子江

摘要：课程群建设是一流本科课程建设的重要手段，而知识图谱有助于提升课程群建设质量。本文以城乡规划专业核心课程群建设为例，通过知识图谱应用路径分析，厘清知识图谱在课程群建设中的重要作用。研究表明，通过课程群系列知识图谱的构建与应用，可以优化课程体系结构、整合更新教学内容、促进跨学科学习与交流，提高学生学习效率与深度、增强跨学科整合能力、提升实践能力与创新思维、优化教学资源配置、促进师生互动与教学相长。本研究有助于提升信息化手段在教学建设工作中的应用，助力城乡规划专业教学质量提升。

关键词：课程群建设；知识图谱；一流本科课程；城乡规划专业

0 引言

随着我国高等教育的不断发展和深化，本科教育作为高等教育的基石，其教学质量和水平直接关系到国家人才培养的整体效果。专业理论课程作为本科教育的核心组成部分，是培养学生专业素养、创新能力和未来职业发展能力的关键环节。然而，传统的专业理论课程教学模式往往存在内容分散、更新缓慢、教学方法单一等问题，难以适应信息化时代知识快速更新和学生学习需求多样化的特点。因此，教育部明确提出要建设适应新时代要求的一流本科课程，构建更高水平的人才培养体系。在这一背景下，基于知识图谱的本科专业课程建设应运而生。《教育部办公厅关于启动部分领域教学资源建设工作的通知》指出，"聚焦国家重点领域紧缺人才培养，开展教学资源建设，完成专家组建设、知识图谱构建、教学资源建设、资源审核应用、资源持续更新、教师培训等工作"。该文件从资源建设的角度明确提出了开展知识图谱构建工作。《教育部等六部门关于推进教育新型基础设施建设构建高质量教育支撑体系的指导意见》指出，"系统梳理各学科知识脉络，明确各知识点间的关系，分步构建国家统一的学科知识图谱"。该文件从教育新型基础设施建设的角度提出开展构建学科知识图谱工作。这一系列文件为知识图谱建设提供了政策支持和指导。课程群作为衔接教学体系与各类课程的过渡环节，起着承上启下的重要作用，其教育教学改革研究与实践是现阶段亟待解决的重要课题之一。知识图谱作为一种新型的知识组织和表示方式，能够将分散的知识点以图形化的方式连接起来，形成系统的知识体系，有助于学生更好地理解和掌握专业知识，从而提高学习效率。同时，基于知识图谱的课程群建设能够促进课程内容的更新和优化。综上所述，基于知识图谱的本科专业核心课程群建设是适应信息化时代发展要求、推进一流本科课程建设、提高教学质量的重要举措。这不仅有助于提高本科教育的质量和水平，还有助于培养出更多适应社会需求的创新型人才，为我国高等教育事业发展做出积极贡献。

1 可行性分析

1.1 知识图谱与教育知识图谱

知识图谱是一种大规模语义网络，富含概念、实体及各种语义关系，是目前发展最快、应用最广的一种知识表达和处理工具，并利用可视化的图谱形象地展示特定领域知识的核心结构、发展历史、前沿领域以及整体知识架构。所谓"知识"，由两部分组成：一是事实（或称为观念），二是联系。事实就是一个个点，联系则是把点连接起来的线，它们所构成的网络，就是知识结构。由以上定义可以看出，知识图谱是知识结构的形象化输出或表达，其自带的链接和搜索功能进一步扩大了知识结构的边界。教育知识图谱通过拆解教学内容进行知识系统梳理，构建知识点及相互关系，形成课程、学科、专业知识图谱，将知识图谱与教学深度相结合，优化知识表达，让知识看得见、看得清，能够有效支持灵活、精准"教"与个性、终身"学"。

1.2 知识图谱运用于课程群建设的可行性

知识图谱是一种强大的知识表示和组织工具，它能够将复杂的知识网络以图形化的方式展现，帮助学生和教师更加直观地理解与掌握知识体系。其在课程群建设中的应用，不仅技术成熟、教学需求广泛，更得到了国家政策的大力支持，展现出无可比拟的可行性与巨大潜力。

首先，从技术角度来看，知识图谱的构建和维护已经具备了相对成熟的技术基础。随着人工智能和自然语言处理技术的不断发展，知识图谱的自动化构建和更新已经成为可能。这意味着在课程群建设中，可以利用知识图谱技术，将课程内容中的关键知识点与它们之间的关系以图谱的形式展现出来，从而为学生提供更加直观、系统的学习材料。

其次，从教学需求角度来看，知识图谱能够满足现代学生对于个性化学习和深度学习的需求。在传统的教学模式中，学生往往只能被动地接受教师传授的知识，而难以根据自己的兴趣和需求进行深度学习。知识图谱则能够为学生提供更加灵活、个性化的学习路径。学生可以根据自己的学习进度和兴趣点，在知识图谱中选择不同学习路径和深度，从而实现真正的个性化学习。

再次，从资源整合角度来看，知识图谱能够有效地整合和共享教学资源。在高等教育中，教学资源的分散和浪费是一个普遍存在的问题。而通过构建知识图谱，可以将各种教学资源以知识点为纽带进行有机整合，从而形成一个系统、完整的教学资源体系。这不仅能够提高教学资源的利用率，还能够促进不同教师和教学团队之间的资源共享与协作。

最后，从政策支持角度来看，教育部等部门对于高等教育信息化和一流本科课程建设的重视为知识图谱在课程群建设中的应用提供了有力的政策保障。随着一系列相关政策的出台和实施，高等学校在推进教育信息化和一流本科课程建设方面将获得更多的资金与资源支持。这将为知识图谱在课程群建设中的广泛应用创造更加有利的条件。

2 知识谱图在课程群建设中的实现路径

知识图谱能够将不同领域、不同学科的知识点进行关联和连接，形成一个庞大的知识网络。

在课程群建设中，知识图谱的应用能够帮助教师更好地理解课程内容，促进不同学科之间的交叉和融合，提升课程质量，从而提高学生的综合素质和竞争力，具体实现路径包括以下方面：

第一，构建课程群知识图谱。首先，收集和整理课程群中的各门课程资料，包括教材、课件等。然后，根据课程内容与知识点之间的关联，构建课程群知识图谱。在构建过程中，可以采用图形化工具进行可视化展示，以便更好地呈现知识点之间的联系和层次结构。

第二，优化课程体系结构。通过课程群知识图谱的构建，可以清晰地看到各门课程之间的内在联系和层次结构。教师可以根据图谱分析的结果，优化课程体系的设置和安排，避免冗余和缺失，确保课程内容的连贯性和完整性。同时，还可以根据学生的学习需求和兴趣点，设计个性化的学习路径和深度，满足学生的不同需求。

第三，整合与更新教学内容。利用知识图谱的灵活性，可以将分散在不同课程中的知识点进行整合，形成一个统一、系统的知识库。这不仅方便学生学习和复习，还可以提高教学资源的利用率。同时，随着学科的发展和市场需求的变化，教师可以及时更新和完善知识图谱中的内容与结构，保持课程的前沿性和实用性。

第四，促进跨学科学习与交流。知识图谱的应用可以促进不同学科之间的交叉和融合。在教育过程中，教师可以引导学生利用知识图谱进行跨学科的学习和探索，帮助学生形成系统观和全局观。同时，还可以组织跨学科的学习交流活动，鼓励学生分享自己的学习心得和体会，促进知识的共享和传播。

从具体实施保障看，首先，应加强技术支持和培训。学校可以引入专业的知识图谱构建工具和技术人员，为教师提供技术支持和指导。同时，还需要开展相关的培训活动，提高教师的技术水平和应用能力。其次，应建立完善的课程体系和评价机制。教师需要根据学生的需求和学科的发展，不断调整和优化课程体系。同时，还需要建立科学的评价机制，对学生的学习成果和知识掌握情况进行评估，以便及时调整教学策略和方法。最后，应鼓励学生主动学习和参与。教师可以引导学生利用知识图谱进行自主学习和探究学习，激发学生的学习兴趣和动力。同时，还可以组织学生进行小组讨论、项目实践等活动，促进学生的合作学习和知识共享。

3 案例分析

3.1 案例背景

2019年，《中共中央、国务院关于建立国土空间规划体系并监督实施的若干意见》颁布。在国土空间规划的背景下，城乡规划学科正在经历一场深刻转型，这一转型不仅涉及规划理念的更新，还包括知识体系的重构、技术手段的创新以及人才培养模式的调整。规划理念的更新主要体现在对生态文明建设的强调上。新时代的城乡规划学科更加注重绿色、健康、美丽中国的理念，将生态文明作为规划目标的核心。

在这一背景下，众多高校积极探索城乡规划学科转型，以适应新的变化趋势。部分高校根据转型需要，开设国土空间规划专业，或者在城乡规划专业中开设国土空间规划相应课程。但是，学科转型是一个不断探索的渐变过程，不可能一蹴而就，在原有核心课程中，通过内容重构、资源建设和创新教学方式等，融入国土空间规划教育应是大部分开设城乡规划专业高等学校适应新时期变化的主要途径。而基于知识图谱工具开展核心课程群建设则是实现这一路径的重要方式。因此，结合国土空间规划变革探讨城乡规划专业核心课程群建设，更具有现实意义。

遴选适应国土空间规划要求或根据相关要求优化课程内容的城市规划原理、城市经济学、人文地理学、城市设计基础、城乡生态与环境规划、城乡规划管理与法规、地理信息系统等七门核心课程，探索基于知识图谱工具的核心课程群建设路径。案例课程涵盖了设计与表达、发展规律、管控与治理、规划编制与实施等培养板块，具有较强的代表性。

3.2 实施分析

知识图谱应用于城乡规划专业核心课程群建设，可以分为两个层次：第一，构建课程群知识图谱。借鉴专业知识图谱构建思路，深度挖掘各课程之间的关联知识点，进而构建课程群知识图谱，发挥直观呈现各课程之间的关联性、构建共享资源库等功能。第二，构建课程知识图谱。通过课程知识图谱，直观呈现课程知识体系以及各知识点之间的联系，优化教学内容设置。同时，可以标注知识点多维度属性，协助教师根据知识属性优化教学设计，提升教学质量。

3.2.1 基于课程群关联知识图谱的课程内容协同重构优化

知识图谱的核心功能为知识点关联关系以及属性的直观呈现。课程群关联知识图谱可以直观呈现课程群的两方面信息。

第一，课程之间的联系。课程之间的线条和箭头分别表示关联关系与前后置关系，比如人文地理学与城市经济学之间为关联关系，城市规划原理与城市设计基础之间为前后置关系。第二，各门课程在国土空间规划变革前后的核心知识模块的修订或增设。国土空间规划变革下，核心知识模块主要包括修订和增设两种情形，修订即对原核心知识模块内容进行修改，增设即在原课程内容的基础上增加国土空间规划相关知识。比如，国土空间规划更加注重生态环境建设和可持续发展，因此变革后的城乡生态与环境规划课程主体内容应由生态规划的方法和技术、环境影响评估和生态修复、城乡生态环境保护的基本原则等转型为生态文明建设在城乡规划中的应用、国土空间规划中生态保护和治理、生态空间的科学布局和有效管理等。而城市规划原理课程核心知识模块则应在包括城市发展的历史和理论、城市规划的基本原则和方法、城市空间结构和功能布局等的基础上，增加国土空间规划的概念和框架、生态文明和可持续发展原则在城市规划中的实现、国土空间规划与城市发展的协调等内容。

课程间联系的直观呈现，可以协助教师直观地感知课程之间的关系，在实践中不断优化前后置知识点的联系，加强对跨学科教育重要性的认知，从课程群乃至整个培养方案的视角下重构优化课程内容。通过对国土空间规划变革前后核心知识模块的直观呈现，可以协助教师厘清课程内容重构优化思路，整体提升课程群质量，并促进城乡规划学科渐进转型。

3.2.2 基于关联知识图谱的课程内容跨学科整合与资源共享

利用课程之间的关联知识图谱，可以将分散在不同课程中的知识点进行整合，形成一个统一、系统的知识库。通过图谱分析，可以识别出课程间知识点的冗余和缺失，协助教师把握教学内容的不同侧重点，确保课程内容的连贯性和完整性，优化课程内容，也可以帮助学生从不同视角理解同一知识点，进而形成整体知识观。

以城市经济学和人文地理学的课程关联知识图谱为例（图1），可以直观地呈现关联知识点的差异性。比如，两门课程一般都涉及城市化相关知识，但城市经济学对城市化内容的教学主要侧重从经济学角度对城市化的动力机制和规律进行解释，培养学生运用经济学方法对城市化问题进行分析和评价的能力。人文地理学对城市化内容的教学主要侧重于城市化的空间格局分析，从城市体系角度探讨不同规模和功能的城市如何构成一个相互联系的网络，从城市空间结构角度分析城市内部的空间组织，如中心区、郊区、城乡接合部等。通过课程关联知识图谱，任课教师能直观认知两者的差异，从而实现协同化、精准化教学。

　　"两性一度"是优质课程的主要衡量标准。从创新性来说，主要指课程对前沿知识的融入程度、教师教学的创新性以及学生个性化学习的实现等。课程关联知识图谱可以直观呈现不同课程的前沿知识，促进不同课程之间的相互借鉴，形成统一、系统的知识库。从另一个角度看，也可以促进任课教师养成融入前沿知识、改进教学方法的意识，切实提升课程质量。从上述案例课程关联知识图谱可知，城市化作为研究热点问题，最新研究成果不断涌现，部分从城市经济发展角度开展的城市化研究成果可以融入城市经济学教学内容，而部分从空间角度开展的城市化研究成果可以融入人文地理学教学内容，关联知识图谱可以直观呈现这些研究成果，实现任课教师的资源共享，进而形成跨学科融合教学，提升课程创新性。同理，课程之间不同知识点的前沿创新成果共享，也有利于教师综合素养的提升，对教师教学科研能力均起到极大的促进作用。

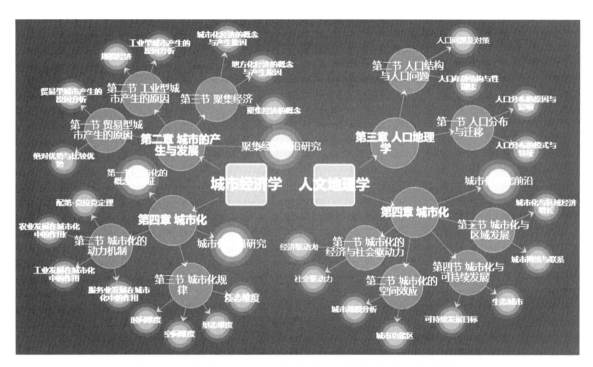

图 1　城市经济学与人文地理学课程部分章节关联知识图谱示意图

　　另外，课程关联知识图谱可以实现多门课程案例库的建设与共享，实现多门课程教学质量的共建提升。比如，昆明市长腰山大规模违建项目拆除事件，既涉及法律法规问题，也涉及城市经济学、城市生态与环境规划、人文地理学等课程中的相关知识点（图 2）。通过知识图谱对思政案例的直观呈现，可以实现案例的共建共享，从不同角度分析案例，既可以提升案例质量，又可以提升课程教学质量。其他单门课程案例可以作为相关课程的参考，形成一个独立而又共享的案例库，切实实现课程教学跨学科融合。

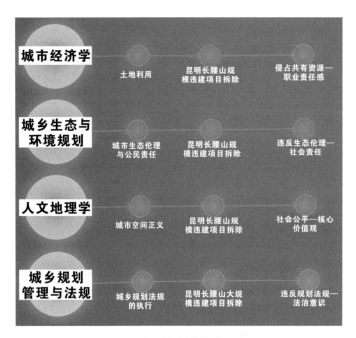

图 2　课程群案例库共建示意图

3.2.3　基于知识图谱的课程质量建设

国家对高等教育质量提出的系列政策措施以及城乡规划学科的转型，对课程教学提出了更高要求。一方面，教育部系列政策都指向"金课"建设，在教学创新、教材建设、课程思政教育等方面采取各项措施，旨在提高高等教育质量，实现"立德树人"目标，这些政策措施对任课教师素养提出了更高要求。另一方面，城乡规划学科转型探索本身对高等学校专业建设提出了全新挑战，课程教学是决定其转型成功与否的关键环节。融入数智化技术的知识图谱为课程教学方式的优化与创新提供较好支持，是课程建设的核心抓手，也是课程群建设的核心环节。课程知识图谱助力课程建设主要体现在以下方面：

一是课程整体知识架构的直观呈现与更新。课程知识图谱直观呈现课程的全部章节知识点，教师可以对课程知识架构形成整体观。同时，学科前沿研究成果可以及时融入课程，实现课程教学内容的动态更新，提升课程的创新性。

二是对知识点属性的标注，助力实现精准教学。知识点属性包括以下三类：第一类是教学核心要素，包括重点、难点、考点和思政知识点等；第二类是认知维度，包括记忆、理解、应用、分析、评价和创造等；第三类是知识点特征，包括事实性、概念性、程序性、元认知等。通过以上知识点属性标注，教师对课程知识点各维度属性形成整体把握，利于精准教学，提升课程质量。

三是通过不同类型图谱以及教学辅助内容的关联，提升课程教学的深度与广度。通过课程知识图谱与目标图谱、问题图谱、思政图谱等的联结，可以自动关联知识点对应的教学目标；可以实现部分知识点与现实问题的链接，开展问题驱动式教学；可以自动显示融合课程思政内容的知识点，提升课程思政教育质量。通过智慧教学平台，学生根据对知识点的掌握情况，可以规划学习路径，提高学习效率和学习质量，提升高阶能力。

四是构建统一的教育知识库。通过知识图谱技术，能够将教育领域内分散的、多样化的数据源和信息格式进行有效的整合与标准化，进而形成一个全面且结构化的知识库。这样的知识库不仅为深入的教育数据分析、科学决策提供支持，也为智能化教育服务和应用的开发奠定坚实的数据基础。

图 3 为城市经济学中城市的产生与发展和城市化两个案例章节的课程知识图谱。图谱直观呈现了以下信息：一是两个章节之间的关联或前后置关系。从图中可以看到，城市的产生与发展和城市化章节之间属于前后置关系，即城市的产生与发展相关知识为城市化内容的学习奠定了基础。与此类似，如果标注的是关联关系，说明两个章节间的内容存在一定的关联性，但并不具有前后置关系。每一章内部各节之间以及延伸知识点之间也可以直观地呈现关联关系或前后置关系。示例章节"城市的产生与发展"中，直观呈现了规模经济与工业型城市产生的原因分析之间是前后置关系。二是教师可以根据城市经济学学科发展，动态更新或添加知识点。示例章节中，城市的产生与发展章节标注显示聚集经济是目前前沿研究热点领域，而城市化领域应重点关注新型城镇化与县域城镇化相关研究，让学生直观了解对应章节的前沿研究领域，为学生在开展一些科创项目申报时提供选题方向，切实提升课程创新性和高阶性。三是各知识点属性的标注。图谱直观呈现了教学核心要素，通过平台关联功能，可以切换查看知识点认知维度和特征，助力提升课程教学质量。

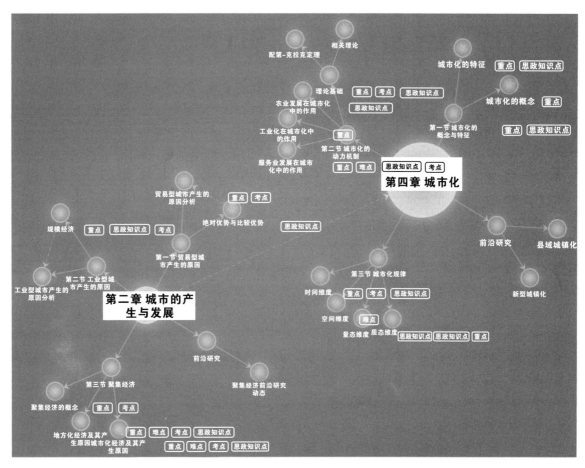

图 3　城市经济学案例章节知识图谱

3.2.4　基于课程知识图谱的学习评估与反馈

结合知识图谱和学习分析技术，可以对学生的学习进度和掌握程度进行实时评估。图谱中的知识点关联为学生的自我检测和反思提供了有力支持，同时也能根据反馈及时调整单门课程的教学策略，或者调整课程群各课程的设置顺序，实现人才培养方案的精准设置。一般情况下，高校会根据实际情况，不定期要求二级学院、研究院等进行人才培养方案的更新，基本模式都是通过采取教研室研讨的形式，由教师研讨制定，但大多缺乏受众（即学生）的意见。案例课程大多属于不同学科，似乎各门课前后设置无关紧要，但如果能够通过知识图谱进行学习评估与反馈，清晰梳理各门课程之间的前后逻辑关系以及学生知识学习路径，则能够对课程顺序进行优化设置，如图1所示的课程群关联知识图谱即可以实现这些功能。

3.2.5 基于知识图谱的教学研究与创新

知识图谱不仅为教学提供了强大的工具，也为教学研究开辟了新的领域，可以利用图谱分析学生的学习轨迹和认知过程，探索更有效的教学方法和手段。同时，图谱的可视化特性也为教学交流和合作提供了便捷的平台。各门课程教学团队可以创新组建课程群教研室，定期开展教学研讨，结合城乡规划专业人才培养特征，开展教学创新研究等工作。

4 结语

本文通过理论分析和案例研究，阐述了知识图谱在课程群建设中的重要作用。知识图谱可以构建系统的知识体系，帮助学生更好地理解和掌握专业知识，提高学习效率。同时，还能促进课程内容的更新和优化，将最新的研究成果和行业动态融入课程内容中。此外，知识图谱还能实现教学资源的共享和整合，推动教学方法和手段的革新。

随着我国高等教育强国建设的推进，一流本科课程的建设成为关键，而课程群建设是其中的重要手段。知识图谱作为一种新型的知识组织和表示方式，可以提升课程群建设的质量。

在自然语言处理和机器学习技术不断进步的当下，知识图谱的构建和应用将变得更加智能化、自动化。未来，知识图谱工具可能会实现更高级的个性化学习路径推荐以及更加复杂的知识推理功能。此外，知识图谱有望在保障数据隐私的前提下，通过区块链等技术实现更广泛的教育资源共享和验证。知识图谱的进一步优化也将带来教学模式的革新。例如，通过实时更新的行业数据，学生可以即时了解行业趋势，教师可以灵活调整教学策略以适应行业变化。总之，知识图谱可以作为支持教育发展的有力工具，不仅仅局限在课程群建设领域，其应用空间将持续扩大。

[参考文献]

[1] 刘敏，张梁，文彤，等. 风景园林规划设计核心课程群"五位一体"建设模式 [J]. 现代园艺，2023（23）：194-197.

[2] 刘超，黄荣怀，王宏宇. 基于知识图谱的新型教材建设与应用路径探索 [J]. 中国大学教学，2023（8）：10-16.

[3] 薛昕惟，赵小薇，王祎，等. 专业课程群知识图谱可视化平台的设计与现实 [J]. 实验室研究与探索，2018，37（7）：102-105.

[4] 王世福，麻春晓，赵渺希，等. 国土空间规划变革下城乡规划学科内涵再认识 [J]. 规划师，2022，38（7）：16-22.

[5] 孙施文，吴唯佳，彭震伟，等. 新时代规划教育趋势与未来 [J]. 城市规划，2022，46（1）：38-43.

［基金项目：云南大学 2022 年教育教学改革研究项目"云南大学一流本科课程持续建设措施与质量评价体系研究"（2022Z09）；云南大学"云大—清华—湖大"城乡规划专业联合实习基地建设项目。］

［作者简介］

陈涛，博士，副教授，就职于云南大学。

李志英，博士，教授，就职于云南大学。

杨子江，博士，教授，就职于云南大学。

新工科背景下城乡社会综合调查课程教学改革探究

□李桃，王伟栋

摘要：文章基于新工科的发展背景，从专业培养方案调整及课程现状出发，深入分析城乡社会综合调查课程存在的主要问题，主要从课程体系衔接、课程内容组织、教学方法及教学模式等方面进行深入剖析；在此基础上，结合新工科的基本理念，分别从教学目标、课程内容、教学模式、教学方法等方面提出课程建设目标及内容优化方向；此外，从教学内容组织、课程衔接、教学方法及作业安排四个方面提出课程改革的具体措施。本文旨在探索符合新工科背景下的课程建设，实现人才培养目标。

关键词：新工科；社会调查；教学改革

0 引言

2017年2月18日，"新工科"的概念被提出，经历了"复旦共识""天大行动""北京指南"等阶段的酝酿，高校新工科建设开始进入实施阶段。新工科的基本理念是继承与创新、交叉与融合、协调与共享。基于以上培养要求和改革趋势，新工科的建设越来越需要人才培养链与产业链、创新链有机衔接，强调学科知识融合及学科的交叉。在这样的背景下，内蒙古科技大学建筑与艺术设计学院建筑学专业结合新工科的要求，调整专业培养方案及课程体系。

1 改革背景

1.1 专业培养方案的修订

在2020级建筑学和城市设计专业培养方案中，将"城乡社会综合调查"定为建筑学和城市设计专业基础教育阶段必修的重要课程之一。作为一门基础课，如何实现新工科建设目标及在核心任务下开展教学内容、专业建设、学科专业交叉培养，学科资源整合优化、创新人才培养等方面的研究迫在眉睫。

城乡社会综合调查作为该课程体系中建筑学和城市设计专业二年级学生的一门必修课，一是将社会学知识与建筑学和城市设计相关内容的交叉融合；二是将该课程基本理论和方法应用到建筑设计与城市设计中，培养学生能够使用客观、科学的方法分析、解决专业问题，实现方案的优化设计。

该课程在2020年版培养方案制定之前，是城乡规划专业必修课程，2020年版培养方案制定后，则将其调整为建筑学和城市设计专业基础课程，上课学期由第五学期调整到第三学期，学时由原来的 32 学时（包括实践学时 16 学时）压缩为 16 学时。

1.2 现状分析

目前，由于专业培养方案修订带来课程转变方向主要有以下三个方面：

第一，作为建筑学、城市设计专业基础课程，结合新工科强调继承与创新、交叉与融合、协调与共享等基本理念的培养路径，应加强学科的交叉融合，且教学内容适合二年级学生的学情分析，故教学内容体系需要做出较大调整。

第二，该课程是兼具理论性与实践性的课程，由于学时的调整，缺乏实践指导过程，因此需要与设计类课程紧密衔接形成课程链，将实践内容结合设计课程来开展，进而认识到理论在设计中的运用，达到理论与实践相结合的目的，教学模式亟须改变。

第三，课程开课学期发生变化。该课程主要将社会学领域的社会调查理论及方法应用到本专业中，而传统的教学则以全国高等学校城市规划专业课程作业评优活动中的社会综合实践调查报告作业展开，本末倒置，缺乏对基本知识的理解，故教学内容的组织及教学方法需要调整。

2 课程目前存在的问题

城乡社会综合调查课程的教学目标是培养学生理论联系实际、关注社会问题的学术态度，增强学生将工程技术知识与经济发展、社会进步、法律法规、社会管理、公众参与等多方面结合的意识及综合运用能力。教学重点针对社会发展和城市设计与建筑设计，组织学生采用访谈、问卷、案例分析等各类调查研究方法去发现问题、分析问题和解决问题。结合课程教学目标、新工科的发展理念及课程现状问题，提出该课程需要解决的教学问题。

2.1 课程知识点不够细化

在 2020 年版和 2022 年版建筑学专业培养方案中，城乡社会综合调查课程是建筑学和城市设计专业二年级课程，作为一门基础课程，结合新工科中"厚基础"的要求，需对该课程的教学内容进行细化，将课程每章节内容细化为具体的知识点，授课内容围绕具体的知识点展开，并注重基础理论知识的讲解。

2.2 课程内容未结合新工科基本理念

基于新工科建设目标及核心任务调整授课内容，按照新工科对知识交叉融合的理念，将当前的课程内容与社会学中社会调查基本理论知识进行融合；结合新工科要求培养学生一定的实践和实施的能力，教学内容中在选题、调研方法、方案设计、方案实施及撰写报告的知识讲解中增加实操环节；按照新工科对创新能力的培养要求，在选题章节中增加选题创新性的几种基本方法，掌握基本的创新方法，要求学生具有追求创新的态度和意识。

2.3 学生科研基础较差

强化学术基础研究，注重学生学术态度的培养。在 2012 年版培养计划中该课程在大学四年级开设，在 2018 年版培养计划中该课程在大学三年级开设，在近几年该课程的教学中发现，大学三四年级学生不会基本的文献检索方法，写论文基本靠百度搜索，没有科学研究的基础。另外，学生普遍不会写综述，侧面反映出文献读得少、不会读的问题。因此，教学中应增加最基础的文献检索、文献阅读及文献综述写作的讲解，使学生掌握文献检索、资料查询、信息获取的基本方法及信息处理的能力，具备科学研究的基本能力。

2.4 传统教学方法亟须改变

目前，教学方式仍采用传统的先理论后实践方式进行授课，理论与实践部分相对孤立，影响二者之间的衔接、转化与应用。授课内容以基本理论知识为主，实践调研课时较少，进度上也以理论授课在先，待其讲授完毕后才进入实践环节，导致学生对理论及方法的理解不够深刻，在实践过程中又缺乏理论指导，教学效果欠佳。因此，亟须调整教学方式，结合课后作业及与设计课程的衔接，促进理论与实践教学的有效结合及相互反馈。

3 改革措施

3.1 课程建设目标

按照新工科的人才培养目标，即培养出创新能力强、实践能力强、知识应用灵活和知识储备深厚的高素质复合型新工科人才，城乡社会综合调查课程从教学内容、教学模式及培养学生科学研究态度三方面进行改革研究。

3.1.1 构建学科交叉融合要求的教学内容

从社会学领域中的社会调查理论方法出发，将课程内容细化为具体的知识点，并明确每节课的学习目标，制定适合大学二年级学生的教学内容体系。按照"理论知识—案例分析—实践应用"的模式合理组织教学内容，加强学生对基础知识的理解及应用。

3.1.2 设计适合培养实践创新能力人才的教学模式

课程知识点的讲解结合课后作业的布置，并与设计课程协同，在设计课程的调研过程中进行实践，强化学生学习社会调查方法在规划设计中的应用理解，在授课过程中增加讨论环节，调动学生学习的主动性及积极性。

3.1.3 培养学生的科学研究意识

重视基本研究思路训练，增加文献检索、文献综述、资料查询、信息获取的基本方法，且社会调查的研究思路是建筑学和城市设计专业学生必须掌握的技能，是各类设计课程中必不可少的一项前期调研工作，可以为以后的科学研究及课程学习打下良好的基础。

3.2 内容改革方案

3.2.1 教学内容的优化

强化实践环节和理论学习的有机配合。将整个调研报告的完成过程切分成多个指导单元与理论讲授单元（知识点）并进行整合。同时，将知识点拆解，并在每节课的课后布置相应的作业，对于必须掌握的内容进行练习，学生在每次理论学习之后紧接着实践指导，每周指导一次，在教学过程中可以很好地了解学生对于上次理论学习的反馈，便于后续课程中重点、难点的把握。

3.2.2 教学模式的调整

配合设计主干课程的进度优化教学目标。尝试联动同时间正在进行的"设计基础3"课程教学进度。从选题阶段开始，配合草原驿站、艺术工作坊设计的现状调研及设计过程中涉及的相关问题引导学生选题，在设计课程的前期现场踏勘阶段同步进行社会调查的资料搜集，增强学生对于社会调查课程中基本理论方法在实际设计过程中应用的理解。

3.2.3 教学手段的多样化

基于培养实践创新人才的要求，设计多种教学方法。在教学实践中，引用大量教师自己做的实际项目案例，包括展示项目过程中如何进行社会调查、如何进行沟通、遇到的问题和解决的方法，同时增加情境法、角色扮演、头脑风暴及模拟法等，结合理论知识点一起讲解，并且在每一个知识点都引入一定的讨论时间，听取学生的反馈，使学生在教学过程中的自主意识大大加强。

4 具体实施方案

4.1 教学内容的组织

课程内容以知识点的形式展开，每个知识点讲解的基本模式为讲解社会学中社会调查的理论方法，通过社会学中的案例解释各个知识点，该知识点如何应用到规划设计中，并用规划设计实践项目案例进行讲解说明（表1）。此外，每节课都应有明确的目标，教会学生基本的技能，如文献如何读、读什么的问题等。

表 1　课程知识点整理

授课章节	主要知识点	实践环节
第一章：社会调查概述	知识点1：社会调查的含义。知识点2：社会调查的类型。知识点3：普遍调查和抽样调查。知识点4：社会调查的一般程序。知识点5：城乡规划与社会调查	结合设计课程需要，给予学生一些可选题目
第二章：选择调查课题	知识点1：选题的重要性。知识点2：选题的标准。知识点3：选题的途径和方法。知识点4：文献检索。知识点5：文献阅读。知识点6：文献综述的写作。知识点7：城市问题寻找。知识点8：获奖作品选题分析	指导学生按照选题方向查阅文献，撰写文献综述
第三章：方案设计	知识点1：调查目的。知识点2：分析单位。知识点3：时间维度。知识点4：具体方案。知识点5：城乡社会综合调查方案设计案例分析	指导学生参照案例撰写研究的框架方案
第四章：问卷设计	知识点1：调查问卷的概念。知识点2：调查问卷的结构。知识点3：问卷设计的原则。知识点4：问卷设计的步骤。知识点5：题目及答案的设计。知识点6：问题的语言及提问方式。知识点7：问卷设计中的常见错误	指导学生设计问卷并确定抽样方案
第五章：调查报告的撰写	知识点1：调查报告概述。知识点2：应用性报告的基本结构与写作。知识点3：学术性报告的基本结构与写作。知识点4：撰写调查报告应注意的问题	指导学生完成调查报告的撰写

4.2 课程之间的衔接

与大学一年级设计课程"设计基础2"课程组老师进行研讨，主要针对校园认知中调研内容展开探讨，将社会调查中的基本调研方法应用到该课程的调研过程中，主要目的是让学生认识到在学习过程中应具有科学研究的态度，采用专业的方法，让学生对调研方法有基本的了解。与同步开展设计课"设计基础3"课程组老师讨论，在设计课程调研中应用社会调查方法，将课程作业进行结合，完成城乡社会综合调查课程作业，并为设计方案提供研究基础。

4.3　教学方法

采用导入法、举例法和讨论法等多种教学方法。通过学生熟悉的事件和现象导入新课，提升学生的学习兴趣。例如，开课时以实际参与项目"移民搬迁中居民搬迁意愿的调查"为切入点引入新课，应用形象的实例、简练的语言讲授课程知识，帮助学生记忆基本概念、理解社会调查基本原理，如用"小、高、深、行"4个字来概括选题的标准；适当增加课堂讨论环节，调动学生学习的主观能动性，如讲到问题设计采用封闭式问题还是开放式问题时，给出一个题目，让学生以小组进行讨论，在此基础上归纳两种方法的优、缺点及适用范围。

4.4　作业安排

以3～5个人为一个小组完成调研报告。因为课程知识点是围绕社会调查的过程展开的，所以在每次课程讲解后，要求每组学生按照课程内容完成相应的作业，如选题这一章节讲解完成后，要求小组按照选题标准、原则、步骤完成选题任务，尽量结合设计课程选题。一是有利于学生对课程内容的理解与应用，二是及时发现学生完成作业中的问题。

5　结语

在社会调查教学改革中，通过对新工科理念的应用以及基础课程的要求分析，使得教学内容更加合理，教学模式得到优化，教学目标更加明确，既能提高教学效率，又能促使教师在教学过程中突出重点、解决难点，有的放矢地完成教学目标。同时，由于社会调查的实用性、综合性、交叉性特征，促使学生在实践过程中解决问题的目的性更加明确，其学习的主动性和积极性大大加强，学习效果良好。

一是从教学内容方面，对现有教材进行资源整合，并进行系统的理论学习，包括对社会学领域中"社会调查与统计分析"课程中基本理论的学习，明确社会调查理论方法，再研究该理论方法在建筑学和城市设计专业中的应用。摒弃以往从配合全国高等学校城市规划专业课程作业评优活动中的社会综合实践调查报告作业开展教学，避免课程缺乏对社会调查基本原理及方法的讲解。

二是从课程模式方面，将城乡社会综合调查与同时间授课的设计类课程相渗透，在设计课程的调研及方案设计阶段引入社会调查内容，尤其在设计前期现状调研阶段、设计中需求分析及公众参与过程中的应用，加强学生明确社会调查方法在规划设计中的应用理解，并有效解决学生作业冲突的问题，有助于学生减负。

三是从教学方法方面，将讲授与讨论相融合，并配以具体作业巩固和深化课堂教学，有效激发学生自主学习的主动性和积极性。将理论教学与案例教学相结合，根据具体知识点，引入多种教学方法，如情境法、角色扮演、头脑风暴及模拟法，通过对基础理论和基本知识的运用，将理论讲解结合设计实例进行教学。学生对于课程内容的理解及吸收效果更好，教学效果得到提升。

［参考文献］

［1］李嘉光，姚光庆，涂晶，等. 新工科背景下大一新生班级互助学习模式探索［J］. 中国地质教育，2021，30（2）：57-60.

［2］肖宜，苏凯，胡志根."新工科"大类招生背景下的实践课程体系研究［J］. 教育教学论坛，2021（1）：94-97.

［3］巫昊燕. 结合城乡规划主干课程的社会调查课程改革创新［J］. 教育教学论坛，2018（29）：107-109.

［4］冀晶娟. 城乡规划社会调查课程教学改革探析：以桂林理工大学为例［J］. 高教论坛，2021（7）：30-33.

［基金项目：内蒙古科技大学 2023 年度教育教学改革项目"'新工科'背景下'城乡社会综合调查'课程教学改革研究"（JY2023084）；2023 年内蒙古自治区教育厅项目"城乡资源配置视角下内蒙古牧区城镇化发展路径研究"（NJZY23078）；2024 年内蒙古自治区直属高校基本科研业务费项目"基于时空间行为的城市更新设计研究"（2024XKJX026）；内蒙古自治区 2023 年研究生教育教学改革项目"内蒙古地域背景下建筑创作类研究生课程内容探索"（JGCG2023105）。］

［作者简介］

李桃，讲师，就职于内蒙古科技大学建筑与艺术设计学院。

王伟栋，博士，教授，就职于内蒙古科技大学建筑与艺术设计学院。

服务西部多民族地区的城乡规划专业经济学教学改革与实践

□周敏，赵兵

摘要： 铸牢中华民族共同体意识背景下，城乡规划专业城市经济学课程的改革需要为多民族融合地区的经济社会发展提供支持。对此，本文针对西部多民族地区的发展现状和资源条件，对城市经济学课程存在的问题进行分析，从教育目标、教学内容、教学方法三个方面展开教学改革，提出优化教学内容和教学方法的若干建议，完善服务于西部多民族地区的城乡规划专业本科教育体系和教学方针。

关键词： 西部多民族地区；城市经济学；城乡规划专业；产学研结合

1 教学改革背景

城市经济学是城乡规划专业本科课程体系中专业基础阶段的八门核心课程之一，它为城乡规划设计提供了分析研究的思路和理论依据。但是，在当前城市经济学的课程教学中存在一些问题，如学科专业跨度较大、与规划设计类课程联系度较弱、理论的地域性应用难、教学方法教条死板等，严重影响了理论课程的教学效果和实践应用。西部地区的高校较东、中部高校问题更多、更复杂，由于缺少专门针对西部多民族地区的规划设计方法论及规划学科教育体系，导致培育的城乡规划人才远远不能满足当下西部多民族地区经济社会发展需求。

一是在课程设置方面，在城乡规划主线课程设置中，教学的重心倾向于设计课程及其相关的普适性理论课程，城市经济学课程课时少，课程内容难以渗透，学生学习往往比较被动。另外，教学内容和规划设计课程联系相对较弱，规划设计课程多以少数民族村镇、特色村寨的各类各级项目为基础和依托，而经济学、社会学理论知识的学习仍然照搬一般城市的知识点和方法论，不能有效运用于西部多民族地区规划设计项目实践中，学生觉得这些理论课程的重要性不高，应用价值低，学习主动性差。

二是在学生基础方面，城市经济学是运用经济学的相关理论知识分析城市问题的一门学科，涉及以数理为基础的经济学原理和概念较多，但大多数学生没有学习过相关经济学及数学分析课程，缺乏必要的理论知识基础。如何在有限的课时内教授或学习经济学的基础知识，并建立与城乡规划专业课程的联系，对于教师和学生都具有挑战性。

三是在教学方法方面，传统的理论课程教学方法多以教师讲授为主，教学方式较为单一与乏味，难以调动学生学习的积极性。特别是在经济学理论的学习中，学生很难理解其与城乡规划和设计之间的关系，学习的热情不够，教学质量较差。

2 教学目标改革

我国西部多民族地区虽然地域面积辽阔，但地方经济发展相对滞后，基础设施建设相对落后。近年来，临近区位重心、交通主线的各民族城镇及村寨陆续进入快速发展时期，成为全国城镇化建设的重要组成部分。由于特殊的区位条件和人文环境，西部多民族地区城乡规划设计过程中更需要强化当地的经济发展水平和社会结构状态等社会、经济、管理等软学科，完善具有民族特色的城乡规划教育体系，尊重和保护地方文化传承，保持多民族地区独有的城镇形象，提升多民族地区城镇的综合竞争力，让人们更深刻地感受丰富、浓郁的地方民族文化底蕴。

西南民族大学是国家民委直属高校，其生源有一定比例来自西部各民族地区，学生毕业后将继续服务西部地区。西南民族大学城建学院在城乡规划专业的办学过程中，加大城市经济类课程的比重，在三四年级强化以城市经济学为主干课程的社会经济、人文地理等相关领域知识的深化和拓展教育，注重观察问题、分析问题、解决问题的能力培养。

服务西部多民族地区的城乡规划专业城市经济学课程教学目标，一是通过教学使学生掌握城市经济学的基本理论，包括现代城市的基本特征、分类与依据，现代城市在世界及一国经济中的地位作用；掌握现代城市化的内涵、特征，现代城市化程度的测定与机制及中国现代城市化的未来发展取向等；掌握从城市经济空间出发探寻城市经济增长的机制、途径与方式。二是使学生了解各个民族地区在社会经济发展中的特殊性，学习有关西部多民族地区城镇经济发展的问题及相关解决路径，包括运用土地经济原理，以多民族地区城镇土地的合理配置为基础，带动其他经济要素的有效配置；适度借助公共经济理论，指导多民族地区城镇公共建设，为城镇经济发展提供更高质量的硬件；充分利用生态经济原理，促进多民族地区城镇经济与生态的协调发展；积极探索管理经济理论，为多民族地区城镇经济发展提供必要的制度保障和运行环境保障。

3 教学内容改革

在城建学院城乡规划专业本科培养方案修订中，加大经济类课程的比重，强调物质空间规划和非物质空间规划相结合。以城市经济学为非物质性规划的核心主干理论课程，同时开设城市社会学、城市开发与房地产、城市规划行政管理与城市规划法规、区域研究与区域规划等课程，在课程设置及授课内容上强调与城市规划学科发展的关联性，同时注重各门课程之间的关联性。

城市经济学以城市系统为研究对象，研究城市社会内部经济活动，揭示城市的形成、发展及区域城市化过程中的形成与发展。通过学习城市经济学的课程，学生可初步掌握城市规划和建设与城市经济发展之间的内在关系，了解解决城市问题的经济性对策，掌握城市产业结构的理论和分析方法，掌握"转变经济发展方式"和建设"两型社会"的基本概念；了解城市土地、住房、交通、环境等城市部门经济的理论、分析方法及其在公共政策领域的应用意义。

在城市经济学教学中重点加强有关服务西部多民族地区的课程教学内容，包括民族融合地区小城镇经济发展战略、民族融合地区城镇化发展战略、民族融合地区城镇空间格局分析等专门针对多民族地区的教学专题。民族融合地区城镇化发展趋势专题主要使学生了解多民族地区城镇化发展状况，识别多民族地区城乡差别，熟悉多民族地区城乡一体化发展，学习多民族地区城乡一体化发展中的基本公共服务均等化供给研究。民族融合地区城镇空间格局分析专题主要使学生掌握多民族地区城镇等级规模结构，熟悉多民族地区城乡职能结构，了解多民族地区城乡空间组织结构，了解多民族地区构建新型城镇化战略格局思路及路径探索。民族融合地区新型城镇化发展道路专题主要让学生围绕多民族地区新型城镇化发展推动力和拉动力要素进行讨论。

4 教学方法改革

4.1 理论与设计课程同步开设

城市经济学理论和城市总体规划、控制性详细规划等设计课程的前期研究分析具有密切联系。因此，城市经济学理论知识学习与城市控制性详细规划设计是同步开设的，同时课程内容的重点和顺序根据设计课程的时间进度进行调整，与设计课程相关知识点对接，这样有助于学生更好地了解社会经济相关理论的内涵，从而运用经济学理论来解决实践中的社会经济问题。

4.2 服务多民族地区专题讲解

在课程教学中以专题的形式将多民族地区的特殊性问题与各章节知识点相结合。例如，在学习新型城镇化内容时，讲授西部多民族地区新型城镇化研究，新型城镇化建设的特殊方式与路径创新，新型城镇化下智慧城市和低碳城市建设等相关问题，针对这些问题与学生共同探讨，并定期邀请民族研究院的相关专家做多民族地区城乡经济社会问题的专题讲座。

4.3 理论结合实践教学

在教学中注重理论与实践内容的结合，如要求学生就某城镇的经济发展阶段进行调研和分析，并撰写出实践报告；组织学生参观成都市规划馆和双流区规划馆，到相关专业科室了解规划管理部门的大致工作内容和规划成果；请学生以某地块利用为例，说明我国城市土地利用影响因素的变动对城市内部空间结构演变的作用；以学校所处城市区域航空港校区（中心城市城郊）和武侯校区（中心城市）为例，通过对比说明我国城市住房问题及相关的住房政策影响因素；对某个民族（乡镇、街道）政府的收支情况进行具体的经济分析并说明其职能特征等。

4.4 丰富教学手段

课堂教学采取探究式、参与式和讨论式等互动方法，实地调研教学采取案例式、引导式等方法，规划观摩教学主要采取情景式、导向式等方法，专业竞赛教学主要采取启发式、头脑风暴式等综合方法。创造轻松、活跃的课堂氛围，提高学生学习的兴趣，进而让学生更好地理解课程知识。

5 结语

本研究提出服务西部多民族地区的城乡规划专业本科教育要明确教育目标，完善具有民族融合特色的城乡规划教育体系，通过专业课程学习，使学生了解多民族地区城镇经济社会发展的相关问题及解决路径；加大培养方案中经济类课程的比重，强调物质性规划与非物质性规划相结合，重点加强有关服务西部多民族地区的课程教学内容，包括多民族地区小城镇经济发展战略、多民族地区城镇化发展战略、多民族地区城镇空间格局分析等；优化教学方法，紧密联系设计课程，理论结合实践，以专题讲解深化教学内容，采取互动式的教学方法和手段，全面提高城市规划专业整体教育教学水平，积极探索地域传承、民族融合的教学特色，满足服务西部多民族地区经济社会发展的人才需求。

[参考文献]

[1] 柳玉梅. 人文地理与城乡规划专业本科阶段城市经济学课程教学研究 [J]. 教育教学论坛，2015 (7)：155-156.

[2] 郭丽霞，胡晓海. 新时代背景下城乡规划专业城市经济学课程教学改革研究 [J]. 高等建筑教育，2014，23 (6)：78-81.

[3] 丁健. 现代城市经济：第 2 版 [M]. 上海：同济大学出版社，2005.

[4] 黄亚平. 城市规划专业教育的拓展与改革：华中科技大学城市规划专业办学 30 年的回顾与展望 [J]. 城市规划，2009，33 (9)：70-73，87.

[5] 周晓艳，李秋丽，代侦勇，等. 我国高校人文地理与城乡规划专业定位与课程体系建设研究 [J]. 高等理科教育，2017 (1)：82-87.

[6] 易秀娟. 城市规划专业本科城市经济学课程教学研究 [J]. 科教导刊，2012 (29)：20-21.

[基金项目：西南民族大学中央高校基本科研业务费专项基金资助 (ZYN2023054)。]

[作者简介]

周敏，讲师，就职于西南民族大学建筑学院。

赵兵，西南民族大学建筑学院院长。

域外空间规划

"多孔城市"理论演变、内涵辨析、评价方法与实证经验研究

□李婷，王思元，张慧成，郑曦

摘要："多孔城市"是在西方后现代主义思潮影响下形成的一种新兴城市规划理念，旨在提出一种批判性视角，通过对城市中、微观尺度进行更新改造，自下而上地提升城市空间结构的交融性和灵活性，实现人与环境之间的良性互动，从而达到物质和社会层面的双重改善。"多孔城市"理论体系强调空间性和社会性双重内涵，与我国当前精细化治理工作方向及目标具有高度适配性，但目前国内外相关研究仍以概念、特性的概述居多。本文将"多孔性"概念纳入城市规划和更新领域中，从理论演变、内涵辨析、评价方法和实证经验四个方面，系统阐述和辨析多孔性理论内涵，尝试量化城市孔隙度特征，并结合相关实践案例探讨"多孔城市"实证经验，明确多孔性对理解和指导当前我国城市更新进程的重要价值，从而更好地理解不断嬗变的社会和空间环境。

关键词：多孔城市；孔窍；城市孔隙度；景观孔隙度；城市更新

20世纪60年代末，曾经居于主导的理性系统规划思想受到了责难，传统的二元体系开始被打破，城市规划的研究边界不断向社会、文化、环境、生态等多方视角拓展。城市更新的关注点开始从刚性、有序转向模糊、自发，从同一转向多元，从大的体量转向小的间隙，20世纪追求的本质与结构逐渐被不可预测性、多样性和复杂性所取代。

在我国城市更新进入精细化治理阶段的新时期，存量发展、提质增效要求空间结构和功能内涵的双向提升。"多孔城市"理论强调空间性和社会性双重内涵，同时提出中、微观层面上更具体的关注点和干预措施，与我国当前城市治理工作方向具有高度适配性。

近10年内，"多孔性"思想在国际城市研究和规划实践领域日益流行，但国内外相关研究仍以概念、特性的概述居多，其理论内涵及实践方法并没有得到充分的阐述和探讨。因此，本文从理论演变、内涵辨析、评价方法和实证经验四个方面，系统性地追溯"多孔城市"理论发展至今所凝练出的思想内涵，填补了以往的研究空白，明确多孔性对于理解与引导当代城市更多元化、差异化、动态性和开放性发展的重要价值及发展前景，为相关研究和实践创新提供重要的理论支撑。

1 "多孔城市"理论演变

"多孔城市"的概念源于"孔窍"（porosity）一词，其希腊词根为"πόρος"，代表"缝隙"（interstice）、"通道"（passway）。"孔窍"在现代语境中也称"孔隙度""孔洞性""多孔性"，

体现物质的渗透性。在被生物学家和物理学家证明之前，物质的渗透性几千年来一直是自然哲学的基石。

黑格尔（G. W. F. Hegel）援引"多孔性"进行驳论，将其正式延伸为哲学概念，他主张的三分法思维奠定了"多孔性"的认识论基础。基于此，德国哲学家沃特·本雅明（Walter Benjamin）从城市环境和社会人文的角度使用多孔性进行论述，为"多孔性"概念在城市空间层面的发展提供了切入点。

20世纪末，美国建筑师斯蒂文·霍尔（Steven Holl）洞察到更深层次的命题，开始探索多孔性的复杂性和开放性，其概念背后的多元价值开始被进一步挖掘。21世纪初，南·艾琳（Nan Ellin）、苏菲·沃尔夫鲁姆（Sophie Wolfrum）等众多研究学者试图从不同的角度深入探讨城市多孔性，为"多孔城市"的研究打开了新的视角，各国规划设计师也纷纷进行如火如荼的实践验证。在这些先驱者的持续探究下，"多孔城市"理论框架逐步构建（图1）。

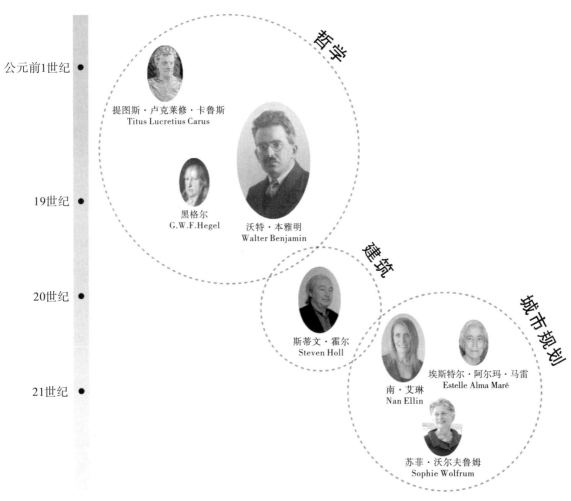

图1 "多孔城市"理论发展脉络

1.1 起源于哲学思想基石

早在公元前 1 世纪，哲学家提图斯·卢克莱修·卡鲁斯（Titus Lucretius Carus）便提出多孔性是物质的属性之一[①]。19 世纪，黑格尔对"物的构成理论"进行驳斥，他认为构成"物"的质料不是独立存在的，而是彼此相互渗透的关系，进一步表明了物质的本质是多孔的。

20 世纪初，德国哲学家沃特·本雅明首次将"多孔性"的概念延伸至城市空间层面[②]，从物理和人文的角度双向观察并论述城市环境的特点。在他的叙述中，多孔性既指城市物理结构和形态的渗透性，也指城市社会活动的自发与交互性，且前者的塑造是促成后者的关键因素。沃特·本雅明认为正是那不勒斯多孔的城市空间映射了其丰富多样的社会活动模式，点明空间和行为的互动与联系是"多孔城市"的重要特性。这一观点引发了后继研究者对于城市空间复杂性、动态性的一系列思考和探索。通过将城市视为一个多孔结构，研究者可以更好地理解城市中不同空间、社会群体之间的互动和关系，以及城市空间如何塑造和反映社会文化特征。

1.2 引入至建筑空间特性

20 世纪 80 年代，在多元思潮交锋的时代背景下，美国建筑师斯蒂文·霍尔开始探索多孔性在建筑领域的多种特性和表现形式，并提出"建筑孔洞性"的概念：当多孔性作用于建筑内部时，强调孔洞细节、光影效果、材料透明度、使用者体验等方面的设计效果，表现为空间的开放与渗透；当多孔性作用于建筑外部时，强调室内外界限的模糊、公共空间的塑造、功能的高度混合以及生态节能材料的使用，表现为建筑、景观及城市之间的融合关系。斯蒂文·霍尔的设计语言充分体现多孔性依附于空间但不局限于空间，与使用者的"知觉"（perception）、"体验"（experience）紧密关联。他主张多孔性既是空间设计的基本原则，也是城市生活的重要特征，为真正多元的城市提供了可能性。在其方法论和实践的影响下，关于城市孔隙度、多孔城市空间、景观孔隙度等的研究开始增多。

1.3 推展为城市更新准则

2006 年，美国现代都市研究学者南·艾琳（Nan Ellin）提出"整体城市主义"（integral urbanism），实现一个更具弹性的城市体系。南·艾琳研究表明整体城市主义具有混合性、连通性、多孔性、真实性和脆弱性 5 种特征，城市弹性程度取决于 5 种特征之间的动态反馈和循环整合过程。然而，多孔性是影响这种流动过程的关键（图 2）。

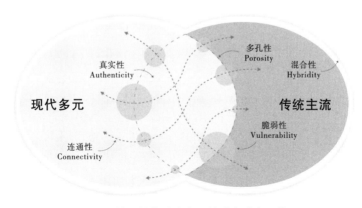

图 2　基于整体城市主义的城市动态网络

因此，南·艾琳倡导现代城市应关注空间、功能、生态、社会、经济、管理等方面的 15 种多孔性③，包括视觉感受、功能模糊、开放空间、历史特征、节事活动、生态融合、交通可达、多方参与等。这一理念为城市总体规划提出了更全面、更细致的干预措施。

以上是多孔性在城市更新层面的首次系统性解读，深入挖掘城市各个层面的多孔性特征，探明多孔性并非简单的孤立存在，而是相互交织、相辅相成的系统。利用多孔性景观作为媒介，可以在城市持续发展的动态过程中触发、催化连锁反应，进而增强城市整体性并提升渗透性，促进城市可持续发展。

2 "多孔城市"内涵辨析

2.1 概念界定

沃特·本雅明认为那不勒斯的城市孔隙度是在空间和时间上出现的临界点，是一个空间经验的分隔之处。这种临界点具有无常的穿透性、传递性及流动性；斯蒂文·霍尔所理解的"建筑孔洞性"是在现象学知识背景下出现的，主要代表一种开放的建筑品质，通过不同形态开口方式、空间光影、材料的细致表达，创造出一种建筑内外彼此交融的关系，丰富使用者在视觉、知觉上的体验。他与沃特·本雅明一致认为多孔性表达的是空间与行为相互渗透的关系；南·艾琳提出的整体城市主义的特质与现代主义试图消除传统边界和后现代主义倾向于忽视或强化边界相反，多孔性通过"中间空间"④来感知边界并与之互动，允许多元要素通过中间空间渗透、连通，在不消除差异的情况下重新整合，从而形成动态的城市结构；埃斯特尔·阿尔玛·马雷（Estelle Alma Maré）进一步将"多孔性"概念延伸到城市更新领域，点明了"多孔城市"的结构特征，即"抵抗固定或指定的用途和功能，能够适应现代生活的复杂性及变化性"；德国城市规划师苏菲·沃尔夫鲁姆（Sophie Wolfrum）带领学者们试图从不同的角度探索城市孔隙度，引发了一系列相互依存的内涵⑤。基于不同背景学者的研究总结，苏菲·沃尔夫鲁姆提出多孔性是具有物质和社会双重含义的少数术语之一，它为城市规划研究开辟了一个适合针对性行动和灵活性应对的关键领域。

在对"多孔城市"概念的理解上，不同领域学者带有专业性差异，但他们普遍认为多孔性在认知的对象和角度等方面均包含了空间与社会的双重属性。从认知的对象上讲，"多孔城市"否认二元对立，强调一种由空间及关系定义的三元本体论；从认知的角度上讲，"多孔城市"承认并接受社会变迁中的价值多元性，强调一种由流动和传递视角定义的过程认识论。综上所述，本文将"多孔城市"定义为以边界渗透为原则，具有开放性、灵活性、适应性的空间结构，通过优化物质环境，激活体验与关系，最终达到城市环境与社会生活的双重改善目标。

2.2 内涵辨析

2.2.1 由空间及关系定义的三元本体论

功能主义总是强调为特定的功能分配特定的空间，导致了许多固定边界和有序布局的产生。而多孔性则被认为是对这种二元划分思维的超越⑥，主张将空间功能从控制性中解放出来。在"多孔城市"中，边界不是单一固定的线性空间，它可以变"厚"而形成"中间空间"⑦。"中间空间"因其"居间"的性质，更不容易被主导话语和行为所限制。通过模糊性利用这类具有一定中间性和不确定性的多用途空间，可以充分激发使用的实验性和可塑性，实现城市中机械尺度与弹性尺度间的潜在互通和协作，进一步扩充城市空间的组成结构和多维层次。

这表明在空间本体上，相较于建立革命性的新空间，"多孔城市"更强调提升存量空间构成的异质性及可沟通性，即改善既有空间的内部结构和功能组成、不同属性功能之间的关联交互关系。跳出空间本体范围，"多孔城市"通过提升空间及功能边界的渗透，实现空间中的互动与联系，引导空间与行为的各类协同效应。因此，"多孔城市"不是一种固定的、机械的模式，它强调的不仅是主体与客体，还是主体与客体共存关系的集合体。

2.2.2 由流动和传递视角定义的过程认识论

建立"多孔城市"的空间结构模式是一种"超时间"过程。城市发展不断挑战和破坏时空的孔隙度与传递性，滋生了如"中间空间"等弹性空间，这些空间作为多孔性产生的介质，引导着不同场所中的空间经验和历史记忆的传递。

在这样的历时性过程中，"多孔城市"将城市视为一个不连续的轨迹但又相互渗透的集合体，承认并接受社会变迁中的空间价值多元性，利用物质空间的多孔性穿插和并置，在挖掘现实本质的同时又再造新的可能，从而不断进行批判性建构，在不同的时空、尺度、意图上发生着模糊渗透和差异交融，实现过去和未来的交织、新旧共生的交叠。因此，"多孔城市"提倡把城市自发形成的物质现实当成基础条件，顺应城市嬗变来实现内部升级，从而引导历史、文化、艺术、美学等多元价值与场地的交叠共时。

因此，以多孔性为本质的城市空间结构是适应性的而非物理性的，它在现代各种矛盾关系中协调不同类别的城市多元信息，使城市空间更具有生命力。

3 "多孔城市"评价方法

"多孔性"的概念没有明确的分类思维，难以通过单一数值来定义。因此，城市孔隙度大多通过各种关联特性间接表征。马西莫·塔迪（Massimo Tadi）等人通过分析建成环境的体积、表面积、覆盖度、分布和建筑数量等因子来综合表征城市孔隙度，并表明城市建成空间与城市孔隙空间的定量关系是评估城市孔隙度的关键参数。吕克·阿道夫（Luc Adolphe）基于孔隙度等9个表征城市结构环境性能的指标建立 Morphology 模型⑧，通过分析城市冠层中开放的孔隙数量，描述多孔性空间肌理与城市气候和通风潜力的作用关系。

这些研究利用孔隙度描述城市的形态学特征，将城市结构视为一种由建筑、孔隙、功能和交通这些子系统构成的多孔结构，试图从微观角度分析这些子系统内及子系统间的开放性、邻近性和可达性等参数，从而建立城市孔隙度评价模型，为理解城市空间和建筑空间形态提供了重要的分析框架与方法论。

4 "多孔城市"实证经验

4.1 大巴黎"多孔城市"计划

在 2009 年重建大巴黎的计划中，意大利城市规划师贝尔纳多·塞奇（Bernardo Secchi）和宝拉·维嘉诺（Paola Viganò）提出"多孔城市"的总体构想（图3）。他们认为巴黎空间的不连续性和城市两极分化问题与城市孔隙度紧密相关⑨。因此，规划将孔隙度作为一种工具应用于河流、绿地、交通等维度，有针对性地提升城市组成结构的横向连续性和竖向渗透性。

图3　大巴黎地区"多孔城市"计划中的项目布局

　　第一，针对河流廊道的横向、纵向连续性问题，沿着巴黎地区的主要河流边界规划生态交错带，引入灌木林、湿地等过渡栖息地，塑造隐藏的生态交互阈口，重新激活了河流沿线的多种生物交流和动态联系。第二，针对公共空间和公园绿地的分散隔离问题，从边界入手，形成有"厚度"的公共区域入口作为缓冲界面，提升封闭空间的可达性和开放性，并在未利用空间植入各类活动设施，鼓励人们积极开展户外交流。第三，针对交通隔离和城市飞地问题，促进公共交通的同向性发展，提升各地的通行条件的平等性，充分利用道路分隔带、边缘缓冲带、架高的或桥下的灰色区域等过渡空间，扩展有益的生态、休闲、文化等非交通功能，削弱交通隔离效应，连接城市飞地，带来连贯的"可用性"。

　　大巴黎项目的突破性实践在城市规划界引起轩然大波，"多孔性"概念对于城市发展的价值开始得到认可，被认为是思考当代城市发展的决定性概念，城市孔隙度开始成为城市公共空间的一个重要特征，彻底促使规划师对"多孔城市"建设方法的思考。

4.2 曼谷"多孔城市"网络

2016 年,泰国景观设计师查孔·沃拉霍姆(Kotchakorn Voraakhom)创立了"多孔城市网络"(Porous City Network,PCN),试图通过 PCN 项目增加曼谷的城市孔隙度,旨在通过可渗透的绿地网络提高曼谷的城市韧性和适应性。对于像查孔·沃拉霍姆一样从事可持续景观设计的人来说,雨洪管理是一种对多孔性更直观的衡量标准。

"多孔城市网络"通过一系列干预措施在曼谷构建多孔绿色空间体系(表 1),保护和创造城市中的生态孔隙空间,将可渗透界面重新引入城市,缓解水资源管理压力。朱拉隆功百年纪念公园正是在此背景下设计而成的,方案集成了蓄水草坪、滞留池、绿色屋顶和湿地等多种多孔性策略,成为曼谷第一个降低城市洪水风险的重要绿色基础设施。

表 1 曼谷 PCN 干预措施及作用

措 施	作 用
滞留池	利用挺水和沉水植物处理城市化进程中产生的雨水与非点源水
蓄水草坪	置于住宅区中,帮助控制污染及侵蚀,同时产生降温和散热作用
蓄水池	衰减道路暴雨径流来控制流量
绿带	减少径流、改善水质并通过地下水补给补充城市供水
运河修复	提升雨季排水效率,保留城市历史遗产,同时完善交通系统服务
城市公园	公园的更新改造有助于减轻气候、空气和水污染对公众健康的影响
口袋公园	创造各种类型的公共活动,为慢行体系提供节点场所,增加地区社会互动
都市农业	有效利用现有土地提高粮食产出效率和安全保障,同时补充居民收入
雨水花园	管理地表径流,防止积水造成废水污染
绿色建筑	通过屋顶绿化起到降温作用,减少建筑夏季用电量,节约建筑能耗

查孔·沃拉霍姆通过项目经验实证景观孔隙度是应对气候变化的有效途径,通过自下而上的方法,构建以生态为中心的蓝绿基础设施,创造允许水体自由流动和渗透的城市空间,帮助曼谷等沿海城市更好地理解和保护城市生态系统,为解决东南亚的洪水管理需求奠定重要的基础,其影响范围已扩大到马来西亚、雅加达等其他三角洲城市。

5 结语与展望

伴随着过去几十年的城市野蛮生长,城市空间增长主义走向终结,城市发展的自发性、灵活性、开放性和不确定性开始被重视。

在这几十年的理论演变过程中,"多孔性"概念并不是以单一脉络发展的,而是一个交叠和分野的过程,从空间实体的挖掘到知觉体验的提升,理论指导下的功能价值和精神意义都在不断拓展。"多孔城市"理论在处理城市空间的态度上顺应了时代发展趋势,从描述性和分析性的"隐喻",转变为全球城市化的"准则",逐渐步入指导实践的城市规划范畴。

从概念及内涵意义上讲,多孔性理论仍然相对分散,学者们可以在不同背景下、采用不同方法、从不同角度来探讨。多孔性的提出并不是为了构建一个完整的理论框架,而是为了提供一种本体论和认识论观点,重视景观过程和空间关系,并倡导用这种动态的视角来理解和认识城市。

从评估量化方面看，多孔性的表现形式很难使用单一指标来表征。因此，需要进行更深入的研究，基于物理指标和社会价值对其特征进行客观考虑与评估，以更好地了解城市形态的特征和性能。在当代数字、智能技术不断迭代的背景下，大模型、XR技术、数字孪生等技术将成为未来认知城市多孔性的重要手段。

从实践应用方面看，多孔性的理论结构决定了其应用的多面性和广泛性，为我们提供了一套启发性思路和批判性视角。我国现今城市规划与更新中的许多重要工作也正是围绕多孔性的性质和运行展开的，如优化街道界面与其他属性空间的功能渗透性，结合植筑手段和生态路面等微生态设计手法提升灰色基础设施的自然渗透性，开放公园绿地等城市绿色空间边界，更新利用剩余空间推动口袋公园建设，激发座椅、围墙和花坛等公共设施的使用可塑性，通过改造历史遗留元素赋予场地叙事性等手段，都是实现"多孔城市"的重要举措。

2015年，美国社会学家理查德·塞尼特（Richard Sennett）公开呼吁世界需要更多的"多孔城市"，提倡将"多孔城市"作为指导联合国21世纪新城市议程的核心理论原则之一，并将其作为全球可持续发展的典范，许多著名的城市愿景和实践也预示和呼应了这一倡导。"多孔城市"应被视为理解城市和全球城市状况的语汇之一，作为一种萌蘖思想的利器，推助我们更好地理解所处的不断嬗变的社会和空间环境。

[注释]

①提图斯·卢夫莱修·卡鲁斯在《物性论》中写道："无论事物看上去多么坚固……甚至这些都是多孔的（porous）"。

②沃特·本雅明在1924年创作了《那不勒斯》，书中写道："建筑像海边岩石一样多孔，建筑物是交流的舞台。它们都被分为无数个同时动画的剧院，阳台、庭院、窗户、门廊、楼梯和屋顶既是舞台又是盒子。"

③15种多孔性包括视觉多孔性、功能多孔性、临时多孔性、时间多孔性、历史多孔性、生态多孔性、交通多孔性、体验多孔性、行政多孔性、空间多孔性、城市多孔性、象征多孔性、商业多孔性、虚拟多孔性和紧急多孔性。

④中间空间，又称"第三空间"，是在空间之间，以共存性和中间性为特征的残余与不确定的空间，既不受限制，也不按照传统规则使用，是一种没有明确的目的或用途的间隙空间。它在功能确定的空间安排之间找到一个不确定的位置，并适合发展自发的实践。

⑤空间的相互渗透、叠加和多层次，空间要素的整合、重叠和交流，模糊区域、中间空间和门槛，边界的渗透性、宽敞性和模糊性，共存、多效性和共享，巧合、节奏与时间的过程开放性等。

⑥《基多论文与新城市议程》援引"孔隙度"来否定《雅典宪章》中编纂的理性、分区、高效和帝国式的总体规划模式。

⑦"多孔城市"中所关注的"中间空间"与传统意义的城市绿地不同，它是伴随城市建设产生残余的、不确定的空间，以共存性、辅助性和中间性为特征，不存在阶级和背景差异，更具有社会包容性。这类空间在城市空间中主要承担临时性和可变性的功能，为大城市提供功能灵活性和结构适应性。因此，以这类空间为依托，经过有效设计，可达成功能增值，是最具有发展潜力的空间。

⑧Morphology模型包括密度、褶皱度、孔隙度、曲折度、兼容性、邻接性、封闭性、太阳导纳和矿化。

⑨维嘉诺认为当城市有了通透的孔洞与水平的基底，才能创造对流，作为城市交互的具体呈现，不同的时期容纳城市中不同的功能，并能够高度联系、密切相关，即未来城市中的水平性与多孔性。

[参考文献]

[1] ERBEN D. Porous—notes on the architectural history of the term [M] //WOLFRUM S. Porous city：from metaphor to urban agenda. Berlin，Boston：Birkhäuser，2018：26-31.

[2] 褚佳妮. 多孔性：对一种新型建筑形态的探索与实验 [D]. 南京：南京艺术学院，2014.

[3] 魏方. 孔窍与互动：美国伯利恒钢铁厂高炉区改造设计研究 [J]. 风景园林，2017 (11)：118-125.

[4] JANSON A，TIGGES F. Grundbegriffe der Architektur [M]. Berlin，Boston：Birkhäuser，2013.

[5] HOLL S. Urbanisms：working with doubt [M]. New York：Princeton Architectural Press，2009.

[6] AMIN A，THRIFT N. Cities：reimagining the urban [M]. Cambridge：Polity Press，2002.

[7] ELLIN N. Integral urbanism [M]. New York：Routledge，2006.

[8] HEALEY P. Urban complexity and spatial strategies：towards a relational planning for our times [M]. London：Routledge，2006.

[9] HARTOONIAN G，ed. Walter Benjamin and architecture [M]. London：Routledge，2009.

[10] DRESDEN I. The world wants more "porous" cities-so why don't we build them？[N/OL]. The Guardian，2015-11-27 [2023-12-01]. http：//www. theguardian. com/cities/2015/nov/27/delhi-electronic-market-urbanist-dream.

[11] TADI M，et al. Urban porosity：A morphological key category for the optimization of the CAS's environmental and energy performance [J]. GSTF Journal of Engineering Technology，2018，4 (3)：138-146.

[12] ADOLPHE L. A simplified model of urban morphology：Application to an analysis of the environmental performance of cities [J]. Environment and Planning B：Planning and Design，2001，28 (2)：183-200.

[13] SENNETT R，BURDETT R，SASSEN S，et al. Forces shaping 21st century urbanization [M] // DECORTE F，RUDD F，eds. The Quito Papers and the New Urban Agenda. Milton Park：Routledge，2018：3-47.

[基金项目：疏解背景下平原型城市边缘区生态空间演变与优化研究 (521083038)；城市更新进程中北京市园林绿化提升发展研究项目 (11000022T000000495115)。]

[作者简介]
李婷，北京林业大学园林学院博士研究生。
王思元，教授，硕士研究生导师，就职于北京林业大学园林学院。
张慧成，北京林业大学园林学院硕士研究生。
郑曦，通信作者，博士研究生导师，北京林业大学园林学院院长。

伦敦交通出行监测、评估及应对的经验与启示

□邹伟

摘要： 城市交通出行是居民生活的重要组成部分和城市空间结构的重要影响因素。自2009年开始伦敦交通局每年度发布《伦敦出行报告》，分析总结大伦敦地区交通出行趋势发展、交通相关政策推进等。首先，本文梳理大伦敦交通出行的工作背景与目标、年度成果变迁、工作成果体系的框架结构；其次，总结"目标—指标—策略"的总体思路，主次分明、深度细分的指标体系，以数据为核、方法适用的技术支撑体系，以及多情景规划预测与通用评估框架，并深入剖析大伦敦地区交通出行的现状趋势与应对策略；最后，提出建立健全工作框架、紧贴目标要求的指标方法体系、提升策略应对能力等思路与建议，为中国城市或区域交通出行研究和成果编制提供支撑。

关键词： 城市交通；监测体系；评估指标；可持续出行；伦敦

0 引言

城市交通出行作为居民生活的重要组成部分和城市空间结构的重要影响因素，其研究、监测、评估等工作一直是国内外众多学者和政府机构的重点内容，国内外主要城市定期或不定期发布城市及区域出行监测成果。自2009年起，大伦敦地区政府及其下属的伦敦交通局每年度编制和发布《伦敦出行报告》（简称《报告》），分析总结了当年大伦敦地区出行和交通的趋势发展，并记录交通相关政策的推进和基础设施的建设进展。

本文在聚焦"主动、高效和可持续出行"的大伦敦地区交通出行总体目标下，研究梳理大伦敦交通出行的工作背景与目标、年度成果变迁、工作成果体系的框架结构，总结"目标—指标—策略"的总体思路，主次分明、深度细分的指标体系，以数据为核、方法适用的技术支撑体系，以及多情景规划预测与通用评估框架，并深入剖析大伦敦地区交通出行的现状趋势与应对策略。

1 总体工作框架

1.1 工作背景与目标

自2009年开始，围绕大伦敦地区《市长交通战略》（简称《战略》）建设目标，大伦敦政府下属的伦敦交通局每年度发布《报告》。2022年底，面向新阶段核心目标——"2041年前大伦敦地区主动、高效和可持续（步行、骑行和公共交通）出行比重达到80%"，《报告》全面总

结分析大伦敦地区交通出行的发展趋势和现状，概述《战略》各项指标的落实情况，为大伦敦地区居民和相关人员提供了出行决策依据。

1.2 年度成果变迁

自 2009 年首次发布以来，《报告》的核心定位与目标内容主要经历三个阶段：一是 2009 年，首次评估战略进展，以"为居民和企业提供更安全、可靠和高效的交通运输系统"为核心愿景，全面分析大伦敦地区出行特征和趋势；二是 2010—2016 年，面向 2012 年伦敦奥运会举办，目标调整为"加强交通基础设施建设与出行环境改善"；三是 2017 年至今，面向未来发展要求，目标再次调整为"2041 年前大伦敦地区主动、高效和可持续（步行、骑行和公共交通）出行比重达到 80%"，并明确"健康街道、健康市民""优质公共交通体验""支撑经济增长与发展"等三大分目标（表1）。

表 1 《报告》不同阶段的定位与目标

年份	总体定位	主要目标
2009 年	首次评估战略进展，全面分析大伦敦地区出行特征和趋势	（1）通过改善地铁和横贯铁路项目，扩大公共交通能力 （2）畅通交通，充分利用伦敦有限道路空间 （3）引领一场自行车和步行的革命 （4）交付 2012 年交通基础设施项目，完成东伦敦线，伦敦地上铁路网和 DLR 的延伸 （5）进一步提高旅行公众的安全和保障 （6）大幅改善在伦敦旅行的体验
2010—2016 年	奥运周期，加强交通基础设施建设与出行环境改善	（1）支持经济发展和人口增长 （2）提高所有伦敦人的生活质量 （3）改善所有伦敦人的安全和保障 （4）增加所有伦敦人的交通机会 （5）减少交通运输对气候变化的贡献，提高交通运输对气候变化影响的抵御能力 （6）支持 2012 年伦敦奥运会和残奥会及其遗产的交付
2017 年至今	面向未来，聚焦"主动、高效和可持续出行"	（1）健康街道、健康市民 （2）优质公共交通体验 （3）支撑经济增长与发展

1.3 工作成果体系

《报告》工作成果体系主要由年度报告（完整版）、年度报告（精华版）、配套技术文件等三部分组成。其中，年度报告（完整版）详细说明《战略》总体目标进展、各项指标情况以及应对策略，用于支撑政府在交通出行方面的政策制定与项目建设；年度报告（精华版）则概述大伦敦地区的交通出行现状趋势，用于服务和指导大伦敦地区居民与游客的交通出行等事项；在城市交通出行指标监测、项目跟踪的基础上，《报告》同步开展相关配套研究专题，如《骑行潜力分析报告》《步行潜力分析报告》《市中心铁路枢纽报告》《奥运遗产监测报告》等，进一步深化和明晰重点议题事项的分析方法、数据结果和决策过程等内容。

2 技术思路与方法体系

2.1 贯彻"目标—指标—策略"的总体思路

围绕"目标—指标—策略"的核心思路，基于《战略》明确的核心目标和分目标，《报告》制定对应的核心指标体系和相关指标内容，跟踪监测各项指标的年度变化，从而提出或调整实现目标相应的策略或实施项目（表2）。其中，每个目标明确重点关注议题内容，如"健康街道、健康市民"目标下的主要议题包括主动出行与健康街道、空气质量与碳减排、有效利用伦敦道路空间等方面，并进一步对这些议题开展详细的指标监测和趋势评判。

表2 围绕战略目标的《报告》的主要议题与研究内容

目标	主要议题	研究内容
总体出行需求与不同出行方式比重	新冠疫情背景介绍	疫情前伦敦主要出行发展趋势，疫情下的伦敦民众出行现状，疫情对伦敦人口的影响，疫情对英国和伦敦经济的影响，疫情对伦敦出行需求的影响，关于出行恢复趋势的比较分析
	2020年和2021年初伦敦出行的综合估计数据	2020年出行量预估数据，2020年各出行方式比重（按出行次数统计）估计结果，2020年行程分段数估计值
	疫情期间伦敦居民的出行情况	伦敦居民出行率，主动、高效和可持续出行比重，疫情期间伦敦居民出行行为
健康街道、健康市民	主动出行与健康街道	出行相关身体活动，伦敦自行车骑行情况，行人活动，伦敦街道空间，道路危险性
	空气质量与碳减排	改善空气质量，"伦敦大气污染物排放清单"更新，空气质量，公众健康，不平等现象，减少伦敦二氧化碳排放，推动伦敦向电动汽车转型
	有效地利用伦敦的道路空间	伦敦道路交通总体趋势，穿越市中心警戒线的车辆，疫情对道路交通量影响，拥堵费调整，进入拥堵收费区的货车流量，出租和网约车数量趋势，道路交通拥堵、效率和延误
优质公共交通体验	公共交通需求、服务和运营绩效的趋势	公共交通需求趋势，主要公共交通客运量和运营绩效
	公共交通乘客体验	铁路网拥挤情况，公共交通无障碍性，乘客安全、犯罪和反社会行为，公共交通乘客满意度和关怀，疫情恢复管理
支撑经济增长与发展	疫情下的行为调整	出行行为，上班出行，购物和休闲出行，个人安全，地方主义和"15分钟城市"
	促进伦敦增长复苏	支持良性增长，机遇区监测，新增住宅和就业
	在疫情恢复期间跟踪市长目标的进展情况	市长交通战略目标进展跟踪，衡量标准调整，出行需求多情景预测

2.2 主次分明、深度细分的指标体系

面向《战略》目标要求，《报告》构建核心指标体系和分目标指标体系，分解为各出行方式比重、主动出行、安全出行、高效出行、绿色出行、交通便捷性、无障碍出行、高质量出行、可持续增长/释放增长潜力等9个关键维度，并进一步细化形成13项核心指标展开跟踪监测（表3）。在主要指标跟踪监测过程中，结合居民个体属性、出行目的地等信息，《报告》进一步引入更多细化指标开展分析和研究，如在"各出行方式比重"维度中增加"17岁以上居民出行方式比例""17岁以上居民出行比例（按出行距离统计）"等指标。

表3　面向战略目标的关键指标维度和内容

维度	指标	《战略》2041年目标
各出行方式比重	主动、高效和可持续出行的比重	80%
主动出行	每天完成20分钟主动出行的居民比例	70%
安全出行	道路交通死亡或重伤人数	0
	公交车事故死亡人数	到2030年为0
高效出行	市中心、内伦敦和外伦敦小汽车出行次数	每天减少300万次出行
绿色出行	交通网络的二氧化碳排放总量	比2015年减少72%
	关键路段路边二氧化氮平均浓度	在改善中
	关键路段路边 PM_{10} 和 $PM_{2.5}$ 平均浓度	在改善中
交通便捷性	居住在公交线路400 m范围内的居民比例	不在《战略》目标之列，但假设它保持在很高的水平
无障碍出行	无阶梯式公共交通路线的额外出行时间	比2015年减少50%
高质量出行	在乘客密度超过每平方米2～4人（最高限值待定）的拥挤情况下，乘坐轨道交通工具出行的里程比例	比2015年减少10%～20%
	公交车平均车速（在安全和限速范围内）	比2015年增加5%～15%
可持续增长/释放增长潜力	不提供停车位的新增住房比例	—

2.3 以数据为核、方法适用的技术支撑体系

《报告》以数据资源为核心，结合成熟适用的方法模型，开展各维度指标内容监测。《报告》数据来源多元，涉及国家政府部门、大伦敦地区政府部门以及相关公司或团体等，如国家统计局、交通部、民航管理局等核心部门。同时，《报告》采用长期沿用、针对性强的方法模型，包括公交可达性水平模型（PTAL）、人口估算模型、机遇区识别评价模型等，支撑相关专题研究深化分析。

2.4 多情景规划、指标优化的出行预测与评估

2.4.1 基于情景规划的伦敦未来出行预测与研判

新冠疫情深刻影响了大伦敦地区出行相关项目的实施和政策制定，面向未来出行的不确定性，伦敦交通局采用情景规划技术对伦敦未来出行开展预测与研判（图1），包括五个情景：一是强势集聚（相对乐观情景），出行需求强势反弹；二是恢复到接近正常水平（较为折中情景），出行需求逐渐恢复到疫情前，但依然存在疫情影响；三是低碳本地化，重点关注气候影响减少；四是远程办公变革，新技术改变居民出行；五是下滑（相对悲观情景），疫情和外部因素共同限制出行需求增长。基于情景规划成果，伦敦交通局修订伦敦未来出行需求预测，并结合现有《战略》目标，进一步优化调整实施项目和政策内容。

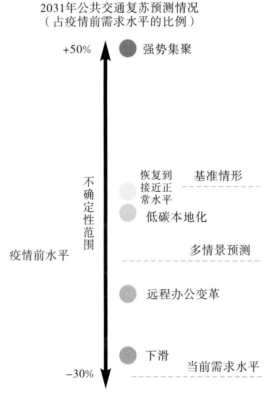

图1 当前需求水平、基准情形和多情景预测在设想情景"不确定性范围"内的相对位置

2.4.2 后疫情时代伦敦出行指标进展的评估框架构建

疫情前的《报告》主要采用总结性的定性分类方法，综合分析《战略》目标进展情况。而疫情期间出现的新政策问题和优先事项，极大影响了《战略》目标进展的评估、跟踪与总结。后疫情时代，伦敦交通局对《战略》的每项指标构建了通用评估框架，明确各项指标发展趋势、《战略》目标进展等情况，优化排序支撑伦敦出行的交通需求内容，提高交通设施建设投资价值，综合论证政策事项制定依据（图2）。

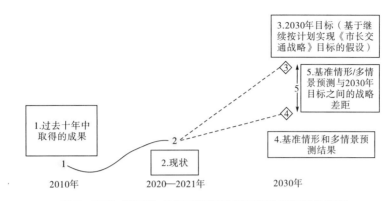

图 2 实现《战略》的每项指标进展和改进情况评估说明

3 评估结论与应对策略

3.1 主动、高效和可持续出行

新冠疫情推动本地出行方式转变，非典型性提升出行比例。《报告》监测结果显示，疫情前大伦敦地区主动、高效和可持续出行比例逐年增加，从 2005—2006 年度的 57％增加到 2019—2020 年度的 67％，公共交通出行（主要是铁路）比例持续增长，骑行比例逐步增加（图 3）。疫情期间，主动、高效和可持续出行比例稳中有升，疫情初期承担通勤功能的公共交通出行比例大幅下降，随着出行限制放宽，公共汽车和伦敦地铁出行比例增加；步行和骑行出行比例则增长显著，其中步行比例超过 44％，2020—2021 年四季度达到 57％，骑行比例有所波动，呈现季节性特征，但平均数值是疫情前的两倍左右。

相对较高的主动、高效和可持续出行比例反映了疫情期间更多居民向本地生活方式的转变，并更多地采用更适合的交通出行模式，但这种疫情条件下的模式是非典型的，在一定程度上影响了出行结构。

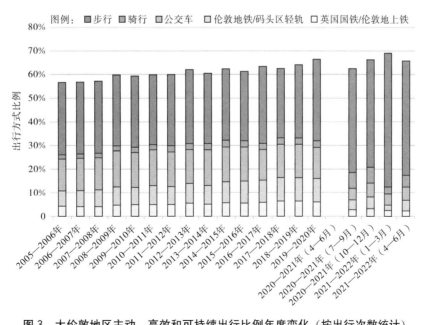

图 3 大伦敦地区主动、高效和可持续出行比例年度变化（按出行次数统计）

3.2 健康街道、健康市民

3.2.1 迅速启动"街道空间"项目，促进城市居民主动出行

面向"到 2041 年实现 70％居民每天至少 20 分钟主动出行"的目标，疫情前伦敦发展趋势较为平稳，约有 40％的居民达到这一标准，而疫情期间这一比例则下降至 35％左右。为促进和鼓励居民在疫情期间安全主动出行，伦敦交通局在疫情初期已启动"街道空间"项目，包括 101 km 试验性自行车道、89 个低车流量社区、322 条学校街道等。其中，低车流量社区旨在降低住宅区内的机动车流量，创造更安全、舒适的街道环境，方便居民步行、骑行和使用公共交通工具。

3.2.2 划定低排放区、更新排放清单，加快实现"零碳城市"目标

在推进"2050 年大伦敦地区成为'零碳城市'的目标"过程中，由于道路运输碳排放在总排放量中的占比越来越大，伦敦交通局优化调整碳减排项目与措施。一方面，2021 年 3 月政府发布了更为严格的低排放区车辆标准，2021 年 10 月将"超低排放区"范围扩大到南环路和北环路，覆盖 380 万居民；另一方面，根据 2019 年主要污染源最新数据（相较 2016 年道路运输产生的氮氧化物排放减少了 31％），政府更新了大气污染物排放清单，确保在 2025 年实现大伦敦地区二氧化氮排放达标。

3.2.3 针对性调整市中心交通拥堵费，提高伦敦道路空间利用效率

为应对疫情带来的交通流量变化，政府在 2020 年 3—5 月期间暂停征收拥堵费；6 月则将拥堵费上涨到每天约 138.36 元人民币（15 英镑），收费时段扩大到每天 7：00—22：00；2021 年 7—10 月期间进一步调整收费时段为周一至周五 7：00—18：00。在此举措下，2021 年一季度进城交通流量缓慢恢复，并在 2021 年 11 月初达到了疫情前水平的 80％，持证进城的出租车交通流量在夏季强劲复苏，恢复到疫情前水平的 79％（图 4）。

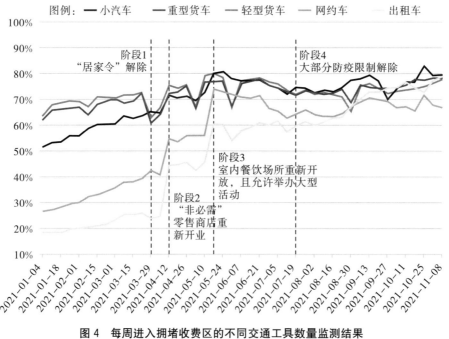

图 4　每周进入拥堵收费区的不同交通工具数量监测结果

3.3 优质公共交通体验

3.3.1 调整疫情紧急状态至常规运营管理，提供安全、有吸引力和可持续的公共交通服务

通过提供更完善的服务、提高公交网络连通性、改善无障碍等客户体验，大伦敦地区公共交通网络逐步改善，2009—2010 年度至 2019—2020 年度运力总量增加了 28%（图 5）。2020 年和 2021 年公共交通运营重点转向应对疫情紧急情况，为必要出行提供安全和可靠的交通服务。2021 年下半年公共交通服务逐步恢复到疫情前的水平，继续提供安全、有吸引力和可持续的出行方式。为此，伦敦交通局专门开展客户计划专项研究，明确包括"安全、频繁、可靠的服务体验""性价比高、实时动态信息，支撑客流量恢复"等公共交通服务核心愿景。

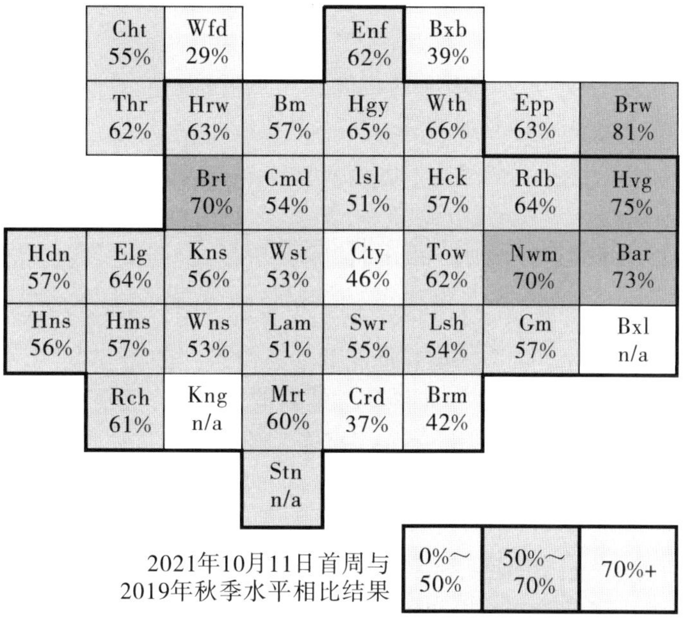

图 5　各区地铁、地上铁和码头区轻轨工作日进站情况

3.3.2 推进无梯地铁站建设，逐步实现公共交通的无障碍出行

目前，大伦敦地区轨道交通网络（包括地铁、码头区轻轨、地上铁、有轨电车等）站点中有 51% 采用无梯式设计。自 2016 年以来，伊丽莎白线和北线延伸段的 21 个伦敦地铁站已实现了无梯式设计。2020—2021 年度，相对于整个轨道交通网络而言，只使用无梯式轨道交通所需的平均额外行程时间减少到 7.3 分钟，比上一年减少了 12%。按照近年来发展趋势，有望实现"2041 年前将二者时间差减半"的目标。

3.3.3 落实安全标准、增加执法力度，保障公共交通乘客安全

疫情期间公共交通出行居民数量显著减少，2020—2021 年度公共交通乘客和员工受伤人数也相应下降。2020—2021 年末，在符合第一代《巴士安全标准》的基础上，政府对新加入的巴士车辆进一步提出第二代《巴士安全标准》的实施管理要求。此外，伦敦交通局和伦敦警察局采取共同执法等一系列举措，有效降低了犯罪率，进一步保障了公共交通乘客安全。

3.4 支撑经济增长与发展

3.4.1 新建机遇区交通基础设施，改善区域交通连接和可持续出行环境

2021 年 9 月，伦敦交通局新建的北线延伸段正式通车，当前该线路每周承载超过 10 万次出行，并支持供应 1.6 万套新住房，有效改善了"沃克斯豪尔—九榆树—巴特西"机遇区的交通连接和可持续出行环境，极大推动了当地区域更新再生和新住宅供应，预计将创造 2.5 万个新就业岗位。此外，2022 年伦敦交通局开通了伊丽莎白线市中心段，为大伦敦地区公共交通增加 10％的运力。

3.4.2 提供伦敦交通局增长基金，推动欠发达地区更新再生

为支持大伦敦地区交通欠发达区域的新住房供应，伦敦交通局相应推出了增长基金，促进相关地区的更新再生。2021—2022 年度，该基金开展了多个重大项目的资助计划，包括托特纳姆谷站升级改造，支持在托特纳姆地区供应 5000 套新住房和 4000 个新就业岗位；新建巴金河畔地铁站，支撑 1.08 万套新住房、学校和社区空间建设；新建铁路伊尔福德站南入口，支持 2000 套新住房开发，为伊尔福德山沿线站点的乘客提供服务。

4 经验启示

4.1 建立健全城市交通出行监测评估工作框架

与中国主要城市交通出行监测侧重宏观数据变化有所不同，《报告》从首次发布之时即明确了其作为"《战略》建设目标落实"的重要依据和参考作用。在此基础上，伦敦交通局建立涉及数据使用、指标内容、技术方法、发布机制等一系列成熟完善、长期跟踪、反馈真实的城市交通出行监测评估工作框架，如数据使用方面，《报告》使用了传统统计数据、伦敦交通局公共交通服务运营数据、国家铁路运营数据等多种来源渠道的数据信息；在实施及发布机制方面，《报告》每年度发布一版，并根据当年出行热点，增加相关研究内容。此外，结合《战略》建设目标的调整和改进，《报告》也同步优化城市交通出行监测评估工作框架，进一步契合《战略》目标的实施，如近几年增加了反映疫情对通勤影响的指标。成熟、稳定的工作框架保证了《报告》实施的长效性和稳定性，形成了大伦敦地区交通出行数据长期获取、指标年度对比的可能性，为伦敦交通局与大伦敦政府在政策制定和策略优化上提供了扎实、可靠的数据支撑。

4.2 紧贴战略目标要求的指标内容和技术方法体系

近年来，中国专家学者开展了基于多源数据的城市交通出行评估技术研究与探索，并提出了可行的技术方法成果。伦敦交通局每年度发布的《报告》并不拘泥于具体技术方法，遵循"目标—指标—策略"的总体思路，聚焦于《战略》新阶段核心目标——"2041 年前大伦敦地区主动、高效和可持续（步行、骑行和公共交通）出行比重达到 80％"，以及"健康街道、健康市民""优质公共交通体验""支撑经济增长与发展"等三大分目标，分别构建了核心指标体系和分目标指标体系，并分解为 9 个关键维度、形成 13 项核心指标。为配合城市交通出行各项指标的监测评估，《报告》同步开展指标的技术方法体系搭建，引入针对性显著的方法或模型，如采用出行次数、出行距离、出行时长等不同维度估算各类出行方式占比，强化各项指标的反馈作用和绩效。紧紧围绕战略目标要求而构建的指标和技术方法体系，一方面，伦敦交通局可以获取大伦敦地区深层次、多维度的交通出行指标数据；另一方面，可以同步完善指标内容与核心

目标的匹配对应关系，支撑多情景规划背景下的《报告》指标内容优化与技术方法调整。

4.3 提升路径明确、行之有效的策略应对能力

依托指标数据和技术方法支撑，《报告》不仅总结明确了当年大伦敦地区交通出行的发展趋势，更进一步将政策制定与策略优化作为其成果的核心落脚点。围绕"健康街道、健康市民""优质公共交通体验""支撑经济增长与发展"等三大分目标，《报告》开展了街道空间、低排放区、交通拥堵费、无梯地铁站建设等具体交通项目的评估分析，同步提出了路径明确、行之有效的交通出行优化策略，如市中心交通拥堵费调整，在疫情措施多次调整的大背景下，结合市中心交通车流量变化，大伦敦政府依次采取了暂停征收拥堵费（2020年3—5月）、上涨到每天15英镑、收费时段扩大到每天7：00—22：00（2020年6月）等举措，合理平衡好疫情期间私家车出行需求与伦敦道路空间利用效率间的关系。高效的伦敦交通出行应对策略调整与优化，既体现了《报告》服务《战略》建设目标落实的核心作用，也从侧面反映了《报告》构建的数据使用、指标内容、技术方法等方面的针对性与强关联性。

5 结语

10余年来，大伦敦政府和伦敦交通局在城市交通出行监测、评估和策略应对方面积累了大量经验。本文聚焦大伦敦地区交通出行，研究梳理了大伦敦交通出行的总体工作框架、技术思路与方法体系、评估结论与应对策略，针对其相关经验进行了特点归纳，旨在对中国城市交通出行提供政策建议。近年来，中国主要城市陆续以公平、可持续和以人为本作为出发点，开展反映城市交通总体战略目标的交通出行监测评估工作，在借鉴国际经验的同时，积极探索符合中国国情的工作框架、指标和技术方法体系等，合理有效地提出城市交通出行政策和策略。

［参考文献］
[1] 张天然，朱春节. 伦敦公共交通可达性分析方法及应用 [J]. 城市交通，2019，17（1）：70-76，13.
[2] 丘建栋，陈蔚，宋家骅，等. 大数据环境下的城市交通综合评估技术 [J]. 城市交通，2015，13（3）：63-70，94.
[3] 何小洲，钱林波，傅鹏明，等. 基于运输管理信息平台的道路运输监测体系：以江苏省为例 [J]. 交通运输研究，2021，7（2）：28-37.
[4] 雷方舒，温慧敏，孙建平，等. 基于手机信令数据的通勤与交通运行关系模型 [J]. 交通运输研究，2021，7（5）：10-18.

［作者简介］
邹伟，高级工程师，就职于上海市城市规划设计研究院。

法兰西岛公园系统规划历程研究

□单斌，李美祺，卓荻雅，黄婷婷，朱建宁

摘要：公园系统规划是宜居城市建设的重要体现，法兰西岛公园系统是公园城乡一体化发展的典例。本文依托法兰西岛城市与区域发展背景，将法兰西岛公园系统发展历程分为 4 个阶段，阐述各阶段规划动因及措施，分析其在规划理念、空间格局、功能布局、风貌特色、组织方式 5 个维度的历程演变规律，总结演变的动力因素与机制，以期为我国城市发展全域公园系统提供参考价值。

关键词：法兰西岛；公园系统；规划历程；演变规律；动力机制

0 引言

法兰西岛，又称法兰西岛大区、巴黎大区、大巴黎地区，包括巴黎省在内的 8 个省，将近 1300 个市镇，面积约 1.2 万 km²，人口约 1100 万，其公园系统经历了 4 个阶段的发展，形成了全域分布的综合网络化系统。法兰西岛尺度与北京、成都、武汉等超大城市的市域尺度相近，城市发展过程面临着相似的问题与矛盾，如快速城市化与环境保护的矛盾、居民日益增长的游憩需求与公园可达性不足的矛盾，以及由气候变化引起的公众健康问题等。在我国公园城市建设的背景下，完善的公园系统已成为促进城市高质量可持续发展的生态动力，而国内对于法兰西岛公园系统规划的探究尚少。

在此背景下，本文依据时间脉络梳理法兰西岛公园系统的规划历程及各阶段规划重点，进一步探寻各类公园的空间分布特点及公园系统演变规律，为我国大型城市的全域公园系统建设提供经验借鉴。本文综合运用了文献整理、矢量数据整理、GIS 空间分析、历史影像图验证等方法。文献及矢量数据来源包括法兰西岛相关城市规划研究所网站的公开资料、法兰西岛各省政府的公开绿色规划资料以及与法国公园系统建设相关的中文、法文文献（包括专著、学位论文、期刊论文与会议报告等）。

1 法兰西岛公园系统概述

1.1 公园与公园系统的概念

1.1.1 公园

本文提到的法兰西岛公园是指能让人们放松身心、运动健身、休闲游憩的开放空间，相对于我国公园绿地的概念范围更广，侧重对人的服务而非地的区划，包括向公众开放的林地与绿地，以及经过法律批准为区域自然公园的具有自然保护与游憩休闲功能的乡村空间，不包括侧重自然保护的国家公园、自然保护区以及不对外开放的自然空间（草地、湿地、林地等）。

1.1.2　公园系统

点状和面状的公园通过线状的公园即绿廊彼此进行空间联系，不同位置的公园有所分区且功能互补，不同类型的公园满足人群多元需求，从而构成了完整的公园系统，在承载游憩、景观职能的同时改善了生态环境与城市格局。相比我国城市中的绿地系统概念，法兰西岛公园系统可近似理解为在绿地系统中公园绿地与风景游憩绿地的基础上，加入墓园、自然中的露天运动场、赛马场等开放空间，以及对外开放的郊区生态空间、乡村自然空间，分类依据聚焦于使用者的角度，是一个更侧重满足人的休闲与游憩需求的完整系统，范围涵盖法兰西岛大区区域，近似于我国超大城市市域范围。

1.2　法兰西岛公园系统规划流程及建设统筹模式

在规划建设流程方面，各级规划中的绿地及环境等章节中，确定了公园系统方向、公园点位布局与建设要求。由上至下涵盖法兰西岛大区总体规划（SDRIF）、领土区域协调发展纲要（SCOT）、地方城市规划（PLU）及市镇地图。在公园建设方面，法兰西岛自然局、国家林业局与巴黎绿色空间和环境处分别负责郊区与市区的公园行动计划、土地征收与开发管理。

在管理运营模式方面，包括政府主导、公私合作、区域自治等类型。位于市区的公园多由国家政府或市政府管理运营，包括向公众开放的私人花园。位于近郊的公园除了政府主导运营外，还通过公私伙伴关系与非政府机构合作运营。位于远郊的区域自然公园由当地管理委员会运营，其中多数委员为本地公社代表以及农业、林业等部门的官员，运营理念为适度发展从而促进保护。

在资金来源与去向方面，资金主要来源于国家及地方的政府部门，如领土开发与规划国家基金、乡村空间管理基金、国家林业基金与国家政府津贴补助等，区域自然公园部分资金来源于欧盟与当地公社。资金支出主要用于公园用地的征收、规划与建设管理等。法兰西岛自然局通过区域土地干预计划定期征收土地建设公园，或通过政策优先购买易受损的自然空间并改造开放，或与地方政府、公司、协会及个体等签订协议并予以公园开发的补助。

在相关法律内容方面，《城市规划法典》赋予了各级规划文件的法律效力。1993 年的《景观法》强调应合理开发与保护景观资源。《公益征收法典》《环境法典》等法律保证了对用于公园建设的私人土地的所有权征收。

1.3　公园系统分类

法兰西岛公园系统自 19 世纪中叶逐步发展，至今已经趋于完善。本文重点介绍其在空间层面和功能层面的分类体系。在空间层面上形成了由内环城市公园系统、中环近郊公园系统及外环远郊公园系统共同组成的法兰西岛公园系统。依托功能分类，全域共有城市公园、休闲公园、遗产花园、自然花园、绿链五大类公园（表1），其中城市公园是以不同尺度构成向公众免费开放的户外活动空间；休闲公园可提供主题鲜明的游憩服务，如赛马场、高尔夫球场等；遗产花园作为城市具有特殊历史价值的场所，其文化价值被重点保护；自然公园是全域面积最大且生态价值最高的公园类型；绿链作为线性公园串联全域各类公园。

表 1 公园系统分类①②

公园系统空间分类		公园系统功能分类	
一级分类	二级分类	一级分类	二级分类
城市公园系统	城市公园	城市公园	大型城市公园
	遗产花园		中小型城市公园
	绿链		邻里花园
近郊公园系统（绿环）	休闲公园		广场
	遗产花园		景观墓园
	自然公园	休闲公园	大型休闲公园
	绿链		中小型休闲公园
远郊公园系统（农业环）	自然公园		运动公园
	绿链		游乐公园
—	—	遗产花园	—
—	—	自然公园	植物园
—	—		森林公园
—	—		自然科教公园
—	—		区域自然公园
—	—	绿链	林荫道
—	—		滨河道

2 法兰西岛公园系统规划历程

本文以空间规划范围的拓展及规划目标的演变为主要划分依据，将法兰西岛公园系统发展分为 4 个阶段。

2.1 第一阶段以功能性为导向的城市公园系统建设（1852—1931 年）

这一时期在工业革命的推动下进入了城市化快速发展阶段，巴黎人口剧增，卫生条件恶化，人口死亡率高。奥斯曼主导的城市改造，使巴黎面积从 1852 年的 30 km² 扩大至 105 km²，构建了放射状交通网，解决了卫生难题，为公园系统奠定了基础。

在公园系统规划方面，为改善城市人居环境、提高公共卫生水平，受伦敦影响，在奥斯曼规划下，巴黎建立三级公园体系，包括周边两座大型林苑、大中小尺度的城市公园与散步林荫道，通过城市公园的大规模增量建设来应对城市环境问题。此外，奥斯曼创新林荫大道的轴线设计，强化了公园连通性，至今已成为巴黎的标志。

2.2 第二阶段以连通性为基础的郊区公园系统探索时期（1932—1959 年）

面对人口激增和郊区绿地丧失的挑战，巴黎于 1932 年成立大区，着手调控城市蔓延。1934年，普罗斯特的规划引入四环分区制，限定了建筑高度与土地用途，划定 30～40 km 环形路界，旨在引导郊区有序发展，促进区域均衡发展。然而，1939 年获批的巴黎地区发展规划（PARP）

因二战而搁置，巴黎在战争中幸免于大规模的破坏，但是战后的农民进城潮加剧了郊区的无序扩张及环境的恶化。

公园系统规划中创新性地构建了公园路网络，通过 5 条放射状高速公路与外围环路构建公园路网络骨架，同时以普通公路作为补充。公园路巧妙融合山丘、森林等自然元素，兼顾交通便利、自然保护与风景观赏，部分道路如西部公园之路将郊区大型林地景观与市区连接，形成景观连续性。普罗斯特的规划还通过科学分析巴黎地区的功能区块与自然资源，通过鸟瞰图直观展示景观价值，明确了公园系统向郊区发展的方向，对郊区公园系统规划进行了初步探索。

2.3　第三阶段以保护为原则的郊区公园系统建立时期（1960—1999 年）

战后城市化进程加速，郊区大量住宅侵占原有的自然空间，使得郊区缺乏足够的配套设施与就业机会。面对挑战，巴黎转向有序、多中心化发展模式，实行"轴线引导＋新城疏散"，集中市区服务业，工业与人口向新城疏散，同步完善交通网络与配套设施。1976 年，法兰西岛行政范围确定，在郊区的两条发展轴线上建设了 5 座新城，尺度的拓展使规划步入新篇章。

公园系统规划重视郊区森林保护与休闲空间发展，提出了"绿环"和"农业环"概念，实现了空间圈层的清晰划分。城市公园系统得以扩展，通过新建、改造公园与开放私人绿地，如改造工业废弃地等，新增超过 1000 hm² 的公园，优化绿地分布。近郊绿环旨在保护城市边缘的自然空间，保留约 400 km² 的永久绿地，特别是新城周边原有遗产花园与林地逐步开放为各类自然和休闲公园。远郊农业环旨在保护乡村的农林生产与生态景观价值，包含 6000 km² 农业用地与 2700 km² 森林，为目前 4 个面积均超过 700 km² 的区域自然公园打下了基础，公园功能从提供健康游憩空间拓展至农林保护、旅游经济增收与生态价值提升，为更大尺度的生态廊道建设奠定基础。这一阶段通过城市与郊区公园系统的拓展与功能深化，完成了法兰西岛公园系统框架的搭建。

2.4　第四阶段以协同发展为目标的法兰西岛公园系统完善（2000 年之后）

进入 21 世纪，特大城市在全球化中成为展现国家实力的重要窗口，但多中心发展模式下资源向郊区的转移导致都市区吸引力下降。面对全球气候变暖与城市生物多样性锐减，法兰西岛转向紧凑型多中心发展模式，强调功能叠加而非外延扩张，以交通枢纽为核心，优化资源配置，构建可持续城市模型，提升全球竞争力。

公园系统规划响应可持续发展目标，融入全域基础设施，聚焦生物多样性提升，重点提高公园面积与可达性，优化布局，如细化可达性标准，利用交通枢纽周边空间建设公园，加强郊区自然空间的开放性，共享公共设施绿地，建立自行车网等改善可达性。在生态方面，规划 355 条连续性廊道，绿链外的廊道以完善生态系统为主，公园与之连接，促进生物迁徙。绿链由林荫道、滨河道组成，连通城市、绿环与农村间的绿色空间。面对气候变化，最新的 SDRIF－E 规划将环境作为发展核心，计划新增或扩建 130 处公园与 770 km 自行车道，确保居民 10 分钟内可达公园，增强区域气候韧性。这一阶段通过精细化规划和生态网络构建，应对全球挑战，推动城市可持续发展。

3　法兰西岛公园系统规划演变规律

法兰西岛公园系统规划演变规律体现在发展逻辑、空间格局、功能布局、风貌特色、组织方式 5 个维度（表 3）。

表3 法兰西岛公园系统发展脉络及特征

阶段	重要规划文件	面临问题	城市背景	规划尺度	规划理念	空间格局	功能布局	风貌特色	组织方式
第一阶段	奥斯曼巴黎改造工程	市区拥挤脏乱	城市改造	城市市区（105 km²）	美学原理与功能主义	点状	市区公园以日常游憩功能为主	平坦的河谷风貌	由官僚主导
第二阶段	PROST 1934、PARP 1939	郊区无序开发	规划范围扩张，发展公路交通网络	城市近郊（约3847 km²）	功能主义与三维景观	放射状	近郊兴起休闲运动、历史文化类公园	河谷与丘陵森林交织的风貌	由专业人士主导，缺乏行政体制保障
第三阶段	巴黎大区开发和总体组织计划（PADOG 1960）、巴黎地区城镇总体规划（SDAURP 1965）、法兰西岛总体规划（SDAURIF 1976）、法兰西岛绿色计划（1994）、SDRIF 1994	市区与郊区之间发展不平衡	郊区新城建设	大区区域（12012 km²）	系统论、理性决策与控制论	带状结合环状	远郊公园主要功能为公共教育、旅游度假、环境保护	高地田园围合河谷森林的风貌	由多学科人员组成的研究机构主导，法律及行政体制逐步完善
第四阶段	SDRIF 2008、SDRIF 2013、法兰西岛绿色计划（2017）、SDRIF－E	法兰西岛大区吸引力下降，环境持续恶化	开展紧凑型的多中心建设	大区区域（12012 km²）	可持续发展	网状	绿链连通各圈层	充满地域性特色的领土风貌	多领域专家规划、公众参与和法律保障"三位一体"

3.1 规划理念

始于奥斯曼时代，公园系统规划聚焦古典主义美学，以轴线构图强化城市秩序，同时改善工业城市环境与健康问题，初步显露功能主义色彩。普鲁斯特规划继承并发扬了福雷斯（Forestier）的"公园系统"理论，通过大尺度公园网络限制城市蔓延，促进城乡联动，降低市区密度，规划视野从城市轴线扩展至区域景观，特点在于美学视角从二维的城市轴线突破至三维的区域景观进行规划，但仍局限于空间形体层面。

进入20世纪60年代，系统论与控制论等理论盛行，理性决策成为规划的关键。远郊区域自然公园与近郊绿带的设立，标志着公园系统从单一游憩向经济与生态平衡的跨越，规划思维跳出局部美化与形式分析，迈向全局的功能优化。

21世纪，可持续发展的理念成为核心，生态学相关理论走向应用，公园系统规划重心转向生态连通性与生物多样性提升，结合TOD模式增加公园数量以应对气候变化，强化城市全球竞争力。在这个过程中，公园系统从城市规划的一部分发展至城市可持续发展的核心目标，规划理念也从单纯的美学与特定功能的视角转变至系统共生，映射出规划从解决具体问题到追求整体系统的转型。

3.2　空间格局

早期的巴黎城市公园系统主要由两大森林公园组成，数量较少，呈现多点状的特征。随后在机动车及道路网络的发展下，近郊的公园主要沿辐射状道路分布。在人口不断涌入的情况下，郊区新城沿两条轴线快速建设，公园沿新城垂直轴线的方向规划建设，为了限制城市的过度膨胀，绿环与农业环的提出使得布局表现出环带相切的特征，尺度也迈向整个大区。随着公众对生态的日益重视，规划中绿链等起到连通作用的绿色基础设施成为重点，至此公园系统的空间格局也从城市范围内分散的点状、环状发展至大区范围内"点、线、面"相结合的网络状。

3.3　功能布局

奥斯曼时期出于提高居民健康水平等目的，城市公园以日常游憩与活动健身等功能为主导，在社会中起到调和阶级矛盾的作用，而后在交通的发展下近郊公园兴起，以体量较大的森林公园或提供多类运动的休闲公园为主，以及部分修复后向公众开放的遗产花园，提供历史文化展览教育等功能。远郊的区域自然公园主要服务周末及假期出游的人群，主要功能为公共教育、旅游度假、环境保护。在各个公园之间，有着总长 4731 km 的绿链，保证了彼此的有机联系与生态系统的完整性。在这个过程中，公园从单一功能向复合功能转变，城市公园、近郊公园、远郊公园在各空间圈层中发挥主导的功能优势，彼此互补，形成合力。

3.4　风貌特色

在法国，属于历史遗产的景观风貌一直是社会广泛讨论的话题，如 19 世纪的景观摄影观察站，20 世纪初的重要古迹保护法律，普鲁斯特规划整合到郊区公园系统的思想，20 世纪 60 年代的景观规划，20 世纪 90 年代的《景观法》与景观地图集、《欧洲风景公约》的加入等。得益于公众对景观审美的悠久传统，公园系统在发展过程中，尊重城市结构性要素，立足于当地典型性自然风貌的展现。在其三大空间圈层中，山、水、林、田等要素汇聚其间，公园系统的结构受各要素影响的同时，风貌上也各具特色。从整体看，不同圈层的公园系统作为领土景观的片段，以展示典型领土景观并提升风貌质量为重要目标。从个体看，公园的设计风格从最初的精雕细琢走向回归自然，从刻意营造如画的风景走向追求领土风貌的和谐，城市公园与郊区公园需要契合各自的地域景观特征。

3.5　组织方式

早期的奥斯曼规划主要由政府官僚来负责巴黎公园的综合布局，而在 1919 年与 1932 年分别通过政府举办竞赛和邀请规划师的方式进行郊区公园的连通与布局。但二战前相关法律较为单一，且缺乏相关行政机制，导致实施效果并不理想。二战结束后为了快速恢复城市发展，新的法律相继出台，保障了公园系统的规划流程与行政机制。1965 年推出的 SDAURP 由国家政府组织成立的巴黎城市与区域规划研究所制定，参与人员包括政府人员、地方代表、各领域的专业人士等，值得注意的是，整个规划过程中公众的声音有限，透露出技术官僚主义的倾向。随后20 世纪 90 年代的《景观法》等与 21 世纪《欧洲风景公约》都提高了公园在各类规划中的地位与优先级，给公园系统规划提供了更充足的法律保障，而在此前 SDRIF 缺乏对土地利用规划（POS）的有效约束，部分公园规划难以落实建设。

2000 年《社会团结与城市更新法》（SRU）颁布之后，SCOT 和 PLU 代替了 SDAU 与 POS，促进公园系统突破市镇之间的空间界限与优化部门之间的统筹机制，体现于规划文件中的可持续发展计划（PADD）章节。公众的参与也受到重视，各级规划需要经历听证、意见征集和质询的过程，在科学分析的基础上伴随着多学科参与的专题研讨会。参与公园系统规划的主导人员逐步由单一背景的个体演变为各类背景的多方群体，多领域专家规划、公众参与和法律保障"三位一体"的组织方式有利于加强公园系统的地域性、科学性、文化性与落地性。

4 法兰西岛公园系统规划演变动力机制

4.1 演变动力

经济方面，在第一次与第二次工业革命的推动下，巴黎工业迅速发展，铁路建设改善了交通条件，农村人口不断流入巴黎，使得巴黎出现过于拥挤、卫生条件差等问题，间接推动了城市公园系统的规划建设。而后汽车产业的突飞猛进与价格低廉的能源使得巴黎汽车开始向大众普及。随着高速公路的建设与郊区较低的税金、地价的吸引，在战后经济的恢复中，工业与人口不断向新城迁移，带动了近郊公园系统的完善。石油危机的爆发使传统工业衰退，市区开始了去工业化进程，遗留的厂址为城市公园的改造提供了场地，改善环境与完善公园系统也符合以第三产业为支柱的巴黎市区的经济发展诉求。

政治方面，战争或不同时期官僚的诉求对公园系统有深刻的影响。奥斯曼在回忆录中指出，巴黎改造的重要原因是拿破仑三世对武装暴动问题的担忧，宽敞、明亮的街道与环境取代杂乱的小巷，便于镇压分散的暴动。两次世界大战期间以及战后高速发展的"光辉三十年"间，巴黎地区接纳了大量难民与移民作为劳动力，因此价格低廉、缺乏配套的郊区住房快速建设，自然空间被迅速侵占，成为郊区公园系统发展的动因。1982 年，由密特朗总统主导的拉维莱特公园与由巴黎市长主导的雪铁龙公园成为当时的热点。2007 年萨科齐总统提出的大巴黎计划与对自然空间的重视亦有此意。

文化方面，对景观的审美传统是公园系统风貌的首要影响因素，人们将国土景观的热爱与爱国主义情绪联系起来，从电力设施布局需要保护景观的法律中可见一斑，这种对领土景观的热爱与审美深刻影响了规划师、设计师及公众。自普鲁斯特时期开始，从规划保护郊区的森林风景，再到自然平衡区及区域自然公园对乡村景观的保护，最后到重视景观的生态美，促进了对公园系统风貌的不断追求。

自然环境方面，法兰西岛位于巴黎盆地中部，蜿蜒的河流、广袤的森林塑造了法兰西岛的城市与乡村的空间格局。城市化地区聚集于河谷地带，对外的扩张止于森林，形成了沿河流呈辐射状的格局，乡村则被切分为 6 处楔形地区。公园系统则是在此格局下形成绿环、农业环的结构，保护森林与乡村避免城市的无限蔓延，风貌上因地制宜，打造地域性景观。

城市规划方面，不同时期的背景与问题根本上是受经济、政治等因素的影响，直接影响到政策与法律，再反馈到城市规划的目标与策略，进而影响到公园系统规划，使其在目标的变化下地位不断提升，从城市规划的附属变为重要组成部分，乃至成为现在区域规划的核心目标。

纵观来看，经济、政治是最根本的动力因素，工业化引起的快速城市化与人口膨胀是核心原因。其他的因素往往是在经济、政治因素的基础上发挥作用。

4.2 演变机制

法兰西岛公园系统演化历程映射了城市与区域发展的动态适应机制。起源于解决城市卫生与治安问题，公园不仅美化了巴黎，还提升了其国际声誉。面对人口激增，近郊公园的规划旨在连通城乡，保护自然资源，引导人口合理分布，遏制城市蔓延。区域发展不平衡催生了公园系统向新城和远郊拓展，促进了多中心格局形成，均衡城乡发展。面对环境退化与气候变化，公园承载的功能走向复合化，公园系统被视作区域生态系统的组成部分，通过增强连通性来提升服务效能，成为支撑可持续发展的核心。公园系统规划的演变，是与区域和城市从适应到不适应，再到重新调整适应的循环过程。

5 结语

法兰西岛公园系统的发展经历了 4 个阶段，逐步从城市发展背景下的单一城区范围迈向城乡一体化发展的法兰西岛全域范围，公园系统的功能逐步从改善卫生的单一功能转向多元游憩、经济创收、促进平等、生态连通的复合功能，成为推动法兰西岛大区可持续发展的重要动力。随着我国公园城市建设热潮的展开，公园系统的建设势必成为贯彻落实美丽中国和生态文明建设的重要体现，也是推动城市实现高质量、可持续发展的新路径。法兰西岛公园系统经历了长时间、多尺度、多维度、跨部门的建设，可为我国大型城市因地制宜、规范有序推进公园系统建设提供案例参考与思考路径。

[注释]
①大型公园面积在 5 hm² 以上，中型为 2～5 hm²，小型在 2 hm² 以下。
②为体现各圈层公园分布特征，空间分类为各空间圈层内的主要公园类型。

[参考文献]
[1] PARIS REGION L. Plan Vert de l'Ile-de-France：La Nature Pour Tous Et Partout [R/OL]. (2017-03-09) [2022-03-18]. https：//www. iledefrance. fr/espace-media/applis_js/rapports_cp-cr/2017-03-09/rapportsPDF/CR2017-50. pdf.
[2] REGIONAL D'ILE DE FRANCE C. Plan Vert de l'Ile-de-France：La Nature Pour Tous Et Partout [R/OL]. (2017-03-09) [2022-04-05]. https：//www. iledefrance. fr/espace-media/applis_js/rapports_cp-cr/2017-03-09/rapportsPDF/CR2017-50. pdf.
[3] 菲利普·帕内拉伊，迪特·福里克，易鑫，等. 大巴黎地区：漫长历史中的四个时刻 [J]. 国际城市规划，2016，31 (2)：44-50.
[4] PATRICE DE M, CLAUDE H. Le Paris d'Haussmann [M]. Paris：Ed. du Mécène, 2002.
[5] HODEBERT L. Les influences théoriques et pratiques du système de parcs de Jean Claude Nicolas Forestier sur le travail d'Henri Prost en France. Expériences croisées 1913-1934 [J]. Cahiers thématiques，2014 (13)：85-95.
[6] HODEBERT L. Henri Prost et le projet d'architecture du sol urbain, 1910-1959 [D]. Université Grenoble Alpes，2018.
[7] XAVIER D, NICOLAS D. Évolution des Schémas, Permanence des Tracés：La Planification de la Région Parisienne au Prisme des Réseaux Ferroviaires [J]. Géocarrefour，2012：209-224.
[8] WILKINSON P F. Urban Open Space Planning in France [J]. Loisir et Société/Society and Leisure，1988，11 (1)：129-146.
[9] PARIS REGION L. Les Parcs Naturels Régionaux：Un Savoir-Faire Confirmé, Tourné Vers l'Expérimentation [R/OL]. (2021-07-23) [2022-04-13]. https：//www. institutparisregion. fr/

fileadmin/NewEtudes/000pack2/Etude _ 2660/NR _ 904 _ web. pdf.

［10］王心怡，张晋石. 法国区域自然公园评述 ［J］. 风景园林，2016 (12)：81-89.

［11］INSTITUT PARIS REGION L. Villes des Franges de l'Agglomération Parisienne ［R/OL］. (2019-06-28) ［2022-04-13］. https：//www. institutparisregion. fr/fileadmin/NewEtudes/Etude _ 1817/Villes _ franges _ de _ l _ agglomeration. pdf.

［12］PARIS REGION L. Comment Prendre en Compte le Fonctionnement des Espaces Ouverts? ［R/OL］. (2011-09-02) ［2022-04-20］. https：//www. institutparisregion. fr/fileadmin/NewEtudes/Etude _ 855/Les _ carnets _ pratiques _ n—5. pdf.

［13］PARIS REGION L. Les Continuités Ecologiques：Approches Complémentaires du Sdrif et du Srce ［R/OL］. (2015-12-07) ［2022-05-01］. https：//www. institutparisregion. fr/fileadmin/New-Etudes/Etude _ 1226/NR705 _ web. pdf.

［作者简介］

单斌，助理工程师，就职于中国电建集团西北勘测设计研究院有限公司。

李美祺，助理工程师，就职于宁夏弘地设计院有限公司。

卓荻雅，北京林业大学园林学院博士研究生。

黄婷婷，北京林业大学园林学院博士研究生。

朱建宁，教授，博士研究生导师，就职于北京林业大学园林学院。

从"城市边角料"到"城市名片"

——波士顿科普利广场百年演变研究（1890—2020 年）

□胡嘉渝，丁雨林，童乔慧，田雅彦

摘要：城市广场的更新设计是我国历史街区城市更新中的重要课题。建于 19 世纪的波士顿科普利广场是美国历史最悠久且最具代表性的广场之一，其历时 100 多年更新、演化，成为波士顿最富魅力的城市公共空间，带动和激活周边历史街区的发展。本文以波士顿科普利广场为研究对象，梳理广场的百年演变历史中的四个重要设计阶段，剖析科普利广场重构与蜕变的百年演变特质，探究在长达百年城市更新背景下，历史街区的演变特征、设计手法与更新策略，并总结出对我国现代历史街区城市更新的启示与建议。

关键词：城市更新；科普利广场；重构；蜕变

0 引言

波士顿位于美国马萨诸塞州，历史悠久。科普利广场位于波士顿城市后湾区的核心地带（图 1），周边包括波士顿公共图书馆、三一教堂、老南教堂等跨越百年的重要历史地标建筑，以及汉考克大厦等建筑。1890—2020 年的百年更迭中，科普利广场在实践和探索中成为城市广场设计与更新的教科书式案例。

随着我国社会、经济、文化环境的转变和城镇化的高速推进，城市广场的建设发展逐步从政治因素主导的纪念性广场转向多元、复杂的人性化广场。然而，国内的广场设计在西方理念影响下的模仿实践形成了一定的"广场范式"，产生了严重同质化问题。由此，面向城市更新，注重历史文脉存续和市民需求的活化策略研究具有充分的现实意义。科普利广场是美国城市设计史上的经典案例，本文以波士顿科普利广场为研究对象，梳理其演变历史，剖析在百年城市更新背景下，历史街区的更新机制及设计原则。其更新策略对我国的历史核心区有借鉴意义，对我国现代历史街区城市更新也有着重要的启示。

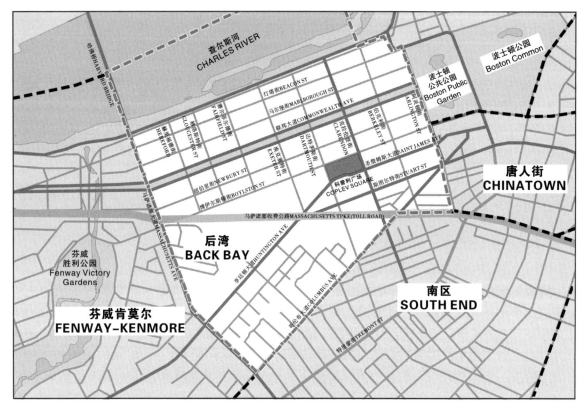

图1　科普利广场区位图

1　科普利广场的历史发展

1.1　城市"边角料"——科普利广场地段的形成

科普利广场所在地段由后湾区路网与南区路网交汇形成，两个彼此不平行的路网交汇时对地段进行了切割。其中，后湾区路网平行于查尔斯河。科普利广场北面为博伊尔斯顿街，东面为克拉伦登街，南面为圣詹姆斯大道，西面为达特茅斯街。四条道路围合的方正空间被平行于南侧铁路线的斜向南区道路亨廷顿大道强劲打破，其从西南交叉路口斜插并贯穿整个街区，对科普利广场地区进行拆分。

1872年以前，科普利地区被路网划分成六块零碎地块，且产权分散。1872年，三一教堂建成，将东面两块区域整合。1883—1885年，市政府收购科普利广场地段，计划实施改造。至此，六块零碎地块整合为三块，科普利广场占据其中两块。这两块一大一小的三角形地块依然很零碎，难以开发建筑、形成聚合的广场。作为城市发展过程中剩余的"边角料"，科普利广场区域被长期闲置。

1.2　波士顿的"文化心脏"——科普利广场的缘起

波士顿后湾地区是1857年填海而成的新城区，政府效仿巴黎奥斯曼[①]风格进行规划，成为波士顿首屈一指的高档片区。

围绕科普利广场地段的建筑从1870年代开始陆续建成，这些建筑组成了波士顿的"文化心脏"。广场西北面是建于1873年的老南教堂，它是新英格兰地区最好的维多利亚时代哥特复兴教堂之一；东侧是建于 1877 年的三一教堂，为理查德罗马式风格②，是美国建筑师亨利·理查森（Henry Hobson Richardson）③的成名作，在 1885 年被美国建筑师协会④评为美国最好的建筑；南面是由波士顿著名的精英社团（波士顿婆罗门⑤）建于 1876 年的波士顿艺术博物馆，是一栋装饰精美的哥特复兴式建筑；西面是建于 1895 年的波士顿公共图书馆，这栋全美第一栋公共图书馆由查尔斯·麦金⑥设计。查尔斯·麦金和亨利·理查森的师承关系为科普利广场的城市与建筑设计奠定了设计基础。

除了这四栋围合广场的"文化心脏"建筑，广场周边还分散布置着教堂、大量的学院和文化科学建筑⑦，使此处成为宗教、教育、文化艺术的综合中心。1883 年这几个零碎三角形地块以波士顿伟大画家约翰·辛格尔顿·科普利（John Singleton Copley）的名字命名，至此开始其由"边角料"转向后湾中心的华丽转身。

1.3　城市名片的形成——城市设计的四个重要时期

19 世纪末，科普利广场逐渐成为波士顿重要的交通节点，具备周边文化核心建筑围合的优势，同时具有地块形状不规则的劣势，在多重因素导向下的科普利广场的城市设计经历四个重要时期，分别是古典美学的设计概念（1890—1912 年）、欧式市民广场的诞生（1966—1969 年）、亲民的绿色城市客厅（1984 年）和公众参与下的世界舞台（2020 年）。

1890 年，受城市美化运动⑧的影响，重构科普利广场被提上日程。查尔斯·麦金在设计波士顿公共图书馆时，拟在图书馆和博物馆的中轴交点上竖立起一根高大的纪功柱，以统领周边历史建筑。同期波士顿建筑师协会（BSA）⑨也就科普利广场设计进行定期讨论，其中以霍华德·沃克（Charles Howard Walker）⑩、拉尔夫·亚当斯·克拉姆（Ralph Adams Cram）⑪、邦内（Frank Bourne）⑫三位著名设计师的方案为代表。这些古典美学方案均没有实施，但却在概念层面上塑造了波士顿文化精神的家园，在未来的演化中得以传承。

1960 年代，波士顿启动城市更新，在日趋衰败的城市中心建设大规模公共设施。1966 年，波士顿政府举办科普利广场全国设计竞赛，佐佐木英夫⑬（Hideo Sasaki）的方案在竞赛中获胜（图 2）。该方案保留周边历史建筑，抹掉斜穿的亨廷顿大道，合并两个三角形交通岛，并纳入三一教堂，形成开阔的矩形广场空间。1969 年，佐佐木英夫进一步修改方案，打开西北向入口，额外修建了两条西南向的矮墙，以轴线强调了三一教堂和老南教堂的联系。广场地面做成颇具韵味的折线台阶式下沉广场。水池的位置和形状也做了相应调整，以契合场地的整体设计（图 3）。

1969 年，科普利广场建成，强劲地带动了周边的城市更新。然而，广场在使用中，大片硬质铺地、筑墙和下沉空间等设计问题一一凸显⑭。1984 年，第二次全国性设计竞赛展开，迪恩·艾伯特⑮（Dean Abbott）的作品在竞赛中竞脱颖而出。该方案简化广场平面构图，统一标高，保留东北和西北两条视觉通廊与喷泉水池，并强调增加大片草坪，将三一教堂打造成视觉中心（图 4），保留原有树木，沿博伊尔斯顿街树荫设置长椅，成为亲民的绿色城市客厅。

2020 年，科普利广场在近 40 年的使用中，设施逐渐老化，功能空间也急需更新。2021 年 2 月，佐佐木英夫团队提出了"城市平台""增加通道""构建椭圆"三个概念方案。设计师们通过线上会议讨论和后期问卷调查收集反馈信息，以便了解民众真正的喜好和需求后进行方案的调整。2021 年 4 月，设计师整合三个概念方案，并得出最终方案（图 5）。首先，将老南教堂与三一教堂的连线作为主要通道，并沿着历史上亨廷顿大道方向增设通道。此外，依据视线关系增加了数条建筑之间的连线，以连接历史的印迹，联系历史与现代、建筑与城市。其次，设计师基于古树保护保留原有树木，并根据路线的划分和古树的位置，在道路交叉的孔隙内设置不

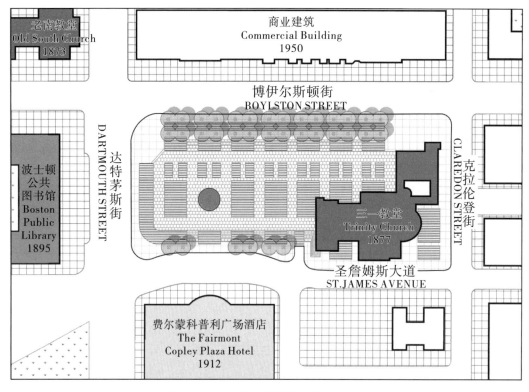

图 2　1966 年佐佐木规划方案平面图

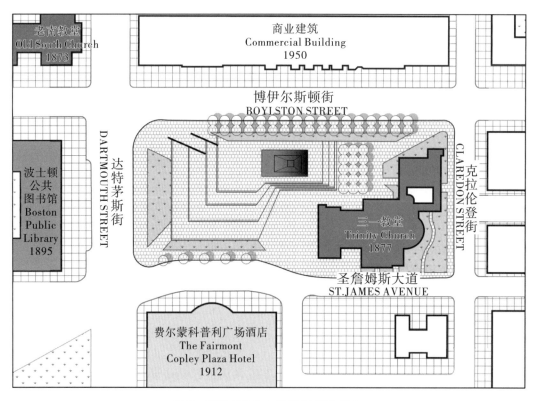

图 3　1969 年佐佐木规划方案平面图

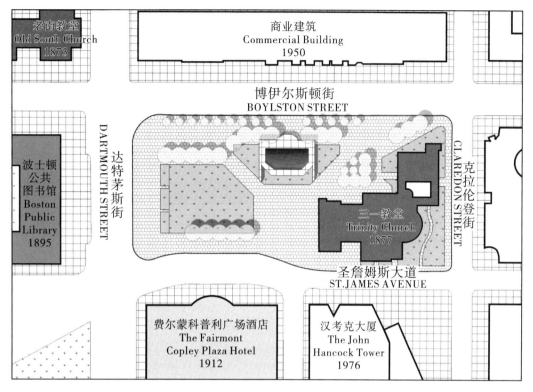

图 4 迪恩·艾伯特 1984 年获奖方案

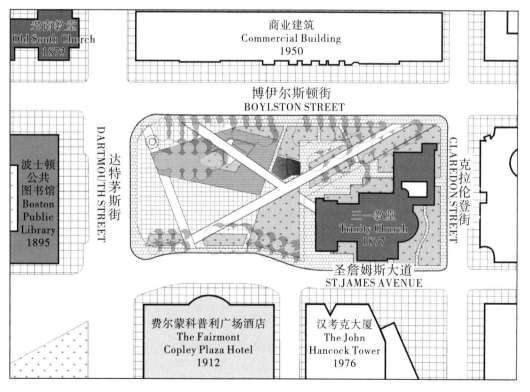

图 5 2021 年佐佐木英夫规划方案

规则的城市平台，增设新的绿地和水池。占比 50% 的草坪和木制的平台进一步缩小了硬质铺地的面积，使广场从视觉上更加亲和温馨。硬质铺地被设置在靠近公共图书馆一侧，达特茅斯街被整个打开，成为广场的主要入口。另外，设计师在硬质铺地和三一教堂中间还设置一小片草地，确保动静分区明确、互不干扰。新的科普利广场于 2023 年 7 月开始施工，2024 年秋季重新投入使用，其面向市民和游客，强调波士顿与世界的联系，正式步入世界舞台。

2 城市设计视角下科普利广场的百年演变

2.1 边界重构：从三角形边角地块到长方形市民广场

百余年间，科普利广场通过集零为整的手法，完成了广场边界重构。1890 年代，麦金方案以圆形的交通岛整合广场地带的三角形地块，移除原亨廷顿大道的斜向交通，但无清晰广场边界。1892—1912 年，设计师们提出进一步整合方案，以原有的四条道路限定广场的边界，围合成完整的方形广场。1966 年，佐佐木英夫真正实现了广场边界重构，将三一教堂纳入广场范围，使其变成长方形市民广场。广场边界由四面城市道路清晰限定，广场南北边界沿道路种植高大树木，东边是三一教堂形成的精致背景，西边则面向公共图书馆呈开放状。2020 年，佐佐木英夫团队的重新规划使广场边界向西弹性扩展，图书馆东侧入口广场与达特茅斯街在节假日弹性地纳入科普利广场范围。

科普利广场边界从三角形"边角料"地块到长方形市民广场的演变过程中，并无大拆大改，而是延续平行于查尔斯河的矩形网状道路体系，保留后湾区原本以住宅为主的宜人尺度，取消斜向道路的方式有力地组织起零碎地块。同时，通过绿化、道路、建筑三重边界体系的围合，实现广场空间的形态完整和边界形式的多样性，并以道路机动使用推动边界向着更加宽广、灵活和丰富的方向转变，营造出富有历史底蕴兼具现代时尚的城市风貌，适应不同规模和形式的公共活动，使得广场的中心性与日俱增。

2.2 风格形成：从模仿欧陆风到适应本土特色

从 19 世纪末到 20 世纪 80 年代，科普利广场的设计风格见证了美国城市设计从模仿欧陆风格到构建本土场所风貌的发展进程。

19 世纪末的美国设计师钟情于欧洲古典美学，意图仿效欧式广场，打造属于波士顿的"雅典卫城"，常采用大片硬质铺地，在广场上设立中心，用纪功柱统领周边。到了 20 世纪 60 年代，依旧没有摆脱对欧陆风格的"崇拜"。1966 年的竞赛实为创意竞赛，要求很少，但却在中标作品中反映了对意大利式下沉广场的青睐。佐佐木英夫的中标方案模仿意大利的圣马可广场，其后改进实施方案则受到意大利坎波广场的影响：线性式构图、大阶梯式下沉空间、硬质的铺地以及零星的绿化水景。效仿欧式广场建起的城市广场忽视了波士顿的城市特质，在后来的使用中逐渐表现出风格移植而导致的水土不服。

直到 20 世纪 80 年代，科普利广场的设计开始脱离欧式广场的形式，探求本土风格。1984 年的竞赛明确提出"新的科普利广场应该体现城市作为一个社区和文化意义的地方的理念——一个丰富城市居民和工人生活的地方"，强调挖掘历史文化特色。1984 年的广场方案去除了几何线性构图和古典的对称轴线，因地制宜、灵活布局。整个广场标高一致，大面积的草地代替了硬质铺地，以三一教堂为背景的草坪成为波士顿城市风貌的名片，既能开展大型集会，又可作为日常休闲的场所。草坪的形状呼应地区历史文脉：东北向斜线勾勒出历史上亨廷顿道路的走向，西北向通道则是两栋老教堂之间的视线联系。为适应波士顿气候，广场上适量种植大树，阻挡夏日暴晒。原有的喷泉保留，从广场观瞻中心变为聚集和亲水场所。

至此，科普利广场终于形成了独有的场所风貌。经实践检验出的以大面积草坪、适量遮阴树木和水景为基本元素的特色风格，摆脱形式化符号语言，落点于波士顿市民生活特质，从纪念性广场走向市民广场，以亲和、活跃、多元为导向不断演进。新生的广场兼顾历史与个性，形成了独有的城市气质与文化底蕴，以更加开放、包容的姿态跻身世界著名广场的舞台。

2.3 场所演变：从历史传承到城市更新

科普利广场周边的建筑业态、交通设施在百余年间发生了巨变。然而，历史印迹在场所中延续，周边新旧建筑和谐共存，共同打造旧城新生。

19世纪末期，科普利广场周边聚集了当时美国最优秀的复兴风格建筑如老南教堂、三一教堂、波士顿公共图书馆和波士顿艺术博物馆。1912年，波士顿艺术博物馆易址，原址建起科普利广场酒店，以古典风格融入原有建筑群。这四栋优秀历史建筑在此后一个多世纪的发展中得以存续，成为波士顿地标建筑，共同承载和传递了科普利地区的历史记忆。到20世纪60年代，科普利广场的首次施工更新正是基于对周边历史建筑古典风格的尊重，维持城市肌理，延续城市文脉，此后的广场更新一脉相承地保留了历史建筑，并通过视线通廊和草坪建设等手段实现历史建筑的新生。

1971年，波士顿公共图书馆扩建完成，新馆约翰逊楼是醒目的现代主义风格，但是在体量、材料、色彩上和老馆一致，新老馆风格迥异，却携手并立、和谐共生。1976年，由贝聿铭主持建成位于三一教堂南侧的汉考克大厦，他采用极简主义的手法，将建筑外形处理成直上直下的玻璃幕墙，弱化新建筑超出原本建筑群的体量，以映衬的手法回应地区文脉，实现了新旧共生。由此成为新地标的汉考克大厦带动城市空间的人气急剧上升，为广场的发展建设赋能。20世纪80年代，位于广场酒店西侧的科普利广场购物中心和位于三一教堂东侧的博伊斯顿500号先后建成，两个大型城市商业办公综合体的入驻进一步推动了科普利广场周边的业态繁荣，大量新零售、保险、商业、酒店和办公功能的复合为科普利广场带来大量人流，并带动了沿街商铺的发展、老建筑的更新以及新建筑的建造，使得19世纪90年代以居住为主的科普利地区蜕变成为如今以商业为主的多业态共生的地区，强劲地激发了地区活力。

在整个城市更新的过程中，新的建设与发展谨慎和谐地融入原有的城市肌理中，科普利广场周边的建筑立面也逐渐形成了从古典到现代的层叠景象，不仅保存了不同年代的历史记忆标本，同时浓缩了130年间城市风貌的迭代。历史痕迹和现代发展的交织共同孕育了复杂多样的城市空间及丰富多彩的城市生活，在传承和更新的场所演变中，科普利广场蜕变成波士顿的核心历史区，广场立面也成为波士顿的城市名片。

2.4 设计方法：从专家设计到公众参与

19世纪末到20世纪中，科普利广场的设计以建筑师为主导，其从专业美学的角度出发操刀全盘。广场设计主要考量美观、尺度、比例及几何形态，空间的经济与社会维度被忽略。

20世纪60年代城市设计逐步独立于建筑学，拥有更广阔视野的城市设计师开始担纲广场设计，从美学、功能、交通、社会、经济与历史等维度综合设计广场空间。然而，此阶段依然是由政府组织主导，设计师主观掌控。从设计到落地，尽管团队大量调研，两易其稿，却始终忽视与后湾社区、新纳入广场空间的三一教堂的对话，使得广场在投入使用后饱受诟病。

到了1984年，艾伯特团队将公众参与纳入设计过程。在设计之初，团队开展民意调查，结果显示，84%的公众赞成重建广场，73%的公众希望广场从零开始重新建设。此后，设计师顺应民意，增加了软质景观和可供人们休憩的广场家具等，广场逐渐变得门庭若市，至今都好评不断。这是公众参与的成果，但此阶段公众参与只用于设计初期，决策仍由设计师团队掌控。

2020年，广场更新引入了全新的开放设计模式，公众参与贯穿始终。此次设计由波士顿市政府出面，联合佐佐木英夫团队与波士顿公园娱乐部门等组织，全程围绕着市民的期望和需求进行过三次线上会议和问卷调查，专家与民众面对面讨论决策（表1）。同时，依托政府组织构建的公众、设计师和波士顿公关娱乐部门等多元主体互动平台，借由自媒体将科普利广场项目的进展信息及时向公众推送，激发公众参与的热情，丰富参与主体和调查结果。设计师听取公众意见，将其转化为图示语言反馈给公众选择，如此便形成了以公众为主、设计师为辅的设计模式，公众真正地拿到了广场的"设计权"。

表1　公众参与反馈信息归类表（局部）

类别	反馈信息
公园优先改造选项	保留古树、增加绿植、更新座椅、修整路面等
疫情之前最担心的事	脏乱差的环境、损害公园特色、过于拥挤等
最希望开展的活动	农贸市场、花卉园艺活动、公共艺术、音乐会及其他文化活动

通过以上四个设计阶段，科普利广场的设计模式由设计师"独裁"转变为公众参与，公众也由被动接受转变为主动参与，而波士顿科普利广场的新型设计模式，也堪称公众参与设计的典范。

2.5　功能蜕变：从城市孤岛到世界舞台

科普利广场百年的更新历程从外在来看是广场形态、设施等的更新，实则是广场空间提供的城市活动不断丰富、满足市民的多样需求，使得广场不断焕发生机（表2），最终成为波士顿的城市名片，并蜕变为"世界舞台"。

表2　科普利广场功能的百年蜕变

序号	广场性质	广场提供的主要功能与活动
1	交通孤岛	无
2	纪念性广场	特定日期的集会场所
3	市民广场	平常生活如驻足、休憩
4	城市客厅	平常生活如休憩、戏水、滑板等
		特色活动如农夫市场活动、音乐节、读书节、马拉松
		重大节日如圣诞节、新年
5	世界舞台	平常生活如休憩、聚会、戏水、滑板等
		特色活动如农夫市场活动、音乐节、马拉松、读书节
		重大节日如圣诞节、新年
		历史活动延续如宗教礼拜、艺术和教育活动
		广场与城市历史空间联系如城市观光、马拉松终点

最初的科普利广场是被交通切割的三角形孤岛地块，没有相关的城市活动。19 世纪末期的一众美学方案，追求精致宏伟，适合纪念性集会活动。1969 年，佐佐木英夫方案在一定程度上回应了市民活动需求，通过台阶下沉与景观设计塑造驻足休憩空间。1984 年，艾伯特设计的科普利广场更加亲民，可以容纳多种活动。大面积草地和树荫下的长椅供人驻足歇息，花池边可供写生，沿街处有流动零售，水池周边更是戏水和滑板的绝佳场所，延续了社区的滑板文化。广场西侧的硬质铺地常年开设波士顿著名的"农夫市场"，三一教堂前侧的小广场在节日举办音乐会等大型活动。科普利广场成为名副其实的城市广场，吸引市民来此庆祝圣诞节和新年等节日。

时至今日，佐佐木英夫团队在新方案中重新划分了活动区域，扩大了广场活动范围。设计师调换了原来西侧草坪与教堂前广场的位置，运用"共建共享"的理念，将新的广场与图书馆门前广场以及图书馆内庭弹性联系起来，使活动范围翻倍。此外，新的设计强化了科普利广场作为波士顿马拉松终点，以及城市徒步路线中联系其他历史景观的核心节点的地位，国际化活动的开展使之成为多元包容的世界舞台。随着设计对活动需求和活动舒适度的重视，服务人群不断拓展，广场活动得以不断丰富（图 6），实现了科普利广场从城市孤岛到世界舞台的变迁。

图 6 科普利广场容纳活动类型图

3 总结与启示

科普利广场原本是波士顿城市的"边角料"，经过百年蜕变为波士顿的精神文化中心和"城市名片"。它历经古典美学构想时期、模仿欧陆广场时期和绿色城市客厅时期，到如今的多元世界舞台，"边角料"得以集零为整，边界转向宽广、灵活，风格彰显本土特色。随着周边业态、设计方法以及功能的演变，科普利广场从城市孤岛蜕变为开放包容的城市中心，相较原本被定义为城市中心区域的发展历程更有研究意义。

在快速城镇化的背景下，如何改旧适新，使新的城市建设延续历史文脉，是我国许多城市面临的问题。通过对科普利广场的研究，希冀在我国历史核心区更新中提供一些启示：注重延续历史文脉，加强地区城市风貌建设，摆脱同质化困境；尊重历史空间沉积，保护城市独特肌理；重视市民公共生活需求，打造舒适、丰富的空间；强化公众参与机制，深化政府部门、设计主体与管理主体之间的多元合作，实现居民利益需求的最大化。同时，科普利广场的百年历史演变，让我们拥有这些难得的历史经验，将其应用到适合我国城市广场发展的实际情况中，对我国新型城镇化建设和历史街区更新具有积极的指导意义与现实意义。

[注释]

①奥斯曼巴黎城市规划是拿破仑三世时期，由塞纳区长官奥斯曼主持的巴黎改建规划，旨在缓解城市迅速发展与其相对滞后的功能结构之间的矛盾，通过扩大道路，疏解城市交通，建筑大面积公园，完善市政工程等，使巴黎成为当时世界上较美丽、具有现代化气息的大城市之一。

②复兴风格融合了 11 世纪和 12 世纪法国南部、"西班牙和意大利罗马式风格"的特点，在 19 世纪后期，许多建筑师遵循了这种风格。理查森的罗马式建筑后来也影响了现代建筑风格。

③亨利·理查森，美国建筑师，美国建筑师学会会员（FAIA），以其后来被称为理查森罗马式风格的作品而闻名。理查森与路易斯·沙利文和弗兰克·劳埃德·赖特一起被称为"公认的美国建筑三位一体"。

④美国建筑师协会于 1857 年由 13 名建筑师在纽约创立，是美国建筑师的专业组织，提供教育、政府宣传、社区重建和公共外展计划，并与设计和建筑行业的其他利益相关者合作。

⑤波士顿婆罗门或波士顿精英学院是波士顿传统上层阶级的成员，他们经常与哈佛大学、英国国教以及萨默塞特等的上流俱乐部联系在一起。

⑥查尔斯·麦金是 19 世纪晚期美国美术学院的建筑师，他与威廉·卢瑟福德·米德（William Rutherford Mead）和斯坦福·怀特（Stanford White）一起，作为合伙企业 McKim，Mead & White 的成员之一，提供了许多建筑专业知识。

⑦科普利广场周边包括阿灵顿教堂（Arlington church，1859）、圣母学院（Boston Academy of Notre Dame，1854）、哈佛医学院（Harvard Medical School，1883）、MIT 的罗杰斯楼（Rogers Building，1864）、自然历史博物馆（Museum of Natural History，1863）、新英格兰音乐学院（New England Conservatory，1867）等。

⑧城市美化运动主要指 19 世纪末至 20 世纪初，欧美许多城市针对日益加速的郊区化倾向，为恢复城市中心的良好环境和吸引力而进行的城市"景观改造运动"。

⑨波士顿建筑师协会（BSA）是美国建筑师协会较古老、规模较大的分会之一，是一个致力于建筑、设计和建筑环境的非营利性会员组织。

⑩霍华德·沃克是 19 世纪末 20 世纪初建筑师、设计师和教育家。他曾就职于麻省理工学院建筑系，是美国建筑师学会会员。

⑪拉尔夫·亚当斯·克拉姆是多产且有影响力的美国大学和教会建筑建筑师，通常采用哥特复兴风格。他曾任职于 Cram & Ferguson 和 Cram，Goodhue & Ferguson，是美国建筑师学会会员。

⑫邦内是新英格兰地区著名的建筑师和作家，主要从事于教堂和住宅的设计，并撰写了多本书籍和多篇建筑杂志文章。

⑬美国著名景观规划事务所 SWA 集团创人之一，美国著名景观设计事务所 Sasaki 事务所创始人，曾任美国哈佛大学景观建筑系主任。

⑭威廉·怀特（William H Whyte）在 *The Social Life of Small Urban Spaces* 一书中曾指出："视线很重要。如果人们看不到一个空间，他们就不会使用它……除了一两个例外，下沉空间都是死空间。"

⑮1969—1977 年，他在 Lawrence Halprin & Associates 的纽约办公室工作，并担任夏洛茨维尔（弗吉尼亚州）步行街等项目的首席设计师。1988 年加入 Clarke & Rapauno，赢得了波士顿科普利广场重新设计的比赛。

[参考文献]

[1] WIKIPEDIA，THE FREE ENCYCLOPEDIA. List of National Historic Landmarks in Boston

［EB/OL］．（2024-08-04）［2024-08-26］．https：//en．wikipedia．org/wiki/List _ of _ National _ Historic _ Landmarks _ in _ Boston．

［2］张嘉禾．基于文脉视角的太原市五一广场历史演变研究［D］．太原：太原理工大学，2022．

［3］HOUSES B B．Overview：Development of the Back Bay［EB/OL］．［2024-8-26］．https：//back-bayhouses．org/overview-development-of-the-back-bay/．

［4］BOSTON B．Copley square competition，Boston，Massachusetts：Official program for the design of copley square［M］．Sagwan Press，2015．

［5］MAY P G．The architect as communicator：A dialogue of Copley Square［D］．Massachusetts Institute of Technology，1987．

［6］NICHOLAEFF D．The planning and development of Copley Square［D］．Massachusetts Institute of Technology，1979．

［7］王红军．美国建筑遗产保护历程研究：对四个主题事件及其相关性的剖析［D］．上海：同济大学，2006．

［8］刘炜．从波士顿自由足迹看美国城市遗产保护的演进与经验［J］．建筑学报，2015（5）：44-49．

［9］NOTES L，TODISCO P．Copley Square［EB/OL］．（2012-8-23）［2024-8-26］．https：//land-scapenotes．com/2012/08/23/copley-square/．

［10］Energy Economics，Inc．Boston Building Emissions［EB/OL］．（2021-02-18）［2024-08-26］．https：//www．boston．gov/sites/default/files/file/2021/02/20210211 _ Copley％20Square％20Phase％201％20Survey％20Results％20and％20Guiding％20Principles．pdf．

［11］Boston Parks and Recereation．Improvements to COPLEY SQUARE PARK community meeting 2［EB/OL］．（2021-02-11）［2024-08-26］．https：//www．boston．gov/sites/default/files/file/2021/02/20210211 _ Copley％20Square％20Community％20Meeting％202．pdf．

［12］Boston Parks and Recereation．Improvements to COPLEY SQUARE PARK community meeting 3［EB/OL］．（2021-04-14）［2024-08-26］．https：//www．boston．gov/sites/default/files/file/2021/04/20210415 _ Community％20Meeting％203．pdf．

［13］HAQUE R．Copley square：Realizing its full potential［D］．Massachusetts Institute of Technology，1984．

［作者简介］
胡嘉渝，博士，副教授，就职于武汉大学城市设计学院。
丁雨林，武汉大学城市设计学院硕士研究生。
童乔慧，博士，教授，就职于武汉大学城市设计学院。
田雅彦，就职于武汉市承远市政工程设计有限公司。

基于场景理论的城市建设评述

——以巴黎新桥为例

□吕攀，王璇，高飞，崔宝义，王忠杰

摘要：场景理论诞生于后工业时期，纵览全球城市的更新建设发展演化，诸多城市的改造虽所处的年代不同，但最终是从服务于经济转变、市民需要的角度去开展的更新改造。场景理论为城市更新提供了一种综合性的方法，能够从人群需要的角度出发，考虑空间配置、业态活动组织、运维与价值转化等。本文从场景切入，阐释场景理论的核心内容及作用方式，并以巴黎新桥改造为例，从场景的角度，剖析其历史演化过程、建设特点，总结巴黎城市建设场景营造的三种特征，为中国式现代化建设中城市更新与以人为核心的城镇化建设提供新的发展思路。

关键词：场景理论；城市更新；巴黎

0 引言

2022 年，我国常住人口城镇化率为 65.22%，而上海城镇化率达到了 89.30%；北京次之，达 87.60%。随着工业社会向知识经济时代转型，城市发展的内生动力已经从人口红利转向创新人才红利，城市无不表现出对创意阶层、创新人才的渴求。如何满足创意创新人群对特定空间的需要；如何组织城市空间与产业业态，以促进人才的安居乐业……传统空间规划在新时期肩负了更多的要求与使命，这也促进了规划从业者从空间场所的环境规划设计向场景营造、场景营城的转变。

1 场景理论

1.1 场景认识

场所是人类生存的深刻中心，它戏剧化地表现了个人和群体生活的愿望、需要和功能 (Relph，1976)。至于场景，如德国著名哲学家、社会学家尤尔根·哈贝马斯（Jürgen Habermas）曾指出，咖啡馆不仅是提供咖啡和食物的地方，还是创造丰富文化意义的公共空间，绅士们往往会为了参与新形式的批判性对话到这里聚会。由此可见，相较于场所中心性这一物理空间属性，场景则更多地从使用者、消费者的角度去阐释空间需求、情感需要与价值归属。

1.2 场景理论

场景理论是由以特里·克拉克和丹尼尔·西尔为首的新芝加哥学派学者创立的。场景强调不同舒适物①如自然舒适物、人造舒适物和社会舒适物等与活动的有机集合，借助于特定空间所需要的特定舒适物，场景为地方发展、社会生活建立了因果关联。场景是在传统物理空间的基础上，加入文化与美学要素，以彰显社会空间的文化、品质与特色。

正如人们在咖啡馆聚集而展开的系列活动形成的诸多场景，既满足了人对空间的个性需要，也促进了相同价值观的人群聚集。相较于传统增量时代土地财政的发展模式，诞生于后工业时代的场景理论，聚焦于人对空间的需要，强调人对空间的适配偏好，以吸引创新阶层的聚集，从而带来技术、投资和就业等的增长。

2 巴黎新桥建设历程

巴黎是法国的首都，也是法国的政治、经济、文化中心。法国在 2023 年继续保持其全球国际游客数量第一的位置，旅游业总收入约占法国国内生产总值的 8%。按照场景理论来看，巴黎的城市舒适物系统完备，形成了诸多城市场景，带动了旅游资源向城市资产的转变。

巴黎自中世纪以来的发展中，经历过多轮城市规划改造，但始终保留了特有的历史空间与城市肌理，同时也实现了现代化的基础设施建设。其中，由亨利四世发起的都市改造计划，为 16 世纪末战后巴黎千疮百孔、百废待兴带来了新的机遇，有着深远的影响。在《巴黎：现代城市的发明》一书中，若昂·德让写道："新桥是社会平衡器；新桥不仅仅是一座桥，也是巴黎成为现代巴黎的起点。孚日广场则引领都市公共空间的变革。"

2.1 巴黎新桥区位

塞纳河中的西岱岛是巴黎城的起源，巴黎圣母院就位于该岛的最东端。1607 年，法国国王亨利四世在西岱岛的最西端建造了一座区别以往形制的桥梁，因其是近百年来在塞纳河上的第一座桥，故此得名"新桥"。

新桥长 278 m、宽 28 m，与巴黎圣母院相距仅有 750 m，新桥连接塞纳河左、右岸，经过新桥再到香榭丽舍大道仅 4 km。

2.2 新桥建设历程

早在 1550 年，法国国王亨利二世希望在塞纳河上建造一座新的桥梁，这是因为当时的圣母桥负荷过大。但后来因为成本过高，这个计划并未实现。

到亨利三世继位后，1577 年，他决定建造这座桥梁，并在 1578 年率先动工了四座桥墩。但新桥的建造并非一帆风顺，就连设计方案都是几经易稿，开工仅一年，因为设计方案须加宽桥面，以增加桥上房屋数量而发生了较大变动。这一变动，也导致桥墩必须延伸加宽，花费了数年时间才完成桥墩建设。后续工程在 1588 年再次动工，但又因为法国宗教战争爆发，又延迟到1599 年，最终新桥于 1607 年才完工，并由新任国王亨利四世举行了正式揭幕。

与同时代的大部分桥梁一样，新桥由一系列短小拱桥组成，遵循罗马的传统惯例。新桥作为巴黎首座石造的桥梁，最终区别于以往桥梁上方建造房屋的传统做法，因而其交通通行属性大大加强。当大型马车通过时，行人可以暂时躲避在桥两侧出挑的平台中。新桥上不建造房屋，是由新桥的第三位设计师亨利四世所决定的，当时是因为避免建造的房屋阻挡其改扩建的卢浮宫景色视野。

当新桥建造完成后，交通相当繁忙。在后续一段较长的时期中，新桥始终是巴黎最宽的桥梁。而后，新桥历经多次的修复及更新，包括重建桥拱，让桥拱从半圆形变成椭圆形；1885 年一座桥墩塌陷，并使得邻近的两个拱的位置发生偏移，但其功能作用和历史风貌得到了充分保护。1889 年，新桥被列为历史古迹；1991 年，新桥又被列入联合国教科文组织世界遗产。1994—2007 年，新桥进行了一次大规模修复，以庆祝其完工 400 周年。

2.3 新桥建设特点

新桥以新技术和新理念将巴黎带入了一个新时代，在设计、建造新桥中所形成的诸多理念为日后巴黎走向现代化提供了经验借鉴。17 世纪是巴黎走向现代的起步阶段，而诞生于此时的新桥成为那个时代当之无愧的灵魂和象征。无数有关新桥的谚语流传下来：人们会以"在新桥上叫喊"来表示把消息传递给更多人；以"造新桥"来表示艰巨的任务；以"一千年后，新桥还是新桥"来表示一件事千真万确……作为巴黎走向现代的起点，新桥已经深深地融入了巴黎的城市记忆，形成了城市场景。

回顾新桥的建设与使用过程，可以总结以下三方面的"场景"发展脉络：

第一，让桥回归交通属性，满足了马车、汽车出行的需要，形成道路通畅的人工建设的舒适物。新桥的建立改变了传统中世纪桥梁工程样式，即自中世纪以来，在巴黎和伦敦等城市的桥梁上非常普遍地修建商业和居住的传统样式。以巴黎 Pont au Change 桥为例，1660 年该桥盖满三层楼房，然而在 1616 年，一场大洪水冲走桥面上的所有房屋。根据路易十六的命令，这座桥被重建，桥上的房屋又重新建造，直到 1788 年才被拆除。

在新桥之前，西岱岛连接两岸的五座跨河桥都是底层商铺、上面住宅的结构，塞纳河两岸的其他桥梁更建造了三、四层建筑。桥上之所以要建房屋，是因为局促的巴黎城市空间。而后，随着巴黎老城区从不到 2 hm² 的西岱岛上跨过塞纳河向外扩展，加上水患风险，人们陆续迁移，桥终于可以不用再承载陆地居住商业的功能。后期，为了市容市貌和空气流通，新桥就这样诞生了，五座桥上的房屋也被慢慢拆除。

同时，新桥变成了石桥，为城市交通提供更稳固的承载。在新桥开始建设以前，巴黎已有的桥梁多为木桥，桥面狭窄且承重能力有限。胡格诺战争结束以后，法国国内秩序趋于稳定，经济社会迅速发展，特别是在首都巴黎，不断繁荣的商贸往来使人们跨越塞纳河的需求日益增加，而旧有的中世纪桥梁却无法支撑沉重的大型货车通过。随着生活条件的改善，私家马车成为越来越多人出行的选择，在 1600—1700 年的 100 年间，巴黎的马车从不足 10 辆突然增至超过 20000 辆，交通工具数量井喷式增长，也使得当时的桥梁不堪重负。基础设施建设与城市车辆增长之间的矛盾，直到今天仍是一个"城市病"的问题。然而早在 400 年前，亨利四世便已提出了自己的解决方案，在给工程师们下达的指示中，亨利四世第一次提出要考虑桥梁的承重能力，新桥应由石材建成，尽可能多地满足车辆的通行需求。

第二，以人为本，促进单一交通空间的重构再塑，预留观景远眺公共空间，串联自然、人工舒适物，为场景提供进一步发展壮大的"温床"。

除了桥屋形制、交通功能的改变，新桥的建立，重新定义了巴黎与塞纳河的关系。新桥是塞纳河上的首座单跨桥，宽约 20.5 m，这比当时任何一条城市道路还要宽阔，因此新桥也改善了巴黎的出行条件，市民、游客不需要坐船或者绕路，即可从巴黎新桥来往巴黎左、右两岸。在中世纪的桥梁上，行人与车辆混合而行，秩序极为混乱，时常有人命丧于疾驰而过的马车轮下。为保护行人，减少交通事故的发生，新桥破天荒地开辟了人行道，即在桥梁两侧将路面垫高，开辟为行人步行使用的专有区域，按照现在的城市规划语言，即实现了人车分流。这一现代人早已习以为常的设计在当时无疑具有革命性的意义，在交通出行中行人安全开始得到设计者的关注。

新桥改变了以往巴黎与塞纳河的关系，为巴黎人提供了一种前所未有的审美体验。在桥两侧共设置 20 个"包厢式"观景露台，即观景挑台，不仅丰富了桥体的空间形象，更成为临河观景远眺的重要空间。

第三，新桥场景促进了城市特色景点的形成与社会公平。作为塞纳河上最古老的桥梁，新桥是每个到访巴黎的人必去的景点之一，而早在 18 世纪初，新桥便已获得了这样的地位。当时的游客从外省乃至国外来到巴黎，都会到新桥一睹风采。富有者会购买有关新桥的精美画作，普通人也都会带些新桥的小挂件回家，新桥成为那个时代法国乃至欧洲对于巴黎的独特记忆。将新桥称为巴黎走向现代的起点，除了技术上的革新，更重要的是新桥对巴黎城市空间与市民生活的影响。

新桥是一个开放、平等的公共空间，任何社会阶层的人都可以来这里散步、观景。夏日时节，新桥成为市民休闲纳凉的首选地。桥基下的阴凉区，是市民晒日光浴、游泳的场所，政府还曾颁布"严禁男性裸身逗留在新桥附近的沙滩上"的行为禁令，时至今日新桥附近还时常可见巴黎人戏水、晒太阳的身影。同时，正因为新桥成为城市热点地区，人群熙熙攘攘，于是滋生了偷盗犯罪。当时偷盗最多的是象征社会经济地位的男士斗篷，来新桥"显摆"自己购买的价值不菲的斗篷的男士经常沦为被偷对象。一些有钱人甚至在通过新桥时雇佣保镖来保护自己的斗篷。

尽管新桥存在诸多问题，但毫无疑问新桥促进了社会阶层的融合，起到了社会平衡器的作用。自新桥落成之日起，巴黎人便难掩对新桥的热爱，以它为背景的戏剧、画作、纪念品等层出不穷，新桥已俨然成为巴黎的灵魂。布里斯在 1684 年的城市旅游指南中曾写道："游客一直惊讶于桥上的匆忙和拥挤，并且能看到不同阶层和打扮的人，'这让人们看到巴黎的伟大和美妙。'"

3 场景效能分析

巴黎的场景效能，不单单是如新桥等系列改造项目的罗列堆砌，而是以各个项目的更新改造所衍生出的围绕着城市服务、公共生活展开的系统性场景建构。一个个场景拼合促进了巴黎市民重新回归城市公共空间，引发了人的聚集，培育了城市的创新活力，为老城区提供了新生活、新感受。用场景理论来看，其发挥了空间的文化价值魅力，注入了新的功能业态与氛围培育，并且激发了旅游、休闲、游憩的空间价值，促进了城市活力的打造。

3.1 "老屋新生"：历史建筑地区为人才提供新的孵化创新空间

在巴黎市区，大约 75% 的建筑建于 1914 年前，85% 的建筑建于 1975 年前，受到保护的古建筑有 3816 座，法定保护区的面积达到全市用地的 90%，巴黎的城市空间主要呈现历史风貌特征。

巴黎老城区经过新桥、林荫道等改造后，进一步彰显了城市独特历史人文魅力，成为各个鲜活场景的发生器。一座座历史建筑、一片片历史片区，通过技术手段的保护性更新，与现代化功能的改造，改变了以往衰败破损、杂乱不堪的刻板印象，形成了适合人们生活，特别是年轻人需要的城市文化交往空间，带动了巴黎老城焕发新的活力。

通过巴黎建筑历史分布图、巴黎青年创新空间的叠加分析可以看出，咖啡厅、灵活办公空间、小微企业孵化器等代表城市创新型空间与老城区历史建筑片区高度重合，证明老城区的历史建筑在当前巴黎城市发展中，特别是在文化吸引方面发挥着独特优势，以创造更多的"老屋新生"的创新空间。

3.2 "文化聚人"：各级各类文化设施助力人口回流社群培育

城市文化体现了一个城市的文化底蕴、创新能力和影响力。依托大学、图书馆、博物馆、影剧院、音乐厅、画廊、文化艺术研究院（所）等设施，开展文化成果的交流与展示等活动。但文化活动不仅仅局限于此，巴黎作为世界时尚之都以及 2024 年奥运会的举办城市，其广义的文化活动还包括时装周、体育赛事等。同时，作为精致法式生活的巴黎，在咖啡厅、电影院、展览馆也无时无刻不在上演着交往攀谈、艺术碰撞的活动。只有致力于满足居民的文化需求，建构文化消费活动场景，才能挖掘出城市发展的活力源泉，塑造良好的城市形象。

狭义的巴黎市包括原巴黎城墙内的 20 个区，面积为 86.928 km²，虽然面积只有整个巴黎都会区的 0.5%，但是却集结了巴黎市域近 60% 的文化设施。通过对人群分布、文化设施点位的叠加分析可以看出，巴黎市民对文化设施有强烈的趋向性，即文化服务设施吸引人口聚集。

文化普惠让巴黎老城在国际上大放异彩。巴黎拥有 4773 个文化场所，占大巴黎都会区文化场馆的 63%，在国内和国际上都提供了非凡的艺术和文化服务。每 10 万人拥有 220 个文化场所的指标，是整个巴黎大区的 4 倍之多。巴黎以其 103 家博物馆和 53 个展览场馆而著称。巴黎的文化生活也贯穿于无数的文化产业。巴黎有 523 家书店（包括 363 家专业书店），占大都会书店的 76%，其中特别增加了 254 家塞纳河畔的书店和 82 家出版社。在艺术品贸易领域，有 1295 家美术馆，占法国本土机构的 94%，还有 42 家拍卖行。

巴黎城区是世界领先的旅游目的地，因其涵盖了巴黎大都会中访问量最大的 40 个旅游景点，吸引每年 5030 万过境游客的绝大部分人群在巴黎城区多日过夜停留，促进了旅游服务业就业。巴黎白天有 350 万人工作、学习、娱乐和消费，是其常住人口 217 万的 161%。

在巴黎，有建筑、绘画、雕塑、时装等文化思想的碰撞，所有来访者都有低门槛获取文化资源的途径，政府鼓励公众阅读、创作和开展艺术欣赏与交流。城市的包容与分享的氛围使得无论来自哪个国家的公民都能很好地融入巴黎，外来人员的融入促进了城市的多元化，塑造了城市平等、和谐发展的形象。

3.3 "临街而商、涉水而憩"：城市休闲游憩空间激发消费活力

巴黎慢行路网体系完善，拥有超过 2300 km 的不同宽度的人行道，老街旧巷慢行空间与城市休闲服务业、餐饮业交融交互。最受欢迎的步行区主要集中在巴黎市中心、巴黎火车站附近、蒙马特、香榭丽舍大街和战神广场等主要旅游景点以及各区繁忙的当地购物街。

塞纳河沿线滨水岸线可参与、可停留、可互动。在近年的城市规划中，将岸线空间还助力行人形成政府工作共识。自 2010 年起，巴黎市政府启动塞纳河岸线整治计划，旨在将部分用作机动车道的岸线空间还给行人，丰富岸线空间的功能性以及加强塞纳河的生态可持续发展。2013 年，巴黎市宣布将塞纳河左岸奥赛博物馆至阿尔玛桥之间的滨河快速道对机动车辆关闭，改造为塞纳河畔景观大道。景观大道全长 2.3 km，占地面积 4.5 hm²。带状空间上布局露天餐座、帆布帐篷、铁皮小屋等设施，供市民游客休闲娱乐，享受河畔生活。2016 年 9 月，巴黎市议会通过决议，右岸乔治—蓬皮杜滨河快速道也按此改造。至今，塞纳河岸成为最能展现巴黎艺术浪漫与人文气质的场景地区。塞纳河沿岸景观已成为巴黎旅游的必经之地，体验沿河景观

和丰富滨水活动成为巴黎人民生活的一部分。

4 思考总结

巴黎一直以其独特的历史、文化和建筑而闻名。巴黎进行了一系列改造项目，以促进城市形态的转变、历史文化的传承、居民生活质量的提高，从而吸引更多的游客。在城市改造中，规划创新改造具有前瞻性，能够穿越不同的时代、不同的历史空间，至今回看仍令人称奇。从城市发展角度来看，各项改造盘活了土地价值，通过区域功能、产业结构、用地布局、交通系统、市政设施、居住环境等问题的调整，结合城市运维，为城市挖掘空间的潜力，持续不断塑造城市场景。场景塑造从关怀人文生活的角度切入，实现了从物质满足到精神丰盈的转变。

[注释]
①舒适物（amenities）是经济地理学领域的学术概念，指使人感到舒心愉悦的客观事物、状态或环境，可以分为自然舒适物、人造舒适物和社会舒适物，如清新的空气、宜人的景色、建筑遗产、文化设施等，甚至包括宽容、包容的社会状态。

[参考文献]
[1] 荆文翰. 一座桥，一座城市的风景，一个时代的起点 [EB/OL]. (2022-07-18) [2024-03-15]. https：//www. sohu. com/a/568784366_100121900.
[2] 城市怎么办. 文化塑造城市：来自巴黎的经验 [EB/OL]. (2020-04-23) [2024-04-11]. http：//www. urbanchina. org/content/content_7720303. html.
[3] 张诗楠. 空间营造视角下历史文化名村特色塑造探讨：以湖北省洪湖市珂里湾为例 [C] //中国城市规划学会. 人民城市，规划赋能：2023中国城市规划年会论文集. 北京：中国建筑工业出版社，2023：10.
[4] 俞锋，伍俊龙. 把握数字经济趋势：加快文化科技融合新业态发展的策略选择 [J]. 艺术百家，2022，38 (2)：42-50.
[5] 盛仁杰. 巴黎之为巴黎：关于现代城市的新认知 [J]. 世界文化，2019 (9)：4-8.
[6] 杨云彪. 巴黎圣母院：写在建筑艺术里的自由法则 [J]. 人民之友，2019 (5)：57.
[7] 洪菊华. 从巴黎塞纳河看城市滨水空间资源的保护与利用 [J]. 城市住宅，2019，26 (1)：60-64.
[8] 蔡尚伟，江洋. "世界文化名城"的建设路径分析：以成都为例 [J]. 西部经济管理论坛，2019，30 (1)：1-11.
[9] 季靖. 浊清塞纳河 [J]. 环境，2018 (6)：71-73.
[10] 杨辰，周俭，弗朗索瓦丝·兰德. 巴黎全球城市战略中的文化维度 [J]. 国际城市规划，2015，30 (4)：24-28.

[作者简介]
吕攀，规划师，就职于中国城市规划设计研究院风景分院。
王璇，高级工程师，就职于中国城市规划设计研究院风景分院。
高飞，高级工程师，中国城市规划设计研究院风景分院景观所所长。
崔宝义，高级工程师，中国城市规划设计研究院景观所副所长。
王忠杰，教授级高级工程师，中国城市规划设计研究院副总工程师、风景分院院长。